U0170732

大自然的分形几何学

〔法〕 伯努瓦·B. 芒德布罗 著

凌复华 陈守吉 译

科学出版社

北京

图字：01-2022-4046 号

内 容 简 介

云非圆球，山非圆锥，闪电不走直线．大自然形状的复杂性有不同的种类，不仅仅是程度上的不同．为了描写这些形状，伯努瓦·B. 芒德布罗设计和发展了一种新的几何学——分形几何学．他的工作对本书论及的许多不同的领域都很重要．现在，这样的领域因许多积极的研究者而大为扩充，芒德布罗展示了分形几何学的根源及其新应用的深入概述．本书以前的几个版本受到高度评价，但这一版有更广泛和深入的覆盖范围，以及更多插图．

无论你的兴趣是在大自然及其形状，还是在艺术、科学或几何学本身，本书都将使你心情愉悦并受到极大启发．

图书在版编目(CIP)数据

大自然的分形几何学/(法)伯努瓦·B. 芒德布罗(Benoit B. Mandelbrot)著；凌复华，陈守吉译. —北京：科学出版社，2022.6
书名原文：The Fractal Geometry of Nature
ISBN 978-7-03-071463-3

Ⅰ.①大… Ⅱ.①伯… ②凌… ③陈… Ⅲ.①分形学 Ⅳ.①O415.5

中国版本图书馆 CIP 数据核字(2022)第 025501 号

责任编辑：李静科 李香叶／责任校对：彭珍珍
责任印制：赵 博／封面设计：无极书装

科 学 出 版 社 出版
北京东黄城根北街 16 号
邮政编码：100717
http://www.sciencep.com

北京中石油彩色印刷有限责任公司印刷
科学出版社发行 各地新华书店经销
*
2022 年 6 月第 一 版 开本：720×1000 1/16
2025 年 1 月第三次印刷 印张：35 1/4
字数：703 000
定价：**198.00 元**
(如有印装质量问题，我社负责调换)

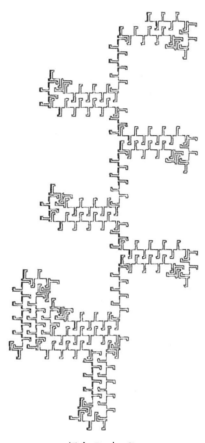

纪念 B. 与 C.

献给阿利耶特 [1]

① B. 指贝拉 (Beila) 及 C. 指卡莱尔 (Calel), 他们是本书作者芒德布罗的双亲. 阿利耶特 (Aliette) 是作者的妻子. ——译者注

译 者 序

(一) 本书的核心

这是一本大部头著作, 内容从数学到自然科学, 从地理地貌到社会科学, 而且所用到的数学内容好多是一般读者不熟悉的. 书中创造了一些新词或对一些日常用词赋予了新的意义, 还有不少地方用文学语言说古道今. 看起来似乎是一本难啃的书. 其实不然, 读者只要抓住本书的三条红线, 不纠缠于比较高深的数学细节 (留到需要时再深究), 这本书就并不难读, 并且读后会大有收获, 且因为作者的语言生动并不时说些与内容相关的小故事, 读者不会觉得枯燥.

我所说的三条红线如下.

(1) 目标. 分形几何学处理的是粗糙形状, 例如海岸线. 首先描绘和解释粗糙形状, 然后在此基础上做可能的预测.

(2) 数学. 对分形物体来说, 最重要的数学概念是分形维数 (豪斯多夫维数, 简称分维数). 以海岸线为例, 用不同长度的标尺测量, 得到的长度不同 (显然短标尺得到的长度较大), 分形维数定义为: $1 - \dfrac{测得长度的对数}{标尺长度的对数}$, 它很好地度量了粗糙度. 而分形的定义就是其分形维数大于拓扑维数的几何对象.

(3) 理论分形. 重要的分形有: 雪花片和其他科赫曲线、充满平面的佩亚诺曲线、康托尔尘埃、芒德布罗集合等. 这些分形物体可借助计算机绘图技术清晰且美观地展示.

几何学是一门十分古老的学科, 起源于五千年前的古埃及, 到两千五百年前希腊欧几里得的《几何原本》[1-3] 及其后阿基米德 [4,5]、阿波罗尼奥斯 [6] 的工作, 古典几何学达到顶峰, 其中以点、线、面等光滑连续对象为主要元素. 近两百年来出现的非欧几何, 更改了欧几里得几何中的平行线假设. 此外还有在流形 (最简单的是球面) 上的黎曼几何. 但它们仍未脱离光滑连续对象的巢穴. 而芒德布罗创建的分形几何学却迥然不同, 它的对象是粗糙的且看起来是支离破碎的, 而这些正是大自然中常见的. 除了上面所说的海岸线, 还有云朵和雪片的边缘、高山湖泊的地貌、湍流等等. 可以说对于大自然而言, 分形物体是常态, 光滑连续物体只是一种近似.

分形物体的分维数越大, 曲线的复杂程度及充满程度便越高. 许多分形物体的重要特征是其自相似性和标度性质, 即取出它的一小块后放大, 仍可得到相同形状, 以此类推直到无穷.

分形几何学离不开计算机绘图. 理论模型几乎都要借助计算机绘图显示, 而绘出的图形, 也帮助数学家思考和改进模型. 更有甚者, 因为计算机生成的分形图形是如此丰富多彩和美艳绝伦, 它们作为艺术品出现在各种不同的场合.

(二) 本书的内容

分形理论的实际应用贯穿全书. 分形理论中的许多概念、计算方法和理论模型, 都结合这些实际应用逐渐展开. 当然也专门介绍了一些重要的分形模型和其他数学内容. 此外还有人物、简史等. 下面把一些分散在各处的内容从另一个角度归类并略加说明, 供读者参考.

I 应用

分形理论的应用遍及生物学、地球物理学、物理学、化学、天文学、材料科学、计算机图形学、经济学、语言学、情报学、音乐等. 本书着重介绍的应用有以下几方面.

I.1 海岸线和地貌

始于第 5 章: 英国的海岸线有多长? 对不同标尺长度 ϵ, 用陆地和海水中离海岸线距离不超过 ϵ 的所有点形成的一条宽度为 2ϵ 的带子, 或用首尾相接的直径为 ϵ 的点覆盖海岸线等方法. 理查森得出经验公式 $L(\epsilon) \sim F\epsilon^{1-D}$, 其中 $L(\epsilon)$ 是测得的长度, F 是一个比例常数, 而 D 就是分形维数. 第 8 章用佩亚诺曲线模拟河流和分水岭的树. 第 12 章导出了河流及流域的 ϵ-长度与 ϵ-面积之间的关系. 第 13 章用可以分解为无限个分离碎片的分形, 作为岛屿、湖泊和树的模型. 第 14 章的谢尔平斯基地毯, 用来说明融合的岛屿. 第 17 章用树和直径指数, 推算了密苏里河的宽度. 第九篇引入了分数幂布朗分形, 其中第 27 章处理了河流排水; 第 28 章涉及地貌和海岸线 (包括泛大陆和泛古洋), 给出了许多与真实地貌相仿的图形, 特别是在彩图版中; 第 29 章处理岛屿、湖泊和盆地的面积. 第 36 章用随机行走解释了河流不可能直行, 也说明了没有单一的 D 值能够满足地球上所有海岸线的需要.

I.2 星系和宇宙学

第 9 章讨论了傅尼埃宇宙中的质量分布 $M(R) \propto R^{D-3}$, 最好的估计是 $D = 1.23$. 第 22 章介绍了宇宙论原理: 自然界的定律必须处处和时时相同, 以及统计均匀的宇宙学原理: 无论参考系如何变化, 物质的分布都遵循相同的统计规律. 在此基础上, 第 23 章描述了星系的霍伊尔凝乳化. 第 32 章用随机行走和从属运算 (十中抽一法) 建立了有序星团模型. 第 33 章用圆盘形与球形孔洞, 解释了月球火山口、陨星和星系中的空白. 第 34 章用纹理 (间隙与腔隙, 卷云与细孔) 描述了许多在星系中观察到的现象.

I.3 湍流

第 6 章指出正方形科赫曲线与墨水在湍流中弥散的相似性. 第 10 章首先强调湍流问题的难度, 然后陈述了从几何上研究湍流并在其中应用分形的理由, 例如湍流的间歇性和自相似性 (由涡旋提示) 等, 作者认为湍流耗散在整个空间中不是均匀的, 而只在一个分形子集上是均匀的. 湍流的拓扑学仍待研究, 很重要的树枝状问题也需要探讨. 第 11 章从微分方程的分形奇点的角度进行分析, 认为纳维-斯托克斯方程的湍流解涉及一种崭新类型的 "拟奇点". 奇点是局部标度的分形集合, 而拟奇点是其近似. 作者主张纳维-斯托克斯方程解的奇点只能是分形.

I.4 物理学

第 13 章和第 14 章包含对逾渗 (渗透) 的研究, 第 16 章用分形树模拟高能物理学中粒子以很高能量对撞时形成的 "射流", 第 18 章中的阿波罗尼奥斯 "肥皂泡" 是一种近晶型液晶的模型. 而纹理 (第 34 章和第 35 章) 今后必定会找到许多物理中的新应用. 第 36 章讨论了统计点阵物理学中的分形逻辑, 其中提出了出现在统计范围里的弱极限的概念及其在布朗语境中的含义. 大量统计物理学问题可以用 "点阵物理学" 描述, 而点阵物理中充满着分形 (如魔鬼阶梯) 或者近乎分形 (真实空间中的形状). 该章又用自回避随机行走来处理线性聚合物几何学.

I.5 经济学

在第 37 章中, 作者指出了价格可以是不连续的, 因而用以往的图表预言未来并不可行, 并且 "过滤" 交易方法 (最小值加 $p\%$ 时买, 最大值减 $p\%$ 时卖) 也不可取. 而作者给出的经济学的标度原理与实际数据吻合甚佳.

I.6 其他

还有许多应用散布各处, 例如第 15 章的动脉和静脉的几何学, 第 17 章的支气管、血管、人脑和植物树, 第 38 章的单词频率、词典编纂树、言语的温度、工资和其他收入分配等.

II 典型的分形模型

分形的生成方法大致有以下两种. 第一种分形由初始器按照生成器反复迭代生成, 例如第 6 章介绍的雪片和其他科赫曲线 (图 1). 原始科赫曲线的起始器是一个等边三角形, 生成器

图 1 科赫曲线

是在每边中部三分之一处作一个小等边三角形, 以此类推直到无穷. 三角形可以改变为正方形或水滴形, 生成器的形状也可以改变, 产生多种变体. 第 7 章描述了充满平面 (其实是平面的一部分, 但其分维数为 2) 的佩亚诺曲线, 第 8 章描述了康托尔尘埃 (图 2), 去除一条线段的中间 1/3, 再去除剩余两段的中间 1/3, 直至

无穷. 以上三种分形在分形理论的发展中起了很大作用. 此外, 第 14 章引入树枝状分叉分形, 包括全部点都是分支点的谢尔平斯基垫片 (应用于埃菲尔铁塔、临界逾渗群集和科赫金字塔等)、三元谢尔平斯基地毯、三元分形泡沫、三元分形海绵和以上各项的非三元变体. 第五篇引入非标度分形, 其中第 15 章首

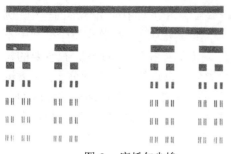

图 2 康托尔尘埃

先叙述了如何改变康托尔尘埃的生成 (例如逐渐减少去除的中间部分而不是恒为 1/3, 当然也因此失去了标度性), 使之具有正测度. 然后引入具有正体积的曲面和具有正面积的曲线. 第 16 章引入的是有标度剩余物的非均匀分形, 剩余物的形象化例子就是一棵树的树干, 它是无标度的. 第 17 章把 "树" 的各个分枝用厚管代替, 讨论它对肺、血管系统、植物树、河流网等的模拟.

第二种分形通过映射和迭代得到. 第 18 章介绍的是自反演分形、阿波罗尼奥斯网和肥皂泡, 它们是通过几何映射得到的. 第 19 章介绍的是通过迭代得到的分形, 例如非常有名且十分美艳的芒德布罗集合 (本书中称为 μ-映射, 图 3)$z \to z^2 - \mu$, 其中 z, μ 均为复数, 取 $z_0 = 0$, 则当 z_n 有限时的所有 μ 构成芒德布罗集合如图 3 所示, 显然其边界 (分隔线) 是分形曲线. 这个映射其实是茹利亚于 1918 年提出的, 现在把 μ 固定而 z_n 有限时的所有 z_0 称为茹利亚集合.

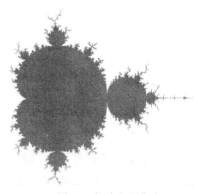

图 3 芒德布罗集合

III 在分形理论中注入随机性

第 21 章把机遇作为建模工具之一,
例如对海岸线, 确定性的算法显然不能满
足其复杂形状, 而加入随机因素会有所帮
助, 比方说可以随机地改变上述科赫曲线
中小三角形的朝向 (图 4). 第 23 章说明
了, 对星系团的研究必须用到随机性, 即
统计均匀的宇宙学原理: 物质的分布遵循
同样的统计规律, 无论参考系如何. 第八
篇 (第 23—26 章) 瞩目于有层次 (由各层

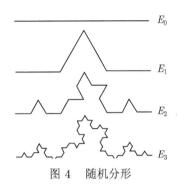

图 4 随机分形

叠加构造, 每层都包含有更多细节) 的随机分形. 其中第 23 章随机化了凝乳过程,
随机性也用于勾勒噪声的康托尔模型 (第 8 章)、星系的空间康托尔尘埃模型 (第
9 章)、一个湍流间歇性模型 (第 10 章) 等. 第 24 章主要介绍了弯折曲线——科
赫曲线的一种新的随机化形式. 第 26 章定义了其他 "随机中点位移" 分形.

IV 布朗运动和布朗函数

布朗是本书中出现频率最高的词, 共出现 468 次. 读者多半知道, 最早观察到
的布朗运动是水中花粉的无规则运动, 这是一种热运动, 一种极其简单且无结构
的情形, 其轨迹是一条连续但不可微的曲线, 许多有用的分形都是布朗运动缜密
的变体. 在第 25 章中, 随机佩亚诺曲线构造了平面布朗轨迹和布朗分形网, 指出
布朗轨迹是 "无褶皱的"、自相似的; 而布朗函数是自仿射的, 布朗函数的零集是自
相似的. 也可以通过在点阵上的随机行走而产生布朗运动. 第 27 章至第 35 章研
究平移和标度不变性二者都不受限制的分形. 第 27 章研究广义布朗运动 $B_H(t)$,
本书中称为分数型布朗运动, 它是高斯型的, 其 δ 方差等于 $|\Delta t|^{2H}$, 这里的指数
$2H$ 是一个分数, 而 $H = 1/2$ 对应于普通的布朗运动. 前面提到的第 28 章和第
29 章以及彩图版, 应用布朗函数和分数型布朗函数生成了与真实地貌如山脉、海
岸线、泛大陆、泛古洋、岛屿、湖泊、盆地、行星等十分相似的图形.

V 分形理论中用到的数学

作为分散在各章数学内容的归纳和补充, 作者专门写了第 39 章数学背景与
补遗, 该章把分散在各处的复杂数学公式、数学定义及参考文献汇集在一起, 加上
数学和其他方面的一些补充. 其内容的条目如下:

(自-) 仿射性与自相似性

布朗分形集

维数及用球覆盖一个集合 (或它的补集)

(傅里叶) 维数与直觉推断法

分形 (关于分形的定义)

豪斯多夫测度与豪斯多夫–伯西柯维奇维数

指示/余指示函数

莱维稳定随机变量与函数

利普希茨-赫尔德 (Lipschitz-Hölder) 直觉推断

中线和跳跃多边形

音乐: 两个标度性质

无腔隙分形

佩亚诺曲线

位势和容量, 弗罗斯特曼维数

截断下的标度

相似维: 它的缺点

平稳性 (程度)

用 R/S 作统计分析

魏尔斯特拉斯函数及其家族, 紫外与红外突变

但这些条目是提纲挈领式的, 并无详细论证. 需要深入了解的读者请参看文献 [8–11].

VI 人物传记

第 40 章是与分形理论密切相关的一些学者的小传, 他们往往是所谓的标新立异者, 不为当代人所理解, 其生平事迹也鲜为人知. 作者做了很大努力从古老、罕见和秘藏的文献中找到需要的资料, 再经由他的生花妙笔, 写出了一个个生动且颇有教益的故事, 不但使读者兴趣盎然, 更使他们受益匪浅. 这里不妨先简单介绍一下.

路易·巴舍利耶早在爱因斯坦之前五年就已详细描述了布朗运动数学理论的大部分真正了不起的结果. 他还发现了所谓的维纳函数或维纳-莱维函数的一些重要性质. 他也是概率扩散理论的创始人. 他的悲剧在于, 他是一个不合时宜的人, 他属于过去或者未来, 而不属于当下, 因此他一生郁郁不得志.

傅尼埃·达尔博选择当一名自由投稿科学记者和发明家: 他构造了一个使盲人能够 "听到" 字母的感觉代偿器, 他第一个在伦敦发送了电视信号. 他是以足够精确的语言重述关于银河系星团这个古老直觉 (可以追溯到康德及其同时代人兰勃特) 的第一人.

哈罗德·埃得温·赫斯特被认为可能是自古以来所有尼罗河学者中最重要的一位. 他得到了一个表达式 $R(d)/S(d)$, 芒德布罗提出的分数型布朗运动模型, 是对赫斯特现象的直接响应.

保罗·莱维是作者认为最接近于他的导师的人. 但莱维被保守当权派所疏远, 多次未能得到原来属于庞加莱的大学教职, 直到快 80 岁时, 他才终于在巴黎科学院取得了原来属于庞加莱, 后来属于阿达马的席位. 他独自工作, 把概率论从一些古怪的结果变成了一门学科, 他可能是有史以来最伟大的概率论学者.

刘易斯·弗莱·理查森是一个十分有趣并且富于创造性的人, 他的科学工作是独创性的, 有时难以理解, 有时却通过清晰得出人意料的例证阐释得明明白白. 他的主要成就在湍流研究, 并预见了利用数值过程进行天气预报的重要性. 他还是一位细致而成功的实验家.

乔治·金斯利·齐普夫起初是一名文献学家, 但他后来称自己为统计人类生态学家. 他的《人类行为与最小努力原则》是那种在很多方面闪烁出天才火花的书. 在社会科学统计学中, 他提出这样一条经验法则: 数学上的便利与经验拟合程度的最佳组合经常是由一个标度可变的概率分布给出的. 芒德布罗偶然读了这本书的一篇书评, 这极大地影响了他的早期科学工作.

VII　"分形" 和其他赋予专门意义的词

芒德布罗由拉丁语形容词 fractus 创造了新词 "分形"(fractal), 用来描述支离破碎和粗糙的形状, 见第 6 页, 并贯穿全书. 他还赋予一些常用词在分形几何学中的专门意义, 为方便读者, 特汇总如下.

驯服 (tame)——掌握、透彻研究, 见第 6 页及以后.

奇怪折线 (teragon)——折断每一直线段, 把初始器用程度不断递增的折线来代替, 见第 39 页.

通铺覆 (pertiling)——表示遍地铺覆砖块的形状, 见第 50 页.

尘埃 (dust)——特别是康托尔尘埃, 是按一定规律散布在线上的点, 见第 8 章.

孔洞 (trema)——小孔, 例如康托尔尘埃中间被挖空的 1/3; 前凝乳 (precurd)——如上挖空中间 1/3 以后, 全部物质被保存并均匀分布的外部两段; 凝乳 (curd)——前凝乳的极限; 乳清 (whey)——凝乳以外的空白; 凝乳化 (curdling)——由收缩而引起不稳定的任何级联. 见第 81 页.

乳酪 (cheese)——海绵状分形, 如埃门泰勒乳酪和阿平采勒乳酪, 见第 139 页.

间隙 (gap)——通用说法; 腔隙 (lacunarity)——分形中很大的间隙; 细孔 (succolarity)——分形中容许逾渗的纤维; 卷云 (cirri)——分形中薄膜状羊毛般云状物; 纹理 (texture)——分形中的以上特征. 见第 34 章.

地毯 (carpet)——由正交点阵组成, 如谢尔平斯基地毯; 垫片 (gasket)——该分形的全部点都是分支点, 如谢尔平斯基垫片, 由三角形点阵组成, 使用垫片这个词意含防止泄漏的功能; 树枝状 (ramification)——指地毯、垫片、海绵、泡沫状的分形. 见第 14 章.

VIII　关于本书插图的说明

本书的插图十分丰富但编排方式与读者习惯的有所不同. 一是较简单的小图无编号, 紧靠引用它的文字; 二是重要的图集中在章末, 作为一个或多个所谓的图版, 一个图版上可以有一张图或多张图, 图所在的页码即为图版编号, 一个图版可以占一页或多页, 也可以与正文或与其他图版分享同一页面. 在后一种情形下, 其间有箭矢形分隔线. 三是每个图版都有一个统一的标题, 标题不一定在图版的下方, 尤其对同一图版有几幅图的情形, 标题很可能在图版的首行. 标题以下一般有详细说明, 用楷体排印, 以为醒目. 彩图版置于书末, 按顺序编号, 其标题多数位于图版的首行.

(三)　分形理论的奠基者——芒德布罗

分形理论的奠基者芒德布罗堪称 20 世纪的一位传奇学者. 他的回忆录 [12] 极为生动地描述了他成功的曲折历程. 回忆录书首的以下概述十分精辟地总结了他的一生.

"毕业于巴黎综合理工学院, 伯努瓦·芒德布罗在巴黎大学取得博士学位并作为研究科学家在 IBM 度过了 35 年. 以分形几何学之父著称, 他改变了我们对信息论、经济学、湍流、非线性动力学与地球物理学的理解. 他于 2010 年去世."

芒德布罗于 1924 年出生于华沙的一个立陶宛犹太家庭, 他的父亲是一位成功的服装商人, 母亲是牙医, 他的小叔叔索莱姆 (Szolem) 是一位数学家, 对他的成长有很大影响, 然而芒德布罗并未囿于传统数学而独辟蹊径, 创立了全新的分形几何学. 芒德布罗的童年是在华沙度过的, 他当时就把开普勒作为心中的楷模. 开普勒熟悉古希腊几何学中的椭圆概念, 他意识到古希腊天文学家发现的行星对圆形轨道的偏离其实是正常现象——真正的轨道是椭圆形的. 取得这样的成就, 是他始于童年的梦想. 他成功了, 运用一些非传统的数学工具, 创立了处理粗糙形状的分形几何学.

感受到希特勒纳粹势力扩张的威胁, 他的家庭抛弃了一切 (包括在华沙的房产和母亲的牙医生涯) 于 1936 年流亡巴黎. 三年后纳粹占领了法国. 芒德布罗一家当然也受到迫害. 他的父亲曾被送往集中营, 幸而在途中被反抗力量解救, 远离人群转向小路而得以在纳粹飞机扫射下幸存. 他与弟弟被送往乡下, 还当过一年学徒, 在好心人帮助下完成了学业. 芒德布罗以最优异的成绩毕业, 并且展示了他的几何才能. 29 年后他遇到当年的数学老师, 被告知当年这位老师及其父亲 (也是数学老师) 费尽心机寻找难题, 使他不能很快用几何方法破解, 但从未成功.

1944 年纳粹从法国溃退, 芒德布罗得以从当年年底起参加了法国最好的两所大学——巴黎综合理工学院和巴黎师范大学的入学考试. 在巴黎综合理工学院的数学考试中, 他得了 20 分中的 19.75 分, 一般顶级学生只能得到 16 分左右, 并且从来没有人得过满分. 他被公认为是当年最好的学生. 然而在选择入读的大学时, 家庭成员给出了截然不同的建议. 小叔叔当然主张以物理和数学为主的师范大学, 父亲则主张重视工程的综合理工, 因为他经历了六次从头开始, 认为必须有实用技能作为谋生手段. 芒德布罗去师范大学试读了一天, 感觉这里沉闷的经典学院氛围与自己格格不入, 第二天便退学就读于巴黎综合理工学院. 巴黎综合理工学院原来是一所土木工程学院, 拿破仑把它改造成为军事工程学院, 不少校友为 1800—1850 年间法国科学的兴旺做出了贡献. 而后又有 1873 级的庞加莱等名人, 芒德布罗得到了几位出色的数学和物理教授的教导, 特别是本书中多次提到的茹利亚和莱维.

1947 年毕业后, 芒德布罗去加州理工攻读硕士. 他原来希望受到冯·卡门的教导, 但后者那时已旅居巴黎. 芒德布罗觉得加州理工当时处于低谷, 但他还是学到了很多知识, 特别是在湍流方面, 这对他以后的研究大有帮助. 1949 年, 他作为法国空军工程师服役一年. 1950 年, 他进入巴黎大学数学系攻读博士学位, 同时在菲利普电器公司工作. 当时的惯例是博士生需自行选题并完成论文, 最后由导师审定通过. 芒德布罗论文的第一部分是关于齐普夫的词汇频率分布, 灵感来自他有一次乘地铁时为了打发时间而读了他的小叔叔从废纸篓里找出来的一篇书评. 第二部分是关于广义统计热力学的理论基础.

1952 年取得博士学位以后, 芒德布罗去麻省理工学院, 在信息论鼻祖维纳处做了一年博士后, 又去普林斯顿大学一年, 做了计算机之父冯·诺依曼的最后一名博士后. 期间在火车上邂逅原子弹之父奥本海默, 他对芒德布罗的词汇频率可能导致负温度颇感兴趣, 邀请芒德布罗为他组织的讲座上了一课. 芒德布罗在普林斯顿大学时还有一段插曲. 他应邀做了一个学术报告, 内容与上述的负温度有关. 报告结束后被一位巴比伦天文学史学家怒斥为无稽之谈. 正在尴尬之际, 奥本海默起身为他辩护, 然后是冯·诺依曼. 他们两位都以观察敏锐、总结深刻、言简意赅著称, 于是声讨会瞬间变身为庆功会.

芒德布罗此后试图找到一个稳定长久的职业, 但当时在美国没有机会. 他回到法国, 在国家科学研究中心工作了一年 (1954—1955 年), 他自述这段时间对他学术生涯的最大帮助是进一步与莱维交往并遇到了湍流专家柯尔莫哥洛夫. 然后日内瓦的一个大学的多学科中心需要一位助理教授, 芒德布罗因在美国的博士后经历很适合, 于是应邀前往. 在那里工作了两年, 并结婚生子. 1957 年秋, 法国的大学有了一些空缺, 芒德布罗便回到巴黎, 在乘火车到巴黎两小时的里尔做了一年教授, 但他感觉法国大学的氛围不适合他这样的标新立异者. 1958 年, 一位在普林斯顿大学的熟人介绍他去 IBM 的纽约研究中心做暑期工作, 负责人的一席话打动了他: "也许您打算从事纯科学研究. 非常好! 我们有大把激动人心和回报丰厚的项目可供选择. 有的人甚至梦想成为大科学家. 好极了! 我们很容易供养几位大科学家做他们自己想做的事情." 于是他下定决心, 举家移民美国, 在 IBM 的巨大研究机构、高要求的学术环境和多学科的交流场地, 开始了他硕果累累的学术生涯, 直到 1993 年 IBM 撤销纯理论研究部门. IBM 造就了芒德布罗这位奇才, 芒德布罗也为 IBM 扬名, 这是一个典型的双赢局面.

芒德布罗在 IBM 的第一项主要工作于 1962—1963 年进行. 他写了一篇有关个人收入分布的长篇论文, 该论文引起了哈佛大学的注意, 经济系邀请他去工作一年. IBM 的管理层很高兴也很惊讶这位不起眼的雇员得到了哈佛的青睐, 此后对他更为关注. 在哈佛的第一次讲座开始前, 芒德布罗在主持人办公室的黑板上看到一张图, 简直与他的个人收入分布图如出一辙. 芒德布罗十分惊讶地获悉, 这其实是棉花期货价格变动图. 因此, 他的结果也可以适用于有更普遍意义的价格变动. 传统理论的要点是价格呈正态分布, 彼此之间无关, 而芒德布罗认为价格之间有很强的依赖性, 并且离群值不可忽略.

1963—1964 年, 芒德布罗通过 IBM、哈佛、麻省理工、耶鲁进行了经济学、工程学、数学和物理学分形理论的研究. 对河流的研究促使他对自相似与自仿射分形的研究, 他认为银河系的分布是分形的, 电话中的噪声是长尾分布而不是正态分布. 芒德布罗试图在哈佛、麻省理工、芝加哥大学等取得永久性教职, 但最后还是觉得 IBM 的环境最适合他的研究工作.

1964—1979 年, 以 IBM 为基地, 芒德布罗在不同地点开展了不同领域中的研究工作. 物理学家沃斯于 1975 年加入 IBM, 成为芒德布罗的助手和挚友. 他的广泛兴趣和精湛的计算机技能, 对芒德布罗有很大帮助. 1973 年芒德布罗应邀去巴黎法国学院做学术报告, 为此他作了周详的准备, 开始了本书的 1975 年法语版. 他多次访问瑞典科学院数学研究所. 此后, 该研究所的年度选题多次与分形几何学相关: 1984 年, 芒德布罗集合 (图 5); 1988 年, 布朗运动的 3/4 猜想; 2002 年, 互联网数学、多重分形的应用.

图 5　芒德布罗集合

1979—1980 年的重要成就是对 (二) 之 II 中所述平方映射的研究. 这是一个老问题, 但芒德布罗利用计算机绘图注入了新的内容, 发现了十分著名的芒德布罗集合. 他在哈佛首次讲授的分形课程包括了有关内容, 但当时的哈佛数学系还未准备好接受计算机图形. 芒德布罗集合之所以受到重视, 有以下三个原因: 一是美艳绝伦的计算机图形, 如图 5 及其无数变种; 二是其复杂性, 当时已有人开始研究复杂性的度量, 很多人认为这个集合非常复杂, 简直是神奇地复杂; 三是其纯数学意义. 芒德布罗的论文《复参数和复变量平方映射的分形特征》是这个专题的第一篇论文.

芒德布罗在他 1975 年的法文版书中创造了分形 (fractal) 这个词, 这本书的 1977 年英文版和随后的 1982 年英文版 (每一版都有不少修改增补), 在全球范围内掀起了分形热, 作者被誉为分形之父. 对这一分形热, 译者本人也深有感受, 曾于 20 世纪 80 年代中期发表过有关论文并倡议和参与翻译本书, 于 1998 年出版 [13]. 1982 年 7 月, 芒德布罗组织并主持了在法国库尔舍凡的第一次分形研讨会, 50 位各行各业的学者参加了会议. 此后又有不少研讨会, 瞩目于专门领域中的应用. 有些也同时祝贺他的生日, 例如 IBM 法国分部赞助的圣保罗-德文斯 "物理学中的分形" 研讨会 (65 岁), 他的学生在加勒比海库拉索岛组织的祝寿会 (70 岁), 德国银行赞助的法兰克福金融研讨会 (80 岁), 等等.

芒德布罗一贯向往大学的终身教职, 但长期没有好的机会. 1962 年, 芝加哥大学提供过一个经济学教职, 但第二天就反悔了, 原因是他们担心他的兴趣太广泛, 不会专注于经济学. 直到 1987 年, 幸运自天而降, 耶鲁大学数学系打算换血赶超哈佛和普林斯顿, 通过他的一位朋友劝说他去耶鲁当了副教授, 而后于 1999 年晋升为斯特林终身教授, 期间他也在附近的其他大学和研究所兼职, 直到 2004 年退休.

芒德布罗一生获奖无数, 略举对他印象深刻的数例如下. 1974 年晋升 IBM 研究员可以看作是第一个褒奖, 然后是 1983 年 IBM 部门创新奖和次年的公司创新奖. 第一次来自外部的是哥伦比亚大学 1985 年的科学功勋奖, 该奖项五年颁发一次, 以前的获奖者有爱因斯坦、玻尔、费米等. 1986 年富兰克林奖章, 1988 年施泰因梅茨奖, 施泰因梅茨是残疾人发明家和反法西斯斗士, 也是芒德布罗父亲的偶像, 1990 年获得由 LV 时尚公司颁发的促进艺术科学奖, 芒德布罗开始对这个商人颁发的奖项有点犹豫, 领奖后在法国的一周贵宾待遇却使他们夫妇十分满意. 1989 年以色列哈维奖, 1994 年日本本田奖, 1995 年巴黎市奖牌, 他被要求除了写答谢词以外, 也要代写颁奖词. 2003 年去华沙领取华沙大学与波兰数学学会谢尔平斯基奖牌, 标志着与波兰的道别. 对他而言, 最宝贵的是 2003 年日本复杂性科技奖, 一周的安排展示了日本文化最生动的一瞥, 受奖晚宴上与天皇交谈甚欢, 因为他们都精通英语, 翻译在旁边无事可做.

他被确诊癌症后与其助手迈克尔·弗雷姆 (Michael Frame) 交谈, 弗雷姆提到了他多年来的成就, 但芒德布罗关注的是, 他对想做但还未做完的事感到遗憾, 其一是负的维数, 问题是: "[两个集合] 相交得到负数有意义吗? " 其二是能否对维数相同但看来颇为不同的分形的腔隙进行度量 (图 6).

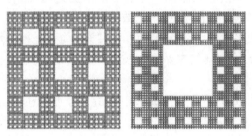

图 6   腔隙如何度量?

芒德布罗对中国十分友好. 他曾于 1996 年来华访问, 在北京与 1998 年中译本校者黄永念见面并慷慨授予中译本版权. 他在耶鲁大学的个人网页上还专门标注了他的中文名字 (根据名词委译名, 现翻译为: 伯努瓦·芒德布罗). 这个主页如图 7, 现在还可以在耶鲁大学网站上找到.

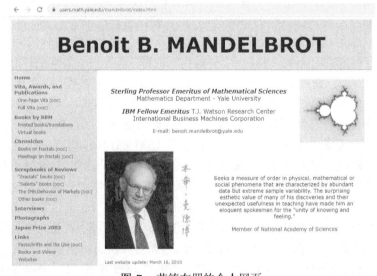

图 7   芒德布罗的个人网页

最后值得一提的是芒德布罗的两次 TED[①]讲演. 1984 年 2 月的第一次 TED

---

① Technology, Entertainment, Design——技术、娱乐和设计, 其口号是 "值得推广的思想". 始于 1984 年, 1990 年以后每年举行一次讲演会, 2006 年开始在网上免费发布. 讲演者都是著名的科学家、工程师、政治家、艺术家. 观看次数在 2012 年 11 月已超过 10 亿次.

演讲就是他所做的, 正值本书英文版原本出版后不久. 第二次是 2010 年 2 月, 他去世前 8 个月. 芒德布罗依然精神抖擞地走上讲台, 因需要坐下而向听众致歉. 然后他用生动幽默的语言介绍了分形理论, 过程中多次引起会意的笑声和掌声. 他特别提到, 1990 年他来到英国剑桥大学领奖, 三天后, 报纸刊登了一位飞行员拍摄的麦田怪圈. 次日, 报社接到了 5000 封读者来信, 说这不是很简单吗, 它就是很大尺度的芒德布罗集合呀! 芒德布罗用以下话语结束了他的讲演:

"无穷无尽的奇迹源于简单的规则, 不断重复永无止境."

(四) 分形理论发展中的重要里程碑

1828 年　布朗运动被发现为热现象.

1875 年　魏尔斯特拉斯的连续但处处不可微函数为世人所知.

1883 年　康托尔尘埃问世, 其实史密斯于 1875 年已经发表类似结果.

1906 年　科赫曲线问世.

1890 年　佩亚诺曲线问世.

1915 年　谢尔平斯基三角形问世.

1918 年　茹利亚集合问世.

1919 年　豪斯多夫维数问世.

1951 年　英国水文学家赫斯特通过多年研究尼罗河, 总结出赫斯特定律.

1951 年　芒德布罗经由对齐普夫定律的兴趣开始介入分形理论研究.

1961 年　芒德布罗在 IBM 研究中心试图解释电话线传输噪声, 最终于 1980 年用标度律取得突破.

1962 年　芒德布罗用标度律解释了期货价格.

1967 年　芒德布罗在《科学》杂志上发表论文《英国的海岸线有多长》.

1975 年　芒德布罗创造 "Fractals" 一词.

1975 年　法文版《分形: 形状、机遇与维数》出版.

1977 年　英文版《分形: 形状、机遇与维数》出版.

1982 年　英文版《大自然的分形几何学》出版, 并引发 "分形热".

1982 年　芒德布罗组织并主持了在法国库尔舍凡的 "分形研讨会".

1991 年　英国帕加蒙出版社创办 *Chaos, Soliton and Fractal* 杂志.

1993 年　新加坡世界科学出版社创办 *Fractal* 杂志.

1998 年　"分形 98 年会议" 在马耳他的瓦莱塔 (5th International Multidisciplinary Conference) 召开.

2003 年　"第三届分形几何和推测学国际会议" 在德国腓特烈罗达召开.

2004 年 "分形 2004 年会议"(8th International Multidisciplinary Conference) 在加拿大温哥华召开.

1982 年以前, 分形理论的研究基本上只在芒德布罗及其挚友中进行. 本书英文原本的出版引发了全球性的 "分形热", 至今仍保持相当热度, 出现了大量研究论文、专著、国际会议和杂志. 例如斯普林格的出版物, 在关键词 "Fracta" 下找到 1008 本, 其中近半年内出版的有 28 本; 在关键词 "Fractals" 下找到 483 本, 其中近半年内出版的有 14 本, 最新的一本是文献 [14].

(五)　翻 译 札 记

2015 年 4—5 月, 接到某出版社向华纲君来电, 说我们的旧译《大自然的分形几何学》(1998 年, 上海远东出版社) 已脱销多年, 但他觉得这本书很好, 有读者需求, 问我有无兴趣重译再版. 这本书是经典奠基作品, 自然值得再版, 而且 20 年前的旧译也明显有许多可改进之处. 当时因内人健康不佳, 我已准备从生产半导体设备的沈阳拓荆科技公司退休, 退休后应该可以安排时间做一些翻译工作.

当然首先要解决版权问题, 经查版权属于作者芒德布罗本人, 但他已于 2010 年去世. 我便向作者最后任职的耶鲁大学查询, 得到他儿子的电邮地址后即去邮咨询, 第二天就接到作者遗孀阿利耶特女士电子邮件: "我是阿利耶特·芒德布罗, 已故伯努瓦·芒德布罗的夫人及其版权继承人. 我给予你许可重印《大自然的分形几何学》, 并希望当完成后得到三本样书." (I am Aliette Mandelbrot, the wife of deceased Benoit Mandelbrot and his heir to the copyright. I give you permission to reprint *The Fractal Geometry of Nature*, and would appreciate getting 3 copies when completed.)

都说良好的开端是成功的一半, 但成功还得努力争取. 向编两次在社内报选题都未成功. 他离职从事法律工作后, 我于去年 5 月向科学出版社报备本书的选题. 科学出版社赵彦超先生调研后, 很快签订了合同. 但原来的合作者中, 永念兄已作古, 守吉兄也因健康状况力不从心, 只能提些意见. 看着近 600 页的中文译文, 我开始发愁. 旧译文需要大刀阔斧地修改, 但还有一些文字可用, 要重新打字一遍, 虽无不可却十分费时且无聊. 正踌躇间, 从学兄叶元培转来的微信得知, QQ 有拍照识别文字功能. 试后大喜过望, 虽然错误不少 (原稿也不甚清晰), 但至少能省去相当一部分枯燥乏味的打字工作了.

于是开始重译, 半年后新型冠状病毒蔓延, 我所在的美国加州成了重灾区, 且愈演愈烈至今仍无消停之势. 更不幸的是内人因中风、心梗、细菌感染等五次住院, 两次入护理院, 如今在家中特别护理. 尽管如此, 忙里偷闲, 或者说打发无眠, 本书终于完成了. 守吉兄提出了不少宝贵意见, 大连理工的王永元教授为本序提供了一些资料, 写作本译者序时除了列出的参考文献外, 也采用了一些网上的信息. 更兼科学出版社赵彦超先生和李静科编辑的辛勤工作, 本书终于得以出版, 在此一并致谢. 最后但并非不重要的, 感谢慷慨授予我中文版权的芒德布罗夫人阿利耶特女士.

凌复华

于美国加州

2020 年 11 月

参 考 文 献

[1] 欧几里得. 几何原本. 程晓亮, 凌复华, 车明刚, 译. 北京: 北京大学出版社, 即将出版.

[2] 欧几里得. 几何原本. 张卜天, 译. 北京: 商务印书馆, 2020.

[3] 欧几里得. 几何原本. 兰纪正, 朱恩宽, 译. 南京: 译林出版社, 2015.

[4] 阿基米德. 阿基米德著作集. 凌复华, 译. 北京: 北京大学出版社, 2022.

[5] 阿基米德. 阿基米德著作集. 朱恩宽, 常心怡, 译. 西安: 陕西科学技术出版社, 2010.

[6] 阿波罗尼奥斯. 圆锥曲线论. 凌复华, 译. 北京: 北京大学出版社, 即将出版.

[7] 阿波罗尼奥斯. 圆锥曲线论 (卷 I—IV). 2 版. 朱恩宽, 等, 译. 西安: 陕西科学技术出版社, 2018.

[8] 张济忠. 分形. 2 版. 北京: 清华大学出版社, 2011.

[9] 陈颙, 陈凌. 分形几何学. 2 版. 北京: 地震出版社, 2018.

[10] 朱华, 姬翠翠. 分形理论及其应用. 北京: 科学出版社, 2011.

[11] Falconer K. Fractal Geometry: Mathematical Foundations and Applications. 3rd ed. New York: Wiley, 2014.

[12] Mandelbrot B. The Fractalist: Memoir of a Scientific Maverick. New York: Pantheon Books, 2012.

[13] 伯努瓦·B. 曼德布罗特. 大自然的分形几何学. 陈守吉, 凌复华, 译. 上海: 上海远东出版社, 1998.

[14] Liu S T, Zhang Y P, Liu C A. Fractal Control and Its Applications. Berlin: Springer, 2020.

作者简历①

1924 年 11 月 20 日生于波兰华沙, 2010 年 10 月 24 日卒于美国马萨诸塞州剑桥.

学历

1945—1947 年　就读并毕业于法国巴黎综合理工学院.

1947—1949 年　就读于美国加州理工并获得航空工程硕士.

1950—1952 年　在职就读于巴黎大学并获数学科学博士.

锡拉丘兹大学、劳伦琴大学、波士顿大学、纽约州立大学荣誉博士

工作经历

1949—1950 年　法国空军预备役实习工程师.

1950—1952 年　菲利普斯电子公司工程师.

1953 年　麻省理工学院信息系维纳的博士后.

1953—1954 年　普林斯顿高等研究院数学学院冯·诺依曼的博士后.

1954—1955 年　法国国家科学研究中心 (CNRS) 支持下的教学与科研.

1955—1957 年　瑞士日内瓦大学多学科中心助理教授.

1957—1958 年　法国里尔大学与巴黎综合理工学院助理教授.

1958—1993 年　纽约 IBM 托马斯·J. 华生研究中心成员 (1958—1974 年), 研究员 (1974—1993 年). 学术休假期间任麻省理工学院研究教授, 哈佛大学经济学、应用科学、数学教授, 耶鲁大学应用数学教授, 阿尔贝尔特·爱因斯坦医学院生理学教授, 南巴黎大学数学教授.

1987—2004 年　耶鲁大学数学科学系, 开始为副教授, 1999 年晋升为斯特林教授, 2004 年退休.

荣誉职务

1982 年起　美国艺术和科学学院荣誉院士.

1987 年起　美国国家科学院外籍院士.

1987 年起　巴黎欧洲艺术科学和人文学院院士.

1989—1993 年　IBM 技术科学院院士.

---

① 译者根据芒德布罗的自传编写, 供读者参考. ——译者注

1998 年版中译本前言

很高兴地听说分形理论已在中国引起了广泛的兴趣, 现在我的书又译成了中文, 这将更方便中国读者阅读, 并进一步提高他们的兴趣. 遗憾的是, 我甚至连一个中文字都不认识, 更不用提欣赏新出版的中文译本了, 当然也不能帮助译者校核他们工作的正确性. 但是书中的插图与文字不同. 事实上, 我的许多著作不是用文字语言写成的, 而是用形态语言, 这是我独创的形态语言, 而形态语言是不需要翻译的!

分形语言与 "老的" 欧几里得语言分别为完全不同的目标服务. 但是许多人告诉我, 他们发现新语言是用眼睛接受的, 更加容易理解. 而且, 这种新语言具有国际性, 它把 "国家" (如中国和美国) 扩展到通常很难交流的不同的 "国家" 类, 如数学王国、物理学王国 …… 甚至还有艺术王国. 的确, 在我一生中的不同阶段, 我曾经在多个领域中工作并作出了贡献, 我为此而感到自豪. 物理学家最初形成的一些想法常常是提出一种所谓 "纯数学的" 新猜想. 另一些想法原本只是想说明一个简单的数学公式, 结果却添加了一些新东西到物理学家为理解大自然所需要的资源中去. 对来自物理学和数学的想法, 如果认真考察并明确执行, 就常常成为心灵中感觉得到的美.

值得注意的是, 我的这些想法始于非常实用主义的原因. 几十年前, 用来表达我思想的词汇, 在几个不同的知识领域中都不能被人理解, 我决定尝试使我的同事们信服, 办法是通过他们的眼睛直接进入他们的思想. 长期以来, 至少在我们西方文化中, 眼睛通常不被科学所信任; 事实上, 对于许多科学家来说, 眼睛是恐惧和决心的对象. 举例来说, 哥特式的伟大歌剧《浮士德》的第 I 卷, 在其著名的一幕中, 魔鬼梅菲斯托穿了浮士德博士 (一位老教授) 的外套, 对一位被吓坏了的学生叙述了各门课程大纲, 他用对两种文化的精彩描述作为结论 (第 2038—第 2039 行):

> 亲爱的朋友, 一切理论皆为灰色,
> 唯生命的金色之树长青.

近两个世纪以来, 理论家们有各种理由拒不承认这位魔鬼的智慧, 而许多数学家和物理学家继续以灰色而自豪, 但是新的工具——计算机已经到来, 计算机使我有可能, 并且已经用分形几何学确认了, 魔鬼不再一定是正确的. 老的理论——它的灰色似乎已经无可指责 (在某些情形下它已被一个世纪的评论所证实)——已经证明会产生出各种图案, 却被认为是深奥莫测的生命和大自然的伪造品.

分形几何学的惊喜之一, 是它有助于把眼睛带回到它们曾被排除在外的科学著作中. 欢迎回来!

伯努瓦·B. 芒德布罗

于耶鲁大学

1997 年 1 月 9 日

又及: 自最早的英文版本于 1982 年问世以来, 在 1982—1991 年的十年间已经出现了大量的分形应用工作. 因此需对著作中的某些内容有所更新, 我已经要求译者把我所了解的有关分形的著作, 以及我自己从 1981 年以来出版的全部论文插入文献中. 由于其中的许多论文即使在西方也难以得到, 而在中国则根本不可能得到, 所以, 斯普林格出版社正在出版一套伯努瓦·B. 芒德布罗选集. 它将收集我的许多出版物、一些译著和以前未曾出版的多种著作. 在本书文献中, 把包括在这个选集中的论著标以记号 S.

前　言

本书基于我 1977 年所写的书《分形: 形状、机遇与维数》, 并替代了其中的很大一部分, 而后者又基于我 1975 年所写的法文书《分形: 形状、机遇与维数》, 并替代了其中的很大一部分. 每个版本都有新的风格、一些删节和大量重写, 几乎影响到每一章节, 有些补充涉及我以前的工作, 而 (最重要的) 详细补充则涉及新的发展.

R. F. 沃斯 (Voss) 对 1977 年版和本版作出了实质性的贡献, 特别是在设计绘制方面, 而今又重新设计绘制了分形图片、大多数地貌图以及行星图. 本书中许多新的引人注目的插图由艾伦·诺顿 (V. Alan Norton) 编程绘制.

其他宝贵的长期紧密合作者有: 计算机绘图方面的西格蒙德·W. 汉德尔曼 (Sigmund W. Handelman) 和其后的马克·R. 拉夫 (Mark R. Laff), 编辑和打字方面的凯瑟琳·迪特里希 (Catharine Dietrich) 和其后的贾尼斯·T. 里兹尼巧克 (Janis T. Riznychok).

在本书正文末的文献目录之后, 还将分别对计算机绘图程序的设计者和其他提供了特别帮助的人致谢.

我深深地感谢国际商用机器公司华特生 (Thomas J. Watson) 研究中心对我的研究和写作的支持. 当我的书还在虚无缥缈之中时, 作为小组负责人、部门领导人, 而现在是研究主任的 IBM 公司副总裁拉尔夫·E. 戈莫利 (Ralph E. Gomory) 就想了种种办法来保障和支持这本书的写作, 现在更给予我所需要的一切支持.

我的第一篇科学论文发表于 1951 年 4 月 30 日. 多年来, 许多人觉得我的每项研究的方向都不相同. 但这种表面上的无序性只是一种错觉, 在它们的背后有明确的统一目标, 本书及以前的两个版本正是试图阐释这个目标. 聚沙成塔, 我的大多数工作成了一门新学科的产前阵痛.

目　　录

第十一篇　其他

第十二篇　人物与思想

第一篇
引　言

第 1 章 论 题

为什么几何学常常被描述为"冷酷无情"和"枯燥乏味"的? 原因之一是它无力描述云彩、山岭、海岸线或树木的形状. 云彩不是球体, 山岭不是锥体, 海岸线不是圆周, 树皮并不光滑, 闪电更不是沿着直线传播的.

更为一般地, 我要指出, 自然界的许多图形是如此不规则和支离破碎, 以致与欧几里得几何学——本书中用这个术语来称呼所有标准的几何学——相比, 自然界不仅具有较高程度的复杂性, 而且更具有完全不同层次上的复杂性. 自然界各种模式中的长度标度, 对所有实际应用而言都是无限的.

这些模式的存在, 激励着我们去探索那些被欧几里得几何学搁置一边, 认为是"无形状可言"的形状, 去研究"无定形"的形态学. 然而数学家们蔑视这种挑战, 他们越来越多的选择是, 想出种种与我们看得见或感觉得到的任何东西都无关的理论, 来逃避大自然.

作为对这个挑战的回答, 我构思和发展了大自然的一种新的几何学, 并在许多不同领域中找到了它的用途. 它描述了我们周围的许多不规则和支离破碎的形状, 并通过鉴别出一族我称为分形的形状, 建立了相当成熟的理论. 最有用的分形包含机遇, 无论是它们的规则性还是不规则性都是统计意义上的. 而且这里所述的形状还是趋于标度的, 意味着其不规则程度和/或支离破碎程度在所有不同的尺度下都是等同的. 豪斯多夫 (Hausdorff) 分形维数的概念在本书中起着核心作用.

一些分形集合是曲线或曲面, 另一些则是互不连接的"尘埃", 还有一些的形状是如此奇怪, 以致无论在科学或艺术中都找不到合适的术语来称呼它们. 我们鼓励读者现在就浏览一下书中的插图, 看看它们到底是什么样子!

这些图中有许多形状是以前从未考虑过的, 另一些则表示已知的构造方式, 但常常也是第一次作出的. 事实上, 虽然分形几何学出现于 1975 年, 但它的许多工具和概念却在以前 (由于与我的目的完全不同的其他各种目的) 就发展起来了. 通过把旧石料砌入新结构中, 分形几何学能够"借用"非常广泛而又严格的基础, 很快导出数学中引人注目的许多新问题.

尽管如此, 本书仍恪守其宗旨, 既不追求抽象性也不追求一般性, 它既不是教科书也不是数学专著. 尽管本书很厚, 我却把它看成一篇科学随笔, 因为它是用个人的观点写成的, 并不追求尽善尽美. 像许多文艺随笔一样, 常会兴之所至, 离题闲聊. 这种不拘形式的行文或许能使读者增加兴趣, 更易理解. 全书中有许多数学

上 "容易" 的部分, 特别是接近结尾处. 读者不妨浏览和跳过这些, 至少在头一两次阅读时.

目标陈述

本书集不同学科的众多分析于一体, 促进了一种新的数学和哲学的综合. 因此, 它既是范例集, 又是宣言书. 而且, 它还展示了一个富于艺术美的全新世界.

科学范例集

医生和律师分别用 "病例集" 和 "案例集" 来称呼有共同主题的实际病例和案例的汇编. 而科学上尚无相应的专门名词, 我建议我们应用 "范例集①" 这个名词. 重要的范例需反复关注, 不很重要的也值得评述; 常常可利用已有的范例缩短讨论.

有一个范例的研究, 涉及一种熟知的数学方法在一种众所周知自然现象中的杰出应用, 即物理学中布朗 (Brown) 运动的维纳 (Wiener) 几何模型. 令人惊讶的是, 我们遇到的并非维纳过程的新的直接应用, 根据该理论, 在我们所处理的各种复杂程度较高的现象中, 布朗运动只是一种特殊情形, 一种极其简单且无结构的情形. 然而, 我们还是把它包括在内, 因为许多有用的分形是布朗运动的缜密变体.

另一些范例研究则主要报道我本人的工作、前分形先例, 以及鉴于一些学者对本书早期的 1975 年和 1977 年版本的反应而作出的扩展. 有些范例与随处可见的山脉和类似物体的现实世界相关, 从而最终实现了几何这个术语长期以来所许诺的内容. 但其他范例述及亚微观的集聚物——物理学的主要研究对象.

实质性的论题有时是深奥的. 在另一些情况下, 即使论题是熟知的, 它的几何方面也尚未被适当地探讨过. 对此值得重温庞加莱 (Poincaré) 的评论: 有些问题是人们选择提出的, 而另一些则是自行提出的. 如果一个问题老是被提出而无反应, 那么它势必将遗留给下一代.

由于这个困难, 前几版的书中强调指出, 分形方法既是有效的又是 "自然" 的. 人们不仅不应该抵制它, 反而应该为怎么到现在才发现这种方法而感到奇怪. 又为了避免不必要的争议, 在我的早期版本里尽量缩小以下各项之间的不连续性: 标准的和其他已发表材料的阐述、采用新的变更的阐述, 以及采用我自己的思想和结果所作的说明. 在本书中则与此相反, 我清楚地说明了谁做了什么贡献.

最应强调的是, 我并未把分形观点看作万灵妙方, 每个范例研究都应根据它所在领域内的准则来加以检验, 也就是, 多半是基于它在组织、说明和预测方面的

---

① 病例、案例、范例的英语词都是 "case". ——译者注

力量, 而不是作为数学结构的一个例子. 因为每一个范例研究都必须化简以使它成为真正的技术性问题, 读者若欲知其详, 可查阅其他文献. 这种做法使得本书从头至尾都是序言性的 (效仿 (d'Arcy Thompson, 1917)). 任何期望过多的专家都将会感到失望.

宣言书: 大自然的几何学具有分形的面貌

现在, 把下面这些前奏放在一起的理由在于, 其中每一个都能帮助人们理解其他的, 因为它们享有共同的数学结构. F. J. 戴森 (Dyson) 对我的这个题目给出了一个有说服力的总结.

"分形这个词是芒德布罗发明的, 以便把那些在纯数学的发展中 (不变) 历史性作用的一大类对象放在一个标题之下. 一个重大的思想革命分隔了 19 世纪的经典数学与 20 世纪的现代数学. 经典数学扎根于规则的欧几里得几何结构和连续演化的牛顿 (Newton) 动力学. 现代数学开始于康托尔 (Cantor) 的集合论和佩亚诺 (Peano) 的充满空间的曲线. 历史地看, 革命的出现是由于发现了不适合欧几里得和牛顿模式的数学结构. 这些新的结构曾被看作是 ······ '病态的' ······ 是'怪物的画廊', 是立体派绘画艺术和无调性音乐的近亲, 因为它们在几乎相同的时期内破坏了艺术中已经确立的欣赏标准. 创造这些怪物的数学家认为它们是重要的, 因为这说明了纯粹数学世界包含着极大可能性, 远远超过在大自然中能看到的简单结构. 20 世纪数学的繁荣在于相信它完全超越了由自然根源所加的限制."

"现在, 正如芒德布罗所指出的 ······ 大自然同数学家开了一个玩笑. 19 世纪的数学家也许缺乏想象力, 然而大自然却并非如此. 数学家为了逃脱 19 世纪的自然主义而发明了一些病态结构, 其实是环绕我们的熟知物体中所固有的[①]."

简言之, 我证实了布莱兹·帕斯卡 (Blaise Pascal) 的观察; 想象力总是先于大自然而枯竭. ("L'imagination se lassera plutôt de concevoir que la nature de fournir.")

尽管如此, 分形几何学并非 20 世纪数学的直接 "应用". 它是数学危机的一个晚产的新领域, 这个危机始于迪布瓦·雷蒙 (duBois Reymond) 于 1875 年首次报道魏尔斯特拉斯 (Weierstrass) 构造的连续而处处不可微函数 (见第 3, 39 和 41 章). 这个危机大约延续到 1925 年, 主要人物有康托尔、佩亚诺、勒贝格 (Lebesgue) 和豪斯多夫. 这些姓名, 以及伯西柯维奇 (Besicovitch)、波尔查诺 (Bolzano)、切萨罗 (Cesàro)、科赫 (Koch)、奥斯古德 (Osgood)、谢尔平斯基 (Sierpiński) 和乌雷松 (Urysohn) 等, 在对大自然的经验性研究中通常并不出现, 然而我要强调指出, 这些天才们工作的影响, 远远超出了原定的范围.

---

① 引自 "Characterizing Irregularity" by Freeman Dyson, Science, Mar 12, 1978, vol. 200, no. 4342, pp. 677-678. Copyright © 1978 by the American Association for the Advancement of Science.

我将说明, 在他们十分狂野的创造背后, 他们自己及其几代后继者都不知道, 对所有那些试图通过模仿大自然而赞美它的人而言, 有着一个趣味盎然的世界.

我们再一次为若干过去发生的事件曾经导致我们所期望的东西而感到惊讶, "数学语言显示了它在自然科学中不合理地有效 ……, 一个神奇的礼物, 既不是我们能理解的, 也不是我们应得的. 我们应当为此高兴, 并希望它会在将来的研究中继续有效, 不管是好是坏, 它都会给我们带来快乐, 虽然或许使我们感到困惑, 但它将扩展到广阔的研究领域". (Wigner, 1960)

数学、大自然和美学

此外, 分形几何学揭示了, 数学中若干最严密最正规的部分里, 有一个隐藏的面容: 人们至今从未想到过的纯洁可塑的美丽世界.

"分形" 和其他新词

在拉丁语中有一句谚语 "正名就是求知". 直到我开始研究上一节中所提到的那些集合之前, 还不需要用一个专门术语来称呼它们. 然而, 随着经典怪物因我的努力而被驯服和治理, 也因为许多新的怪物开始出现, 就越来越需要有一个专门术语了. 这件事情因为需要给本书的第一版取一个书名而显得十分迫切.

我由拉丁语形容词 fractus 创造了词 "分形"(fractal). 相应的拉丁语动词 frangere 意味着 "打破" 而产生不规则的碎片. 因此这是合情合理的——而且对我们的需要是如此合适! 也就是, 除了 "fragmented" (破碎的) (如像在 fraction [片断] 或 refraction [折射]) 中, fractus 也应当意味着 "不规则", 这两个含义都被保存在 fragment (碎片) 中.

正确的发音是 frac′tal, 重读音节与 frac′tion 相同.

对组合词 "分形集合" (fractal set) 将给出严格的定义, 但对组合词 "自然分形" (natural fractal) 将只是随意地用于指明一种实际上能由分形集合表示的自然模式. 例如, 布朗曲线是分形集合, 而物理上的布朗运动是一种自然分形.

[因为代数 (algebra) 起源于阿拉伯词 jabara, 意即结合在一起, 分形和代数在语源上正好是相互对立的!]

更一般地, 当我巡弋新发现或新开拓的领地时, 我常常深受感动而行使为它的地标取名的权利. 通常, 谨慎地取一个新的名称要比在一个常用的术语中加入新的意义更好些.

我们必须记住, 一个词的普通含义常是如此根深蒂固, 以致无论怎样重新定义, 都不能予以改变. 正如伏尔泰 (Voltaire) 在 1730 年所说: "如果牛顿未曾用过'吸引' 这个词, 那么 (法国) 科学院的每个成员都将瞠目结舌; 然而遗憾的是他在伦敦使用了在巴黎带有嘲笑意思的这个词." 而短语如 "相对于银河系分布的施瓦茨 (Schwartz) 分布的概率分布" 简直是糟糕透顶.

本书中创造的术语, 通过选取很少使用的拉丁语和希腊语词根如 "孔洞" (trema), 以及极少另作他用的工厂、家庭和农场中的固定词汇, 来避免任何不明确性的风险. 家庭中使用的名称使那些怪物变得容易被驯服! 例如, 我赋予 "尘埃" (dust)、"凝乳" (curd) 和 "乳清" (whey) 以学术上的含义. 我还提倡用 "通铺覆" (pertiling) 来表示遍地 (=per) 铺覆砖块的形状.

对目标的再次说明

总之, 本书叙述了我建议的对许多具体问题 (包括一些很古老的问题) 的解答, 所借助的数学工具, 有些看来是很古老的, 但它们从未以这种方式应用过 (除了对布朗运动的应用). 这种我们能够用数学处理的范例, 以及这些范例的推广, 成为一门新学科的基础.

我敢肯定, 当科学家们发现多种被他们称为颗粒状的、多源的、中介的、丘疹状的、有麻点的、树枝状的、海藻状的、奇怪的、缠绕的、弯扭曲折的、扭动的、纤细的和皱折的等东西都可以用严格的和有效的定量方式来处理时, 他们会感到既惊讶又高兴.

我希望, 当数学家们发现那些一直被认为是例外的集合 (Carleson, 1967), 在某种意义上是一种常规, 原以为是病态的构造却应当自然地出自非常具体的问题, 以及对大自然的研究应当有助于解决老问题并产生如此之多的新问题时, 他们将感到惊讶和高兴.

尽管如此, 本书还是避免了各种纯粹技术性的难点. 这本书主要是为不同科学家的群体服务的. 每个题目的表述都从具体的专门范例开始. 分形的本质意味着期望读者逐步发现, 而不是由作者和盘托出的.

而艺术是能够自娱自乐的. ■

第 2 章　大自然中的不规则性和支离破碎性

"所有的绚丽都是相对的 ……. 我们不应当因为海岸不像防洪堤那样规则, 便认为它是畸形的; 也不应当因为山峰不是精确的金字塔或圆锥体, 便认为它是变形的; 又不应当因为星星的间距并非均等, 便认为它们分布不当. 这些并非大自然的不规则性, 而只是在我们的想象中以为如此而已; 它们对生命的真实应用和人类在地球上的存在也并无不便." 17 世纪英国学者理查德·本特利 (Richard Bentley) 的这种看法 (本书开卷语中有所反映) 表明, 把海岸线、山脉和天空的模式收集起来, 与欧几里得几何相对比, 是一种早已有的想法.

出自让·皮兰 (Jean Perrin) 笔下

下面转向在时间上和专业上都更为接近的说法. 为了详细说明本书将研究的海岸线、布朗轨迹以及大自然中其他图形的不规则性和支离破碎性, 让我来展示文献 (Perrin, 1906) 中一些段落的意译. 皮兰因对布朗运动的后续工作而获得诺贝尔奖, 并推动了概率论的发展. 但我这里的摘录出自他早年的一篇哲学论文. 虽然该文后来在文献 (Perrin, 1913) 的前言中有所提及, 但直到我在本书的第一版中 (法语) 做了摘引, 这篇文章却从未受到注意. 我注意到这篇文章已为时太晚, 因此它并未对我的工作产生实质性的影响, 但它在我感到困难之时鼓励了我, 并且它的说服力是无与伦比的.

"众所周知, 在给出连续性的严格定义之前, 一位好教师会指出, 初学者已经具有了作为这种概念的基础的想法. 他作出一条良性定义的曲线, 并拿着一把尺说: '你们看, 每一点上都有一条切线.' 或者, 为了阐明运动物体在其轨迹上某一点的真实速度这个概念, 他说: '你们看, 当两个相邻点彼此无限靠近时, 这两点之间的平均速度当然不会有很大的变化.' 就一些熟悉的运动而言, 许多人似乎觉得这种观点足够正确, 却没有看出它涉及了相当大的难点.

"然而数学家当然知道, 如果通过画一条曲线来说明每个连续函数有导数, 那未免太幼稚了. 虽然可微函数是最简单和最容易处理的, 它们毕竟是特殊的. 用几何语言来说, 没有切线的曲线是常规的, 而规则曲线如圆周, 虽然很重要, 却是十分特殊的.

"乍看起来, 考虑一般情形似乎只是一种智力测验, 它需要聪明才智, 但它是人为的, 它对绝对准确性的渴望达到了荒谬的程度. 那些听闻没有切线的曲线或没有导数的函数的人, 常常马上认为自然界既不会显示这种复杂性, 甚至也不会提示这种复杂性.

"然而实际情况正好相反. 数学家的逻辑比物理学家的实际想象力更接近于现实. 客观地考虑一些实验结果, 就可以说明这个结论.

"例如, 考察在肥皂溶液中加盐得到的白色皂片. 从远处看, 它的边界显得清晰确定, 但若我们靠近它看, 这种清晰性便消失了. 肉眼不再能在任一点作切线. 一眼看去似乎令人满意的线, 细看却是垂直或斜交的. 应用放大镜或显微镜只能使我们更加疑惑不决, 因为每次增加放大倍数都会出现新的不规则性, 我们怎么也不能得到清晰、光滑的印象, 如像, 比方如, 对一个钢球所得到的那样. 因此, 如果我们承认钢球是说明连续性的经典形式, 那么皂片正好逻辑地提示了无导数连续函数的更一般概念."

有必要打断一下, 以提醒读者注意图版 12.

继续刚才的摘录.

"我们必须记住, 上述轮廓线上某点切线位置的不确定性, 与在英国地图上观察到的不确定性绝不是一回事. 虽然后者随地图的比例尺不同而有所不同, 但最终总能找到一条切线, 因为地图是普通的图画. 与此相反, 皂片和海岸线的特点在于, 我们虽然不能明白地看出, 却会想到任何尺度都将涉及进一步的细节, 这使我们绝对不能作出一条切线.

"当我们在显微镜下观察悬浮在液体中的小粒子因扰动而产生的布朗运动 (见本书图版 14) 时, 我们仍然在实验领域中. 把小粒子在两个十分接近的瞬时所占据的位置用直线连接, 则当两个瞬时之间的时间减少时, 连线完全无规律地改变其方向. 客观的观察者将因此得出结论, 他正在打交道的是一个没有导数的函数, 而不是一条能作出切线的曲线.

"必须记住, 虽然对任何对象的仔细观察, 一般都导致高度无规则结构的发现, 但用连续函数近似描写它的性质却常常是合适的. 虽然木头可能是无穷多孔的, 但把锯下后刨光的一根梁的横截面说成面积有限却是有用的. 换句话说, 在某些尺度上和对某些研究方法, 许多现象都可以用规则的连续函数来表示, 这有点像可以用一张锡箔来包覆一块海绵, 无须精确地追随海绵的复杂外形.

"如果更进一步, 我们 …… 赋予物质以无穷尽的颗粒结构, 这是原子理论的精髓, 把连续性这个严格的数学概念应用于现实世界, 我们的能力将大为削弱.

"例如, 考察对给定点、给定瞬时的空气密度下定义的方式. 设想作一个体积为 v, 中心在给定点、包含的质量为 m 的球. 比值 m/v 是球内空气的平均密度, 称这个比值的某个极限值为真实密度. 然而这个概念却意味着, 对小于一定体积的球, 在给定瞬时的平均密度实际上是个常数. 对体积分别为 1000 立方米和 1 立方厘米的球, 这个平均密度明显地不同, 但若把 1 立方厘米与一千分之一立方毫米的体积相比较, 可以期望平均密度的变化只有 1/1000000.

"假定体积继续变小, 这种涨落并非越来越不重要, 反而会增加. 在布朗运动活跃的尺度, 涨落可以达到 1/1000, 而当假想的小球的半径为百分之一微米量级时, 涨落达到五分之一的量级.

"再进一步, 我们的小球将具有分子半径的量级. 在气体中, 它一般将位于分子之间的空间中, 从而它的平均密度将为零. 在我们指定的点, 真实密度也将为 0. 但大约每 1000 次中有一次, 这个点将位于一个分子之中, 平均密度将比我们通常认为的气体真实密度大上 1000 倍.

"让我们的球愈来愈小. 很快, 除非在特殊情况下, 它将成为空的并继续保持如此, 因为原子内部只是虚无的空间, 除了无限个孤立点 (那里密度达到无限), 真实密度几乎处处为零.

"类似的考虑可以应用于诸如速度、压力或温度等性质. 我们发现, 当把我们心目中的宇宙形象 (必定是不完善的) 逐步放大时, 它们变得越来越不规则. 表示任何物理性质的函数在物质所在空间中将形成一个有无穷个奇点的连续统[①].

"无限不连续物质和点缀着微小星星的连续以太体也出现在宇宙中. 事实上, 我们上面得到的结论, 也可以通过想象一个依次包含行星、太阳系、恒星、星云 ⋯⋯ 的球而得到.

"让我们作一个任性的但并非自相矛盾的假设. 可能会有这样一个时刻到来, 那时采用一个无导数的函数要比采用一个可求导的函数简单些. 到那时, 对不规则连续统的数学研究将会证明其实际价值."

然后, 开始新的一节以便对此强调. "然而, 这种希望现在还只是一个白日梦."

当 "怪物的画廊" 成为一个科学博物馆

这个白日梦与布朗运动相联系的那一部分, 在皮兰自己生活的时代已成为现实. Perrin (1909) 偶然地吸引了诺贝特·维纳的注意, 见 (Wiener, 1956, 第 38—39 页), 或 (Wiener, 1964, 第 2—3 页), 维纳出于他自身的 "惊讶和乐趣", 定义和严格研究了布朗运动的第一个不可微模型.

这个模型至今仍是基本的, 但物理学家认为, 其不可微性可以归结为滥用理想化, 也就是忽略了惯性. 这使物理学家对维纳模型的特点不屑一顾, 而这些特点对本书是最重要的.

至于皮兰所预见的数学对物理学的其他应用, 直到本书出现之前还没有人尝试过. 皮兰所收集的那些集合 (魏尔斯特拉斯曲线、康托尔尘埃及类似物) 继续留在 "纯粹数学" 中.

---

① 连续统 (continuum). 数学术语, 即非空的连续紧集. 例如闭线段、圆等. ——译者注

有些著作, 例如 (Vilenkin, 1965), 称这些收集品为 "数学艺术博物馆", 毫无疑问 (我肯定), 本书将证明这种用词是何等正确. 我们由第 1 章知道, 其他作者 (始于亨利·庞加莱 (Henri Poincaré)) 称它为 "怪物的画廊", 与约翰·沃利斯 (John Wollis) 于 1685 年出版的《代数学》共鸣, 该书称第四维是 "自然界中的怪物, 比狮头蛇尾或人首马身之类的怪物更无可能".

本书的一个目的是说明, 通过在不同的明显 "范例" 中不懈地探索, 同一个画廊也可以被当作一个 "科学博物馆" 来参观.

数学家是值得赞美的, 因为他们早就设计出了第一个这样的集合; 但他们又应受到责备, 因为他们阻碍我们应用这些集合. ∎

❋❋

图版 12[①]　❋ 人造分形碎片

在第 2 章引述的一段发人深省的文字中, 皮兰讨论了 "在肥皂溶液中加盐得到的白色皂片". 这些插图就是为皮兰而作的.

有人会马上指出, 这些图既不是照片, 也不是任何实物 (皂片、雨云、火山云、小行星或小块矿物铜) 的计算机复原图.

这些图也不是体现实际皂片形成的各种各样理论——化学、物理化学和流体动力学——的结果.

这些图更不是直接与某种科学原理相联系的.

这些图是计算机生成的形状, 用来尽可能简单地表示看来是体现在皮兰的描述中的一些几何特征, 并且我建议用分形概念来建立它们的模型.

这些碎片只存在于计算机的存储器中, 从未用来构成严谨的模型, 图中的阴影也是计算得到的.

这些碎片的构造将在第 30 章中说明. 它们之间的明显直观差别源于图旁所写参数值 D 的不同. D 称为分维数, 它是本书的基础, 将在第 3 章中引入. 在所有三种情况下, 总的形状是相同的, 只因近似中引入的一个偏差而造成了差别, 这将在图版 280 和 281 的说明中讨论.

这些图版的一个较早版本与所谓尼斯湖水怪的照片奇怪地相似. 这种形式的趋同是偶然的吗? ∎

---

① 图版后的编号代表所涉及的图在本书中出现的页码.——译者注

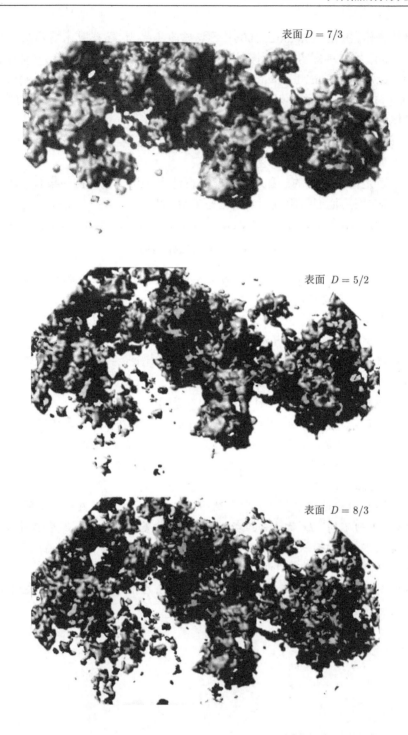

表面 $D = 7/3$

表面 $D = 5/2$

表面 $D = 8/3$

图版 14　✠ 让·皮兰的物理布朗运动经典图

Perrin (1909) 对物理布朗运动有如下描述: "物质在一种流体 (例如玻璃杯中的水) 中处于平衡状态, 它的所有部分似乎是完全不动的. 如果我们在其中放入一个密度较大的物体, 它就沉下去. 确实, 物体越小, 它下沉就越慢; 但一个可见的物体总会停在容器的底部, 并且再也不能上升. 然而, 若液体中有很微小的颗粒, 则经过很长时间以后, 一定会观察到完全无规则的运动. 这些小颗粒移动、停止、再次启动、上升、下降、再次上升, 而无半点静止不动的趋势."

这是本书中仅有的描绘自然现象的图, 复制自皮兰的书《原子》. 这是在显微镜下观察到的一个半径为 0.53μ 的胶质颗粒运动的四条不同的轨迹. 相继位置每 30 秒标注一次并相连 (网格尺寸为 3.2μ), 但连线并无物理意义.

继续我们取自 (Perrin, 1909) 的摘录: "人们可以通过尽可能准确地跟踪一个粒子, 试着确定平均扰动速度. 但这样的估计完全错了. 表观平均速度发疯似的变化大小和方向. 这两张图只表示了真实轨线惊人的错综纠缠的一小点. 如果把记录该颗粒位置的频度增加 100 倍, 则图中的每个线段都将被比整图小但却同样复杂的弯折线所代替, 如此等等. 容易看出, 切线的概念对这种曲线实际上是毫无意义的."

本书继续皮兰的研究课题, 但从不同角度处理不规则性. 我们强调以下事实: 当越来越细致地考察一条布朗运动轨迹时 (第 25 章), 我们将发现它的长度无限地增加.

此外, 布朗运动留下的轨迹几乎充满了整个平面. 可以作出这样的结论: 在某种有待定义的意义上, 这条奇怪曲线的维数与平面的维数相同, 这难道不是很吸引人的吗? 事实确实如此. 本书的基本目的之一就是要证明, 这个宽松的维数概念可以具有若干个不同的含义. 布朗运动的轨迹在拓扑上是一条维数为 1 的曲线. 然而, 因为它实际上充满了整个平面, 它在分形意义上有维数 2. 按照在本书中引入的术语, 这两个数值之间的差异证实了布朗运动是分形的. ■

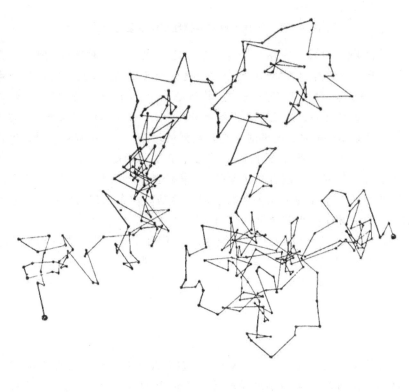

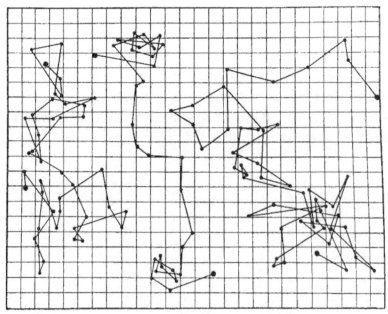

第 3 章 维数、对称性、发散性

古老的维数概念和对称性概念在本书中起核心作用. 此外, 我们将常常遇到发散性的各种征兆.

关于维数的想法

在 1875—1925 年的数学危机中, 数学家们承认, 为了恰当地理解不规则性或破碎性 (如像恰当地理解规则性和连通性一样), 把维数定义为坐标的数目是不能令人满意的. 康托尔在 1877 年 6 月 20 日致戴德金 (Dedekind) 的信是对维数严格分析的第一步, 下一步是佩亚诺在 1890 年作出的, 最后几步则在 20 世纪 20 年代完成.

如像所有重要的智力开发那样, 上述过程的结果可以用不同的方式来表达. 任何一本关于维数理论的数学书的作者, 都隐含地认为这个理论是唯一的. 但是按照我的看法, 重要的事实是: 松散的维数概念产生出数学的多个侧面, 它们不仅在概念上是不同的, 且可能导致不同的数值, 就像奥卡姆的威廉[①] (William of Occam) 对总体所说的那样, 不应当把维数概念的种类增加到超过需要, 但多个维数概念是绝对不可避免的. 欧几里得几何局限于一些简单的集合, 对于它们, 所有有用的维数都互相吻合, 因此可以称它们为在维数上和谐的集合. 另一方面, 本书所述大部分集合的各种维数互不吻合, 这些集合是维数上不和谐的.

当由数学集合的维数转向以这些集合为模型的物理对象的 "有效" 维数时, 我们将遇到不可避免的具体而又实质性含混的不同种类. 本章将首先预览这些维数的数学和物理方面.

术语 "分形" 的定义

本节应用了一些未曾定义过的数学术语, 不过许多读者可能会觉得浏览这段文字是有帮助的, 或至少能感觉踏实些, 但读者也可以跳过这段文字.

本书中的这一段和后面的插话, 都用一对新的括号 ◁ ▶ 包容, 后半个括号十分醒目, 对插话不感兴趣而打算跳过这一段的读者容易找到它. 而前半个括号不是太显眼, 避免对插话的过分注意. 插话常为其后的讨论埋下伏笔.

---

① William of Occam (约 1285—1349), 14 世纪英格兰逻辑学家. 他提出有名的奥卡姆剃刀原理: "若无必要, 勿增实体", 即 "简单有效原理". ——译者注

◁ 基本分形在维数上不和谐的事实, 可以用来把分形概念由直观的转为数学的. 我选择把注意力集中于两个定义, 它们都把一个实数赋予欧几里得空间中的每个集合 (不管该集合有多么 "病态"), 无论在直观上还是在形式上, 都非常值得把这个实数称为该集合的维数. 二者中较为直观的拓扑维, 是由布劳威尔 (Brouwer)、勒贝格、门格尔 (Menger) 和乌雷松给出的. 我们把它记为 D_T, 将在第 41 章的一个条目中介绍. 第二个维数在 (Hausdorff, 1919) 中提出, 伯西柯维奇给出最终形式, 将在第 39 章中讨论, 我们把它记为 D.

◁ 当我们 (通常都是如此) 在欧几里得空间 $\mathbb{R}^E$ 中讨论时, D_T 和 D 都至少为 0 和至多为 E. 但二者的相似程度仅在于此. 维数 D_T 总是一个整数, 而 D 不必是一个整数. 两个维数无须相符; 它们只满足西皮尔拉 (Szpilrajn) 不等式 (Hurewicz & Wallman, 1941, 第 4 章):

$$D \geqslant D_T.$$

对于所有欧几里得几何形状, $D = D_T$, 但本书中几乎所有集合都满足 $D > D_T$. 以前没有标识这类集合的专用术语, 因此我创造了术语分形 (fractal), 并定义如下:

◁ 分形按定义是其豪斯多夫-伯西柯维奇维数严格超过拓扑维数的集合[①].

◁ 具有非整数 D 的每个集合都是分形. 例如, 原始康托尔集合是一个分形, 因为我们在第 8 章中将看到

$$D = \log2/\log3 \sim 0.6309 > 0, \text{ 而 } D_T = 0.$$

而且 $\mathbb{R}^E$ 中的康托尔集合可以被改造和推广, 因此 $D_T = 0$, 而 D 可取 0 与 E 之间的任何值 (也包括 0 与 E).

◁ 此外, 原始科赫曲线是一个分形, 因为我们在第 6 章中将看到

$$D = \log4/\log3 \sim 1.2618 > 1, \text{ 而 } D_T = 1.$$

◁ 然而, 分形的 D 也可以是一个整数. 例如第 25 章中说明, 布朗运动的轨迹是分形的, 因为

$$D = 2, \text{ 而 } D_T = 1.$$

◁ D 不必是整数这个引人注目的事实值得从语义学角度做些说明. 如果把分数 (fraction) 广义地作为非整数实数的同义词, 上列的一些 D 值便是分数的, 实际上, 豪斯多夫-伯西柯维奇维数常被称为分数维数 (fractional dimension). 但 D 可以是一个整数 (不大于 E, 但严格大于 D_T). 我称 D 为分形维数 (fractal dimension), 简称为分维数. ▶

---

① 后面的定义有所变化. ——译者注

调和分析中的分形

◁ 分形研究的一部分是调和分析的几何方面, 但在本书中并未强调这个事实. 调和分析 (即谱分析或傅里叶 [Fourier] 分析) 对大多数读者是陌生的, 而许多能有效地应用它的人也并不了解它的基本结构.

分形方法和谱方法有各自的口味和特性, 最好首先对这些方法本身加以研究, 尔后再进行评估. 最后, 与调和分析相比, 分形研究较为容易和直观. ▶

关于 "概念是新的, ⋯⋯ 可是"

勒贝格就一些概念开玩笑说: "这些概念肯定是新的, 可是它们被定义以后没有得到任何应用." 这个评论绝不适用于 D, 但 D 的应用停留在集中于纯数学的极少数个领域中, 我第一个成功地应用 D 来描述大自然. 本书的一个中心目标是确立 D 在经验科学中的中心地位, 从而说明这个概念的重要性远远超出了任何人的想象.

物理学的几个领域非常迅速地接受了我对 D 所作的这个断言. 事实上, 发现标准维数不合适之后, 这些领域中的许多学者已经尝试探索了各种类型的维数, 诸如间断的、反常的或连续的. 然而, 这些方法相互间并无联系. 此外, 几乎没有一个维数定义的应用超过一次, 而且没有一个定义以数学理论为依据, 也没有一个得到了足够充分的发展, 重要原因正是缺乏数学依据. 与此相反, 对在这里描述的发展, 关键是存在一种数学理论.

对形状的数学研究必须超越拓扑学的范畴

如果问一位数学家, 数学的哪一个分支是研究形状的, 那么他很可能回答说是拓扑学. 拓扑学对我们的目的是重要的, 并已在上节中提及, 但本书提出并捍卫以下结论: 在数学上, 关于形状的松散概念具有不同于拓扑学的另一些方面.

拓扑学 (topology), 曾被称为位置的几何学或位形分析 (希腊词 Τοπος 的意义是位置、位形), 它认为, 所有具有两个把手的壶的形状都相同, 因为若二者都是无限可变形和可压缩的, 那么无须开新孔或封闭旧孔, 就可以把其中的一个连续地变形为另一个. 它还指出, 所有单个岛屿的海岸线都有相同的形状, 因为它们在拓扑上等同于一个圆周. 海岸线和圆周的拓扑维数是相同的, 都等于 1. 如果加上外围的 "卫星岛屿", 总海岸线拓扑等同于 "许多" 个圆周. 因此, 拓扑学不能区分不同的海岸线.

与此相反, 第 5 章表明, 不同的海岸线趋于具有不同的分维数. 分维数的差别表达了形状 (我建议称之为分形形状) 的非拓扑方面的差别.

大多数有现实意义的问题以越来越巧妙的方式组合了分形和拓扑的特点.

注意到在拓扑学中, 拓扑本身和 D_T 的定义是同时提出的, 而 D 的概念却比分形形状的现代研究超前了半个世纪.

顺便说一下, 菲利克斯·豪斯多夫的名字已被赋予一类拓扑空间, 广泛应用的对豪斯多夫维数 D 的约定称谓, 似乎暗指 "豪斯多夫空间的维数", 这就提示了这是一个拓扑概念——然而事实并非如此. 这是我们更偏爱分形维数这个名称的另一个理由.

有效维数

除了以 D_T 和 D 为基础的数学概念外, 本书常常求助于有效维数, 这个概念将不予精确定义. 这是朝向毕达哥拉斯 (Pythagoreans) 的古典希腊几何的一个直觉上潜在的返祖现象. 本书的一个新意在于容许有效维数的值是一个分数.

有效维数涉及数学集合与自然对象之间的关系. 严格地说, 物理对象, 例如网膜、丝线或小珠, 都应当用三维形体来表示. 然而, 物理学家宁可把足够精细的网膜、丝线和小珠看成 "实际上" 分别具有维数 2, 1 和 0. 例如, 为了描述一条丝线, 需把与一维或三维集合相联系的理论用修正项加以修改. 涉及的修正项越小, 所确定的几何模型就越好. 如果运气好的话, 即使忽略了修正项, 这个模型也仍然是有用的. 换句话说, 有效维数不可避免地带有主观性. 这在实质上是近似性以及因此而产生的分辨率问题.

线团中隐含的不同有效维数

为了证实上面提到的预感, 我们来说明, 由直径为 1 毫米的粗线绕成的直径为 10 厘米的球 (潜在地) 具有几个不同的有效维数.

对一个远距离的观察者, 该球看来是一个零维图形: 一个点 (无论如何, 布莱兹·帕斯卡和中世纪的哲学家们就已宣称, 在宇宙尺度上, 我们的整个世界只是一个点!). 在分辨率为 10 厘米的距离观察时, 线团是一个三维图形. 在分辨率为 10 毫米处观察, 线团成为一堆一维的线. 在分辨率为 0.1 毫米处观察, 每条线都成为一个圆柱体, 而整体又成为一个三维图形. 再在分辨率为 0.01 毫米处观察, 每个圆柱体都分解成纤维, 线球又成为一维的, 以此类推, 维数反复地从一个值变换到另一个值. 当把小球用有限个像原子那样的针尖表示时, 它又成为零维的. 对一张纸, 也会遇到类似的维数序列和交叉变化.

数值结果应该依赖于对象相对于观察者的关系这个概念, 是 20 世纪物理学的精髓, 并且甚至是它的一个典型范例.

本书中考虑的大多数对象类似于我们的线团, 它们依次表现出不同的有效维数. 但又添加了一个重要的新因素: 在良性定义的维数区域之间的某些不良转换, 可以重新解释为其中有 $D > D_T$ 的分形区域.

空间均匀性、标度性和自相似性

暂时中止对维数的讨论. 为了准备关于对称性的论题, 我们注意到欧几里得几何开始于最简单的形状如直线、平面或空间, 而最简单的物理学, 产生于某些量 (如密度、温度、压力或速度) 呈现均匀分布时.

在直线、平面或空间上的均匀分布, 有两个非常理想的性质, 即在位移下的不变性和在尺度改变下的不变性. 对于分形, 两种不变性都必须变化和/或限制其范围. 从而, 最好的分形是具有最大不变性的那些形状.

关于位移不变性: 布朗运动轨迹的各部分绝不能精确地相互重叠, 一条直线的相等部分却可以. 然而, 轨迹的各部分在统计意义上是可以重叠的. 几乎所有本书中的分形都在一定程度上关于位移不变.

此外, 本书中的大多数分形都在某种尺度变换下不变, 称它们为标度的. 在通常的几何相似性下不变的分形, 称为自相似的.

在组合词标度分形中, 形容词用来限定名词. 主词分形指示无序性并包括难以对付的不规则性, 而修饰词标度指某种类型的序. 反过来, 取标度作为主词指的是严格的有序, 分形作为修饰词指的是不包括直线和平面.

不应当对假设均匀性和标度性的动机做错误理解. 如像在大自然的标准几何学中那样, 这里也没有人认为世界是严格均匀的或标度的. 标准几何学把研究直线作为初步的, 而力学也把匀速直线运动只看成第一步.

这对标度分形的研究同样成立, 但这里的第一步要漫长得多, 因为直线被大量不同的可能性所替代, 对此本书只能举例说明. 无须惊讶, 标度分形仅为所处理的自然形状提供了一级近似. 但人们一定会十分惊讶, 这些一级近似就已经非常合理.

值得指出, 自相似性是一种古老的想法. 在直线的情形, 它出现于莱布尼茨 (Leibniz) 的工作, 约在 1700 年. 见第 41 章 "莱布尼茨和拉普拉斯著作中的标度" 条目. 把它推广到直线和平面以外的情形, 在数学中也几乎已有 100 年历史, 然而它的真正重要性直到本书写作之前还未受到重视. 它在科学中也不是新的, 因为路易斯·F. 理查森 (Lewis F. Richardson) 在 1926 年就已经指出, 在很大的尺度范围内, 湍流可以分解为自相似的涡旋. 进而, Kolmogorov (1941) 描述了这种思想在力学中引人注目的解析后果. 在物理学中, 标度性的分析方面与重正化群的概念相联系, 见第 36 章.

然而, 正是本书的 1975 年版本, 首次针对性地研究了大自然中非标准标度性的几何学特征.

标度性以外的 "对称性"

完成对直线的处理后, 对欧几里得几何的研究有更丰富不变性 (通常称为 "对称性") 的形状. 本书第 15 章至第 20 章将在非标度分形中作相当长的漫游.

自映射但非标度性分形, 与 "硬性" 经典数学分析中某些最微妙和最困难的领域之间有密切的联系. 与分析是一门枯燥乏味的学科这个传说相反, 这些分形令人惊讶地绚丽夺目.

发散性的征兆

在我们完成的几乎每一个研究范例中, 都包含发散性的征兆. 这就是说, 通常期望它们是正的和有限的那些量却反而成为无限的, 或为零. 乍看起来, 这种错误性态似乎多半是古怪的, 甚至可怕的, 但仔细重新审视表明, 只要人们愿意应用新的思想方式, 它将是十分可接受的 ……

对称性伴随有发散性的情形, 也是量子物理学的一个熟知内容, 其中消除各种发散性的研究是极其光辉的篇章. 幸运的是, 各种分形发散性的处理要容易得多. ▶■

第 4 章 变化与声明

前面已经介绍了本书的多个目标, 现在让我们来考察本书的风格. 本书也试图整合几个不同的方面.

含糊不是美德

为了方便不一定专攻本书所涉及各种主题 (其中许多是深奥的) 的学者和学生, 本书包含了许多说明和解释.

但说明和解释并非本书的主要目标.

此外, 我力图不至于吓跑那些对数学的精确性并不感兴趣, 但却会对我的主要结论感兴趣的读者. 本书中的一切都有严格的数学根据 (并且比在许多物理学科中的要坚实得多), 但本书的风格是非正式的 (尽管也是精确的). 全部细节见第 39 章、文献和将要发表的论文.

由于不能指望原始工作都如此考虑周到, 本书在某种程度上是一本科普著作.

但科普并非本书的主要目标.

博学有益于心灵

如在第 2 章中举例说明的那样, 本书包括了许多古老但无名的文献. 然而直到我自己在有关领域内的工作基本完成以后很久, 这些文献中的大多数都未引起我的注意. 它们未能影响我的思考. 可是, 在很长时间里, 并无他人来分享我的乐趣, 我因在古老的工作中发现了类似的东西而感到高兴, 尽管其表达简略和不甚有效, 我看到了它们的可以通过进一步发展消除的缺点. 这样, 对 "经典" (通常被科学实践所摧毁) 的兴趣在这里哺育了我.

换句话说, 我为发现了作为分形理论的设计师和建筑师所需要的石料而感到高兴, 其中也包括许多曾被他人考虑过的东西. 但是为什么今天还要细想这个事实呢? 非正式的评注符合流行的习惯, 但过于强调久远的根源和原始工作, 却有造成以下错误印象的危险性: 我的建筑在很大程度上是用旧石料贴上新标签堆砌而成的.

因此, 我的考古癖也许需要一个理由, 但我不想这样做. 在我看来, 只要说对各种想法的发展历史的兴趣有益于科学家的心灵便足够了.

　　然而, 每当阅读一位伟人的未受重视的著作时, 我们会想起勒贝格为卢辛 (Lusin) 的书所写的那篇令人赏心悦目的序言. 勒贝格声称, 许多据卢辛的书所说属于勒贝格的深刻的想法, 不应该归功于他, 说他可能有过, 或应该有过这些想法, 但未实施, 故这些想法是卢辛的首创. 文献 (Whittaker, 1953) 给出了类似的例子, 其中摘录庞加莱和洛伦茨 (Lorentz) 的文字并进行整理, 支持了他们两人明确否认的以下说法: 相对论物理理论是他们, 而不是爱因斯坦创建的.

　　而且, 但凡有一位作者在多年前写下一个我们现在可以研究得出但他当年并未做到的想法, 我们就有可能发现另一位作者声称这种想法是荒谬的. 如果庞加莱在年轻时曾有过某种想法, 那么, 我们是否应该将这一想法归功于年轻时的庞加莱呢?

　　虽然对这种思想史的过于博学会弄巧成拙. 但我确实希望维护来自过去的先声, 在第 40 和 41 章的人物和历史简述中将进一步予以强调.

　　然而, 炫耀博学肯定也不是本书的主要目标.

"眼见为实"

　　在 1875—1925 年的数学危机刚开始时, 康托尔致戴德金的信还沉湎于对他自己的发现的惊讶之中, 并不知不觉地不用德语而用法语惊呼 "眼见不为实" (Je le vois, mais je ne le crois pas). 就像得到暗示那样, 数学试图避免被怪物的形象引入歧途. 一方面是革新前和反革新的几何学中洛可可式[①]的华丽, 另一方面是魏尔斯特拉斯、康托尔或佩亚诺的工作中几乎完全可见的贫乏性, 两者之间的对比是何等的强烈! 在物理学中, 出现了类似的威胁, 始于大约 1800 年, 拉普拉斯那本避免了任何插图的《天体力学》. 而狄拉克 (P. A. M. Dirac) 在他 1930 年出版的《量子力学》的前言中的陈述, 是一个典型例子, 他说, 大自然的 "基本规律并不以我们臆想中的图画按任何直接方式支配世界, 代替的是, 它们控制着这样的一个基础, 若不引入不相干性, 我们就不能形成一幅臆想中的图画".

　　对上述观点的广泛和不加批评的承认已具破坏性. 特别是, 在分形理论中应该 "眼见为实". 因此, 在继续阅读之前, 我再次建议读者浏览一下本书中的彩色画集. 本书写作时就打算要帮助广大读者在不同程度上理解本书的内容, 并试图说服哪怕是最纯粹的数学家, 即使对他而言, 精致的图画既可以帮助他理解已有的概念, 又可以帮助他寻找新的概念和猜想. 当代的科学文献很少认为图画是如此有用的.

　　然而, 展示精美的图画并非本书的主要目的: 图画是重要的工具, 但仅仅是一种工具.

---

　　① 洛可可式样 (rococo), 18 世纪欧洲流行的一种纤巧而浮华的建筑和音乐形式. ——译者注

　　必须认识到, 在几何学中作图示的任何尝试都有一个实质性的缺陷. 例如, 直线是无界、无限细和光滑的, 但画出的任何直线都不可避免地长度有限、有厚度, 并且边缘粗糙. 尽管如此, 为了培养直觉并帮助寻找证明, 粗略的启发性的直线, 对许多人都是有用的, 对有些人甚至是必需的. 一根线的粗略图形, 是比数学中的直线本身更合适的几何模型. 换句话说, 对于所有实际目的而言, 一个几何概念与它的图形, 能在一定特征尺寸范围内相互吻合就足够了, 这个范围介于所谓外界限 (一个大而有限的尺寸) 与内界限 (一个小的正值) 之间.

　　如今, 多亏计算机绘图, 这类启发性图画在分形情况中是实用的. 例如, 所有自相似分形曲线都是无限长和无限细的. 每条曲线还有很特殊的不光滑性, 这就使它比欧几里得几何学中的任何东西都要复杂得多. 因此, 基于我们已经遇到过的原则, 最好的表示只能在有限范围内成立. 然而, 把很大的和很小的细节去掉不仅是完全可接受的, 而且明显是合适的, 因为上界和下界在自然界或存在或被怀疑存在. 这样, 典型的分形曲线可以用大量但数目有限的基本笔画满意地表达出来.

　　笔画的数目越多, 过程的精确度就越高, 相应的表示方式就越有用. 因为分形概念涉及笔画在空间的相对位置, 关键在于描画时应保持精确的比例. 手工描绘几乎全无可能, 但计算机绘图十分合适. 本书的相继版本颇受越来越成熟的绘图系统, 以及操作它们的越来越成熟的程序设计人员 (艺术家) 的影响! 我很幸运得以使用这样一种系统, 它产生的图画可以直接用来照相制版. 本书提供了该系统输出的样品.

　　为了把模型与真实情况相配合, 图形是一种绝妙的手段. 如果一种或然性机制与某种分析观点得到的数据吻合, 但模型的仿真看起来完全不 "真实", 那么这种分析上的吻合是有疑问的. 一个公式只能在很少几方面联系模型与现实之间的关系, 而肉眼却具有巨大的综合和辨别能力. 的确, 有时眼睛会看出后来被统计分析所否定的一些虚假关系, 但这个问题主要出现在样本数量非常小的科学领域中.

　　此外, 绘图帮助我们找到现存模型的新用途. 我第一次体会到这种可能性是看到了 (Feller, 1950) 中的随机游走图形——该曲线看来像山脉的轮廓或横截面, 而它与时间轴的交点, 则使我联想起我当时正在研究的与电话中错误有关的一些记录. 对这种猜疑的探索最终分别导致第 28 章和第 31 章中陈述的理论. 我自己的计算机绘图也提供了类似的灵感, 既对于我自己, 也对于别人, 他们在我甚至根本不知道的科学中, 十分友好地 "追随" 着我.

　　图画自然被电影艺术推广. Max (1971) 提供了一些与经典分形有关的影片.

几何 "艺术" 的标准形状及新的分形形状

　　本书中有一些图形, 是计算机编程出错造成的无意结果. 我听过也读过, 有意和无意出错的图画被称为 "艺术的一种新形式".

很清楚, 与艺术家竞争完全不是本书的目的. 尽管如此, 还必须谈及这一点. 问题不在于图画是否干净地画出和印出, 而原图是否用计算机绘制也并不重要, 除非出于经济上的考虑. 但我们涉及的是一个引起争论的古老论题的一种新形式: 数学概念的一切图形表示都是一种艺术形式, 最简单的是最好的, 从而 (借用绘画者的术语) 可以称为 "极小艺术".

通常认为极小艺术局限于标准形状 (直线、圆、螺旋线之类) 的有限组合. 但并非必须如此. 用作科学模型的分形也是十分简单的 (因为科学欣赏简单性). 而且我同意, 其中许多可以看作极小几何艺术的一种新形式.

是否其中有一些使人联想起埃舍尔 (M. C. Escher)? 应当如此, 因为埃舍尔从文献 (Fricke & Klein, 1897) 中的双曲型铺覆得到了灵感, 而双曲型铺覆 (见第 18 章) 又与归入分形范围的形状联系紧密.

分形 "新几何艺术" 显示了与大师级绘画或学院艺术[①]建筑的惊人的相似性. 一个明显的理由在于, 像分形一样, 经典视觉艺术涉及很多长度标度, 并偏爱自相似性 (Mandelbrot, 1981l). 因为所有这些理由, 也因为它的出现可以归结为模仿大自然并从而猜测其中规律的努力, 分形艺术容易被接受; 其实它并非真的是陌生的. 基于这种考虑, 抽象画有不同的类型: 那些我喜欢的也趋向于接近分形几何艺术, 但也有许多更接近于标准的几何艺术——就我个人的欣赏喜好而言是过于接近了.

这里出现了一个矛盾: 如在第 1 章中摘自戴森的文字所述, 现代数学、音乐、绘画和艺术可以看成是相互联系的. 但这是一种表面印象, 尤其在建筑学上; 一座密斯瓦德罗 (Mies van der Rohe) 建筑[②]是有界尺度欧几里得几何的重现, 而一座高度周期性的学院艺术建筑则有丰富的分形结构.

逻辑要点

以下各章处理不同课题, 其复杂性逐渐增加, 以便逐步引入基本思想. 这种方法看来是可行的这个事实, 对分形理论有重大价值. 其中有一些不可或缺的重复, 当读者感到过于重复或过于复杂 (特别是超越最基本数学的那些部分) 时, 可以跳过几页而不致失落论述的主线. 许多信息包含在插图的说明中.

正如已经提到的, 插图集中在它们首次涉及的每一章的末尾. 作者也常常感到有必要与某些特殊的读者群体作私下沟通, 因为如果对某些要点并未提到或并未说明, 他们可能会颇感困惑. 这些插话嵌在正文中, 但用新的括号 ◁ 与 ▶ 标记,

---

① 学院艺术 (Beaux Arts) 是一种建筑风格, 出自法国新经典主义, 但也结合了哥特式和文艺复兴元素, 应用现代建材如玻璃和钢铁. ——译者注

② 路德维希·密斯瓦德罗 (Ludwig Mies van der Rohe, 1886—1969), 德裔美国建筑学家, 以极小化建筑格言 "较少是更多" 著称. ——译者注

它容易识别, 方便在必要时跳过它们. 另一些插话则作为附带的注记. 我没有时间仔细计数, 但本书中的插话比 1977 年版要少些.

本书试图使读者一看就明白涉及的 D 是理论维数还是经验维数. 经验维数多半只取小数点后面 1 位至 2 位, 从而写成如 1.2 或 1.37. 理论维数则写成整数、整数的比值、整数的对数之比值, 或至少具有 4 位小数的形式.

"言归正传"

抛弃了许多对本书而言是附带的目标之后, 让我们重新回顾第 1 章. 本书是一本宣言书和一部范例集, 几乎全部用来研究我初创的理论和课题. 不过这常常导致各种各样古老研究工作的复活和对它们的重新解释.

这些理论中没有哪一个已经停止成长, 有几个还只是处于播种阶段. 有些是在这里首次发表, 其他则在我以前的文章中叙述过. 此外, 我要提到, 我的书的较早版本推动了许多发展, 而这些发展又反过来激励了我. 然而, 我并不准备列出已经证明分形是有用的所有领域, 我担心如果这样做会破坏本书的随笔风格和宣言书的韵味.

最后提醒一点: 我不打算如专家所希冀的那样, 非常详细地阐述任何范例的研究. 但许多论题是反复提及的; 不要忘记应用索引. ■

第二篇
已被驯服的三种经典分形

第 5 章　英国的海岸线有多长

为了引入第一类分形, 即分维数大于 1 的曲线, 考虑海岸线. 显然, 它的长度至少等于在始端与终端之间沿直线测量的距离. 然而, 典型的海岸线是不规则且曲折缠绕的, 毫无疑问, 它要比两端点之间的距离长得多.

可以用多种不同的方法来较精确地计算其长度, 本章分析其中的几种方法. 结果是极其古怪的: 海岸线的长度成了一个无从捉摸的东西, 它在希冀抓住它的人的手指之间滑来滑去. 所有测量方法最终都导致以下结论: 典型的海岸线很长, 而且定义是如此不良, 以致最好把它看成无限长. 从而, 如果想要从其 "延伸" 的角度来比较不同的海岸线, 长度不是一个合适的概念.

本章要寻找一种改进的替代物, 并由此发现, 不能不引入维数、测度和曲线的分形概念的多种形式.

多种不同测量方法

方法 A: 把两脚规调整为预定的跨距 ϵ, 称之为码尺长度, 按照它沿着海岸线跨步, 每一步紧接前一步. 将步数乘以 ϵ 即得到近似长度 $L(\epsilon)$. 以越来越小的跨距重复这种操作, 我们会期望 $L(\epsilon)$ 迅速趋向良性定义的值, 称为真实长度. 但事与愿违, 在典型情况中, 观察到的 $L(\epsilon)$ 将持续增加而无极限.

出现这种性态的原因是显而易见的: 若把 1/100000 比例地图上看到的海湾和半岛, 在 1/10000 比例地图上重新考察, 我们将看到子海湾和子半岛. 而在 1/1000 比例的地图上将出现子子海湾和子子半岛, 如此继续. 每一次都增加了测量长度.

我们的实践表明, 海岸线是如此不规则, 以致不能按照任何简单几何曲线长度读出而直接进行测量. 因此, 在方法 A 中把海岸线用直线段构成的一系列折线代替, 因为我们知道怎样处理这些直线段.

方法 B: 这种 "光滑化" 也可以用其他方法进行. 设想有人沿着海岸线散步, 所走路线是离水面不超过预先给定距离 ϵ 的最短途径. 然后他减少码尺长度再行散步, 如此反复减少, 直到 ϵ 减少到例如 50 厘米. 这时人已太大和太笨拙而不能更加精细地跟踪. 人们可以进一步认为, 这种不能达到的精细程度: (a) 对人而言并没有直接兴趣; (b) 随季节和涨落潮的变化太大, 因此是毫无意义的. 我们将在本章稍后谈及论据 (a). 同时, 如果局限于当低潮时观测岩石海岸线, 并且波浪可以忽略, 则论据 (b) 便不再成立. 而且, 在原则上可以更细微地跟踪这种曲线, 如利用一只老鼠, 然后利用一只蚂蚁, 如此等等. 而且, 当散步者越来越靠近海岸线时, 需要覆盖的距离不断增加且无极限.

方法 C: 方法 B 蕴含着陆地与水面之间的不对称性. 为了避免这一点, 康托尔建议, 应该用一架焦距不准的照相机来观测海岸线, 这时海岸线上的每一点便都转化为半径为 ϵ 的圆斑点. 换句话说, 康托尔考虑陆地和海水中离海岸线距离不超过 ϵ 的所有点. 这些点形成了宽度为 2ϵ 的一根香肠或一条带子如图版 36, 虽然那是在另一种意义下得到的. 测量带子的面积并除以 2ϵ. 如果海岸线是直的, 那么这条带子将是一个矩形, 上述比值将是真实长度. 对于实际海岸线, 我们得到一个估计长度 $L(\epsilon)$. 当 ϵ 减小时, 这个估计值将增加且无极限.

方法 D: 想象如同点画画家那样用半径为 ϵ 的圆斑点画地图, 与方法 C 不同, 不把圆心置于海岸线上, 而要求覆盖全部海岸线的圆斑数目尽可能小. 其结果是, 在靠近半岛处, 圆斑的大部分在陆地上, 而在靠近海湾处, 圆斑的大部分在海洋中. 把这种地图的面积除以 2ϵ, 就得到对长度的估计, 这种估计也是 "不良" 的.

测量结果的任意性

上节可总结为, 用各种方法测量得到的主要结果相同. 当 ϵ 逐渐递减时, 每个近似长度都趋于持续无界地增加.

为了确切知道这个结果的意义, 让我们对来自欧几里得几何的标准曲线进行类似的测量. 对于一段直线, 各种近似测量实质上等同, 并由此定义了线段的长度. 对于圆周, 近似测量值将增加但迅速收敛到一个极限. 长度能如此定义的曲线称为可求长的.

曾被人工治理过的海岸线 (例如今日伦敦的切尔西海岸) 的测量结果提供了更有趣的对比. 因为人力不可能影响很大的地貌特征, 取很大的码尺长度也得出随 ϵ 的减少而增加的结果.

然而, 存在一个 ϵ 的中间区, 其中 $L(\epsilon)$ 的变化很小. 这个区域可以从 20 米到 20 厘米 (但不要过于认真地看待这些数值), 但当 ϵ 小于 20 厘米时, $L(\epsilon)$ 又增加, 并且测量受到石头的不规则性的影响. 这样, 如果我们跟踪表示为 ϵ 的函数 $L(\epsilon)$ 的曲线, 那么在 ϵ 介于 20 米与 20 厘米之间的区域中, 几乎无疑将看到长度有一个平坦的部分, 但这在海岸被治理之前是不可能观察到的.

在上述区域中进行的测量显然有极大的实际用途. 因为不同科学学科之间的边界, 在很大程度上是不同科学家所从事工作的习惯性分界线, 可以把地理学局限于人们, 比方说, 在 20 米以上的范围内可以企及的现象. 这个限制将产生一个良性定义的地理长度的数值. 海岸警卫队可以对未治理的海岸选用同样的 ϵ, 而百科全书和年鉴可以采用相应的 $L(\epsilon)$.

　　然而, 难以设想政府的所有部门都采用同样的 ϵ, 而所有国家都采用同样的 ϵ 则更是不可思议的. 例如, 文献 (Richardson, 1961) 指出, 西班牙与葡萄牙之间共同边界的长度, 或比利时与荷兰之间共同边界的长度, 在各自的百科全书中报道的数值相差达 20%. 这种分歧的原因必定部分地在于对 ϵ 的不同选择. 即将讨论的一个经验性发现表明, ϵ 可以相差两倍而无须惊讶, 一个小国 (葡萄牙) 对边界的测量要比它的大邻国更精确.

　　反对确定一个任意的 ϵ 作为标准的第二个和更重要的理由, 是哲学上和科学上的. 大自然并非脱离人类而存在, 任何人给以任何特定的 ϵ 和 $L(\epsilon)$ 以过多权重, 就会使得人类凌驾于对大自然的研究, 或是通过他的典型码尺长度, 或是通过他的高度变化的技术手段. 只要海岸线作为科学研究的对象, 涉及它们长度的不确定性就不能例外. 在某种意义上, 地理长度的概念并不像看起来那样无害. 它不是完全 "客观的". 观察者不可避免地会干预它的定义.

这种任意性是否得到公认, 它重要吗?

　　海岸线不可求长这个观点, 无疑被许多人认为是正确的, 我甚至认为不可能有其他想法. 但我寻求有关这方面书面陈述的努力几乎全盘失败. 除了第 2 章中摘录过的皮兰的话以外, 在 (Steinhaus, 1954) 中有一段评论: "当用不断提高的精度来测量维斯图拉河[①]左岸时, 得到的长度会十倍百倍甚至千倍于根据中学地图读出的 …… 接近实际的说法应该是: 在大自然中遇到的大多数弧段是不可求长的. 这种说法与以下信念是矛盾的: 不可求长的弧段是数学家们的发明, 而大自然中的弧段是可求长的. 但恰恰是相反的结论才是正确的." 但无论是皮兰还是施坦豪斯 (Steinhaus) 都未进一步深化这一洞见.

　　让我再重述法迪曼 (C. Fadiman) 报道过的一个故事. 他的朋友爱德华·卡斯纳 (Edward Kasner) 要求一个小孩 "猜猜美国东海岸线的长度. 在小孩做出一次 '合情合理' 的猜测后 …… 卡斯纳也许会 …… 指出, 如果你测量每个海湾和入口的周长, 然后测量它们的每个突出部和凹入部, 然后测量海岸线物质的每个小质点、每个分子、原子等等之间的距离. 显然, 海岸线可以随你想要多长就有多长. 孩子很快就明白了这一点, 但卡斯纳要说服成年人则困难得多". 这个故事很有意思, 但与现在这里的讨论无关; 卡斯纳的目标并非指出大自然的一个值得继续探索的方面.

　　因此, Mandelbrot (1967s) 和本书事实上是对本论题的第一批工作.

　　值得重温威廉姆·詹姆士 (William James) 在《对信仰的意志》中的话: "可作出新发现的大领域 …… 总是未经宣示的残留物. 在每种科学的合格的和有规

---

① 维斯图拉河 (Vistula) 又称维斯瓦河. 波兰的主要河流, 长 108 千米, 流向波罗的海. ——译者注

律的事实的周围, 还是浮动着一些尘雾, 它们偶然出现、不规则和难得遇见, 总是容易忽略而不受关注. 每种科学的理想境界都是封闭和完善的真理系统 …… 系统中未能分类的现象是矛盾荒唐的, 必须被认为是不正确的 …… 人们以最好的科学良知忽略和否定它们 …… 任何想要革新他的科学的人总是不断地寻找不规则现象. 当科学更新时, 它的新的表达方式中常常是例外的东西比假设作为规则的东西更多."

本书确实试图更新大自然的几何学, 它依赖于许多疑团, 这些疑团是如此难以分类, 以致仅当审稿者同意时才得以发表. 下节讨论第一个例子.

理查森效应

由上述方法 A 得到的近似长度 $L(\epsilon)$ 的变化, 在 (Richardson, 1961) 中用经验方法研究过, 这篇资料是机遇 (或命运) 赐予我的. 我对这篇论文很在意, 因为 (第 40 章) 我知道路易斯·弗里·理查森是一位伟大的科学家, 他的独创性混杂着怪癖. 如像我们将在第 10 章中看到的, 我们应该感谢他关于湍流本性的最深刻和最持久的想法, 特别值得注意的是他关于湍流涉及自相似级联的概念. 他也研究过其他困难问题, 诸如国家之间武装冲突的实质. 他的实验有经典的简单性, 但当他意识到有必要时, 他对应用精确的新概念从不犹豫.

复制的图版 37 是他死后在他的论文中找到的, 曾发表于几乎是机密的 (并且是完全不合适的)《年鉴》中. 由论文和图可得出结论, 存在着我们称之为 λ 和 D 的两个常数, 从而——若海岸线用折线来近似——大约需要 $F\epsilon^{-D}$ 个长度为 ϵ 的区间, 合起来的长度为

$$L(\epsilon) \sim F\epsilon^{1-D}.$$

指数 D 的值似乎取决于所选择的海岸线, 并且如果分别考虑同一海岸线的不同分段, 也会得到不同的 D 值. 对理查森而言, 问题中的 D 是一个无关紧要的简单指数. 然而, 其数值看起来与估计海岸线长度所选择的方法无关. 因此, D 值显得值得受到重视.

海岸线的分维数 (Mandelbrot, 1967s)

发掘出理查森的工作后, 我提出, 该指数 D (尽管它并非整数) 可以并应当被解释为一种维数, 即分维数 (Mandelbrot, 1967s). 事实上, 我注意到上述所有测量 $L(\epsilon)$ 的方法都对应于已在纯数学中应用的维数的非标准广义定义. 基于海岸线被最小数目的直径为 ϵ 的斑点覆盖的长度定义, 在 (Pontrjagin & Schnirelman, 1932) 中被用来定义覆盖维. 海岸线的长度是被宽度为 2ϵ 的覆盖的长度, 体现了康托尔和闵可夫斯基 (Minkowski) 的想法 (图版 36), 相应的维数出自布利高

(G. Bouligand). 然而这两个例子只提示了数学的各种专门领域中应用的许多维数 (其中的大多数只为少数专家所知). 其中一部分将在第 39 章中进一步讨论.

数学家为何引入了如此之多的不同定义呢? 因为在某些情况下, 它们产生不同的数值. 然而幸运的是, 这些情况在本书中从未遇到过, 从而可能的不同维数可以归纳到两张清单中, 我将在下面提及. 较早的和研究得最好的可以追溯到豪斯多夫, 我们即将用它来定义分维数. 较简单的一种是相似维; 它不太普遍, 但在许多情况下是更合适的; 将在下一章中探讨.

显然, 我并不打算给出理查森的 D 是一种维数的数学证明. 在任何自然科学中都没有这种可信服的证明. 目的只是要说服读者, 对长度的观念有一个概念性的问题, 而 D 提供了一个可行和方便的回答. 分维数现已进入对海岸线的研究中, 即使有特殊的反对理由, 我想我们也不会回到不经思考和天真地接受 $D=1$ 的阶段. 谁要继续认为 $D=1$, 他就必须说明理由.

下一步是解释海岸线的形状, 并由其他更基本的考虑导出 D 的数值, 这将留到第 28 章讨论. 在此只需声明, 作为第一级近似有 $D=3/2$. 这个数值用来描述上面这些事实太大了, 但完全足以说明, 海岸线的维数超过标准欧几里得维数 $D=1$ 是自然的、恰当的和意料之中的.

豪斯多夫分维数

如果我们承认, 不同的自然海岸线真正具有的是无限长度, 而基于人为的 ϵ 值的长度只给出了一部分真实情况, 那么如何才能把不同的海岸线相互比较呢? 因为无限的四倍还是无限, 所以每条海岸线的长度是其四分之一长度的四倍, 然而这种结论是无用的. 我们需要一种较好的方式来表达以下的合理想法: 整条曲线必须有这样的一种 "测度", 它对其四分之一是四倍.

达到这个目标的最聪明办法是菲利克斯·豪斯多夫提出的. 它由下列事实直观地得到启发: 多边形的线性测度可由其各边长度直接相加得到, 无须作任何变换. 我们说 (这样做的理由将很快说明) 这些长度被取 $D=1$ 次幂, 1 是直线的欧几里得维数. 类似地, 要得到封闭多边形内部的面积测度, 可通过在它上面铺覆正方形, 并将所有正方形的边长都取 $D=2$ 次幂后相加得到, 2 是平面的欧几里得维数. 另一方面, 当应用 "错误的" 幂次时, 所得结果不能给出有价值的信息: 每个封闭多边形周边的面积是零, 而其内部区域的长度是无限的.

让我们类似地考虑由许多长度为 ϵ 的小区间构成的折线作为海岸线的近似. 如果把它们的长度都取 D 次幂, 那么我们将得到一个暂称为 "维数为 D 的近似测度" 的量. 因为按照理查森的研究, 多边形的边的数目为 $N=F\epsilon^{-D}$, 所说的近似测度取值 $F\epsilon^D \epsilon^{-D}=F$.

于是, 维数 D 的近似测度与 ϵ 无关. 由实际数据, 我们容易发现这个近似测度随 ϵ 的变化很小.

此外, "一个正方形 (内部区域) 的长度无限" 这个事实, 有一个简单的类比和推广: 在任意小于 D 的维数 d 下算得的海岸线近似测度在 $\epsilon \to 0$ 时趋于 ∞. 类似地, 一条直线的面积和体积为零. 当 d 取大于 D 的任何值时, 相应的海岸线的近似测度在 $\epsilon \to 0$ 时趋于 0. 当且仅当 $d = D$ 时, 近似测度的性态才是合理的.

曲线的分维数可以超过 1; 分形曲线

按照设计, 作为定义一个测度的指数, 豪斯多夫维数保持了普通维数的作用.

但是从另一个角度来看, D 确实是十分奇怪的: 它是一个分数! 尤其是, 它超过 1, 而 1 是曲线的直观维数, 并且可以严格证明它就是曲线的拓扑维数 D_T.

我建议把分维数超过拓扑维数 1 的曲线称为分形曲线. 本章可以总结为, 在地理学家感兴趣的范围内, 海岸线可以用分形曲线来模拟. 海岸线呈分形模式. ■

图版 35　✠ 猴树

这里应当把这张附加的小插图看成填补间隙的装饰图.

然而, 当读者读完第 14 章以后, 他将在这张图中找到提示, 来帮助拆解图版 146 中的 "架构". 更清晰得多的提示可从以下生成器中找到.

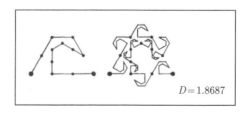

$D = 1.8687$

图版 36　✠ 闵可夫斯基香肠一例

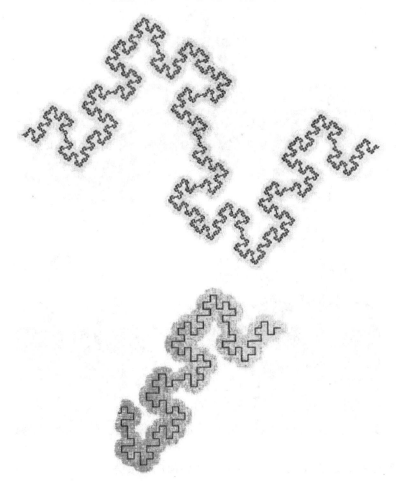

　　当数学家想要"驯服"一条杂乱无章的曲线时, 标准步骤之一是选择一个半径 ϵ, 并沿曲线上每一点画一个半径为 ϵ 的圆盘. 这种步骤至少可以追溯到闵可夫斯基, 也许可以追溯到康托尔, 它虽然理由不充分, 但很有效. (关于术语香肠, 有一个未经证实的传说, 说它是将这种步骤应用于诺伯特·维纳的布朗运动曲线得到的剩余物.)

　　在本图中, 这种光滑化并未用于真实的海岸线, 而是应用于将在后面 (图版 53) 构造的理论曲线, 这种构造方式是不断添加越来越小的细节. 把右下方的香肠段与上方的香肠段作比较, 我们可以看出, 曲线的构造当它开始涉及小于 ϵ 的尺寸时, 将经历一个临界阶段. 以后的构造阶段对香肠无实质性影响. ■

图版 37 ✠ 理查森有关海岸线长度增加率的经验数据

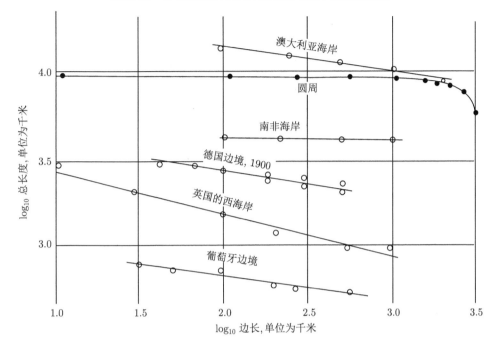

本图复制了理查森对不同曲线得到的长度的实测数据, 他应用边长 ϵ 越来越小的正多边形测量方法. 正如所预期的, 越来越精确的测量使圆周的长度很快稳定为一个完全确定的数值.

与此相反, 在海岸线的情形, 近似长度完全不会稳定下来. 当码尺长度 ϵ 趋于零时, 在双对数纸上表示的近似长度的点, 落在一条负斜率的直线上. 这对国家之间的边界同样成立. 理查森在百科全书中找到了, 西班牙与葡萄牙各自声称的两国之间公共边界长度的明显差别 (987 对 1214 千米), 同样的情况发生在荷兰与比利时之间 (380 对 449 千米). 取斜率为 -0.25, 这些数值之间的 20% 的差异, 可以用假设 ϵ 相差一个因子 2 来说明, 而这样一个因子在实践中并非不可能的.

理查森对于他的线条的斜率并无理论上的解释. 另一方面, 本书把海岸线解释为近似的分形曲线, 并把每条直线的斜率作为对 $1 - D$ 的估计, 这里 D 就是分维数. ∎

第 6 章 雪片和其他科赫曲线

我把理查森的 D 作为分维数, 为了充分理解对之的解释, 我们由无法控制的自然现象转向可以随意设计的几何结构.

自相似性和级联

到目前为止, 我们强调了海岸线的几何学是复杂的, 但其结构也有很高的有序程度.

虽然以不同比例尺描绘的地图在某些具体细节上有所不同, 它们却具有相同的一般特征. 在粗略的近似中, 海岸线的小的和大的细节在几何上是等同的, 只是比例不同而已.

可以把这种形状设想为某种类型的焰火, 在每个阶段产生的细节都要比前一阶段的微小. 然而, 较好的提法出自已经提到的理查森关于湍流的工作: 这种生成机制可以称为级联.

若一种形状的每个部分在几何上都相似于整体, 则此形状及生成它的级联都称为自相似的. 本章用很规则的图形探讨自相似性.

与自相似形状形成鲜明对照的是下列曲线: (a) 它具有单一标度, 如圆周; (b) 它具有两个明显不同的标度, 如带有 "皱褶" 的圆周. 这样的形状可被称为标度跳跃的.

类似于海岸线的奇怪折线和三元科赫曲线 K

为保证在一条曲线中有无限个长度标度, 最保险的办法是有意识地把它们分别安置. 边长为 1 的正三角形有一个标度, 边长为 1/3 的三角形有一个较小的标度, 以及边长为 $(1/3)^k$ 的三角形具有递减的小标度. 把这些三角形堆放在彼此顶部如图版 46, 就得到一个组合了所有小于 1 的标度的形状.

事实上, 我们假设以 1/1 000 000 的比例尺画出的一段海岸线是长度为 1 的直线段, 称其为初始器. 然后, 假设在 3/1 000 000 的比例地图上可见的细节, 是把原来直线段的中间三分之一用一个隆起的等边三角形代替而得到的. 这样得到的二次近似是由四个等长度直线段形成的折线, 被称为生成器. 再假设在 9/1 000 000 的比例地图上出现的新的细节, 都是把生成器的四个直线段中的每一个, 用一个缩小为三分之一的生成器代替, 从而形成子隆起而得到的.

以这种方式继续下去. 折断每一直线段, 把初始器用程度不断递增的折线来代替. 因为在这本书中从头到尾都要与它打交道, 且让我称这种曲线为奇怪折线 (teragon), 来源于希腊语 τερας, 意思是 "怪物、奇怪的动物", 以及 γωνια, 意思是 "角落、角". 很合适地, 在公制系统里, tera (太) 是因子 10^{12} 的前缀.

如果继续同样的级联过程直到无限, 我们的奇怪折线将收敛到一个极限, 此极限最早在 (von Koch, 1904) 中研究过, 图版 49. 我们将专门称它为三元科赫曲线, 记为 $\mathcal{K}$.

由图版 47 可以清楚地看出, 这条曲线的面积为 0. 另一方面, 在每个构造阶段它的总长度以 4/3 的比例增加, 因此极限曲线的长度为无限. 此外, 它是连续的, 但处处无确定的切线——就像无导数的连续函数图形一样.

作为海岸线的一种模型, $\mathcal{K}$ 只是一种有启发性的近似, 但并不是因为它太不规则, 而是因为与海岸线相比较, 它的不规则性实在太系统化了. 第 24 章至第 28 章将对之 "放松", 使之更好地与海岸线相拟合.

作为怪物的科赫曲线

如同上一节中介绍的, 科赫曲线应被看作几何中最直观的东西. 但传统的动机是完全不同的. 这正代表了部分数学家对它的传统看法. 他们只是异口同声地称 $\mathcal{K}$ 是一条怪异曲线! 作为详细说明, 让我们来看看《直觉的危机》(Hahn, 1956), 我们将一再用到它. 其中写道: "[一条不可求长或无切线曲线的] 特性完全不是直觉的; 事实上, 经过数次重复弯折后, 演化出的图样是如此复杂, 以致难以为直觉所把握; 它还使我们完全放弃了它将趋于一条极限曲线的设想. 只有思维的或逻辑的分析, 才可以追随这个奇怪对象到它的最终形式. 于是, 如果我们在这个例子中依赖于直觉, 我们将会犯错误, 因为直觉看来将导致以下结论: 不可能有一条在任何点都没有切线的曲线. 这是涉及微分学基本概念的直觉失效的第一个例子."

这段话的最大好处在于, 它不再像查理斯·埃尔米特 (Charles Hermite) 在 1893 年 5 月 20 日写给斯蒂尔切斯 (T. Stieltjes) 的著名惊呼: "在对无导数函数的可悲瘟疫的害怕和恐惧中出逃."(Hermite & Stieltjes, 1905, II. 第 318 页.) 人们倾向于相信伟人是完美的, 但埃尔米特令人啼笑皆非. 勒贝格 1922 年的《摘记》(Lebesgue, 1972-, I) 正好相反. 他写了一篇关于无切平面曲面的文章《充满褶皱的手帕》, 希望由法国科学院发表, 但 "埃尔米特一度反对把它发表在《科学记录》中; 这大约正当他写信给斯蒂尔切斯之时 ……."

我们重温皮兰和施坦豪斯知道的更好的事实. 施坦豪斯是以事实为基础进行争辩的, 只是以直觉为基础进行争辩的唯一数学家是保罗·莱维 (Paul Lévy) (Lévy, 1970): "当听人说起几何直觉不可避免地使人认为所有连续函数都是可微的时候, 我总是十分惊讶. 从我第一次遇到导数这个概念开始, 我的经验就表明相反的才是正确的."

然而, 这些声音未曾被听取. 不单是几乎每本书, 而且几乎每个科学博物馆, 都声称不可微曲线是反直觉的、"怪异的"、"病态的", 甚至是 "有精神病的".

被驯服的科赫曲线, 维数为 $D = \log 4/\log 3 = 1.2618$

我认为科赫曲线是海岸线的一个粗糙但又是充满活力的模型. 作为第一种定量试验, 我们来研究边长为 ϵ 的三元科赫奇怪折线的长度 $L(\epsilon)$. 这个长度可以精确测量, 其结果特别令人满意:

$$L(\epsilon) = \epsilon^{1-D}.$$

这个精确公式等同于理查森关于英国海岸线的经验规律. 对三元科赫曲线,

$$D = \log4/\log3 \sim 1.2618,$$

因此 D 落在理查森的观察值的范围之内!

◁ **证明**   显然, $L(1) = 1$ 和

$$L(\epsilon/3) = (4/3) L(\epsilon).$$

这个方程有形如 $L(\epsilon) = \epsilon^{1-D}$ 的解, 若 D 满足

$$3^{D-1} = 4/3.$$

因此 $D = \log4/\log3$, 正如所断言的. ▶

自然, 科赫的 D 不是一个经验常数, 而是一个数学常数. 因而称 D 为维数的论据, 在科赫曲线的情形比在海岸线的情形甚至更有说服力.

另一方面, 对于维数 D 的近似豪斯多夫测度 (前一章中引入的概念) 等于 ϵ^D 乘以长度为 ϵ 的步数, 也就是等于 $\epsilon^D\epsilon^{-D} = 1$. 这很好地表明了豪斯多夫维数为 D. 遗憾的是, 豪斯多夫的定义很难严格处理. 而且, 即使它是容易处理的, 把维数推广到整数以外也是一种影响深远的思想期待对之有进一步的研究.

相似性维数

碰巧在自相似形状的情形中, 有一个很容易有进一步动机的概念, 那就是相似性维数[①]. 人们常常听说, 数学家用相似性维数来猜测豪斯多夫维数. 本书的一

---

① 简称为相似维. ——译者注

大部分只涉及这个猜测为正确的情形. 在这种情况下, 认为分维是相似维的同义词是无害的. ◁ 相对应的是把拓扑维作为 "直观" 维的同义词. ▶

　　作为动机的前奏, 让我们考察标准自相似形状: 线上的区间, 平面中的矩形, 等等, 见图版 48. 因为一条直线的欧几里得维数是 1, 可见对每个整数 "基"b, "整个" 区间 $0 \leqslant x < X$ 可以用 $N = b$ 个 "部分" 来铺覆 (每个点都被覆盖一次且只被覆盖一次). 这些 "部分" 是区间 $(k-1) X/b \leqslant x < kX/b$, 这里 k 由 1 至 b. 每个 "部分" 都可以由整体按比值 $r(N) = l/b = 1/N$ 的相似性导出.

　　类似地, 因为平面的欧几里得维数是 2, 从而无论 b 值多大, 由矩形 $0 \leqslant x < X; 0 \leqslant y < Y$ 构成的 "整体" 都能精确地被 $N = b^2$ 个 "部分" 所铺覆. 这些 "部分" 是由联合不等式

$$(k-1) X/b \leqslant x < kX/b,$$

$$\text{以及 } (h-1) Y/b \leqslant y < hY/b$$

定义的矩形, 其中 k 和 h 由 1 至 b. 现在可由 "整体" 按比值 $r(N) = 1/b = 1/N^{1/2}$ 的相似性导出每个 "部分".

　　对于一个直角平行六面体, 同样的论证给出 $r(N) = 1/N^{1/3}$.

　　对欧几里得维数 $E > 3$ 的定义空间也无问题 (欧几里得的或笛卡儿的维数在本书中用 E 表示). 所有 D 维长方体 $(D \leqslant E)$ 满足

$$r(N) = 1/N^{1/D}.$$

于是,

$$Nr^D = 1.$$

等价的其他表达式是

$$\log r(N) = \log\left(1/N^{\frac{1}{D}}\right) = -(\log N)/D,$$

$$D = -\log N/\log r(N) = \log N/\log(1/r).$$

　　现在让我们转向非标准形状. 为了使自相似性指数具有正式的意义, 唯一的要求是形状为自相似的, 也就是说, 可以通过比值为 r (按照位移或对称性) 的相似性, 把整体分裂为 N 个部分. 以这种方式得到的 D 总满足

$$0 \leqslant D \leqslant E.$$

在三元科赫曲线的例子中, $N = 4$ 而 $r = 1/3$, 因此 $D = \log 4/\log 3$ 等同于豪斯多夫维数.

曲线; 拓扑维

到此为止, 我们较随意地提及科赫的 $\mathcal{K}$ 曲线, 现在必须回到这个概念. 直观地, 一段标准的弧是一个连通集, 但若去掉任何一个点, 它就不连通了. 一条封闭的标准曲线是一个连通集, 如果去掉两个点, 它就被分离为两段标准弧. 由于同样的理由, 科赫的 $\mathcal{K}$ 是一条曲线.

数学家认为, 具有以上性质的所有形状, 如 $\mathcal{K}$, [0, 1] 或圆周, 其拓扑维都是 $D_T = 1$. 因而就不得不考虑其他维数概念! 作为奥卡姆 (哲学家) 王国的信徒, 所有科学家都知道: "实体不得增加到超过需要." 因此必须承认, 我们在几个几乎等价的分维数之间来回折腾只是为了方便. 然而, 分维与拓扑维的共存却是一种需要. 曾经听从建议跳过第 3 章关于分形定义的插话的读者, 现在应该回头去浏览一下, 并建议每一位读者都读一下第 41 章关于维数的条款.

当存在界限 Λ 和 λ 时 D 的直观意义

Cesàro (1905) 用以下座右铭开始:

> 意愿无限, 实现有限,
> 欲望无界, 行动有界.

事实上, 科学家受到的限制并不比莎士比亚笔下的特洛伊和凯丽希达来得少. 为了得到一条科赫曲线, 需把越来越小的新隆起级联推向无限, 但在大自然中的每个级联都必定终止或改变特性. 尽管无尽头的隆起有可能存在, 但它们是自相似的概念却只能在一定的界限之间使用. 低于下限的海岸线概念不再属于地理学.

因此, 认为真实海岸线包含两个界限尺度是合理的, 它的外界限 Ω 可以是包含岛屿或许大陆的最小圆周的直径, 而内界限 ϵ 可以是第 5 章中提到的 20 米. 难以给定确切的数值, 但对界限的需要却是毋庸置疑的.

然而, 在去掉很大和很小的细节之后, D 仍然是一个如第 3 章中所述的有效维数. 严格地说, 三角形、六角星和有限科赫奇怪折线的维数都是 1. 然而, 无论是直观地, 还是由所需修正项的简单性和自然性的实用观点出发, 把高级的科赫奇怪折线看成更接近于维数为 log4/log3 的曲线, 要比把它看成接近维数为 1 的曲线更加合理些.

就海岸线而言, 看来有几个不同的维数 (回忆第 3 章中的线团). 它的地理维数是理查森的 D. 但在物理学家感兴趣的尺寸范围内, 海岸线可以有一个不同的维数——它是与水、空气和沙之间的界面概念相联系的.

另一种科赫生成器和自回避科赫曲线

让我们重述构造三元科赫曲线的基本原则. 从两个图形: 一个初始器和一个生成器开始. 后者是 N 段长度为 r 的相等边组成的一条定向折线. 这样, 每个构造阶段都从一条折线开始, 然后把每一直线段用一个缩小的生成器复制品来代替, 该复制品与被替换的线段有相同的端点. 在所有情况下, $D = \log N / \log(1/r)$.

容易通过修改生成器, 特别是通过把隆起与凹陷组合来改变这种构造, 如本章末的图版所示. 我们以这种方式来得到科赫奇怪折线, 它收敛于维数介于 1 和 2 之间的一条曲线.

所有这些科赫曲线都是自回避的: 没有自交点. 这就是 (为了定义 D) 它们能被清楚地分成不相交的若干部分的原因. 然而, 漫不经心地选取生成器来进行科赫构造就有自接触、自相交甚至自重叠的危险. 如果期望的 D 很小, 那么很容易通过谨慎地选择生成器来避免双重点. 当 D 增加时, 这个任务将越来越困难, 但只要 $D < 2$, 总还是可以做到的.

然而, 试图达到维数 $D > 2$ 的科赫构造将不可避免地导致无限次覆盖平面的曲线. $D = 2$ 的情形值得在第 7 章中专门加以讨论.

科赫弧和半线

在某些情况下, 科赫曲线一词需要用更确切、更有针对性的术语来代替. 图版 48 的形状其实是线区间的科赫映射, 可称为科赫弧. 于是, 图版 49 中的边界就是由三条科赫弧构成的. 把一段弧外延成一条科赫半线常常是有用的: 外延时以原弧的左端点为中心点, 把原来的弧以 $1/r = 3$ 的比例向右延伸, 然后以 3^2 的比例延伸等. 每个相继的外推中都包含着前一个, 而极限曲线包含所有中间有限阶段.

D 是分数时, 测度对半径的依赖关系

现在让我们把欧几里得几何中的另一个标准结果欧几里得维推广到分维. 对于有均匀密度 ρ 的理想化物理对象 (长度为 $2R$ 的杆, 半径为 R 的圆盘或半径为 R 的球), 其重量 $M(R)$ 正比于 ρR^E. 对于 $E = 1, 2$ 和 3, 比例常数分别等于 2, 2π 和 $4\pi/3$.

规则 $M(R) \propto R^D$ 也适用于自相似的分形.

在三元科赫情形, 当原点是科赫半线的一端时的证明最为简单. 若半径为 $R_0 3^k$ $(k \geqslant 0)$ 的圆包含的质量为 $M(R_0)$, 半径为 $R = R_0/3$ 的圆包含的质量为 $M(R) = M(R_0)/4$. 从而

$$M(R) = M(R_0)(R/R_0)^D = \left[M(R_0) R_0^{-D}\right] R^D.$$

这样, 比值 $M(R)/R^D$ 与 R 无关, 可以用来定义 "密度" ρ.

科赫运动

设想有一点沿着一条科赫半线运动, 在相等的时间内经过相等长度的弧段. 如果随后把时间作为位置的函数求逆, 我们将得到位置作为时间的函数, 也就是一种运动. 当然, 这种运动是瞬间完成的.

随机海岸线的预览

科赫曲线使我们想起实映射, 在本书的每种范例研究的早期模型中, 都有一些几乎相同的重要缺陷: 它的各部分相互等同, 而自相似比值 r 必须是形为 b^{-k} 的严格比例式, 其中 b 是一个整数, 即 $1/3, (1/3)^2$ 等中的一个. 这样, 科赫曲线只是海岸线的一个很初步的模型.

我发展了多种方法来避免这两个缺点, 但全都涉及概率复杂性, 这种复杂性最好当我们澄清了关于非随机分形的许多疑点后处理. 然而, 熟悉概率论而又富于好奇性的读者可以提前看一下我的 "弯折曲线" 模型 (第 24 章), 更重要的是基于分数幂布朗曲面的水平曲线模型 (第 28 章).

本篇后面仍将沿用同样的阐述方法. 大自然的许多模式将就一些系统分形的背景的紧密关系进行讨论, 后者已提供了一个很初步的模型, 而我倡导的随机模型则将推迟到后面章节中再行介绍.

提醒. 在 D 精确已知, 并非整数且写成小数形式以便于比较的所有情形, D 都写成四位小数. 选择这个数字 4 是要使人明显看出, D 既不是一个经验值 (现时所知的所有经验值都呈现为只有 1 或 2 位小数), 也不是一个不完全确定的几何值 (现时, 它呈现为或者有 1 至 2 位小数, 或者有 6 位小数或更多).

复杂, 或者简单且规则?

科赫曲线展示了复杂性与简单性的一种新颖而又颇有趣味的结合. 一眼看去, 它们比欧几里得几何中的标准曲线要复杂得多. 然而, 柯尔莫哥洛夫 (Kolmogorov) 和蔡丁 (Chaitin) 的数学算法理论得出了相反的结论: 科赫曲线并不比圆复杂多少! 这种理论从收集 "字母" 或 "原子运算" 开始, 把产生期望函数的最短已知算法的长度, 作为函数复杂性的客观上界.

为了应用这种想法来构造曲线, 设绘图过程的字母或 "原子" 为直线 "笔画". 在这种字母表中, 追随一个正多边形只需要有限笔画, 每笔用有限行指令来描述, 因此这是一项有限复杂性的任务. 与此相反, 一个圆周包含 "无穷多条无穷短的笔画", 从而看起来是有无限复杂性的曲线. 但是, 如果圆周的构造是递归地进行的, 那么它将只涉及有限数量的指令, 从而也是一项有限复杂性的任务. 例如, 从 2^m 条边 $(m > 2)$ 的正多边形出发, 把每个长度为 $2\sin(\pi/2^m)$ 的笔画用两个长度为

$2\sin(\pi/2^{m+1})$ 的笔画代替; 然后重新开始循环. 为了构造科赫曲线, 可以采用同样的方法, 但操作更简单, 因为笔画长度只需简单地乘以 r, 而笔画相对位置的替换总是相同的. 从而有以下点睛之笔: 如果复杂性用现有最佳算法在这种特殊字母表中的长度来度量, 那么科赫曲线实际上比圆周更简单.

对于就相对简单性对曲线所做的这种特殊的分类, 不必太重视. 最明显的是, 如果这种特殊字母表是基于圆规和直尺的——意味着把圆周视为 "原子", 那么将得到相反的结论. 然而, 只要应用这种合乎情理的字母表, 任何科赫曲线都不仅只有有限复杂性, 而且比欧几里得几何中的大多数曲线都要简单.

在结束这个讨论时, 我不得不声明, 对词源学极感兴趣的本人, 讨厌人们把科赫曲线称为 "不规则的". 这个术语是 ruler (直尺、统治者) 的近亲, 如果为了保持 ruler 是测量直线的工具的意义, 那么上述说法是令人满意的, 因为科赫曲线与直线相差甚远. 但若把 ruler 理解为皇帝 (= rex, 相同的拉丁语词根), 也就是颁布一系列需强制执行的详细法规的人, 那么我将沉默地抗议: 没有什么是比科赫曲线更加 "规则" 的了. ∎

图版 46　✠ 三元科赫岛屿或雪花片 $\mathcal{K}$, 黑尔格·冯·科赫所作的原始构造 (海岸线维数 $D =$ log 4/log 3~1.2618)

　　构造从 "初始器" 即一个边长为 1 的黑色 △ (等边三角形) 开始. 然后在每一边的中间三分之一处添加一个边长为 1/3 的 △ 形状的半岛. 第二阶段结束于一个六角星, 或称为大卫星. 对星的每边重复相同的添加半岛的过程, 如此继续, 直到无穷.

　　每次添加都把区间中部三分之一的点在垂直方向作位移. 三角形初始器的角顶则始终不动. 大卫星的其他 9 个角顶经过有限个阶段后到达其最终位置. 其余各点继续位移而无尽头, 但移动量越来越少, 并最终收敛到定义海岸线的极限.

　　岛屿本身是一系列多边形区域的极限, 其中每一个都包含前一个多边形区域. 这个极限的照相负片如图版 49.

　　注意图版 49 和本书中的许多其他插图, 与其说是表示海岸线, 不如说是表示岛屿或湖泊, 且一般说来, 表示 "实体面积" 比表示它们的轮廓更好. 这种方法用上了我们的绘图系统的最精细的分辨率.

　　为什么这里不能定义一条切线. 把一个原始角顶取为固定点, 向极限海岸线上的一点连一根绳索. 当这一点顺时针收敛到角顶时, 连接绳索在 30° 角范围内振荡, 并且永远不会趋于一个可称为顺时针切线的极限. 也不能定义一条逆时针切线. 如果因为顺时针与逆时针的绳索在完全确定的角度范围内振荡而导致在某一点无切线, 则称该点为双曲点. $\mathcal{K}$ 渐近地达到的点没有切线的原因则有所不同. ■

图版 47 ✠ 三元科赫岛屿或雪片 $\mathcal{K}$. 欧内斯特·切萨罗的另一种构造 (海岸线维数 $D =$ log 4/log 3∼1.2618)

科赫岛屿的另一种构造由切萨罗给出 (Cesàro, 1905), 这个工作是如此吸引人, 以致我忘记了寻找原件时的艰难 (以及后来发现它重印在 (Cesàro, 1964) 时产生的烦恼). 下面是我随手摘录的几行佳句. "这种无限地嵌入于自身之中的形状, 给了我们关于坦尼森 (Tennyson) 在某处所述的内部无限性这种思想, 这种无限性毕竟是我们仅有的对大自然能够设想的东西. 在整体与它的部分之间, 甚至在其无限小部分之间的这种相似性, 使我们觉得三元科赫曲线真是绝妙的. 如果赋予它生命, 那么除非把它完全摧毁, 否则是不可能消灭它的, 因为它将从它的那些三角形的深处一而再、再而三地探出头来, 就像宇宙中的生命一样."

切萨罗的初始器是一个边长为 $\sqrt{3}/3$ 的正六边形, 环绕它的海洋是灰色的. 越来越小的 △ 形海湾被无限压缩, 而科赫岛屿是递减近似的极限.

这种构造方法与图版 46 中给出的科赫构造方法在本图版中同步进行. 这样, 科赫海岸线被挤压在内奇怪折线与外奇怪折线之间, 而这两条折线相互间越来越接近. 可以设想由三个相继的环开始的级联过程: 实体岛屿 (黑色)、沼泽地 (白色) 和水面 (灰色). 每个级联阶段都把沼泽地的一部分或是变成实体岛屿, 或是变成水面. 在极限情况下, 沼泽地由一个 "面" 耗竭为一条曲线.

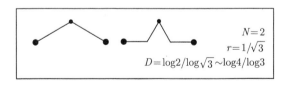

$$N = 2$$
$$r = 1/\sqrt{3}$$
$$D = \log 2/\log \sqrt{3} \sim \log 4/\log 3$$

对中点位移的说明. 这涉及上图所示的生成器及其下一步 (这里的角度是 120°). 若把它放在内 k 级奇怪折线外面, 它将产生外 k 级奇怪折线; 若把它放在外 k 级奇怪折线内部, 它将产生内 $(k+1)$ 级奇怪折线. 这种方法在图版 68 和 69 以及第 25 章中是有用的. ∎

图版 48 ✠ **两类自相似性: 标准的和分形的**

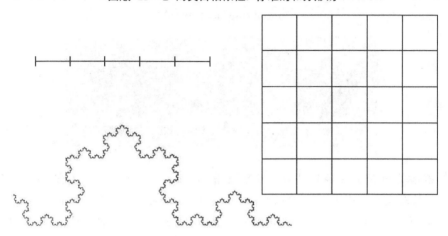

　　本图版左上方的小图表明, 给定一个整数 (这里 $b = 5$), 单位长度的直线区间可以分割为长度为 $r = 1/b$ 的子区间. 类似地, 一个单位正方形可以分为边长为 $r = 1/b$ 的 $N = b^2$ 个正方形. 在两种情况下, 形状的相似维数都是 $\log N / \log(1/r)$. 这个概念, 连中学几何学也不屑提及, 因为维数值简化为欧几里得维数.

　　底部图形是一条三元科赫曲线, 科赫海岸线的三分之一. 它也能分割为缩小尺寸的小块, $N = 4$ 和 $r = 1/3$. 结果所得的相似维 $D = \log N / \log(1/r)$ 不是一个整数 (其值 ~1.2618), 在标准几何学中, 没有与它相对应的东西. 豪斯多夫说明了 D 在数学中是有用的, 并且 D 等同于豪斯多夫维数或分维数. 我的断言是, D 在自然科学中也是重要的. ∎

图版 49 ✠ 三元科赫湖 (海岸线维数 $D = \log 4/\log 3 \sim 1.2618$)

图版 46 和图版 47 的说明中所描述的构造方法进行了多得多的次数, 所摄得的照相负片与其说是产生了一个岛屿, 不如说是产生了一个湖.

充斥于这个湖中的古怪灰色"波浪"模式并不是偶然的, 将在图版 73 和 74 中说明.

图中的海岸线不是自相似的, 因为一条回线不能分解成其他回线之并. ◁ 然而, 第 13 章应用了由无限个岛屿组成的集合内部的自相似性概念. ▶■

图版 50 和 51　✠ 其他科赫岛屿和湖泊 (海岸线维数 $D = \log 9/\log 7 \sim 1.1291$)

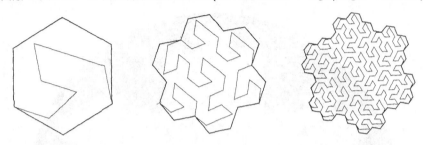

这个科赫岛屿的变体出自戈斯泼尔 (W. Gosper) (Gardner, 1976), 初始器是一个正六边形, 生成器如下图.

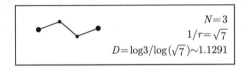

$$N = 3$$
$$1/r = \sqrt{7}$$
$$D = \log 3/\log(\sqrt{7}) \sim 1.1291$$

　　图版 50. 在该图中, "戈斯泼尔岛屿" 的几个构造阶段的 "外包装" 被画成粗线条. 相应的细线条 "填料" 将在图版 75 中说明.

　　图版 51. 这是 "外包装" 的一个高级构造阶段. 可变厚度 "填料" 也在图版 75 中予以说明. 请注意, 与科赫的原始工作相反, 本生成器是关于它的中心点对称的. 它以海湾和半岛组合的方式, 使岛屿面积在整个构造中保持常数. 直到图版 61 的科赫曲线皆如此.

　　铺覆. 平面可以用戈斯泼尔岛屿覆盖, 这种性质称为铺覆.

　　通铺覆. 目前的岛屿是自相似的, 这可以通过改变线条的粗细清楚地看出. 这就是说, 每个岛屿分成七个 "省份", 可由整体按相似比 $r = 1\sqrt{7}$ 导出. 我用一个新词通铺覆 (pertiling) 来称呼这个性质, 其中使用了拉丁语前缀 per, 比方用于 "to perfume (撒香水)"="to penetrate thoroughly with fumes (处处渗透气味)".

　　大多数铺覆不能再分为相似于整体的相等铺覆. 例如, 把六边形放在一起不能形成一个较大的六边形, 这一点使人普遍失望. 而戈斯泼尔片把六边形补缀得正好足以使它精确地再划分为 7 个. 另外一些分形铺覆可以细分为数目不同的若干部分.

　　法国. 它那异常规则的地理轮廓常常被称为六边形, 事实上, 法国的轮廓与一个六边形的相似程度不如它与图版 51 的相似程度 (虽然布列塔尼半岛在这里显得营养不良).

　　不能在这些海岸线的任意点上定义一条切线的理由. 在经过有限个构造阶段后得到的海岸线上取一固定点, 并把它用一根绳索与极限海岸线上的一个动点连接接来. 当动点沿着极限海岸线趋近固定点时, 不论是以顺时针方向还是逆时针方向, 绳索的方向总是环绕固定点无穷无尽头地缠绕, 这样的一个点称为斜驶的.
▶ ■

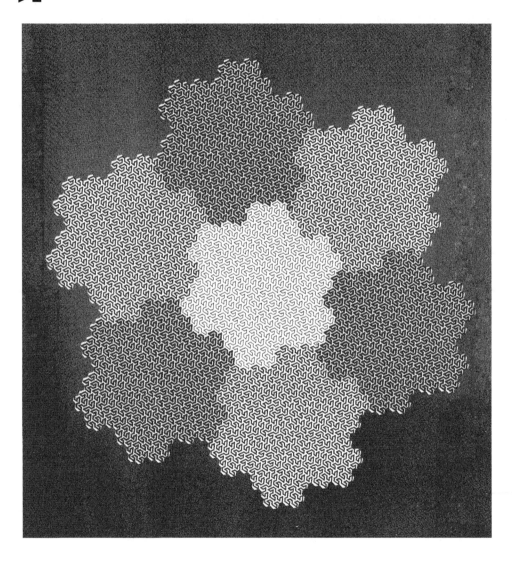

图版 53 ✠ **另一种科赫岛屿和湖泊** (海岸线维数由 1 至 $D = \log 3 / \log /\sqrt{5} \sim 1.3652$)

在这一系列分形曲线中, 初始器是一个 M 边的正多边形, 生成器的 $N = 3$ (即分为 3 节, 且在第一、二节之间及第二、三节之间的夹角都是 $\theta = 2\pi / M$. 图版 50 和 51 涉及特殊值 $M = 6$ (不在这里重复), 而值 $M = 3$ 在图版 77 中讨论. 本图版以湖泊和岛屿相互嵌套的形式显示了分别取值 $M = 4, 8, 16$ 和 32 时充分发展的奇怪折线. 例如, $M = 4$ 对应于以下生成器:

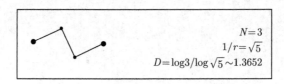

$$N = 3$$
$$1/r = \sqrt{5}$$
$$D = \log 3 / \log \sqrt{5} \sim 1.3652$$

中心岛屿 ($M = 4$) 上的阴影线将在图版 78 中说明.

如果把这些模式拓展到 $M = \infty$, 它将收敛为一个圆周. 当 M 值变小时, 图形 "皱缩", 起先是逐渐的, 尔后就快速跳跃. 下一阶段的皱缩将导致 $M = 3$, 但相应的曲线不再是自回避的. 我们将在后面图版 78 再遇到它.

一个临界维数. 当初始器是 $[0, 1]$ 时, 角度 θ 可以取 60° 至 180° 之间的任意值. 有一个临界值 $\theta_{临界}$, 使当且仅当 $\theta > \theta_{临界}$ 时 "海岸线" 是自回避的. 相应的 $D_{临界}$ 对应于自相交的临界维数. 角度 $\theta_{临界}$ 接近 60°.

推广. 图版 50 至 61 的构造容易推广如下. 把所示的生成器称为直接的 (S), 并定义翻转生成器 (F) 为直接生成器在直线 $y = 0$ 上的镜像. 构造的每个阶段都必须从头至尾用同一个生成器, 或是 S 或是 F, 但不同阶段可以选择不同的生成器. 这些插图, 以及更多后续的插图, 都从头至尾应用 S, 而 S 和 F 的其他无限序列将产生相近的变体.

◁ 如果把 F 和 S 交换, 上述斜驶点将成为双曲点, 如同在科赫曲线中的那样. ▶■

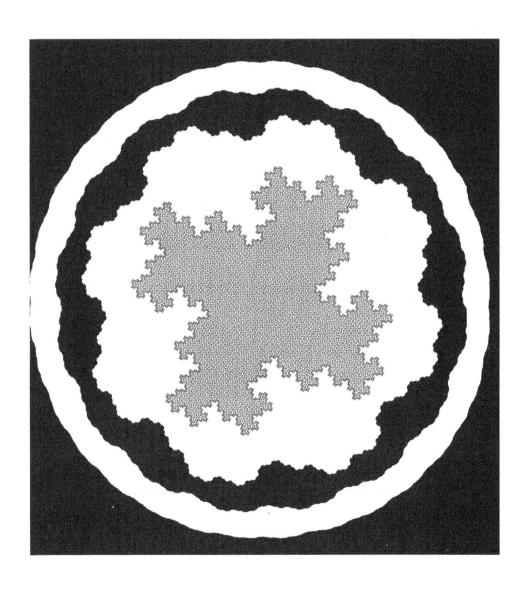

图版 55 ✠ 一个二次科赫岛屿 (海岸线维数 $D = 3/2 = 1.5000$)

图版 53 至 59 显示从一个正方形起始的几种科赫构造 (从而有术语正方的). 优点之一在于, 即使所用的绘图系统是粗糙的, 也可以用这些构造来进行试验. ◁ 另一个优点是, 二次的分形曲线直接导致图版 67 所描述的原始佩亚诺曲线. ▶

图版 55. 这里初始器是一个正方形, 而生成器是

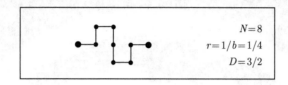

正如在图版 50 至 53 中, 岛屿总面积在所有阶系中保持不变. 图版 55 表示了小尺度下的头两个阶段, 以及较大尺度的下一阶段.

在最后一个阶段, 放大倍率更大, 细部显示了十分纤细而勉强可见的须髭, 若图片的质量不那么高, 就会丧失很多细节, 以致迫使我们忽略这些细节.

无论是奇怪折线还是极限曲线都不包含任何自重叠、自相交和自接触. 在图版 59 中也是如此.

◁ 不应忘记, 图版 55 至 59 中的分形是海岸线: 陆地和海洋是普通形状, 它们具有正的和有限的面积. 148 页图的说明中提到了一种情形, 其中只有"海洋"有完全确定的面积, 它又是简单形状孔洞的并, 而陆地没有内点. ▶

铺覆和通铺覆. 目前的岛屿被分解为 16 个岛屿, 它们以 $r = 1/4$ 的比例缩小. 每个都是建造在 16 个正方形 (它们由第一阶段的构造形成) 之一上的科赫岛屿.

◁ 第 25 章和第 29 章表明, 对不同的布朗函数也可以遇到 $D = 3/2$. 从而其值容易通过随机曲线和随机曲面得到. ▶ ∎

图版 57 ✠ 一个二次科赫岛屿 (海岸线维数 $D = \log 18 / \log 6 \sim 1.6131$)

初始器也是一个正方形, 而生成器如下图.

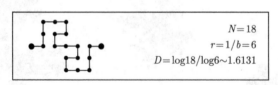

$$N = 18$$
$$r = 1/b = 6$$
$$D = \log 18 / \log 6 \sim 1.6131$$

　　在目前这些有代表性的图例中, 二次科赫岛屿的形状明显很大地依赖于 D. 这个事实是十分重要的. 然而, 因为初始器都是一个正方形, 岛屿就具有大致相同的总体轮廓. 当初始器是一个正 M 边形 $(M > 4)$ 时, 总的形状看起来光滑些, 并随着 M 的增加而更加光滑. 总体形状与 D 值之间的真正联系, 直到第 28 章才给出, 那里处理随机的海岸线, 它同时有效地确定了生成器和初始器.

　　◁ **极大性**. 对总体轮廓的相似性作出贡献的另一个事实是, 在图版 53 至 59 中的二次科赫曲线具有一种有趣的极大性质. 设想把所有产生自回避曲线的科赫生成器, 描绘在由平行和垂直于 $[0, 1]$ 的直线构成的正方形点阵上, 另外, 在正方形点阵上可以应用任何初始器. 我们把达到最大可能的 N 值及相应的 D 值的生成器称为极大的. 可以发现, 当 b 是偶数时 $N_{\max} = b^2/2$, 而当 b 是奇数时 $N_{\max} = (b^2 + 1)/2$.

　　◁ 随着 b 值的增加, 极大的 N 也增加, 可供替代的极大多边形的数目也增加. 因此, 极限科赫曲线受到原始生成器的影响程度将越来越大. 它看起来也将越来越人工化, 因为无接触点而达到极大维数的要求使得约束程度随 D 的增加而增大. 在下一章, 对佩亚诺极限 $D = 2$, 它将达到高潮.

　　◁ **腔隙**. D 相同但 N 与 r 不同的分形曲线可能相互之间有定性上的区别. 由此导致的 D 以外的参数在第 34 章中讨论. ■

图版 58 和 59 ✠ **二次科赫岛屿 (海岸线维数 $D = 5/3 \sim 1.6667$**
和 $D = \log 98 / \log 14 \sim 1.7373$)

现在作与图版 53 相同的构造, 但使用不同的生成器. 在图版 59 中用的是右下图, 而图版 58 中用的是左下图. 当趋向半岛的顶尖或海湾的最深点时, 在这些噩梦似的港口中的堤坝和明渠越来越窄. 此外, 宽度随分维数的增加而变小. 在约 $D \sim 5/3$ 处出现 "蜂腰".

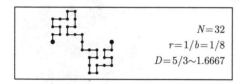

$N = 32$
$r = 1/b = 1/8$
$D = 5/3 \sim 1.6667$

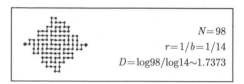

$N = 98$
$r = 1/b = 1/14$
$D = \log 98 / \log 14 \sim 1.7373$

◁ **涉及湍流弥散的插话**. 图版 59 中所画的一系列近似分形系列与墨水在水中的湍流弥散的各个阶段之间有一种怪异的相似. 当然, 实际的弥散不那么有规则, 这是可以祈求机遇作模拟的一种特性.

◁ 几乎可以看到理查森级联在起作用. 能量的有限挤压使正方形墨水滴向四周扩散. 然而, 原来的涡旋分裂为较小尺度的涡旋, 其效应是较为局部的. 初始能量逐渐减少到越来越小的典型尺寸, 最终对墨水滴的轮廓并无贡献, 只是使它模糊些而已, 见取自 (Corrsin, 1959b) 的右下图.

◁ 理查森级联将产生的形状以分形为边界, 这一结论是不可避免的, 但 $D = 5/3$ 的结论令人震惊. 这个 D 值对应于 $D = 8/3$ 的空间曲面的平面截面, 这种曲面常常在湍流中出现. 在标量的等值曲面情形 (在第 30 章中研究), $D = 8/3$ 可约化为柯尔莫哥洛夫理论. 但无论如何, 不能轻信数字上的类似.

◁ 事实上, D 值很可能取决于流体的初始能量, 以及容纳这种弥散的容器尺寸. 低的初始能量将使圆盘形的液滴萎缩为 D 接近于 1 的一条曲线 (图版 53). 在小容器中的高初始能量将导致较为彻底的扩散, 其平面截面与图版 58 ($D \approx 1.7373$) 很相仿, 或者甚至与维数 $D = 2$ (第 8 章) 更相仿, 见 (Mandelbrot, 1976c).

◁ 如果最后这个推断是正确的, 下一步将是研究初始能量与 D 之间的关系, 并寻找在平面上产生 $D = 2$, 即在空间中产生 $D = 3$ 的最低能量. 在考察极限情况 $D = 2$ (第 7 章) 时, 我们将看到, 它与 $D < 2$ 有定性的差别, 因为它容许从相隔很远处出发的墨水滴相互靠拢渐近地接触. ◁ 于是, 如果说湍流弥散融合两种截然不同的现象于一体, 我将完全不会感到惊讶.

◁ **附言**. 图版 59 在 1977 年的《分形》中首次出现以后很久, 保罗·迪摩坦基斯 (Paul Dimotakis) 对在层流介质中弥散的湍流射流的薄截面拍了照片. 它与本图的相似真令人高兴不已. ▶■

图版 **60** 和 **61**   ✠ 广义科赫曲线和不相等部分的自相似性
$(D \sim 1.4490, D \sim 1.8797, D \sim 1 + \epsilon)$

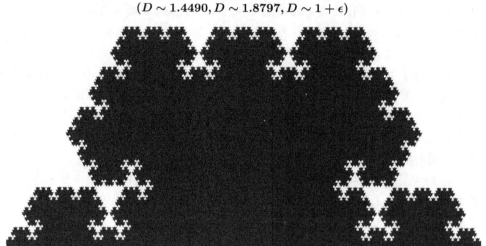

这些插图是以科赫的风格构造的, 只是生成器的边长取不同的数值 r_m. 至此, 我们假定把"整体"分为有相同相似比 r 的 N"部分". 应用不等的 r_m, 科赫曲线就变得不那么规则了. 于是, 图版 60 在三元科赫曲线中添加了变数.

注意到在所有这一系列插图中, 构造都是一直继续到一个预定小尺寸的细部. 若 $r_m \equiv r$, 这个目标可在预定数目的构造阶段后达到, 但这里, 我们需要可变的阶段数目.

下一个任务是把相似维的概念扩展到这种推广的科赫递归. 为了寻找提示, 设通常的欧几里得几何形状被以相应的比值 r_m 缩小的各部分所铺覆. 若 $D = 1$, 则 r_m 必须满足 $\sum r_m = 1$. 更一般地, 欧几里得几何形状要求 $\sum r_m^D = 1$. 此外, 对可以分裂为若干相等部分的分形, 熟知的条件 $Nr^D = 1$ 可以改写为 $\sum r_m^D = 1$. 这些前奏提示了构成维数发生函数为 $G(D) = \sum r_m^D$, 并把 D 定义为 $G(D) = 1$ 的唯一实根. 剩下的是要研究所说的 D 是否与豪斯多夫-伯西柯维奇维数吻合. 在我所知的每种情形都是吻合的.

例. 图版 60 中有一个 D 大于科赫的原始值 $\log 4 / \log 3$. 图版 61 上部有一个 D 稍低于 2, 当 $D \to 2$ 时, 图中的海岸线趋于佩亚诺-波利亚曲线, 它是下章将要研究的佩亚诺曲线的一种变体. 本图与一排树的类同并非偶然的, 见第 17 章. 最后, 图版 61 下部有一个稍大于 1 的 D. ■

第 7 章　驯服佩亚诺怪物曲线

第 6 章末对非自相交广义科赫曲线的讨论, 在 $D = 2$ 处突然停止了, 这有充分的理由. 当到达 $D = 2$ 时, 将发生深刻的定性变化.

我们将假设奇怪折线并不自相交, 虽然也许会自接触. 于是到达 $D = 2$ 的征兆之一便是自接触点渐渐地成为不可避免的. 主要征兆则是, 极限 (曲线) 将不可避免地充满平面中的一个 "区域", 也就是, 包含圆盘 (充满圆周内部) 的一个集合.

这种双重结论并非因为数学家缺乏想象力所致. 它涉及 1875—1925 年数学危机中处于中心地位的一个基本原则.

佩亚诺 "曲线"、运动、扫掠

即将看到的图版示例的极限称为佩亚诺曲线, 因为它们是由佩亚诺在 1890 年首先发现的. 它们也被称为充满平面的曲线. 因为它们证实了由 $\log N / \log (1/r) = 2$ 给出的维数的正式定义, 但其理由是令人失望的. 从数学观点看, 一条佩亚诺曲线只是用不寻常的方式观察平面的一个区域或一个部分, 而按照所有经典定义, 它是维数为 2 的一个集合. 换句话说, 谨慎的作者应当避免充满平面的曲线这个词.

幸运的是, 大多数佩亚诺 "曲线"(包括那些由递归科赫构造得到的) 都可以自然地用一个标量 t 参数化, t 可以被称为 "时间". 在那些情况下, 我们可以 (无须害怕严格性这个保护神) 应用术语佩亚诺运动、充满平面的运动、铺覆扫掠运动或铺覆扫掠 (铺覆将在本章后面讨论). 我们将在看来合适时这样称呼, 但本书并不追求所有说明的完全一致性.

作为怪物的佩亚诺曲线

"一切都乱套了! 难以描绘朱塞佩·佩亚诺的结果对数学世界的影响有多大. 似乎一切都成了废墟, 所有基本数学概念都失去了它们的意义." (Vilenkin, 1965) "[佩亚诺运动] 完全不可能为直觉所掌握: 它只能被逻辑分析所理解." (Hahn, 1956) "有些数学对象, 例如佩亚诺曲线, 是全然非直观的 ……, 过分的." (Dieudonné, 1975)

佩亚诺曲线的真实特性

我声明, 上述摘录只是说明了没有哪一位数学家仔细审视过一幅真正的佩亚诺曲线图. 无情的观察者可以说, 这些摘录表明了缺乏几何想象力.

我要强调的却是相反的东西: 用心观察了佩亚诺曲线之后, 如果让想象力自由驰骋, 那么很难不把它们与大自然的很多方面联系起来. 本章处理自回避曲线, 即避免了自接触的奇怪折线. 第 13 章处理中等自接触的奇怪折线. 填满一个点阵 (例如平行于坐标轴并具有整数坐标) 的奇怪折线, 必须首先进行处理以消除自接触.

河流和分水岭树

考察各种佩亚诺奇怪折线, 我看到在每种情形都有两棵树的一组 (或多棵树的多组), 对之可作出无限多种具体的解释. 在我设计的 "雪片扫掠" 佩亚诺曲线, 即图版 74 中, 可以看得特别清楚. 例如, 容易把这幅图看成一堆灌木群集, 它们的根并排地长在三分之一的科赫雪片上, 并且向墙上攀登. 换一种看法, 也可以认为这是用粗线强调的一族蜿蜒曲折河流的轮廓, 这些河流最终将汇入一条以雪片为底的河流之中. 后一种解释使我们联想起把河流相互分隔的曲线形成了分水岭树. 当然, "河流" 和 "分水岭" 的标记可以交换使用.

否定了佩亚诺曲线必定是病态的任何想法之后, 这种新的河流-分水岭比拟就一目了然了. 事实上, 宽度消失的河流做成的树将榨干一个区域, 它必定处处渗透. 追随河流的组合分水岭, 将完成充满平面的运动. 随便问一个小孩来证实这一点!

借助由图版 73 得到的直观印象, 不难在每条佩亚诺奇怪折线中看出类似的共轭网. 甚至图版 67 中的杂乱岛屿, 也开始具有直观意义. 穿透它的水流细脉虽然不能看成港湾 (不管怎样夸大), 但却可以看成有分支的河流.

对河流的研究滋生的一门科学, 应当被称为河川学——莫里斯·帕德 (Maurice Pardé) 从希腊词 $\pi o \tau \alpha \mu o \varsigma$ (= 河流) 和 $\lambda o \gamma o \varsigma$ 创造了这个词. 但冷静的做法是把对河流的研究合并在关于水的科学即水文学中, 对此本书将多次探讨.

树中的多重点是不可避免的, 从而在佩亚诺运动中也是如此

突然之间, 佩亚诺曲线的许多数学性质也成为显然的了. 为了说明双重点, 假设有一个人从佩亚诺河流树的河岸出发, 向上游或下游运动, 绕行最小的分支 (分支越小, 运动越快). 显然, 最终它将到达出发点的对岸. 又因为极限河流是无限窄的, 他实际上将回到出发点上. 于是, 佩亚诺曲线中的双重点便是不可避免的, 不仅从逻辑的角度是如此, 从直观的角度也是如此. 此外, 它还是处处稠密的.

也不可避免有某些点被访问多于两次. 因为在河流汇入点, 河岸上至少有三点相重合. 当所有汇流处都只包含两条河流时, 没有重数超过 3 的点. 另一方面, 如果同意容许有重数较高的点, 那么没有三重点也行.

上段中所有这些结论都已得到证明, 但因为证明是富于技巧性的并且引发争议, 所以这些性质本身似乎是 "技术性的". 但实际情况正好相反. 谁还会争辩说对导致它们的纯粹逻辑方法要比我的直观方法更好呢?

典型地, 佩亚诺曲线状的河流不是标准形状而是分形曲线. 这对于建立模型的需要是很幸运的, 因为第 5 章中用以说明地理曲线是不可求长的每个论据都同样适用于河岸. 事实上, 理查森数据也包括了河流和分水岭的边界. 摘自施坦豪斯 (Steinhaus, 1954) 的文字中也涉及了河流. 至于河流的排水盆地, 它们被类似于岛屿海岸线的封闭曲线所环绕, 这种封闭曲线由分水岭的一部分构成. 每个盆地都与分盆地相毗连, 并与河流本身相互交叉, 但是, 被分形曲线所包围的充满平面的曲线显示了我们需要的所有结构.

佩亚诺运动和通铺覆

取原始佩亚诺曲线 (图版 67), 并把时间 t 写成九进制形式 $0.\tau_1\tau_1\cdots$. 共享相同的第一位 "数字" 的时间映射到初始正方形的同一个 $1/9$ 中, 有相同的第二位数字的时间映射到同一个 $1/9^2$, 如此等等. 这样, 把 $[0, 1]$ 分为 $1/9$ 的铺覆映射为正方形的铺覆. 相继的 $1/9$ 线性铺覆映射为相继的平面子铺覆. 而区间的通铺覆性质 (第 50 页), 也就是可以递归地以及无穷地分割为类似于 $[0, 1]$ 那样的较小铺覆, 被映射到正方形. 另一种由 E. 切萨罗、G. 波利亚等提出的佩亚诺运动, 把这个性质映射到三角形的各种通铺覆上.

更一般地, 大多数佩亚诺运动生成平面的通铺覆. 在最简单的情形, 存在一个基数 N, 并由相继分成 N 份的线性通铺覆开始. 但图版 73 和 74 的雪花扫掠需要把 t 的区间 $[0, 1]$ 作不规则划分, 先是四个长度为 $1/9$ 的子区间, 接着是四个长度为 $1/(9\sqrt{3})$、一个长度为 $1/9$、两个长度为 $1/(9\sqrt{3})$, 以及另外两个长度为 $1/9$ 的子区间.

用面积测量的距离

长度与面积相互交换的微妙关系, 在佩亚诺运动中经常出现, 特别如果它是等距的, 即时间区间 $[t_1, t_2]$ 映射为数值等于长度 $|t_1 - t_2|$ 的面积. (大多数佩亚诺运动都既是等距的, 又是通铺覆的, 但这是两个不同的概念.) 称时间区间 $[t_1, t_2]$ 的映射是一个平面上的佩亚诺区间, 意味着可以通过用面积度量距离来代替用时间度量距离. 但我们遇到一种严重的复杂性, 因为横跨每一条河流的两岸上的点在空间是重合的, 但受到重复的访问.

"佩亚诺距离" 的定义可以只涉及访问的序. 把对 P_1 和 P_2 作第一次和最后一次访问的时刻分别记为 t_1', t_2' 和 t_1'', t_2'', 将左佩亚诺区间 $\mathcal{L}\{P_1, P_2\}$ 定义为 $[t_1', t_2']$ 的映射, 右佩亚诺区间 $\mathcal{R}\{P_1, P_2\}$ 定义为 $[t_1'', t_2'']$ 的映射. 这些区间的长度定义了左距离 $|\mathcal{L}\{P_1, P_2\}| = [t_1' - t_2']$ 和右距离 $|\mathcal{R}\{P_1, P_2\}| = [t_1'' - t_2'']$. 这些距离都是可加的, 也就是说, 例如三个点 P_1, P_2 和 P_3 按第一次访问的序是左序的, 则有

$$|\mathcal{L}\{P_1, P_3\}| = |\mathcal{L}\{P_1, P_2\}| + |\mathcal{L}\{P_2, P_3\}|.^{①}$$

---

① 原文式中用圆括号, 与上面的文字不一致, 故改为花括号. ——译者注

区间和距离的其他定义区分河流与分水岭之间的点. 用 t' 和 t'' 记对 P 的第一次和最后一次访问的时刻, 若 $[t', t'']$ 的映射以 P 和分水岭为边界, 那么 P 是河流中的点. 相继访问的 P 隔河相对, 若 $[t', t'']$ 的映射以 P 和河流为边界, 那么 P 是分水岭上的点.

此外, 若佩亚诺曲线被表示为河流树和分水岭树的公共河岸, 那么, 穿越河流连接 P_1 和 P_2 的路径 (分别沿着分水岭), 包括一条公共的最小路径. 沿着这条路径测量 P_1 与 P_2 之间的距离是合理的. 除开特殊情况, 河流和分水岭的维数 D 严格地小于 2, 且严格地大于 1. 因此, 最小路径既不能用长度也不能用面积来度量, 但在典型情况下, 它的维数 D 具有非平凡的豪斯多夫测度.

更多. 对佩亚诺运动十分重要的其他考虑, 在下面的图版说明中详细介绍. ■

图版 67 ✠ 维数 $D = 2$ 的四元科赫构造：原始佩亚诺曲线，一个正方形扫掠

本图版是原始的充满平面的佩亚诺曲线. 朱塞佩·佩亚诺的难以置信的简洁算法, 在 (Moore, 1900) 中用图形来实现 (它在我的 1977 年版《分形》书中受到了充分的重视). 本图把佩亚诺曲线旋转 45°, 从而使它严格地成为科赫曲线的折叠: 生成器总是以同样方式放在前一阶段得到的奇怪折线的边上.

这里的初始器是单位正方形 (黑色盒子的边界), 生成器如下图. 因为这个生成器是自接触的, 形成的有限科赫岛屿是无限大棋盘上一大块中所有黑方块的集合. 第 n 阶科赫奇怪折线是间距为 $\eta = 3^{-n}$ 的线条网格; 它们纵横交错在面积等于 2 的一个正方形中, 这个正方形当 $n \to \infty$ 时被越来越密地覆盖. 对这种单调的设计, 只要举一个例子来说明就可以了 (原始黑方块之旁).

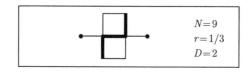

图版 67 上部的三张图中切去了角顶以避免模糊不清, 但总面积不变.

在同样的尺度上, 这个序列的第四阶段将有 50% 是灰色的, 但把海岸线的四分之一画得较大可以清楚些 (稍有眩晕的危险). 它以图形方式说明了所谓极限科赫曲线充满整个平面是什么意思.

最好能类似于第 6 章中的科赫岛屿那样定义极限岛屿, 但在这里并无可能. 随机选取的点几乎肯定会无尽头地在内陆和海洋之间跳动. 高阶的奇怪折线被海湾和河流如此深入和均匀地渗透, 以致中等边长 x(满足 $\eta \ll x \ll 1$) 的正方形把干涸陆地和水面分成几乎相等的两部分.

说明. 极限佩亚诺曲线确立了直线与平面之间的连续对应性. 自接触在数学上不可避免这个事实是经典的. 然而它们在模拟大自然中十分有用这个事实, 却是全新的, 是本书的新结果.

长期的序. 如果不知道极限佩亚诺曲线建立了我们的有限佩亚诺曲线的下降级联, 人们会因为极端长期的序 (它使这些曲线不仅能避免自相交, 而且也能避免自接触) 而感到困惑. 规则的任何失误都将很容易使自相交和自接触出现.

◁ 规则的全然丧失几乎肯定会导致无尽头的重复自相交, 因为完全无规则的佩亚诺曲线是布朗运动, 已在第 2 章中提到过并将在第 25 章中探索.

◁ **刘维尔定理和各态历经性**. 在力学中, 把复杂系统的状态用 "相空间" 中的一个点来表示. 在运动方程支配下, 相空间中的每一个区域都将如下变化: 它的测度 (超体积) 保持不变 (刘维尔定理), 但它的形状会改变, 并越来越均匀地弥散在它可企及的全部空间中. 显然, 这两种特性都是我们对本图版佩亚诺构造中的黑色区域所施加影响的反应. 因此, 更深入地考虑和观察以下事实是很有意义的: 注意到在许多简化的、以便进行更细致研究的"动力学"系统中, 每个区域都通过变换为越来越长和越来越细的带而弥散. 所以, 看看其他系统的弥散过程是否通过佩亚诺型的树而不是通过带将是很有意义的. ▶■

图版 68 和 69 ✠ 维数 $D = 2$ 的四元科赫构造: 切萨罗和波利亚三角形扫掠及其变体

可以想得到的最简单生成器由 $N = 2$ 条相等的直线段构成, 其间的角度 θ 满足 $90° \leqslant \theta \leqslant 180°$. 其极限情况 $\theta = 180°$ 生成一个直线区间; $\theta = 120°$ 的情况 (示于图版 47 的说明) 生成三元科赫曲线 (及其他). 极限情况 $\theta = 90°$ 如下图:

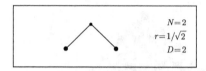

$$N = 2$$
$$r = 1/\sqrt{2}$$
$$D = 2$$

根据初始器的形状, 这个生成器将产生多种极其不同的佩亚诺曲线, 生成器的位移规则取决于此前的奇怪折线. 图版 68 至图版 72 检视了几个重要的例子.

◁ 此外, 第 25 章通过对具有这些 N 和 r 的所有佩亚诺曲线类作随机化, 得到了布朗运动. ▶

波利亚三角形扫掠. 初始器是 $[0, 1]$, 生成器仍如上, 且它在奇怪折线的左右之间倒换. 第一个位置也是倒换的. 早期构造阶段生成如下图形:

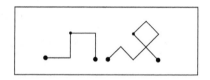

奇怪折线是包含在边为 $[0, 1]$ 的一个等腰直角三角形内的方格纸碎片. 而极限曲线扫掠这个三角形.

图版 69. 非等腰直角三角形上的波利亚扫掠. 生成器改变为由两个不等长正交直线段构成. 我们把选择避免自接触的猜测过程留给读者作为练习.

切萨罗三角形扫掠. 初始器是 $[1, 0]$, 生成器又如上述, 接着两个构造阶段如下 (为了清楚起见, 图中以 $\theta = 85°$ 代替 $\theta = 90°$):

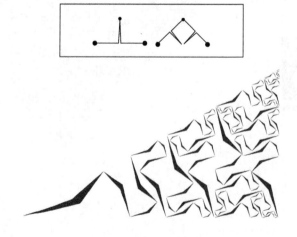

这样, 在所有奇数次构造阶段中, 生成器位于右面, 产生的奇怪折线是平行于初始器对角线的一个网格. 而在所有偶数次构造阶段中, 生成器位于左面, 产生的奇怪折线是平行于初始器底边的一个网格. 这条曲线渐近地充满一个斜边为 $[0, 1]$ 的等腰直角三角形.

图版 69. 本图版表示了一个正方形扫掠, 这里是通过把起始于 $[0, 1]$ 和 $[1, 0]$ 的两个切萨罗扫掠叠加而得到的 (为清楚起见, 又用 $\theta = 85°$ 代替了 $90°$).

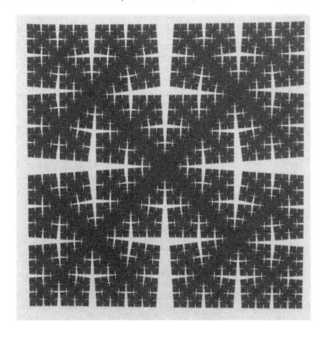

自重叠. 切萨罗奇怪折线覆盖的网格中的每条直线段都被覆盖两次. 这个构造不仅是自接触的, 还是自重叠的.

充满平面的"有效性". 佩亚诺-切萨罗距离的一个极端性质. 图版 67 的佩亚诺曲线把 $[0, 1]$ 映射到对角线为 $[0, 1]$、面积为 $1/2$ 的正方形. 同样的形状也为波利亚曲线所覆盖. 但切萨罗曲线充满一个斜边为 $[0,1]$ 和面积为 $1/4$ 的等边直角三角形. 为了覆盖整个正方形, 切萨罗必须把 $[1, 0]$ 和 $[0, 1]$ 的映射相加. 这样, 这两种曲线中, 切萨罗曲线的"有效性"较差. 事实上, 它是正方形点阵上有效性最差的非自接触佩亚诺曲线. 但下列事实赋予它可以有所补救的优点: 在 P_1 和 P_2 这两点之间的左或右佩亚诺距离 (见第 64 页), 至少等于其欧几里得距离的平方:

$$|\mathcal{L}(P_1, P_2)| \geq |P_1 P_2|^2; \quad |\mathcal{R}(P_1, P_2)| \geq |P_1 P_2|^2.$$

对于其他佩亚诺曲线, 佩亚诺距离与欧几里得距离之差的符号可正可负.

角谷 (Kakutani)-戈莫里 (Gomory) 问题. 在正方形 $[0, 1]$ 中选择 M 个点 P 之后, 角谷 (私人通信) 研究了表达式 $\inf \sum |P_m P_{m+1}|^2$, 其中下确界系对所有把 P_m 顺序连接的链取得. 他证明了 $\inf \leq 8$, 但猜测这个界限不是最好的. 确实, 戈莫里 (在私人通信中) 得到了改进的界限. $\inf \leq 4$ 这个证明应用了佩亚诺-切萨罗曲线如下. (A) 添加还未在 P_m 中的正方形角顶. (B) 在正方形内部, 沿着它的边画四条佩亚诺-切萨罗曲线组成曲线串, 把 M 个 P_m 点按它们被这些曲线串首次访问的次序编号. (C) 注意到增加步骤 (A) 中的链长时, $\sum |P_m P_{m+1}|^2$ 并未减少. (D) 注意到每个加数 $|P_m P_{m+1}|^2$ 当用 $\mathcal{L}(Z_m, Z_{m+1})$ 代替时不会减少. (E) 注意到 $\mathcal{L}(Z_m, Z_{m+1}) = 4$. 如果应用不同的佩亚诺曲线, 步骤 (B) 和 (D) 会是不正确的. ∎

图版 71 和 72 ✠ 一个正方形扫掠和龙形扫掠

这里的生成器与图版 68 和 69 中的相同, 但似乎其他规则的少许改变就会产生持久的效果.

佩亚诺的后一个正方形扫掠. 初始器是 $[0, 1]$, 但第二、四、六个构造阶段改变为如下图:

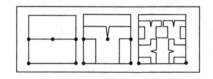

有效性, 一种极端性质. 这条曲线充满一个面积等于 1 的区域, 而图版 68 和 69 中的曲线和后面的龙形曲线的覆盖面积为 1/2 或 1/4. 当奇怪折线位于一个正交点阵时, 所覆盖的面积不可能超过 1. 这个极大值当奇怪折线是自回避时达到. 换句话说, 不出现自接触不仅是一个美学问题, 而且对于一条自接触曲线, 即使把它的自接触处弄圆 (如图版 67), 仍不等价于自回避的科赫曲线.

对这个正方形扫掠取奇数次阶段, 然后连接奇怪折线相继直线段的中点以避免自接触, 就会回到希尔伯特 (Hilbert) 给出的一种佩亚诺曲线.

图版 71 和 72, 一个直角梯形的曲线扫掠. 生成器改变为由正交的两段不等长直线段构成. 避免自接触的手段与以前的图版相同.

哈特-哈脱韦龙 (Gardner, 1967; Davis & Knuth, 1970). 这里初始器是 $[1, 0]$, 生成器如前, 且它在右奇怪折线与左奇怪折线之间来回倒换. 与波利亚三角形扫掠相比较, 其差别仅在于每个构造阶段的第一个位置总是在右面, 前几个阶段是

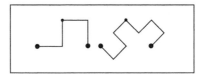

这种变化的后果是戏剧性的, 一个充分发展的阶段如下:

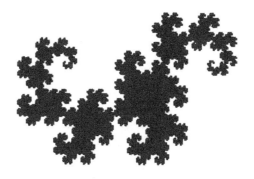

在该图中, 曲线本身变得分不清了, 我们只看见它的边界. 这称为龙形曲线. 于是, 这条佩亚诺曲线可以叫做龙形扫掠. 像任何起始于 [0, 1] 的科赫曲线一样, 龙是自相似的. 但除此之外, 可以看出它是分成若干块的, 各块以蜂腰形相互连接. 它们彼此相似, 但不与龙本身相似.

孪生龙. 1977 年版的《分形》指出, 用龙形构造规则, 较自然的初始器是 [1, 0] 及后续的 [0, 1], 并称这样扫掠得到的形状为孪生龙. 这种形状有着多种表示方式 (Knuth, 1980). 它的样子如图版 71. (其中一条是黑色的, 另一条是灰色的.)

孪生龙形河流. 把源附近的流去掉以后 (为了清楚起见), 孪生龙形河流树的形状如下图.

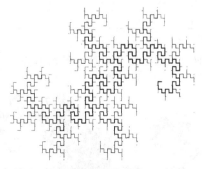

一条孪生龙可以用它自身的小尺寸复制品铺覆如下图.

孪生龙皮肤. 这是具有以下生成器的科赫曲线.

这里的较长和较短直线段分别有长度 $r_1 = 1/\sqrt{2}$ 和 $r_2 = \frac{1}{2}\sqrt{2} = r_1^3$. 从而, 维数发生函数是 $\left(1/\sqrt{2}\right)^D + 2\left(2\sqrt{2}\right)^D = 1$, 表明量值 $2^{D/2}$ 满足方程 $x^3 - x^2 - 2 = 0$.

交替龙. (Davis & Knuth, 1970) 取任意无穷序列 $x_1, x_2, \cdots$, 其中每个 x_k 可以取值 0 或 1, 并用 x_k 值来确定生成器在第 k 个构造阶段中的第一个位置: 若 $x_k = 1$, 则生成器先位于右面, 但若 $x_k = 0$, 则它先位于左面. 每个序列产生一条不同的交替龙. ■

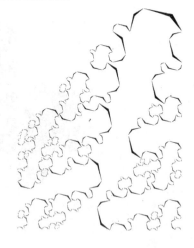

图版 **73** 和 **74**　✠ 雪片扫掠:

新的佩亚诺曲线和数 (分水岭和河流的维数 $D \sim 1.2618$)

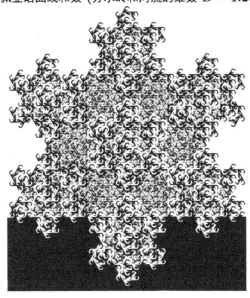

这些图版展示了由我设计的一族佩亚诺曲线. 它们充满了原始的科赫雪片 (图版 49), 从而出现于 1900 年前后的两个基本怪物会聚在一起了.

一个更为重要的意义在于, 粗看一下就足以证明本书的一个主要论题: 佩亚诺曲线绝不是没有具体意义的数学怪物. 如果没有自接触, 则它们容易涉及明显的和可说明的共轭树. 这些树是河流、分水岭、植物树和人体血管系统的很好的一阶模型.

作为一种副产品, 我们在这里得到了一种用不相等的雪片来铺覆雪片的方法.

七段生成器. 初始器是 $[0, 1]$, 生成器和第二构造阶段如下图.

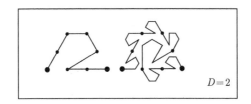

更精确地说, 把上面的生成器记为 S 并称为正位生成器, 而把翻转生成器 F 定义为在 $x = 1/2$ 处 S 直线的镜像. 在雪片扫掠的任何构造阶段, 我们可随意使用 F 或 S 生成器. 因此每一个 F 和 S 的无限序列都产生一个不同的雪片扫掠.

圆角化奇怪折线. 折线看上去容易不完美, 如果其每段直线都做成六分之一的圆周, 则雪片扫掠的奇怪折线的构造看上去是各向同性的, 换句话说, 更"逼真"了.

图版 49. 七段直线高阶奇怪折线的一个圆角化后填充的雪片扫掠, 早就在图版 49 中用来提供一个波状背景的阴影. 再次仔细看它, 我们想起了液体流经分形边界, 以及两条大致平行但速度不同的流之间的剪切线.

十三段生成器. 现在来改变前面的七段直线生成器, 把它的第五段由总体缩小后的图形来代替. 这个图形可按 S 或 F 的位置放置, 后者产生以下生成器和第二构造阶段.

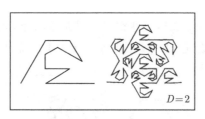

图版 73. 这条高阶奇怪折线表明, 彼此极度缠绕的两个区域之间的边界, 比一千句话更好地解释了充满平面的意义是什么.

图版 74. 设把前面的 13 段生成器圆角化, 并且对雪花曲线作相同的处理, 则生成的开始几个阶段如图版 74 所示.

河流维数. 在佩亚诺的原始曲线里, 每条单独的河流都具有有限的长度, 因此维数为 1. 在这里, 个别河流的维数为 log4/log3, 要达到维数 $D = 2$, 就必须把所有的河流都放在一起. ∎

图版 75 和 76　✛ 佩亚诺-戈斯泼尔曲线

它的树和相关的科赫树 (分水岭和河流的维数 $D \sim 1.1291$)

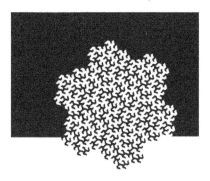

回到图版 50.　直到现在还没有解释过的该图的细折线, 代表了由戈斯泼尔 (Gardner, 1976) 提出的曲线的第 1 至第 4 个构造阶段, 该曲线是由无进一步加工的科赫方法所得到的第一条自回避佩亚诺曲线.

初始器是 $[0, 1]$, 生成器如下.

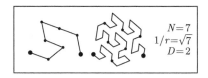

把该生成器逆时针方向旋转, 直至第一条连线为水平. 可以看出, 这样画出了三角形点阵, 它占有 3×7 条连线中的 7 条. 这一特性把第 70 页中对正方形点阵所讨论的性质推广到三角形点阵.

现在我们看到, 目前的佩亚诺曲线充满了图版 50 的科赫曲线. 图版 50 中不同粗细长度线条的阴影, 现在得到了解释: 它代表了当前构造的第五阶段.

图版 75 的左部.　再次把戈斯泼尔曲线的第四阶奇怪折线画成黑色和白色区域的边界.

图版 75 的右部, 河流和分水岭树.　河流和分水岭是沿着图版 75 左部图形的白色和黑色"手指"的中线画出的.

图版 76 的上部.　从河流和分水岭树开始. 连线的宽度按它们在霍顿–斯特拉利 (Horton-Strahler) 方案 (Leopold, 1962) 中的相对重要性重新画出. 在本例中, 河流或分水岭的连线的宽度, 正比于它们的拉直长度. 河流是黑色的, 分水岭是灰色的.

维数.　每条佩亚诺曲线确定自己边界的 D. 在图版 67 和图版 69 中, 所说的边界不过是正方形, 在以后的图中, 它是龙的皮肤, 再后是雪片曲线. 而现在是

$D \sim 1.1291$ 的分形曲线, 它一部分是河流, 一部分是分水岭. 每条其他的河流和分水岭也都收敛于分维数为 $D \sim 1.1291$ 的曲线.

法国. 作为学生, 我常常凝视有卢瓦尔河和加龙河的地图, 这使我不会感觉离家很远.

图版 76 的下部, 直接由科赫级联构造的河流树. 若生成器本身就是树状的, 它就产生树. 例如, 设生成器如下

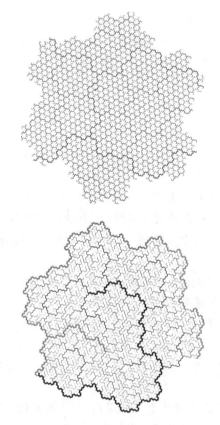

这里我们有了图版 50 上科赫曲线排水的另一种方法 (靠近 "源" 的最后一个分支被截去). ■

图版 78 ✠ 充满平面的分形树, 模糊雪片和四重奏

从某些佩亚诺曲线推出的充满平面的 "河流" 树也能由直接的递推构造得
到.关键是生成器本身是树状的. 一个平凡的例子是, 如果树的生成器由十字形
的四节组成, 我们得到佩亚诺-切萨罗曲线河流树 (图版 69).

模糊雪片. 一个较好的例子可以这样得到, 取 $[0, 1]$ 为初始器, 并用下左生
成器:

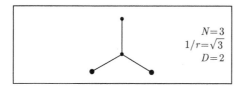
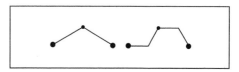

$$N = 3$$
$$1/r = \sqrt{3}$$
$$D = 2$$

我们从考察如图版 47 那样的中点位移所产生的一条河流开始. 从而, 每条渐近河
流具有维数 $D = \log2/\log\sqrt{3} = \log4/\log3$. 由雪片曲线我们已熟悉了这一 D 值,
但现在处理的曲线不是雪片, 因为生成器的定位遵循不同的规则如右上.

为了给河流留出空地, 生成器必须在左右位置之间交替放置. 这就模糊了雪
片的对称性, 因此把那些河流排干的区域称为模糊雪片.

现在转向河流树. 它的奇怪折线不是自重叠的, 但有很多自接触. 这个特性的
渐近变体是不可避免的, 而且也是无可辩驳的, 因为它十分恰当地表示了一个事
实: 几条河流可以发源于同一点. 但是我们在这个说明的最后将会看到, 河流奇怪
折线可以避免自接触. 由于自接触, 现在的河流奇怪折线是以近似分形曲线为边
界的大块模糊的六角形图形.

图版 76 的上部. 由于消除了与源流相接触的所有河流段, 并用粗线画出主河
流, 图中的河流树更显清晰. 由该树排干的面积为 $\sqrt{3}/2 \sim 0.8660$.

模糊雪片的扫掠. 现在来画佩亚诺曲线, 用一个 △ 形状的初始器和 Z 形状
的生成器 (它的每节长度相等且交成 60° 角). 这是在图版 50 和 51 中使用过的
生成器族中 $M = 3$ 的极端情形. 但它与所有其他情形完全不同, Davis 和 Knuth
(1970) 对之进行过研究.

我们可以证明这种佩亚诺曲线的河流树除了我们刚刚直接画出的以外, 别无
他样. 此初始器的边长为 1, 而相应的佩亚诺曲线扫掠的面积等于 $\sqrt{3}/6 \sim 0.2886$.
(效率如此低下！)

四重奏. 下面来研究一条不同的科赫曲线以及填满它的三条曲线: 一条佩亚
诺曲线和两条树曲线. 我设计的这些形状可说明另外一个有趣的论题.

取 $[0, 1]$ 为初始器. 并采用左下图的生成器:

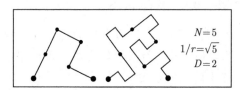
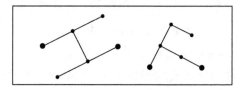

该曲线的边界收敛于维数 $D = \log 3/\log\sqrt{5} = 1.3652$ 的科赫曲线. 在图版 53 的中心, 可以看到边界及佩亚诺曲线的高阶奇怪折线, 我称之为四重奏, 每个 "演奏者" 以及它们之间的舞台都是通铺覆.

这个四重奏的内部当然由它自己内部的河流树所排干, 但采用右上图的生成器之一将得到完全不同的距离模式.

与本说明中的第一个例子一样, 采用右上图左面的生成器构造的奇怪折线是自接触的, 排干的面积是 1/2; 由右边的生成器构造的奇怪折线避免了自接触, 排干的面积是 1, 其高阶奇怪折线示于图版 78 的右部. ■

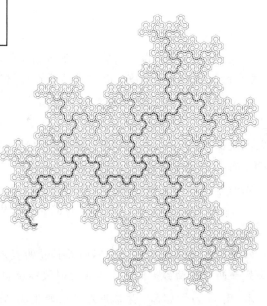

第 8 章　分形事件和康托尔尘埃

把另一个通常认为是病态的数学对象康托尔尘埃 $\mathcal{C}$ 介绍给读者, 具体且不使人感觉困难, 是本章的主要目标. 我们将要描述的该尘埃以及相关尘埃的分维数在 0 与 1 之间.

因为尘埃是由直线上的点组成的, 所以容易研究. 此外, 它们还有助于以最简单的方式引进几个与分形有关的概念, 但是因为过去不常用到这些概念, 所以对之没有专门的术语. 首先, 术语尘埃的专业意义是它在形式上等价于一个拓扑维 $D_T = 0$ 的集合, 就像 "曲线" 和 "曲面" 是拓扑维为 $D_T = 1$ 和 $D_T = 2$ 的集合. 其他新术语如凝乳、间隙和孔洞也将予以阐明.

噪声

对于普通人来说, 噪声就是一种太强的声音, 它没有令人愉快的节奏或目的, 或者是对期望听到的声音的干扰. 文献 (Partridge, 1958) 中宣称, 此术语 "是从拉丁语 nausea(与 nautes 海员, 有关) 导出的, 这个语义是古代的一艘船在恶劣天气下航行时旅客的呻吟和呕吐形成的噪声"(《牛津英语辞典》对此并不十分肯定). 但在当代物理中, 它的作用不那么丰富多彩更谈不上精确: 噪声被作为随机涨落或误差的同义词, 无视其起因和如何出现. 本章通过对一种神秘而简单的噪声的范例研究来引进 $\mathcal{C}$.

数据传输线中的误差

一条传输线路是一个能够输电的物理系统. 然而, 电流属于自发噪声. 传输的质量取决于为噪声畸变而产生误差的可能性, 因为噪声畸变本身又依赖于信号与噪声强度之比.

本章考虑传输计算机数据并涉及很强信号的线路. 一个有趣的事实是, 信号是离散的, 从而误差分布把噪声分布简化到了极致. 噪声涉及具有几个可能值的函数, 而误差只涉及有两个可能值的函数. 例如, 它可以是一个指示函数, 即当在时间 t 没有误差时的值为 0, 有误差时的值为 1.

物理学家已经掌握了在弱信号情形占优势的噪声 (热噪声) 的构造. 然而, 在刚刚描述的问题里, 信号是如此之强, 这种经典噪声可以忽略不计.

不可忽略的过度噪声是困难而又富有吸引力的, 因为对它们所知还甚少. 本章考察一种过度噪声, 它在大约 1962 年时对于电气工程师有实际重要性, 因此许多人才都应召参与研究. 我对这一努力的贡献在于, 这是第一个具体问题, 它使我体会到应用分形概念之需要.

猝发和间隙

让我们对误差作逐步深入的分析. 一个粗略的分析揭示了无误差时间间隔的存在. 如果这种无误差时间间隔的延续超过 1 小时, 我们就称它为 "0 阶间隙". 相反, 位于 0 阶间隙两侧的任何时间区间称为 "0 阶误差的猝发". 把这种分析的精度提高 3 倍, 我们看到, 原来的猝发本身是 "间歇的". 这就是说, 持续 20 分钟或更久的较短 "1 阶" 间隙, 相应地隔开了较短的 "1 阶" 猝发. 同样, 每一个 1 阶猝发中又包含有几个持续时间为 400 秒的 "2 阶" 间隙, 它们又隔开了 "2 阶" 猝发, 如此等等, 每个阶段都由间隙和猝发组成, 而它们又比前一阶段要缩短 3 倍. 这个过程粗略地示于图版 85 中 (目前尚无须关注该图版的说明).

前面的描述提示了关于 k 阶猝发在 $k-1$ 阶猝发中的相对位置. 这些相对位置的概率分布似乎是与 k 无关的, 这个不变性显然就是自相似性的一个例子, 而分维数也就离此不远了, 但我们不要太着急. 本书中设计的各种范例研究, 也意味着引进新论点或者把老论点精确化. 记住了这一点, 看来最好是颠倒历史的顺序, 通过伯杰和芒德布罗误差随机模型 (第 31 章) 的一种粗糙而非随机的变体来引进新论点.

误差猝发的粗糙模型: 康托尔分形尘埃 $\mathcal{C}$

上节采取的步骤是, 从一条直线即时间轴开始构造误差集合, 截去越来越短的没有误差的间隙, 这在自然科学中也许是不熟悉的, 但在纯数学中却曾经使用过, 至少自康托尔以来. (见 (Hawkins, 1970) 特别在第 58 页.)

在 (Cantor, 1883) 中, 初始器是闭区间 [0,1], 其中的术语 "闭" 和方括号的应用表示把端点包括在内: 这种符号已在第 6 章中用过, 但当时并不需要, 因此直到现在才加以说明. 第一个构造阶段是把 [0, 1] 分为三段, 然后移去中间的 1/3 开区间, 记为]1/3, 2/3[. 术语 "开" 和反方括号表示不包括端点. 下一步, 再移去余下的 $N=2$ 个中每一个的中间 1/3 开区间. 如此继续直至无穷.

这个余下的点集 $\mathcal{C}$ 可以被称为二进制集, 因为每次都留下 $N=2$ 段: 它也可以被称为三元集或三进制集, 因为 [0, 1] 被截为三段.

更一般地, 把分段的数目称为基, 并记为 b, 而此集合的第 N 段与总长之比是 $r=1/b$. $\mathcal{C}$ 也被称为康托尔间断集, 而我马上就要建议称它为康托尔分形尘埃, 因为把时间轴上的一个点记为一个 "事件", 则 $\mathcal{C}$ 就是事件的分形序列.

凝乳化、孔洞和乳清

康托尔集的构造过程是一种级联, 这是刘易斯·理查森对湍流使用的术语, 我们第一次借用它是在第 6 章, 为了描述海岸线和科赫曲线. 均匀分布于初始器 [0, 1] 上的 "物质" 遇到一个离心涡旋, 把中间 1/3 扫掠进两端的 1/3.

从 [0, 1] 中截去中间 1/3 段造成一个间隙, 今后就称为孔洞生成器, 本节中自造的这个新字孔洞 (trema generator) 来源于希腊文 τρημα, 意思是小孔, 其远亲是拉丁文 termes = termite(白蚁). 它可能是至今尚未赋予重要科学意义的最短的希腊词.

在这里, 孔洞是与间隙一致的, 但在后面将要遇到的其他情形, 它们有着不同的意义, 所以需要用两个不同的术语.

当挖空一个 "一阶孔洞" 以后, 全部物质就被保存并重新以均匀密度分布在外部的两段, 称为前凝乳. 然后又出现两个离心涡旋并在两个区间 [0, 1/3] 和 [2/3, 1] 中重复前面的操作. 把此过程像理查森级联一样一直继续下去, 在极限情况收敛于一个集合, 称为凝乳. 如果一个阶段的延续时间正比于涡旋的大小, 则全部过程的延续时间有限.

平行地, 我建议用乳清 (玛菲特小姐[①]应该不会介意的术语) 来标记凝乳以外的空白.

提醒一下, 上面使用的术语不仅在数学上有意义, 而且在物理上也有意义: 凝乳化表示由收缩而引起不稳定的任何级联, 而凝乳表示一个体积, 其内部的物理特性由于凝乳化而变得更加集中.

词源学. 凝乳 (Curd) 源于古英语 crudan, 意思是 "压, 用力推". 来自 (Partridge, 1958) 的这种学问未必是不相干的, 因为凝乳的语源族毫无疑问也包含了有兴趣的分形族: 见第 23 章.

注意下列的松散联系: 凝乳 → 干酪 → 牛奶 → 银河(γαλα = 牛奶) → 银河系 → 总星系. 当研究星系时我创造了凝乳化这个词, 而 "星系凝乳化" 的语源学色调也未逃脱我的注意.

外界限和外推的康托尔尘埃

作为对 $\mathcal{C}$ 作外推的前奏, 让我们回顾一下历史. 当康托尔引进集合 $\mathcal{C}$ 时, 他几乎没有离开他的原始领域: 对三角级数的研究. 因为此级数与周期函数有关, 它所涉及的唯一 "外推" 是永无止境的重现. 现在回想一下第 6 章里从湍流研究中借用的不解自明的术语内外界限, 它们分别是出现在一个集合里的最小和最大特征尺寸: ϵ 和 Ω, 并且可以说, 康托尔把自己局限于 $\Omega = 1$. 第 k 个构造阶段产生

---

① 玛菲特这个名字来自童谣 "小玛菲特小姐", 其中一个吃着干酪的小女孩被一只蜘蛛给吓跑. ——译者注

$\epsilon = 3^{-k}$, 但 $\epsilon = 0$ 是对 C 本身的. 为了得到任何其他的 $\Omega < \infty$, 例如适合于傅里叶级数的 2π 个值, 我们以比值 Ω 来放大周期性的康托尔尘埃.

　　然而, 本书认为有价值的自相似性却因重复而被破坏. 但是如果初始器仅仅应用于外推, 而且如果外推法遵循相反或向上的级联, 就不会有破坏. 第一阶段把 C 以 $1/r = 3$ 的比值放大, 并把它置于 $[0, 3]$. 其结果是 C 加上一个移到右端的复制品, 二者之间被一个长度为 1 的新孔洞隔开. 第二阶段以同样的比值 3 放大第一阶段得到的结果, 并置于 $[0, 9]$. 其结果是 C 加上 3 个移到右面的复制品, 它们被两个长度为 1 的新孔洞和一个长度为 3 的新孔洞隔开. 向上的级联逐次以形式为 3^k 的比例连续地放大 C.

　　如果喜欢, 我们还可以交替进行, 例如进行两个内插阶段, 然后一个外推阶段, 等等. 以这样的方式, 每个三阶段序列把外界限 Ω 乘以 3, 而把内界限 ϵ 除以 3.

　　◁ 在这种外推尘埃里, 负轴是空的: 一个无限的孔洞. 这个基本概念将在第 13 章中进一步讨论, 那里我们要处理 (无限的) 大陆和无限的群集. ▶

在 0 与 1 之间的维数 D

　　由无限次内插和外推产生的集合是自相似的, 且

$$D = \log N/\log(1/r) = \log 2/\log 3 \sim 0.6309$$

是 0 与 1 之间的一个分数.

　　遵循不同的凝乳化规则, 我们能够获得其他的 D, 实际上是 0 与 1 之间的任何维数. 如果第一阶段的孔洞长度是 $1 \sim 2r$, 其中 $0 < r < 1/2$, 则维数是 $\log 2/\log(1/r)$.

　　如果 $N \neq 2$, 就可能有额外的变体. 对 $N = 3$ 和 $r = 1/5$ 的集合, 我们找到

$$D = \log 3/\log 5 \sim 0.6826.$$

对 $N = 2$ 和 $r = 1/4$ 的集合, 我们找到

$$D = \log 2/\log 4 = 1/2.$$

对于 $N = 3$ 和 $r = 1/9$ 的集合, 我们也找到

$$D = \log 3/\log 9 = 1/2.$$

　　虽然它们的 D 相等, 但后面这两个集合 "看上去" 非常不同. 这种研究将在第 34 章中再次继续和推广, 从而导致腔隙的概念.

　　还可以看到, 对于每一个 $D < 1$, 至少存在一个康托尔集合, 而且由 $N \cdot r \leqslant 1$ 推出 $N < 1/r$, 因此 D 永远不大于 1.

$\mathcal{C}$ 称为尘埃, 因为 $D_T = 0$

虽然康托尔集合的 D 能在 0 与 1 之间变化, 但从拓扑学观点看来, 所有康托尔集合都有 $D_T = 0$, 因为根据定义, 任何一点都是从其他许多点中分离出来的, 而在分离时没有再去掉任何东西. 从这个观点看来, $\mathcal{C}$ 与有限点集没有什么不同! 上述有限点集的 $D_T = 0$ 在标准几何学中是熟知的, 但在第 6 章中用它来论证科赫曲线 $\mathcal{K}$ 的拓扑维为 1, 然而对所有总体上不连通的集合均有 $D_T = 0$.

因为没有与 "曲线" 和 "曲面"(它们是 $D_T = 1$ 和 $D_T = 2$ 的连通集) 相对应的可接受的通俗名称, 我建议把 $D_T = 0$ 的集合称为尘埃.

间隙长度的分布

在康托尔尘埃里, 设 u 是间隙长度的可能值, U 记未知的间隙长度. 并以 $\mathrm{Nr}(U > u)$ 表示 $U > u$ 的间隙或孔洞的数目. ◁ 这个记号模仿了概率论的记号 $\mathrm{Pr}(U > u)$. ▶ 我们发现存在一个常数前乘因子 F, 使得函数 $\mathrm{Nr}(U > u)$ 的图形不断地与 Fu^{-D} 的图形相交. 这里 D 仍是维数, 以 $\log U$ 和 $\log \mathrm{Nr}$ 作为图形的坐标, 步长是均匀的.

误差的平均数

如同在海岸线的情形, 如果康托尔凝乳化终止于等于 $\epsilon = 3^{-k}$ 的间隙, 就可以得到关于误差序列的初步想法. 其中 ϵ 可以是传输单一符号所需的时间长度. 我们还必须应用具有大但有限的 Ω 的康托尔周期外推法.

把时间 0 与 R 之间的误差数目记为 $M(R)$, 仅仅保留值得注意事件的那些瞬间的计时, 其中见到值得注意的某事. 这是分形时间的一个例子.

当样本从 $t = 0$ 开始时 (这里只讨论这种情形), $M(R)$ 的推导像科赫曲线一样进行. 只要 R 小于 2, 当时间为 $3R$ 时误差数就加倍. 由此得出 $M(R) \propto R^D$.

这个表达式就像是 D 维欧几里得空间中半径为 R 的圆盘或球的质量的标准表达式, 它也与在第 6 章中对科赫曲线所得到的表达式等同.

作为一个推论, 只要 R 在内界限与外界限之间, 每单位长度上误差平均数的变化就大约如同 R^{D-1}, 当 Ω 有限时, 平均误差数的减少继续直至最终值 Ω^{D-1}, 其时 $R = \Omega$. 此后, 密度多少保持平稳. 当 Ω 无限时, 误差平均数减少到零. 最后, 经验数据常常提示 Ω 有限且非常大, 但却不能以任何精度来确定它的值. 如果情况确实如此, 则误差平均数有一个非零下限, 但它是如此不良的定义, 以致并无实用价值.

孔洞端点及其极限

◁ $\mathcal{C}$ 中最值得注意的成员——孔洞的端点, 并未穷尽 $\mathcal{C}$; 事实上, 它们只构成了 $\mathcal{C}$ 中很微小的一部分. $\mathcal{C}$ 中其余点在物理上的重要性将在第 19 章中讨论. ▶

康托尔尘埃的真实本性

有些读者一直跟踪和/或听说过有关魔鬼阶梯 (见图版 88 的说明) 文献的迅速增长, 他们一定很难相信, 当我在 1962 年开始研究本课题时, 每个人都同意康托尔集合至少是像科赫曲线和佩亚诺曲线一样的怪物.

每个有自尊心的物理学家都自动 "避免" 提到康托尔, 并随时准备远离任何一个主张 C 在科学上有意义, 断言这种主张已向前推进、试验并被发现有需要的人. 唯一给我鼓励的是乌拉姆 (S. Ulam) 的建议, 他认为康托尔集合在星团的重力平衡中可能起到作用这个主意是吸引人的, 尽管这既没有被发展也没有被认可; 见文献 (Ulam, 1974).

为了发表关于康托尔尘埃的文章, 我必须完全不提及康托尔!

但是我们被自然界本身的特性导向 C. 并且第 19 章描述了 C 的第二个非常不同的物理作用, 所有这些必定意味着康托尔尘埃的实际本性是非常不同的.

可以理解, 在大多数情况下 C 本身还只是一个非常粗糙的模型, 需要做许多改进. 然而我主张, 使康托尔不连续统被看作病态的完全相同的性质, 是间歇性模型中不可缺少的, 必须在 C 的更现实的替代物中予以保留. ■

图版 85 和 86　✠ 康托尔三元杆和饼 (水平截线维数 $D = \log 2/\log 3 = 0.6309$). 土星环.
康托尔帘

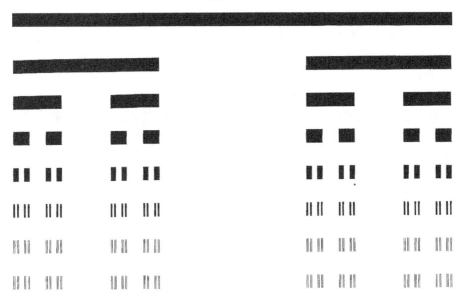

康托尔尘埃以 $[0, 1]$ 为初始器, 生成器如下:

$$N = 2$$
$$r = 1/3$$
$$D = \log 2/\log 3 = 0.6309$$

图版 85. 用图表示康托尔尘埃是极为困难的, 因为它极其细微且成为不可见
的点. 为了有助于直观, 给出其形状的大致概念, 我们把它变粗, 称之为康托尔杆.
◁ 应用专门术语, 这是长度为 1、区间长度为 0.03 的康托尔尘埃的笛卡儿乘积. ▷

凝乳化. 我把构造康托尔棒的过程称为凝乳化. 由一根圆棒 (它的投影是宽
度/长度 = 0.03 的矩形) 开始. 最好把它想象成具有非常低的密度. 然后将该棒中
间 1/3 的物质 "凝乳化" 到两端的 1/3 棒上, 后者的位置保持不变. 下一步, 再把
每一端 1/3 的中间 1/3 物质凝乳化到各自两端的 1/3, 如此无限进行, 直到留下
的只是无限多有无限高密度的无限细窄条. 这些细条以发生过程所诱发的非常特
殊的形式沿直线分开. 在这样描述的图景中, 当无法制版印刷及肉眼无法分辨时,
凝乳化 (它最终需要捶打！) 停止, 图中的最后一列与倒数第二列已无法正确辨识:
它们每个的最终形态看起来像是灰色细条而不像是两条平行的黑色细条.

康托尔饼. 一个厚度比宽度小得多的煎饼开始凝乳化, 把生面团凝乳化注入

较薄的煎饼 (对流出物体适当的补足), 直至变成一个无限外延的拿破仑饼[①], 可以称为康托尔饼.

土星环. 原先认为土星周围只有单一的环. 但最终发现有一个间断, 然后两个, 而现在, 宇宙飞船航海者一号已经探测到数量极大的间断, 大多数都是非常小的. 航海者一号也已经确定这些环是透明的: 它们能透过太阳光线. 称它为一个"薄而稀疏"的集合是很合适的.

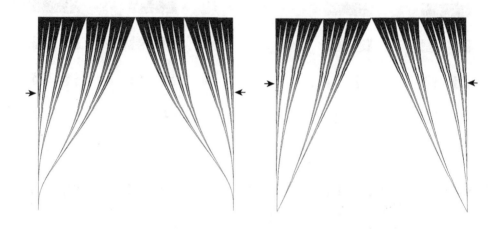

因此, 该环的结构 (见 (Stone & Minen, 1981) 特别是其封面图) 使人想起这是一些近乎圆的集合, 每个圆的半径对应于从某个原点到康托尔尘埃中一点的距离. ◁ 用专门术语表述, 就是康托尔尘埃与圆的笛卡儿乘积. 实际上, 它与下列图形很接近: 一个圆与具有正尺度尘埃的乘积. 就像在第 15 章里所考察的. ▶ 最后一分钟插入语: 同样的思想独立地在 (Avron & Simon, 1981) 中阐明, 它与希尔 (Hill) 方程有关, 其中的注 6 包含有许多其他有关文献.

谱. Harter (1979—1981) 描述了某些有机分子的谱. 它们与康托尔尘埃的类似程度令人震惊.

图版 86. 这里, 康托尔尘埃的形状系是通过置于广义尘埃 ($N = 2$ 和变量 r) 中来澄清的. 其竖直坐标或者是 r 本身, 在 0 到 1/2(底下的图) 范围内, 或者是 D, 在 0 到 1(顶上的图) 范围内. 这两个剧院帷幕顶部都充满于 [0, 1] 区间中. 这两张图的每条水平截线都是康托尔尘埃, 图中箭头所指处为 $r = 1/3$ 及 $D = 0.6309$.

一个有名的希腊佯谬. 希腊哲学家相信, 为了可以无限分割, 物体必须是连续的. 他们没有听说过康托尔尘埃. ■

---

① 拿破仑饼是著名的法式甜点, 三层脆脆的酥皮之间夹入两层蛋奶糊, 也被夸张地称为千层酥. 它的原型可能来自那不勒斯, 与拿破仑无关. ——译者注

图版 88 ✠ 康托尔函数, 或魔鬼阶梯 (维数 $D = 1$, 竖直段的横坐标维数 $D \sim 0.6309$) 康托尔运动.

康托尔函数描述了如图版 85 所示康托尔棒的质量分布. 许多作者认为它的图形就像魔鬼的阶梯, 因为它的确很怪异. 设棒的长度和质量都等于 1, 对每个横坐标值 R 定义 $M(R)$ 为从 0 到 R 之间所包含的质量. 因为间隙中没有质量, 所以 $M(R)$ 在加起来等于棒的总长度的各区间上保持常数. 然而, 因为捶打不影响棒的总质量, $M(R)$ 就必须在坐标为 $(0, 0)$ 的点到坐标为 $(1, 1)$ 的点中某处增加质量, 这种增加无限多, 无限小, 相应于细条的高度群集状跳跃. Hille 和 Tamarkin (1929) 详细描述了这种函数的奇特性质.

规则化映射. 魔鬼阶梯的功绩是完成了把康托尔棒的极其不均匀性映射为某个一致和均匀的东西. 从竖向长度相同的两个不同区间出发, 康托尔阶梯的逆函数产生两个包含同样质量的细条集——尽管通常看来它们彼此间非常不同.

因为科学喜欢均匀性, 这种规则化变换常常使分形的不规则性变得容易分析.

分形均匀性. 把康托尔棒上的质量分布描述为均匀分形十分方便.

康托尔运动. 就像在把科赫曲线重新解释为科赫运动或佩亚诺运动的情形, 把纵坐标 $M(R)$ 重新解释为时间是有用的. 如果这样做, 其逆函数 $R(M)$ 就给出了一个康托尔运动在时刻 t 的位置. 这种运动是极不连续的, 第 31 章和第 32 章描述了对随机化直线和空间情形的推广.

分维数. 梯级的宽度和高度之总和都等于 1. 此外, 我们还发现这条曲线具有完全确定的长度, 它等于 2. 一条有限长度的曲线称为可求长的, 其维数 $D = 1$. 这个例子表明维数 $D = 1$ 与多种不规则性相容, 只要它们是充分分散的.

◁ 人们可能喜欢把现在的曲线称为一个分形, 但是为了达到这一目的, 我们必须在只有单独 D 概念以外的基础上, 不太严格地定义分形. ▶

奇异函数. 康托尔阶梯是一个非减和非常数函数, 它是奇性的, 意即连续但不可微. 它的导数几乎处处为 0, 它的连续变化出现在一个长度即线性测度为零的集合上.

任意非减函数都可写成下列三个函数之和: 一个奇异函数, 一个由离散跳跃组成的函数和一个可微函数. 这后两个函数在数学上是经典的, 并在物理中有着广泛的应用. 另一方面, 奇异函数在物理上都被认为是病态的因而完全没有应用. 本书的一个主要论题就是说明上述看法完全是错误的.

统计物理中的魔鬼阶梯. 图版 86 在本书的 1977 年版上发表以后, 魔鬼阶梯引起了物理学家的兴趣, 刺激了大量文献出现. 类似于图版 86 的 "帘" 或图版 196 的法图帘, 越来越频繁地出现. 见 (Aubry, 1981). 早期的重要工作 (Azbel, 1964; Hofstadter, 1976), 过去常常是孤立的, 现在则融入于这种新发展之中. ■

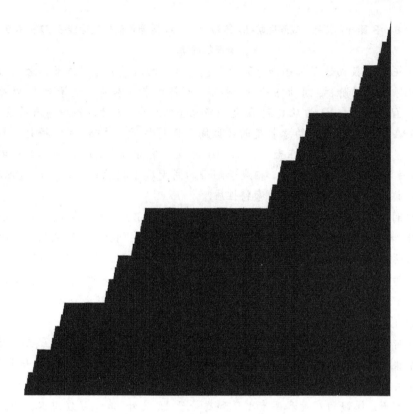

第三篇
星系与涡旋

第 9 章　星系群集的分形观

第 6 章和第 7 章, 通过地貌学介绍了科赫和佩亚诺分形, 但是分形的最重要应用在其他方面. 为了逐渐进入科学主流, 本章和随后两章要处理两个特别古老、重要和困难的问题.

星体、星系和星系群集等的分布显然既引起了业余爱好者的兴趣, 也引起了专家的兴趣, 但是群聚性对作为一个整体的天文学和天体物理学而言, 始终只是在其外围. 基本原因是至今还没有人能够解释, 为什么物质的分布形成不规则的层次, 至少在某个尺度范围内是如此. 虽然有关本课题的许多著作都提及群聚性, 但严格的理论发展却被束之高阁, 声称除了在一个很大且未定的阈值以上, 星系都是均匀分布的.

不那么根本地, 处理不规则性时的犹豫不决源于缺乏数学描述工具. 虽然这不是最重要的. 统计学要求在两个假定中进行选择, 其中只有一个 (渐近均匀性) 被细致彻底地研究过, 对结果的不确定性值得惊讶吗?

然而这个问题未被置若罔闻. 在努力作解释的同时, 我觉得描述群聚性和用纯几何方法模拟现实是不可避免的. 用分形来处理这个论题的工作分散在书中好几章里, 其目的是用显式构造的模型说明, 远远超过现有模型所建议极限的群聚性程度的证据是存在的.

本章是引论性的, 它描述了霍伊尔 (Hoyle) 的一种有影响的有关星体和星系形成的理论, 其分布的主要描述模型基于傅尼埃·达尔贝 (Fournier d'Albe)(也称为沙利耶模型), 以及最重要的, 某些经验数据的总结概述. 我们将说明, 无论是理论还是数据, 都能借助标度分形尘埃予以阐释. 我认为, 星系和星体的分布中含有一个自相似区域, 其中的分维数满足 $0 < D < 3$. 简述了人们期望 $D = 1$ 的理论上的原因, 提出了为什么观察到 $D \sim 1.23$ 的问题.

预告. 第 22 章以分形为工具帮助我们了解宇宙学原理意味着什么, 它为什么可以且应当被修改, 以及为什么修改要求随机性. 改进群集模型的讨论留到第 22, 23 章和第 32—35 章中进行.

存在物质的整体密度吗?

让我们从周密地考察物质整体密度的概念开始. 就像海岸线长度的概念一样, 看起来事情很简单, 但实际上很快和十分有趣地发现并非如此. 为了定义和度量

密度, 我们先考虑一个半径为 R 并与地球同心的一个球, 其质量为 $M(R)$. 计算定义为

$$M(R) / [(3/4)\pi R^3]$$

的近似密度. 然后让 R 趋于无穷, 把整体密度定义为这个近似密度收敛的极限值.

但是整体密度必须收敛到一个正且有限的极限值吗? 如果如此, 收敛速度还有很多不足之处. 此外, 极限密度的估算以往表现得非常奇怪. 就像用望远镜观察到的世界深度逐渐增加一样, 近似密度以一种惊人的、有规则的方式减少. 按照 (de Vaucouleurs, 1970), 它保持于 $\propto R^{D-3}$. 观察到的指数 D 要比 3 小得多, 基于间接的证据, 最好的估计是 $D = 1.23$.

上述德沃古勒 (de Vaucouleurs) 的论文认为近似密度的性态反映了现实, 即 $M(R) \propto R^D$. 这个公式使我们想起一个经典的结果, 即在维数为 E 的欧几里得空间中半径为 R 的球的体积 $\propto R^D$. 在第 6 章里我们也遇到过对科赫曲线的同样公式, 但有一个主要区别, 即指数不是欧几里得维数 $E = 2$, 而是分数值的分维数 D. 在第 8 章里对于时间轴 (对之 $E = 1$) 上的康托尔尘埃导出了 $M(R) \propto R^D$.

所有这些先前出现的事实都强烈地表明, 德沃柯勒斯指数 D 是一个分维数.

星体在标度范围内吗?

显然, 标度范围 (其中的 D 满足 $0 < D < 3$) 必定在到达具有完全确定边缘的对象 (例如行星) 以前就中止. 但是, 这是否包括恒星呢? 按照 Faber 和 Callagher (1980) 报道的韦宾克 (Webbink) 的数据, 银河系内部半径为 R 部分的质量可以非常好地表示为 $M(R) \propto R^D$, 而这个 D 是从星系内部做外推得到的, 但是我们下面的讨论只局限于星系内部.

标度范围有一个上限吗?

关于 $0 < D < 3$ 的范围在很大尺度方向上能延伸多远的问题, 一向有所争论, 并不时重新活跃, 许多作者认为或暗示标度范围容许一个与星系群集相应的上限, 另一些作者则不以为然. De Vaucouleurs (1970) 断言: "星系的群聚性以及大概一切, 是在所有能观察到尺度范围内宇宙结构的最主要的特征, 它全无趋向均匀的迹象: 物质的平均密度随着被考察空间体积越来越大而平稳地减少, 有人考虑了物质的平均密度在大得多的空间里是否会持续下降, 他们认为这种趋势不会在大得多的距离和低得多的密度下继续, 不过这个假设没有得到观测结果支持."

这两个学派之间的争论对于宇宙学既有意义又很重要——但这不是本书的目的. 即使 $0 < D < 3$ 的范围在两端受限, 其重要性本身就足够要求对它作细致研究.

无论标度范围有无上限, 宇宙 (就像在第 3 章中讨论的线球那样) 看起来涉及几种不同有效维数的序列. 从地球半径量级的尺度开始, 首先遇到维数 3 (因为固

体具有明确的边缘). 然后维数降到 0(把物质看成孤立点的集合), 接下去就是感兴趣的范围, 它是由满足 $0 < D < 3$ 的非普通维数所决定的. 如果标度群聚性继续到无限, 那么最后这个 D 值的适用性也是如此. 相反, 如果存在一个有限的上界, 则在其上要加上第四个范围, 点在其中丧失了它的独立身份, 从而我们有一个均匀流, 这意味着其维数又等于 3.

另一方面, 最天真的想法是把星系看作在整个宇宙中接近于均匀分布的. 在这种站不住脚的假设下, 我们有如下序列: $D = 3$, 然后 $D = 0$ 和再次 $D = 3$.

◁ 广义相对论断言, 在没有物质的情况下, 空间的局部几何学倾向于平坦的和欧几里得的, 而在有物质的情况下它被局部地黎曼化. 在这里, 我们可以说整体平坦而维数为 3 的宇宙在局部有 $D < 3$. 这种扰动方式在 (Selety, 1924) 中有所讨论, 这是一篇不著名的文献, 它没有提到科赫, 但包含了第 6 章中所构造的一个例子. ▶

傅尼埃宇宙

尚需构造一个满足 $M(R) \propto R^D$ 的分形, 并考察它与已被承认的有关宇宙的观点的符合程度. 这种类型的第一个完整描述的模型出自傅尼埃·达尔贝 (第 40 章). 虽然 (Fournier, 1907) 主要是伪装成科学的一部小说类作品, 但它包含了真正有意义的考量, 对此我们马上就要读到. 然而, 最好首先描写它提出的结构.

它的构造从有心正八面体开始, 该八面体的投影表示在图版 100 的中间. 此投影简化为正方形的四个角和它的中心, 其对角线长为 12 个 "单位". 但八面体也包括了在我们的平面之上和之下的两点, 它们位于过正方形中心画出的纸面的垂线上, 与该中心的距离均为 6 个单位.

现在, 每一点都用一个半径为 1 的球代替, 并看作 "0 阶星球聚集体", 而包含 7 个基本球的最小球称为 "1 阶星球聚集体". 2 阶星球聚集体可以这样得到: 按比例 $1/r = 7$ 放大 1 阶聚集体, 并把每个半径为 7 的球都以 1 阶聚集体的复制品来代替. 用同样的方法, 一个 3 阶星球聚集体可以通过按比例 $1/r = 7$ 放大一个 2 阶聚集体, 并用 2 阶聚集体的复制品来代替其每个球而得到, 如此等等.

总之, 在两个相继阶的聚集体之间, 点数和半径都按比例 $1/r = 7$ 放大. 因此, 当 R 是某个聚集体的半径时, 表示包含半径为 R 的球内点的数目的函数是 $M_0(R) = R$, 对于中间的 R 值, $M_0(R)$ 较小 (达到 $R/7$), 但总的趋势是 $M_0(R) \propto R$.

从 0 阶聚集体出发, 也可以逐次内插 -1 阶、-2 阶等聚集体. 第一阶段, 每个 0 阶聚集体用一个按比例 1/7 缩小的 1 阶聚集体的映像来代替, 如此等等. 如果这样做了, 则关系式 $M_0(R) \propto R$ 的有效性就扩展到更小的 R 值. 这样无限次外推和内插以后, 我们得到一个自相似集, 其维数 $D = \log 7 / \log 7 = l$.

我们也会注意到, 三维空间中 $D = 1$ 的对象既不一定是直线, 也不一定是任何可求长的曲线. 甚至不一定是连通的. 每个 D 与任何较小的或相等的拓扑维数值相容. 特别是, 因为双重无限傅尼埃宇宙是完全不连通的 "尘埃", 它的拓扑维数是 0.

质量分布; 分形均匀性

从几何学到质量分布的步骤是显然的. 如果对每个 0 阶星球聚集体赋以单位质量, 则在半径 $R > 1$ 的球内的质量 $M(R)$ 与 $M_0(R)$ 相同, 因此正比于 R. 此外, 要从 0 阶聚集体产生 -1 阶聚集体可以看作打碎一个球, 该球曾被认为是均匀的, 但后来发现它是由七个较小的球组成的, 这个阶段把 $M(R) \propto R$ 的法则推广到小于 $R = 1$.

当观察整个三维空间时, 造成的质量分布是极不均匀的, 但就博尼埃分形而言, 它却是要多么均匀便有多么均匀 (回忆图版 85). 特别是, 博尼埃宇宙里任何两个几何上等同的部分具有相等的质量. 我建议把这种质量分布称为分形均匀性.

◁ 前面的定义用的是标度分形的措辞, 但分形均匀性的概念是更加一般的. 它适用于任何分形, 只要它的维数 D 的豪斯多夫测度是正且有限的. 分形均匀性要求一个集合携带的质量正比于该集合的豪斯多夫测度. ▶

把傅尼埃宇宙看作康托尔尘埃. 推广到 $D \neq 1$

我相信, 读者不会因为在本章开头几节偶尔使用分形术语而分心. 显然, 傅尼埃是沿着与他的同时代人康托尔平行的足迹走过来的, 虽然他并不知道这一点. 其主要区别在于傅尼埃构造被嵌入空间中而不是直线上. 为了进一步改进相似程度, 只要把傅尼埃的聚集体从球改为砖 (填满的立方体) 就可以了. 现在每个 0 阶聚集体是边长为 1 的砖, 而它包含了 7 个边长为 1/7 的聚集体: 其中一个与原立方体有相同的中心, 其余六个则与原立方体中心子立方体①的侧面相切.

后面我们还将考察傅尼埃怎样从基本物理现象得到值 $D = 1$, 以及霍伊尔怎样得到了同样的值, 然而在几何上, 即使保持整个正八面体和值 $N = 7$ 不变, $D = 1$ 也是一种特殊情形. 因为球与球没有重叠, 所以 $1/r$ 可以取 3 到无穷大之间的任何值, 生成 $M(R) \propto R^D$, 而 $D = \log 7 / \log(1/r)$ 在 0 与 $\log 7 / \log 3 = 1.7712$ 之间任意取值.

此外, 给定任何 $D < 3$, 容易通过改变 N 来构造具有这种维数 D 的傅尼埃模型的变体.

---

① 原文为 "子正方形", 疑似笔误. ——译者注

沙利耶模型和其他的分形宇宙

上面的构造分享了第一批分形模型的每一个固有的缺点, 最明显的, 就像第 6 章的科赫曲线模型和第 8 章的康托尔尘埃模型一样, 对于奇形怪状的图形来说, 傅尼埃模型太规则了. 作为一种改进, 沙利耶 (Charlier, 1908, 1922) 提出, 可以容许 N 和 r 从一个层次的值变化到另一个, 取值 N_m 和 r_m.

沙利耶在科学上出名的原因是, 尽管他对傅尼埃十分赞扬, 但因为他用当时的先进科学语言写作, 甚至简单的模型也很快被归功于其著名的解说者而不是其不出名的作者. 这在当时有很多讨论, 尤其见 (Selety, 1922, 1923a, 1923b, 1924). 此外, 该模型吸引了非常有影响的埃米尔·博雷尔 (Emile Borel) 的注意, 在 (Borel, 1922) 中有他的评论, 尽管平淡, 却是很有洞察力的. 但从那以后, 除了断断续续地有些复苏以外, 这个模型被忽视了 (由于在 (North, 1965) 第 20—23 页和第 408—409 页中提到的不很令人信服的理由). 然而它没有死亡. 其基本思想又多次被独立地重新发现, 特别是在 (Lévy, 1930)(见第 40 章的莱维条款) 中. 最重要的是, 傅尼埃宇宙的分形核心概念隐含在 von Weizsäcker (1950) 关于湍流和星系的考虑中 (见第 10 章), 以及 Hoyle (1953) 星系起源的模型中, 对后者我们即将讨论.

这个基本的分形要素也在我的模型中出现, 见第 32—35 章.

有鉴于此, 产生了这样的问题: 星系分布的模型能否不是具有一个或两个界限的分形呢? 我想不可能. 如果我们同意分布必须是有标度的 (由于第 11 章中详细说明的理由), 而这个有物质集中的集合不是一个标准的标度集, 则它必定是一个分形集.

如果承认标度的重要性, 沙利耶对傅尼埃模型的非标度推广是没有启发性的. ◁ 顺便指出, 它容许 $\log N_m/\log(1/r_m)$ 随 m 在两个界限 $D_{\min} > 0$ 和 $D_{\min} < 3$ 之间变化. 这里我们还有另一个论点: 有效维数不一定只有单一值, 而可以在上限和下限之间浮动. 这个论点将在第 15 章再次被提及. ▶

傅尼埃期望 $D=1$ 的理由

现在我们来描述一个令人难忘的争论, 它导致了 Fournier(1907, 第 103 页) 的结论: D 必须等于 1. 这个论据是我们不应该忘记它的作者的一个强有力的理由.

考虑一个质量为 M、半径为 R 的任意阶星系聚集体, 使用一个能应用于球对称物体的公式是没有问题的, 假设在球面上的引力势能是 $GM/R(G$ 是引力常数). 落到这个宇宙上的一颗星的碰撞速度就等于 $(2GM/R)^{\frac{1}{2}}$.

套用傅尼埃的话就是, 由没有一个星球的速度超过光速 1/300 的观测可以得出一个重要结论. 即包含在一个世界球内部的质量, 随它的半径而不是它的体积的增大而增大, 换句话说, 在一个世界球内部的密度变化与球面积成反比 ……. 说得更清楚些, 曲面上的势能总是相同的, 它与质量成正比而与距离成反比. 作为一个后果, 接近于光速的星球速度在宇宙的任何部分都不能占优势.

霍伊尔凝乳化: 金斯判据也推出 $D = 1$

在 (Hoyle, 1953) 里发展的理论中也提出了分层分布, 霍伊尔认为, 星系和星球是由开始于均匀气体的级联过程所形成的.

考虑一团气体云, 其温度为 T, 质量为 M_0, 在整个半径为 R 的球中有均匀分布的密度. 如同金斯 (Jeans) 所说明的, 当 $M_0/R_0 = JkRT/G$(这里 k 是玻尔兹曼常数, 而 J 是一个数字系数) 时, 一种 "临界" 状态占优势. 这时原始的气体云不稳定而不可避免地要收缩.

霍伊尔假设: (a) M_0/R_0 在某个初始阶段取这个临界值; (b) 当气体云的体积降到 1/25 时最终停止收缩; (c) 然后, 每片云就分裂为五片同样大小的云, 其质量为 $M = M_1 = M_0/5$, 半径为 $R_1 = R_0/5$. 这样, 过程结束时就像它开始时一样: 一个不稳定的状态, 随后是收缩和再分裂的第二阶段, 然后是第三阶段, 等等. 而当云成为如此不透明, 即由于气体崩溃而产生的热量不再能逸出时, 凝乳化就停止了.

就像在具有同样级联过程的其他领域一样, 我建议, 称这五片云为凝乳, 而称级联过程为凝乳化. 如同我引入最后这个术语时所说, 我不能不把它与星系的凝乳化并列.

博尼埃采用 $N = 7$ 是为了简化图示说明, 但霍伊尔宣称 $N = 5$ 具有物理基础. 在其他方面与傅尼埃相比, 其几何上的说明详细得超出了合理性或者需要的程度. 霍伊尔关于凝乳的空间扩散是不明确的. 明确的体现必须等到我们在第 23 章中对随机凝乳化的描述. 然而这些不同之处是无关紧要的: 主要事实是 $r = 1/N$, 于是, 如果凝乳化结束时就像开始时一样在金斯不稳定性中, 则 $D = 1$ 就必须是设计的一部分.

此外, 如果把第一阶段的时间延续取为 1, 气体动力学表明第 m 阶段的延续是 5^{-m}. 由此可知, 同样的过程可以在总共延续 1.2500 的时间内继续到无限.

傅尼埃和霍伊尔的 $D = 1$ 推导的等价性

在满足金斯判据的不稳定气体云的边缘, 速度与温度以 $V^2/2 = JkT$ 相联系, 因为 GM/R 分别等于 $V^2/2$ (傅尼埃) 和 JkT (金斯). 这使人回想起统计热力学中气体的温度正比于其分子速度的均方值. 从而, 由傅尼埃判据与金斯判据的结合就得出, 在云的边缘, 宏观物体的降落速度正比于其分子的平均速度. 仔细分析在金斯判据里温度的作用一定会表明, 这两种判据是等价的. ◁ 如在 (Wallenquist, 1957) 中所报道, 这种类同性极有可能把 $M(R) \propto R$ 推广到星系内部. ▶

为什么 $D = 1.23$ 而不是 $D = 1$

经验观测值 $D = 1.23$ 与傅尼埃和霍伊尔的理论值 $D = 1$ 之间的不相符合, 导致了一个重要的课题. 皮布尔斯 (P. J. E. Peebles) 于 1974 年用相对论来讨论它. Peebles (1980) 在物理学和统计学 (但不是几何学) 上对此课题做了充分的研究.

天空的分维数

天空是宇宙的一个投影, 其中每点都首先用球坐标 ρ, θ 和 ϕ 描述, 然后用球面坐标中的点 1, θ 和 ϕ 来代替. 当宇宙的分维数为 D, 且参考框架的原点也属于宇宙 (见第 22 章) 时, 此投影的结构 "典型地" 被下列二者之一所支配: $D > 2$ 意味着投影本身覆盖了天空的非零部分, 而 $D < 2$ 意味着投影本身的维数是 D. ◁ 如图版 100 和 101 所示, 由于分形引起的结构和/或原点的选择, 例外是常见的. 它通常表示 "以概率 1 为真". ▶

关于明亮天空效应的旁白 (错误地被称为奥伯佯谬)

上一节的法则直接激励了多位作者 (包括傅尼埃), 导致分形宇宙的各种变体. 他们认为这种宇宙在几何上 "驱除" 了明亮天空效应——通常 (其实是错误地) 称为奥伯佯谬. 在天体分布是均匀的, 意即对所有尺度都有 $D = 3$ 的假设下, 无论白天或黑夜, 由于太阳圆盘的光亮, 天空都是接近均匀地照亮的.

物理学家对这个佯谬已不再感兴趣, 相对论和宇宙膨胀论及其他论据, 已使它失去了意义. 但是它的终止却留下了一项奇怪的副产品: 许多评论者把他们喜爱的明亮天空效应的解释, 作为忽略群聚性, 甚至否定它的真实性的一种借口. 这是一种真正奇特的观点: 即使星系不需要群聚以避免明亮天空效应, 但它们确实是群聚的, 且该特征需要仔细研究. 此外, 就像在第 32 章中所见, 宇宙膨胀不仅与标准的均匀性相一致, 而且也与分形均匀性相一致.

明亮天空论点本身是简单的. 一颗星射出的光正比于其表面积, 到达距离为 R 的观察者的光线总量正比于 $1/R$, 然而星的表观表面本身也与 $1/R^2$ 成正比. 因此, 光线与球面角的表观比与 R 无关. 还有, 若星在宇宙中的分布是均匀的, 几乎在天空的任何方向, 迟早会遇到一些星星. 因此, 天空均匀地明亮而且似乎在闪烁 (至少在没有大气扩散的情形, 月球的圆盘会形成一个例外的黑暗区域).

换句话说, 宇宙是 $D < 2$ 分形的假设解决了佯谬, 在这种情形下, 宇宙在天空的投影是具有同样 D 的分形, 从而是一个零面积的集. 即使星星具有非零半径, 在大部分方向上, 去到无穷远处也不会遇到任何星, 沿着这些方向, 夜间的天空是黑暗的, 在 $D < 3$ 继而 $D = 3$ 的范围, 天空的背景不是严格的黑暗而是极端暗淡的光芒.

在伽利略的《星座通信》中赞扬宇宙无界的概念后不久, 开普勒就注意到了明亮天空效应, 他在 1610 年的《与星座通信的对话》一书中答辩: "你可以毫不犹豫地宣布存在的可见星超过 10 000······. 如果这是真的, 以及如果 [这些星星有] 与我们太阳同样的性质, 那么这些太阳在一起, 在光亮度上为什么不大大超过我们的太阳呢? ······ 但也许以太的介入使它们模糊了? 一点也不是 ······ 十分清楚 ······ 我们的世界并不属于毫无区别的一窝无数其他物质的群."(Rosen, 1965, 第 34—35 页.)

对这个结论仍然有争论, 但这个论点并未被遗忘, 请看埃德蒙·哈雷 (Edmund Halley) 的评论, 他在 1720 年写道: "我已经听到, 其他论点坚决主张, 如果恒星的数目多于有限个, 则它们的可见球的整个表面会被照亮", 后来, 该结论由德赛西克斯 (De Chéseaux) 和兰勃特 (J. H. Lambert) 讨论过, 但被归功于高斯的好友奥伯 (Olbers). 所谓 "奥伯佯谬" 与之相联系是错误的但也事出有因. 被拒绝纳入 "未分类残留物"(第 31—32 页) 中的观察结果, 常常被归功于第一位权威人士, 无论这种包装多么短暂. 有关历史上的讨论可见文献 (Gamow, 1954), (Munitz, 1957), (North, 1965), (Dickson, 1968), (Wilson, 1965), (Jaki, 1969), (Clayton, 1975), 以及 (Harrison, 1981).

关于牛顿引力的旁白

本特利 (Bentley) 教士不断用与明亮天空效应密切相关的观测来纠缠牛顿: 如果星星的分布是均匀的, 则它们施于其中每一颗星上的力是无限的. 我们就可以进而说它们的引力势是无限的. 对于大的 R, $M(R) \propto R^D$ 的任何分布都会产生无限势, 除非 $D < 1$. 这种势的现代理论 (弗罗斯特曼 (Frostman) 理论) 证实了在牛顿引力和值 $D = 1$ 之间存在一种特别的联系, 傅尼埃和霍伊尔对 $D = 1$ 的推导不能不涉及这种联系. ◁ 傅尼埃的论点 "表面上的引力势总是相同的" 是现代势能理论的核心. ▶

关于相对论的旁白

◁ 摘自 (de Vaucouleurs, 1970): "相对论使我们相信, 为了在光学上可以观察到, 没有任何稳定材料球的半径 R 可以小于施瓦茨恰尔德 (Schwarzschild) 极限 $R_M = 2GM/c^2$, 其中 c 是光速. 由各种宇宙系统的平均密度 ρ 和特征半径 R 所作的图上, $\rho_M = 3c^2/8\pi GR_M^2$ 定义了上限. 比值 ρ/ρ_M 可称为施瓦茨恰尔德填充因子, 对于最普通的天体 (星) 或系统 (星系), 其填充因子非常小, 在 10^{-4} 至 10^{-6} 量级. " 傅尼埃假设的速度平方比为 $(300)^{-2} \sim 10^{-5}$, 恰好在上述范围之内. ▶

一种黏合状的分形宇宙？

许多作者认为可以用一个上升级联 (即把极大地分散的尘埃微粒黏合成日益变大的块) 而不是霍伊尔的下降级联 (即把非常大而分散的质量碎裂为越来越小的块) 来解释星体和其他天体的起源.

在第 10 章湍流研究中, 也提出了另一个类似的与级联有关的假设. 理查森的级联下降到越来越小的涡旋, 但上升级联也可以存在: 见第 40 章的理查森条目. 因此可以期望, 不久就可澄清下降与上升级联之间的相互关系.

分形望远镜阵

作为这一讨论的结束, 没有比对用观测星系的工具做注更合适的了. Dyson (1977) 提出, 用小望远镜阵列代替一个大望远镜是有好处的. 每一个小望远镜的直径大约是 0.1m, 等于光学上有效的大气扰动最小斑点的大小, 它们的中心形成分形分层模式, 并把它们用居里干涉仪连接. 初步分析导致这样的结论: 对维数的合适值应是 2/3. 戴森 (Dyson) 的结论是: "用 1023 个干涉仪连接的 1024 个分形望远镜组成的一个 3 千米的阵列, 在当今不是一个现实的计划. [它的提出是] 作为一个理论上的想法, 想要说明什么是原则上可行的. "

星系群集的随机分形模型评述

如果我们接受这样的说法: 采用具有有限的精巧性和可变性的未知分形模型来描述星系分布是有用的, 我们不会因为已知的分形随机模型提供了更加有效的描述而感到惊奇. 首先, 我们对霍伊尔凝乳化的了解会有所改进, 若把它置于随机分形这个合适的形式中 (第 23 章). 我认为, 最有意义的随机模型是由我提出并在第 32—35 章讨论的, 详细考察几个模型的理由之一是, 描述性质的改善是以增加复杂性 "为代价" 的. 第二个理由是每个模型里都包含一个值得注意的分形尘埃. 让我在此不按逻辑顺序地评述一下这些模型.

在 1965 年前后, 我的雄心是用一个无 "宇宙中心" 的模型来对 $D < 3$ 体现关系式 $M(R) \propto R^D$. 我用第 32 章中描述的随机游走模型首先达到了这个目标. 然后, 我又发展了一个替代的孔洞模型, 它由从空间截出的相互独立且随机放置的半径随机的孔洞组成, 其中随机半径变化的上限 L 可以有限也可以无穷.

因为这两种模型都只是在形式简单的基础上选择的, 因此, 当发现它们具有预期的价值时, 我既十分惊讶又非常高兴. 我的理论相关函数 (Mandelbrot, 1975u) 与 (Peebles, 1980)(见第 243—249 页) 中报道的曲线拟合结果相一致. ◁ 更精确地说, 我的两种方法与二点相关性一致. 我的随机游走产生一个好的三点相关性和差的四点相关性, 而我的球形孔洞模型对所有已知的相关性都是非常好的. ▶

不幸的是, 不论哪一个模型所产生的样本性态都很不现实. 应用我针对这个目的发展并在第 35 章描述的一个概念, 它们都有一种不可接受的性质. 孔洞模型的这个缺点通过引入更加精细的孔洞形状而得以纠正. 对于随机游走模型, 我使用了较少腔隙的 "从属过程".

这样, 星系群集的研究极大地刺激了分形几何的发展. 而现今在星系群集研究中分形几何的应用已经远远超出了本章中完成的整顿和清理的任务.

钻石就像星星

钻石原材在地壳中的分布类似于星星和星系在天空中的分布. 考虑一张很大的世界地图, 其中用针表示每一个钻石矿或富有钻石的地区 (不论过去或现在), 则从远处看来, 这些针的密度是非常不均匀的, 有几根孤立地分散在这里或那里, 而大多数都集中在几个侥幸的 (或不幸的) 地区. 然而在这些地区地表的钻石并非均匀埋藏的. 再从较近处更仔细地考察该地图, 发现任意一个这种区域中的钻石除了大量集中在几处分散的子区域外, 几乎全是空白的. 这种过程可继续好几个数量级.

在这种情况下还能不引入凝乳化吗? 的确, 德魏斯 (de Wijs) 已经发展了一个不知名的分形模型. 见第 39 章的无腔隙分形. ■

图版 100 ✠ **傅尼埃多重宇宙的投影** (维数 $D \sim 0.8220$)

本图版表示正文中所述维数 $D=1$ 宇宙的投影和"赤道"部分的按比例缩放. 也见图版 101.

在 (Fournier, 1907) 中对此标题作了解释:"由交叉形或正八角形原理构造的多重宇宙并不是世界的设计图, 但它可用来说明, 相似的相继宇宙的无限系列可以存在而不造成'明亮天空'. 世界球中的物质正比于它的半径. 这是为了满足引力和辐射定律所需要的条件. 在天空的某些方向会显得相当黑暗, 尽管有无限个宇宙随后. 这种情形的'世界之比'是 $N=7$, 而不是实际上的 10^{22}."

在第 34 章所描述的意义下, $D=1$ 和 $N=10^{22}$ 的宇宙只有很低的腔隙度, 但有惊人的分层.

图版 101 ✠ 一个扁平的 $D=1$ 的傅尼埃宇宙

图版 100 是按照精确比例作出的, 不仅难于印刷和观看, 还可能误导. 的确, 它不是维数 $D=1$ 的宇宙, 而只是它的平面投影, 其维数为 $D=\log 5/\log 7 \sim 0.8270 < 1$. 因此, 为了避免留下错误印象, 我们赶紧展示一个维数 $D=1$ 的规则的类似于傅尼埃的平面模式. 这个构造涉及 $r=1/5$ 而不是 $r=1/7$, 比图版 100 中有可能更进一步. ∎

第 10 章　湍流几何学: 间歇性

湍流的研究是物理学中最古老、最艰难和最令人沮丧的篇章. 日常经验足以表明, 在一定情况下气体或流体的流动是很平稳的, 在学术上称为 "层流", 而在不同的情况下是完全不平稳的. 但是分界线在哪里呢? 术语 "湍流" 能标识全部非光滑流, 包括气象学和海洋学中的许多种吗? 还是最好把它保留给一个很窄的类别? 如果是后者, 那么又是哪一类呢? 每个学者对这个问题的回答似乎都不同.

这些不一致性在此并不重要, 因为我们专注于研究的毫无疑问是混乱的流动, 其最明显的特征在于没有一个良性定义的长度尺度: 它们都涉及所有尺寸 "涡旋" 的共存. 这种特性在达·芬奇和葛饰北斋 (Hokusai) 的绘画中已可以看出. 这说明了, 从专注于具有明确定义尺度现象的 "老" 物理学精神来看, 湍流必定是陌生的, 而正是这个原因使我们对湍流研究有直接的兴趣.

就像许多读者所知道的, 对湍流的所有研究实际上都集中于对流体流动的分析研究, 而几何学被搁置一边. 我宁愿认为, 这种不平衡并不反映对重要性的判断. 事实上, 湍流中涉及的许多几何形状容易被看到或容易使之被看到, 并迫切需要一种恰当的描述. 但是在分形几何学发展以前, 它们未能受到应有的注意. 确实, 我立即可以推测, 湍流涉及分形的许多方面, 对之我将在本章和以后几章里描述.

必须先做两点声明. 首先, 我们不考虑层流中生成湍流的问题. 有充分的理由可以相信, 这种生成在分形方面有极大重要性, 但它们还未被足够理清以便在这里讨论. 其次, 我们也不在这里考虑诸如贝纳德 (Bénard) 细胞和卡门 (Kármán) 涡街的周期结构.

本章开始于更多地从几何上研究湍流和应用分形的理由. 这样的理由很多, 但每一个都很简短, 因为它们涉及尚很少肯定结果的一些建议.

在此之后, 我们集中精力研究实际上由我研究过的间歇性问题. 我最重要的结论是耗散区域, 即湍流耗散集中于其上的一个空间集合, 它可以用一个分形建模. 为不同目的所作的测量提示, 该区域的维数 D 在 2.5 至 2.6 左右, 大概低于 2.66.

不幸的是, 直至确定耗散区域的拓扑性质之前, 我们还不能精确地确定这个模型. 特别地, 抑或它是尘埃, 还是波状的分支曲线 (涡旋管), 还是波状的成层曲面 (涡旋面)? 第一种猜测不大可能, 而第二和第三种提出的模型与第 14 章的树枝状分形模型很相近. 但是我们无法作决定. 新的分形前沿的进展对老的拓扑前沿全然没有帮助. 我们的湍流几何学知识真的还是十分原始.

　　本章的大部分内容都不需要专门知识. ◁ 但专家们将会看到, 湍流的分形分析是相关性和谱的解析分析的几何对应物. 湍流与概率论之间的关系式是老生常谈. 的确, 泰勒 (G. I. Taylor) 的早期工作, 对诺伯特·维纳 (Norbert Wiener) 创建随机过程的数学理论, 产生了继皮兰的布朗运动之后的又一个重要的影响. 谱分析早已 "偿还" 了 (附带利息) 它从湍流研究所借用的. 现在是湍流理论利用成熟的随机几何学成果的时候了, 特别是, 柯尔莫哥洛夫谱有一个在第 30 章中考察的几何对应物.

云、尾流、射流等

　　湍流几何学的一般问题涉及有某些流动特性区域边界的形状. 著名的例子是接踵而来的巨浪, 它在普通的 (水) 云以及火山爆发造成的云和核爆炸蘑菇云中都能找到. 在本书的这个阶段, 真的难以避免这样的印象: 在一定的尺度范围内, 一朵云可以被看成有明确定义的边界, 但云的边界必定是分形曲面. 同样的评论也适用于在雷达屏幕上见到的暴风雨的模式 (对这部分内容的首次确认, 见第 12 章).

　　但是我更愿意处理较简单的形状. 湍流可以被限制为除此之外是层流流体 (例如一股尾流或一道射流) 的一部分. 在最粗糙的近似下, 它们每一个都可以被看成一根杆. 然而, 如果仔细考察其边界, 它显示出锯齿状的层次, 它的深度随着水力学尺度的经典测度 (称为雷诺数) 而增加. 这个非常明显和复杂的 "局部" 结构, 并不使杆像绳索那样有许多松散连接的浮于四周的线头, 它的典型横截面完全不是圆形, 而是更接近于科赫曲线的形状, 甚至是更接近于在第 5 章和第 28 章里研究的最凹凸不平的岛屿海岸线. 无论如何, 射流的边界看起来像是分形. 当存在涡旋环时, 它们的拓扑是有意义的, 但并未透彻地描述结构.

　　下一个评注要求读者想象一幅尾流图, 比如说, 很像一艘管理不善的油轮泄漏出来的带油迹的尾流. 以最粗糙的近似来描述这道尾流的 "杆", 已经具有了结构的很大部分: 它完全不是一个圆柱, 因为它的横截面变宽且迅速离开船体, 它的 "轴线" 也完全不是直线而呈弯曲状, 它的典型尺寸也随着离开船体而增加.

　　流体因相互摩擦而造成各部分质量之间的剪切, 在由此引起的湍流中, 也可以发现类似的特性, 如在 (Browand, 1966) 和 (Brown & Roshko, 1974) 中所示. 所产生的连贯结构 ("动物") 如今已引起极大的注意. 分形没有顾及它们的总体形状, 但我认为下面这一点是完全清楚的, "骑" 在弯曲物上的精致分层特性明显是分形结构.

　　土星上著名的红斑也可能是这种类型的一个例子.

研究海湾流时出现相关但不同的问题. 它不是一种单一的明确定义的洋流, 而分为多个波状分支, 这些分支本身又分为细支. 倾向于分支的一般特征是有用的, 并且无疑将涉及分形.

等温、弥散等

类似地, 研究等温面的形状或流体的任何其他标量特征的等值面也是有意义的. 等温面可以用仅在 $T > 45°$ 的水中生活的增殖浮游生物周围的表面来描述, 这些生物充满它们可以达到的所有体积. 这样一团东西的边界是极端复杂的; 在第 30 章的专门模型里, 它被说明是分形.

当介质完全为湍流充满时, 就会出现一类广泛的几何问题, 但有些部分不影响其流动, 可打上某种 "被动的" 或惰性的标记. 最好的例子是湍流使一团颜色弥散. 所有不同分支向一切方向无尽头地弥散, 但现存的分析和标准几何学对于描述所产生的形状无能为力. 图版 55 和 Mandelbrot (1976c) 认为这些形状必定是分形的.

其他几何问题

清洁空气湍流. 我考察的一些零散的证据, 提示了带有这种现象的集合是一个分形.

通过分形边界的流. 这是另一个典型的范例, 在其中流体力学必然涉及分形 (图版 49 和图版 73).

涡旋的延伸. 流体的运动迫使涡旋延伸, 而延伸的涡旋必需折叠才能在固定体积之内容纳其增加的长度. 在流动是标度性的意义上, 我猜想涡流趋于一个分形.

一个流体质点的轨迹. 在粗糙的近似下, 受到行星运动托勒密模型的启发, 设质点由单位速度的综合流动竖直地传送, 而此流动受到涡旋层 (每一个涡旋都是一个水平面中的圆运动) 的扰动, 所造成的函数 $x(t) - x(0)$ 和 $y(t) - y(0)$ 是余弦与正弦函数之和. 当高频项很弱时, 此轨迹是连续且可微的, 因此它是可求长的且 $D = 1$. 然而, 当高频项很强并持续下降到 0, 其轨迹是 $D > 1$ 的分形. 假设涡旋是自相似的, 所述的轨迹恰好等同于数学分析中著名的反例: 魏尔斯特拉斯函数 (第 2, 39 和 41 章). 这就导致人们猜测, 所有流动到湍流的过渡, 是否都与轨迹是分形的环境相联系.

湍流的间歇性

湍流最终因耗散而结束: 由于流体的黏性, 可见运动的能量转变为热量. 早期的理论认为耗散在空间是均匀的, 但对 "均匀性湍流" 是一个合理模型的期望, 由于 Landau 和 Lifshitz (1953—1959) 而破灭, 因为他们注意到某些区域是高耗散的, 而另一些区域相比之下几乎没有耗散. 这就意味着熟知的突如其来的猝发特性, 也在较小的尺度上以更加一致的形式反映出来.

这种间歇性现象首先在 (Batchelor & Townsend, 1949) 第 253 页中研究过, 也可见 (Batchelor, 1953) 8.3 节; (Monin & Yaglom, 1963, 1971, 1975). 当雷诺数很大时, 间歇性特别明显, 这就意味着湍流的外界限相对于内界限来说是大的: 在星星、海洋和大气中就是如此.

耗散集中的区域可方便地描述为对耗散的输送或支撑.

本书把湍流的间歇性和星系的分布放在一起的事实是自然的但不是新的. 一段时间以前, 物理学家 (von Weizäcker, 1950) 试图用湍流来解释星系的起源, 注意到均匀湍流不能说明星体的间歇性, 冯韦兹赛克尔 (von Weizäcker) 按照傅尼埃 ("沙利耶") 模型 (第 9 章) 做了些补充, 从而有这里展示的理论. 如果再次采取冯韦兹赛克尔的统一尝试, 也许可以在两类间歇性和相应的自相似分形之间建立一种物理联系.

这样的一种统一尝试的一个目的, 是把星系分布的维数 (我们已知 $D \sim 1.23$) 与涉及湍流的维数 (注意到它为 $2.5 \sim 2.7$) 联系起来.

湍流的一个定义

我们注意到, 看起来很奇怪, 同一个术语湍流 (turbulence) 可以应用于几种不同的现象. 这种保留至今的定义的贫乏性很容易理解, 如同我声称并建议证明的那样, 一种合适的定义需要用到分形.

湍流的概念在常人的脑海里几乎被 "冻结" 在专门术语中, 约一百年以前首先由雷诺 (Reynolds) 就管道作出: 当上游压力很低时, 流体运动是规则而 "成层" 的, 但当压力充分大时, 突然一切都变得不规则了. 在这个原型范例中, 湍流耗散的支撑不是 "空的"(即不存在) 就是整个管道. 无论在哪种情况下, 不仅没有几何学可研究, 而且也没有定义湍流的迫切需要.

尾流的情形就更复杂. 在湍流区与周围海域之间存在着边界, 我们必须研究它的几何学. 然而这种边界又是如此清晰, 以至于没有必要用 "客观" 标准来定义湍流.

对风洞中充分发展的湍流, 事情又变得很简单, 其总体情况就与雷诺管里的相同. 然而, 达到这一目标的过程有时很有趣, 如果我们相信某些传闻. 据说, 首次 "吹风" 的风洞不适合湍流研究. 远未使整个体积充满湍流, 湍流本身显得 "湍流性" 的, 表现为不规则的狂风. 只有经过不懈的努力, 才能使整个风洞按雷诺管的方式稳定下来. 由于这个事实, 我像有些人那样, 对于把风洞里的非间歇性 "实验室湍流", 看作与大气中间歇性 "自然湍流" 相同的物理现象, 是有所怀疑的.

我们间接地处理这项任务. 从什么是湍流这个不良概念出发, 并考察某一点速度的一个一维记录, 一架大飞机重心的运动, 显示了这种记录的粗略分析. 偶尔, 飞机的抖动显示了那里的某个区域是强耗散的. 一架较小的飞机起到更加敏感的探测器的作用: 它能 "感觉到" 大飞机不受扰动的湍流阵风, 面对大飞机受到的每个冲击, 小飞机感受到的只是一闪而过的弱冲击. 因此, 当仔细考察横截面的强耗散段时, 层流嵌入变得明显可见. 在更加精细的分析中又可以发现更小的嵌入.

每个阶段都要求重新定义什么是湍流. 如果把它解释为 "并非完全没有湍流的记录", 湍流记录的概念变得很有意义. 另一方面, 要求更高的全部湍流记录概念, 似乎缺乏可观察的重要性. 进入分析的相继阶段, 湍流对总记录长度的一个越来越小的部分变得越来越强烈. 耗散的支撑体积似乎在减少. 我们的下一个任务是对这种支撑建立模型.

自相似分形的作用

如前所述, 在我看来无须惊讶, 湍流的几何方面很少被实际研究过, 因为仅有的可用技巧都是欧几里得的. 为了避免其局限性, 使用了许多前欧几里得术语, 例如, 关于间歇性的论文不寻常地大量应用术语如多斑点的 (spotty) 和结块的 (lumpy), 以及 (Batchelor & Townsend, 1949) 中认为的 "形状只有四种类型: 滴、杆、枝、带". 某些讲演者 (但很少作者), 也使用术语豆、面条和生菜, 这些富于想象力的术语并不打算隐藏基础几何学的不足.

与此相反, 我自 1964 年以来进行的研究, 以及首次发表于 1966 年京都专题学术讨论会的论文 (Mandelbrot, 1967k), 提出了通过添加自相似分形来增强经典几何学的工具箱.

提倡使用分形是激进的新步骤, 但把湍流分形限制为自相似的是传统的思想, 因为自相似概念正是首先被想到用来描述湍流的, 其先驱者是在第 5 章已提到过的刘易斯·弗莱·理查森. Richardson (1926) 引入了由级联联系的尾流分层的概念 (见第 40 章).

在 1941 年和 1948 年之间, 级联理论和自相似理论的预言在湍流方面获得了巨大的成功. 主要贡献者是柯尔莫哥洛夫、奥布霍夫 (Obukhov)、昂萨格 (Onsager) 和冯韦赛克尔, 而传统上把这段时期里的发展冠以柯尔莫哥洛夫的名字. 然而, 在理查森与柯尔莫哥洛夫之间有一些微妙的不同.

虽然自相似性是由对涡旋的考虑提示的, 但柯尔莫哥洛夫理论是纯分析性的. 另一方面, 分形却使得自相似方法可能应用于湍流几何学.

分形方法应当与以下的异常事实相对比: 以前涉及的四种选择 (滴、杆、枝、带) 都没有自相似性, 这大概是为什么 (Kuo & Corrsin, 1972) 中承认这一选择是

"原始的", 我们还需要各种中间的模式.

可以想象标准模式的多种可能的特殊变种. 例如, 我们可以把杆分解为周围有松散线条的多股的绳子 (回想尾流和射流的相似状态), 以及把板切成周围带有松散层次的薄片. 而那些细线和薄层可以用某种方法做成自相似的.

然而, 尤其是自相似性的注入从来不能实现, 我发现这既是毫无希望的又总是十分乏味的. 我喜欢追随完全不同的航向, 容许所有形状和线头层片的细部都由同样的过程产生. 因为基本的自相似分形尚缺乏特定的方向, 我们的研究 (暂时) 把湍流与强烈的全体运动组合在一起的所有有趣的几何问题搁置一边.

◁Obukhov (1962) 和 Kolmogorov (1962) 是对间歇性的第一批分析研究. 就直接的影响而言, 它们几乎与相同作者 1941 年的论文相匹配, 但它们是有严重缺陷的, 故其长期影响将会很小. 见 (Mandelbrot, 1972j, 1974f, 1976o), (Kraichnan, 1974). ▶

内界限和外界限

由于黏性, 湍流的内界限是正的. 而尾流、射流和类似的流动清楚地显露出一个有限的外界限 Ω. 但目前对 Ω 的有限性的广泛相信应该受到批评. 文献 (Richardson, 1926) 中声称: "观察表明, (对于约为 Ω 大小的样本, 假设是收敛的) 数值完全依赖于在平均意义下要包括一个体积多久. 迪方特 (Defant) 的研究表明, 在大气层中不能得到任何极限." 气象学家先是低估, 而后又忘记了这个结论, 我认为是太过急躁. 第 11 章中的新数据和第 34 章中对腔隙的研究, 都使我更加坚信这件事情还没有结束.

凝乳化与分形均匀湍流

在一个粗糙的初级阶段, 我们可以用前几章通过凝乳化求得的自相似分形之一来表示湍流的支撑. 凝乳化是第 23 章中诺维科夫 (Novikov) 和斯图尔特 (Stewart) 模型的粗糙 "去随机化" 形式. 在进行 m 阶段有限凝乳化级联以后, 耗散均匀地分布在出自 r^{-3m} 个第 m 阶非重叠子涡旋 $N = r^{-mD}$ 上, 其位置由生成器决定. 以后级联无穷尽地继续下去, 而耗散的极限分布均匀地散布在一个 $D < 3$ 的分形上. 我建议把这个极限称为分形均匀湍流.

对于 $D \to 3$, 得到 G. I. 泰勒的均匀湍流. 明显的事实是凝乳化并不排除 $D = 3$, 但是它容许新的可能性 $D < 3$.

间歇性满足 $D > 2$ 的直接实验证据

从线性截面的观点看来, 很大一类无界分形的性态是非常简单的: 当 $D < 2$ 时, 截面几乎肯定是空的: 而当 $D > 2$ 时, 其截面非空且具有正概率. (第 23 章对一类简单的分形证明了这个结果.)

如果支撑湍流耗散的集合满足 $D < 2$, 则前面的陈述意味着几乎所有实验探头都将落在湍流区域之间, 但事实并非如此, 这就意味着实际上 $D > 2$. 这个结论是非常强的, 因为它依赖于一个不断重复的实验, 而这个实验的结果可以归结为"永不"和"常常".

试探性的拓扑对应物 $D_T > 2$ 十分诱人, 见 (Mandelbrot, 1976o), 但太过专业而不宜在此详述.

星系与湍流的比较

支撑湍流耗散的集合的不等式 $D > 2$, 以及第 9 章中对于宇宙质量分布的相反不等式 $D < 2$, 出自于分形的典型截面及其在平面或天空中投影的 $D - 2$ 的符号紧密联系的效应. 对于本章所研究的现象, 其截面必须是非空的. 与此相反, 在第 9 章里, 如果从地球画出的大部分直线永不遇到星星, 则明亮天空效应就被"驱除"了, 这要求星星在天空中的投影面积为零.

在这两个问题中 $D - 2$ 符号的对比必定与它们结构之间的差别有着重要的关系.

指数之间的 (不) 等式 (Mandelbrot, 1967k, 1976o)

分形均匀湍流的许多有用特性仅依赖于 B. 该课题已在 (Mandelbrot, 1976o) 中研究过, 其中间歇性湍流以一系列概念上不同的指数表征, 这些指数用等式 (或不等式) 相联系. ◁ 这种情形与临界点现象相似. ▶

谱 (不) 等式. 首次在 (Mandelbrot, 1967k) 中陈述的 (不) 等式 (其中应用记号 $\theta = D - 2$) 通常借助湍流速度的谱来表达, 但这里借助方差. 在分形均匀湍流中, 在 x 点的速度 v 满足

$$\left([v(x) - v(x+r)]^2 \right) = |r|^{\frac{2}{3}+B},$$

其中 $B = (3 - D)/3$.

在泰勒均匀湍流中, $D = 3$ 而 B 为 0, 这使得柯尔莫哥洛夫经典指数为 2/3, 我们还将在第 30 章中再次遇到它.

Mandelbrot (1976o) 还证明了更为一般的加权凝乳化模型, 正如 (Mandelbrot, 1974f) 中描述的那样, 包含有不等式 $B \leqslant (3 - D)/3$.

β 模型. Frisch, Nelkin 和 Sulem (1978) 把伪动力学的一个词汇移植到分形均匀湍流几何学中, 如同 (Mandelbrot, 1976o) 中描述的. 这种诠释已被证明是有帮助的, 但其数学论据和结论与我的等同. 他们在诠释中使用的术语 "β 模型" 已经有所流行, 并且常常与分形均匀性等同.

湍流的拓扑学仍然是一个待解决的课题

前面几章已经讲得十分清楚, 相同的 D 值可以在拓扑连通性不同的集合中出现. 拓扑维数 D_T 给出了分维数 D 的下界限, 但这个界限常常太低而没有什么用处. 具有分维数在 2 与 3 之间的形状可以是 "片状的"、"直线状的" 或 "尘埃状的", 它们的构造十分多种多样, 以致对它们很难确认或找到名称. 例如, 甚至最接近绳索的分形, 其 "绳股" 是如此之多, 以致事实上 "更" 多于绳索. 类似地, 接近于片状的分形 "更" 多于片状. 也有可能是片状和绳索状的随意混合. 直观地, 人们会期望在分维数和连通度之间应该存在某些更密切的关系, 但这在 1875 年至 1925 年期间使数学家失望. 在第 23 章我们将转到这类专门问题, 可以这样说, 这些结构间的真实松散关系, 实质上是一个未被探索的领域.

在第 14 章中提出的树枝状问题也是很重要的, 但它对湍流研究的影响尚未经探讨.

峰态不等式. 在 (Corrsin, 1962), (Tennekes, 1968) 和 (Saffman, 1968) 中, 用一个称为峰态的间歇性测度来处理连通性问题. 在表面上, 这些模型研究的形状分享平面 (片) 或直线 (棒) 拓扑维数的形状. 然而, 它们通过峰态与雷诺数之间一个预测的幂律关系指数来间接地检验此拓扑. 不幸的是这个尝试失败了, 因为峰态指数事实上受各种附加假设支配, 而最终只依赖于模型产生形状的分维数 D. Corrsin (1962) 预言了 D 值等于它假设的拓扑维数 $D_T = 2$. 这个预言是错误的, 它表达了数据涉及分形, 而模型却没有. 另一方面, 在 (Tennekes, 1968) 中假设 $D_T = 1$ 却得到了分数值 $D = 2.6$, 从而确实涉及一个近似的分形. 无论如何, 从峰态推断直观 "形状" 和拓扑维数间关系的试图是没有根据的. ∎

第 11 章 微分方程的分形奇点

本章涉及大自然的分形几何学与数学物理主流之间的首次交集. 这个议题是如此重要, 值得单独设立一章. 对其他方面感兴趣的读者也应循序一读.

湍流理论的分割

当前湍流理论研究的主要缺点, 是它被至少分割为两个互不联系的部分. 一部分包括 (Kolmogorov, 1941) 中提出的成功的现象学 (将在第 30 章中作极详细的考察). 另一部分包括水动力学的微分方程, 其中非黏性流体微分方程出自欧拉 (Euler), 而黏性流体微分方程出自纳维 (Navier) 和斯托克斯 (Stokes). 这两部分之间仍然没有交集: 如果 "阐明" 和 "理解" 意味着 "简化为基本方程", 则柯尔莫哥洛夫理论至今没有被阐明或理解. 柯尔莫哥洛夫并未帮助求解流体运动方程.

在第 10 章里, 我断言湍流耗散在整个空间中不是均匀的, 而只在一个分形子集上是均匀的, 一眼看去似乎缺口更大了. 但是我坚决主张情况正与此相反. 对我有利的证据正不断地增加.

奇点的重要性

让我们首先回顾一下成功地求解一个数学物理方程的步骤. 典型地, 人们会把特定条件下求得的方程的解, 与在物理观测的基础上所猜测的解列成一张表. 其次, 略去解的细节, 我们得到表征该问题基本 "奇点" 特性的一张表. 此后, 对更复杂的方程实例, 常常可以通过识别合适的奇点, 并把它们按需要串在一起求第一级近似解. 这就是微积分学生作有理函数图形的方法. 当然, 标准奇点是标准欧几里得集合: 点、曲线和曲面.

猜测: 流体运动的奇点是分形集合 (Mandelbrot, 1976c)

在这个观察中, 我认为从欧拉与纳维-斯托克斯解导出湍流的困难, 意味着没有一种标准奇点可以说明我们直观感受到的湍流的特征.

取而代之, 我主张 (Mandelbrot, 1976c) 基本方程的湍流解涉及一种崭新类型的 "拟奇点". 奇点是局部标度的分形集合, 而拟奇点是其近似.

形成上述论点的一个普通原因是标准集合已被证明是不合适的, 人们也同样可以试验下一组已知的最佳标度分形集合. 但也可以有更专门的动机.

非黏性 (欧拉) 流体

第一个专门猜测. 我的论点的一部分是, 欧拉方程解的奇点是分形集合.

原动力. 这一信念依赖于一个非常古老的概念, 即方程中的对称性和其他不变性 "必定" 在方程的解中有所反映 (见 (Birkhoff, 1960) 第四章, 那里有一个自洽、细致且雄辩的描述). 当然, 保持对称性绝不是大自然的运作原理, 从而这里不能排除 "对称性破缺" 的可能性. 然而, 我建议尝试保持对称性的后果. 因为欧拉方程是非标度的, 所以, 方程的典型解应当也是非标度的, 而且对它们可能有的任何奇点也应当如此. 如果把以往努力的失败, 作为奇点不是标准的点、线或曲面的证据, 那么奇点必须是分形.

当然也可能发生这样的情况, 标度是由边界形状和初始速度强加的. 然而, 解的局部性态很可能受到 "对边界无感觉原理" 支配, 因此, 解是局部无尺度的.

亚历山大·商兰 (Alexandre Chorin) 的工作. Chorin (1981) 为我的论点提供了强有力的支持, 他把涡旋方法应用于分析充分发展湍流的惰性范围. 他的发现是, 高度延伸的涡旋, 将其本身收集到一个体积不断减小及维数 $D \sim 2.5$ 的物体内部 (与第 10 章的结论相容). 对柯尔莫哥洛夫指数的修正 $B = 0.17 \pm 0.03$ 与实验数据相容. 计算表明, 欧拉方程的三维解, 将在有限时间内产生.

未发表的商兰的工作更接近于实验数据: $2.5 < D < 2.6$.

黏性 (纳维-斯托克斯) 流体

第二个特别猜测. 此外, 我主张纳维-斯托克斯方程解的奇点只能是分形.

维数不等式. 进而, 我们有一种直觉, 纳维-斯托克斯方程的解必定是较为光滑的, 因此比欧拉方程解的奇点要少. 从而, 进一步猜测维数在欧拉情形要大于在纳维托克斯情形. 通向零黏度的路径无疑是奇点的.

拟奇点. 体现我的整体论点的最后一个猜想, 涉及间歇性概念中的耗散峰: 它们是因黏性而变平滑的欧拉奇点.

谢弗 (V. Scheffer) 的工作. 在黏性情形对我的猜测的考察, 是由谢弗倡导的, 最近又有其他人加入了研究, 即用这种观点研究受纳维-斯托克斯方程 ($t = 0$ 时具有有限的动能) 支配的有限或无限流体运动.

假设奇点确实存在, (Scheffer, 1976) 中证明了它们必定满足以下定理. 首先, 它们在整个时间轴上的投影最多具有分维数 1/2. 其次, 它们在空间坐标上的投影是维数最多等于 1 的分形.

事实上, 以上结果中的第一个, 出自一篇老而有名的论文 (Leray, 1934) 中一个注记的推论, 该论文在一个形式不等式后突然终止, 而谢弗的第一定理是它的一个推论, 实际上仅仅是一个重新叙述. 但是说成 "仅仅" 是公正的吗? 用更加优美的术语来重新叙述一个结果 (出自合理的理由) 极少被看作科学上的进展, 但我认为这个例子有所不同. 勒雷 (Leray) 定理中的不等式, 在芒德布罗-谢弗推论把它置于正确的视角下之前几乎是无用的.

在关于纳维-斯托克斯方程的最近研究中, 对豪斯多夫-伯西柯维奇维数的几乎是常规的应用, 完全可以追溯到我的猜测.

物理学中其他非线性方程的奇点

本书提出的包含标度分形的其他现象, 都既与欧拉也与纳维-斯托克斯无关. 例如, 星系的分布被引力方程支配. 但是, 对称性守恒的论据应用于所有标度方程中. 事实上, 拉普拉斯的一个模糊的注记 (见第 41 章, **莱布尼茨和拉普拉斯著作中的标度**条目) 现在 (几乎百分之百地) 可被看成是为了点明第 9 章的主题.

更一般地, 奇点的分形特征, 很可能被追溯到许多不同数学物理方程共有的一般特性. 这可能是某些非常广泛的非线性类吗? 这个课题将在第 20 章的不同语境中再次相遇. ∎

第四篇
标 度 分 形

第 12 章　长度-面积-体积关系

第 12 章和第 13 章将通过大量微型范例的研究来拓展分维数的性质, 这些范例的重要性各异, 难度渐增. 第 14 章将说明分形几何学必须涉及的不限于分维数的概念.

本章对欧几里得几何学中的一些标准结果进行描述, 并应用于在各种不同具体情况下由我发展的分形对应物. 可以认为它们与第 6, 8 和 9 章中得到的 $M(R) \propto R^D$ 形式的分形关系相平行.

标准维数分析

根据以下事实: 半径为 R 的圆周长度等于 $2\pi R$, 以及该圆周围成圆盘的面积为 πR^2, 可以得到

$$(周长) = 2\pi^{1/2} (面积)^{1/2}.$$

对于正方形, 相应的关系是

$$(周长) = 4 (面积)^{1/2}.$$

更为一般地, 在几何上相似但有不同线性尺度的每个标准平面形状族中, 比值 (周边长度)/(面积)$^{1/2}$ 是一个完全由公共形状所决定的数字.

在空间 $(E = 3)$ 中, 长度、(面积)$^{1/2}$ 和 (体积)$^{1/3}$ 提供了形状的线性尺度的替代值, 其中任意两个之比是与测量单位无关的形状参数.

不同线性尺度的等价性在许多应用中是十分有用的. 再加上时间和质量的扩充构成了一种有效的技巧, 即物理学家所谓的 "量纲分析". ((Birkhoff, 1960) 是一本值得推荐的关于量纲分析基本特点的教材.)

充满矛盾的维数结果

然而, 在越来越多的情况下, 与线性尺度替代值之间的等价性令人难以理解. 例如哺乳动物的大脑满足

$$(体积)^{1/3} \propto (面积)^{1/D},$$

$D = 3$, 远远超过预期值 2. (Hack, 1957) 中测量了流域中主河道的长度, 发现

$$(面积)^{1/2} \propto (长度)^{1/D},$$

其中 D 肯定大于预期值 1. 早期的作者对这最后一个结果的解释为, 流域并非自相似的, 主流瘦长而支流矮胖. 遗憾的是这种解释与事实相矛盾.

本章叙述我对这些情况和有关结果的一种较为令人信服的说明. 我的工具是一种新的分形的长度-面积-体积关系.

分形长度-面积关系

为了说明这个论点, 考虑一组具有维数 $D > 1$, 并在几何上相似的岛屿的分形海岸线. 在此, 标准比值 (长度)/面积$^{1/2}$ 是无限的, 但我将说明它有一个有用的分形对应物. 我们把用长度为 G 的标尺测量得到的海岸线长度记为 G-长度, 并把用 G 作为单位测量得到的岛屿面积记为 G-面积. 注意 G-长度对于 G 的依赖性是非标准的, 而 G-面积对于 G 的依赖性是标准的, 我们构成广义比值

$$(G\text{-长度})^{1/D} / (G\text{-面积})^{1/2}.$$

我断言, 这个比值对我们的几何相似的岛屿取相同的值.

其结果是, 可以用两种不同方式来计算每个岛屿以 G 为单位的线性尺度: 标准表达式 $(G\text{-面积})^{1/2}$, 但也有非标准表达式 $(G\text{-长度})^{1/D}$.

新的特点在于, 如果用另一标尺长度 G' 代替 G, 代替线性尺度之比采用

$$(G'\text{-长度})^{1/D}/(G'\text{-面积})^{1/2},$$

它与原先那个的差别只在于因子 $(G'/G)^{1/D-1}$.

对彼此相似的有界形状构成的不同的族, 其线性尺度的比值是不同的, 无论它们是分形的还是标准的都是如此. 从而它定量地表征了形状的形式的一个方面.

值得注意的是, 长度-面积关系可以用来判断环绕标准区域的分形曲线的维数.

关系式的证明. 首先, 用内在的与面积有关的标尺

$$G^* = (G\text{-面积})^{1/2} / 1\,000$$

来测量每一条海岸线的长度. 当我们把每一条岛屿的海岸线用边长为 G^* 的多边形来近似时, 这些多边形彼此也是相似的, 它们的长度正比于标准线性尺度 $(G\text{-面积})^{1/2}$.

其次, 把 G^* 用所述的标尺 G 来代替. 由第 6 章知道, 测量长度以比值 $(G/G^*)^{1-D}$ 改变. 从而

$$(G\text{-长度}) \propto (G\text{-面积})^{1/2} (G/G^*)^{1-D}$$
$$= (G\text{-面积})^{1/2-(1/2)(1-D)} G^{1-D} 1\,000^{D-1}$$

$$= (G\text{-面积})^{(1/2)D} G^{1-D} 1\,000^{D-1}.$$

最后, 对两侧作 $1/D$ 乘幂, 就可得到我断言的关系式.

密苏里河蜿蜒程度如何?

上面的论证也帮助了说明测量得到的河流长度有什么意义. 为了定义流域中主流的长度, 我们把河道用维数 $D > 1$ 的一条波浪状自相似曲线来近似, 它由称为源头的一点通向称为河口的另一点. 如果所有河流以及它们的流域彼此都是相似的, 那么分形长度-面积论据意味着

$$(\text{河流的}G\text{-长度})^{1/D} \text{ 正比于 } (\text{流域的}G\text{-面积})^{1/2}.$$

此外, 常识表明

$$(\text{流域的}G\text{-面积})^{1/2} \text{ 正比于}(\text{源头到河口的直线距离}).$$

综合这两个结果, 我们得到结论

$$(\text{河流的}G\text{-长度})^{1/D} \text{ 正比于}(\text{源头到河口的直线距离}).$$

最引人注目的是前面已经提到过的 Hack (1957) 的经验发现: 比值

$$(\text{河流的}G\text{-长度}) / (\text{流域的}G\text{-面积})^{0.6}$$

确实对所有河流是公共的. 这样就间接地算出了 $D/2 = 0.6$. 从而 $D = 1.2$, 这使人联想起由海岸线长度推知的数值. 如果用 D 来度量不规则程度, 那么河床的局部弯折与很大范围内的弯曲将是等同的!

然而, 对于流域面积 $> 10^4$平方千米和相应的很长河流, 米勒 (J. E. Mueller) 观察到 D 的数值下降为 1. D 的两个不同数值提示我们, 如果把所有流域映射到同样大小的纸片上, 那么短的河流与长的河流的映像几乎相同, 但特别长的河流更接近于直线. 非标准的自相似性有可能在外界限 Q 处破缺, Q 的数值为 100 千米量级.

河流树的累计长度. 上面的论述也预测流域中所有河流的累计长度应正比于流域面积. 有人告诉我这个预测是正确的, 但我未找到相应的参考文献.

回到几何学. 对于与 "雪花扫掠" 曲线 (图版 73 和 74) 相联系的河流和堤岸, $D \sim 1.6218$ 稍大于观测数值. 图版 75 和 76 中曲线的相应维数为 $D \sim 1.1291$, 低于观测数值.

图版 67 和 68 的佩亚诺曲线与之相差甚远, 因为 $D = 1$.

注意河流与分水岭维数的等同性并非在逻辑上必须如此, 它只是某种递归模型的特点. 作为对照, 在 (Mandelbrot, 1975m) 中描述过的用箭头曲线 (图版 146) 连接的河道网, 涉及维数 $D = 1$ 的河流, 这太小了, 而堤岸的维数为 $D = 1.5849$, 又太大了.

雨和云的几何学

第 3, 11–14 和 99 页中提到分形可以用来模拟云. 这种猜测现已为 Lovejoy (1982) 所证实, 见图版 121 的分形面积-周边长度图. 在气象学中只有很少几张图涉及在很大尺度范围内所有可能得到的数据, 它们颇接近于这一条直线.

这些数据综合了在热带大西洋雨区 (降雨率约为 0.2 毫米/小时) 的雷达观测, 以及印度洋上空云区 (= 最高云层温度低于 $-10°C$ 的地区) 的同步卫星红外线观测. 区域范围从 1 至大于 1 000 000 平方千米. 至少在六个量级尺度上拟合的周边长度维数为 4/3. 提供物理解释 (这是件愉快的事情) 就留待洛夫乔伊 (Lovejoy) 博士来进行了.

最大的云层可以由中非延伸至南印度, 这个距离远远超过大气层的厚度, 大气湍流的外界限 L 常常与大气层厚度接近. 第 106 页上所引理查森的说法被证明是先知先觉的.

面积-体积关系. 凝聚的微滴

长度-面积关系的推导很容易推广到以分形曲面为界的空间区域, 并导致关系式:

$$(G\text{-面积})^{1/D} \propto (G\text{-体积})^{1/2}.$$

为了说明这个关系, 考虑蒸汽凝聚成液体. 这是一种众所周知的物理现象, 但它的理论是近来才发展的. 引用 (Fisher, 1967) 的陈述, 下面描述的几何情景显然是由弗仑克尔 (J. Frenkel)、班德 (W. Band) 和比尔 (A. Bijl) 在 20 世纪 30 年代后期相互独立地提出的. 气体是由相互完全分离的孤立分子组成的, 除了其中也有偶然出现的集团, 这些集团被引力或紧密或疏松地结合在一起. 不同尺寸的集团处于相互间统计平衡的状态中, 有时相聚有时相离, 但甚至与液 "滴" 类似的相当大的集团也有小的出现机会. 对于一个足够大的集团, (它并不过分拉长, 例如与一片海藻相同!) 其表面积是相当容易确定的. 集团的表面给它以稳定性. 如果现在在温度降低, 对集团组合成小滴和小滴合并便是有利的, 由此减少总表面积, 并从而减少总能量. 如果条件合适, 小滴将迅速长大. 宏观水滴的出现表明凝聚发生了.

建立在这个情景上, 费希尔 (M. E. Fisher) 认为凝聚水滴的面积与体积可用一个等价于 $(\text{面积})^{1/D} = (\text{体积})^{1/2}$ 的公式来联系. 费希尔解析地计算了 D 但

未涉及 D 的几何意义, 但我们现在不可避免地会猜测水滴的表面是维数为 D 的分形.

哺乳类动物大脑的折叠

为了说明在重要的极限情况 $D = 3$ 时的面积-体积关系, 并同时驱除第 7 章所述佩亚诺形状的梦魇, 我们用几乎充满空间的曲面来说明比较解剖学的一个著名问题.

哺乳类大脑的体积在 0.3 至 3000 毫升之间变化, 小动物的大脑皮层比较光滑或完全光滑, 而大动物的大脑皮层趋于目视可见的卷曲盘绕, 且与动物在进化系列中的位置无关. 动物学家认为, 白质 (由神经元形成) 与灰质 (神经元在此终止) 之比, 对于所有哺乳类动物都是相同的, 从而为了保持这个比例, 大动物的大脑皮层就必须是折叠的. 知道了折叠程度纯粹是几何学问题, 就使人们不至于在海豚和鲸鱼面前感到害怕: 它们虽然大过我们, 但不一定比我们更加进化.

对这种折叠的定量研究并非标准几何学所能胜任的, 而应用分形几何学却十分合适. 灰质的体积大约等于它的厚度乘以大脑表面皮膜 (称为 "软脑膜") 的面积. 如果厚度 ϵ 对于所有的动物都相同, 那么软脑膜面积将不仅正比于灰质体积, 而且也正比于白质体积, 从而正比于总体积 V. 因此, 面积-体积关系将导致 $D = 3$, 而软脑膜会是充满整个空间的厚度在 ϵ 之内的曲面.

经验性面积-体积关系的较好拟合式为 $A \propto V^{D/3}, D/3 \sim 0.91$ 至 0.93(来自叶里森 (Jerison) 的私人通信, 它基于伊莱亚斯 (Elias)、施瓦兹 (Schwartz) 和布罗德曼 (Brodman) 等的数据). 最直接的说明是软脑膜只是不完全地充满空间, D 的范围在 2.79 与 2.73 之间. 在第 17 章重提这个问题时, 将给出较深入的论证.

肺泡和细胞膜

有没有哪一位生物学家愿意站出来声称, 上节没有给出有价值的结果, 没有给出意料之外的见解? 我很高兴能听到这样的反对意见, 因为它进一步支持了第 7 章得以开始的论据. 尽管生物学家会与数学家所装扮的佩亚诺曲面相距十万八千里, 我却认为它的基本思想对该领域中的优秀理论家其实是很熟悉的.

于是, 以上各节的主要新鲜之处在于对 $D < 3$ 的曲面 (如我们所看到的) 要求一个好的拟合. 我们来看看它们对生物学的全新用途, 即它们如何帮助搞清几种活的膜的详细结构.

先用一小段来综述 (Weibel, 1979) 中的 4.3.7 节. 对人的肺泡面积的估计是相互矛盾的: 用光学显微镜得出 80 平方米, 而用电子显微镜得出 140 平方米. 这种分歧有实质性意义吗? 导致分歧的细部对空气交换并不起作用, 因为它们被液体状内层光滑化了 (导致作用面积更小), 但它们对溶质的交换是重要的. 测量 (受我的文章《英国的海岸线》的启发) 表明, 在第一级近似下, 在相当大的尺度范围内, 膜的维数是 $D = 2.17$.

文献 (Paumgartner & Weibel, 1979) 考察了活细胞中的子细胞膜. 同样, 过去对单位体积的面积的不同估算之间的明显差别, 通过对于外线粒体膜 (它缠绕着细胞, 只是稍微偏离具有最小面积/体积比的膜的光滑性特征) 取 $D = 2.09$ 就消失了. 另一方面, 对于内线粒体膜, $D = 2.53$, 对于内质网状结构, $D = 1.72$.

值得指出, 许多动物的鼻骨结构具有特殊的复杂性, 而使覆盖鼻骨的 "皮肤" 在小体积内有很大的面积. 就鹿和北极狐而言, 这种膜可能对于嗅觉有作用, 但骆驼体内类似形状的作用却是为了节省宝贵的水分 (Schmidt-Nielsen, 1981).

模块计算机几何学

为了进一步说明面积-体积关系, 我们来看计算机的一个方面. 计算机并非自然系统, 但这不应当使我们止步. 这个和另外几个范例研究有助于说明, 在最终的分析中, 分形方法可以用来分析 "任何" 自然的或人造的 "系统", 只要它们能被分解成以自相似模式连接的 "各部分", 且这些部分本身的性质不如把它们连接起来的规律那样重要.

复杂的计算机回路总可以分解成许多个小模块, 其中每一个都包含大量 (C) 元件, 它们与外界用大量 (T) 终端相连接. 可以发现 $T^{1/D} \propto C^{1/E}$ 只有百分之几的误差. 下面即将验证为什么写成这种指数形式. 在国际商用机器公司 (IBM) 中, 上述规则归功于瑞特 (E. Rent), 见 (Landman & Russo, 1971).

最早的原始数据提示 $D/E = 2/3$, 这个数值就是 Keyes (1981) 对神经系统 (视神经和胼胝体) 中的巨大 "回路" 的外推值. 然而, 比例 D/E 随着回路功能的完善而增大. 而功能本身又反映了设计中存在的并行程度. 特别地, 采用极端特性的设计导致 D 的极值. 在移位记录器中, 模块形成了一个链, 不论 C 值如何总有 $T = 2$, 从而 $D = 0$. 采用并行积分, 每个元件只需要它自己的接头, $T = C$, 从而 $D = E$.

为了说明 $D/E = 2/3$, 凯斯 (R. W. Keyes) 注意到诸元件典型地安排在模块的体积中, 而连接线则经过其表面. 为了说明这种观察符合瑞特规则, 需要假定诸元件有大致相同的体积 v 和表面积 σ. 因为 C 是模块的总体积除以 v, C 约略正比于模块的半径. 另一方面, T 是模块的总表面积除以 σ, 于是 $T^{1/2}$ 就约略正比于模块的半径. 瑞特规则简单地表达了对一个标准空间形状半径的两种不同度量的等价性. $E = 3$ 是回路的欧几里得维数, 而 $D = 2$ 是标准曲面的维数.

注意到模块的概念是含糊的, 甚至几乎是不确定的, 但只要任何模块的子模块是通过它们的表面相互连接的, 瑞特规则就相当好地描述了这个特征.

　　解释上面提到的极端情形是容易的. 在标准线性结构中 $E = 1$, 边界简化为两点, 从而 $D = 0$. 在标准的平面结构中, $E = 2$ 和 $D = 1$.

　　然而, 当比值 E/D 既不是 3/2, 又不是 2/1, 也不是 1/0 时, 标准欧几里得几何学就不能把 C 解释为体积表示, 也不能把 T 解释为面积表示. 然而这种解释是十分有用的, 且在分形几何学中是容易的. 在全部表面与外界相接触的一个空间回路中, $E = 3$, D 值在 2 与 3 之间. 在全部边界曲线与外界接触的一个平面回路中, $E = 2$, D 值在 1 与 2 之间. 在并行性情况下, $D = E$ 对应于佩亚诺边界. 此外, 如果边界并未全部利用, 那么 "有效边界" 可以是 D 值在 0 与 E 之间的任何曲面. ■

图版 121 ✠　对云 (○) 和雨区 (●) 的周边-面积双对数图

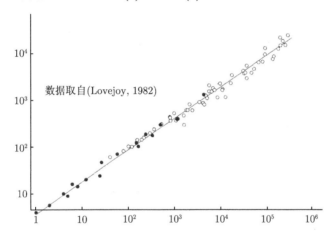

数据取自(Lovejoy, 1982)

第 13 章　岛屿、群集和逾渗; 直径-数量关系

本章讨论分形 σ-曲线, 即可分解为无限个分离碎片的分形, 其中每片都是一条连通曲线. 具体范例包括群岛中诸岛屿的海岸线及一个重要的物理学问题: 逾渗[①]. 本章前面几节中的资料是 1977 年版《分形》中没有的, 本章的其余部分多数也是新的.

让我们从回顾 "英国海岸线有多长" 这个问题开始, 并询问环绕着不列颠海岸有多少个岛屿? 这个数目肯定既是很大的, 又是很不确定的. 随着增加的小岩石堆被作为岛屿登记入册, 总的清单增长, 岛屿的总数实际上是无限的.

因为地面起伏是细微的 "波状", 毫无疑问, 类似于海岸线长度, 岛屿的总面积在地理上也是无限的. 然而被海岸线环绕的部分有完全确定的 "映射面积". 不同的诸岛屿如何分享总的映射面积, 是一个重要的地理特征. 人们甚至可以认为, 这个 "面积-数量关系" 对地理形状的贡献, 比个别海岸线形状的贡献更大. 例如, 如果爱琴海不包括那些希腊岛屿的海岸, 那将是难以想象的. 这个问题显然值得进行定量研究, 本章通过推广科赫曲线来提供一种方法.

其次, 本章考察通过推广熟悉的分形生成过程——或者是科赫步骤, 或者是凝乳化——而得到的其他各种支离破碎形状. 这种形状被称为接触群集, 可以证明它们的直径-数量分布与岛屿的相同.

对充满平面的接触群集, 尤其对那些由某些佩亚诺曲线所产生的群集, 我们有特别的兴趣这些佩亚诺曲线的奇怪折线并不自相交, 但具有被小心控制的自接触点. 这样一来, 驯服的佩亚诺怪物的传奇故事将被新的剧情充实!

最后但并非最不重要的是, 本章包括了逾渗几何学范例研究的第一部分, 这是一种十分重要的物理现象, 也将在第 14 章中研究.

广义的柯尔恰克 (Korčak) 经验定律

把一个区域内的所有岛屿按其尺度递减的次序列表. 尺度大于 a 的岛屿的总数记为 $\mathrm{Nr}(A > a)$　◁ 仿照概率论中的记号 $\mathrm{Pr}(A > a)$.　▶ 这里 a 是岛屿地图面积的一个可能值, A 记当数值未知时的面积.

B 和 F' 是两个正常数, 分别称为指数和前乘因子. 我们发现, 几乎可以把这

---

① 逾渗 (percolation), 也泽成 "渗流" 或 "渗漏".　——译者注

个规则归功于以下引人注目的面积–数量关系:

$$\mathrm{Nr}\,(A > a) = F' a^{-B}$$

(Korčak, 1938). 只是他说 $B = 1/2$, 而我发现这是不可能的, 实际数据也表明这是无根据的. 事实上, B 随区域的不同而变化, 但总是 $> 1/2$. 我现在来说明上述的广义定律可与第 8 章中得到的康托尔尘埃中间隙长度的分布相对应.

科赫大陆和岛屿, 以及它们不同的维数

为了构造康托尔间隙的科赫对应物, 我把生成器分为不相连的部分. 为了保证极限分形仍然可以被说成是海岸线, 这个生成器包括了一条由 $N_c < N$ 个链构成的相连折线, 它连接着区间 $[0, 1]$ 的两个端点. 这部分将称为海岸线生成器, 因为它规定了原来的直海岸线怎样变换为分形海岸线. 剩余的 $N - N_c$ 个链构成一个封闭回路, 它 "播种" 了新的岛屿, 并将被称为岛屿生成器. 以下是一个例子.

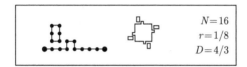

$$N = 16$$
$$r = 1/8$$
$$D = 4/3$$

在下一阶段, 子岛屿总位于海岸线生成器 (由 0 至 1) 和岛屿生成器的左侧 (顺时针方向).

第一个新意是, 极限分形现在涉及两个不同的维数. 所有岛屿的海岸线集中在一起为 $D = \log N / \log(1/r)$, 但对每一个别岛屿的海岸线有 $D_c = \log N_c / \log(1/r)$, 并有不等式

$$1 \leqslant D_c < D.$$

不相连的累积海岸线本身不是一条曲线, 而是回线的一个无限和 (Σ, 西格玛). 我建议称它为西格玛回线, 或简称为 σ-回线. 注意对真实岛屿观察到的 D 与 D_c 之间关系需要附加的假设, 除非它可以像第 29 章中那样从理论上导出.

直径-数字关系

当生成器只涉及一个岛屿, 且奇怪折线为自回避时, 证明对上节的岛屿有柯尔恰克定律成立最为简单 (回忆起奇怪折线是近似折线). 于是第一阶段的构造产生了一个岛屿: 设它由 $\sqrt{a}$ 定义的直径为 λ_0. 第二阶段产生 N 个直径为 $r\lambda_0$ 的岛屿, 而第 m 阶段产生 N^m 个直径为 $\lambda = r^m \lambda_0$ 的岛屿. 综合起来, 因为 λ 乘以 r, 故 $\mathrm{Nr}(\Lambda > \lambda)$ 需乘以 N. 从而 Λ 对所有形为 $r^m \lambda_0$ 的 λ 值的分布取以下形式

$$\mathrm{Nr}(\Lambda > \lambda) = F \lambda^{-D},$$

其中的关键指数就是海岸线的分维数! 作为一个推论, 有

$$\mathrm{Nr}(A > a) = F'a^{-B}, \quad \text{其中} \quad B = D/2,$$

这样我们就导出了柯尔恰克定律. 对于其他 λ 值或 a 值, 有熟知的来自康托尔间隙长度分布的阶梯形曲线, 见第 8 章.

这个结果不依赖于 N_c 和 D_c. 它可以推广到生成器包括两个或更多岛屿的情况. 我们注意到, 就整个地球而言, 经验性的 B 为 0.6 左右, 十分接近于由海岸线长度测量得到的 D 的一半.

推广到 $E > 2$

在推广到空间的同样构造中, 以下命题仍然成立, 用 体积$^{1/E}$ 定义的 E 维直径, 由形为 $\mathrm{Nr}(\text{体积}^{1/E} > \lambda) = Fn\lambda^{-D}$ 的双曲线表达式所支配, 其中的关键指数是 D.

指数 D 也支配了 $E = 1$ 的康托尔尘埃的特殊情况, 但这里有一个重要区别. 康托尔间隙以外的长度消失, 但 "科赫" 岛屿以外的面积却可能存在, 且一般为正. 我们将在第 29 章中再回到这个问题上来.

分维数可以只是支离破碎程度的一种度量

上述构造也可容许以下生成器.

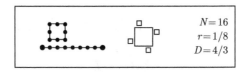

$N=16$
$r=1/8$
$D=4/3$

总的 D 并未改变, 但海岸线 D_c 取最小的容许值 $D_c = 1$. 在本模型中, 岛屿的海岸线是可以求长的! 如果情况是这样的, 那么总的 D 将不是不规则性的度量, 而只是支离破碎性的度量. 代替个别曲线的波折性, D 度量了矩形岛屿的一个无限族的面积-数量关系.

用一根长度为 ϵ 的标尺测量长度, 当 $\epsilon \to 0$ 时结果趋于无限, 但对此这里有一个新的理由. 长度为 ϵ 的标尺只能测量直径为 ϵ 的岛屿. 然而当 $\epsilon \to 0$ 时, 这种岛屿的数目增加, 测量长度遵循规律 ϵ^{1-D}, 恰如无岛屿时一样.

在一般情况下, $D_c > 1$, D_c 的值只度量了不规则性, 而 D 的值度量了不规则性和支离破碎性的组合.

一条支离破碎的分形曲线可能处处有切线. 通过把岛屿的尖角圆角化, 可以使得每条海岸线的每个点上有一条切线, 但不影响面积, 从而也不影响总的 D. 这样, 作为一条分形 σ 曲线和作为一条不存在切线的曲线, 这两个性质并非等同的.

无穷的岛屿

一种无关紧要的发散性. 当 $a \to 0$ 时, $\mathrm{Nr}(A > a) = Fa^{-B}$ 趋于无穷. 从而, 柯尔恰克定律便与我们原先的观察即岛屿数目实际上是无穷的这一点相吻合.

最大岛屿的相对面积. 最后一个事实在数学上是可以接受的, 因为许多很小岛屿的累计面积是有限的和可以忽略的. $\triangleleft$ 所有面积小于 ϵ 的岛屿面积的总和如同 $a\left(Ba^{-B-1}\right) = Ba^{-B}$ 从 0 到 ϵ 的积分. 因为 $B < 1$, 这个积分收敛, 它的数值 $B\left(1 - B\right)^{-1}\epsilon^{1-B}$ 随 ϵ 趋于 0. $\blacktriangleright$

因此, 对全部岛屿的面积总和而言, 最大岛屿的相对面积的贡献当岛屿数目增加时趋于一个正的极限. 它不是渐近地可忽略的.

最长海岸线的相对长度. 另一方面, 假定 $D_c > 1$, 则海岸线长度随指数 $D > 1$ 呈双曲型分布. 因此, 小岛屿海岸线的总长度无限. 随着构造的细化和岛屿数目的增加, 最大岛屿的海岸线长度成为相对可忽略的.

相对可忽略的集合. 较为一般地, 不等式 $D_c < D$ 表明, 只用海岸线生成器画出的曲线, 与全部海岸线相比是可以忽略的. 同样, 直线 $(D = 1)$ 与平面 $(D = 2)$ 相比是可以忽略的. 正如在平面上随机选取的一个点几乎决不会落在 x 轴上一样, 在 "主" 岛屿及环绕它的子岛屿的海岸线上随机选取的点, 几乎决不会落在主岛屿的海岸线上.

寻找无限的大陆

在标度宇宙中, 对岛屿的和大陆的区分不能基于惯例或 "相对大小". 唯一适用的方法是把大陆定义为直径无穷大的特殊岛屿. 我现在来说明, 本章开始时提出的构造方案实际上决不能生成一块大陆. $\triangleleft$ 对熟悉概率论的读者: 生成一块大陆的概率为零. $\blacktriangleright$

合乎情理地寻找一块大陆时, 我们一定不再分别选择初始器和生成器. 从现在开始, 需把同一生成器既用作内插, 又用作外推. 这个过程是分阶段进行的, 每一阶段又分为若干步骤. 它十分相似于第 8 章中康托尔集合的外推, 但值得更加透彻地予以描述.

第一步把我们选定的生成器用 $1/r$ 的比例放大. 第二步在放大的生成器的链节之一上做一个 "标记". 第三步移动放大的生成器, 使它的有标记的链节与 $[0, 1]$ 吻合. 第四步即最后一步是内插放大的生成器的其余链节.

无限重复同样的过程, 它的进程和输出由带 "标记" 的链节位置的序列确定. 这个序列可以取不同的形式.

第一种形式要求海岸线生成器包括正数 $N_c - 2$ 个 "非端部" 链节, 这些链节属于海岸线生成器, 但并不以 0 或 1 为端点. 如果总是把标记置于非端部链节, 那么每个外推阶段都将扩展海岸线的原始小段. 最终合成一条双向无限的分形海岸线. 这表明这样确实可能得到一条大陆海岸线.

第二种形式: 总是可以在海岸线生成器的端部链节做标记, 每种可能性都选择无限多次. 于是我们那一小段海岸线又无限地延伸. 如果我们总是选择同一个链节, 那么海岸线将只在一个方向上延伸.

第三种形式: 总是可以在属于岛屿生成器的一个链节上做标记. 然后, 总是把外推前的最大岛屿置于较大岛屿的海岸之外, 然后再在其外面放置一个更大的岛屿, 如此直到无限. 但这样永远不能达成一块大陆.

下一条注记包含一点 "概率上的共同意义", 读者对之应当是熟悉的, 我们假定标记是根据掷一个 N 面的骰子而定的. 为了外推生成一块大陆, 显然超过一个有限 (第 k 个) 阶段的所有标记都必须放在海岸线生成器的 $N_c - 2$ 个非端部链节上. 称它们为 "胜出的" 链节. 为了确知经过 k 阶段后到达了一块大陆, 需在尔后的每次掷骰子中无一例外地全赢. 这样好的运气不是不可能有, 但它的概率趋向于零.

岛屿、湖泊和树的组合

科赫岛屿是彼此相似的, 它们的直径 Λ 可以重新定义为在海岸线上选择的最好的任意两个特殊点之间的距离. 其次, 我们看到, 直径-数字关系的推导, 特别用到了生成器中包含一个海岸线生成器的假设. 但关于生成器其余的链节形成岛屿, 或者是自回避的假设, 却从未真正用过. 于是, 关系式

$$\mathrm{Nr}(A > \lambda) = F\lambda^{-D}$$

的适用范围很广. ◁ 甚至可以取消由两个区间起始的奇怪折线必须不相交这个条件. ▶ 我们现在通过例子说明原始的 $N - N_c$ 个链节的构造如何影响最终的分形拓扑学.

岛屿与湖泊树的组合. 取消生成器需置于左面并顺时针方向旋转这个要求. 如果把它放在右面, 那么代替岛屿, 它将形成湖泊. 换句话说, 可以把湖泊和岛屿两者包括在同一个生成器中. 对于这两种方式, 最终的分形都是一条 σ 回线, 其分量回线相互嵌套. 例如考虑以下生成器

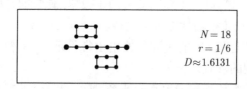

$N = 18$
$r = 1/6$
$D \approx 1.6131$

当由一个正方形起始时, 这个生成器导致以下高等奇怪折线:

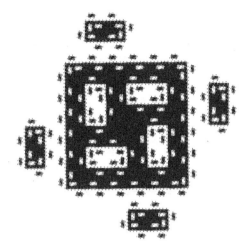

难以捉摸的大陆. 在上面的图画中, 对初始器的边长施加了一个非固有的外界限. 较为一致的途径是对它进行外推, 如像我们对无湖泊的岛屿所做的那样. 几乎又可以确信, 决不会到达一块大陆, 岛屿嵌套在湖泊中, 湖泊又嵌套在岛屿中, 永无止境.

面积-数字关系. 为了定义一个岛屿 (或湖泊) 的面积, 可以随心所欲地或是取总面积, 或是取海岸线内的土地 (或水面) 面积. 两者只差一个固定的数字因子. 从而通过前乘因子 F', 而不是通过指数 $D/2$ 来影响 $\mathrm{Nr}(A > a)$.

区间和树的组合. 现在假设 $N - N_c$ 个链节或是形成有两个自由端的折线, 或是一棵树. 在两种情况下, 分形都分裂为无限个不连接的小块, 其中每一个都是一条曲线. 这条 σ 曲线不比一条 σ 回线长: 它或者是一棵 σ 树, 或者是一个 σ 区间.

接触群集的概念

生成器也可以组合回线、分支和许多其他拓扑构造. 如果是这样, 极限分形的连通部分将使人想起逾渗理论 (本章后面也将提到) 以及物理学的许多其他领域中的群集 (clusters). 对我们来说, 这种用法是极其方不便的, 原因是在尘埃研究中用到了 cluster 的另一意义——集团 (第 9 章). 因此我们需要较为专门和烦琐的术语. 我采取 "接触群集". 幸好术语 σ 群集并非含糊不清.

(可以看出, 接触群集有唯一的和自然的数学定义, 同时尘埃的群聚性的说法则是累赘和直观的, 最好通过可论证的统计规则来定义.)

充满平面的接触群集. 当 D 达到其最大值 $D = 2$ 时, 上节的论据仍然成立, 但需作附加的注记. 每一个群集趋于一个极限, 虽然也可以是一条直线, 但在大多数情形是一条分形曲线. 另一方面, 所有的群集加在一起形成一条 σ 曲线, 它的链越来越密地填充在平面中. 这条 σ 曲线的极限性如像第 7 章所述: 它不再是一条 σ 曲线, 而是平面中的一个区域.

难以捉摸的无限群集. 在目前的方法中并未包括真正无限的群集. 容易安排生成器的拓扑构造, 使任何给定的有限区域几乎肯定地为一个接触群集所环绕. 这个群集又几乎肯定地为一个更大的群集所环绕, 等等. 不存在群集尺寸的上界. 更为一般地, 当一个群集因为遍及了很大的一个区域, 从而似乎无限时, 考虑更大的面积几乎肯定可以说明它是有限的.

质量-数量和加权的直径-数量关系. 指数 $D - D_c$ 和 D/D_c

我们现在用两种方式来重写函数 $\mathrm{Nr}(\Lambda > \lambda)$ 的公式: 第一种方式是把群集的直径 λ 用它的质量 μ 来代替, 然后给予较大的权重来扩大接触群集.

这里, 群集的质量就是群集本身中长度为 b^{-k} 的链节的数目. (不计入群集回路中的链节!) 事实上, 我们在第 6 章和第 12 章中通过把边长为 b^{-k} 的正方形的中心置于每个角顶, 并在每个端点加上半个正方形, 生成了一个闵可夫斯基香肠的变体 (图版 37).

直径为 Λ 的群集的质量是它的变形香肠的面积, $M \propto \left(\Lambda/b^k\right)^{D_c} \left(b^k\right)^2 = \Lambda^{D_c}/\left(b^k\right)^{D_c-2}$. 因为 $D_c < 2$, 当 $k \to \infty$ 时 $M \to 0$. 所有接触群集的质量总和 $\propto \left(b^k\right)^{D-2}$: 如果 $D < 2$, 它也趋于 0. 而任何一个接触群集的相对质量 $\propto \left(b^k\right)^{D_c-D}$; 它以随着 $D - D_c$ 而增加的速率趋于 0.

质量-数字关系. 显然

$$\mathrm{Nr}(M > \mu) \propto \left(b^k\right)^{-D+\frac{2D}{D_c\mu}-\frac{D}{D_c}}.$$

质量加权的直径的分布. 注意 $\mathrm{Nr}(\Lambda > \lambda)$ 在一张表中计算了比线段 λ 长的线段数目, 由最大的接触群集开始, 接着是次大的, 如此等等. 但我们将暂时给予每个接触群集以等于它的质量的线数. 容易看出, 所导致的关系为

$$\mathrm{Wnr}(\Lambda > \lambda) \propto \lambda^{-D+D_c}.$$

质量指数 $Q = 2D_c - D$

用 $\mathcal{F}$ 记一个维数为 D 的分形, 它是以 $[0, \Lambda]$ 为初始器而递归地构造的, 并设其总质量为 Λ^D. 当 $\mathcal{F}$ 是一个康托尔尘埃时, 第 8 章说明了, 半径 $R < \Lambda$ 而中心在 0 的圆盘质量是 $M(R) \propto R^D$. ◁ 量 $\log\left[M(R)R^{-D}\right]$ 是 $\log_b(\Lambda/R)$ 的周期函数, 但我们将不纠结于这些复杂性, 因为当分形变形而使所有 $r > 0$ 都是可容许的自相似比时, 这些复杂性将会消失. ▶

我们知道, $M(R) \propto R^D$ 也适用于第 6 章的科赫曲线. 进而, 用 D_c 代替 D, 这个公式可以推广到本章的递归岛屿和群集. 在所有情况下, 半径为 R 且中心在 O 的圆盘的质量取形式

$$M(R, A) = R^{D_c} \phi(R/A),$$

其中 ϕ 是可以由 $\mathcal{F}$ 的形状导出的函数. 特别是,

$$M(R, A) \propto R^{D_c} \text{ 当 } R \ll A,$$

$$\text{以及 } M(R, A) \propto A^{D_c} \text{ 当 } R \gg A.$$

现在考虑 $M(R)$ 的加权平均值, 记作 $\langle M(R) \rangle$, 对应于以下情形: A 是广泛扩展的双曲型分布 $\mathrm{Wnr}(A > \lambda) \propto \lambda^{-D+D_c}$ 的变量. 我们知道 $1 < D_c < D \leqslant 2$. 除开 $D = 2$ 和 $D_c = 1$ 的组合, 都有 $0 < D - D_c < D_c$. 由此得到

$$M(R) \propto R^Q, \text{ 这里 } Q = 2D_C - D > 0.$$

当圆盘的中心是 $\mathcal{F}$ 中 O 以外的一个点时, 比例因子发生变化, 但其指数保持不变. 当对 $\mathcal{F}$ 中所有中心位置取平均, 以及把 $[0, 1]$ 用不同的初始器来代替时, 它也保持不变. ◁ 通常, 有随机尺寸 A 的弧的形状也是随机的. 但以上对 $M(R, A)$ 的公式应用于对所有形状的平均 $\langle M(R, A) \rangle$. 最终结果不变. ▶

注记. 上述推导并未涉及群集的拓扑学: 群集可以是回线、区间、树或任何别的东西.

结论. 公式 $\langle M(R) \rangle \propto R^Q$ 表明, 当 A 呈双曲型分布, 从而在相当程度上分散时, 维数的一个重要作用被一个不同于 D 的指数替代. 最自然的指数是 $2D_c - D$, 但不同的权函数给出不同的 Q.

警告: 并非每个质量指数都是一个维数. 组合量 Q 是重要的. 因为它是一个质量指数, 人们倾向于称它为维数, 但这种倾向并无好处. 把 D_c 相同但 A 不同的许多群集混合在一起, D_c 维持不变, 因为维数不是多个集合的混合物的性质, 而是单个集合的性质. D 和 D_c 都是分维数, 但 Q 不是.

更一般地, 物理学的许多领域包含有形式为 $\langle M(R) \rangle \propto R^Q$ 的关系, 但这样一个公式本身不能保证 Q 是一个分维数. 如果像有些作者那样称 Q 为一个有效维数, 那么这是一种无意义的表达, 因为 Q 并不具有任何其他表征 D 的性质 (例如, D 的和或积的意义在 Q 的情形没有对应物). 此外, 这种无意义的表达已被证明是一种潜在的混淆根源.

不成团的凝乳化群集

现在描述另外两种发生接触群集的方式. 第一种基于凝乳化, 适用于 $D < 2$, 另一种基于佩亚诺曲线, 适用于 $D = 2$. 只对逾渗感兴趣的读者可以跳过本节和下节.

首先, 把科赫构造用康托尔凝乳化对平面的自然推广来代替. 作为例子, 考虑下图所示的五个生成器, 它们的下一个构造阶段画在其下面.

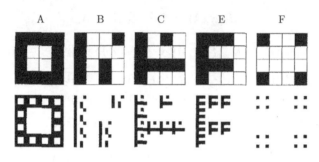

在所有这些情形中, 极限分形的面积为 0, 并且不包含内点. 取决于生成器, 极限分形的拓扑构造可以采取不同的形式.

应用生成器 A, 每个阶段 k 的预凝乳是连通的, 极限分形是一条曲线, 这是在第 14 章中将讨论的十分重要的谢尔平斯基地毯的一个例子.

应用生成器 F, 预凝乳分裂为不相交的几部分, $k \to \infty$ 时, 其最大线尺度不断增加. 极限分形是尘埃, 与第 9 章的傅尼埃模型同类.

生成器 B, C 和 E 更有趣: 预凝乳分裂为几块, 称为预群集. 可以说每个阶段都把每个 "老的" 预群集弄薄和弄弯而加以变化, 并产生 "新的" 预群集. 尽管如此, 通过谨慎地选择生成器, 每个新生的预群集都完全包含在它诞生前点阵的一个最小胞中. 与下节的 "交叉成团群集" 不同, 称这种群集为 "不成团的". 从而极限接触群集维数的形式为 $\log N_c / \log b$, 这里 N_c 是一个整数, 最多等于生成器的最大分量中的胞数目. 这个极大值对生成器 B 和 C 实现, 生产器 B 和 C 的接触群集分别是 $D_c = 1$ 的区间和 $D_c = \log 7 / \log 4$ 的分形树. 但出自生成器 E 的分形不能达到这个极大值: 在这种情况下 F 形预群集不断分裂成各个部分, 极限也是由 $D_c = 1$ 的直线区间构成的.

把伪闵可夫斯基香肠用边长为 b^{-k}, 并与接触群集相交的胞集所代替, 则直径-数字关系和上节的其他结果都不改变.

交叉成团的凝乳化群集

接下来, 设平面凝乳化生成器取以下二形式之一, 下一构造阶段画在其旁.

两种情形都有大量 "交叉结块", 意味着每个新生的预群集组合了它诞生之前几个最小的晶格胞所做的贡献.

在科赫的意义上, 若容许奇怪折线自接触, 那么将有一种类似的情况, 导致小群集奇怪折线的合并. 两种情况下的分析都是烦琐的, 不能在此进行. 但 $\mathrm{Nr}(\Lambda > \lambda) \propto \lambda^{-D}$ 仍然是对于小的 λ 成立的关系.

◁ 然而, 如果试图由这个关系估算 D 而不排除大的 λ, 那么这种估算将有系统偏差, 它将小于真实值. ▶

关于量值 b^{D_c} 出现了新的特点: 它不一定是通过简单地观察生成器就可以得出的整数, 而可以是一个分数. 理由在于每个接触群集组合了: (a) 由其本身决定的一个整数, 它以比值 $1/b$ 缩小, 以及 (b) 由成团导致的许多缩小的形式, 它们涉及形式为 $r_m = b^{-k(m)}$ 的较小比值. 第 60 页上确定维数的方程 $\sum r_m^D = 1$, 可用 $x = b^{-D}$ 改写为形式 $\sum a_m x^m = 1$. $1/x$ 是整数的情形只能作为例外出现.

被驯服的打结佩亚诺怪物

充满平面的群集 $(D = 2)$ 的集合不能通过凝乳化而创造, 但我找到了另一种方式, 即应用于我们在第 7 章中看到的被驯服的那些不同的佩亚诺曲线. 读者必须回忆起, 具有自回避奇怪折线的佩亚诺曲线产生河流和分水岭树. 但另一些佩亚诺曲线奇怪折线 (例如图版 67 中的例子, 但假设角顶未弄圆) 简单地就是点阵块. 构造过程继续时, 被这些曲线分隔的开点阵胞 "收敛" 为处处稠密的尘埃, 即收敛到无论 x 还是 y 都不是 b^{-k} 的一个乘子的点.

在这些极端情形之间, 有一类新而有趣的佩亚诺曲线. 它们的生成器举例如下图, 其中也给出了第二步.

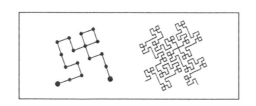

这类佩亚诺曲线现已容易驯服. 我们注意到每个自接触点把一个开群集打一个结, 该群集可以有分支和自接触点, 经历了本身不断打结的若干团, 最终变稀成为高度分歧的曲线, 这定义了一个接触群集. 如在本章前几节中定义的群集的直径 Λ,

从其诞生之时开始就是固定的: 粗略地等于 "播种" 这个群集的正方形的边长. 它的分布受熟知的关系式 $\mathrm{Nr}(\Lambda > \lambda) \propto \lambda^{-2}$ 支配.

顺便注意到, 科赫接触群集是递归地构造曲线的极限, 现在这个群集是曲线的补的开分量 (在一种特别意义上) 的极限.

伯努利逾渗群集

无论用哪一种方法来产生 $D = E$ 和 $D_c < D$ 的分形接触群集, 它们都对物理学中一个很重要的问题——通过点阵的伯努利逾渗, 提供了原先缺少的几何模型. 哈默斯利 (J. M. Hammersly) 提出并第一个研究了这个问题但并未冠以伯努利的名字, 然而我们在第 23 章中遇到的分形逾渗, 使我们在这里不得不采用这个全称. (它独立地被 (Smythe & Wiermann, 1975) 采用.)

文献. 伯努利逾渗综述见于: (Shante & Kirkpatrick, 1971), (Domb & Green, 1972-), 特别是其中埃萨姆 (J. W. Essam) 写的一章; (Kirkpatrick, 1973), (de-Gennes, 1976), (Stauffer, 1979), 以及 (Essam, 1980).

定义. 逾渗包含概率概念, 从而若要完全按部就班, 就不便在这一阶段讨论. 但偶尔有一点不按部就班是值得的. 对 $E = 2$ 的最简单逾渗问题是在正方形点阵中的有界逾渗. 为了通俗地说明这一点, 设想构造一个大的正方形点阵, 连接杆或用绝缘的乙烯, 或用导电的铜制成. 若每根连接杆都是与其他连接杆无关随机地选择的, 且选用导体杆的概率是 p, 就得到了一个伯努利点阵. 连接铜杆或乙烯杆的最大集合称为铜群集或乙烯群集. 若点阵至少包含一串不间断的铜杆, 电流可以由点阵的一面流向另一面, 称这个点阵是逾渗的 (percolate)(在拉丁语中, per = 通过, colare = 流动). 在点阵顶面与底面间有不中断电接触的诸连接杆, 形成了一个 "逾渗群集", 实际参与导电的杆起着逾渗群集 "中枢" 的作用.

以上结果可以直接推广到其他点阵和 $E > 2$ 的情况.

临界概率. 哈默斯利最引人注目的发现涉及某个阈值概率——临界概率 $p_{临界}$ 所起的特殊作用. 这个量值当伯努利点阵的尺寸 (用杆的数目来度量) 趋于无限时起作用. 人们发现, 当 $p > p_{临界}$ 时, 有一个逾渗群集存在, 它的概率随着点阵尺寸的增加而增加, 并趋于 1. 相反地, $p < p_{临界}$ 时, 逾渗的概率趋于 0.

正方形点阵上的键逾渗指的是或者通过铜或者通过乙烯的逾渗, $p_{临界} = 1/2$.

分析标度性质. 对逾渗的研究长期以来着眼于寻找有关标准物理量的分析表达式. 所有那些量都被发现在以下意义上是标度的: 它们之间的关系呈幂次规律. 对于 $p \neq p_{临界}$, 标度扩展到取决于 $p \to p_{临界}$ 的一个外界限, 记为 ξ. 当 $p \to p_{临界}$ 时, 界限满足 $\xi \to \infty$. 物理学家猜测, 见 (Stauffer, 1979, 第 21 页)$\langle M(R, A) \rangle$ 遵循在第 129 页得到的规律.

群集的分形几何学

设 $p > p_{临界}$，并令诸杆的尺寸减小而总点阵尺寸保持不变. 那么群集将越来越薄 ("全是皮肤而没有肌肉")，越来越缠绕，且有越来越多的分支迂回 ("纤维黏连状"). 特别是, 根据 (Leath, 1976), 位于群集之外, 但与群集内的杆相邻的杆的数目, 大致正比于群集中杆的数目.

群集是分形的假设. 自然会猜测把标度性质由分析性质推广到群集的几何学. 但这一想法不能在标准的几何学中体现, 因为群集不是直线. 分形几何学当然正是为了消除这种困难而设计的: 我猜测群集可以用满足 $D = 2$ 和 $1 < D_c < D$ 的分形 σ 曲线来表示. 这种看法已得到认可并且被发现是富有成效的. 在第 36 章中将予以详细说明.

◁ 为了确切起见, 用标度分形来表示未被原来点阵的边界截断的群集. 这排除了逾渗群集本身. (术语群集容易造成混淆!) 为了说明这个困难, 从一个特别大的点阵开始, 取其中的一个群集和被它所张成的一个较小的正方形. 根据定义, 这个群集与较小正方形的交包含一个较小的逾渗群集, 但除此之外, 它又包含通过正方形外的链与较小逾渗群集相连的 "残余". 注意忽略这种残余会导致 D_c 的估算值偏低.

很粗糙但具体的非随机分形模型. 为了令人信服, 在声称任何一种自然现象是分形时, 必须伴随着描述一种特殊的分形集合作为一级近似模型, 或至少作为臆想中的图形. 我的海岸线科赫曲线模型, 以及星团的傅尼埃模型, 表明粗糙的非随机图形可以十分有用. 我期望递归构造的接触群集 (如像本章引入的那些), 将对通常用伯努利群集模拟的那些所知甚少的自然现象提供有用的分形模型.

然而, 伯努利群集本身却是 (至少在原则上) 完全清楚的. 从而, 通过显性递归分形对它进行模拟是一项不同的任务. 我研究的科赫接触群集并不合适, 因为乙烯与铜之间并无对称性, 即使当两种类型的杆的数目相等时也是如此. 其次考察打结的佩亚诺曲线群集. 取一条充分发展的奇怪折线, 并把曲线左面的细胞用铜覆盖, 其余的细胞则用乙烯覆盖. 结果涉及应用于点阵细胞 (或它们的中心, 称为位置) 的一种逾渗形式. 这个问题是对称的, 但与伯努利问题不同, 因为铜或乙烯细胞的构造与相互独立的情形并不相同: 例如, 形成一个超正方形的 9 个细胞在伯努利情况可以全部是铜的或乙烯的, 但在打结佩亚诺曲线的情形并非如此. (另一方面, 两个模型都容许形成一个可取任意可能构造的超正方形四细胞组.) 这个差别具有影响深远的后果: 例如, 无论是铜还是乙烯, 都不能在 $p = 1/2$ 的伯努利位置问题中逾渗, 而二者在打结曲线的情形都能逾渗, 这意味着 $1/2$ 是一个临界概率.

各种伯努利键逾渗方案的清单已经足够长了, 并且容易进一步延长. 我已考察了递归地构造分形接触群集的多种方案. 遗憾的是, 这些清单之间的详细比较是很复杂的, 不打算在此进行.

因此, 我将满足于从以下较宽松的结论开始: 伯努利逾渗问题的重要分形本质, 看来可以用本章前面所定义的充满空间的非随机 σ 群集来说明. 这个模型原则上的缺点在于, 除去上面所说的以外, 它是完全不确定的. 它可以适应已观察到的任何不规则和支离破碎程度. 关于拓扑方面的实质, 见第 14 章.

临界群集的模型. 特别是, 考虑定义为 $p \to p_{临界}$ 的临界群集. 为了表示它们, 如在本章前面各节中所做的那样, 对一个递归 σ 群集作外推. 然后通过中止内插而作截断, 使正的内界限为原点阵中的细胞尺寸.

非临界群集的模型. 为了把这张几何图画推广到非临界群集, 即 $p \neq p_{临界}$ 的群集, 我们寻找具有正的内界限和有限的外界限的群集. 分析上要求当 $p < p_{临界}$ 时, 最大铜群集范围为 ξ 量级, 当 $p > p_{临界}$ 时是无限的. 这两种结果都容易实现. 例如, 可以从与上一小节相同的生成器开始. 但是, 代替对它自然地外推, 由以下两种形状之一开始.

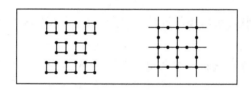

亚临界群集. 左边那个趋于 $p < p_{临界}$ 的初始器, 由边长为 $\xi/2$ 的正方形组成. 现在设选定的生成器通过每个初始器的左边时在其内, 而通过其他边时在其外. 初始器正方形将会变换成长度为 ξ 的非典型群集, 被许多长度小于 ξ 的典型群集环绕.

超临界群集. 右边那个趋于 $p > p_{临界}$ 的初始器, 由起始正方形点阵的那些 x 或 y 坐标为偶整数的直线构成. 从坐标为偶整数的每个节点辐射出四个链节: 所选的生成器总位于左面. 在特殊情况下, 当海岸线生成器既不涉及回线又不涉不相连接的链节时, 最终图画是只基于 "节点和链节" 群集的粗糙模型的去随机和系统化的变体.

注意在分形的几何图画中, 由临界群集导出非临界群集, 而物理学家更愿意把临界群集看成 $\xi \to \infty$ 时的非临界群集.

临界伯努利群集的 D_c

D_c 的值可以直接由以下两途径知晓: 对 $\mathrm{Nr}(M > \mu)$ 公式中的指数 $D/D_c = E/D_c$, 或对 $\langle M(R) \rangle$ 公式中的指数 $Q = 2D_c - D = 2D_c - E$, 采取希腊字母 τ, δ

和 η 在这类语境中的通常意义, 求出 $E/D_c = \tau - 1$ 和 $2D_c - E = 2 - \eta$. 从而

$$D_c = E/(\tau - 1) = E/\left(1 + \delta^{-1}\right),$$

以及　$D_c = 1 + (E - \eta)/2.$

基于物理学家确立的 τ, δ 和 η 之间的关系, 对 D_c 的上述公式是等价的. 相反地, 仅从物理学不能得到它们之间的等价性, 因为这个概念是出自几何学的.

Harrison, Bishop 和 Quinn (1978), Kirkpatrick (1978) 和 Stauffer (1979) 独立地得到了同样的 D_c. 他们由 $p > p_{\text{临界}}$ 的群集的性质出发, 用不同的临界指数 (β, γ, ν 和 θ) 表示了他们的结果. 这些推导并不涉及一种具体的内在分形图画. 这种方法的固有危险 (对此我们在本章前面提醒过读者) 可以从以下事实看出: 它误导了 Stanley (1977) 使他误以为 Q 和 D_c 是同等有用的维数.

对于 $E = 2$, 数值是 $D_c = 1.89$, 可与其他形式中熟知步骤的经验结果相比较. 选取 r, 它不必有 $1/b(b$ 是一个整数) 的形式. 然后取一个大的涡旋, 它就是边长为 1 的一个正方或立方点阵. 用边长为 r 的子涡旋把它铺满, 计数与群集相交的正方形或立方体的数目 N, 并计算 $\log N/\log(1/r)$. 然后对每个边长为 r 的非空子涡旋, 通过造成边长为 r^2 的子子涡旋来重复这一过程. 如此尽可能地不断进行下去. 最有意义的结果当 r 接近于 1 时得到. 一些早期的模拟给出有偏差的估计, $D^+ \sim 1.77$(Mandelbrot, 1978h; Halley & Mai, 1979), 但大规模仿真 (Stauffer, 1980) 证实了 D.

◁ 偏差的实验值 D^+ 颇接近于 Q, 从而似乎证实了 Stanley, Birgenau, Reynolds 和 Nicoll (1976), Mandelbrot (1978h) 的理论结果, 但二者都犯了认为维数是 Q 的错误. S. 柯克帕特里克提醒我注意这个错误. 在 (Leath, 1976) 中可以找到一个不同的并且甚至更早的对 D 的不正确估计. ▶

奥凯弗诺基 (Okefenokee) 沼泽地的柏树

从飞机上观察一个未经系统 "管理" 的森林, 其边界令人想起一个岛屿的海岸线. 个别树木斑点的外形非常参差不齐或皱褶, 每个大的斑点都拖曳出面积不同的小斑点. 我对这些形状可能遵循理查森和/或柯尔恰克定律的猜想, 确实被 H. M. 黑斯廷斯、R. 蒙底西奥罗和 D. 冯卡诺对奥凯芬诺基沼泽地所作的未发表研究 (Kelly, 1951) 所证实. 柏树的斑点大, $D \sim 1.6$, 阔叶树和混合阔叶树的斑点要小得多, D 近似于 1. 提供情况的人评论说, 无论是亲自观察或检视植被图, 都令人印象深刻地发现存在着不同的尺度. 内界限约为 40 公顷[1], 可能是由航空摄影所致. ■

---

① 1 公顷 = 10 000 平方米.

第 14 章 树枝状与分形点阵

第 6 章研究了满足 $D < 2$ 且无二重点的平面科赫曲线, 因此可称它为自回避的或非树枝状的. 第 7 章研究了佩亚诺曲线, 它在极限情况下不可避免地有处处稠密的二重点. 本章进行下一步, 即研究有树枝状的自相似形状的例子: $1 < D < 2$ 的平面曲线, $1 < D < 3$ 的空间曲线和 $2 < D < 3$ 的曲面. 在树枝状的自相似曲线中, 二重点的数目是无穷的.

本章的数学是古老的 (虽然只为极少数专家知晓), 但我对描述大自然的应用是崭新的.

作为怪物的谢尔平斯基垫片

我建议用谢尔平斯基垫片这个术语来记图版 146 中的形状. 对空间情形的推广见图版 147. 构造方式在图版的说明中描述.

Hahn (1956) 指出: "如果曲线上一点的任意小邻域的边界与曲线的公共点多于两个, 则称该点为分支 ⋯⋯. 直觉似乎认为不可能有一条曲线只由分支点构成. 但谢尔平斯基曲线否定了这种直觉信念, 它的全部点都是分支点. "

埃菲尔铁塔: 牢固而优美

哈恩 (Hahn) 的观点是毫无道理的, 但他的含糊表述 "似乎认为" 是明智选择的词语. 我的第一个反对理由来自工程学. (如像前面指出的, 在我们于第 12 章末与计算机打交道之前, 我曾说明, 把清楚地表达的工程系统包括在这本关于大自然的书中, 并无不合逻辑之处.)

我的断言是, (远在科赫、佩亚诺和谢尔平斯基之前) 古斯塔夫・埃菲尔 (Gustave Eiffel) 在巴黎建造的铁塔就有意识地结合了充满分支点的分形曲线的思想.

作为第一级近似, 埃菲尔铁塔可以看成由四个 A 字形结构组成. 传说埃菲尔选择 A 来表达他对工作的热爱 (Amour). 所有四个 A 分担同一个尖顶, 任何两个相邻的 A 分担一个上升部. 顶上耸立着一个直塔.

然而这些 A 和直塔并不是由实体梁而是由巨大的桁架构成的. 桁架是相互连接的子构件组成的刚性装配体, 桁架仅当至少一根子构件变形时才可能变形. 桁架可以做得比同等强度的圆柱梁轻得多. 埃菲尔知道, 如果桁架的 "构件" 本身又是子桁架, 那么它还可以更轻.

强度的关键在于分支点这个事实, 通过巴克明斯特 (Buckminster) 和富勒 (Fuller) 才广为人知晓, 但哥特式教堂的老练设计师们对此早已了解. 越深入地应用这个原则, 就越接近于谢尔平斯基的思想! 在 (Dyson, 1966) 第 646 页中描述了埃菲尔铁塔设计的一个无限外推, 伯西柯维奇的一名以前的学生用这种方式寻找坚固的轻重量星际结构.

临界逾渗群集

我们现在回到大自然, 或者更确切地说, 回到由统计物理提供的对大自然的想象. 我认为谢尔宾斯基垫片这一类几何形体, 是点阵的逾渗研究所要求的. 在开始我们对此课题的范例研究的第 13 章中声称, 逾渗群集是分形. 我现在进一步补充声明, 谢尔平斯基垫片分支结构是群集骨架结构的一个有希望的模型.

物理学家多半会根据这个模型很容易满足对它的期望的事实来作出判断: Gefen, Aharony, Mandelbrot 和 Kirkpatick (1981) 证明了用这个模型可以精确地进行通常的计算. 但其细节过于技术性而不宜包括在本书中, 不过我的断言的原始根据却是值得一提的. 它出自我察觉的垫片与群集骨架之间的相似性, 如下图所示:

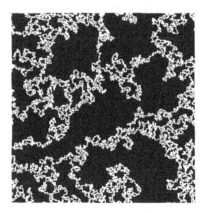

最明显的特点在于因消除悬空链 (当群集被简化为其骨架时形成) 造成的孔洞, 以及完全包含于感兴趣的群集中的诸群集. 其次, 在谢尔平斯基垫片中的分支是自相似的, 这一点在第 13 章中已经说明, 而这在逾渗群集的几何模型中是一个很想要的性质. 最后, 维数的符合程度如此之好, 不太可能是巧合! S. 柯克帕特里克估计, 在平面中 $D \sim 1.6$, 令人惊讶地接近于谢尔平斯基垫片中的 D!, 而在空间中 $D \sim 2.00$, 令人惊讶地接近于图版 147 中分形斜网的 D. 进而, Gefen, Aharony, Mandelbrot 和 Kirkpatrik (1981) 注意到, 骨架与广义垫片的 D 之间的等同性在 $\mathbb{R}^4$ 中继续存在. 有利于垫片模型的一个补充论据, 将在后面作为树枝状的最后一个应用中提到.

三元谢尔平斯基地毯

我们现在由三角形点阵转向正交点阵. 这使得在设计中 (即在平面或空间中产生曲线, 或在空间中产生曲面) 有极大的灵活性. 这样产生的曲线尽管与谢尔平斯基垫片十分相似, 但由树枝状的基本观点看来却是极不相同的, 我们将在给出定义后转向这一点.

以后照搬康托尔去掉正方形中间三分之一的方法, 这将在第 145 页的说明中描述. 通过继续到无限而得到的分形, 以日常用语三元谢尔平斯基地毯命名, 它的维数是 $D = \log 8/\log 3 = 1.8927$.

非三元分形地毯

给定一个整数 $b > 3$, 并照例记 $r = 1/b$, 取一个正方形为初始器, 作中心相同边长为 $1 - 2r$ 的正方形孔洞, 再取边长为 r 的 $4(b - 1)$ 个正方形的薄环为生成器, 就得到一条 "中心大奖牌" 地毯, 其维数是 $D = \log[4(b - 1)]/\log b$. 给定一个奇整数 $b > 3$, 可以通过取一个中心与初始器相同、边长为 r 的子正方形孔洞以及 $b^3 - 1$ 个小正方形的厚环作生成器, 得到一条 "中心小奖牌" 的地毯, 其维数是 $D = \log (b^3 - 1) /\log b$. 这样, 用中心型地毯就可以任意接近所有在 1 与 2 之间的 D.

对 $b \geqslant 2$ 可以定义非中心型地毯. 例如设 $b = 2$ 和 $N = 3$, 由一个子正方形构成的孔洞可以位于右上方的子正方形中. 相应的极限集是谢尔平斯基垫片, 由三角形构成的正方形的左下半部组成.

三元分形泡沫

三元地毯的平凡空间推广是去掉一个立方体的中间 $1/27$ 子立方体作为孔洞, 留下 26 个子立方体的外壳, 所导致的分形称为三元分形泡沫, 它的维数是 $D = \log 26/\log 3 = 2.96566$.

在此, 每个孔洞完全由一条连续边界所包围, 这条边界分裂为密度无限的无限多个无限薄层次. 为了把位于不同孔洞中的两点连接起来, 必须穿越无限多层次. 我尚未足够彻底地掌握这种 "时-空泡沫", 不能在这里加以说明, 按照惠勒 (J. A. Wheeler) 和霍金 (G. W. Hawking) 的观点, "时-空泡沫" 表征了物质的最精细结构.

门格尔的三元分形海绵

卡尔·门格尔选择了一种不同的孔洞, 其形状如同前后有穗子的十字形, 由 $N = 20$ 个边长为 1/3 的相互连通的子立方体组成. 其中有 12 个形成 "杆" 或索, 而其余 8 个是结、连接线或系绳. 极限情况 (图版 149) 满足 $D = \log 20/\log 3 =$

2.7268. 我称它为一块海绵, 因为凝乳和乳浆都是连通集合. 可以设想水能在乳浆中任意两点之间流动.

为了得到绳索和板片的混合物, 令孔洞为一个三元十字形, 经由前方的一个穗连接. 通过频繁改变穗的方向, 最终得到一个多孔板片. 也许值得指出, 我在寻找湍流间歇性模型时想到过所有这些图形, 那时我还未读过门格尔的文章.

非三元海绵和泡沫

给定一个非三元基 $b > 3$, 当孔洞是三个正方形基面柱体之并时得到广义门格尔海绵, 每个柱的轴线都与单位立方体的一根轴线重合, 它的长度为 1, 基面的边平行于其他轴线. 当基面的边长为可能的最大值时, 称海绵是 "轻的". 对于 $E = 3$, 它们的长度为 $1 - 2/b$, 留下 $12b - 16$ 个边长为 $r = 1/b$ 的立方体的集合作为生成器. 因此, 其维数为 $D = \log(12b - 16)/\log b$. 类似地, 仅当 b 为奇数, 柱体底面的边长为 $1/b$ 时得到 "重海绵". 对于 $E = 3$, 它们留下 $b^3 - 3b + 2$ 个边长为 $r = 1/b$ 的立方体的集合为生成器. 现在 $D = \log(b^3 - 3b + 2)/\log b$.

分形泡沫以类似的方式推广. 对于 $E = 3$, "厚壁" 泡沫有 $D = \log(b^3 - 1)/\log b$, 而 "薄壁" 泡沫有 $D = \log(6b^2 - 12b + 8)/\log b$. 当孔洞很大和 D 接近 2 时, 泡沫像一种非常镂空的乳酪——埃门泰勒 (Emmenthaler), 当孔很小和 D 接近 3 时, 它像另一种乳酪——阿平采勒 (Appenzeller).

间隙尺寸的分布

海绵的孔洞相互贯通但地毯和泡沫的孔洞却仍然是类似于康托尔尘埃 (第 8 章) 的间隙. 它们的线尺度 Λ 的分布满足

$$\mathrm{Nr}(\Lambda > \lambda) \propto F\lambda^{-D},$$

其中 F 是一个常数. 由康托尔尘埃的间隙和第 13 章的岛屿和群集, 我们就已经熟知这条规则了.

分形网、点阵的概念

标准几何学的点阵由以平行线条为边界的相等的正方形、三角形和类似的规则形状构成. 同样的术语看来适用于规则分形, 其中任意两点可由至少两条在别处不重叠的路径相连接. 若图形不是规则的, 而例如是随机的, 我将把点阵用网代替.

然而, 对标准点阵和分形点阵的较仔细比较显示出二者的差别颇大. 第一个差别在于标准点阵在位移下不变, 而不是在变化的标度下不变, 但对分形点阵, 却正好相反. 第二个差别在于, 任何标准点阵当尺寸减小时收敛到整个平面. 而且, 平面中的几个标准点阵, 可以通过在已有平行线之间加入线段并重复直至无限来进行内插. 其结果又收敛到整个平面. 类似地, 当一个空间标准点阵可以作内插时, 其极限是整个空间, 而非一个点阵. 在分形的语境, 与此相反, 一个近似分形点阵的极限是一个分形点阵.

树枝状分形阵这个术语也可以应用于分形泡沫.

截段的分维数

一条基本规则. 在许多分形研究中, 重要的是知道截段的维数. 基本事实 (在第 10 章中用来证明对湍流有 $D > 2$) 涉及用 "与分形无关的" 一个区间对一个平面分形作的截段. 人们发现, 如果截段是非空的, 那么 "几乎" 可以确认其维数是 $D - 1$.

在空间中的相应值是 $D - 2$.

例外. 遗憾的是, 难以对具有对称轴的非随机分形说明这个结果. 我们考虑的区间平行于这些轴, 从而是非典型的, 并且几乎由一个区间所作的每个简单截段都属于例外集合, 对此不能应用一般规则.

例如, 考虑谢尔平斯基地毯、三元门格尔海绵和三元泡沫. $D - 1$ 几乎肯定是区间各截段的维数, 它们分别是

$$\log(8/3)/\log 3, \ \log(20/9)/\log 3, \ \log(26/9)/\log 3.$$

另一方面, 设 x 是平行于谢尔平斯基地毯的 y 轴的一个区间的横坐标. 当三进制的 x 终止于一个不中断的 0 或 2 的无限长串时, 诸截段本身就是区间, 因此 $D = 1$, 大于所期望的. 相反, 当 x 终止于一个不中断的 1 的无限长串时, 截段是康托尔尘埃, 因此 $D = \log 2/\log 3$ 就太小了. 而若 x 终止于一个包括 pM 个 1 和 $(1-p)M$ 个 0 或 2 的周期为 M 的周期模式, 截段的维数为 $p(\log 2/\log 3) + (1 - p)$. 预期的 D 值对 $p \sim 0.29$ 有效. ◁ 如果 x 的数字是随机的, 也有相同的结果. ▶ 这样, 这里包含三个维数: 最大的、最小的和平均的.

在空间情形有十分相似的结果.

对于谢尔平斯基垫片, 几乎可以肯定 $D = \log(3/2)/\log 2$, 但 "自然" 截段的 D 值在 1 与 0 之间. 例如, 穿过垫片一边中点的短区间如果足够接近于垂直的, 则它交垫片于单一点, $D = 0$.

一方面, 这些特殊截段的可变性起源于原始形状的规则性. 但另一方面, 不可避免的情形是: 最经济的截段 (不一定由一条直线造成) 是拓扑维数及树枝状阶数的基础, 对之我们现在进行讨论.

把树枝状分形看成曲线或曲面

如同经常提到的, 曲线在本书中被用作 "拓扑维数 $D_T = 1$ 的连通形状" 的同义词. 事实上, 数学家对这个短语并不十分满意, 故有必要重新精确地叙述. 为什

么以 [0, 1] 为初始器的任意科赫曲线可以称为曲线? 幸运的是, 对第 6 章而言可以因为一个简单的理由而得到满足: 就像 [0, 1] 本身一样, 它是连通的, 但若去掉 0 或 1 以外的任意点, 它就将是不连通的. 雪花的边界像一个圆, 它是连通的, 但若去掉任意两个点, 它就是不连通的.

现在有必要较为细致地重新指出, 拓扑维数是递归地定义的. 对于空集, $D_T = -1$. 对于任何其他集合 S, D_T 的值与使得 S 不连通的 "割集" 的最小维数 D_T 相比高出 1. 有限集合的康托尔尘埃满足 $D_T = 1 - 1 = 0$, 因为不需要去掉任何东西 (空集) 来使它不连通. 下列连通集合都可以通过去掉一个满足 $D_T = 0$ 的割集成为不连通的: 圆周、[0, 1]、雪花边界、谢尔平斯基垫片、谢尔平斯基地毯、门格尔海绵. (在最后三种情形, 避免包括区间在内的特殊相交就足够了.) 从而, 所有这些集合均有维数 $D_T = 1$.

出于同样的原因, 分形泡沫是 $D_T = 2$ 的曲面.

下面给出对于 $D < 2$ 的垫片、所有地毯和所有海绵有 $D_T = 1$ 的另一个证明. 因为 D_T 是一个 $\leqslant D$ 的整数, $D < 2$ 的事实意味着 D_T 或是 0 或是 1. 但问题中的集合是连通的, 因此 D_T 不小于 1. 仅有的解是 $D_T = 1$.

曲线的树枝状阶数

拓扑维数及尘埃、曲线和曲面的相应概念只导致第一级的分类. 事实上, 分别包含 M' 个点和 M'' 个点的两个有限集合有同样的 $D_T = 0$, 但它们在拓扑上是不同的. 康托尔尘埃又与所有有限尘埃不同.

现在让我们来看一下与基于集合中点的数量 ◁ 它的 "基数" ▶ 平行的一个差别是如何延拓到曲线的, 这一拓展引出了保罗·乌雷松和卡尔·门格尔在 20 世纪 20 年代早期定义的树枝状阶数这个拓扑概念. 这些概念除了开创者以外, 只在很少几本数学书籍中提及, 但现在却在物理学中成为不可缺少的, 从而在被驯服后比在野性时更为人所知晓. 这说明了先讨论垫片后讨论地毯的理由, 远远超过了美学的和寻求完备性方面的要求.

树枝状阶数涉及一个割集, 这个割集包含使集合 S 不连通必须去除的最小数目的点. 并且这分别涉及每个点 P 在 S 中的邻域.

圆周. 作为来自标准几何学的基础, 从取半径为 1 的圆周 S 开始. 一个以 P 为中心的圆周 $\mathcal{B}$ 截 S 于 $R = 2$ 个点, 除非 $\mathcal{B}$ 的半径超过 2, 在这种情形, $R = 0$. 以 $\mathcal{B}$ 为界的圆盘称为 P 的邻域. 这样, 任意点 P 位于其边界交 S 于 $R = 2$ 个点的任意小邻域中. 以下是最多可以做到的: 当 $\mathcal{B}$ 是 P 的一个一般邻域的边界时, 它不一定需要是圆的, 但 "不能太大", R 至少为 2. 上一句中的短语 "不能太大" 引起了复杂性, 但遗憾的是这不可避免. $R = 2$ 称为圆周的树枝状阶次. 我们注意到这对圆周上的所有点都是相同的.

垫片. 其次, 设 S 是通过孔洞构造的谢尔平斯基垫片. 这里 R 不再对每个 P 相同. 我现在遵循谢尔平斯基来说明, 除了初始器的角顶, R 可以是 $3 = R_{\min}$ 或者 $4 = R_{\max}$.

值 $R = 4$ 适用于 S 的任意三角形有限近似的诸角顶. 在 $h \geqslant k$ 阶近似中的一个角顶是两个边长为 2^{-k} 的三角形的公共角顶 P. 再者, 中心为 P, 半径为 $2^{-k}(h > k)$ 的圆周交 S 于 4 点, 并围成 P 的任意小邻域. 若 B 围成 P 的一个 "充分小" 邻域 (在初始器角顶位于 B 之外的新意义上), 可以证明 B 与 S 至少交于 4 个点.

值 $R = 3$ 适用于作为一个无限三角形序列的极限的 S 中的每一个点, 每个三角形包含于序列的前一个三角形中, 但与之有不同的角顶. 环绕这些三角形的圆交 S 于 3 个点, 并界成 P 的任意小邻域. 又若 B 界定了 P 的一个充分小邻域 (初始器角顶又必须在外面), 可以证明 B 至少交 S 于三个点.

地毯. 当 S 是谢尔平斯基地毯时结果截然不同. 任何充分小的邻域边界, 将交 S 于一个不可数无限割集, 无论参数 N, r 或 D 取何值.

注记. 在这个有限与无限的对比中, 垫片无异于标准曲线, 而地毯无异于全平面.

均匀性. **单一性**. 用 $R_{\min}$ 和 $R_{\max}$ 记 S 中一点 R 可以达到的最小值和最大值. 乌雷松证明了 $R_{\max} \geqslant 2R_{\min} - 2$. 若等式 $R_{\max} = R_{\min}$ 成立, 则称树枝状为均匀的: 这就是在简单闭曲线中当 $R \equiv 2$ 和当 $R \equiv \infty$ 时的情形.

对于 $R_{\max} = 2R_{\min} - 2$ 的其他点阵, 我建议用术语拟均匀描述. 一个简单而有名的例子——谢尔平斯基垫片是自相似的. 其他非随机例子有 Urysohn (1927) 建立的集合的一部分, 但它们并非自相似的. 于是, 既是拟均匀又是自相似的条件就只有一个已知解——谢尔平斯基垫片. 能否对这种看起来的单一性给出严格的证明呢?

标准点阵. 在此, 树枝状阶数的范围从全部点不在点阵节点上的极小值 3 到一个可变的有限极大值, 取决于点阵的位形: 4 (正方形), 6 (三角形或立方体) 或 3 (六角形). 然而, 任何种类的标准点阵都是尺寸递减的, 它由曲线转化为一个平面区域, 其树枝状成为 $R = \infty$.

最后这个事实通过以下步骤更加显然: 把无穷大与无穷小交换, 但保持点阵的细胞尺寸固定, 并注意到, 为了隔离点阵的越来越大的部分, 必须去除一些点, 其数目并无有限的界限.

正式定义. ◁ 见 (Menger, 1932) 和 (Blumenthal & Menger, 1970) 的第 442 页. ▶

树枝状的应用

我们现在来面对一个熟悉的问题. 不管谢尔平斯基和门格尔形状及其同类对数学家是何等有兴趣, 大自然的研究者对树枝状阶次可能毫无兴趣, 这一点难道不是很明显的吗? 引起的反响与问题本身对我们是同样熟悉的! 树枝状阶次在有

限近似的 "现实世界" 中已经是很有意义的, 这种近似当内插导致分形时在某个正的内界限 ϵ 上中止时得到.

事实上, 给定一个由边长为 ϵ 的三角形充满的近似谢尔平斯基垫片, 就可以通过去掉 3 或 4 个点, 把线尺度超过 ϵ 的一个区域分离开来, 其中的每一个都属于两个邻近间隙的边界. 这个数字 (3 成 4) 当近似程度提高时并不改变. 从而, 由树枝状的观点来看, 所有近似垫片都类似于曲线.

相反地, 所有地毯都有以下性质: 任意两个间隙的边界都不会重叠. 为了使这类形状的一个有限近似 (其中不考虑直径 $<\epsilon$ 的间隙) 不连通, 必须去掉整个区间. 这些区间的数目当 $\epsilon \to 0$ 时增加. 文献 (Whyburn, 1958) 证明了具有这个性质的所有分形曲线都是拓扑等价的 ◁ 同胚的 ▶, 并用以下事实表征: 它们不能通过去掉单个点做成不连通的两部分.

由于上述评注, 当用分形几何学来细致地确定一条平面分形曲线如何分享它的两种标准极限——直线和全平面时, 对树枝状的有限性得到了清晰的内涵这一点就无须感到惊讶. 一般说来, 知道分维数并不够. 例如, Gefen, Mandelbrot 和 Aharony (1980) 考察了在一个分形点阵上的伊辛 (Ising) 模型的临界现象并发现, 最重要的结果 ◁ 无论临界温度为 0 或正值 ▶ 都取决于 R 的有限性.

我们现在已能给出延迟很久的说明. 即为什么对临界伯努利逾渗中的群集骨架应用垫片模型看来比应用地毯模型更好, 见 (Kirkpatrick, 1973) 中报告的这个发现. 即使对特别大的点阵, 也可以通过去掉实质上不变的阶为 2 的很少数量的连线, 切割出临界骨架. 即使考虑到我能想到的某些偏差, 这也非常强烈地指向 $R < \infty$.

树枝状的另一种形式

科赫雪花片的两种方案通过无回线的分支达到树枝状. 第一种是平面曲线, 当初始器是一个正方形及生成器如下图时得到.

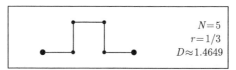

$$N=5$$
$$r=1/3$$
$$D\approx1.4649$$

所构成的形状完全不同于雪花片, 如下图所示.

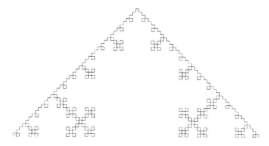

第二个例子是体积为 0、面积无限的曲面, 维数等于 $\log 6/\log 2 = 2.58497$. 初始器是一个正四面体. 对每一面的中间四分之一 (等于以每边的中点为角顶的三角形), 附加以比值 1/2 缩小的一个四面体. 对所得到的 (斜和非凸) 规则 24 面体的每个面重复这个过程, 直至无限. 由第二阶段开始, 添加的四面体沿着每条直线自接触但无自相交. 它们最终将遍及整个初始器. 称生长在初始器的一个表面上的四分之一形状为科赫金字塔.

科赫金字塔的秘密

科赫金字塔是一种奇妙的形状, 从上面看是平凡的, 但却富于密室而违背直观想象.

从上面看, 它是一个四面体, 以一个等边三角形为底面, 其他三个面则是在它们的 $90°$ 角顶处相互连接的等腰直角三角形. 把三个科赫金字塔叠加在一个正四面体的三边上, 将得到一个普通的立方体盒子.

现在把这样的一个金字塔从它的沙漠地基上提起. 从远处看, 它的底面被分成四个相等的正三角形. 但在中间那个三角形的位置有一个孔通向一个 "一阶密室", 密室的形状像一个正四面体, 它的第四个角与金字塔的最上角顶一致. 接下来, 当接近并感知到更多细节时, 我们发现形成密室底面和顶面四周的正三角形甚至并非光滑的. 其中每一个都被一个二阶密室所打断. 类似地, 我们进一步察觉, 二阶密室的每个三角形壁面在其中央部分有一个三阶密室. 如此无尽头地出现越来越微小的密室.

所有密室加在一起, 正好是科赫金字塔的体积. 另一方面, 如果把密室看成只有底面而没有其他三个侧面, 则它们并不重叠. 设想我们的金字塔是从小山中挖出来的, 那么密室挖掘者将挖空它的全部体积, 而只留下一个外壳. 底面上这些墙面所在的曲线, 以及密室 "墙壁", 就是谢尔平斯基垫片.

球形孔洞和点阵

Lieb 和 Lebowitz (1972) 无意中对分形几何学作出了一个贡献, 他们把 $\mathbb{R}^E$ 用半径为 $\rho_k = \rho_0 r^k (r < 1)$ 的球包容: 单位体积内半径为 ρ_k 的球的数目有形式 $n_k = n_0 \nu^k$, 这里 ν 是一个整数, 并有 $\nu = (1 - r) r^{-E}$ 的形式, 这就大大地限制了 r. 这样, 间隙尺寸分布的指数成为

$$D = \log \nu / \log (1/r) = E - \log (1 - r) / \log r.$$

首先, 在边长为 $2\rho_1$ 的点阵中央放一个半径为 ρ_1 的大球. 大球外面的一个边长为 $2\rho_2$ 的点阵的角顶足够多而能作为下一批较小球的中心, 如此等等. 这个构造涉及 r 的这些上界:

对 $E = 1$, 有 $r \leqslant 1/3$; 　　　　　　　对 $E = 2$, 有 $r \leqslant 1/10$;

对 $E = 3$, 有 $r \leqslant 1/27$; 　　　　　　　对 $E \to \infty$, 有 $r \to 0$.

用不相重叠的许多球来包容 $\mathbb{R}^3$, 进展可以快得多. 例如, 直线上的最大 r 是 $1/3$, 相应于康托尔三分尘埃! 并且, $r > 1/3$ 的康托尔尘埃的存在性, 说明一维填装包容可以留下任意低的维数. 然而, 一个较为致密的填装包装包含较丰富的结构.

关于腔隙度的预告

在许多场合, 即使在维数 D_T 和 D 外再加上树枝状阶数 R, 仍然不足以为多种目的完全确定一个分形. 特别重要的是我发展的腔隙度这个补充概念. 腔隙度强的分形的间隙是很大的, 反之亦然. 基本定义已可以在此叙述, 但到第 34 章再议比较方便. ∎

图版 146 ✠ 谢尔平斯基箭头 (边界的维数 $D \sim 1.5849$)

在 (Sierpiński, 1915) 中, 初始器是 $[0, 1]$, 生成器和第二阶段的折线如下图.

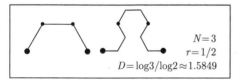 

$N = 3$
$r = 1/2$
$D = \log 3/\log 2 \approx 1.5849$

随后两个构造阶段如下图.

进一步的演化如图版 146 上部的 "海岸线" (在最大的实心黑色三角形以上).

自接触. 有限的构造阶段无自接触点, 如第 6 章所述, 但极限曲线却无限频繁地自接触.

铺覆箭头. 图版 146 中的箭头 (横过来看, 它像是一条热带鱼) 定义为在两次相继回归到一个自接触点 (即 $[0, 1]$ 的中点) 之间的谢尔平斯基曲线段. 箭头铺在平面上, 与邻近的铺覆通过凡克罗 (Velcro) 的梦魇般外推相互连接. (混合运用这个比喻, 一条鱼的鱼鳍恰好切合另外两条鱼的鱼鳍.) 进而, 通过把四个适当选择的邻近铺覆融在一起, 就可以得到以比值 2 增加的铺覆.

谢尔平斯基垫片的孔洞. 我称谢尔平斯基曲线是一个垫片, 因为还有另一种基于割出孔洞的构造方法, 这种方法在第 8, 31 至 35 章中普遍应用. 谢尔平斯基垫片当初始器、生成器和随后两个阶段是下图所示的闭集时得到的.

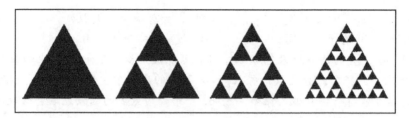

这个孔洞生成器包括了上述杆生成器作为适当的子集.

　　分水岭. 我在 (Mandelbrot, 1975m) 中研究某种分水岭时用到箭头曲线, 那时我还不知道谢尔平斯基的工作. ■

图版 147　❖ 分形斜网 (维数 $D = 2$)

这种网是递归地得到的, $N = 4$ 和 $r = 1/2$, 用一个闭四面体为初始器, 一组四面体为生成器.

它的维数是 $D = 2$. 设把它沿着连接任一对对边的二中点的方向投影. 初始器四面体投影在一个正方形上, 称为初始形状. 每个第二次发生的四面体投影在一个子正方形上, 也就是初始正方形的四分之一上, 等等. 这样, 网投影在初始正方形上. 子正方形的边界相互重叠.

图版 149 ✛ 谢尔平斯基地毯 (维数 $D \sim 1.8928$) 与门格尔海绵 (维数 $D \sim 2.7268$)

谢尔平斯基地毯. 在 (Sierpiński, 1916) 中, 初始器是一个填充的正方形, 生成器和随后两个步骤如下图.

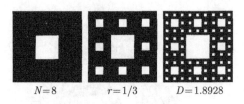

$N=8$ $r=1/3$ $D=1.8928$

这个地毯的面积为 0, 但孔的总周长无限.

图版 149. 门格尔海绵. 构造原则是明显的. 无限继续, 遗留部分被称为门格尔海绵. 很遗憾, 我在本书以前的版本中把它错误地归于谢尔宾斯基. (本图复制自 *Studies in Geometry* by Leonard M. Blumenthal and Karl Menger.) 海绵与起始立方体的中线或对角线的交是三分康托尔集.

融合的岛屿. 就像图版 146 中的垫片一样, 地毯也可以通过科赫递归的另一种推广得到, 其中容许有自重叠, 但重叠部分只计算一次.

为了得到一个垫片, 初始器是一个正三角形, 取生成器如下图中左面的图形. 为了得到一条地毯, 初始器是一个正方形, 取生成器如下图中右面的图形.

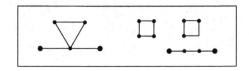

又遇到由第 13 章已经熟悉的两种现象: 每个岛屿的海岸线是可求长的, 从而维数为 1, 垫片或地毯的维数表达了大陆支离破碎为岛屿的程度, 甚于表达岛屿海岸线的不规则程度.

此外的结果是不熟悉的: 第 13 章中的海洋是连通的, 它看来是航道的适当拓扑解释. 它不包括边界, 因而在不包括其边界的设定拓扑意义上是开的. 由现在的构造带来的新东西是: 科赫岛屿有可能渐近地融合为一个实体超岛屿: 没有大陆, 海岸线组合在一个点阵中.

◁ 在拓扑上, 每块谢尔平斯基地毯都是一条平面泛曲线, 而门格尔海绵则是一条空间泛曲线, 也就是说, 这些形状分别是平面中最复杂的曲线和任何高维空间中最复杂的曲线, 见 (Blumenthal & Menger, 1970, 第 433 和 501 页). ▶■

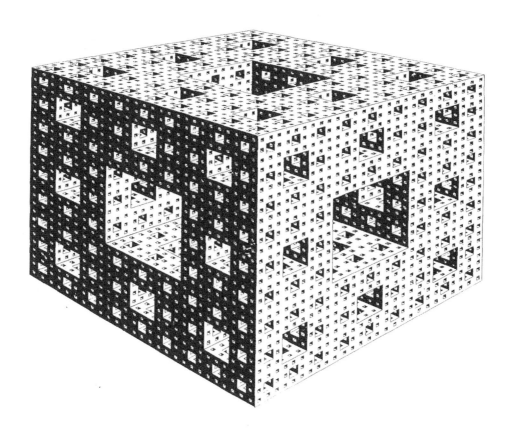

图版 150 ✠ 分裂的雪花走廊 (维数 $D \sim 1.8687$)

　　在很早很早以前和很远很远的地方, 大皇帝和他的侍从们把他们的统治扩展到华丽的雪花长廊. 出现了分裂, 随后是战争, 结束于驾崩. 最后, 聪明的长老们在走廊中画了一条线来分隔自北方和南方的争夺者.

　　迷宫之谜. 谁控制长廊, 如何从外面到达它? 为什么某些长廊不能指向两个基本方位点中的任一个? 图版 35 的猴树给出了提示. ∎

第五篇
非标度分形

第 15 章　具有正体积和血肉的曲面

本篇将描述和驯服这样的分形曲线、曲面和尘埃, 就科学的目的而言, 它们只在渐近或其他极限意义下是有标度的.

本篇的第一章集中讨论具有正 (非零!) 体积的曲面. 多么疯狂的相互矛盾的特性的组合啊! 我们是否最后又回到了对于自然哲学家毫无用处的数学怪物? 回答再次是断然否定的. 当两位著名的纯数学家以为他们是在逃离自然, 却不知不觉地为我准备了掌握 ⋯⋯ 血肉的几何学 (及其他) 正好可用的工具.

正测度的康托尔尘埃

作为预备步骤, 先回顾一下康托尔对三元集 $\mathcal{C}$ 的构造. 它的长度为 0(更严格地说是线性测度为 0) 是从下面事实得出的, 即所有中间三分之一孔洞的长度之和为

$$1/3 + 2/3^2 + \cdots + 2^k/3^{k+1} + \cdots = 1.$$

但 $\mathcal{C}$ 是完全不连通的, 因此拓扑维 $D_T = 0$ 与孔洞长度无关. 实际情况是, 每个构造阶段中都把前一阶段的每个区间分为两段, 其方法是去除 "原" 区间中点的孔洞. 用 λ_k 来记孔洞与原长度之比, 在第 K 阶段以后, 所余下区间的累计长度为 $\prod_0^K (1 - \lambda_k)$, 当 $K \to \infty$ 时它减少到一个极限, 记为 P. 在康托尔的原始结构中 $\lambda_k \equiv 2/3$, 从而 $P = 0$. 但一旦 $\sum_0^\infty \lambda_k < \infty$, 便有 $P > 0$. 在这种情形, 剩余集 $\mathcal{C}_*$ 具有正长度 $1 - P$. 该集合不是自相似的, 从而没有相似性维数, 但是由第 5 章的豪斯多夫-伯西柯维奇定义可得出结论 $D = 1$. 由 $D > D_T$ 可知 $\mathcal{C}_*$ 是一个分形集合, 因为 D 和 D_T 都与孔洞长度 λ_k 无关, 用它们的值来描述 $\mathcal{C}_*$ 是十分肤浅的.

这种结构在平面情形更为清晰, 从一个单位正方形中去除面积为 λ_1 的十字形后留下四个正方形. 然后再从每个正方形中去除相对面积为 λ_2 的十字形. 这样的级联产生一个尘埃 $D_T = 0$, 其面积为 $\prod_0^\infty (1 - \lambda_k)$, 当该面积不为 0 时 $D = 2$.

在 E 维空间中, 我们可以类似地得到一个满足 $D_T = 0$ 和 $D = E$ 的具有正体积的尘埃.

缓慢变化的 $\log N/\log(1/r)$

◁ 虽然具有正的长度、面积或体积的康托尔尘埃不具有相似性维数, 设置 $r_k = (1 - \lambda_k)/2$ 并研究定义为 $D_k = \log N/\log(1/r_k)$ 的形式维数还是有用的.

◁ 当 D 缓慢地变化时, 它体现了第 5 章中描述一个线球有效维数的想法. 在一个区间上, 极限集 $\mathcal{C}_*$ 的维数 $D = 1$ 是 $\log 2/\log(1/r_k)$ 的极限. 此外, 结论 $D = 1$ 并不要求 $\sum \lambda_k < \infty$ 而只要求较弱的条件 $\lambda_k \to 0$. 因此存在三类线性康托尔尘埃: (a) $0 < D < 1$ 而长度 $= 0$, (b) $D = 1$而长度 $= 0$, 以及 (c) $D = 1$ 而长度 > 0.

◁ 上述 (c) 类的副本可以对科赫曲线出现. 只要在每个构造阶段改变生成器, 使它的 D 趋于 2 就可以了. 例如, 取 $r_k = (1/2)k$ 并调整 N_k, 使得 D_k 取图版 57 说明中所讨论的最大值. 此极限具有一种值得注意的各种性质的组合: 它的分维数 $D = 2$ 对于曲线是非标准的; 但它的拓扑维是标准的: $D_T = 1$, 而且它的面积也是标准的: 等于零.

◁ 同样的性质在第 25 章的布朗运动中也是存在的, 但它们在那里是当避开双重点时获得的.

◁ 正式维数也可以偏离 $D = 2$. 例如, 构造填满平面的树的 k 个阶段可以用 $D < 2$ 的各阶段来完成. 这个结构可以应用于某些河流树的建模, 这种河流树似乎在内界限 η 以上的尺度是填满平面的, 但在更精细尺度范围的纵横交错不那么彻底. 这个 η 在荒芜区域应该非常大, 而在潮湿的丛林中非常小, 也许等于 0. 这种河流的有效维数对超过 η 的范围应是 $D = 2$, 而对低于 η 的范围是 $D < 2$. ▶

具有正面积的曲线

我们对尘埃的直觉是不完善的, 因而对于正长度或正体积的尘埃不会感到困惑. 但对正面积的曲线实在难以接受. 因此, 当 Lebesgue (1903) 和 Osgood (1903) 说明我们必须接受它们以后, 它们就代替佩亚诺曲线而成为最主要的怪物. 在描述一个例子以后, 我将说明这种想法比现实更糟糕: 在最原始的意义下, 具有正体积的曲面十分接近于人类的心脏.

这种想法是推广图版 47 的中点位移构造, 我们保留海湾和海角, 每一个海湾和海角都是一个三角形, 它穿过一个沼泽地三角形伸出, 这些三角形底边的中点相同. 对这种新的元素, 海湾和半岛的相对宽度 λ_k 不再是常数, 而是当 k 增加时趋于 0, 但使得 $\prod_0^\infty (1 - \lambda_k) > 0$. 现在, 被沼泽地覆盖的面积不趋于 0, 从而, 沼泽地的极限满足 $D = 2$. 另一方面, 它又完全不同于任何维数为 2 的标准集合. 它不仅没有内点, 而且是一条 $D_T = 1$ 的曲线, 因为只要移去两个点, 就能使任何一点的邻域与集合中其余点分开.

上述构造仿效了 (Osgood, 1903), 但对他构造时采用的奇特方法作了简化, 使之较易遵循, 但是一个发现是否有用, 肯定不能用产生它的原因来判断.

动脉和静脉的几何学

摘录 (Harvey, 1628) 中的话语, "我们可以称血液的运动为循环的, 与亚里士多德所说的相同, 就像空气和雨模仿了超级人体的循环运动 ……. 类似地, 在人体内, 更温暖、更完美、更气化、更灵性和更营养的血液通过运动 …… 使得人体内各部分得到滋养、抚育和生命力; 另一方面, 有营养的血液因为与这些部分相接触而冷凝乳化, 可谓枯竭了."

哈维提出了血液循环的观点, 认为几乎在人体每一点的很短距离之内都能找到动脉和静脉 (也可见《威尼斯商人》). 这种观点没有考虑毛细管, 但是作为一级近似, 最好要求在无限接近每一点处都应有一根动脉和一根静脉——当然, 下面的情形要除外: 一根动脉 (或一根静脉) 内部的点, 不能十分接近于一根静脉 (或一根动脉).

不同的表述 (但是这种重述使结果听起来更奇怪!): 非血管组织中的每一点, 应该位于两种血液网之间的边界上.

另一个设计因素是血液十分昂贵, 因此所有动脉和静脉的体积必定只占人体体积的一个很小的百分比, 留下大部分给非血管组织.

勒贝格-奥斯古德怪物是我们血肉的真正实质!

从欧几里得的观点看来, 我们的判据涉及一个强烈的异常. 这是因为, 如果一种形状构成了两个三维拓扑形状的公共边界, 它在拓扑上必定是二维的, 但已经要求, 与被它围住的体积相比, 该形状的体积不仅不可以忽略, 而且还要大得多!

分形方法对解剖学而言的优点是它表明上述要求是完全相容的. 在上节之前一节中描述的奥斯古德构造的一个空间变体, 满足了我们施加于血管系统设计的全部要求.

在这种构造里, 静脉和动脉是标准区域, 因为小球 (血液细胞!) 能整体地在它们的内部被拉长. 另一方面, 血管在全部体积中仅占很小的百分比. 其组织是非常不同的: 无论多么小的小块, 只要它不在动脉和静脉的十字形相交处, 都不被包含其中. 它是一个分形曲面: 其拓扑维数是 2, 而其分维数是 3.

如前所述, 这些性质不再使人觉得过分. 没有人关心它们最初是从常识出发. 在一次人为的数学提升中出现. 我已说明, 它们在直观上是不可避免的. 勒贝格-奥斯古德分形怪物是我们血肉的真正实质!

关于老的和新的直觉

肺的气管及其血管系统的组合也被证明具有一种非常有趣的构造, 其中的三个集合——动脉、静脉和支气管——具有共同的边界. 这种集合的第一个例子出自布劳威尔. 当用这种方法引进时, 布劳威尔的构造完全与直觉相符合. 但是从历史的观点, 我们必须回到传统观点的代言人汉斯·哈恩那里.

"直觉似乎提示, 三个国家聚于一个角点仅仅在孤立点出现 ……. 直觉不能理解布劳威尔模式, 虽然逻辑分析要求我们接受它. 我们再次发现, 在简单和基本的几何问题里, 直觉是一种完全不可靠的向导, 它不可能作为数学学科的起点和基础, 几何学空间 …… 是一种逻辑结构 …….

"[然而, 如果] 我们越来越习惯于处理这些逻辑结构; 如果它们渗透到学校的全部课程中; 如果我们, 比如说, 从小就像学习三维欧几里得几何一样来学习它们——那么就没有人会认为这些几何学是与直觉相矛盾的. "

本书说明哈恩完全错了. 为了驯服他自己的例子, 我发现必须训练我们现在的直觉来完成新的任务. 但我们现在的直觉不容许特性有任何不连续的变化. 哈恩作出了一个错误的诊断并建议了一个有害的处理方法.

几何直觉在很久以前就认识到它需要逻辑的帮助, 借助逻辑的奇特拐弯抹角的方法. 为什么逻辑要不断尝试脱离直觉呢?

无论如何, 典型的数学家关于什么是直觉的观点是完全不可靠的; 不能容许它作为建模的指南; 数学过于重要而不能丢弃给那些狂热的逻辑学家. ■

第 16 章　树; 标度剩余物; 非均匀分形

本章讨论近乎标度化的纤维状分形树和其他分形, 也就是除了在分形上可忽略的剩余物以外都已经标度化的分形. 注意到在这些集合的不同部分, D 和 D_T 取不同的值, 正是在这个意义上, 分形是非均匀的. 与此相反, 迄今为止所讨论的分形都可以标识为均匀的.

标度剩余集合的概念

标准区间. 包含右端点而不包含左端点的半开区间]0,1] 是标度的, 因为它是 $N = 2$ 的缩小复制品]0, 1/2] 与]1/2, 1] 的并. 与此相反, 开区间]0, 1[是非标度的, 因为它除了含有 $N = 2$ 的缩小尺度的复制品]0,1/2] 与]1/2, 1] 以外, 还包含了中点 $x = 1/2$. 我建议把该中点称为标度剩余. 对 D 的计算以及许多其他目的它都可以忽略. 一位物理学家会说, 它与整体和各部分相比具有较小的物理量级.

上述例子引导我们把所有剩余项看作学究式的复杂性, 它们不会影响标度结果. 但是在我称为非均匀分形的类似例子里, 剩余物可以是十分重要的. 一个非均匀分形是具有不同分维和拓扑维的各部分之和 (或差). 这些部分中没有一个可以完全不予考虑, 即使它在分形上和拓扑上都可以忽略. 这两种观点在重要和令人感兴趣的效应上也常有抵触.

康托尔尘埃和孤立点. 通过把区间 [0, 1] 分为四部分, 保留 [0, 1/4] 和 [3/4, 1] 来构造康托尔尘埃, 另一种结构是从 [0, 1] 中去掉开区间]1/4, 1/2[与]1/2, 3/4[, 它产生与上面相同的尘埃再加上剩余点 $x = 1/2$. 这个孤立的剩余物并不是一个分形, 因为其 D_T 和 D 都等于 0.

在到 $\mathbb{R}^E$ 的空间推广中, 康托尔尘埃满足 $D_T = 0$ 和 $D > 0$, 而非分形剩余集合满足 $D_T = D = E - 1$. 这个剩余物可以在拓扑上和/或分形上完全支配尘埃.

剩余项是区间的分形树骨架

图版 160 展示了具有无限细茎的伞状树的例子, 它们不能生存, 其作为植物模型的适用性在第 17 章中有所改善. 在许多数学分支里, 对树的骨架都有着极大的兴趣. 在拓扑学家看来它们都是相同的, 因为在他们看来任何树都是由无限多

条弹性线构成的, 而我们的树可以拉长或者缩短变成另一棵树. 然而, 这些树是相互不同的, 无论在直观上还是作为分形.

分枝顶端. 一棵树是分枝顶端和分枝两大部分之和, 它们的维数以十分有趣的形式相抵触. 其中的分枝顶端集合比较容易研究. 它是一个分形尘埃, 与我们许多已知尘埃相类似, 它是标度的, $N = 2$ 而 r 在 $1/\sqrt{2}$ 与 0 之间, 因此 D 可以从 2 到 0 变化, 虽然图版 160 上图形的 D 限于 1 与 2 之间, 在每个分叉处的内分枝角相同为 θ: 它能在一个很大范围内变化而不影响 r 和 D. 因此对各种各样的树的形状容许同一个 D.

对 $1 < D < 2$, 这些树在 $\theta < \theta_{\mathrm{crit}}$ 时是自重叠的, 因此自回避性使 θ 的选择范围变窄. 图版 160 上的树满足 $\theta = \theta_{\mathrm{crit}}$, 而我们将首先按它们满足 $\theta = \theta_{\mathrm{crit}} + \epsilon$ 进行讨论.

树. 粗看起来, 整棵树似乎是自相似的, 因为每一个分枝及其携带的小分枝是整体的一个缩小尺度的形式. 但在事实上, 在主分叉处的两个分枝加起来并不就是整体, 除非再加上一个剩余物: 树干. 在直观上, 这剩余物是决不能忽略的, 事实上我们认为树的树干和分枝比分枝顶端更为重要, 在直观上, 分枝 "决定了" 分枝顶端.

还有, 不管怎样的 D 值, 自回避树的分枝顶端形成的尘埃 $D_T = 0$, 而分枝形成的曲线 $D_T = 1$ (不管是否把它们的顶端包含在内), 因此, 分枝在拓扑上占主导地位. ◁ 的确, 把一点 P 和它的邻域分离出来, 就需要消除或者一点 (如果 P 是分枝顶端) 或者两点 (如果 P 位于分枝内部) 或者三点 (如果 P 是分叉点). ▶

现在采用分形观点, 分枝顶端的维数是 D, 而每个分枝的维数是 1. 就总体而言, 它并非标度的, 但其由豪斯多夫-伯西柯维奇公式定义的分维数, 既不能小于 D 也不能小于 1, 事实上要大于二者, 让我们分别重述导致的两种可能性.

分形树. 若 $D > 1$, 整棵树的分维数也是 D. 即使分枝在直观上和拓扑上是占统治地位的, 它们从分形角度来看也是可以忽略的! 因为 $D > D_T$, 这棵树是一个分形集, 对之 D 度量了其分枝的丰富程度. 这样, 我们又遇到了分维数的另一方面, 可加入到度量不规则性和支离破碎性的作用中. 当我们在第 17 章里转向纤维状树时会发现, 一个包含有非常局部的鲜明 "丘疹" 的光滑曲面, 可以 "多于" 一个标准曲面.

子分形树. 反之, 若 $0 < D < 1$, 整棵树的线性测度 (累计长度) 是有限且为正的, 所以它的分维数必定是 1. 这样, $D = D_T$, 意味着该树不是一个分形.

事实上, 如果我们选取单位使得树干的长度是 $1 - 2r$, 则分枝 (看作开区间) 就能重新放置于 $[0, 1]$ 上线性康托尔尘埃 $\mathcal{C}$ 的间隙中, 该 $\mathcal{C}$ 具有与分枝顶端同样的 $N = 2$ 和 r. 类似地, 分枝顶端也可重新放置于 $\mathcal{C}$ 上. 我们看到, 区间 $[0, 1]$ 完全被我们树上点的映像所填满, 只有那些未被映射的点与分枝结合成一体, 它们才能形成可数的剩余物.

关于图版 88 的说明提醒我们, 魔鬼阶梯曲线很奇特但不是分形. 如果这种形状的重要性增加, 可能需要给它取个名字. 目前称它为次分形应该就可以了.

作为最后一个注记, 把直线分枝用维数为 $D^* > 1$ 的分形曲线代替. 当 $D < D^*$ 时, 树的分形性质由分枝决定, 而该树是维数为 D^* 的分形. 但是当 $D > D^*$ 时, 树就是维数为 D 的分形了.

非均匀分形, 等等

现在我们准备给出一个新的定义. 一个分形 $\mathcal{F}$ 被称为均匀的, 如果 $\mathcal{F}$ 与圆心在 $\mathcal{F}$ 上的圆盘 (或球) 的相交所得到的任何集合都有同样的 D_T 值而且 $D > D_T$.

我们看到, 科赫曲线、康托尔尘埃、树枝状曲线等都是均匀分形, 但是上节的 $D > 1$ 树骨架是非均匀分形.

事实上, 树可以称为部分分形. 树与圆心在分枝上的足够小的圆盘的交不是分形, 而是由一个或几个区间组成的.

分形顶盖

迄今为止, 图版 160 被作为几乎没有自回避的树的图例. 但事实上, 这些树的顶端是渐近地自接触的. 因此, 分枝顶端的集合不再是一个 $D_T = 0$ 的尘埃, 而成为 $D_T = 1$ 但分维数不变的曲线. 对这类新的分形曲线, 我建议称为张开的分形顶盖, 注意到其竖直阴影的长度随 D 而增加.

所造成形状外围开域的边界曲线称为 "分形顶盖". 由于打开的顶盖消除了 "折叠", 顶盖的维数小于 D, 其差额随 D 增加.

因为对于树, 光线是一个重要的考量, 可以预期, 结束于张开的分形顶盖折叠末端的分枝会减少. 树的设计者或是容许某些分枝成长, 然后由于缺乏阳光照耀而枯萎, 或是写一个比较复杂的程序以指导这些分枝永不生长. 我会选择较简单的程序.

当 $D < 1$ 时, 维数为 D 的尘埃合并到一条曲线是无法想象的. 如果我们通过减小内分枝角 θ 来寻找自接触, 那么直至 θ 变成 0 才能达到目的, 而该树已塌陷成一段直线了. 另外, 如果我们保持树的竖直阴影为固定长度 1, 并通过加长分枝来寻找自接触, 那么这个目的永远不能达到: 该树趋向于一个线性康托尔尘埃 $\mathcal{C}$, 加上由 $\mathcal{C}$ 的每一点向下挂的半直线.

没有剩余项的树

分形树并不局限于前面几节里的那些结构. 例如, 回想一下第 144 页上的结构. 或者, 取科赫生成器为一个十字架, 其分支长度为 r_t(顶), r_b(底) 和 r_s(边), 使

得 $r_t^2 + r_b^2 + 2r_s^2 < 1$. 在由此产生的分形树里, 每个分枝, 不论它多么短, 都被称为子分枝. 如果把根点排除在外, 则这样的树是标度的而没有剩余物.

高能物理学: 射流

文献 (Feynman, 1979) 报道, 分形树使他能够设想和模拟当粒子以很高能量对撞时形成的 "射流". 这个想法由韦尼察诺 (G.Veneziano) 在 CERN 报告中探索.

图版 160　✠ 分形伞树和分形顶盖

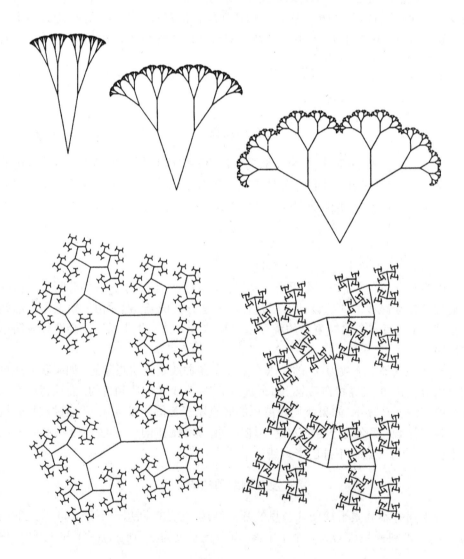

　　图版 160 上的树具有无限细的茎, 而且所有分枝之间的夹角都是同样的 θ. D 的范围由 1 到 2. 而对每一个 D, 把 θ 取为与自回避性相容的最小值.

　　对刚超过 1 的 D (左上) 结果像是小刷帚, 然后像扫帚, 当 D 增加时, 分枝就张开了, 而轮廓线或者 "顶盖" 延伸到阳光下隐藏的褶皱. 人们会想起几种甘蓝 (Brassica oleracea) 的花: 菜花和西兰花. 把菜花与西兰花之间几何学上的差别用分维数定量化有意义吗?

　　对于较大的 D(图版 160, 左下), 一个法国人会想起沃邦①的防御工事. 值 $D = 2$ 和 $\theta = \pi$ 产生一棵填满平面的树. 为了容许 $\theta > \pi$(右下), 我们必须再次减小 D, 而貌似雨伞的所有形状都被足以表现印度古典舞蹈雕塑的歪扭图样所替代.

　　在《论增长和形式》(Thompson, 1917) 中最有名的图画之一中, 不同种类鱼的头颅在欧几里得意义下通过光滑和连续变换相互映射. 现在的那些树相互映射的变换来自相同的灵感, 但其精髓非常不同. ∎

---

　　① 沃邦 (Maruis de Vauban, 1633—1707), 法国军事工程师及元帅, 在要塞的攻击和防御方面颇有建树.
——译者注

第 17 章　树和直径指数

本章研究在几何上嵌入的厚管状的 "树", 涉及肺、血管系统、植物树、河流网等等.

这些自然对象是极为熟悉的. 事实上, 没有其他对象能像它们那样简单地说明具有大量不同线性尺度单元形状的想法. 不幸的是, 树不像它们看上去的那样简单. 以前没有处理它们, 是因为在前一章里遇到了一个复杂问题: 树不是自相似的. 我们能希望的最好情况是, 自相似对分枝顶端是成立的, 就像我们在本章中所假定的, 除了顶端的分枝维数 D 以外, 树还包含一个被称为直径指数的参数 Δ. 当树是带有剩余物的自相似时, 就像第 16 章中所述, Δ 与分枝顶端的 D 相一致. 否则, Δ 和 D 有不同的特性, 而我们研究的是生物学家称为 "异质" 的现象. 我们讨论两个例子: $\Delta = D$ 和 $\Delta < D$.

直径指数 Δ

莱奥纳多·达·芬奇在他的《笔记》的第 394 个注中声称, "一棵树在其高度的每个阶段的全部分枝, 当把它们放在一起时, 等于树干 (它们下部) 的厚度". 正式的表达式是: 如下图所示, 若植物树的分枝在分叉前后的直径分别为 d, d_1 和 d_2, 则它们之间满足关系式

$$d^\Delta = d_1^\Delta + d_2^\Delta,$$

其中指数 $\Delta = 2$. 其复杂性在于: 如果把分枝的厚度计算在内, 植物树并不与几乎填满空间的树皮自相似. 替代之, 自相似要求 $\Delta = D$, 而接近填满空间要求 D 接近于 $E = 3$.

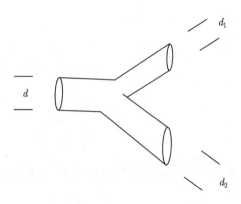

换句话说, 无论何时上面的关系式能够成立, Δ 就是添加于 D 的一个新参量, 称为直径指数. 已有许多人研究过它, 但他们往往不了解别人的工作, 有专著 (Thompson, 1917—1942—1961) 中的参考文献为证. 本章要证明, 对于支气管有 $\Delta \sim 3$, 对于动脉有 $\Delta \sim 2.7$. 植物树接近于达·芬奇的 $\Delta = 2$. 而对于河宽有 $\Delta = 2$. 本章也要探索 Δ 值的几个物理学、哲学和几何学后果.

侧维数. 1977 版《分形》一书中, 称 Δ 为侧维数 (来自希腊语 $\pi\alpha\rho\alpha =$ 此外), 但我不再提倡这一术语. Δ 的尴尬作用——有时是一个维数而有时又不是——由 Besicovitch 和 Taylor (1954) 用指数形式共享, 见第 39 章.

肺的支气管树

作为第一个例子, 肺气管的精细部分在全部实际目的中是自相似的, 具有 $\Delta = D$ 和 $D \sim E = 3$.

肺的内部形状并非众所周知的, 从而在这里插入一张实际照片将会有所帮助 (在 (Weibel, 1963) 和 (Comroe, 1966) 中有例子). 但是本书的宗旨 (可能只在这里, 我们对此感到遗憾) 是建立模型, 因此, 一个简短的口头描述就足够了. 把肺中的空气用未固化的塑料代替, 然后塑料固化和细胞组织分解, 留下一颗特别稠密的分枝树, 它以一定的密封度、均匀性和视觉不可入性充满肺的轮廓, 这是植物树永远不能达到的. 在我们不予关注的头两个分歧和最后三个 (它将导致气泡, 在第 12 章中讨论过) 之间, 存在有 15 个惊人的规则性逐次分歧.

根据 (Weibel, 1963) 中的数据, 在一阶近似下, 气管段彼此均相似, 而且 $\Delta \sim 3$. 气流是在分歧的分枝之间被分开的实物的数量, 因此气流等于气管的横截面积乘以空气速度, 我们看到速度像 $d^{\Delta-2}$ 那样变化: 当空气流向较细的支气管时会减速.

精确值 $\Delta = 3$ 是重要的. (Murray, 1927) 中第一次的解释包含有一个论据, 因此 (Thompson, 1942, 第 954 页; 或 (Thompson, 1961, 第 129 页) 这样表达: "分枝面的增长很快就意味着增加摩擦, (流体) 的流动变慢了; 因此, 分枝必定比第一次出现的有更大的容积. 这成为阻力的问题而不是容量的问题. 一般说来, 答案是: 在系统的每一部分, 分歧前后的阻力与横截面之比相等, 作为整个系统中的最小可能阻尼条件; 因此, 全部分枝的横截面总和必须大于树干的横截面, 与阻力成正比. 水力学学生熟悉的一个近似的结果是 [现代的处理见 (Hersfield & Cummings, 1967) 和 (Wilson, 1967), 阻力最小而条件最佳," 这当分枝比全部是 $2^{1/3} \sim 1.26$ 时达到.

因此, $\Delta = 3$ 是目标定向的设计或者选择性进化可以努力达到的最佳值. 当然, 默里 (Murray) 的最佳判据纯粹是局部的, 至于局部的最佳小块能否拼合在一起, 设计者永远不会有把握.

用支气管包装三维空间

我对 $\Delta = 3$ 分形的另一个论据是非常不同的: 它导致非顽固几何约束对肺的胎期生长和肺气管的充分生长成形产生影响. 一个明显的优点是, 这里分枝比 $2^{1/\Delta} \sim 2^{1/3}$ 无须是遗传编码的一部分 (而在默里方法中必须如此).

基本数据是这样的, 肺的胎期生长开始于一个芽, 芽生长为气管, 它又形成两个芽, 每一个又重复上面的过程. 此外, 这种增长是自相似的 (以树干为剩余物!). 为了说明自相似性, 我们无须争辩这是最好的, 而只说它是最简单的: 生长控制程序是最短的, 若每一步都在较小的尺度上, 或者在前阶段生长以后的同样尺度上重复前面的过程, 如果是这样, 那么生长的结果完全由分枝的宽度/长度比和直径指数确定. 我们还需要添加标识生长何时停止的一个规则.

现在, 取决于 Δ 值 (宽度/长度比固定) 和按照这些规则, 生长达到以下三种结果之一: (a) 在有限个阶段以后, 分枝从生长的空间中长到外面; (b) 分枝永远不会充满可达到空间的一部分; 或者 (c) 它们发现可达到空间正是它们所需要的. 当我们希望这个极限是充满空间的树时, 无须编入详细指令到生长程序中, 因为对空间的竞争给不确定性留下甚少余地, 该过程的二维约化示于图版 170 和 171, 我们在那里看到, 当分枝的宽度/长度比减少到 0 时, 充满平面的分枝比增加到 $2^{1/2}$, 产生 $\Delta = E = 2$. 类似地, 对应于无限细的分枝, 填满空间的分枝比是 $2^{1/3}$, 产生 $\Delta = E = 3$.

因为 $\Delta = E = 3$ 对应于无限细气管的极限, 它不能真正实现. 多么遗憾, 因为由无限细分歧延续至零而构成的树具有充满空间的 "皮肤". 上面这个性质会给出一个目的论的解释与默里的解释相对抗: 以在空气和血液之间作化学交换为目的而容许最大可能曲面的观点看来是最好的.

但是实际气管并不是无限细的, 所以我们能够获得的最好情况是 Δ 和 D 的值稍小于 3, 与经验证据相容. 这包含着在所有分枝点上的同样程度的不完美性——但这个性质是作为带有剩余物的自相似性的次要结论得到的, 而并不需要作为一个目标来建立.

维数. 分枝合成一个标准集: 在拓扑上和分形上的维数为 E. 当每个分枝的皮肤光滑时, 全体皮肤具有维数 Δ.

气胞的内界限

向越来越细的支气管内插通常终止于一个界限. 这个界限是在第 15 个分歧以后逐渐形成的, 我发现这是一个极佳的几何设计.

一个基本的评论是, 虽然无限自相似分歧最终充满全部可用的空间, 但其进展十分缓慢, 这使得肺的头 15 个分歧仅仅充满肺腔的一小部分. 为了在很少几个阶段中就充满余下的空间, 气管必须比自相似外推法得出的要大得多. 的确, 文献 (Weibel, 1963) 中第 123—124 页可以被解释为, 它表征了气管的宽度在超过第 15 个阶段以后停止减少 (Δ 不再有定义). 气管的长度要比由相似性所提示的要长得多, 最终的倍数是 2. 因为图版 171 建议自相似分枝进入到最接近可用间隙的大约一半, 故乘子 2 是非常合情合理的, 它并再次提示, 肺的设计程序多数由空间属性决定而无须单独编码.

关于血管系统几何学的更多

现在转向第 15 章的要点, 那里我声称, 勒贝格-奥斯古德分形怪物是我们血肉的真正实质. 假定体积大约是区域 $\mathcal{B}$(人体)3%的分枝区域 $\mathcal{A}$(动脉), 可以无限地接近于 $\mathcal{B}$ 的每一个点, 我认为 $\mathcal{B}$ 的分枝必须比在自相似树中更快地变细. 现在, 我们已经确定在某些情况下可用 Δ 度量变细的比率. 我们可以探讨 Δ 对动脉是否是确定的.

在心脏和毛细管之间, 不仅已经观察到 Δ 在 8 至 30 个分歧的一个宽子域里是确定的, 而且人们知道这个事实已经将近一个世纪了. 事实上, Thoma (1901) 和 Groat (1948) 总结了他们的实验发现而断言 Δ = 2.7. 他们的估计被 (Suwa & Takahashi, 1971) 出色地证实了.

植物树

在把树这个词形象地应用于多种对象以后, 我们回到植物学家研究的树. 分析将会提示 "标准" 值是 $D = 3$ 和 Δ = 2. 它们几乎是通用的, 然而植物形状有着惊人的多样性, 特定的偏离可能比 "标准" 的更使人感兴趣. Δ = 2 的一个后果是, 与接近自相似分枝的肺的形状相比较, 植物分枝是极其稀疏的; 我们不能透过肺看到其后面的东西, 但我们可以透过一棵无叶的树看到其后面的东西.

D 和 Δ 取物体和曲面的欧几里得整数维数的原因, 用达尔西·汤普森 (D'Arcy Thompson) 的话来说是这样的, "树是由简单的物理规则所支配的, 这种规则确定了在体积和面积中的相对变化. " 在 (Hallé, Oldeman & Tomlinson, 1978) 中用更专业的术语写道: "树中的能量交换问题可以通过把树看作这样一个系统予以简化, 其中尽可能大 [的面积] 用极小的体积灌溉, 同时又要保证能排出吸收的能量." 因为体积和面积在欧几里得几何的框架中是不可通约的, 树的体系结构的几何学问题在本质上是一个分形问题. 当 D 和/或 Δ 不再是整体时, 问题的分形特征便更加明显了.

植物树的 D 和 Δ

值 $D = 3$. 读者知道得很清楚, 树叶的最大可能面积是充满空间的曲面的面积——以灌木作为近似, 它们的叶子或尖针非常接近于某个轮廓线内的每个点 (也许除开我们忽略的死去的内核). 非常小的 3-D 就容许阳光入射和透风.

伞. 然而, 对树的体系结构所加的各种各样附加约束可能阻止 $D = 3$ 的实现. 仅有的标准替代物是一个维数 $D = 2$ 的标准面, 例如隐藏没有叶子但分枝交错的球面 "伞" 曲面. 这就是为什么 (Horn, 1971) 中限制了自身为标准几何学而又容许 $D = 3$ 或者 $D = 2$. 然而 $D = 2$ 并无明显的优越性; 事实上, 为了以全球面的伞为末端, 分枝必须遵循非常特殊的规则.

另一方面, "树的体系结构" 设计的自由度因其为分形而无限地增加. 首先, 许多大树的重复性扇形曲面可以由维数 D 在 2 与 3 之间的标度分形来表示, 而且能够根据 D 值而加以区分. 也会想到西兰花叶和菜花, 但它们提出不同的课题, 我们下面就要予以讨论. 人们可以想象稀疏向上爬的植物维数低于 2(并猜想很好地设计为 "和谐" 的盆景树也是 $D < 3$ 的分形).

值 $\Delta = 2$. 本章开头所引用莱奥纳多·达·芬奇的话对肺 ($\Delta = 3$) 和动脉 ($\Delta = 2.7$) 并不成立. 但植物解剖学不同于人体解剖学. 值 $\Delta = 2$ 是基于人为地把树想象为一束有固定直径的非分枝管, 它们把根与树叶相连接, 并在每个分枝横截面上占固定比例. 齐默尔曼 (Zimmermann) 告诉我们, 这种形状被日本学者称为 "管道模型".

Δ 的测量. 经验证据看来是惊人地零散和间接. 摘自 (Thompson, 1917), Murray (1927) 根据经验, (分枝重量) 正比于 (分枝直径)^M, 其中 $M \sim 2.5$. 但是我说他的 M 要比这更大. 他声称 $M = \Delta$, 但是我自己的分析得出 $M = 2 + \Delta/D$. 对于 $D = 3$, 莱奥纳多的值 $\Delta = 2$ 对应于 $M \sim 2.66$, 而 $M \sim 2.5$ 会给出 $\Delta = 1.5$. 最近, 麦克马洪 (McMahon) 教授友好地告知我应用于 (McMahon & Kronauer, 1976) 的 3 颗 "麦克马洪树" 的数据, 并且数据已被分析. 记 d_1/d 为 x 和记 d_2/d 为 y, 我们寻找这样的 Δ 值, 它使得 $X = x^\Delta$ 和 $Y = y^\Delta$ 位于直线 $X + Y = 1$ 上. 不幸的是, 对每个 Δ 的经验结果都极为分散. 因此, 对 Δ 的估计一定是不可靠的. 再者, 并未否定值 $\Delta = 2$, 但建议稍小的 Δ. 目前安全的结论是, $\Delta = 2$ 是合理的初步值. 但树的体系结构偏于保守, 下一级分枝比必须更细.

$D = 3$ 和 $\Delta = 2$ 的推论. 第一个推论是, 分枝的树叶的面积正比于分枝外形的体积和分枝的横截面积. 这个论断在经验上是正确的. 这是由胡伯尔 (Huber) 在 1928 年作出的.

另一个推论是比值 (树高)^3 /(树干直径)^2 对每一种树都是常数, 而且等于比值 (分枝排水区域体积的线性尺度)^3/(分枝直径)^2. 人们也可以期望这个比值在树种之间的变化相对较小. 注意到风作用在光杆树 (相对于带叶子的树) 上的力大致正比于分枝 (相对于分枝和树叶) 面积和正比于该模型的 (高度)^3, 而树干的反阻力正比于 (直径)^2. 这提示了这些量的比值是一个安全因子.

在具有 $\Delta = 2$ 和 $D = 2$ 的伞形树中, 比值 (密度)^2/(树干直径)^2 是常数. 更一般地, 比值 (高度)^D/(树干直径)$^\Delta$ 也是常数.

关于动物后腿骨的插话. 对具有 $D = 3$ 和 $\Delta = 2$ 的植物树为特征的高度与直径之间的关系, 也可应用于动物的骨骼, D 为主要支撑骨的直径.

格林希尔的弹性标度

虽然肺和血管系统树在外部支撑, 但大多数植物是自行支撑的. 格林希尔 (Greenhill)(在 (Thompson, 1961) 中引用) 在这一点上引入了与几何相似性相反的弹性概念. 静力弹性相似性的想法是, 树的总体高度必须不超过一个同样底部直径的均匀圆柱在其自身重量载荷作用下临界屈曲高度的一个固定的百分比. 这个要求产生了与 $D = 3$ 和 $\Delta = 2$ 的分形完全相同的结果. 因此, 具有充满空间树叶的 "管道模型" 树不会弯曲.

文献 (McMahon & Kronauer, 1976) 中详细加工了格林希尔的想法：他们引入了**动力**弹性相似性, 也得到了同样的结果.

$D = \Delta < 3$ 的植物

在某些植物中, 木质不但承担重量和输送液汁, 而且也用作储备营养. 如果是这样的话, 即使血管系统服从 "管道模型", 也不需要应用值 $\Delta = 2$.

图版 169 中说明了一个例子 (在约化为 $D - 1$ 和 $\Delta - 1$ 的平面中), 那里的分枝顶端形成一个非标准的 "伞", 具有 $D < 3$ 和 $\Delta = D$. 我们看到几何花菜形状有空遮挡……, 就像植物花菜一样. 这只是一种巧合吗? 由几何学预先规定的特征不需要麻烦遗传学编码.

关于人脑几何学的更多考虑

在第 12 章中讨论人脑的曲面时, 我们没有考虑把不同部分连接在一起的轴突网络. 在小脑的情形, 轴突把曲面与外部相连, 我们要与包住一颗白质树的灰质曲面打交道. 我修订了第 12 章关于这种树的论点, 并发现这样导致的体积-面积关系式中的修正项改善了对数据的拟合. 但要在这里讲清楚这些显得太冗长了.

神经分枝. 在哺乳动物小脑里的浦肯野 (Purkinje) 细胞实际上是扁平的. 它们呈树枝状形成了一个填满平面的迷宫. 从哺乳动物到鸽子、鳄、青蛙和鱼, 填满的程度依次减少 (Llinas, 1969). 如果这对应于 D 的减少那就很好, 但神经元是分形的概念仍然是一种猜想.

拉尔定律. Rall (1959) 观察到保持量值 $d^\Delta, \Delta = 1.5$ 的神经树在电学上等价于圆柱, 因此研究起来特别方便. 进一步的细节在 (Jack et al, 1975) 中给出.

密苏里河有多宽?

现在转到河流. 我在第 7 章提出的 "佩亚诺" 模型, 尽管在概念上很重要, 却只是一个一阶近似. 尤其是它意味着河流的宽度为零, 然而实际上河流具有正的宽度.

一个重要的经验问题是, 河流的分歧是否全部具有同样的直径指数 Δ. 如果 Δ 的确是确定的, 下一个问题是 $2 - \Delta$ 是等于 0 还是大于 0. 据我所知没有直接的试验, 但是通过一条河流的流量 Q 在分歧时保持不变, 因此要可以用 d^Δ 表示, 默多克 (Maddock)(Leopold, 1962) 发现 $d \sim Q^{1/2}$, 因此 $\Delta = 2$. 此外, 河流的深度正比于 $Q^{0.4}$, 而它的速度正比于 $Q^{0.1}$. 指数正好加成 0.5+0.4+0.1=1.

莱西 (G.Lacey) 在 20 世纪 30 年代观察到, $\Delta = 2$ 对于稳定的印度的灌溉渠道 (这是一个完全确定的水力学问题) 也是成立的. 因此我们可以期望用流体力学来阐明默里关于肺功能论证所起的作用.

$\Delta = 2$ 具有一个有趣的含义: 如果把河流作为具有正确的相对宽度的带状画在地图上, 要从河流树的形状来猜测地图的比例尺度是不可能的. (这对于河流的弯曲情况也是不可能的, 但这是完全不同的事情.)

那些相信莱奥纳多知道每一件事情的人, 将在本章开始时引用的那一段话的继续中读到: "如果流速相同, 则水 (流) 在其流经的每个阶段上的所有分枝, 等于主流整体." ■

图版 169　✠ 植物花的平面分形模型

从图版 160 中选一个有 $\theta < \pi$ 的伞形树, 并把它的每个杆用一个等腰三角形替代, 所述杆是三角形的一边, 杆端的角是 $\frac{1}{2}\theta$(根端) 和 $\pi - \theta$. 因为 θ 是该树避免自重叠的最小值, 所以三角形的粗树干也不重叠且充满于伞的 "内部". 为使图形更加清晰, 其中之一的三角形的一边已稍做修剪.

注意到当 D 接近于 1 或 2 时, 即当空间 (图形) 的 D 接近于 2 或 3 时, 分枝迅速变细. 真的能观察到相应于最粗可能分枝的 D 吗? ■

图版 170 和 171 ✠ 充满平面的递推支气管

图版 170. 在科赫递推中, 有限近似下的每一直线段最终分为较短的几段. 在许多应用中, 通过容许某些段 "不育" 来推广这个步骤是很有用的. 这使得它们在以后的阶段里保持不变.

这里应用这种推广的步骤生长一棵 "树". 我们从有一个发育的 "芽" 的树干开始. 这个芽长出两个 "分枝", 在这些分枝上又只有两个终端的 "芽" 可以生长, 如此等等, 直至无穷. 生长是非对称的, 以保证树能充满大致是矩形的平面部分, 既无间隙又无重叠. 然而, 非对称的自接触是不可避免的, 而且确实, "树皮" 线上的每一点也可以作为极限分枝顶端而得到.

由主杆构造的 "子树" 与整棵树在两个不同的相似比上相似, r_1 和 r_2. 整棵树不是自相似的, 因为除子树以外它还包含有树干. 另一方面, 渐近分枝顶端的集合是自相似的. 从图版 60 和 61 的说明中可知, 相似维是 D, 满足方程 $r_1^D + r_2^D = 1$. 在图版 171 中, 顶端几乎是充满平面的, $2 - D$ 是一个小量: 在图版 171 中, D 比 2 小得多.

顺便指出, 直径/长度的比值已经建立, 整个空间图形的余维数是 $3 - D$, 小于这个平面约化的余维数 $2 - D$.

图版 **171**. 合成图形产生于科赫树构造, 它的生成器在每个阶段都作改变, 使得其宽度和长度的比值减少为 0. 该比值在合成图左边的减少比右边更快. 其结果是分枝顶端不再是自相似的. 然而, 其顶端能达到维数 $D = 2$. 这是一种新方法, 可以达到与第 15 章相同的目的. ■

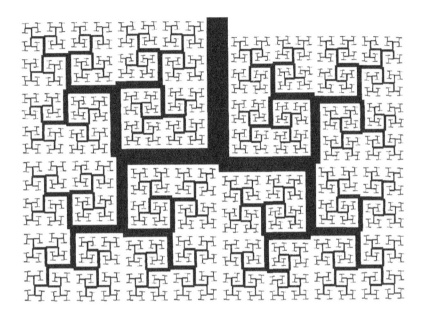

第六篇
自映射分形

第 18 章　自反演分形、阿波罗尼奥斯网和皂膜

本书的大部分致力于那些在相似性下完全不变的, 或者至少是 "几乎" 自相似的分形, 其结果是, 读者可能形成这样的印象, 分形概念与自相似性是结合成一体的, 必须强调这并非如此, 但分形几何学必须开始处理直线上的分形对应物……称之为 "线性分形".

第 18 章和第 19 章迈出了下一步, 它们分别概述以下这些分形的性质: 在几何反演下不变的最小集, 以及在某种自乘形式下不变的最大集的边界.

这两族在本质上都不同于自相似分形. 适当的线性变换保持标度分形不变, 但是为了生成它们, 我们必须指定一个生成器和设计其他规则. 另一方面, 分形由非线性变换所 "生成" 的事实, 常常足以确定因而产生的形状. 此外, 许多非线性分形是有界的, 即有一个内在的有限外界限 $\Omega < \infty$. 那些讨厌 $\Omega = \infty$ 的人, 应该为它的消失而高兴.

第一个自反演分形是由亨利・庞加莱和费利克斯・克莱因 (Felix Klein) 于 1880 年引入的. 不久以后, 大约与康托尔集同时, 魏尔斯特拉斯发现了一个连续而不可微的函数, 远在佩亚诺和科赫曲线及其标度族之前. 可笑的是, 标度分形作为熟知的反例和教学游戏的素材而找到了长期的藏身处, 自反演分形成为自守 (automorphic) 函数理论中的一个特殊课题. 这个理论被忽视了一阵子, 以后又以很抽象的形式再起. 自反演分形曾被半遗忘的原因是, 它们的实际形状一直未被探索过, 直至本章展示出一种有效的新结构.

本章的最后一节处理了一个物理学问题, 它碰巧是最简单的自反演分形.

生物形态和 "简单性"

就像我们将要看到的, 许多非线性分形 "看上去像器官", 因此现在的说明与生物学有关. 生物形态常常是非常复杂的, 看来这种形态的编码必定很长. 当复杂性似乎无用时 (如对相当简单的生物常常如此), 不删除生成程序但又要留出空间给有用的指令是一个悖论.

然而, 问题的复杂性常常在于结构中的大量重复, 我们还记得, 在第 6 章末说过, 不能把科赫曲线看成是无规则的或者是复杂的, 因为它的生成法则是系统性的而且是简单的. 关键是在相继的循环中反复应用该法则. 第 17 章中把这种想法推广到肺结构的预编码.

在第 18 章和第 19 章, 我们要更进一大步, 发现由非线性法则生成的某些分形, 使人想起昆虫或有头足的动物, 而其他的, 使人想起植物. 于是上述悖论消失, 留下一个十分艰巨的需要实际完成的任务.

标准的几何反演

在直线以后, 欧几里得几何的下一个最简单形状是圆. 而圆不仅在相似变换下保持不变, 在反演下也是不变的. 许多学者从他们青少年时期以后从未听说过反演, 因此有必要重述一下基本知识. 给定一个原点为 O、半径为 R 的圆 C, 关于 C 的反演是把 P 点变换到 P' 点, 使得 P 和 P' 位于从 O 点出发的同一半直线上, 其长度 $|OP|$ 和 $|OP'|$ 满足 $|OP||OP'| = R^2$. 于是包含 O 点的圆反演为不含 O 点的直线, 反之亦然, 下图 (1) 与 (2), 不含 O 点的圆反演为圆, 下图 (3). 与 C 正交的圆以及过 O 点的直线在关于 C 的反演下保持不变, 下图 (4).

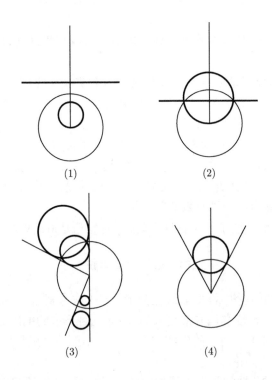

(1)   (2)

(3)   (4)

现在把三个圆 C_1, C_2 和 C_3 放在一起研究. 通常, 例如当被 C_m 包围的有界开圆盘不重叠时, 存在一个与每个 C_m 都正交的圆 Γ, 见下图. 若 Γ 存在, 它关于诸 C_m 都是自反演的.

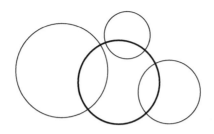

上述平凡无奇的结果, 几乎把标准几何学关于自反演集合的知识都讲完了. 其他自反演集合是分形, 而且大多数都是平凡无奇的.

生成器, 自反演集合. 我们照例从一个生成器开始, 现在的情形是由任意 M 个圆 C_m 组成的. 关于这些圆的逐次反演构成的变换形式, 被代数学家称为这些反演所生成的群; 称为 $\mathcal{G}$. "自反演集合" 的正式术语是: "在运算群 $\mathcal{G}$ 下保持不变的集合. "

种子和家族. 取任意集合 $\mathcal{S}$ (称它为一个粒种子), 并对它加上一个由所有 $\mathcal{G}$ 运算组成的变换 $\mathcal{S}$. 这里称为 $\mathcal{S}$ 的家族的这个结果是自反演的. 但它不值得引起注意. 例如, 如果 $\mathcal{S}$ 是扩张平面 $\mathbb{R}^*$(即平面 $\mathbb{R}$ 加上无穷远点), $\mathcal{S}$ 的家族等同于 $\mathbb{R}^* = \mathcal{S}$.

混沌反演群. 进一步, 给出一个基于各个反演的群 $\mathcal{G}$, 可以发生这样的情况, 每个区域 $\mathcal{S}$ 的家族覆盖了整个平面. 如果是这样, 这个自反演集合必定是整个平面. 根据第 20 章中所述的理由, 我建议称此群为混沌的. 非混沌群出自庞加莱, 但称为克莱因群: 庞加莱曾把克莱因的某项其他工作归功于富克斯 (L. Fuchs). 克莱因提出了抗议, 庞加莱允诺把他的下一个重大发现以克莱因命名——他这样做了!

局限于非混沌群, 我们讨论由庞加莱选择的三种自反演集, 然后讨论历史还不清楚的第 4 个集合和我发现是很重要的第 5 个集合.

双曲型棋盘格或铺覆

少数 M. 埃舍尔的赞美者知道, 这个名画家的灵感常常直接来自 "不知名的" 数学家和物理学家 (Coxeter, 1979). 在许多情况下, 埃舍尔对庞加莱所知的和 (Fricke & Klein, 1897) 中详细说明的自反演镶嵌图案增加了装饰.

这些集合记作 $\mathcal{J}$, 通过合并这些圆 C_m 自身的家族得到.

◁ 假设 $\mathcal{G}$ 是非混沌的, C_m 家族的并的补集是圆多边形的集合, 称为 "开铺覆". 任意开铺覆 (或它的闭包) 能够由一系列属于 $\mathcal{G}$ 的反演变换为任何其他的开 (或闭) 铺覆. 换句话说, 任意闭铺覆的家族是 $\mathbb{R}^*$. 更重要的是, 任意开铺覆的家族是 $\mathcal{J}$ 的补集. 而 $\mathcal{J}$, 可以这么说, 是这些铺覆的 "灌浆线", 且 $\mathbb{R}^*$ 是自反演的.

$\mathcal{T}$ 和 $\mathcal{J}$ 的补集是自反演的和涉及 $\mathbb{R}^*$ 的一个 "双曲型铺覆" 或 "棋盘格" (词根是拉丁文 tessera= 正方形, 来源于希腊文 $\tau\epsilon\sigma\sigma\alpha\rho\epsilon\varsigma$ = 4, 但是铺覆可以有大于 2 的任意数目的角). 在埃舍尔的图画中, 每个铺覆都产生一幅奇妙的图画. ▶

一个反演群的极限集

最有意义的自反演集是最小的一个. 它被称为极限集, 用 $\mathcal{L}$ 标记, 因为它也是任意初始点在 $\mathcal{G}$ 群作用下的变换所形成的极限点集. 它属于任意种子 $\mathcal{S}$ 的家族. 为了使技术要点更清楚: 这是那些不能通过有限次反演得到的极限点的集合. 直观地, 那里正是无限小后裔集中的区域.

$\mathcal{L}$ 可以缩小为一个点或者一个圆, 但一般说来, 它是支离破碎的和 /或无规则的分形集合.

◁ 在棋盘格图案中, $\mathcal{L}$ 作为 "无限小铺覆的集合" 是很突出的. 就棋盘格图案的有限部分而言, 它起到了分枝顶端 (第 16 章) 对于分枝的作用. 但这里的情况比较简单: 就像 $\mathcal{L}$ 一样, 该棋盘格图案 $\mathcal{T}$ 是自反演的且无剩余. ▶

阿波罗尼奥斯网和垫片

称一个 $\mathcal{L}$ 集是阿波罗尼奥斯集, 如果它是由无限个圆加上它们的极限点组成的. 在这种情形, 它之所以作为分形只是其支离破碎性的结果. 在本课题工作的早期, 就已经理解了这种情形 (尽管是个别地).

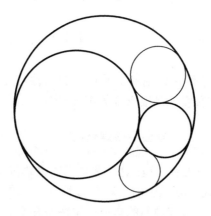

我们首先构造一个基本例子, 然后证明它是自反演的. 来自帕加的阿波罗尼奥斯是大约公元前 200 年亚历山大学派的希腊数学家, 他也是欧几里得的紧密追随者, 他发现了一种算法, 能画出与三个已知圆相切的五个圆. 当给定圆相互相切时, 阿波罗尼奥斯圆的个数是二. 马上就会看到, 不失一般性, 假定给定的三个圆中有两个圆相互外切且包含在第三个圆的内部, 如上图, 则这三个圆定义了两个

具有 0° 角的圆三角形, 如下图, 而两个阿波罗尼奥斯圆是这两个三角形中的最大
内切圆, 如下图.

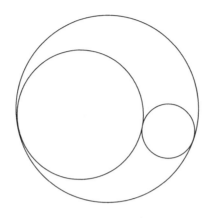

　　阿波罗尼奥斯的构造终止于五个圆, 其中三个是给定的, 两个是阿波罗尼奥
斯的, 它们一起定义了六个圆三角形. 重复同样的步骤, 我们在每个三角形中作出
最大的内切圆. 无限多次进一步重复得到阿波罗尼奥斯填装 (packing). 由此产生
的无限个圆的汇聚加上其极限点, 成为一个集合, 我称之为阿波罗尼奥斯网. 网在
圆三角形内的部分, 如下图所示, 称为阿波罗尼奥斯垫片.

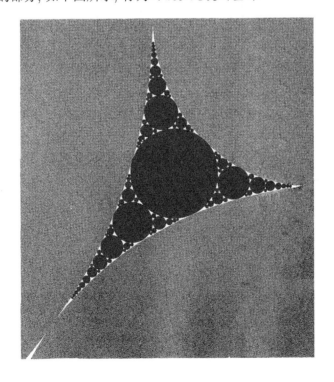

如果第一代阿波罗尼奥斯圆之一与给定内部的圆中的任一个相交换, 则极限集并不改变. ◁ 如果所述阿波罗尼奥斯圆是用来代替外部的给定圆的, 那么构造从给定的相互外切的三个圆开始, 而第一阶段的阿波罗尼奥斯圆之一是外切于三个给定圆的最小圆. 在此非典型阶段之后, 构造步骤如上, 这证明我们的图形没有失去普遍性. ▶

莱布尼茨填装. 阿波罗尼奥斯填装使我想起了一种构造, 我称之为圆的莱布尼茨填装, 因为莱布尼茨在给布洛斯的信中写道: "想象一个圆: 它与三个有极大半径的圆相切; 对这些内部的每一个圆和它们之间的每个间隔都类似地进行上述步骤, 并想象该步骤继续下去直至无穷 ⋯⋯"

阿波罗尼奥斯网是自反演的

现在回到构造阿波罗尼奥斯网的起点: 彼此相切的三个圆. 加上相应阿波罗尼奥斯圆中的任意一个, 把这样得到的四个圆称为 Γ 圆, 这里用粗线画出.

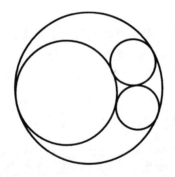

把 Γ 圆中的每三个圆称为一个三元组. 共有四种组合, 每组都对应于一个与三重圆中每一个都正交的新圆. 取这些新圆为生成器, 记为 C_1, C_2, C_3 和 C_4 (在下图中以细线画出). 而正交于圆 C_i, C_j 和 C_k 的 Γ 圆, 将被记为 Γ_{ijk}.

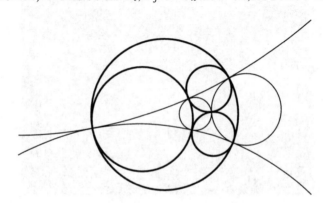

这些冗长的标记带来的回报是：简单地审视表明，相对于四个生成圆 C_m 的最小 (闭) 自反演集，是在四个 Γ 圆上构造的阿波罗尼奥斯网. 很奇怪，这种观察在文献中并未找到明显出处，但它肯定是广为人知的.

更加仔细的审视表明，网中的每一个圆都可以通过相对于 C 圆的唯一的一系列反演，变换为诸 Γ 圆之一. 用这种方法，阿波罗尼奥斯网上的圆可以分为 4 个族：由 Γ_{ijk} 递降的家族，将被记作 $\mathcal{G}\Gamma_{ijk}$.

用一条线编织的网

阿波罗尼奥斯垫片和图版 146 的谢尔平斯基垫片表明了一个重要的性质：谢尔平斯基垫片的补集是三角形的并集，是一个 σ-三角形，而阿波罗尼奥斯网或垫片的补集是圆盘的并集，是一个 σ-圆盘.

但是我们也知道，谢尔平斯基垫片容许一种替代的科赫构造，其有限近似是无自接触的奇怪折线 (由折线构成)，而且直至到达极限前没有双重点. 这表明，无须提起笔就可以画出谢尔平斯基垫片：线将两次通过某些点，但决不会两次通过线上的任何区间.

换一种方式表达，用一个线团就能把谢尔平斯基垫片编织出来!

对阿波罗尼奥斯网有同样的结论成立.

非自相似的级联和维数的估算

阿波罗尼奥斯填装中的圆三角形不是彼此自相似的，因此阿波罗尼奥斯级联不是自相似的，而阿波罗尼奥斯网不是标度集. 我们必须对豪斯多夫-柏西柯维奇定义的 D(作为用于定义测度的指数) 重新分类，这种 D 适用于每个集合，但 D 的推导被证明是难以置信地困难. 迄今为止 (Boyd, 1973a; 1973b) 的最好结果可以说是

$$1.300197 < D < 1.314534.$$

但是 Boyd 最近 (未发表) 的数值实验给出 $D \sim 1.3058$.

无论如何，因为当 $D_T = 1$ 时 D 是一个分数，阿波罗尼奥斯垫片和网是分形曲线. 就这一点来说，D 是支离破碎性的度量. 例如，当截去半径小于 ε 的圆盘时，留下空隙的周长正比于 ε^{1-D} 和表面积正比于 ε^{2-D}.

在非福克斯的庞加莱链中的 $\mathcal{L}$

对配置不太特殊的生成圆 C_m 的反演，会导致自反演分形，它比任何阿波罗尼奥斯网都更简单. 下面即将展示我的一种可使用的结构，它在大多数情况下适

用于表征 $\mathcal{L}$. 这是对前述的庞加莱和克莱因方法的重大改进, 那种方法很麻烦而且收敛很慢.

但是老方法仍然很重要, 我们在一种特殊情况下考察它. 我们把 C_m 形成的图形称为庞加莱链, 也就是循环编号的 M 个圆 C_m 的集合, 这样 C_m 与 C_{m-1} 及 C_{m+1} (模数 M) 相切, 而且链中的其他圆不相交. 这时 $\mathcal{L}$ 是把平面分为内部和外部的曲线. (归功于卡米尔·若尔当 (Camille Jordan), 他第一个看出, 平面能被一个简单回路这样地分为两部分, 这一点并不是显然的, 这样的回路被称为若尔当曲线).

当所有 C_m 都与同一个圆 Γ 正交时, $\mathcal{L}$ 就恒等于 Γ. 这种所谓福克斯情形在本章中不予考虑.

庞加莱的 $\mathcal{L}$ 构造. 通常的 $\mathcal{L}$ 构造和我的另一种构造都将在以下 $M = 4$ 的特殊链范例作充分的描述:

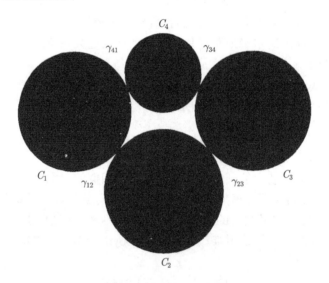

为了得到 $\mathcal{L}$, 庞加莱和 (Fricke & Klein, 1897) 中用数目越来越多但尺寸越来越小的环节组成的链, 分阶段地代替原始链. 在第一阶段, 把每一个环节 C_i 用 C_m (除 C_i 外) 对 C_i 的反演代替, 这样就建立了 $M(M-1) = 12$ 个较小的环节. 它们被表示为在原始环节的 (灰色) 照相负片上的添加. 每个阶段都取开始链并在每个原始 C_m 下反演. 下面的图中灰色背景上的白色图形是前一阶段, 叠加其上的黑色图形是后一阶段. 最终, 这根链子变细成为它的线, 这就是 $\mathcal{L}$.

不幸的是, 某些环节在经过许多阶段以后仍然保持相当大的尺寸, 并且即使是非常高级的近似链, 给出的也只是 $\mathcal{L}$ 的低劣概念, 这个困难用图例来说明, 就是图版 189 中令人讨厌的样子.

分形密切性概念

我关于 $\mathcal{L}$ 的另一种构造法涉及了一个新的分形密切性概念, 它延拓了阿波罗尼奥斯范例的一个自明的方面.

标准密切性. 这个概念与曲率概念关联. 在一个规则点 P 附近的标准曲线, 可用它的切线作为一阶近似, 也可以用圆作为二阶近似, 称为密切圆, 此密切圆与曲线有同样的切线和同样的曲率.

作为在 P 点与曲线相切的圆的标志, 一个方便的参数是从 P 点 (沿任意方向) 到圆心距离的倒数, 记为 u. 把密切圆的标志记为 u_0, 如果 $u < u_0$, 中心为 P 的一小段曲线完全位于相切圆的某一边, 而如果 $u > u_0$, 就完全位于另一边.

物理学家称这个 u_0 为临界值, 而数学家称之为剖分 (cut), 并且 $|u_0|$ 定义了局部 "曲率".

总体分形密切性. 对于阿波罗尼奥斯网, 通过曲率来定义密切性是没有意义的. 然而, 在填装的两个圆彼此相切的该网的每一点, 它们显然 "包围了" 在它们中间的 $\mathcal{L}$ 的剩余部分. 人们倾向于把二者都称为密切圆.

为了把这个概念推广到非阿波罗尼奥斯集合 $\mathcal{L}$, 我们取一个其上 $\mathcal{L}$ 有切线的点, 并从基于临界性 (criticality =cut, 剖线) 的普通密切性定义开始, 新意在于, 当 u 从 $-\infty$ 变到 $+\infty$ 时, 单一临界值 u_0 被两个不同的值 u' 和 u'' 替代, 且 $u'' > u'$, 它们的定义如下: 对一切 $u < u'$, $\mathcal{L}$ 完全位于我们的圆的一边, 对一切 $u > u''$, $\mathcal{L}$ 又完全位于另一边. 而对于 $u'' < u < u''$, 在圆的两边都有 $\mathcal{L}$. 我建议把参数为 u' 和 u'' 的两个圆, 都称为*分形密切圆*.

任意圆都在两个开圆盘 (一个包含圆的中心, 另一个包含无穷远点) 之间. 以密切圆为边界且位于 $\mathcal{L}$ 外部的开圆盘称为密切圆盘.

可能发生这样的情形, 一个或两个密切圆盘退化为一个点.

局部对总体的概念. 回到标准密切性, 我们注意到这是一个局部概念, 因为它的定义与离 P 点较远处的曲线形状无关. 换句话说, 该曲线、它的切线以及它的密切圆, 除了 P, 还可以与任意多点相交. 与此相反, 前述的分形密切性定义是总体性的. 但这个区别不是实质性的. 分形密切性可以在局部重新定义, 相应地把 "曲率" 分为两个数. 但是在当前的应用中, 总体密切性和局部密切性是一致的.

密切三角形. ◁ 分形总体密切性在熟知的语境中有一个对应物. 为了定义我们的老朋友科赫雪花曲线 K(作为 σ-三角形) 的内部, 只要把位于图版 46 的各个新阶段上的三角形尽可能拉长但不与雪花曲线相交即可. ▶

σ-圆盘与 $\mathcal{L}$ 密切

密切圆盘和 σ-圆盘是我的 $\mathcal{L}$ 的新构造法的关键, 它没有第 182 和 183 页上所列的弊端. 该构造在此首次说明 (虽然曾于 1980 年在 1981 年斯普林格数学挂历中预告!). 关键在于, 不是取 C_m 本身的反演, 而是取圆 Γ_{ijk} 中一些的反演, 它们 (按照 180 页上的定义) 是与三重圆 C_i, C_j 和 C_k 相正交的. 再则, 我们假设 Γ_{ijk} 并不完全等同于单个的 Γ.

限制为 $M = 4$. $M = 4$ 的假设保证了对于每个三元组 i, j, k, 以 Γ_{ijk} 为边界的两个开圆盘中的不论哪一个 (即或者其内部或者其外部), 都不包含我们定义于 182 和 183 页的点 γ_{mn} 中的任一个. 我们将把这个无 γ 的盘记为 Δ_{ijk}.

我对 $\mathcal{L}$ 的构造根植于以下观察: 每个无 γ 的 Δ_{ijk} 与 $\mathcal{L}$ 密切; 所以它们在 C_m 中的反演和重复反演也是如此; 用 Δ_{ijk} 作为种子建立的家族覆盖了除曲线 $\mathcal{L}$ 以外的整个平面.

图版 187 应用了已在 182 和 183 页中用过的同样的庞加莱链, 但以较大的比例画出. 在大多数情况下, 第一阶段就相当精确地勾画了 $\mathcal{L}$ 的外形, 以后阶段增

加的细节非常 "有效", 很少几个阶段以后就可以想象内插曲线 $\mathcal{L}$, 没有庞加莱方法中出现的误差.

推　广

具有 5 个或更多环节的链. 当在庞加莱链中原始环节的数目 $M > 4$ 时, 我的 $\mathcal{L}$ 的新构造包含一个附加步骤: 开始于把 Γ 圆分为两种. 对有些 Γ 圆, ~~每一个以~~ Γ 为界的开圆盘至少包含有一点 γ_{mn}; 其结果是, Δ_{ijk} 无定义. 这种 Γ 圆与 $\mathcal{L}$ 相交而不是与之密切, 但是它们对构造 $\mathcal{L}$ 是不需要的.

剩下的圆 Γ_{ijk} 定义了密切圆盘 Δ_{ijk}, 它们分为两类. 第一类中 Δ_{ijk} 家族的总和代表 $\mathcal{L}$ 的内部, 而第二类中 Δ_{ijk} 家族的总和代表 $\mathcal{L}$ 的外部.

在许多 (但不是全部) C_m 不能构成庞加莱链的范例中, 也有与上述相同的结论.

重叠和/或拆散链. 当 C_m 和 C_n 有两个交点 γ'_{mn} 和 γ''_{mn} 时, 这些点一起代替 γ; 当 C_m 和 C_n 分开时, γ 由两个彼此反演的点 γ'_{mn} 和 γ''_{mn} 代替. 识别 Δ_{ijk} 的判据的表述烦琐, 但基本思想不变.

树枝状自反演分形. $\mathcal{L}$ 可以或者借用褶皱的回路 (若尔当曲线), 或者借用阿波罗尼奥斯网的特征, 产生出类似于第 14 章中考察过的那些分形树枝状曲线, 但常常奇形怪状, 如彩图版五.

自反演尘埃. $\mathcal{L}$ 也有可能是分形尘埃.

近晶型液晶的阿波罗尼奥斯模型

本节概述阿波罗尼奥斯填装以及分维数在描述一类 "液晶" 中所起的作用. 这样, 我们就转向物理学中最活跃的领域之一, 临界点理论. 举例如温度-压力图形上的特定 "点", 它描述了在一个单独的物理系统中, 固体、液体和气体三相共存平衡的物理条件. 在临界点的邻域里物理系统的分析特征是标度的, 因此被幂规律支配, 并被一些临界指数 (第 36 章) 确定. 而许多指数都是分维数; 这里将要遇到第一个例子.

因为液晶鲜为人知, 我们用 (Bragg, 1934) 中的释义来描述它. 这些美丽而神秘的物质就其流动性而言是液体, 但就其光学性态而言是晶体. 它们的分子具有相对复杂的结构, 长而类似于链. 某些液晶相被称为是近晶型的, 它来源于意为肥皂的希腊词 $\sigma\mu\eta\gamma\mu\alpha$, 因为它们组成了类似于肥皂那样的一个有机系统模型. 近晶型液晶由像田野中一排排谷物那样的分子组成, 每层的厚度就是分子的长度. 所得到的层或片都是十分富有弹性和十分强劲的, 当把它弄弯再释放时, 它又会变得平直. 在低温下, 它们堆放得很规则, 就像一本书的书页, 并形成固态晶体. 然而当温度升高时, 这些片很容易相互滑动, 每一层都构成一个二维液体.

特别令人感兴趣的是有焦点的圆锥曲线结构, 一块液晶被分为两组金字塔, 半数的底面位于两个相对面之一, 而顶点在另一个面上. 在每一个金字塔内部, 液晶层折叠成非常尖的圆锥的形式. 所有圆锥体都有同样的尖顶和都近似地与平面相垂直. 其结果之一是, 它们的底面就是以圆为边界的圆盘. 它们的最小半径 ϵ 是液晶层的厚度. 在一个例如正方形底面的金字塔的空间区域内, 构成圆锥底面的圆盘分布在金字塔底面上. 为了得到一个平衡的分布, 从在底面上放置半径最大的圆盘开始. 然后把另一个半径尽可能大的圆盘放在余下四块中每块的内部, 等等. 如果这个过程可以无穷尽地进行下去, 我们就会获得精确的阿波罗尼奥斯填装.

这个肥皂泡模型的物理性质依赖于间隙之和的曲面和周长. 其连接受到一类照相 "负片"(肥皂分子不能穿透的垫片) 的分维数 D 的影响, 物理学上更详细的内容可见 (Bidaux, Boccara, Sarma, Sèze, de Gennes & Parodi, 1973). ■

图版 187 ✠ **一个自反演分形 (芒德布罗构造)**

本图版说明 184 页中的内容.

上图. $M = 4$ 的庞加莱链, 至少有一个盘 Δ_{ijk} 总是无界的, 称它为 Δ_{123}, 它与 Δ_{341} 相交 (这里 Δ_{341} 也是无界的, 但在其他情形不是). Δ_{123} 和 Δ_{341} 的并 (图中用灰色表示) 给出了 $\mathcal{L}$ 外部的一阶近似. 它类似于由正凸六边形得出的近似的科赫曲线 $\mathcal{K}$ 的外部 (图版 47).

圆盘 Δ_{234} 与 Δ_{412} 相交, 它们的并用黑色表示, 它给出了 $\mathcal{L}$ 内部的一阶近似. 它类似于把两个三角形作为 $\mathcal{K}$ 内部的近似, 形成图版 47 中的正星形六边形.

中图. $\mathcal{L}$ 外部的二阶近似可以由对 Δ_{123} 和 Δ_{341} 分别加上它们在 C_2 和 C_4 上的反演得到. 其结果在图中用灰色表示, 它类似于图版 47 中 $\mathcal{K}$ 外部的二阶近似.

相应的 $\mathcal{L}$ 内部的二阶近似可以由对 Δ_{234} 和 Δ_{412} 分别加上它们在 C_1 和 C_3 上的反演得到. 其结果在图中用黑色表示, 它类似于图版 47 中 $\mathcal{K}$ 内部的二阶近似.

下图. $\mathcal{L}$ 的外部用灰色表示, 它是 Δ_{123} 和 Δ_{341} 的家族之并. $\mathcal{L}$ 的内部用黑色表示, 它是 Δ_{234} 和 Δ_{412} 家族之并.

$\mathcal{L}$ 内部的精细结构见图版 189 下部, 它应用了不同的庞加莱链. 黑色和灰色开区域合在一起, 覆盖了除 $\mathcal{L}$ 外的全平面. ∎

图版 188 ✠ 自单应分形, 接近于佩亚诺极限

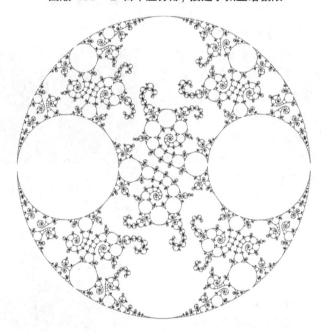

数学家对于群的主要兴趣基于反演存在着与某些自单应群的关系. 一个单应 (也称为默比乌斯, 或分形线性变换) 把 z-平面映射为 $z \to (az + b)/(cz + d)$, 其中 $ad - bc = 1$. 最一般的单应可以写成一个反演与一个转动的乘积, 该反演是关于一条直线的对称 (这是退化反演). 这就是为什么当没有旋转时, 单应的研究从基于反演的群的研究所学颇多. 但是很显然, 加入转动会引入丰富的新内容.

这是关于单应群的极限集 $\mathcal{L}$ 的一个例子. 大卫·芒福德 (David Mumford)(在研究本章提出的新结果中所得到的启发) 设计, 他并友好地同意在这里发表. 这个形状几乎充满平面, 可以看出它与图版 203 中另一个几乎充满平面的形状之间的相似和差别.

单应群的极限集是一个分形的事实, 曾在宽泛的条件下由 T. Akaza, A.F. Beardon, R.Bowen, S.J.Patterson 和 D. Sullivan 证明. 见 (Sullivan, 1979). ∎

图版 189　✠ 一个著名的自反演分形, 修订版 (芒德布罗构造)

上图复制了 (Fricke & Klein, 1897) 的图 156, 它被声称 (用我的术语) 代表了一个自反演分形, 其生成器由 5 个圆构成, 它们是黑色中心区域的边界. 该图被广泛复制使用.

中图中黑色形状的轮廓线显示出了分形的真实形状, 如在我的密切圆构造中所给出的. 差异是可怕的. 弗雷克 (Fricke) 知道 $\mathcal{L}$ 组合了许多圆, 因此他教导描图员把圆包括在内, 但在另一方面, 弗雷克不知道他应该期望哪一类非常不规则的形状.

真实的 $\mathcal{L}$ 包含了用我的算法画出的下图中形状的边界 $\mathcal{L}^*$. 这个 $\mathcal{L}^*$ 是自反演分形, 对应于形成庞加莱链的发生圆中的 4 个. 用其他的反演对 $\mathcal{L}^*$ 作变换显然被看作属于 $\mathcal{L}$. (Mandelbrot, 1982i) 对本图版作了详细的说明. ∎

第 19 章　康托尔尘埃和法图尘埃：自平方龙分形

本章处理两类非常简单的非线性变换 (映射), 并研究在这些变换下保持不变的某些分形集合, 这些变换可以作为上述分形的生成器使用.

首先, 实线的折线变换加深了我们对老相识康托尔尘埃的理解. 这些评论本来可以插入第 8 章中, 但放在这里更好一些.

尤其是, 它们有助于对实二次变换和复二次变换作用的重视, 这种变换的形式为 $x \to f^*(x) = x^2 - \mu$, 其中 x 和 μ 是实数, 或者为 $x \to z^*(x) = z^2 - \mu$, 其中 $z = x + \mathrm{i}y$ 和 μ 是复数.

初等情形 $\mu = 0$ 在几何上是空的, 但其他 μ 值涉及异常丰富的分形性质, 其中的许多是在文献 (Mandelbrot, 1980n) 中首次揭示的.

所讨论的不变图形最好是作为迭代研究 (即重复应用上述某种变换) 的一种副产品而得到. 初值记为 x_0 或 z_0, 经过 f^* 变换迭代 k 次后的值记为 x_k 或 z_k.

对迭代的研究大致分为三个阶段. 第一阶段关注复数 z, 以皮埃尔·法图 (Pierre Fatou, 1878—1929) 和加斯顿·茹利亚 (Gaston Julia, 1893—1978) 为主. 他们的著作是经典复分析的杰作, 极受数学家们的推崇, 但是以此为基础的进一步发展极其困难. 在我的工作中 (本章是一个非常简要的概述), 把分析与物理学和详细的作图相结合, 使他们的某些基本发现直观易见, 同时也发现了无数新的事实.

这样导致的复兴使得迭代性质成为分形理论的基础. 法图-茹利亚的发现并未发展成为本理论的源头这一事实提醒人们, 即使经典分析也需要借助直觉来发展, 并且计算机可以有所帮助.

中间阶段包括米尔贝里 (P.J.Myrberg) 对实二次映射 $\mathbb{R}$ 的迭代研究, 例如 (Myrberg, 1962; Stein & Ulam, 1964; Brolin, 1965).

当前阶段极大地忽略了过去, 而集中于在 [0,1] 上的自映射, 如在 (Gurel & Rössler, 1979), (Helleman, 1980), (Collet & Eckman, 1980), (Feigenbaum, 1981) 和 (Hofstadter, 1981) 中所综述的. 本章的最后一节涉及 (Grossmann & Thomae, 1977) 和 (Feigenbaum, 1978) 引入的指数 δ : δ 的存在性通过在复平面中迭代的更清晰的 (分形) 性质得以证明.

康托尔尘埃可以由一个非线性变换产生

我们从第 8 章知道, 三元康托尔尘埃 $\mathcal{C}$ 在比值为 3^{-k} 的相似比下不变, 这个自相似性是一个重要的性质, 但它不足以确定 $\mathcal{C}$. 作为鲜明的对比, $\mathcal{C}$ 作为在以下

非线性 "倒 V" 变换下不变的最大有界集是完全确定的,

$$x \to f(x) = \{1/2 - |x - 1/2|\}/r, \quad r = 1/3.$$

更确切地说, 我们反复应用实轴的这个自映射, 让 x_0 取遍 x 轴, 而最终值缩小为点 $x = -\infty$ 加上康托尔尘埃 $\mathcal{C}$. 不动点 $x = 0$ 和 $x = 3/4$ 属于 $\mathcal{C}$.

$\mathcal{C}$ **的不变性证明的要点.** 因为当 $x < 0$ 时 $f(x) = 3x$, 所有 $x_0 < 0$ 的点的迭代都直接收敛到 $-\infty$, 这就是, 不会停止于满足 $x_n < 0$, 对 $x_0 > 1$ 的点, 迭代一步就直接收敛了, 因为对所有 $k \geqslant 1$ 有 $x_k < 0$, 对于在间隙 $1/3 < x_0 < 2/3$ 中的点需要两步, 因为 $x_1 > 0$ 但对所有 $k \geqslant 2$ 有 $x_k < 0$, 对于在间隙 $1/9 < x_0 < 2/9$ 或 $7/9 < x_0 < 8/9$ 中的点, 需要三步. 更加一般地, 假如一个区间以 k 步后趋向 $-\infty$ 的间隙为界, 区间的 (开的) 中间三分之一中的点将在第 $(k + 1)$ 步后直接趋向 $-\infty$. 然而 $\mathcal{C}$ 中的所有点均不趋于 $-\infty$.

外界限的有界性

要把这些结果推广到 $N = 2$ 和 r 在 0 与 1/2 之间的一般康托尔尘埃, 只要把所要求的 r 代入 $f(x) = \{1/2 - |x - 1/2|\}/r$ 就足够了. 要得到任何其他康托尔尘埃, $f(x)$ 的图形必须是一条合适的锯齿形曲线.

然而, 没有任何可与之相比较的方法有助于把康托尔尘埃外推到整个实数轴. 这是一个非常一般的特点的特殊情况: 典型地, 一个非线性的 $f(x)$ 在其自身内部取得有限的外界限 Ω. 与此相反, 如我们很清楚地知道, 所有线性变换 (相似的和仿射的) 都以 $\Omega = \infty$ 为其特征, 而有限的 Ω(如果要求的话) 必定是人为地强加的.

康托尔尘埃的解剖学

我们从第 7 章知道, $\mathcal{C}$ 是一个非常 "稀薄" 的点集, 而 $f(x)$ 的迭代导致对这些点之间细微区别的更好理解.

当第一次接触到 $\mathcal{C}$ 时, 每个人都趋于相信 $\mathcal{C}$ 将缩小到开间隙的端点. 但是这与实际情形相差很远, 因为由定义, $\mathcal{C}$ 包含了间隙端点序列的所有极限点.

这个事实不能被认为是直观的. 我与许多同事也许会同意, 如果我们饱受折磨的熟人汉斯·哈恩把这些极限点列在必须由客观逻辑强加才会存在的概念之中. 然而现在的讨论却产生了直观的证明, 指出这些极限点有着强烈的不同特征.

例如, $f(x)$ 的不变点 $x = 3/4$, 既不位于任何中间 1/3 区间之内, 也不位于它的边界上. 形式为 $x = (1/4)/3^k$ 的点几经迭代, 收敛于 3/4. 另外, 存在无限多个极限环, 每一个都由有限个点组成. 因而 $\mathcal{C}$ 也包含有这种点, 它的变换环绕 $\mathcal{C}$ 无穷地进行.

平方生成器

上节用过的倒 V 发生函数 $f(x)$ 产生了一个熟悉的结果. 然而, 它使获得康托尔尘埃颇似人为的. 现在我们用

$$x \to f(x) = \lambda x(1 - x)$$

来代替它, 这个映射的许多未曾预期的大量性质首先由 Fatou (1906) 指出. 改变原点和 x 的尺度, 并记 $\mu = \lambda^2/4 - \lambda/2$, 这个函数就可以改写为

$$x \to f^*(x) = x^2 - \mu.$$

为了使用方便, 有时用 $f(x)$ 而有时用 $f^*(x)$.

把 $f(x)$ 或 $f^*(x)$ 称为平方生成器是十分恰当的. 当然, 平方是一种代数运算, 然而它在这里被赋予一种几何解释, 这使得它留下的不变集合可以称为自平方的. 严格的平方把横坐标为 x 的点替换为横坐标为 x^2 的点. 因此, 在实线上的自平方点缩减为 $x = \infty, x = 0$ 和 $x = 1$. 添加 $-\mu$ 可能显得是完全平淡无奇的, 但事实上, 它引进了一些完全出乎预料的可能性, 对此我们现在予以考虑.

法图实自平方尘埃

由于产生了一个熟悉的最终产品康托尔尘埃, V 变换使得我们容易陈述皮埃尔·法图的一个非凡的但一直鲜为人知的发现. (Fatou, 1906) 假设 λ 是实数且满足 $\lambda > 4$, 他研究了在 $f(x)$ 作用下 $\mathbb{R}$ 中不变的最大有界集, 它与康托尔尘埃密切相关, 我称之为*法图实尘埃*. 已经示于图版 204 而无须进一步说明.

在复平面上, 对上述 λ 值最大的有界自平方集仍为法图实尘埃.

平面上的自平方茹利亚曲线 (Mandelbrot, 1980n)

最简单的自平方曲线由 $\mu = 0$ 得到：它是圆 $|z| = 1$. 通过变换 $z \to z^2$, 一条绕圆一周的带子伸长为绕圆二周的带子, 而在 $z = 1$ 处的 "扣子" 保持不动. 相应的最大有界自平方区域是圆盘 $|z| \leqslant 1$.

然而, 引入实数 $\mu \neq 0$(图版 196 和 204), 然后再引入复数 μ(图版 202 和 203), 就打开了可能性的潘多拉魔盒, *茹利亚分形曲线*.

分离器 $\mathcal{S}$. 最大有界自平方集合的拓扑取决于其中 μ 相对于树枝状曲线 $\mathcal{S}$ 的位置, 我发现了 $\mathcal{S}$, 并且现在称之为*分离器*, 它是图版 199 底部黑色形状的连通边界：它是一条 "极限双纽线", 即对一些大的 R, 由 $|f_n^*(0)| = R$ 定义的代数曲线 (所谓双纽线) 当 $n \to \infty$ 时的极限. $\mathcal{S}$ 的结构见图版 200.

原子. $\mathcal{S}$ 内部的开区域被分割成无限个极大连通集, 我现在建议称之为 "原子". 两个原子的边界或者没有重叠, 或者只有一个公共点, 称为 "接头", 它属于 $\mathcal{S}$.

拓扑维. 若 μ 位于 $\mathcal{S}$ 之外, 最大有界自平方集是一个 (法图) 尘埃. 若 μ 位于 $\mathcal{S}$ 之内或者是一个接头, 最大的这种集合是以自平方曲线为边界的一个区域. 至少对 $\mathcal{S}$ 上的某些 μ 会产生类树曲线.

自平方分形. 尘埃和曲线当 $\mu \neq 0$ 时是分形这一点, 据说已经被丹尼斯·沙利文 (Dennis Sullivan) 在更多情况下完全证明了. 而我则毫无疑问地认为, 这将在所有情况下都得到证明.

自平方尘埃或曲线的形状将随着 μ 连续地变化, 因此 D 一定是 μ 的光滑函数.

树枝状. 当 λ 位于图版 200 上部的开空盘之一时, 该自平方曲线是一条闭简单曲线 (没有树枝, 是一个圈), 如图版 196 和 204.

若 λ 位于 $|\lambda| = 1$ 或 $|\lambda - 2| = 1$ 的圆上, 或者位于周围的开连通区域, 则自平方曲线是树枝状的网, 且带有以分形圈为边界的孔洞, 就像在图版 203 上的龙.

若 λ 位于非常重要的岛分子 (即将证明它们是非合流于 1 的区域) 中, 该自平方曲线或是 σ-圈, 或是 σ-龙, 如图版 202 的底部. 该 σ 不引入新的回路.

μ-原子和 μ-分子

当参数是 μ 时, 进一步分解参数映射是比较容易的. 一个 μ-原子可以是心脏形的, 此时它就是 "种子", 无穷个卵形原子直接地或者通过中间原子黏附其上, 相互黏附的原子加上它们的接头形成一个分子. 一颗种子的尖端永远不会是一个接头.

每个原子都与它的 "周期", 即一个整数 w 相联系. 当 μ 位于周期为 w 的一个原子内部时, 迭代 $f_n^*(z)$ 收敛到 ∞ 或包含 w 个点的一个稳定极限环上. 在一个周期为 w 的原子的内部, $|f_w^{*\prime}(z_\mu)| < 1$, 其中 z_μ 是极限环上对应于 μ 的任意点. 在原子的边界上有 $|f_w^{*\prime}(z_\mu)| = 1$, 以 $f_w^{*\prime}(z_\mu) = 1$ 表征一个尖点或一个 "根". 每个原子都包含一个称为 "核" 的点, 它满足 $f_w^{*\prime}(z_\mu) = 1$ 或 $f_w^*(0) = 0$.

实轴上的核是由米尔贝里 (Myrberg) 引入的 (Myrberg, 1962), 并又在 (Metropolis, Stein M & Stein P, 1973) 中重新发现, 相应的映射通常称为 "超稳定的"(Collet & Eckman, 1980).

作为 μ 的代数方程, $f_w^*(0) = 0$ 是 2^{w-1} 阶的. 因此那里至多可以有 2^{w-1} 个周期为 w 的原子. 但是除了对 $w = 1$ 以外, 其他的较少. 对于 $w = 2, f_2^*(0) = 0$ 有两个根, 但其中之一已经是周期 1 的一个 "老" 原子的核. 更一般地, $f_m^*(0) = 0$ 的所有的根也是 $f_{km}^*(0) = 0$ 的根, 其中 k 是大于 1 的整数. 接着, 考察一个周期为 w 的原子边界上的每一个有理边界点, 其定义为 $f_w^{*\prime}(z_\mu) = \exp(\pi i m/n)$, 其中 m/n 是一个小于 1 的不可通约有理数, 带有一个 "传感器接头", 已准备好与周期 nw 的原子相连接. 结果, 一个新原子黏在存在的传感器接头上, 但是并非所有新原子至此都已用完, 剩下的一些别无选择, 只能作为新分子的种子. 分子的数目因此是无穷的.

当 μ 在一个分子内连续变化时, 每一个向外穿越的接头导致分歧: w 与 n 相乘. 例如: 实数值 μ 的不断增长就会导致米尔贝里周期倍化. 倒分歧在 (Mandelbrot, 1980n) 中研究过, 被称为合流, 它必须在分子的种子周期处终止. 大陆分子合流到 $c = 1$ 的区域, 而每个岛屿分子都合流到 $c > 1$ 的区域. 龙或子龙的形状被 $f_w^{*\prime}(z_\mu)$ 和 w/c 的值所规定.

分离器是分形曲线: 费根鲍姆 (Feigenbaum) 的 δ 作为一个推论

我猜测 ◁ 经由 "重正化" 论证 ▶, 即在其分子的种子中去除越来越多的原子, 其形状越来越接近于等同的.

一个推论是, 每个分子的边界是局部自相似的, 因为在小尺度上它不是光滑的, 它是一条分形曲线.

由于格拉斯曼 (Grossmann) 和托梅 (Thomae), 以及费根鲍姆, 这个局部自相似性推广了涉及米尔贝里分歧的一个事实, 越来越小的芽被实轴 λ 或 μ 上所截的宽度, 收敛到公比为 $\delta = 4.66920 \cdots$ 的一个递减几何序列 (Collet & Eckman, 1980). 在其原始形式, δ 的存在性似乎是技术分析的结果, 而现在已被证明是更广泛分形标度性质的一个方面.

每次分歧进入 $m > 2$ 时就引入了一个额外的基本比值. ■

图版 196 ✠ 对实 λ 的自平方分形曲线

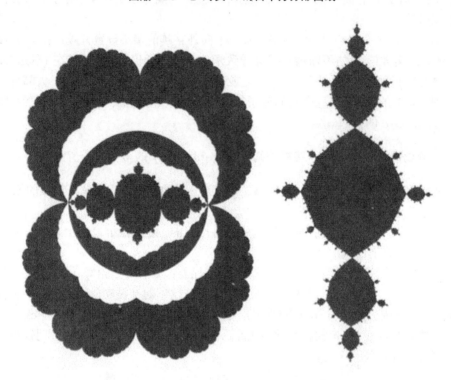

图版 196 至图版 204 中的形状是在这里第一次发表的, 除了其中的几个是从 (Mandelbrot, 1980n) 中复制的.

本图版左部表示对 λ=1, 1.5, 2.0, 2.5 和 3.0 的极大有界自平方区域. 其中心的黑色形状张在 [0, 1] 截段上.

λ = 1: **海扇壳**.

λ = 3: **圣马可龙曲线**. 这是数学家对威尼斯巴西利卡教堂及其在被水淹没的广场上映象的随意外推. 我昵称它为圣马可龙曲线.

本图版的右半部对应于 λ=3.3260680. 这是对应于 $w = 2$ 的核 λ(如在第 184 页中所定义的). 相应的自平方形状转了 90° 以便适应版面. ∎

图版 198　✠ 自平方分形曲线对实 λ 的合成

这个悬挂的"雕塑"是由一个程序在计算机内存里产生的, 这个程序去除初始立方体里所有被迭代 $z \to \lambda z(1-z)$ 收敛到无穷远的点. 参数 λ 是在 1 至 4 范围内的实数. λ 轴是竖直的, 沿着雕塑的边, 而 x 和 y 构成复数 $z = x + \mathrm{i}y$.

每一个水平截面都是参数为 μ 的极大有界自平方形状.

对于特殊值 $\lambda = 2$, 该截面的边界是一个圆: 帘幕的"腰带".

对所有其他的 λ 值, 其自平方形状的边界都是分形曲线, 包括在图版 196 中所展示的. 那里可以看到引人注目的"褶皱", 其位置随 λ 连续变化: 它们在带子以下被压入, 而在带子以上则被拉出.

特别有趣的是墙上那些悬挂帘幕的小圆块, 这个雕塑不可能充分体现帘幕的复杂顶墙. A) 对于每个 λ 值, 装饰品包含了作为"骨架"的一个分形树: 它是由 x-区间 [0, 1] 的迭代前 (映) 像形成的. 对于所有小的 λ 值和一些小于 3 但较大的 λ 值, 树的分枝完全"被肉所覆盖". 然而, 对其他的大 λ 值, 都没有肉. 沿着 $x = 1/2$ 或 $y = 0$ 的分枝在这里明显可见, 但作图过程不可避免地会错过其余的. B) 在帘幕后面墙上的某些水平条纹整个地被细小的"小山"或"沟畦"所覆盖, 仅能看到几条最大的. 这些条纹和小山涉及与实轴相交的"岛分子"(图版 199 和 200) 有关. 对 A) 和 B) 的观察推广了米尔贝里-费根鲍姆的理论. ■

图版 199 和 200　✠ 分离器 $z \to \lambda z(1-z)$ 和 $z \to z^2 - \mu$

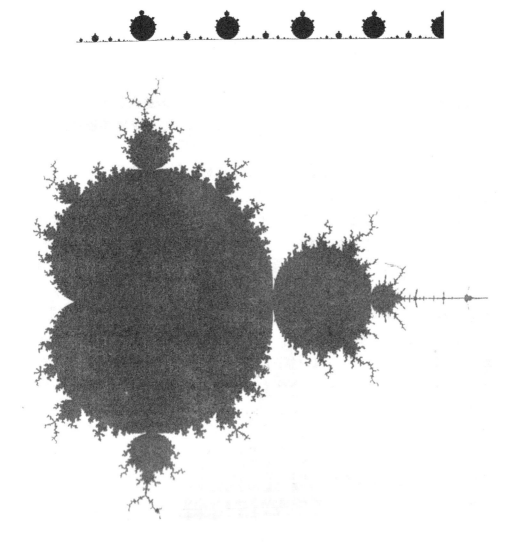

　　图版 199 底部. μ 映射. 在闭的黑色区域 (边界是分形曲线) 中的 μ 是这样的, $z_0 = 0$ 在 $z \to z^2 - \mu$ 的迭代下不收敛到 ∞. 大的尖点是 $\mu = -1/4$, 最右边的点是 $\mu = 2$.

　　图版 200 顶部. λ 映射. 在闭的黑色区域中的 λ 加上空的圆盘满足 $\mathrm{Re}\,\lambda > 1$, 并且 $z_0 = 1/2$ 在 $z \to z^2 - \lambda$ 的迭代下不收敛到 ∞. 整个 λ 映射关于线 $\mathrm{Re}\,\lambda = 1$ 对称.

　　圆盘 $|\lambda - 2| \leqslant 1$ 及除去 $\lambda = 0$ 的圆盘 $|\lambda| \leqslant 1$. 在这些区域中的 λ 值使得 $z_0 = 1/2$ 收敛到一个有界的极限点.

　　日冕和芽. 空圆盘外的 λ-图形成为 "日冕". 它分裂出 "芽", 而芽的 "根" 是 "受体接头", 由形式为 $\lambda = \exp(2\pi \mathrm{i} m/n)$ 或 $\lambda = 2 - \exp(2\pi \mathrm{i} m/n)$ 的点所定义, 其中 m/n 是小于 1 的不可通约有理数.

　　图版 199 顶部. 这是对 $\lambda = 1$ 的 λ 映射的逆的一部分. 考察其根有形式 $\lambda = \exp(2\pi \mathrm{i}/n)$ 的芽, 人们得到的印象是, "对应的点" 位于圆上. 现在的图版确认了这一点. 其他设想的圆由不同的反演所确认.

　　岛分子. 环绕映射的许多 "斑点" 是真正的 "岛分子", 这是在 (Mandelbrot, 1980n) 中首次报道的. 它们的形状就像整个 μ 映射, 除了一个非线性扭曲.

　　分离器、脊骨和树. 在 λ 或 μ 映射中, 填补黑色区域的边界是我发现的一条连通曲线, 称为分离器 $\mathcal{S}$, $\mathcal{S}$ 中的集合分解为开原子 (见正文). 当原子的周期为 w 时, 让我们定义其脊骨是 $f_w^{*\prime}(z_\mu)$ 为实数的曲线.

　　位于实轴上的脊骨, 在自映射理论中已知为 $[0, 1]$, 而它们的闭包已知为 $[-2, 4]$.

　　更为一般地, 我还发现, 其他原子的脊骨的闭包分解为树的集合, 每棵树都根植于一个受体接头上. 这样一棵树在不同点的树枝状阶次的列表, 由对分枝末梢的 1, 加上通向树根的分歧的阶次组成. 此外, 当树根植于岛原子上时, 还必须加上从 $|\lambda - 2| \leqslant 1$ 或 $|\lambda| \leqslant 1$ 通到该原子的分歧阶次.

　　图版 200 左下. 这是接近于 $\lambda = 2 - \exp(-2\pi \mathrm{i}/3)$ 处 λ 映射的局部放大图. 在 $\mathcal{S}$ 中的集合是由 $|f_n(1/2)| < R$ 所形成区域的极限, 边界是称为双组线的代数曲线. 这里显示几个重叠的这种区域. 对于大的 n, 这些区域似乎是不连接的, λ 映射同样如此, 但事实上它们在计算用网格之外是连接的.

　　图版 200 右下. 这是接近于 $\lambda = 2 - \exp(-2\pi \mathrm{i}/100)$ 处 λ 映射的局部放大图. 这个有上百个折叠分枝的树与图版 203 的 z 映射共享令人注目的特征. ■

　　出版社注 (1985 年秋) μ 映射 (现在周知为芒德布罗集合) 的丝状结构在本书以前版本应用的图中并不可见. 我们因此用这张米尔纳 (J. Milnor) 和容格拉依斯 (I. Jungreis) 的新图代替, 其中把丝加粗使之可见.

图版 202 和 203   ✠ 自平方龙：逼近 "佩亚诺" 极限

每一条自平方曲线以其独特的方式吸引着人们. 对我最有吸引力的是示于本图版和彩图版四的 "龙".

龙的脱壳. 可以看到自平方过程中的龙十分迷人! 怪物的 "脱壳" 分离了有无数折叠的龙腹和龙背处的皮肤. 然后把每部分皮肤延伸为两倍长, 当然始终保持为无限! 下一步, 环绕背部和腹部折叠每一块皮肤, 最后, 把所有折叠整齐地重新连接到它们的新位置上.

分形纹章. 不要把这种自平方龙与图版 71 和 72 的说明中哈特–哈脱韦的自相似龙相混淆. 读者可能发现, 详述它们的相似性和许多差异是很有趣的.

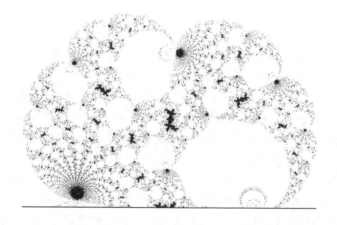

逐次分歧. 最佳自平方龙当 λ 位于图版 200 的芽中时得到, 相应于 $\theta/2\pi = m/n$, 其中 n 和 m 是小的整数. 给定分歧的阶数 n, 环绕每个关节点的龙头或龙尾 (或者这些区域的其他称呼) 是 n. 阶为 m'/n' 的第二分歧把此种区域分割为 n' 个 "香肠形连接", 并且逐渐变细.

有好身段的龙, 既不胖也不瘦, 当 λ 位于与根部有一定距离的芽中时得到. 而当 λ 接近相应于 4 至 10 阶分歧的两个子芽中的一个时, 得到有扭结的美丽的龙: 一个子芽生成左螺旋, 另一个生成右螺旋.

图版 202 右上. "饥饿的龙". 具有无限多次分歧的龙失去了所有的肉而塌陷为一条骨骼型分枝曲线.

不趋于 ∞ 的集合之拓扑维数, 对法图尘埃是 0, 对饥饿的龙是 1, 对其他龙是 2.

图版 202 底部的 σ 龙. 这个形状是连通的, 它的 λ 值在图版 200 右下图的大 "离岸岛屿" 中.

图版 203, 奇异极限 λ = 1, 佩亚诺龙. 设 λ 位于接头在 $\theta = 2\pi/n$ 的离岸岛屿上. 因为 $n \to \infty, \theta \to 0$, 所以 $\lambda \to 1$. 对应的龙必定收敛于图版 198 悬挂物底面的海扇形状. 但定性差别把大但有限的 n 与 $n = \infty$ 分开.

当 $n \to \infty$ 时, 龙的臂的数目增加, 且皮肤的维数增加. 整个东西实际上趋于收敛到 "埃尔米特龙", 它将填满 $\lambda = 1$ 海扇的壳直到边缘, 即维数 $D = 2$. 这是一条自平方佩亚诺曲线吗? 是的, 但是我们从第 7 章知道, 佩亚诺曲线并非曲线: 当它达到 $D = 2$ 时, 我们的龙曲线已不再是曲线而成为一个平面区域.

图版 204　✠ [0,1] 上的实自平方法图尘埃

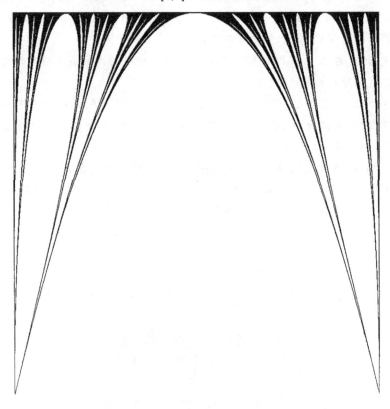

(Fatou, 1906) 是一部古怪的文学体裁杰作: 巴黎科学院出版的《报告笔记》. 在许多情况下, 其目的只是透露一点风声, 但是提供证据表明作者已经思考周全.

经过长期的自我研究, 除了其他绝佳的评论, Fatou(1906) 指出了以下几点. 若 λ 是实的, 而且或者 $\lambda > 4$ 或者 $\lambda < -2$ 时, 在变换 $x \to f(x) = \lambda x(1-x)$ 下保持不变的最大有界集, 是包含在 $[0, 1]$ 内的尘埃. 本图版显示的是 $\lambda > 4$ 时这种尘埃的形状. 沿着竖直坐标, $-4/\lambda$ 从 -1 变为 0. 黑色区间标识 1 阶至 5 阶孔洞的端点. 中间孔洞 x_1 和 x_2 的端点是方程 $\lambda x(1-x) = 1$ 的解: 它们画出一条抛物线. 2 阶孔洞的端点在点 $x_{1,1}, x_{1,2}, x_{2,1}$ 和 $x_{2,2}$ 处, 使得 $\lambda x_{m,n}(1-x_{m,n}) = x_m$ 等等.

类康托尔尘埃与所有函数中最基本的一个之间引人注目的关系, 值得为非专业的普通读者所知晓.

第 20 章 分形吸引子与分形 ("混沌") 演化

本章试图使读者了解一种与分形彼此独立地发展起来, 但又被分形渗透的理论. 其最普通的名称是 "奇怪吸引子与混沌 (或随机) 演化理论". 但在本章的标题中我给出了一个新的名称, 我希望读者阅读本章后将知道这样做的理由.

首先, 这个理论与分形的密切关系足以证明有理由在本书中对此提及, 而且我认识到有必要把整个一章专属给它, 实际的理由几乎无须专门的解释, 因为只要对第 18 和 19 章的结果加以重新解释, 就会出现几个重要的论题.

其次, 当与分形吸引子理论相对照时, 大自然分形几何学的几个特征变得十分清楚. 的确, 我的工作主要涉及在真实空间中人们至少通过显微镜能够见到的形状, 而吸引子理论最终涉及的是位于一个不可见的抽象表示空间中的点随时间的演化.

对湍流的这种对照特别引人注目: 湍流间歇性是我应用分形技术的早期形式研究的第一个主要问题 (开始于 1964 年). 并且老实说, 奇怪吸引子理论是在 (Ruelle & Takens, 1971) 的湍流研究中颇为独立地开始的. 这两种研究方法至今尚无联系, 但它们肯定很快就会结合起来的.

那些对科学的社会学感兴趣的人, 将会欣赏这样的事实: 尽管我对把数学上的怪物与真实物理形状之间联系的范例的研究遇到了阻力, 但具有奇特形状的抽象吸引子却被平静地接受了.

提及分形吸引子的第三个理由, 出自相应的演化看上去是 "混沌" 或 "随机" 的事实, 就像在第 21 章和第 22 章里将看到的, 许多学者质疑随机性在科学中的应用, 现在出现了希望: 经由分形吸引子将证实这是有理由的.

最后, 对于阅读了本书的前面若干章, 或以前的一两个版本之后已经接受了我的论点 (大自然的许多方面只能借助以前被视为病态的一些集合来描述) 的那些读者, 他们也许会从 "如何" 移步到 "为什么". 解释性的说明表明, 在几种情况下, 不难把前几章里的几何框架加上糖衣, 使得它们可以更直接地被接受. 但是我期望读者品尝分形的滋味, 尽管对大多数成长中的科学家, 这在开始时可能显得颇为苦涩. 此外, 在我看来, 借助糖衣所作的伪解释是永远不能令人信服的, 如同在第 42 章里所说明的. 因此, 对解释不予重视, 除非有一个令人信服的解释出现, 就像在第 11 章所说明的. 此外, 当分形吸引子成为可见自然形状的分形几何学的基础时, 我觉得许多进一步的解释将会出现.

因为具有吸引子的变换是非线性的, 可见的分形很可能不是自相似的. 这不是一个问题; 当我用直线的分形的对应物来处理非线性方程支配的现象时曾经有一个悖论. 很好地解释了自然现象的标度分形将是非线性分形的局部近似.

吸引子的概念

本章的中心议题围绕一个长期被忽略的 H. 庞加莱的观察: 非线性动力系统的 "轨道" 可能被 "吸引" 到一个奇怪集合, 我认为它等同于非线性分形.

首先考察最简单的吸引子: 一个点. 取决于初始位置和初始速度, 放入漏斗中的一个小球的运动 "轨道" 开始时摇摆不定, 但最终收敛到漏斗的尖端: 如果小球比漏斗的孔大, 它就静止于尖端. 尖端就是球的稳定平衡点, 或称为稳定的不动点. 用正宗的另一种描述术语 (我们必须十分小心, 不要用以人为中心的术语来解释), 漏斗的尖端被称为吸引点.

一个物理系统也可以有一个稳定的吸引圆或椭圆. 例如人们相信 (并强烈地期望, 虽然没有人能够足够长命而需关心这个问题), 太阳系是稳定的, 这意味着如果地球轨道受到摄动, 它最终仍会被 "吸引回到" 现在的轨道.

更加一般地, 一个动力系统通常定义如下: 它在时间 t 的状态是在线、平面或更高维欧几里得 "相空间" $\mathbb{R}^E$ 中的一个点 $\sigma(t)$, 而它在时间 t 和 $t+\Delta t$ 之间的演化由不显含 t 的规则所确定, 相空间中的每个点都可以被取为 $t=0$ 时的初始状态 $\sigma(0)$, 并由此点引出对所有 $t>0$ 定义的一条轨道 $\sigma(t)$.

这些系统之间的主要差别涉及 $\sigma(t)$ 对大的 t 的几何分布. 称一个动力系统有一个吸引子, 如果相空间 $\mathbb{R}^E$ 中存在一个适当的子集 $\mathcal{A}$, 使得对于几乎一切初始点 $\sigma(0)$, 当 t 足够大时, $\sigma(t)$ 接近于 $\mathcal{A}$ 中的某一点.

排斥子的概念

另一方面, 小球可以在铅笔尖的不稳定平衡位置上保持平衡. 当初始位置接近这个平衡点时, 小球似乎被推开, 直到最终收敛到其他稳定平衡位置.

全体不稳定平衡状态的集合, 加上它们的极限点, 称为排斥子.

在许多情况下, 排斥子和吸引子通过翻转方程而交换角色. 当作用力是万有引力时, 只需要逆转重力的方向, 例如, 考察大部水平但在两个方向上都有倾角的一张纸, 当把球放在纸的上方而重力向下时, 设用 A 记吸引倾角, R 记排斥倾角, 而当把球重新放置在纸的下方而重力朝上时, 则 A 与 R 交换角色. 这种交换在本章中起了中心作用.

分形吸引子, "混沌"

许多力学教科书涉及动力学系统, 它们的吸引子是点、与圆相类似的形状或来自欧几里得几何的其他形状, 但这样的吸收子是少见的例外, 大多数动力系统的行为是无与伦比地复杂, 它们的吸引子或排斥子趋于分形. 下面几节所描述的例子里, 时间是离散的, $\Delta t = 1$.

一个是尘埃的吸引子, 费根鲍姆的 α. 最简单的例子是通过取平方而得到的 (第 19 章). 作为前奏, 也考虑另一个典型的康托尔尘埃 $\mathcal{C}$, 它有 $N = 3$ 和 $r < 1/2$, 张在 $[-r/(1-r), r/(1-r)]$ 上. 这个 $\mathcal{C}$ 定义为形如 $\pm r \pm r^2 \pm \cdots \pm r^n$ 的 $\mathcal{C}_n$ 的极限. 当 $n \to n+1$ 时, $\mathcal{C}_n$ 中每个点都分歧为两个, 而 $\mathcal{C}_n$ 是无限分歧的结果.

根据 P. 格拉斯贝革 (P. Grassberger) 的解释 (预印本), 对实的 $\lambda, x \to \lambda x(1-x)$ 的吸引子 $\mathcal{A}_\lambda$ 与 $\mathcal{C}_n$ 相类似, 但有两个不同的相似比, 其中之一是费根鲍姆的 $1/\alpha \approx 0.3995$(Feigenbaum, 1981). 在无限次分歧以后, 该吸引子是一个分形尘埃 $\mathcal{A}$, 它有 $D \sim 0.538$.

"混沌". 在有限时间里, $\mathcal{A}$ 中没有一个点被访问二次, 许多作者把分形吸引子上的演化视为 "混沌".

◁ **自仿射树**. 把 $\mathcal{A}_\lambda$ 在 (x, λ) 平面中毗连, 就得到一棵树. 因为 $\delta \sim 4.6692 \neq \alpha$, 这棵树是带有残余物的渐近自仿射. ▶

注. 这种理论理想地应该着重于本质上有趣和现实 (但简单) 的动力学系统, 它的吸引子是完全被理解的分形. 奇怪吸引子文献——虽然极端重要——离此理想还甚远; 其分形通常未被完全理解, 很少量真正引人注目, 大多数都无助于目标明确问题的解决.

这使得我要设计 "动力学系统", 它相当于寻找新问题获得古老而有趣的解答. 也就是说, 我设计了一些问题, 使它们的解是熟悉的分形. 有点意外的是这些系统令人感兴趣.

自反演吸引子

第 18 章描述了庞加莱链的 $\mathcal{L}$ 集, 它既是最小自反演集又是极限集. 重述这最后一个特性: 给定任意起始点 P_0, $\mathcal{L}$ 中的每一个点都可以通过 P_0 的反演序列变换任意地接近. 现在假定这个反演序列由一个与 P 点的现在和过去位置都无关的单独过程选择, 在较宽的条件下, 导致的 P 序列总是被期望, 而且实际上常常显示出被 $\mathcal{L}$ 所吸引. 用这种方法, 基于反演的与群有关的大量文献可以借助动力学系统来阐述.

"时间" 逆转

我对具有有趣的分形吸引子系统的进一步探索, 转向具有几何上的标准吸引子以及有趣的排斥子的已知系统的宝藏, 为了逆转这两种点集的作用从而使得时间逆行, 只要动力学系统的运算可逆 (轨道永不相连或相交). 使得 $\sigma(t)$ 对 $t' < t$ 确定了全部 $\sigma(t')$. 然而, 我们期望的反转时间的特定系统是不同的. 它们的轨迹像河流: 其路径由下水方向唯一地确定, 而在上水方向, 每个分歧都涉及一个特殊的决定.

例如, 我们来试试逆转 V 变换 $f(x)$, 它在第 19 章中给出康托尔尘埃, 对 $x > 1.5$ 定义了两个不同的反函数, 而且人们可能会同意把所有 $x > 1.5$ 变换到 $x = 1/2$. 类似地, $x \to \lambda x(1-x)$ 有两种可能的反变换, 在每一种情形, 一个有意义的反演要求在两个函数之间作选择, 在其他例子中, 可能性的数目甚至更大. 再者, 我们期望它们由单独的过程选择. 这些想法指向广义动力学系统, 将在下一节中引入和描述.

可分解的动力学系统 (Mandelbrot, 1980n)

我们要求状态 $\sigma(t)$ 中的一个坐标——称为决定指标, 记作 $\sigma^\dagger(t)$, 它的演变与其他 $E-1$ 个坐标——称为 $\sigma^*(t)$——的状态无关, 而由 $\sigma^*(t)$ 到 $\sigma^*(t+1)$ 的演化, 是由 $\sigma^*(t)$ 和 $\sigma^\dagger(t)$ 共同确定的. 在我研究最多的例子中, 变换 $\sigma^*(t) \to \sigma^*(t+1)$ 是在 G 种不同可能性的有限集合 ℓ_g 中, 根据某个整数值函数 $g(t) = \gamma\left[\sigma^\dagger(t)\right]$ 选择的. 这样, 我研究的是与有限指标集相乘的 σ^*-空间中的动力学.

事实上, 在促进这种推广的例子中, 序列 $g(t)$ 或者是随机的, 或者好像是随机的. 本书在下一章之前还未处理随机性, 但是我并不认为这是一个重大的困难, 更为重要的是以下事实: 动力学系统正是有完全确定性行为的模型, 因此严禁容纳随机性! 然而, 我们可以只注入它的效应而并不在实际上假定它, 经由把 $g(t)$ 取作一个充分混合的各态历经过程的值. 例如, 取一个无理数 β, 使 $g(t)$ 是 $\sigma^\dagger(t) = \beta^t \sigma^\dagger(0)$ 的整数部分. 必要的陈述在原则上是容易的但很烦琐, 不在这里写出.

"奇怪" 吸引子的作用

"奇怪" 吸引子的研究者推动了以下两部分论据: A) 承认带有标准吸引子的动力学系统不能解释湍流, 但也许用拓扑上的 "奇怪" 吸引子可以做到 (这就使人想起了我在第 11 章里的独立论据, 当微分方程没有标准奇点时, 就应该试一下是否有分形奇点); B) 不可思议地简单的系统例如 $z \to \lambda z(1-z)$, 其中 λ 和 z 是 $[0, 1]$ 中的实数, 其吸引子是奇怪的, 而且在许多方面反映了更为复杂和更加真实的系统的特征. 因此, 毫无疑问, 拓扑上的奇怪吸引子是常规的.

术语 "分形" 与 "奇怪" 的比较

每个已知的 "奇怪" 吸引子都是一个分形. 对许多 " 奇怪" 吸引子已经计算过 D, 在所有情况下都有 $D > D_T$. 因此, 这些吸引子是分形集合. 对许多奇怪吸引子分形来说, D 并不是不规则性的度量, 而只是光滑曲线或曲面彼此堆积的方式——破碎性的差异 (第 13 章).

　　一个称为螺线管的著名吸引子是由斯梅尔 (S. Smale) 分两个阶段引进的. 原始定义是纯拓扑性的, D 未予定义, 但其修正版是有度量的 (Smale, 1977, 第 57 页). 对于这个修正版, (Mandelbrot, 1978b) 中计算了 D, 该论文把 D 加入奇怪吸引子的研究中. 对于萨尔兹曼 (Saltzman)–洛伦茨吸引子, $v = 40, \sigma = 16, b = 4$, 维拉德 (M. G. Velarde) 和辛赖 (Ya. G. Sinai) 独立算出 $D = 2.06$(私人通讯). 这个 D 大于 2, 但又超过不多, 意味着这个吸引子肯定不是标准曲面, 但离开标准曲面也不远. Mori & Fujisaka (1980) 证实了我对斯梅尔吸引子计算的 D 和对萨尔兹曼–洛伦茨吸引子计算的 D. 对于埃农 (Hénon) 映射 ($a = 1.4$ 和 $b = 0.3$), 他们找到 $D = 1.26$. 同一范畴中的许多其他文章正在准备中.

　　递. "是否所有分形吸引子都是奇怪的" 只在语义学上有意义. 越来越多的作者同意我的观点: 对大多数目的, 一个吸引子当它是分形时便是奇怪的. 如果把 "奇怪的" 看成是 "畸形的"、"病态的" 和曾一度用于个别分形的其他修饰词的同义词, 这便是一种健康的态度.

　　但是 "奇怪的" 有时也给出技术上的意义. ◁ 有一个如此独特的说法, 萨尔兹曼–洛伦茨吸引子不是 "奇怪的", 而是 "奇怪–奇怪的". ▶ 就此而言, 一个吸引子的 "奇怪性" 包含非标准的拓扑性质, 加上非标准分形性质作为 "添加". 一条没有双重点的闭曲线在这种意义下不是 "奇怪的", 无论它是如何褶皱: 因此, 我考察过的许多分形吸引子就都不是奇怪的.

　　用这种 "奇怪性" 的定义, 上节的论据就不再吸引人了. 但是, 如果把奇怪性从拓扑概念改变成分形概念, 它将再次引人注目. 因此我想把 "奇怪性" 定义为 "分形" 的人应该会获胜. 由于事实上他们正在取得胜利中, 而当我说明了分形并不比海岸线或山脉更奇怪之后, 就几乎没有理由保留一个缺乏诱因的术语, 一旦我说明了分形并不比海岸线或山脉更奇怪之后. 但是无论如何, 我不能隐瞒个人对术语 "奇怪" 的厌恶①. ∎

---

① 尽管芒德布罗不喜欢 "奇怪" 这个术语, 但 "奇怪吸引子" 和有关术语如今已经成为相关领域的标准术语. ——译者注

图版 210   ✠ 吸引到分形

这两个形状显示了两个可分解动力学系统相继位置的长期轨道. 图版 210 中的 *法老护胸甲* 是自反演的 (第 18 章), 它基于选择来保证极限集 $\mathcal{L}$ 是由圆组成的 4 次反演. 图版 210 中的圣马可龙是自平方的 (第 19 章), 它基于 $x \to 3x(1-x)$ 的两次反演.

决定性指标分别在四或两种可能性之间选择, 用伪随机算法重复计算 64000 次, 头几个位置未在图上画出.

尖点和自相交点的邻近区域的填充是非常缓慢的. ■

第七篇
随 机 性

第 21 章　机遇作为一种建模工具

虽然基本的分形论题仅仅包含确定性结构, 但这些论题的完整意义及与实际的相关性在我们处理随机分形之前是不明显的. 相反地, 分形的研究, 至少对于作者来说, 似乎可以增加人们对随机性的理解.

植入机遇的第一个理由, 对每一位科学家都是熟悉的, 但仍有必要在本章中给予评论, 外加对一般性质通常较为生疏的观察. 下一章将开辟新的前景, 说明即使对于分形研究中的特殊理由, 机遇也是需要的.

$\langle X \rangle$ 标记期望; 概率的缩写是 Pr

似乎每个学科对随机变量 X 的期望的标记都有所不同, 本书采用物理学家的记号 $\langle X \rangle$, 因为它具有包括变量本身可携带括号的优点.

给定一个函数 $B(t)$ 及其 $\Delta B(t) = B(t + \Delta t) - B(t)$, 称 $\langle \Delta B(t) \rangle$ 为 δ-平均, 并称 $\langle [\Delta B(t) - \langle \Delta B(t) \rangle]^2 \rangle$ 为 δ-方差.

随机模型的标准作用

让我们回到 "英国海岸线有多长?" 的问题. 尽管科赫曲线使我们想起了实际的地图. 但它有一个重要缺点, 它与我们在本书中研究过的每个其他现象的早期模型几乎没有什么两样! 它的各部分彼此相互等同. 而自相似比 r 必定是形式为 b^{-k} 标度的一部分 (其中 b 是整数), 即 $1/3$, $(1/3)^2$, 等等.

人们可以借助更为复杂的确定性算法来改进这个模型. 然而这种方法不仅乏味, 而且注定要失败, 因为每条海岸线都是在各个时代受到多重影响形成的, 这些影响没有被记录下来, 也无法详细重建. 想要达到完整的描述是毫无希望的, 甚至不应该予以考虑.

在物理学中, 例如布朗运动理论中, 克服这种困难的关键在于统计学. 在地貌学中更难以避免统计学. 事实上, 虽然力学规律直接影响分子运动, 它们通过许多尚未探明的中间环境影响形态模式. 因此, 甚至比物理学家还要多的地貌学家, 被迫放弃了对实际情况的精确描述而用上了统计学. 在我们将要探索的其他领域里, 局部相互作用的最新知识介于物理学和地貌学之间.

寻找机遇不规则性的正确数量

机遇能够引起譬如在海岸线中所遇到的强不规则性吗? 不但可以, 而且在许多情况下超过了预期的目标. 换句话说, 机遇的功能被极大地低估了. 物理学家的随机性概念建立在许多理论之上, 其中机遇只在微观层次上是重要的, 而在宏观层次上是无关紧要的. 与此十分相反, 在我们关心的标度随机分形的情形, 机遇的重要性在包括宏观层次在内的一切层次上都保持不变.

机遇的实际应用

统计不可预测性与确定性之间的关系, 提出了有极大吸引力的问题, 但本书对此没有太多可说. 它使得 "随机地" 这种表述回到了中世纪时英文向法文借用的直观含义. 短语 *"un cheval à randon"*(骑马) 被认为与数学公理或马的心理学均无关, 只表示马夫不能预言的不规则运动.

因此, 虽然机遇引起了各种各样准形而上学的不安, 本书决定不涉及是否 "上帝掷骰子"(用爱因斯坦的话语). 概率理论只是一种数学工具, 有助于变换未知的和不可控制的蓝图. 十分幸运的是, 这种工具尽管有点复杂, 但却特别有用和方便.

从递归性到随机性

除此之外, 概率论可以顺利地引入在本书中占重要地位的递归方法里. 换句话说, 本书的下半部紧跟上半部而无不连续之处. 我们将继续把注意集中到下列情形: 数学定义和图形算法二者都能用具有内循环的 "处理器程序" 的形式写出, 而且每循环运行一次, 又有新的细节加入前面得到的结果中.

我们熟悉的产生三元科赫曲线的循环就归结为这样的处理器程序. 但另外一些非随机分形还涉及一个 "控制程序", 对之我们现在必须加以强调, 其作用是有趣的并逐步向着增加普遍性的方向演化. 作为第一步, 从图版 50 的说明中可以观察到, 某些科赫生成器可以用于直线 (S) 和翻转 (F) 形式, 因此它们的处理器需要一个控制器在每个循环之前告知是用 S 还是用 F. 一般说来, 不同的控制序列会产生不同的分形. 因此, 对于每个选定的 M 和相应的 D, 图版 50 的分形循环实际上不是一条曲线, 而是一个无限 (不可数) 的曲线族, 对每个控制序列都有一条曲线. 该控制器或者可以从磁带上读一个序列, 也可以演绎一条简洁指令形如 "交替 S 和 F" 或 "当 π 的第 k 位小数是偶数 (或奇数) 时应用 S(或 F)" 的简要说明.

随机性/伪随机性

许多随机分形涉及精确的相同模式: 一个处理器追随一个解释控制器. 这个事实常常是隐藏的 (有时使事情看起来更困难), 但在那些我们希望的显式递推定义的情形, 这是十分清楚的.

真正最简单的控制器称为 "投掷硬币序列", 但我从未用过. 在今天的计算机环境里, 该控制器就是一个 "随机数生成器". 它的输入称为种子, 是预设有 M 个二进制数位的一个整数 (M 由设备决定, 当键入的数字少于 M 个时, 在前面用 0 填补). 控制器的输出是 0 和 1 的一个序列. 在伯努利游戏模拟中, 每一个数字都代表掷硬币的一个结果, 而掷 1000 次硬币的游戏实际上就是 1000 个个别的伪随机数字形成的序列.

但是也可以设想有一本 2^{1000} 页的厚书, 把每掷 1000 次硬币的可能结果记录在单独的一页上. 于是, 任何一个掷 1000 次硬币的游戏都可从该书中选出一页来确定. 这个机遇的参数就是书的页数, 即种子.

更加一般地, 控制器的输出常常分割为 A 块, A 是整数. 然后在前面增加一个小数点, 每一块就构成一个分数 U, 并称这个分数是 "在 0 与 1 之间均匀分布的随机变量".

实际的随机集合生成器的输出并不是单个函数或形式, 而是一本虚拟的 2^A 页 "大组合", 每一页都奉献给一个单独的形式, 再者, 页码就是种子.

植物学上的类似当然意味着种子全部是相同的种类和相同的变体. 人们容许长成非常不典型植物的 "有缺陷的种子", 但是我们期望绝大多数植物在本质上是相同的只在细节上有差异.

随机数生成器是任何模拟的中枢. 在每一种情形, 上游都涉及数论与概率论之间相同界面上的操作, 并且与程序的目标无关. 它们是模拟概率论描述的随机性的确定性变换的示范, 下游是许多步骤, 它们根据模拟的对象而改变.

从这种实际环境到成熟的递推概率的运动是很自然的. 主要的改变是位数有限的分数被实数代替. 种子成为神秘的 "基本事件", 概率论数学家对之用字母 ω 来标记. ◁ 为了把 ω"阐释" 成实控制变量的无限序列, (Paley & Wiener, 1934) 提出了逆康托尔对角化. ▶

祈求机遇无效对比实际描述

上节认为机遇理论实际上并不真的很困难, 很遗憾, 它也并不真的很容易. 就是说, 要获得一个海岸线的模型, 它没有科赫曲线的缺点, 但又要保留其优点, 这就要对曲线不同部分变形并且修改它们的尺寸, 一切都是随机的, 然后再按随机次序把它们串在一起.

对机遇的这种祈求在初步研究中是可以容许的, 在我们的前几章里放任自由. 这不是罪过, 除非对读者隐藏或者作者没有看出. 在某些情况它能够完成, 但在另一些情况, 仅仅求助于机遇只是一种空谈. 的确, 生成可接受随机曲线的法则很难描述, 因为有许多几何集合嵌入一个空间中. 仅仅随机地改变海岸线各部分的形状、尺寸和次序, 会趋向于留下一些不能相互配合的片段.

无约束和自约束机遇

于是, 我们立即遇到一个有重大实际影响的非正式区别. 有时, 有处理器跟随的控制器可以进行它们的循环, 并不检查较早循环的效果, 因为无须担心结果不相匹配, 我们称这种模型包含了机遇的无约束形式. 否则, 构造的后来阶段要受到前面阶段输出的约束, 和/或称机遇受到空间几何学的强烈自约束.

为了示范这种对比, 一个点阵上的 $2n$ 边形 (它们可以是自相交的) 构成了一个比较容易的组合问题. 而且人们可以由无约束机遇生成这样一个多边形. 但是海岸线不能自相交, 而计算海岸线的近似多边形的数目, 是一个很强的自约束机遇问题, 它持续地使最聪明的人感觉迷惑.

因为包含自约束机遇的问题十分困难, 本书除第 36 章以外都避免这类问题.

双曲型随机变量

非均匀的随机变量 X 只是一个单调非减函数 $x = F^{-1}(u)$. 它的反函数 $U = F(x)$ 称为概率 $\Pr(X < x)$. ($F(x)$ 或 $F^{-1}(u)$ 的不连续性需要谨慎描述).

表达式 $\mathrm{Nr}(U > u) \propto u^{-D}$ 已在第 6, 13 和 14 章中起了主要作用, 它的对应概率表达式 $\Pr(U > u) \propto u^{-D}$ 称为双曲型分布, 它将在本书的其余章节中起重要作用. $\Pr(U > 0) = \infty$ 的性质非常奇特, 但不会使人束手无策. 其实它正像第 13 章中的 $\mathrm{Nr}(U > 0) = \infty$ 一样, 是我们所期望的和能够处理的. 它需要谨慎处理, 但其技术细节可以并将会避免.

随机集 D 和 D_T 的典型值

若集合是随机的, 则需要对维数概念进一步加工. 我们的那本 "大目录" 把许多随机集合放在一起, 它的每一页都是一个集合, 因此就像以前各章中那样, 具有附着于它的 D 和 D_T 值. 这些值在样本之间变化, 但在所有我们遇到的情况下, 它们的分布都是简单的.

存在一批超常的样本 ("有缺陷的种子"), 它的 D 可取各种各样的值, 但这批样本的总概率为零. 所有其他的样本都用某个公共的 D 来表征, 称为 "几乎确定的值".

我相信对于 D_T 也一样, 希望这个论题能够吸引数学家们的兴趣.

几乎确定的值在每一方面对群体都是 "典型的". 例如, 期望值 D 与几乎确定的值等同.

另一方面, 人们甚至应该避免 "平均集合" 维数的想法. 例如, 假定读者在脑海中有一幅对称随机行走的虚拟图像, 让我们试图定义平均行走. 如果这个过程的位置是群体里所有行走的平均, 则此平均不是行走而是就座: 它永不离开其初始位置, 因此 $D = 0$. ◁ 然而对几乎每一个行走, 第 25 章意味着 $D = 2$. ▶ 对处理维数的目的而言, 仅有的 "稳妥的" 平均集合, 是以平均的 D 表征的集合: 这个定义之所以稳妥, 是因为它是环行的.

任何适用于非随机分形的方法都可以用来计算 D. 但要记住第 13 章中的警告: 当分形集的一部分被包含在半径为 R、球心在集合内的球时, 它趋向于具有一种测度 ("质量"), 满足 $M(R) \propto R^Q$, 这里的指数 Q 不一定是维数. ∎

第 22 章 条件平稳性和宇宙学原理

前一章再一次用通常的理由说明, 对于有用的随机性, 无须区分标准的和分形的模型. 在前者的环境里, 随机化带来了显著的改进. 然而, 非随机模型对于许多目的仍然是容许的. 我们现在要说明, 在分形环境里, 为了使一个模型实际上可以接受, 随机性是必要的.

平移不变性、对称性

这个论题涉及对称性的古老哲学概念. 对此不要理解为对一条线的 "两侧" 对称, 而是结合希腊文 $\sigma\nu\mu\mu\varepsilon\tau\rho\iota\alpha$ 的原始含义: "由各个组成部分与整体的相称而产生"(Weyl, 1952), 以及物理学家们现在的用法: 把对称性作为不变性的同义词.

非随机分形的实质性缺陷, 在于它们并非足够对称. 在各种不同科学的语言里描述的它的第一个缺陷, 在于不能想象非随机分形是平移不变的或平稳的, 以及它不满足宇宙学原理.

其次, 一个非随机分形不能均匀标度, 意思是它只容许相似比形式为 r^k 的离散标度.

星系团的问题是如此重要, 以致现在的讨论将要以它为中心, 这使本章成为本书对天文学所作贡献的第二阶段.

宇宙论原理

时间和我们在地球上的位置既非特殊的也非中心的, 即自然界的定律必须是处处和时时相同的, 这个公设被称为宇宙论原理.

由爱因斯坦和米尔恩 (E.A.Milne)(North, 1965, 第 157 页) 提出的这个论断, 在 (Bondi, 1952) 中有详细的讨论.

强宇宙学原理

宇宙论原理的一个蛮力应用, 要求物质的分布精确地遵循同样的规律, 无论考察时使用什么样的参考系 (原点和轴). 换句话说, 分布必须是平移不变的.

当选择一个术语来表示这个推论时, 必须十分谨慎, 因为它不是讨论理论 ($\lambda o\gamma o\varsigma$), 而是讨论描述 ($\gamma\rho\alpha\varphi\eta$), 且因为我们即将提出一系列弱化的形式, 所以最好称之为强宇宙学原理.

这个基本思想已经写入库萨的尼古拉斯 (Nicholas of Cusa) (1401—1464) 的 "博学的无知" 的教义之中: "无论我在何处, 我认为它便是中心"; "故世界处处是中心, 因此无处是中心, 无处是周围".

宇宙学原理

然而, 物质的分布并非严格地均匀的.

该原理的最明显弱点, 就是在前章所描述的标准结构里引入了机遇. 这样产生的断言, 被概率论学者称为统计平稳性. 但为了一致起见, 我们将称它为统计均匀的宇宙学原理, 物质的分布遵循同样的统计规律, 无论参考系如何.

一个困惑

上述原理对星系群聚性的应用带来了困难的问题, 第 9 章的傅尼埃宇宙当然是极其不均匀的, 但是人们可能期望把它随机化而满足统计均匀的宇宙学原理. 然而, 为了保存模型的本质, 随机化必须保存这样的性质: 在半径为 R 的球中的近似密度 $M(R) R^{-3}$ 当 R 趋于无穷时趋于 0. 遗憾的是, 这最后一个性质与统计均匀的宇宙学原理是不相容的.

有吸引力的是, 对数值本身给予比一般原理更少的权重, 并作出结论, 级联群聚性必须终止于一个有限的上限, 故所有的涨落都是局部的, 毕竟物质的总密度不等于 0.

为了体现这种想法, 例如可以取无限多个傅尼埃宇宙, 然后以统计均匀方式把它们散布在周围. 索内拉 (R. M. Soneira) 提出的一个版本在 (Peebles, 1980) 中进行了讨论.

条件平稳性

然而, 我相信统计均匀的宇宙学原理超出了合理和期望的范围, 它应该用一个较弱的形式来代替, 称之条件的, 它与所有观察者无关, 而仅与物质有关. 天文学家应该发现这种较弱的形式是可接受的, 而且若他们知道哪怕它只有极微小的实质性利益, 很久以前它就可能被研究过. 并且确实如此: 有条件的形式意味着没有任何有关全局密度的假设, 而且容许有 $M(R) \propto R^{D-3}$.

较为弱化地重述我的观点, 很困难或者不可能使强宇宙学原理与真实的星系分布远非均匀的这个概念相一致. 一方面, 若宇宙中物质 δ 的全局密度为 0, 则强宇宙学原理必定是错误的. 另一方面, 若 δ 是小而正的, 则强宇宙学原理是渐近地成立的, 但是对于我们感兴趣的尺度而言, 它却是无用的. 为了保险起见, 可以保存它备用, 但当存在导致混淆的可能时还是避开为好. 最后, 可以用这样一个陈述来代替它：该陈述对所有尺度都是有意义的, 而且不依赖于 $\delta = 0$ 或 $\delta > 0$. 这最后一种方法相当于把强宇宙学原理再分为两部分.

条件宇宙学原理

条件分布. 当参考框架满足其原点是物质点本身的条件时, 物质的概率分布被称为条件的.

主要宇宙学假设. 质量的有条件分布对于所有有条件参考框架相同. 特别是, 包含在一个半径为 R 的小球内的质量 $M(R)$ 是与参考系无关的随机变量.

条件宇宙学原理的陈述, 无论对 $\delta = 0$ 或 $\delta > 0$ 都用精确相同的词语. 这在美学上是令人满意的, 而且具有满足当代物理学精髓的哲学上的优点. 通过把强宇宙学原理分为两部分, 我们就能够强调可观察到的一切的陈述, 并弱化由信念或工作假设组成的陈述.

总物质密度为正的辅助假设

辅助宇宙学假设. 存在量

$$\lim_{R \to \infty} M(R) R^{-3} \quad \text{和} \quad \lim_{R \to \infty} \langle M(R) \rangle R^{-3},$$

它们几乎肯定是相等的, 而且是正的和有限的.

$\delta > 0$ 的标准情形

物质分布的统计规律可以用不同的方式来表达, 可以用相对于任意参考框架的绝对概率分布, 也可以用相对于中心在物质点上的参考框架的条件概率分布. 在上述辅助假设成立的情形, 条件概率分布可以用通常的贝叶斯 (Bayes) 法则由绝对分布导出. 而由条件概率导出绝对概率, 只需要对在整个空间的原始均匀分布取平均.

◁ 原始均匀分布在整个空间的积分导致一个无限的质量. 非条件分布可以重正化到总和为 1, 但仅当整体密度为正时, 见 (Mandelbrot, 1967b). ▶

$\delta = 0$ 的非标准情形

假定与此相反, 辅助假设不成立, 更精确地说, $\lim_{R \to \infty} M(R) R^{-3}$ 为零. 如果是这样的话, 那么绝对概率分布仅仅说明, 随机选取的半径 R 有限的球几乎一定是空的, 因此从随机选取的一个点向周围看去, 几乎肯定什么也看不见. 然而, 人们只对真实宇宙中的质量概率分布有兴趣, 而人们周围的质量不为零是已知的. 一个事件出现之后, 对它出现的绝对概率兴趣有限.

非条件分布自动忽视这些情形的事实本身意味着, 它当 $\delta = 0$ 时是极不合适的, 不仅它与满足 $D < 3$ 的任何分形带有的质量相容, 而且除了 $\delta = 0$ 以外绝对没有告知任何东西.

与此相反, 条件概率分布区别对待有不同分维数的分形、有标度或无标度的分形, 以及取各种不同假设的分形.

非标准的 "可忽略事件"

非标准情形 $\delta = 0$ 使物理学家面对一个几乎肯定可以忽略的事件和一个零概率事件, 后者不但不能被忽略, 而且必须分解为较小的子事件进行分析.

这种对比与人们所熟悉的正好相反. 在一次公平的掷硬币的递增序列里, "正面" 的平均数可能不收敛于 $1/2$, 但是不收敛的情况是零概率, 故因此对之缺乏兴趣. 当一个统计力学结论 (例如熵增原理) 几乎保证成立时, 相反的结论就有零概率, 因此是可以忽略的. 显然, 前面两句中的 "因此" 产生的情形与我在宇宙学里所提出的正好相反.

回避层次

对称性的第二种形式涉及标度性. 当一个非随机分形各部分的缩小比都等于 r 时, 容许标度比有形式 r^k. 当各部分的缩小比是 $r_1, r_2, \cdots$ 时, 其容许的总比值较少限制, 但仍然不能自由地选取.

换句话说, 非随机分形包含了一种强的分层结构, 或者如我喜欢说的, 是强分层的. 某些层次模型被物理学家看来是好的. 因为它们十分便于在计算机上处理. 然而这种特性在哲学上是乏味的, 而且在星系的情况又不存在集团形实体的直接证据. 这是为什么这个呼声受到注意, 特别在 (de Vaucouleurs, 1970) 中, "沙利耶的工作推广到密度涨落的准连续性模型, 它将会代替原先过于简化的离散分层模型".

这个愿望不能由非随机分形来实现, 但正如我将要说明的, 随机分形能够实现.

非层次条件化的宇宙学分形世界

就像前面指出的, 天文学家们不大会先验地否定带有条件的想法, 而这种想法可能是平庸的, 仅当具有值得注意的后果以后才被承认. 我建议要证明这的确是一种真正的推广, 而不仅是一种以此为目标的形式上的精炼. 第 32 至 35 章描述了具有下列性质的明显结构:

- 它们造成零整体密度.

- 它们满足条件统计宇宙学原理.
- 它们不满足任何其他形式的宇宙学原理.
- 它们是关于每个 r 标度化的.
- 它们不是设计成有层次的, 而是作为维数 < 2 的一个推论产生的一种表观分层结构.
- 最终, 它们与定量数据相吻合.

除了最后一个以外, 所有这些性质都被我的每一个模型所满足. 至于定量上的吻合, 它由第 32 至 35 章又得到了改进. 因此, 为了达到与最佳的数据分析的完美拟合, 通过自然地增加复杂性来选择我的模型就足够了.

预告

虽然已经展示了由彻底的随机分形所开启的灿烂前景, 我们还不能急于深入考虑那些模型, 鉴于它们数学上的复杂性, 最好延迟一下. 第 23 至 30 章仍保持于比较熟悉的概率论基础. ∎

第八篇
有层次的随机分形

第 23 章　随机凝乳：接触群集和分形逾渗

本篇各章将表明, 多种简单得几乎有点可笑的设计可以导致给人印象深刻的随机分形. 第 23 章随机化了凝乳过程, 这种步骤用于勾勒噪声的康托尔模型 (第 9 章)、星系的空间康托尔尘埃模型 (第 9 章) 和一个湍流间歇性模型 (第 10 章) 等等. 第 24 章主要介绍我的弯折曲线, 科赫曲线的一种新随机化形式. 第 25 章专注于布朗运动, 而第 26 章定义了其他 "随机中点位移" 分形.

本篇标题中的术语 "有层次的" 一词, 表示在所有这些研究范例中我们处理的是由各层 (等于拉丁文中的 strata) 叠加构造的分形, 每层都包含更多细节. 在许多情况下, 层是分级的. 以前各章只处理有层次的分形但并未明显提及. 但是, 以后各章确立了随机分形不需要是分层次的.

本章涉及的分形包含了一个网格或点阵, 它由区间、方块或立方体构成, 每个又分为 b^E 个子区间、子方块或子立方体: 这里 b 是点阵的基.

随机化线性尘埃

最简单的直线上的随机尘埃, 开始于康托尔凝乳的最简单形式: 基为 b 的区间点阵和整数 $N < b$, 它可以用来改进第 8 章里误差的康托尔模型. 但是, 代替一个特殊的生成器, 给出的是所有可能的康托尔生成器的一个列表. 也就是, 在所有不同的行中有 N 个非空的盒子和 $(b - N)$ 个空盒子. 在每个时刻, 以等概率随机地选取其中的一个生成器.

凝乳的任意点 P 定义为长度是 $R_k = b^{-k}$ 的嵌入 "前凝乳" 区间序列. 如果总的初始质量为 1, 每个前凝乳包含相同的质量 R_k^D. 在以 P 为中心, 长度为 $2R_k$ 的区间中的质量, 等于 R_k^D 乘以位于 1 和 2 之间且与 k 无关的随机变量.

注意 D 绑定于序列 $\log(b-1)/\log b, \log(b-2)/\log b, \cdots$, 这个限制常常是不方便的. 更重要的是, 上述凝乳定义难以在计算机上体现和分析地操作. 因为凝乳的主要功效在于它的简单性. 在下面几节给出的其他定义应该较受欢迎. 为了有所区别, 称本节的定义为约束性的 ((Mandelbrot, 1974f) 称它为微正则的).

凝乳化的随机线性尘埃

见于 (Mandelbrot, 1974f) 的凝乳的一个较好的定义 (在那里称为正则的) 是由二元随机选择序列得到的, 其中的每一项都仅仅受硬币投掷的支配. 通过投掷一个硬币, 级联的第一阶段就决定了每个 b 子区间以后的命运. 若硬币落地正面朝上 (一个概率 $p < 1$ 的事件), 则子区间就 "存活" 作为前凝乳的一部分: 否则就死去. 在每个阶段以后, 任意长度的两个死的子区间之间留下的孤立点被除去. 它们仅是一点小麻烦, 但是它们的平面或空间对应物 (孤立的线, 等等) 会在集合中引入虚假连通性. 存活子区间的期望数是 $\langle N \rangle = pb = p/r$. 然后, 这个过程在每个子区间内继续, 不依赖于所有其他子区间.

诞生过程体系. 称子区间为 "孩子", 总级联为一个 "家族", 表明孩子数目的分布由众所周知的诞生和死亡过程所控制 (Harris, 1963).

基本结果是 $\langle N \rangle$ 的临界值的存在性: 这个事实由伊雷内·比昂纳曼 (Irénée Bienaymé) 于 1845 年发现 (Heyde & Seneta, 1977), 故值得称之为比昂纳曼效应.

值 $\langle N \rangle = 1$ 在以下意义上称为临界的: m 代以后出现的子孙数 $N(m)$ 受到下列规则控制: 当 $\langle N \rangle \leqslant 1$ 时, 家族线最后几乎肯定终止, 在目前的解释中意味着此级联产生了一个空集; 与此相反, 当 $\langle N \rangle > 1$ 时, 每个凝乳的家族线都有扩展到无限后代的非零概率. 在这种情况下, 随机凝乳化产生直线上的随机尘埃.

相似性维数的意义. 比值 $\log N(m) / \log(1/r)$ 在此是随机的, 相似性维数要求新的思维. 几乎确定的关系式

$$\lim_{m \to \infty} \log N(m) / \log(1/r^m) = \log \langle N \rangle / \log(1/r)$$

提出了一个广义相似性维数

$$D^* = \log \langle N \rangle / \log(1/r) = E - \log p / \log r.$$

用这个 D^*, 非空极限集存在性条件 $\langle N \rangle > 1$ 就取非常合理的形式 $D^* > 0$, 而当 $D^* > 0$ 时就有 $D = D^*$. 当 $\langle N \rangle \leqslant 1$ 时, 形式地应用这个公式将得到 $D \leqslant 0$. 但事实上, 空集总是有维数 $D = 0$.

具有递减的 D 的嵌入凝乳

我们来构造具有递减的维数 D 的一系列随机凝乳, 其中每一个都嵌入前面一个之中.

最初一步不依赖于 D: 它对每个任意阶的涡旋附加一个在 0 与 1 之间的随机数 U. 我们知道 (第 21 章), 所有这些数放在一起等价于度量机遇分布的一个单独的数. 第二步, 选择 D, 而最后写出的公式用它来产生概率阈值 p. 最后, 凝乳包含下列的 "分形取舍过程". 每当 $U > p$, 涡旋连同它所有的子涡旋像乳清一样 "死掉"; 当 $U \leqslant p$ 时, 涡旋存活下来而再次成为凝乳.

这种方法使得有可能跟踪所有凝乳、乳清和有意义的一切其他集合的特征, 作为连续变化维数的函数. 保持所有随机数 U 固定就足够了, 这时 p 从 1 减少到 0, 而 D 从 3 减少到 0.

给定对应于概率 p_1 和 $p_2 < p_1$ 的凝乳 Q_1 和 Q_2, 它们分别有维数 D_1 和 $D_2 < D_1$, 由 Q_1 至 $Q_2 \subset Q_1$ 的变换就可以称为相对概率 p_2/p_1 和相对维数 $D_2 - D_1$ 的 "相对分形取舍". 为了直接完成相对取舍, 寻找属于 Q_1 的边长为 $1/b$ 的涡旋, 让它们以新的概率 p_2/p_1 继续存活, 然后对边长为 $1/b^2$ 的存活涡旋同样进行, 等等. 若序列 $Q_1, Q_2, \cdots, Q_g$ 系通过逐次取舍、相对概率相乘、相对维数相加直到它们的和小于 0, 则 Q 成为空集.

星系的霍伊尔凝乳化

约束凝乳化有一个空间对应物, 它可以用来实现星系分布的霍伊尔模型. 见图版 232 和 233.

包含凝乳化的诺维可夫-斯图尔特湍流耗散

在非常早期的湍流间歇性模型中, 也会无意地出现空间随机凝乳. (Novikov & Stewart, 1964) 假定, 耗散的空间分布由一种级联产生: 每一阶段都取前一阶段的前凝乳, 并进一步把它凝乳化成比值为 r 的 N 个更小的片, 见图版 234 到图版 237.

这是一个非常粗糙的模型, 甚至比 (Berger & Mandelbrot, 1963) 对某些过度噪声给出的模型 (见第 8 章和第 31 章) 更粗糙. 它没有引起适当的注意, 也没有继续和发展. 但对它的藐视却被证明是无根据的. 我的研究表明, 许多精细而复杂的模型的特征已经在凝乳化中出现.

乳酪. 不应从字面上理解包含在术语凝乳和术语乳清中的图像, 但乳酪的真正形成可能是由于生物化学的不稳定性, 如同诺维可夫-斯图尔特凝乳化被推测为水动力学的不稳定所致. 然而, 我没有数据可以说明是否任何食用乳酪也是一块分形乳酪.

随机凝乳的后果是 "介于二者之间" 的形状

已知 $D < 3$ 空间中标准形状 (点、线和面) 的体积为 0. 对于随机凝乳, 这也同样为真.

前凝乳的面积也表现得非常简单. 当 $D > 2$ 时它趋于无限, 当 $D < 2$ 时它趋于 0. 当 $D = 2$ 时, 凝乳化使得它本质上保持常数.

类似地, 当 $m \to \infty$ 时, 前凝乳边缘的累积长度, 当 $D > 1$ 时趋于无限; 而当 $D < 1$ 时趋于 0.

这些体积和面积的性质, 证实了分维数满足 $2 < D < 3$ 的凝乳位于普通曲面和体积之间.

◁ 证明. 当凝乳化被约束时最简单. 第 m 阶前凝乳的体积是 $L^3 r^{3m} N^m = L^3 (r^{3-D})^m$, 随着内尺度 $\eta = r^m$ 趋于 0. 在 $D < 2$ 时, 其面积根据上限决定. 每个第 m 阶前凝乳的面积至多等于有贡献的涡旋面积之和, 因为这个和也包括了子涡旋的边界, 它由于为毗邻凝乳共有而相互抵消. 每个第 m 阶涡旋的面积是 $6L^2 r^{2m}$, 而总面积至多是 $6L^2 r^{2m} N^m = 6L^2 (r^{2-D})^m$. 当 $D < 2$ 时, 其上界随着 $m \to \infty$ 而趋于 0. 这就证明了我们的结论. 在 $D > 2$ 的情况下可以得到下界, 只要注意到, 在第 m 阶前凝乳里所包含的各个 m 阶涡旋之并的表面至少包含一个边为 r^m, 面积为 r^{2m} 的正方形, 它被包含在所述第 $(m-1)$ 阶前凝乳中, 不可能消去, 因此其总面积至少是 $L^2 r^{2m} N^{m-1} = (L^2/N)(r^{2-D})^m$, 它随 m 一起趋于 ∞. 最后, 当 $D = 2$ 时, 两个界限都是正而且有限的. ▶

分形截面的 D: 余维数加法法则

下面的论题在前面几章中已经提到过, 现在, 我们可以在一种特殊情况下对它作显式和完整的处理.

作为基础, 回想起欧几里得平面几何中的一个标准性质, 如果一个形状的维数 D 满足 $D \geqslant 1$, 它被一条线所作的截段, 若非空, 则 "典型" 地有维数 $D-1$. 例如, 正方形 ($D = 2$) 的非空线截段是维数为 $1 = D - 1$ 的区间. 而一条线 ($D = 1$) 的非空线截段是一个点, 其维数为 $0 = 1 - 1$ 的一个点, 除非两条线重合.

更一般地, 涉及相交部分维数性态的标准几何法则可总结如下: 如果余维数 $C = E - D$ 之和小于 E, 则这个和就是典型的相交部分的余维数; 否则, 该相交部分典型地是空集 (我们鼓励读者对空间各种平面和直线图形进行校核).

很幸运, 该法则可以推广到分维数. 多亏了它, 许多有关分形的论证比我们所担心的要简单得多. 然而, 必须记住大量例外情形. 特别是, 我们在第 14 章里看到, 当一个非随机分形 $\mathcal{F}$ 被特定位置的线或面所截时, 截段的维数不能总是由 $\mathcal{F}$ 的维数推出. 但随机分形在这一点上较为简单.

随机凝乳截段的 D

为了在分形凝乳的情形证明这个基本法则, 把它看作凝乳化级联的涡旋或子涡旋留在边为 L 的原始涡旋的面或边缘上的痕迹 (正方形和区间). 每个级联阶段把一块前凝乳用一些乳清块 (其数目由诞生和死亡过程确定) 来替代. 记沿原始涡旋边缘排成直线的第 m 代子孙的数目为 $N_1(m)$. 本章前面已经用过的经典结果证明了 $N_1(m)$ 由下列替代规则支配. 当 $\langle N_1 \rangle = Nr^2 \leqslant 1$ 即 $D \leqslant 2$ 时, 几乎肯定的是, 每条边缘的家族线最终将灭绝, 即成为空集, 因此是零维的. 而当 $\langle N_1 \rangle > 1$,

即 $D > 2$ 时, 则与此相反, 每一条家族线都具有扩展到无穷多子孙代的非零概率. 而相似性维数是 $D - 2$, 由于下列几乎肯定的关系式,

$$\lim_{m \to \infty} \log N_1 (m) / \log (1/r^m) = \log \langle N_1 \rangle / \log (1/r) = D - 2.$$

二维涡旋轨迹遵循同样的论据, 只要把随机的 N_1 用 N_2 替代, 使得 $\langle N_2 \rangle = Nr$. 当 $\langle N_2 \rangle \leqslant 1$, 即 $D \leqslant 1$ 时, 每个涡旋面最终将成为空集. 当 $\langle N_2 \rangle > 1$, 即 $D > 1$ 时, 由于下列几乎肯定的关系式, 相似性维数是 $D - 1$,

$$\lim_{m \to \infty} \log N_2 (m) / \log (1/r^m) = \log \langle N_2 \rangle / \log (1/r) = D - 1.$$

约束凝乳化导致相同的结论.

分维数在相交时的性态与欧几里得维数的相同, 其进一步证实是, 同一网格所载各自有维数 D_m 的几个凝乳分形的相交部分满足 $E - D = \sum (E - D_m)$.

凝乳的拓扑学：群集

这里说明 (虽然这可能使人厌烦), 对于星系的基本不等式 $D > 2$(第 10 章) 和对于湍流的 $D < 2$ (第 9 章), 不是拓扑的而是分形的.

在非随机凝乳化中, 对于 $E \geqslant 2$(第 13 和 14 章), 设计者也控制了拓扑结构. 连通的平面凝乳包括谢尔平斯基地毯 ($D > D_T = 1$), 而连通的空间凝乳包括海绵 ($D > D_T = 1$) 和泡沫 ($D > D_T = 2$). 其他凝乳是 σ-群集或尘埃. 因此, $E = 3$ 和 $D > 2$ 是湍流研究中感兴趣的情形, 一个非随机级联可以产生 $D_T = 0$(尘埃) 或 $D_T = 1$(曲线或 σ-曲线) 或 $D_T = 2$(曲面或 σ-曲面). $E = 3$ 和 $D > 2$ 是天文学里感兴趣的情形, D_T 可以是 0 或 1.

与此相反, 一个随机凝乳化级联相当于统计上的混合生成器, 它几乎肯定被强加了某种确定的拓扑结构 (第 21 章末). 由于它非常粗糙, 凝乳化是如此简单, 关键是考察它在这方面的预言. 现在的知识把已证明的事实与有充分细节但尚未证实的推论结合在一起.

临界维数. 凝乳的 D_T 当 D 穿越某个临界阈值时不连续地变化, 记为 D_{crit}, $D_{2\text{crit}}, \cdots, D_{(E-1)\text{crit}}$, 换句话说, 分割成有不同 D_T 值的许多部分的混合凝乳几乎不可见.

最重要的阈值是 D_{crit}, 它同时是使凝乳几乎肯定成为尘埃的那些 D 的上界, 又是使得凝乳几乎肯定分离为无限个不连续片 (每片都是连通的) 的 D 的下界. 因为在第 13 章里所解释的原因, 这些片被称为接触群集.

下一个阈值 $D_{2\text{crit}}$, 把凝乳是 σ-曲线的 D 与凝乳是 σ-曲面的 D 分开, 等等. 如果且当对乳清的拓扑学感兴趣时, 它也可以导致新的阈值.

群集维数. 当 $D > D_{\text{crit}}$ 时, 接触群集有分维数 $D_c < D$. 随着 D 从 E 减少到 D_{crit}, D_c 从 E 减少到 $D_{c\,\text{min}} > 1$, 然后突然下降为零.

尺寸数目的分布. 在第 13 章的公式中以 Pr 代替 Nr, 就得到 $\Pr(\varLambda > \lambda)$, $\Pr(A > a)$, 等等.

D_{crit} 和 $D_{2\text{crit}}$ 的界限. 显然, $D_{\text{crit}} \geqslant 1$ 和 $D_{2\text{crit}} \geqslant 2$. 下节会证明 D_{crit} 的上界小于 E, 表明上述含义具有真实内容.

另外, 较紧的下界无论 b 如何均适用, 即将看到对于 $D_T = 0$ 的一个充分条件是 $D < \frac{1}{2}(E+1)$. 因此 $D_{\text{crit}} > \frac{1}{2}(E+1) > 1$. 而 D_T 是 0 或 1 的充分条件是 $D < \frac{1}{2}E + 1$. 因此, $D_{2\text{crit}} > \frac{1}{2}E + 1 > 2$.

对于 $E = 3$, 我们找到 $D < \frac{1}{2}(E+1) = 2$, 它被傅尼埃-霍伊尔值 $D = 1$ 和经验星系值 $D \sim 1.23$ 满足 (尚有余地). 因此, 不论哪个 D 的随机凝乳都是尘埃, 这正是我们期望的.

当 $E = 3$ 时, 由条件 $D < \frac{1}{2}(E+1) = 2$ 得到 $D < 2.5$. 此阈值也正好就是湍流间歇性载体的估计维数. 过去由粗略平均得到的充分条件的经验表明, 它们难得是最佳的. 故由此可知, 湍流的凝乳化模型载体亚于片状的.

下界的推导. 其基础在于第 13 章强调的事实, 凝乳接触群集在邻近单元聚集处出现. 因此考虑凝乳与一个平面之交, 该平面垂直于一个其坐标有形式 $\alpha b^{-\beta}$ 的轴, 其中 α 和 β 是整数. 我们知道, 若 $D > 1$, 这个交集具有非空的正概率. 然而, 聚集的出现要求来自边 $b^{-\beta}$ 相对两侧对交集的部分贡献之间有重叠. 若非空, 这些贡献在统计上是独立的, 因此其重叠的维数有形式 $D^* = E - 1 - 2(E - D) = 2D - E - 1$.

当 $D^* < 0$, 即当 $D < \frac{1}{2}(E+1)$ 时, 贡献没有重叠, 因此该凝乳不可能包含一条穿越我们平面的连续曲线, 且 $D_T < 1$.

当 $D^* < 1$, 即当 $D < \frac{1}{2}E + 1$ 时, 若存在一个重叠, 则它不能包含一条曲线. 因此, 该凝乳不可能包含一个穿越我们平面的连续曲面, 且 $D_T < 2$.

当 $D^* < F, F > 1$, 即当 $D < \frac{1}{2}(E+1+F)$ 时, 相同的论据排除了维数为 $D_T = F$ 的超曲面.

承认这些结果, 上面不等式的证明的剩余部分就是直截了当的: 当凝乳包含一条曲线 (或一个曲面) 时, 在该曲线 (或曲面) 上的任意一点 P 都被包含在边的形式为 $b^{-\beta}$ 的一个盒子中, 该曲线 (或曲面) 与之相交于某点 (某条曲线). 这就确定了, 当 $D < \frac{1}{2}(E+1)$ (或 $D < \frac{1}{2}E + 1$) 时, 几乎可以肯定不存在这种点 (或曲线).

逾渗的分形群集

关于拓扑学的讨论最好用逾渗的词汇进行下去. 按照第 13 章的定义, 画在正方形或立方体上的图样称为逾渗, 如果它包含一条连接正方形或立方体对边的连续曲线. 逾渗通常在第 13 和 14 章中讨论的伯努利语境下处理, 但是在随机分形的语境会出现同样的问题. 这里我们就来处理随机凝乳.

基本事实是, 若一个形状是 σ-群集, 则当且仅当它的接触群集之一逾渗时它才逾渗. 当接触群集是分形, 且其长度服从无尺度双曲型分布时, 逾渗发生的概率与正方形的边长无关, 而且不退化为 0 或 1. 在伯努利逾渗里, 上述句子中的 "当" 字在很窄的条件 $p = p_{\text{crit}}$ 下满足. 在通过分形凝乳的逾渗里, 该条件放宽为 $D > D_{\text{crit}}$, 这是一个相当大的差别. 尽管如此, 了解伯努利逾渗有助于我们了解凝乳的逾渗, 反之亦然.

D_{crit} **的一个上界**. 让我来论证, 如果 $b \geqslant 3$, 则 D_{crit} 满足 $b^{D_{\text{crit}}} > b^E + \frac{1}{2} b^{E-1}$. 更精确地, 若 N 是固定的 (约束凝乳化), 那么这个条件使得逾渗的发生几乎是肯定的. 在非约束凝乳化里, 这个条件保证了不发生逾渗有一个小的正概率.

首先, 考虑非随机数 N 的情形. 在较强的条件 $b^E - N \geqslant \frac{1}{2} b^{E-1} - 1$ 之下, 没有什么办法可以使得在两个前凝乳单元之间的任意给定面不会存活. 即使在最坏的情形, 并且所有未存活子涡旋沿着所说的面聚集, 这些涡旋在数量上仍然如此不充足, 以致可以肯定 (不是几乎, 而是绝对) 没有一条路径成为不连通的. 在较弱的条件 $b^E - N \geqslant \frac{1}{2} b^{E-1}$ 之下, 同样的规则不是绝对的, 而是几乎肯定的. 导致的凝乳由环绕充满乳清的分离间隙的薄片组成. 乳清的两点只有当它们在同一间隙中时才能连接. 其拓扑几乎肯定是谢尔平斯基地毯式的或海绵式的, 见第 14 章.

将同样的条件应用到非约束凝乳化, 无逾渗不再是不可能的, 不过是一个不大可能的事件.

让我们考察 $E = 2$ 的数值例子. 当 $b = 3$ 时, 以上条件中较弱且更有用的成为 $N > 7.5$, 它仅有一个解 $N = 8$(这个数值恰好对应于谢尔平斯基地毯!), 当 $b \to \infty$ 时, 上面的 D_{crit} 的上界渐增地接近 2.

D_{crit} **的下界**. 当 $b \gg 1$ 时, $D_{\text{crit}} > E + \log_b p_{\text{crit}}$, 其中 p_{crit} 是伯努利逾渗中的临界概率. 这个下界的背景是这样的, 随机分形凝乳化的第一阶段等于建造伯努利地板, 使用的地砖有导通性的概率是 b^{D-E}. 如果这个概率小于 p_{crit}, 则地板的导通是一个小概率事件. 而且, 如果导通出现, 它很可能是由于有一串导通的地砖. 随机分形凝乳化的第二阶段建造一块伯努利地板, 使用第一阶段中的导通地砖, 每一块都有相同概率 b^{D-E}. 这一步很可能会破坏逾渗的连接.

当 $b \to \infty$ 时, 新的界限趋于 E, 其有效性区域 $(b \gg 1)$ 超过了界限 $\dfrac{1}{2}(E+1)$. 因此, $D_{\mathrm{crit}} \to E$. ∎

图版 232 与图版 233 ✠ 应用网格随机凝乳化的霍伊尔模型 (维数 $D=1$) 的实施

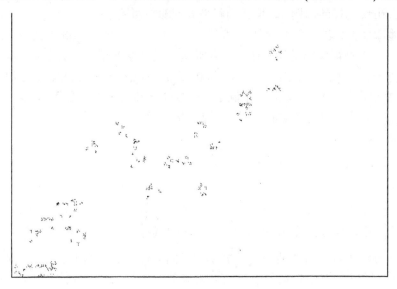

在霍伊尔模型里 (第 9 章), 密度非常低的气体云状物不断塌陷形成星系群集, 然后是星系, 等等. 然而, 霍伊尔的叙述是极度简化的, 真正的几何实现需要专门的假设. 这些图版显示了最简单实现的平面投影.

图版 233. 边长为 1 的初始立方块, 被分为边长为 5^{-1} 的 $5^3 = 125$ 个子立方块, 并如此继续分为 125^k 个 k 级子立方块, 其边长为 5^{-k}. 在第 k 个级联阶段, 包含在一个第 $(k-1)$ 级子立方块内的物质塌陷为一组 5 个第 k 级子立方块, 称为 k-前凝乳. 霍伊尔凝乳化总是把维数减少, 从 $D=3$ 降到 $D=1$.

在这个图版中, 前三个阶段叠加在一起显示, 应用逐渐加深的灰色阴影线来表示逐渐增加的气体密度. 与 (Hoyle, 1975) 的第 286 页相比, 此图版可能略显粗糙, 但这是按比例仔细画出的, 因为关系到维数的问题必须精确.

因为我们表现的是凝乳的平面投影, 两个有贡献的立方块投影在同一正方形上的情形并不罕见. 然而, 在极限情形, 两点的投影几乎永不重合. 此尘埃是如此稀疏, 使得空间实质上是透明的.

图版 232. 这是单独表示的凝乳化的第四阶段 (具有不同的种子). 几乎看不见基础网格, 这是很幸运的, 因为自然界不存在这种网格的痕迹 (第 27 章). 被图的边缘截去的涡旋顶部, 在本例中是空集.

◁ **腔隙的控制**. 第 34 章介绍的腔隙概念, 可直接应用于一条线上的随机凝乳化和霍伊尔凝乳化. 如果霍伊尔的 $N = 5$ 被傅尼埃的"真实"值 $N = 10^{22}$ 所代替 (图版 100), 随机凝乳的腔隙的确变得非常小. ▶■

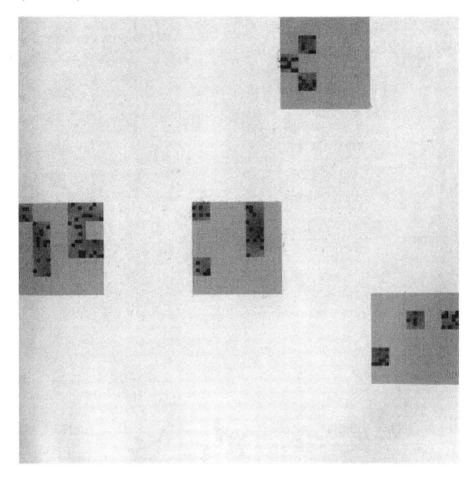

图版 234 至 237 ✣ 伴有逾渗的平面网格 (维数 $D = 1.5936$ 至 $D = 1.9973$) 中的
诺维科夫-斯图尔特随机凝乳

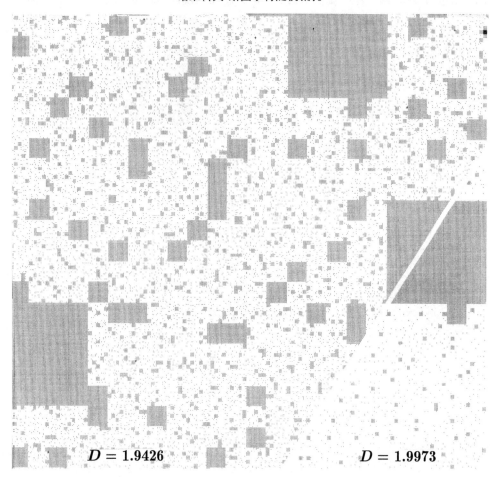

$D = 1.9426$ $D = 1.9973$

诺维科夫-斯图尔特级联提供了如何将流体中的湍流耗散凝乳化应用于相对
较小体积中的一个有用的一般想法. 从概念上看, 它非常类似于前面两张图版中
说明的霍伊尔级联. 然而, 分维数 D 的值是非常不同的. 对于星系, $D \sim 1$; 而在
湍流中, $D > 2$ 和 $D \sim 2.5$ 至 2.6 是个很好的猜测. 为了一般地理解凝乳化的进
程, 本图版显示了几个不同的维数值. 始终取 $r = 1/5$, 而 N 分别取

$$N = 5 \times 24, \quad N = 5 \times 22, \quad N = 5 \times 19, \quad N = 16 \quad 和 \quad N = 5 \times 13.$$

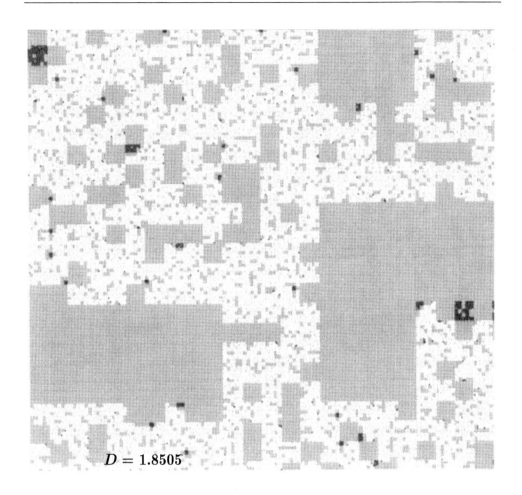

$$D = 1.8505$$

因此, 维数取值为

$$D = 1 + \log 24 / \log 5 = 2.9973, \quad D = 2.9426,$$
$$D = 2.8505, \quad D = 2.7227 \quad 和 \quad D = 2.5936.$$

以灰色表示乳清, 黑色或白色表示凝乳, 白色部分是一个逾渗接触群集, 即与图的上、下边相接触的连通部分. 黑色部分组合了所有其他接触群集.

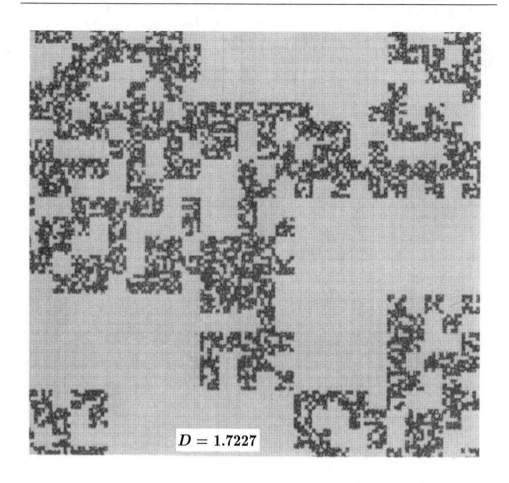

$$D = 1.7227$$

　　因为湍流满足 $D > 2$, 这些凝乳本质上是不透明的, 而且 (与霍伊尔凝乳相反) 这些图表明它们的平面横截面, 其维数是

$$D = 1.9973, \quad D = 1.9426, \quad D = 1.8505, \quad D = 1.7227 \quad 和 \quad D = 1.5936.$$

在图版 234 中, 右下角显示了 $D = 1.9973$, 一种缺乏有意义细节的情形, 其余的图显示 $D = 1.9426$.

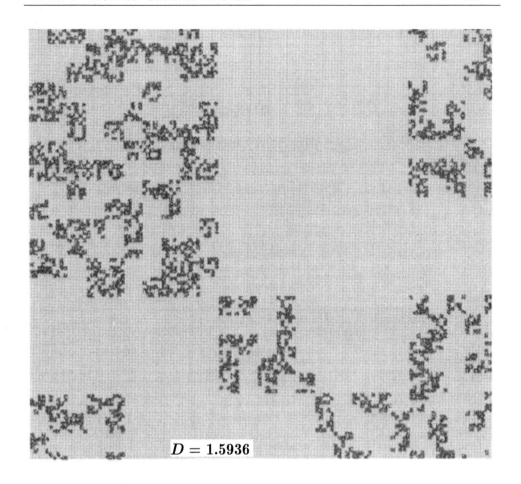

$$D = 1.5936$$

生成的程序和种子全部相同，可以跟踪灰色的逐步消失. 开始于随机堆积每个涡旋的 25 个子涡旋. 然后对相继的整数值 $5^D = N$，堆积顶部的 $(25 - N)$ 个子涡旋 "变灰消退".

对于两个较小的维数，不存在逾渗. 对 $N = 19$，存在少量黑色而大多是白色. 对 $N = 18$，已有少量种子逾渗，但是该图中的阶段数目对可靠估算 D_{crit} 而言太小了. ∎

第 24 章　随机链和弯折

前一章证明了可以将凝乳化随机化而不影响以 b 为基的基本空间网格. 在随机凝乳化里, 在 k 阶段出现于点阵单元里的 "材料" 永远保持在其中, 且其分布变得越来越不均匀. 这种过程很简单, 因为每个单元的演化与其他单元中发生了什么无关. 然而, 必须容许由机遇和空间性质来确定导致的分形的拓扑.

本章说明凝乳化怎样被约束而使形成的分形有特定的连通性. 例如, 当目标是为了对海岸线或河流建模时, 就需要 "自回避" 曲线. 在完全不同的聚合物科学领域里出现了一个不同的例子: 一个浮游在良性溶剂中的无限长分子到处漫游, 但显然要防止多次占有空间的同一位置.

在保证凝乳化产生的集合是连通的和自回避的递推方法中, 初始器继续保持为一个平面区域, 譬如说是个正方形; 而生成器继续保持为包含在初始器内的一些较小区域的集合. 在第 23 章里, 对这些较小区域唯一的要求是, 除开公共顶点或公共边是容许的之外, 它们必须不重叠. 与此相反, 在本章中, 公共顶点或公共边的存在是强加的.

首先考察的是公共顶点, 它包含 "随机链", 产生某些科赫或佩亚诺曲线的直接推广.

在 (Mandelbrot, 1978r, 1979e) 中引入的公共边, 会产生更多有吸引力和令人感兴趣的分形族, 其中有些是自回避和无分支的 "简单曲线", 而另一些是打结的或树状的, 而且这种过程可以延拓到曲面. 我建议今后称这些新形状为弯折.

喜欢弯折这个名称甚于随机链的主要原因是, 它们较少多样性这一点似乎反映了空间的一种基本性质.

直线弯折是线性聚合物和河道的粗略模型, 打结弯折是海岸线的模型, 而树状弯折是河流树的模型.

随机链和链曲线

图版 47 中的白色区域可以看作是由顶点相连的三角形链构成的. 下一个构造阶段把每个三角形用完全包含在其中的一个子串替代, 因此得到以单点相连的更小三角形所构成的链, 这个嵌入链序列收敛到科赫曲线 (这个过程使人回想起第 18 章中的庞加莱链).

其他许多科赫曲线都可以用这种方式来构造. 例如图版 146 所示的谢尔平斯基垫片, 它的链是去除中央三角形孔洞后得到的.

这种构造方法是容易随机化的. 例如一个三角形可以由图中两个 $r = 1/\sqrt{3}$ 的三角形替换, 也可以由三个 $r = 1/3$ 的三角形替换.

最简单的弯折 (Mandelbrot, 1978r)

最简单的弯折曲线是一条随机分形曲线, 在 (Mandelbrot, 1978r, 1979c) 中设计, 并在 (Peyrière, 1978, 1979, 1981) 中进一步研究过. 这是一条河道的模型, 模仿了地质学或地理学中熟知的图形, 说明了河流向其河谷延伸的相继阶段, 以越来越高的精度定义了它的河道.

在第 k 个挖掘阶段之前, 河流在一条 "预弯折" 河谷 (它由边长为 2^{-k} 的正三角形点阵单元组成) 里流动. 当然没有一个点阵单元会被流经多于一次, 而河谷中的每一个环节都必须通过公共边与两个近邻相连, 而第三条边是 "锁定的".

第 k 个挖掘阶段以一个作在边长为 2^{-k-1} 内插点阵的更精细弯折替代了这个预弯折, 显然, $(k+1)$ 阶预弯折必定合并了两个相邻 k 阶环节的每条公共边的一半, 并且有一个强的反演成立, 即 (未锁定) 那一边一半的位置, 毫不含糊地确定了 $(k+1)$ 阶预弯折.

对称随机弯折. 随机选择被锁定的半边, 另一半有相等的概率. k 阶环节中 $k+1$ 阶环节的数目为 1 的概率是 1/4, 为 3 的概率是 3/4, 平均数是 2.5.

河谷在每个阶段都变得更狭窄, 它渐近地收敛到一条分形曲线. 很自然, 我推测其极限的维数是 $D = \log 2.50 / \log 2 = 1.3219$. 其证明 (很精巧细微) 见 (Peyrière, 1978).

不对称随机弯折. 把一条边分为两半之后, 设子河谷穿过 "左半" 的概率为 $p \neq 1/2$. 这个概念可以对往下游看的观察者, 也可以对站在被细分三角形中心的观察者来定义. 在第一种情形, $D = \log[3 - p^2 - (1 - p^2)] / \log 2$, 其范围从 1 至 $\log 2.5 / \log 2$. 而在第二种情形, $D = \log[3 - 2p(1-p)] / \log 2$, 其范围从 $\log 2.5 / \log 2$ 至 $\log 3 / \log 2$, 加在一起, 在 1 和 $\log 3 / \log 2$ 之间的所有 D 值, 都可以达到.

其他点阵和弯折

其他弯折曲线可以通过使用不同的插入点阵得到. 推广是直截了当的, 一旦知道 $(k+1)$ 阶预弯折穿过 k 阶单元之间边的区间, 就足以确定 $(k+1)$ 阶弯折. 一个例子是矩形点阵, 其长短边之比有形式 $\sqrt{b}$, 且各个单元内插到 b 个横放的单元中.

但对三角形点阵并非如此, 它们的单元内插到 $b^2 \geqslant 9$ 个三角形中, 或对正方形点阵, 其中单元内插到 $b^2 \geqslant 4$ 个正方形中. 在这两种情况下, 预弯折的插入都要求附加的步骤.

对三角形的情形 $b = 3$, 或者对正方形的情形 $b = 2$, 非常自然的额外一步就足够了. 事实上, 考虑从正方形中心发出 4 条 "射线", 把它一分为四, 或者 6 条射线把一个三角形分为 9 个. 一旦这些射线中有一条被锁定了, 子河谷便成为完全确定的了. 在我对弯折的定义里, 射线是以等概率随机地选择锁定的. 对于三角形被划分为 9 个, 其 $D = 1.3347$, 而对正方形被划分为 4 个, 其 $D = 1.2868$. 回想起最简单的弯折产生 $D = 1.3219$, 我们看到弯折的 D 是接近于通用的: 在 4/3 附近.

若两个三角形被划分为 b^2 个部分, $b > 3$, 或者一个正方形被划分为 b^2 个部分, $b > 2$, 就需要做进一步的决定来限定子河谷. 而结构也越来越任意. 按照下节的讨论, 弯折构造不再有价值.

链和弯折曲线之比较

让我们停下来回想一下, 当或者用切萨罗的链方法或者用原始的科赫方法得到分形曲线时, 由于过程的截断而导致的误差沿曲线是非常不均匀的. 有些点可在有限阶段之后以无限精度得到这一事实, 可能是一个优点. 例如, 它有助于科赫寻找最简单的处处无切线的曲线. 但当曲线是一条均匀宽度的带的极限时, 曲线概念的本质意义将更为清晰. 我的弯折曲线满足了这种迫切需要.

对比的另一个因素涉及 "设计者" 所要求的在每种方法中作出的任意选择的数目. 对非随机的或随机的分形, 科赫方法都是十分强有力的 (特别是借助一条简单曲线而获得任意希望的 D 值). 但是对设计者而言, 它包含了大量特殊选择, 对之并无独立的动机, 尤其基底 b 是非内在的.

科学长期遭受欧几里得几何无力模拟大自然非光滑模式之苦, 我们有理由为分形把我们从这种无可置疑的不适当性中解放出来而高兴. 但在理论的现阶段, 我们必须清醒并少作随意决定.

有鉴于此, 弯折结构由于平面的几何学而受到非常多约束 (意思是它比链模型缺少多变性) 的事实, 其实是长处.

维数 $D \sim 4/3$

特别是, 必须记住弯折的维数 $D \sim 4/3$. 此值也在第 25 章 (图版 243) 和第 36 章中出现的事实, 不能被视为巧合, 它最终会导致关于平面的几何结构的基本洞悉.

有分支的弯折曲线

让我回到河道的结构. 在河谷的三角形区间被 1 或 3 个子三角形构成的几条子河谷替代之后, 想象留下的 3 或 1 个子三角形排放进入新的子河谷. 它们的排放模式是完全确定的. 子河流穿过三角形之间分界线的那些点, 由与主河流相同的系统所选择. 所造成的结构收敛于一棵随机地充满于一个三角形的树如下图.

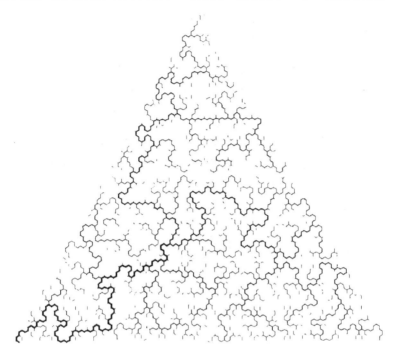

两种闪电范例研究

　　有趣和可能有意义的是, 一个像我的线性弯折曲线那样粗糙的模型应该足够用来说明 (虽然只是很粗糙地) 对河流观察到的维数.

　　而且, 它也可以给出高度稀释线性聚合物通常模型 (点阵上自回避随机行走, SARW, 第 36 章) 的维数.

　　操纵由于平面几何学引起的约束, 对弯折曲线比要比对 SARW 容易得多, 其理由在于弯折是由内插构造的.

弯折的表面

　　它们由划分为 b^3 个子立方块的一个立方块来定义, 我使用了合适的 "锁定" 步骤来唯一地确定一类恒定但厚度减少的盖被. 可惜算法太长而不能在此给出. ∎

图版 242   ⊞ 随机科赫海岸线 (维数 $D = 1.6131$)

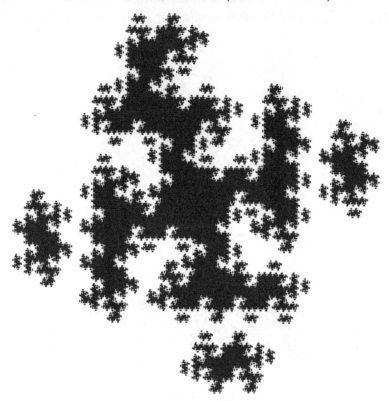

在许多情况下, 具有规定的 D 和无自接触的科赫曲线, 可以由相同的总体网格和相同的初始器用几种不同的方法得到. 此外, 假定至少有两种不同的生成器可以适合相同的总体轮廓线, 然后容易通过在上述生成器之间随机选取来随机化这个结构. 例如, 可以在下列两个生成器之间交替选取, 其结果也示于图中.

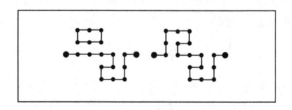

用这种方式构造的随机科赫岛的总体形状, 非常依赖于初始形状. 特别是所有初始对称性始终随处可见. 由此, 再加上第 24 章所描述的其他原因, 科赫曲线各部分的随机混合是一种范围有限的方法. ∎

图版 243　✠ **随机佩亚诺曲线 (维数 $D = 2$)**

下面的作用在初始器 [0,1] 上的生成器, 产生了扫掠三角形的一种方法

此生成器的位置取决于奇怪折线区间的奇偶性. 在奇数区间, 上述 (直线) 生成器位于右边. 而在偶数区间, 其翻转形式 (图版 73) 指向左边. 这里应用的随机化方法在于随机地选择这些焦点. 在本例中, 分布关于中点对称, 每个子三角形以后再分为 4 个 (与其邻边无关), 直至无穷.

　　为了使奇怪折线比较容易跟踪, 每个有贡献的区间用两个替换, 添加的端点是这个区间隐藏部分的中点. ∎

图版 244   ✠ 三角形和弯折曲线

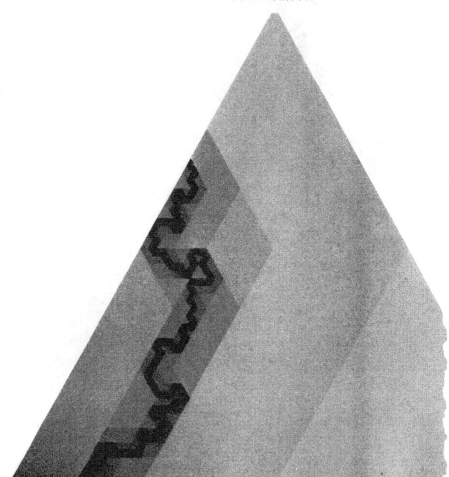

　　本图表明最简单的弯折构造, 由几个图形叠加而成, 每个灰色阴影都被看作
是那些较深色调的继续. 本图开始于以亮灰色所作的三角形, 终止于黑色曲线. 第
6 阶段至 10 阶段的尺度大于第 0 阶段至 5 阶段的尺度, 这些步骤已在正文中描
述过了.

图版 245　✠ 六角形弯折海岸线

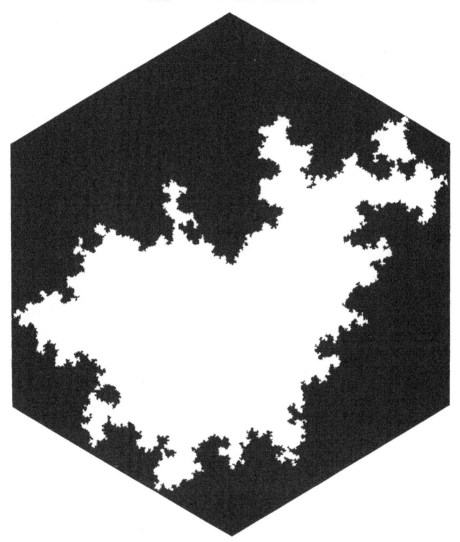

　　本图版把 6 个弯折串在一起成为一个自回避的圈，其维数非常接近于 $D = 4/3$. 这个值也多次出现在其他自回避性例子中，例如图版 256 中布朗骨架的边界，它与六角形弯折的相似性特别值得注意. ∎

第 25 章　布朗运动和布朗分形

本章被安排在本书此处是折中的结果, 它本来显然应该放到更后面, 但它的一部分内容是第 26 章的前提.

布朗运动的作用

正如在第 2 章里所看到的, 让·皮兰有一个好主意, 他把物理布朗运动与连续不可微的曲线相比较. 此举激励了年轻的诺伯特·维纳定义和研究了相关的一种数学表达 (约在 1920 年), 常称为维纳过程. 过了很久才知道, 同样的过程在 (Bachelier, 1900) 中详细研究过, 虽然不是很严格 (第 37 和 39 章).

奇怪的是, 尽管它在别处的非凡重要性, 布朗运动本身在本书中没有找到新的应用. 它偶尔帮助勾勒问题, 但即使在这种情况下, 下阶段研究也必须用一个不同的过程代替. 然而, 在许多情况下, 人们可以对布朗运动作很大修改, 只要注意保持标度不变性.

由于这个和其他原因, 若对此原型的具体性质没有彻底的了解, 其他随机分形不会受到重视. 但是, 致力于该论题的大量文字却轻视或忽略了本章所处理的问题. 如果读者阅读本章时遇到困难, 就可以像通常一样, 跳到下一节或下一章.

布朗分形: 函数和轨迹

可惜的是, 布朗运动这个术语有点含混不清. 首先, 可以指定 $B(t)$ 的图形也是 t 的函数. 当 $B(t)$ 是平面上一点的纵坐标时, 图形是一条平面曲线如图版 254. 当 $B(t)$ 是 E–空间中的一点时, 图形就是 $(1+E)$–空间中的一条曲线 (时间坐标加上 B 的 E 个坐标). 然而, 在许多情况下, 人们仅对 E–空间中的曲线感兴趣, 它是运动留下的轨迹. 当轨迹在间隔均匀的诸时刻弯曲时, 函数和轨迹可互相推演. 然而, 在连续的布朗运动中, 这两种形式是不等价的, 用同样的术语来描述二者容易引起混淆.

当有可能引起混淆时, 我就用布朗函数或布朗轨迹, 对科赫曲线也存在同样的含混不清, 但是这里更为明显, 因为使用了术语 "运动".

此外, 第 28 至 30 章中布朗函数的变量是多维的. 例如, 第 28 章地球地貌的模型之一假设高度是经度和纬度的布朗函数. 因此, 常常要求对术语进一步限定.

若有必要, 我们说布朗函数或轨迹是线–线, 或线–空间, 或空间–线, 或线–E–空间
等等.

布朗 "场". "随机场" 并不是一个随机化 (代数) 场, 而是 "多变量随机函数"
的一个时髦的同义词 (例如见 (Adler, 1981)). 这个术语是不合理的, 必须在它普
遍传播之前就禁用. 它似乎是来自俄语的不完善翻译, ◁ 如自动模型 (*automodel*,
我及时阻止了它的扩散) 是对俄语中自相似这个词的不完善翻译. ▶

作为随机佩亚诺曲线($N = 2$) 构造的平面布朗轨迹

布朗轨迹对佩亚诺曲线投下了新曙光, 使它变成一个随机变量. 这种构造既
不等同于我与偶遇的一些学者交谈中提到的, 也不等同于我就这个主题随意浏览
的一堆书籍中看到的. 无论如何, 数学家们要回避这种方法, 因为它的基本成分
(一种受二元时间网格控制的精细程度逐步增加的层次结构) 对构造的结果并非固
有的. 因此, 这种方法被数学家称作人为的, 但正是因为如此, 它对于本书却是非
常合适的.

这种过程开始于任何一条 $N = 2$ 和 $r = 1/\sqrt{2}$ 的佩亚诺曲线, 其诀窍是逐步
释放各类约束.

其中间分形, 即 "佩亚诺–布朗杂交", 值得在更加合适的场合就其本身进行
研究.

横向中点位移. 在图版 68 至 72 中, 第 $(k + 1)$ 阶段对 k 阶奇怪曲线的变
换, 系按照一定的法则 (即 k 的奇偶性), 把每边的中点向左边或右边横向移动
$\Delta M = \sqrt{2^{-k-1}}$.

现在设佩亚诺曲线在时间间隔 $\Delta t = t^{-k}$ 及其两半中的位移 $\Delta_1 t$ 和 $\Delta_2 t$, 分
别记作 $\Delta P, \Delta_1 P$ 和 $\Delta_2 P$. 我们有毕达哥拉斯恒等式,

$$|\Delta P|^2 = |\Delta_1 P|^2 + |\Delta_2 P|^2.$$

各向同性的位移方向. 背离任何佩亚诺曲线规则的第一步, 是把位移方向随
机化. 一种方法是以相等的概率向左或向右, 导致 "随机翻滚曲线". 另一种方法是
以均匀密度随机投掷一点于刻有度数的圆周上, 然后读出角度. 这种过程定义的
位移是各向同性的.

不论哪种随机化的形式都保持毕达哥拉斯恒等式成立: 各向同性运动在二元
区间的一个二元子区间上的增量是几何正交的.

随机位移长度. 背离非随机法则的第二步是容许把位移长度随机化: 从现在
起, 2^{-k-1} 不再是非随机量 $|\Delta M|$ 的平方, 而是随机量 $|\Delta M|$ 的均方, 产生的位移
ΔP^* 满足

$$\langle |\Delta_1 P^*|^2 \rangle = \langle |\Delta_2 P^*|^2 \rangle = \frac{1}{4} \langle |\Delta P^*|^2 \rangle + \langle |\Delta M|^2 \rangle,$$

$$\langle |\Delta_1 P^*|^2 + |\Delta_2 P^*|^2 \rangle = \frac{1}{2} \langle |\Delta P^*|^2 \rangle + 2^{-k}.$$

随机初始器. 下一步是把初始器本身取为随机的, 其均方长度为 1, 它必定遵从 $\langle |\Delta P^*|^2 \rangle = 2^{-k-1}$, 因此有平均毕达哥拉斯恒等式,

$$\langle |\Delta_1 P^*|^2 + |\Delta_2 P^*|^2 - |\Delta P^*|^2 \rangle = 0.$$

换句话说, 几何上正交的各边被概率论学者所谓统计上正交的各边或无关联的各边所代替.

独立增量. 使得中点位移, 无论在各阶段中间还是各阶段之间都是统计上独立的.

高斯增量. 当使得中点位移服从各向同性高斯分布时, 随机化的佩亚诺曲线就成为布朗轨迹 $B(t)$. ◁ 在平面中, 这个变量的平方模呈指数分布. 因而, 一个直接的构形是在 $[0, 1]$ 内均匀地选出 U, 并作出 $|\Delta M| = [-2 \log_e U]^{\frac{1}{2}}$. ▶

推广到空间. 最终结构当 $E > 2$ 时仍然有意义.

维数 $D = 2$. 平均毕达哥拉斯恒等式是相似性维数的广义定义. 它对于布朗轨迹是合适的, 因为豪斯多夫–伯西柯维奇维数也等于 2. 当中点位移不是高斯分布时它是否适用尚待研究.

布朗分形网 (点阵)

多重点. 即使随机化在上节所描述的第一步以后停止, 它也会完全破坏那些精巧的远程和近程的序, 它们使得佩亚诺曲线避免了自相交. 随机化奇怪折线没过几步便自相交, 极限轨迹几乎肯定不断地自相交.

布朗间隙. 众所周知, 对所有从 $-\infty$ 到 ∞ 的 t 外推得到的布朗轨迹稠密地覆盖了平面. 稍后将重新导出这个性质. 然而, 在单位时间间隔内作出的轨迹有其自身最独特的几何学, 但我不记得在任何地方见过这种描述.

作为当 $t \in [0, 1]$ 时被重复覆盖的那些点明显的补偿, $B(t)$ 留下其他点未予覆盖. 这些未覆盖的点形成一个开集, 它分裂为一个包含在无穷远处点的外集, 以及无限个分离的布朗间隙. 外集和每个间隙都以分形曲线 (轨迹的子集) 为界. 因此, 布朗轨迹是一个分形网. 实例示于图版 255 和 256.

◁ 第 14 章描述了维数为 D 的网, 其中面积 U 超过 u 的间隙的数目是 $\mathrm{Nr}(U > u) \propto u^{-D/E}$. 在 $D = E = 2$ 的随机环境中, 其形式上的一个推广是 $P(u) = \mathrm{Pr}(U > u) \propto u^{-1}$. 然而这是不对的, 因为 $\int_0^\epsilon P(U > u)\, \mathrm{d}u$ 必须收敛. 因

此我推测, $\Pr(U > u) \propto u^{-1} L(u)$, 其中 $L(u)$ 是一个慢变函数, 它减少得足够快以使上面的积分收敛. 因为对非恒定 $L(u)$ 的需求, 自相似树枝形网不能达到维数 $D = 2$. 就像第 15 章所说明的, 自相似简单曲线不能达到维数 $D = 2$.

布朗网的面积消失. 尽管维数值 $D = 2$, 布朗网具有零面积. 这对佩亚诺–布朗杂交同样为真.

无界轨迹在平面上是稠密的. 这个性质基于在下节确立的与零集有关的事实, 即无界轨迹无限频繁地重现于任意事先规定的平面区域 $\mathcal{D}$, 例如一个圆盘. 通过使得 $\mathcal{D}$ 任意小并以任意点 P 为中心, 我们看到无界轨迹无限频繁地任意接近平面上的每一点.

然而, 如同当我们考察零集时也将看到的, 单独一条轨迹到达指定点的概率精确地是 0, 因此, 指定点几乎肯定不会被无界轨迹击中.

一条无界轨迹在区域 $\mathcal{D}$ 内的部分, 可以近似地想象为不可数无限个适当地投掷于 $\mathcal{D}$ 中的独立的有界网. 这个结果使人想起随机投掷于 $[0, 1]$ 上的不可数无限个相互独立的点. 众所周知, 这样得到的点集是处处稠密的, 但是它的长度为 0.

质量对半径的依赖性

以 $\sqrt{t}$ 为标度是布朗运动大多数方面的特征. 例如在时间 t 中历经的距离, 用最短距离度量, 是 $\sqrt{t}$ 的随机倍数. 并且, 在环绕 $B(0) = 0$ 的半径 R 的一个圆内花费的总时间是 R^2 的随机倍数.

对布朗运动轨迹各部分的 "质量", 用正比于历经该部分的时间度量, 人们发现, 在平面中或在空间中 $(E \geqslant 2)$, 在半径为 R 的圆中的总质量是 $M(R) \propto R^2$.

形式上, 这个关系与第 6 章中考察的科赫曲线情形和第 8 章中考察的康托尔尘埃情形正好相同. 更不必说, 它与均匀密度的区间、圆盘或球的经典情况相同.

布朗轨迹是 "无褶皱的", 具有平稳增量

作为可以被称为意外收获的结果, 由佩亚诺曲线随机化所得到的超出了预期. 作为初步评论, 非随机科赫和佩亚诺曲线, 在形式为 N^{-k} 的各个瞬间, 展现出永久性的 "褶皱". 例如, 如果我们把雪花边界的三分之一折为四段, 在 1 与 2 段之间的角度与 2 和 3 段之间的角度不同, 因此, 左边的一半不会被错误地认为是中间的一半.

但是布朗轨迹是 "无褶皱的". 给定一个相应于间隔 t 的时间, 我们不能说出这个间隔在时间轴上的位置. 概率学家称布朗轨迹具有 "平稳的增量".

这个性质值得重视, 因为 a) 这是本章后面将要描述的另一种无网格定义的基石, 以及 b) 在简单分形曲线或分形曲面的类似的随机形式中, 没有相似的性质.

布朗轨迹是自相似的

无褶皱性的一个推论, 是统计自相似性的一种强形式. 设 $B(0) = 0$, 并挑选两个正数 h 和 h', 在概率论中的弱收敛理论说明, 函数 $h^{-1/2}B(ht)$ 和 $h'^{-1/2}B(h't)$ 在统计上是等同的. 并且, 设 $T < \infty$ 和 $h < 1$, 并使 t 由 0 至 T 变化, 我们发现 $h^{-1/2}B(ht)$ 是一部分 $B(t)$ 的一种重新标度化形式. 在统计上等同于整体的这一部分正是自相似的一种形式.

把自相似性应用到随机集合上, 其要求不如在第 5 章中引入的这个概念那样严格, 因为部分无须精确地相似于整体. 只要部分与由相似性简化的整体具有相同的分布就足够了.

注意科赫曲线需要形如 $r = b^{-k}$ 的相似比, 其中基底 b 是一个正整数, 但是布朗轨迹可以接受任意的 r. 这个性质是有价值的.

布朗零集是自相似的

对研究布朗函数有特别重要性的是其坐标函数 $X(t)$ 和 $Y(t)$ 是常数的恒数集或称为等同集. 例如, 由 $X(t) = 0$ 的那些时刻所定义的零集.

等同集是自相似的, 而且极为空荡, 这个明显的事实可由其分维数为 $D = 1/2$ 证实, 它们是将在第 32 章研究的莱维尘埃的特殊情形.

布朗零集的间隙分布. 布朗零集的间隙长度满足 $\Pr(U > u) = u^{-D}, D = 1/2$. 这与我们所知适用于康托尔间隙的关系式 $\mathrm{Nr}(U > u) = u^{-D}$ 相对应. 然而, 用 Pr 代替了 Nr, 阶梯却由于随机化而消失了.

布朗函数是自仿射的

与此相反, $X(t), Y(t)$ 以及向量函数 $B(t)$ 的图形都不是自相似的, 而只是自仿射的. 也就是说, 从 $t = 0$ 到 $t = 4$ 的曲线可以由 $M = 4$ 部分铺覆而成, 这些部分当空间坐标以比例 $r = 1/2$ 连续减少, 而时间坐标以不同的比例 $r^2 = 1/M$ 减少时得到. 因此, 不论对 $X(t), Y(t)$ 还是 $B(t)$ 的图形, 都不能定义相似性维数.

此外, 仿射空间是这样的, 沿着 t 和 X 或 Y 的距离不能相互比较, 因此不能定义圆盘. 其结果是, 公式 $M(R) \propto R^D$ 没有一个对应的关系式可用于对布朗函数定义 D.

另一方面, 豪斯多夫–伯西柯维奇定义可以向它们推广. 这种例子与第 5 和 6 章中的结论相一致, 即豪斯多夫–伯西柯维奇维数是抓住分维数直观要领的最一般的方法 (并且是最难掌握的!). D 值对 $X(t)$ 是 3/2, 对 $B(t)$ 是 2.

◁ 粗略的证明. 在时间间隔 Δt 中, $\max X(t) - \min X(t)$ 是 $\sqrt{\Delta t}$ 量级的. 因而, 用边长为 Δt 的正方形来覆盖 $X(t)$ 的子图要求 $1/\sqrt{\Delta t}$ 量级的正方形. 于是,

覆盖由 $t = 0$ 到 $t = 4$ 的图形要求 $(\Delta t)^{-3/2}$ 量级的正方形. 数目是 $(\Delta t)^{-D}$(第 5 章), 由此受启发得到 $D = 3/2$. ▶

截面的分维数

布朗线–线函数的零集是布朗函数 $X(t)$ 的一个水平截面. 再次应用第 23 章提出的规则, 零集的期望维数是 $3/2 - 1 = 1/2$, 我们知道这正是如此. 这个规则的其他应用也具有异常的启发价值, 正如我们现在要说明的. 然而, 这个规则也有例外, 特别是对于非各向同性的分形. 例如, 布朗线-线函数被竖直线相截就简单地是一个点.

类似地, 一条布朗线–面轨迹的线截面应该具有维数 2–1=1, 而情况的确如此.

更为一般地说, 标准规则是这样的: 除去特殊的配置, 相交时余维数 $E - D$ 增加, 因此, k 条布朗轨迹的相交集的余维数是 $k \times 0 = 0$. 特别地, 一条布朗轨迹的自相交被期望, 也确实形成一个维数为 2 的集合. (然而, 正像布朗轨迹本身一样, 轨迹的多重点并未充满平面.)

余维数相加的规则可以用来证明 (作为较早的论点), 布朗运动几乎一定不会再回到它的出发点 $B(0) = 0$, 但是几乎肯定无限频繁地回到接近于 O 点的邻域. 为了增加这些论据的一般性, 以及使它们能够再次在第 27 章里不加改变地使用, 我们将把布朗零集的维数记为 H.

$B(t)$ 当 $X(t) = 0$ 和 $Y(t) = 0$ 同时成立时回到 0, 因此, 它们属于独立的集合 $X(t)$ 和 $Y(t)$ 的零集之交. 相交集的余维是 $1 - 2H$, $H = 1/2$, 故其维数是 $D = 0$. 因此, 这很强地提示了 $B(t)$ 几乎肯定不能回到 $B(0) = 0$.

另一方面, 考虑 $B(t)$ 回到边为 2ϵ, 中心为 O 的水平正方形时刻的集合. 这约略是在与 $X(t)$ 以及 $Y(t)$ 的零集中一点相距 $\epsilon^{1/H}$ 以内的 t 的集合之交. 对这些集合中的每一个, 在时间区间 $[0, t]$ 中的质量是 $\propto \epsilon^{1/H} t^{1-H}$. 而这个区间包含时刻 t 的概率是 $\propto \epsilon^{1/H} t^{-H}$. t 被包含在这些集合之交中的概率是 $\propto \epsilon^{2/H} t^{-2H}$. 因为 $H = 1/2$, 我们有 $\int^{\infty} t^{-2H} \mathrm{d}t = \infty$: 因此, 博雷尔和康特尼的定理的结论是, 回到环绕 O 的正方形的数目, 几乎肯定是无穷的, 但也可以称它为勉强无穷的. 作为一个结果, 有界布朗网中的间隙充填缓慢且似乎勉强.

缩小的点阵随机行走

也可以通过在点阵上的随机行走产生布朗运动. 我们在这里提及这种方法, 关于各种各样的复杂性要推迟到后面第 36 章中讨论.

称一个点 $P(t) = \{X(t), Y(t)\}$ 在 $\mathbb{R}^2$ 中执行了点阵的随机行走, 若它在间隔为 Δt 的相继时刻, 以固定长度 $|\Delta P|$ 为步长, 随机地选择局限于点阵上的方向运动.

当点阵由其坐标为整数的平面上的点组成时, 每走一步, 量 $(X + Y)/\sqrt{2}$ 和 $(X - Y)/\sqrt{2}$ 就改变 ± 1. 这就称为执行了一次在直线上的随机行走. 一个例子见图版 254. 在粗略的尺度上, 这意味着, 当 Δt 是小量而 $\Delta P = \sqrt{\Delta t}$ 时, 该行走与布朗运动是不能区别的.

$B(t)$ 的无网格直接定义

前面对布朗运动的定义, 或者由时间网格, 或者由时间和空间点阵开始, 但这些 "支架" 却未在最后结果中出现. 而且确实可以无须它们来标识最后的结果.

在 (Bachelier, 1900) 中假定, 在任意相继的相等时间增量 Δt 上, 位移向量 $\Delta B(t)$ 是独立、各向同性和随机的, 具有高斯概率分布. 于是

$$\langle \Delta B(t) \rangle = 0 \text{ 和 } \langle [\Delta B(t)]^2 \rangle = |\Delta t|.$$

因此, ΔB 的均方根是 $\sqrt{|\Delta t|}$. 这个定义与坐标系无关, 但 $\Delta B(t)$ 在任意轴上的投影是高斯标量随机变量, 它具有零均值, 方差等于 $\frac{1}{2}|\Delta t|$.

数学家喜用的定义走得更远, 而且无须将时间划分为等间隔的. 它要求在任意一对时间 $t, t_0 > t$ 之间的运动是各向同性的, 并要求未来的运动与过去的位置无关. 最后, 它要求从 $B(t)$ 到 $B(t_0)$ 的向量除以 $\sqrt{|t_0 - t|}$, 对所有 t 和 t_0 具有简化的高斯概率.

到 $D = 1$ 的漂移和跨越

一个胶体粒子在均匀流动河流中的运动, 或者一个电子在导电铜线中的运动, 都可以表示为 $B(t) + \delta t$. 这个函数的轨迹当 $t \ll 1/\delta^2$ 时与 $B(t)$ 的轨迹没有区别, 或当 $t \gg 1/\delta^2$ 时与 δt 的轨迹没有区别. 于是, 轨迹的维数当 $t_c \propto 1/\delta^2$ 和 $r_c \propto 1/\delta$ 时从 $D = 2$ 跨越到 $D = 1$. $\lhd$ 在临界现象的专业术语中, δ 是从临界点算起的距离, 而 t_c 和 r_c 公式中的指数是临界指数. $\blacktriangleright$

另一种随机佩亚诺曲线

$\lhd$ 通过中点位移随机化佩亚诺曲线, 在特殊的情况下受益. 类似的结构始于一条佩亚诺曲线, 对之 $N > 2$ 要复杂得多. 并且, 如果中点位移服从均方根等于 $\frac{1}{2}|\Delta B|$ 的高斯分布 (这意味着 r_1 和 r_2 是高斯的并与更熟悉的关系式 $\langle r_1^2 + r_2^2 - 1 \rangle = 0$ 无关), 就可以得到相对于非随机标度的更密切的平行性. 所导致的过程十分有趣, 但它不是布朗运动, 它不是无褶皱的.

量子力学中质点路径的维数

这个讨论可以通过对量子力学的表示提出一个新的分形点子而告结束. (Feynman & Hibbs, 1965) 指出, 量子力学质点的典型路径是连续而不可微的, 并且许多作者观察到布朗运动与量子力学运动之间的相似性 (例如参见 (Nelson, 1966) 和其中的参考文献). 受到这些比较和本书早期版本的鼓舞, (Abbot & Wise, 1980) 说明, 在量子力学里观察到的质点路径是一条 $D = 2$ 的分形曲线. 这种类似性至少从教学角度看是有意义的. ■

▶◆◆◀

图版 254 ✣ 近似于布朗线-线函数 (维数 $D = 3/2$) 的一个随机行走样本及它的零集 (维数 $D = 1/2$)

所有机遇游戏中玩得最长久者 (而且要求最低者!) 开始于 1700 年左右. 当时, 伯努利家族统治了概率论. 当一个永不磨损的硬币正面向上时, 亨利赢得了一便士; 而当正面向下时, 汤姆赢了. (他们有时被称为彼得和保罗, 但我从来记不住哪一个打赌的是正面.)

不久以前, 威康·费勒 (William Feller) 考察了这种游戏, 他报告了亨利累计的胜局如图版 254, 这取自 (Feller, 1950)(复制自威廉·费勒著, 《概率论引论及其应用》第一卷, 出版者慷慨地同意把它复制于此, J. Wiley and Sons, 1950 年版权).

中图和下图表示了在一个更长的游戏中亨利累计的胜局, 使用了在 200 次投掷区间内的数据.

以越来越精细的图形来报道越来越大的数据集合, 就渐近地得到了布朗线-线函数值的一个样本.

费勒在一次讲演中曾说到这些图形是 "非典型的", 是从其他看起来杂乱无章到无法相信的图形中挑选出来的. 尽管如此, 对这些图形的无止境的考察, 对于推敲出编入本书的两条定理起了决定性的作用.

总体图形. (Mandelbrot, 1963e) 观察到的总体图形的形状使人想起山脉的轮廓线或地球地貌的垂直截面, 通过几次推广这个观察, 就导出了第 28 章里所描述的连续模型.

图形的零集. 图形的零集是以下时刻的集合, 其时亨利和汤姆的财富回到我们开始报告时他们所拥有数量. 由其结构, 在零之间的时间间隔是相互独立的. 然而, 零的位置显然远非独立的, 它们非常明确地是群聚的.

例如, 当像第一条曲线那样详尽地考察第二条曲线时, 几乎每一个零点都由整个一群集聚的点所代替. 当处理数学上的布朗运动时, 可以把这些群集再区分为更细的层次, 直至无穷.

　　当我接到协助建立电话中误差分布模型的任务时, 我幸运地想起了费勒的图. 虽然这种误差是爆发性地成组出现的 (这是实际问题之所以提出的关键). 我提出误差之间的间隔可以是互相独立的. 详尽的经验性研究的确证实了这个猜测, 并且导致第 8 和 31 章中讨论的模型.

　　布朗零集构成了最简单的莱维尘埃, 即维数 $D = 1/2$ 的随机康托尔尘埃. 任何其他 0 与 1 之间的 D, 也同样可以通过其他随机函数的零值而得到. 通过这个模型, 有可能定义电话线路的分维数. 真正的 D 依赖于基本物理过程的精确定位.

▶■

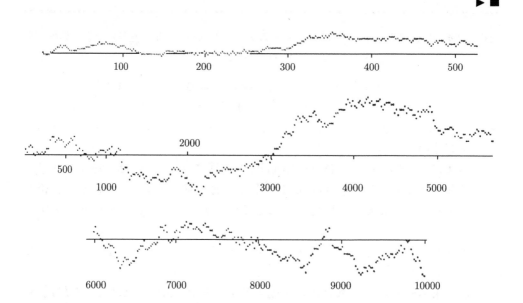

图版 255 和 256 ✠ 布朗山/岛; 自回避布朗运动

布朗圈. 我用这个术语来标记在有限时间 Δt 内又回到出发点的平面布朗运动所历经的一条轨迹. 这是其初始器长度为零的随机佩亚诺曲线.

图版 256 布朗皮. 一条 (几乎完全确定的) 有界的布朗圈把平面分为两部分: 一个是外部, 从很远的点不与圈相交就能到达: 另一个是内部, 我建议称它为布朗皮或布朗岛.

图版 255. 这张图表示无回路的布朗轨迹的皮.

注. 我不知道有谁对布朗皮做过任何研究, 但我认为它非常值得注意. 图版中的样本涉及 200000 个布朗步, 每一步都在 $(1200)^2$ 的栅格上画出.

就其结构而言, 对应于不同 Δt 值的布朗皮, 除了尺度以外, 在统计上都是相同的. 有种种理由 (缺乏真实证明) 使人相信, 皮的边界的细节是渐近地自相似的. 边界不能严格地标度, 因为一个圈不能再分为有相同结构的几段, 但小的子段越来越接近于标度化的.

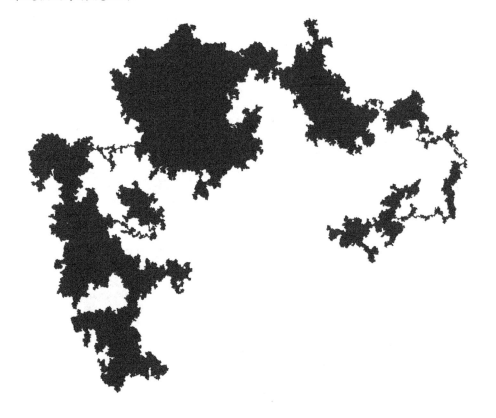

自回避布朗运动. 根据第 36 章详述的原因, 当考察自回避随机行走时, 我建议对布朗皮的边界采用术语自回避布朗运动.

自回避布朗运动的维数. 因为把一些已知关系式 (在第 36 章中引用) 解释为维数是 4/3 的自回避随机行走. 我猜测, 对于自回避的布朗运动也是一样的.

对这个猜测的经验检验, 提供了一个极好的机会来检验第 12 章中的长度–面积关系式. 该图版被越来越密集的正方形格子所覆盖, 我们计数边长为 G 的正方形的数目, 它们相交于 a) 外皮, 代表 G 面积和 b) 它的边界, 代表 G 长度. 用双对数坐标作出 G 长度相对于 G 面积的图形, 会发现该图形引人注目的是一条直线, 其斜率与 $D/2 = (4/3)/2 = 2/3$ 相同.

图版 256 与 245 的曲线之间的相似性以及它们的维数值得强调.

注. 在图版 256 中, $B(t)$ 没有访问过的极大开区域用灰色表示, 它们也能被看作以分形为界的孔洞. 因此, 圈就是在第 14 章意义下的网.

◁ 出现以下问题, 从树枝状次序的观点看, 回路是垫片还是地毯. 我猜测是后者. 这意味着布朗网格满足怀伯恩 (Whyburn) 性质. 这个猜测已被角谷和汤陵 (Kakutani & Tongling) 所证实 (未公开发表). 由此可知, 布朗轨迹是在第 148 页的定义的意义上的一条通用曲线. ▶■

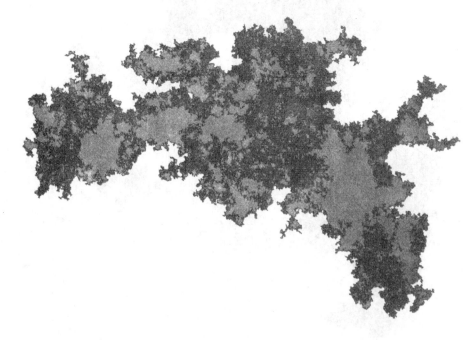

第 26 章　随机中点位移曲线

本章逻辑上的渊源始于第 25 章中部, 即在布朗运动由佩亚诺曲线随机化而产生那一节之后.

回想起布朗函数 $B(t)$ 的第 k 阶奇怪折线在形如 $h2^{-k}$ 的相继时刻之间是直线. 而第 $k+1$ 阶奇怪折线是由随机移动第 k 阶奇怪折线边的中点得到的. 同样的描述可应用于 $B(t)$ 之坐标过程 $X(t)$ 和 $Y(t)$ 产生的奇怪折线 $X_k(t)$ 和 $Y_k(t)$.

中点位移方法对 $D=2$ 是完全成功的, 人们急不可待地把它应用于 $N=2$ 的原始雪花曲线和其他科赫曲线, 然后把它用于构造曲面, 这就是我们现在要做的事.

相同的一般方法已被用计算机生成视频和图片的许多作者所采用, 他们试图复制和改进 1977 年版《分形》一书中的图, 并且除此之外, 寻找一种更直接和花费更少的步骤. 这些作者未能认识到, 随机中点位移方法产生的结果, 与他们寻找的目标有实质性的不同, 它有简单性的优点, 但也有许多我们不想要的性质.

带有时间网格的空间无约束随机科赫曲线

回想起可以用长度为 $1/\sqrt{3}$ 的两段直线作生成器, 构造基为 $N=2$ 的科赫雪花曲线. 在这种情况下以及更加一般地, 只要生成器是由长为 $2^{-1/D}, D<2$ 的两段区间构成, 其构造会说明第 k 阶奇怪折线边的中点移到左边或是右边. 其位移总是与边正交, 并且其长度的平方为

$$2^{-2(k+1)/D} - 2^{-2(k/D+1)}.$$

这个构造的随机化就像佩亚诺曲线变换为布朗运动那样进行. 位移方向取为随机和各向同性的, 与以前的一切无关. 位移长度的分布取为高斯分布, 而上面的公式是为了施加均方位移. 并未采取任何措施防止自相交, 极限分形曲线中自相交十分普遍. 我们把它记为 $B_H^*(t)$, 使用记号 $H=1/D$, 其理由马上就会说明.

其结果是, 在时间间隔 2^{-k} 中的位移 ΔB_H^* 与两个内插位移 $\Delta_1 B_H^*$ 及 $\Delta_2 B_H^*$ 之间的关系现在取形式

$$\langle |\Delta_1 B_H^*|^D + |\Delta_2 B_H^*|^D - |\Delta B_H^*|^D \rangle = 0,$$

其中 $D<2$ 是任意指定的.

一个推论是, 当时间间隔 $[t', t'']$ 是二进制时, 即若 $t'=h2^{-k}$ 和 $t''=(h+1)2^{-k}$, 我们有

$$\langle |\Delta B_H^*|^2 \rangle = \Delta t^{2/D} = |\Delta t|^{2H}.$$

我们选择 H 作为参数, 因为它是均方根指数.

还可以证明, 若 $B_H^*(0) = 0$, 则函数 $B_H^*(t)$ 关于形式 2^{-k} 的缩小比在统计上自相似. 这是我们所知对 $D = 2$ 想要的一个推广.

非平稳增量

然而, 我们一定不要过分高兴. 除了在 $D = 2$ 的佩亚诺–布朗情形它简化为 $B(t)$ 以外, $B_H^*(0)$ 关于形式 2^{-k} 的缩小比并不在统计上自相似.

每当 $[t', t'']$ 不是二进制时, 尽管长度同样为 $\Delta t = 2^{-k}$, 一个更为严重的问题会接踵而来, 例如, 若时间区间由 $t' = (h - 0.5)2^{-k}$ 至 $t'' = (h + 0.5)2^{-k}$, 在这样的区间里, 增量 ΔB_H^* 有不同的和较小的依赖于 k 的方差. 此方差的下限是 $2^{1-2H}\Delta t^{2H}$. 另外, 若已知的是 Δt 而不是 t, 相应的 ΔB_H^* 的分布就不是高斯函数, 而是多个不同高斯函数的一个随机混合.

作为一个结果, 表征近似奇怪折线二元点的褶皱永远保持. 由于 D 略微小于 2, 因此 H 略微大于 $1/2$, 褶皱很轻微. 然而, 当 H 接近于 1(第 28 章表明, 地球地貌的模型涉及 $H \sim 0.8$ 至 0.9), 褶皱十分重要, 可以在样本函数中看到. 避免它们的唯一方法是放弃递推的中点位移格式, 就像下节和第 27 章中将要做的.

随机放置的层

◁ 为了追踪中点位移曲线和曲面的非平稳性的原因, 考虑曲线 $B_H^*(t)$ 的坐标函数 $X(t)$. 每个阶段都贡献一个折线函数 $\Delta_k X(t) = X_k(t) - X_{k-1}(t)$, 其零集 a) 以 2^{-k} 为周期, 以及 b) 包含 $\Delta_{k-1} X(t)$ 的零集. 因此, 每次贡献都能说成与所有以后阶段的同步.

◁ 零集是周期的和同步的这一事实 ("分层的"), 阻碍了增量的平稳性. 相反地, 可以通过破坏这些特性来寻找平稳性.

◁ 一种方法是构造折线函数 $\Delta B_k^\dagger \left(t_n^{(k)} \right)$ 如下: 选择一个泊松时间序列 $t_n^{(k)}$, 其中每单位时间内的平均点数是 2^k, 然后设 $\Delta B_k^\dagger \left(t_n^{(k)} \right)$ 是独立和等同分布的随机值. 最后, 在 $t_n^{(k)}$ 之间作线性内插. 这种分布的无限项之和 $B_H^\dagger(t)$ 是一个平稳随机函数, 这是在水文学家 O.Ditlevsen(1969) 的博士学位论文中首先提出的, 见 (Mejía, Rodriguez-Iturbe & Dawdy, 1972) 和 (Mandelbrot, 1972w).

◁ 回顾一下, 我们看到这种推广不再需要每单位时间内零点的平均数是 2^k. 它可以取形式 b^k, 而 b 是任意大于 1 的实数基.

◁ 相应分形所容许的缩小比, 由离散序列 $r = b^{-k}$ 给出. 当 $b \to 1$ 时, 该序列越来越稠密, 逐渐成为事实上与连续一样了. 这样, 就寻求平稳性和宽泛标度比而言, $B_H^{\dagger}(t)$ 成为越来越可接受的. 但是, 在此过程中, $B_H^{\dagger}(t)$ 失去了它的特殊性. (Mandelbrot, 1972w) 中的这个论据, 意味着 $B_H^{\dagger}(t)$ 收敛为在下一章将要讨论的随机函数 $B_H(t)$. ∎

图版 259 ✠ 计算机 "瑕疵" 化身艺术家 (作品 1)

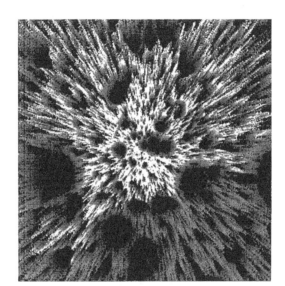

本图版可以部分地归因于计算机程序的错误. "瑕疵" 被迅速查明和纠正 (但只有在它的输出已被记录之后). 最终的正确输出见图版 321 至 322.

在关键处的一个细微瑕疵引起的变化, 远远超出了我们的想象.

显然, 非常严格的序已设计在正确的图版中, 这个序是隐藏的, 并且没有其他明显的序.

该图至少一眼看去可以被当作高级艺术品, 这绝非偶然所致. 我对此的想法已在 (Mandelbrot, 1981l) 中概述. 并即将全文发表. ∎

第九篇
分数幂布朗分形

第 27 章　河流排水：标度网和噪声

对分数幂布朗分形的继续研究, 是本书的一个重要转折点. 迄今为止, 我们一直局限于涉及时间和/或空间网格的分形, 这就造成了对分形不变性性质 (容许的平移和把该分形映射至自身的相似性) 的限制.

这样的限制与第 22 章阐述的分形随机化的第二个理由相矛盾. 此外, 在大多数感兴趣的情形里, 它们没有任何实际的物理意义. 与此相反, 第 27 至 35 章继续研究平移和标度不变性二者都不受限制的分形.

本章研究广义布朗运动, 记为 $B_H(t)$, 在 (Mandelbrot & Van Ness, 1968) 中称为分数幂布朗运动 (简记为 fBm). 其动机出自每年河流的排水, 但是也涉及标度网和标度 ("$1/f$") 噪声. 第 28 至 30 章研究相关的曲面.

属于高斯过程的重要性

第 27 至 30 章共享的第一个特性是它们都只涉及高斯过程. 对统计学家来说, 属于高斯过程是特别重要的, 但我早就放弃了这种看法 (见第 42 章就此所作的评论). 不过, 高斯过程仍然是一种基准, 要求我们在跨越它之前务必对之仔细进行研究.

非递归定义

第 27 至 30 章还共享一个特点, 它除了在本书中无论何处都未出现过.

所有其他各章的构造, 不论随机与否, 都是递归进行的, 在较早的构造里所得到的不够精细的形状上加入越来越多的细节, 结果得到的分形性质是由生成规则导出的.

现在则相反, 我们开始于宣布某种性质是想要的, 而且仅仅在此之后才寻找能实现该愿望的生成规则. 不幸的是, 尽管想要的性质容易陈述和看起来很简单, 但它的实施的规则却不是递归的, 事实上, 颇不称心.

如果是这样的话, 我们为什么还坚持要这些性质呢？回答是它们包括了自相似性和无褶皱性, 也就是平稳性, 它在科学中, 也在分形理论中占据核心地位.

本章中的 "公理" 方法的相对代价, 当其结果与由递归得到的分形平行时特别明显. 例如, 任何研究具体范例的人, 若要求平面分形曲线维数 D 介于 1 与 2 之间, 也许会在第 26 章的中点位移方法和本章描述的方法之间举棋不定. 前者不是无褶皱的, 这是后者避免了的一个缺点. 而使递归结构有如此大魅力的离散步骤系列, 在大多数情况下反映在无意义和不想要的层次上.

约瑟和诺亚效应

在第 1 章中曾声明称: 大自然中的许多非光滑模式长期吸引着人们的注意, 这一点在许多情况下是难以精确记录在案的. 然而《圣经》提供了两个惊人的例外:

······ 大渊的泉源都裂开了, 天上的窗户也敞开了. 四十昼夜降大雨在地上. 《创世记》, 7: 11-12[①].

······ 埃及遍地必来七个大丰年. 随后又要来七个荒年, 甚至埃及地都忘了先前的丰收, 全地必被饥荒所灭. 《创世记》, 41: 29-30.

不能不把诺亚的故事看作为了说明中东地区雨水不均衡的寓言, 而把约瑟的故事看作为了说明湿年和旱年趋向集聚为周期性干湿的寓言. 在《论科学中机遇的新形式》讲座中 (未公开发表, 但其梗概见于 (Mandelbrot & Wallis, 1968) 和 (Mandelbrot, 1973f). 我用术语诺亚效应和约瑟效应来为这些故事取名.

可控制的数据证实, 《圣经》的 "七和七" 是现实的诗歌式的过分简化, 并且 (不是十分显然) 在真实尼罗河记录中, 任何周期性都是一种错觉. 另一方面, 大家公认的事实是, 尼罗河和许多其他河流逐年的枯水和洪水是异常持久的.

这种持久性一方面对许多学者有强烈的吸引力, 另一方面对水坝设计的参与者是至关重要的. 然而, 长时间以来, 它一直超出了测量, 从而分析的范围. 就像每个领域都在统计学迈出第一步, 水力学首先假设每条河流的逐次枯水是独立的, 等同于分布高斯变量, 即高斯白噪声. 传统的第二步假设马尔可夫依赖性. 然而, 这两种模型在总体上是不现实的. 基于 (Hurst, 1951, 1955) 的经验结果 (赫斯特 (Hurst) 的故事见第 40 章), 在 (Mandelbrot, 1965h) 中出现了一个突破.

赫斯特现象, H 指数

以 $X^*(t)$ 记一条河流从 0 年开始到 t 年结束之间累积的水量. 减去始于 0 年和终于 d 年之间的样本平均排水量来调节, 以及定义 $R(d)$ 为调节后的 $X^*(t)$ 当 t 在 0 到 d 范围内时最大值和最小值之差. 事实上, $R(d)$ 应该就是给予水库的蓄水容量, 以保证在述及的 d 年中能理想地工作. 所谓水库理想地工作指的是: 它结束时和开始时充得一样满, 从不变空也从不溢出, 以及产生均匀的流出量. 这种想法显然是不能实现的, 但 $R(d)$ 是水库设计方法的基础, 由于里普尔 (Rippl) 的工作它已被用于阿斯旺高坝的设计中. 赫斯特意识到可以用 $R(d)$ 作为研究实际

---

① 原文误作 6: 11-12.

河流排水记录的工具. 为了方便起见, 他把 $R(d)$ 除以标度因子 $S(d)$, 并且考察 $S(d)/R(d)$ 对 d 的依赖性.

假设年度水量的变化遵照高斯白噪声, 因子 S 并不重要, 且一个已知的定理表明, 累计排水量 $X^*(t)$ 近似于一个线–线布朗函数 $B(t)$. 因此, $R(d)$ 正比于 $X^*(d)$ 的均方根, 它正比于 $\sqrt{d}$. 由此就得出 $R/S \propto \sqrt{d}$ (Feller, 1951). 若年水量不独立而是马尔可夫型的 $\triangleleft$ 带有限方差 $\blacktriangleright$, 或者若其依赖性取概率论或统计学基础书籍中描述的任何形式, 同样的结果成立.

然而, 实际证据使赫斯特得出极大地不同和完全不如预期的结论: $R/S \propto d^H$, 其中 H 几乎总是大于 $1/2$. 对离独立性最远的尼罗河年度水量, $H = 0.9$. 对于圣劳伦斯河、科罗拉多河和卢瓦尔河, H 在 0.9 和 $1/2$ 之间. 莱茵河是一条例外的河流, 它既没有约瑟传奇, 也没有赫斯特现象, 对之 $H = 1/2$ 在实验误差范围以内. 各种数据收集在 (Mandelbrot & Wallis, 1969b) 中.

作为一种标度噪声的赫斯特噪声

当一种脉动或噪声 $X(t)$ 满足 $R/S \propto d^H$ 时, 我建议把这种 $X(t)$ 称为赫斯特噪声. (Mandelbrot, 1975w) 证明了我们必定有 $0 \leqslant H \leqslant 1$.

受到小托马斯 (H.A.Thomas Jr) 对赫斯特现象所作解释的启发, 我猜想这是标度的一种征兆. 为了以直观形式定义标度噪声, 回想起任何自然的脉动都可以被听到——这是术语噪声所意味的. 把它录音, 并且通过一个扬声器 (例如在 40Hz 到 14 000Hz 之间是高保真的) 倾听, 然后把同一磁带以比常速更慢或更快的速度播放. 一般说来, 人们期望所听到的特征改变很大. 例如小提琴的声音, 听起来就不再像小提琴的了. 而一头鲸的歌声, 如果磁带放得足够快, 可以从听不见改变为听得见. 然而, 有特别的一类声音, 它的性质十分不同, 在改变磁带速度之后, 只要调节音量, 可从扬声器的输出中得到与前 "相同的声音". 我建议把这类声音或噪声称为标度的.

高斯白噪声在这些变换下仍然是相同的枯燥的嘶嘶声, 因此它是标度的. 但是也有其他标度噪声可用于建模.

分数幂 δ 方差

第 21 章把随机函数的 δ 方差定义为在时间增量 Δt 内函数增量的方差. 普通布朗函数的 δ 方差是 $|\Delta t|$ (第 25 章). 为了导出赫斯特的 $R/S \propto d^H$, 其中 H 是任意想要的值, (Mandelbrot, 1965h) 注意到充分条件是: 累积过程 X^* 有零 δ 期望值及等于 $|\Delta t|^{2H}$ 的 δ 方差的高斯构成. 这些条件确定了唯一的一个标度高斯随机过程. 并且指数 $2H$ 是一个分数, 这个唯一的过程被命名为 (简化的) 分数幂

布朗线–线函数. 有关细节和图, 见 (Mandelbrot & Van Ness, 1968); (Mandelbrot & Wallis, 1968, 1969a, b, c).

从线–线的 $B_H(t)$ 转向线–面的 $B_H(t)$, 迫切需要的另一种定义是这样的: 在以时间为参数、维数为 $D = 1/H$ 的曲线中, $B_H(t)$ 的轨迹是仅有的一条, 其增量是高斯的, 对任何平移是平稳的, 因此对任意比值 $r > 0$ 都是 "无褶皱的" 和标度的.

值 $H = 1/2$ 及因此 $D = 2$ 产生普通的布朗运动, 我们知道这是一个无持久性 (独立增量) 过程. 剩下的 fBm 分成两个明显不同的子族. 值 $1/2 < H < 1$ 对应于持久的 fBm, 它的轨迹是维数 $D = 1/H$ 在 1 和 2 之间的曲线, 而值 $0 < H < 1/2$ 对应于非持久的 fBm.

分数幂积分-微分

已经点明想要的 δ 方差尚需实施. 假如从布朗运动开始, 就必须注入持久性. 标准的方法是积分, 但是它注入了多于需要的持久性. 很幸运, 存在只达到标准积分效果一部分的一种方法. 当 $0 < H < 1/2$ 时, 同样可以应用微分. 这种思想隐藏在数学的许多 "经典而模糊的" 角落之中. 追溯到莱布尼茨 (Leibniz)(第 41 章), 然后由黎曼 (Riemann)、刘维尔 (Liouville) 和外尔 (H.Weyl) 实现.

作为背景, 回想起由微积分学, m 是大于零的整数, 把函数 $x^{1/2}$ 作 m 次重复微分变换为 $x^{1/2-m}$, 作 m 次重复积分变换为 $x^{1/2+m}$(在每种情形都还要乘一个常数). 黎曼–刘维尔–外尔算法把这种变换推广到其中 m 不是整数的情形. 而把 $1/D - 1/2$ 阶的分数积分–微分应用于布朗运动就产生 fBm. 这样, 通常的布朗公式, 即位移 $\propto \sqrt{\text{时间}}$, 就被广义的位移 $\propto (\text{时间})^{1/D}$, $1/D \neq 1/2$, 替代. 我们的目的达到了!

有关的公式在 (Mandelbrot & Van Ness, 1968) 给出, 而在 (Mandelbrot & Wallis, 1969c) 及 (Mandelbrot, 1972f) 中描述了 (实在) 近似式.

◁ 这里也还有另一个复杂性和潜在的陷阱. 黎曼-刘维尔-外尔算法包含一个卷积, 使人想通过快速傅里叶技术 (fFt) 来实现. 这种方法产生一个周期函数, 因而是一个调节到没有系统趋向的函数. 在研究标准的时间级数时, 去除趋向无关紧要, 因为依赖性局限于短期项. 但在 fBm 的情形, 与此相反, 去除趋向的重要性达到随 $|H - 1/2|$ 增加的程度, 而且可以成为非常重要的. 这种效应将在下一章里, 在扩展的背景下, 通过比较山脉的各种图形来说明. 图版 278 和 279 是用 fFt 得到的, 并未显示总体倾向, 因此模拟了山顶, 而图版 282 是未走此捷径得到的, 它显示了明显的总体倾向.

鉴于 fFt 的经济效益, 常常无论如何最好使用它们, 但是我们必须取周期比期望的样本尺寸更长, 并且容许当 $H \to +1$ 时增加消耗.

$H > 1/2$: 长期 (= 无限) 持久性和非周期循环

在 $H > 1/2$ 的情况, 函数 $B_H(t)$ 有一个至关重要的性质, 即其增量的持久性取非常特殊的形式: 它永远延伸. 因此, 在 fBm 与赫斯特现象之间的联系提示, 在河流水量记录中遇到的持久性不限于短期时限 (如像法老官员在职期限), 而是延续好几个世纪 (某些潮湿, 另一些干旱) 甚至几千年, 持久性的强度由参数 H 度量.

持久性非常明显地表现在 $B_H(t)$ 的增量图形上, 以及这些增量模拟的河流年水量的图形上. 几乎每个样本看起来都像是叠加在一个背景上的 "随机噪声", 无论样本的周期如何, 这个样本都完成好几个循环. 然而, 这些循环不是周期的, 即不能当样本延长时外推. 此外, 常常看到无须在外推中继续的一种基本倾向.

对这些观察的兴趣, 因为经济学中常常观察到类似行为而有所增加, 经济学家喜欢把任何数据集分解为一种倾向、几个循环和噪声. 这种分解旨在帮助了解基本机制, 但 fBm 的例子说明了倾向和循环可能是由无意义的噪声引起的.

◁ **插值**. 当普通布朗函数 $B(t)$ 在时刻 $t_1, t_2, \cdots$ (不一定是等间隔的) 已知时, $B(t)$ 在这些时刻之间的期望值可以由线性插值得到. 特别是, 在 $[t_j, t_{j+1}]$ 上的插值只依赖于 B_H 在时刻 t_j 和 t_{j+1} 的值. 在所有 $H \neq 1/2$ 的情形则完全相反, $B_H(t)$ 的插值是非线性的, 它依赖于所有 t_m 和所有 $B_H(t_m)$. 当 $t_m - t_j$ 增加时, $B_H(t_m)$ 的影响慢慢减少. 因此, B_H 的插值可作为整体来描述. 在第 26 章考察的随机中点位移曲线, 其行为非常不同, 因为在某些时间间隔上的插值是线性的, 这是这两种过程之间最重要的差别. ▶

函数和零集的 D

增量的持久性与以下陈述同义: $B_H(t)$ 的图形在所有尺度上都比普通布朗图形 $B(t)$ 要规则些, 这可以表示为其维数是 $2 - H$, 其零集的维数是 $1 - H$.

$H > 1/2$: 分数幂布朗轨迹

当转向二维向量 $B_H(t)$ 时, 我们要寻找那种其方向在所有尺度上都倾向于持久的运动. 持久性包含了一种相当强烈的倾向, 但不是避免自相交的义务. 因为我们也想要保持自相似性, 在本书中, 我们假设坐标函数 $X_H(t)$ 和 $Y_H(t)$ 是两个分数幂布朗线–线时间函数, 统计上独立而有相同的 H. 用这种方法得到了一条分数幂布朗线-面轨迹 (图版 270).

其分维数是 $D = 1/H$; 它至少是 $1/1 = 1$, 如同对曲线必须如此, 而最多是 $1/(1/2) = 2$. 这最后一个结果提示, $B_H(t)$ 的轨迹对平面的充满程度不如普通布朗轨迹稠密. 为了确认这个说法, 下面分别考察有界和无界轨迹.

H 对有界轨迹的影响是一个维度, 对 $H > 1/2$ 就像对 $H = 1/2$ 一样, 一条有界的布朗轨迹是一张有无限个孔隙的分形网. 多半是探索性的考虑建议, 这些孔隙的面积满足 $\Pr(U > u) \propto u^{-D/E} = u^{1/2H}$.

进而, 我凭经验研究了 D 变化时有界轨迹的边界, 寻找对在布朗运动里观察到的值 4/3 有多少偏离, 这个值是图版 255 所报道在布朗范例中观察到的, 结果没有找到明显的偏离!

另一方面, 无界轨迹在定性上受到 H 的影响. 当一条轨迹在时刻 0 从 O 点出发时, 它回到围绕 O 点的小单元的期望次数对布朗原型是无限的, 但当 $H > 1/2$ 时是有限的. ◁ 其原因是, 第 25 章倒数第二节中导出的积分 $\int_1^\infty t^{-2H}\mathrm{d}t$, 当 $H > 1/2$ 时发散, 但当 $H < 1/2$ 时收敛. ▶ 当有限个分形网在一个盒子上重叠时, 盒子被较少腔隙的形状覆盖, 但稠密覆盖几乎不可能达到. 叠加的点阵格子的数目当 H 接近于 1 时是小的, 而当 $H = 1/2$ 时则增至无穷大.

$H < 1/2$: 非持久分数幂布朗运动

当 $0 < H < 1/2$ 时, 分数幂布朗运动产生非持久函数和轨迹. 所谓非持久的, 就是总是趋向于返回到出发点, 因此它比布朗对应物扩散得更慢.

公式 $D = 1/H$ 仅当 $E > 1/H$ 时才成立. 当 $E < 1/H$(特别是对平面情形 $E = 2$), 分维数达到最大可能的值, $D = E$. 我们还记得布朗轨迹的最高可能维数是 $D = 2$, 但这个最大值仅当 $E \geqslant 2$ 时才可能实现. 当压扁为 $E = 1$ 的真实线时, 一个布朗轨迹必须调节自身到 $D = 1$, 当 $H = 1/3$ 时, fBm 轨迹勉强填满普通的三维空间.

回到平面 $E = 2$. 维数分析表明, $H < 1/2$ 的无界轨迹几乎肯定无限次访问任意指定的点. 这样, 与 $B(t)$ 相反, $B(t)$ 不能度量对 $D = 2$ 所期望的那些性质, 并且稠密但不是完全地布满平面, 只要 $1/H$ 超过 2, 就能完全布满. 为了证明 $B_H(t)$ 几乎必定无限频繁地回到它的出发点, 由第 25 章回想起返回时刻的维数是 $1 - 2H$, 因此当 $H < 1/2$ 时是正的. 这个论点可延伸到除 0 以外的点. 这样, 无界分数幂布朗轨迹 $(H < 1/2)$ 与边为 1 的方盒之交是单位面积.

有界轨迹是一张带有孔隙的网, 但有正面积 (与第 15 章类似!).

河流水量的分数幂布朗模型, "有动机的"

再者, 引入 B_H 的原始动机隐藏于几何学家的个人经验之中, 数学和绘图技巧很可能适用. 我的观点是, 与有很好动机但吻合不好的模型相比, 吻合和工作得很好但缺乏严谨动机的模型要好得多, 但是, 科学家们却贪婪地二者都要. 十分遗憾, 在我看来, 现在的 "阐述" 是设计出来的, 它比被解释的事实还缺乏说服力.

为了理解河流的逐年水量为什么是互相依赖的, 首先考虑从一个季度存留到下一个季度的天然蓄水池中的水量. 然而, 因为天然蓄水池产生记录的短期平滑性, 最多只能引进短期持久性. 从长期观点看, 累积水量的图在 "效果上"(如第 3 章所定义的) 是连续的, 其维数等于 3/2.

再进一步, 许多作者比我更多地准备求助于过程的总层次, 每个过程都有它自己不同的尺度. 在最简单的情况下, 贡献是可叠加的. 第一个分量考虑天然的蓄水池, 第二个分量考虑微气候的变化, 第三个分量考虑气候的变化, 如此等等.

不幸的是, 无限范围的持久性要求无限个分量, 而模型最终会有无限多个参量. 还必须说明, 为什么各种贡献之和是标度性的.

在讨论的某一点, 一个函数 (相关性) 被写成指数的无限和, 我花费了无限多的时间指出, 说明这个和式是双曲型的, 并不比说明为什么原始曲线是双曲型的更容易, 同时争论说, 调用一个可能的原因, 只要它保持是空泛的, 便只有魔法 (非科学) 的价值. 因此, 特别高兴地发现我曾与詹姆士·克拉克·麦克斯韦 (James Clerk Maxwell) 并肩工作; 见第 41 章的条目, **标度: 恒久古老的万灵妙药**.

当然, 在实践中, 水力学工程师可以对每个过程加上一个有限的外界限, 它有最长工程项目的数量级.

其他标度噪声: $1/f$ 噪声

形式定义. 一个噪声 $X(t)$ 被称为标度的, 如果 X 本身或者它的积分或微分 (需要时可以是多重的) 是自仿射的. 也就是, 如果 $X(t)$ 在统计上等同于在时间上压缩的变换, 加上强度上的相应变化. 于是, 必定存在一个指数 $\alpha > 0$, 使得对每个 $h > 0, X(t)$ 在统计上恒等于 $h^{-\alpha} X(ht)$. 更加一般地, 特别在 t 为离散的情形, 称 $X(t)$ 为渐近标度, 如果存在一个慢变函数 $L(h)$, 使得 $h^{-\alpha} L^{-1}(h) X(ht)$ 当 $h \to \infty$ 时趋向一个极限值.

这个定义要求检验 $X(t)$ 和 $h^{-\alpha} X(ht)$ 的每一个数学特征. 这样, 标度永远不能用经验科学来证明, 在大多数情况下, 标度性质是从单个试验中推断出来的, 它仅仅涉及了相同的一个方面, 例如间隙长度分布 (第 8 章) 或赫斯特 R/S 分布.

◁ 最广泛使用的标度试验基于谱. 一个噪声是谱标度的, 如果它的测量谐密度在频率 f 处具有形式 $1/f^{\beta}$, 其中 β 是正指数. 当 β 足够接近 1 使得 $1/f^{\beta}$ 可以简记为 $1/f$ 时, 我们就得到了 "$1/f$ 噪声". ▶

许多标度噪声在其自身的领域中有着明显的含义, 而它们的无处不在性是一个值得注意的通用事实. ∎

图版 270 ✠ 分数幂布朗轨迹 (维数 $D \sim 1.111, D \sim 1.4285$)

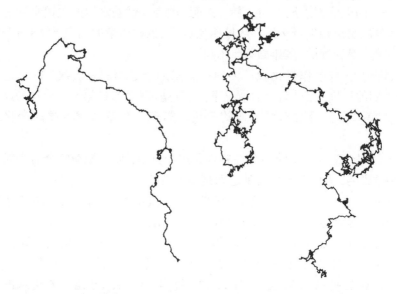

　　左图是统计上自相似的分形曲线 ($D = 1/0.9000 \sim 1.1111$) 的例子. 它的坐标函数是指数为 $H = 0.9000$ 的独立分数幂布朗函数, 它计入了约瑟效应对尼罗河的作用. 事实上, H 接近于 1 还不足以防止自相交, 而是强迫曲线的 "倾向" 在任何所参与的方向上持久, 从而极大地阻止它们相交. 把复杂曲线想象为大、中、小卷圈的叠加, 可以说在高度持久性和维数接近于 1 的情形, 小卷圈几乎不可见.

　　右面的图使用了同样的计算机程序, 但 $D \sim 1/0.7000 \sim 1.4285$. 伪随机种子并未改变, 因此总的形状是可以认出的. 但是 D 值的增加提高小卷圈的相对重要性, 而对中卷圈的重要程度提高较少. 以前看不清的细部成为非常明显的了. ∎

第 28 章　地貌和海岸线

本章主要展示完全人造的图画, 即模仿地图及山脉和岛屿的照片, 提示可以用适当选取的由布朗机遇支配的分形曲面的一级近似, 来有用地模拟展示像阿尔卑斯那样的山脉. 并且我们最后会遇到大自然模式的一个合情合理的模型: 海岸线, 本书由它开始, 但至今一直对之回避.

山脉的表面是标度形状, 这个概念是我们的出发点. 这是新的想法吗? 当然不是! 虽然在科学上从未阐明和探索过, 但在文学上却是司空见惯的. 例如, 作为对第 2 章开卷引言的添加, 读一段爱德华·温伯 (Edward Whymper) 的《攀登阿尔卑斯山, 1860-1869》, 第 88 页上写道: "这是值得注意的 ······ 岩石 ······ 碎片 ······ 常常表现出悬崖 (由此断裂出碎片) 的特征形状, 为什么山脉的总体就不能有或多或少的相同性质呢? 产生小形状的相同原因造成了大形状: 同样的影响在起作用——同样的霜雪和雨水给出总体和它的部分的形状."

无须从字面上采用温伯的诗人观点, 但同意探索其后果是值得的. 在这一章里, 我在能想到的最容易处理的数学环境中这样做, 那就是: 布朗曲面和分数幂布朗曲面.

甚至用我的第一个分数幂布朗山模拟 (图版 75 和图版 76) 来 "眼见为实". 随着图的质量开始改进, 信任的质量也改进了. 但是模型与我们的经验之间的差异变得非常明显, 因此必须引进新的模型, 如同在下一章所见.

在平坦地球上的布朗地貌 (Mandelbrot, 1975w)

让我们用竖直截面来研究地貌. 就像在第 4 章和图版 254 中点明的, 本书的渊源之一是 (Mandelbrot, 1963e) 中报道的一种感觉: 标度的随机行走是山脉横断面的粗略的一阶近似. 因此, 我寻找一种随机曲面, 它的竖直截面是布朗线-线函数. 统计模型构造者的工具箱里没有这类曲面, 但看来有一个略显朦胧的备用品可供使用.

这就是点的布朗面-线函数 $B(P)$, 如在 (Lévy, 1948) 中定义的. 为了在短期接触后就熟悉它, 并且具体地应用它, 除了仔细考察图版 278 中的真实模拟, 没有别的替代方法. 这个布朗虚构景色具有分维数 $D = 5/2$, 而它肯定比大多数地球地貌更粗糙.

因此这是一个迫切需要返工的粗糙模型. 而不是一次漂亮的向前跳跃!

警告: 不要与布朗片混淆. 布朗运动变体的增加可以是无止境的, 而专门术语却不多见. 不要把这里用到的布朗面–线函数与布朗片相混淆. 后者是完全不同的过程, 它沿坐标轴消失而且是强各向同性的. 见 (Adler, 1981), 特别是其中第 196 页和 197 页上的说明.

布朗地貌的海岸线

让我们停下来查看海洋海岸线研究中的进展, 它被定义为零集: 位于洋面上的点, 包括位于离岸岛屿上的点. 图版 284 上的布朗海岸线是我遇到的第一条具有下列特性的曲线: (a) 避免了自相交, (b) 实际上避免了自接触, (c) 具有分维数显然大于 1, 以及 (d) 是各向同性的. 一个更新近的变体示于图版 281 中.

更精确地说, 其维数是 3/2. 这个值比图版 37 中理查森的值的大多数更大, 布朗海岸线的适用性是有限的. 它使我们想起加拿大北部和印度尼西亚, 也许还有苏格兰西部和爱琴海, 并且可能适用于许多其他例子但肯定不是全部. 因为由理查森的数据资料, 期望任何一个 D 能通用地应用都是愚蠢的.

产生一个布朗地貌 (Mandelbrot, 1975c)

很遗憾, 简单的维数 $D = 5/2$ 布朗地貌和维数 $D = 3/2$ 海岸线是不够的, 因为它们太容易被说明. 的确, 布朗函数是 "泊松" 地貌的一个极佳近似, 它由独立的直线断层叠加而成. 一个水平平台沿着随机选择的直线开裂. 事实上, 布朗函数是对以下 "泊松" 地貌的一个极佳近似, 于是, 在如此构成的峭壁两边之上的地平线之差也是随机选择的: 例如有相同概率的 ± 1, 或按高斯分布. 然后全部重新开始, 且通过除以 $\sqrt{k}$ (这样就使得每一个别峭壁的大小, 与其他峭壁的累积之和相比是可以忽略的) 跟踪第 k 阶段.

把上述步骤无限继续下去得到的结果, 推广了通常的含时泊松过程. 不需要再作数学上或物理上的详细描述, 我们就能看到, 这种论述至少抓住了构造演变的一个方面.

由于这种机制的简单性, 也许很容易相信, 在某些早期和特别是在 "标准" 状态, 地球曾经有过到处都是 $D = 5/2$ 的布朗地貌. 不过这一论题必须在此暂停, 将在后面某一节中继续.

布朗地貌的总体效应

莱维发现, 布朗空间–线函数具有一种乍一看使人吃惊的性质, 并有非常直接实用的意义. 粗略地说, 该性质断言, 布朗地貌的不同部分远非统计上独立的. 因此, 为了把布朗线–线函数嵌入布朗面-线函数中, 必须放弃至今一直是布朗机遇的独特长处的一种形式: 各部分的独立性.

考虑分别位于该地貌子午线截面东部和西部的两点. 沿着子午线, 地貌是布朗线–线函数, 因此在不同点上的 "斜率" 是独立的. 此外, 可以期望子午截面以下述方式充当屏幕的作用, 在东部点的地貌情况不会影响到在西部点的地貌分布. ◁ 假如是这样, 地貌应当是马尔可夫型的. ▶ 事实上, 西部确实影响东部, 意味着生长过程涉及很强的总体依赖性.

这种依赖性意味着, 构造布朗曲面要比构造布朗线–线函数困难得多. 第 25 章中的随机中点位移过程 (在第 26 章和 27 章中已经证明了它不能扩展到分数幂布朗线–线函数) 也不能扩展到普通布朗线–面函数. 也就是, 不能如此进行: 首先把这个函数约束在粗网格上, 然后在每个格子里 (与其他格子独立地) 填满它的值. 也不能一层一层地构造: 首先对 $x = 0$, 然后对 $x = \epsilon$ 而不管 $x < 0$ 的值, 再对 $x = 2\epsilon$ 而不管 $x < \epsilon$ 的值, 等等.

更为一般地, 每一种声称容易一步一步地把布朗线–线函数推广到 "多维时间" 的算法, 不可避免地导致与想要的函数有系统性不同的一个函数.

就像本章最后一节要提到的, 在一些模拟中, 我不得不修改难以驾驭的理论定义, 使之涉及已知误差项的逐次近似. 但我不能保证, 那些受到本书较早版本激励的读者, 会同意这个策略.

球面上的布朗地貌

下一步, 设地球地貌的基准面是一个球. 很幸运, 相应的布朗球–线函数 $B_O(P)$ 也已经由我的良师所提供: 见 (Lévy, 1959). 这是容易描述的, 是有趣的, 甚至可以是重要的, 但我们将看到这也不是很现实的, 因为它也预言海岸线具有维数 $D = 3/2$, 这是一个严重的缺点.

$B_O(P)$ 的最简单定义应用噪声理论的术语, 对之我们在此详细描述, 但许多读者对此都是熟悉的. 在球面上铺一层高斯白噪声毯子, 则 $B_O(P)$ 是这个白噪声在以 P 为中心的半球面上的积分. 在小于 60° 的角度距离内, $B_O(P)$ 看起来非常像布朗面–线函数. 然而在整体上它不是.

例如, $B_O(P)$ 具有以下引人注目的性质: 当 P 和 P' 是球面上的对映点时, 和式 $B_O(P) + B_O(P')$ 与 P 和 P' 无关. 事实上, 该和式简单说来就是在整个球面上对用于构造 $B_O(P)$ 的白噪声所取的积分.

这样, 在 P 点的一个大土丘对应于在对映点 P' 处的一个大洞, 这种分布有一个与基准表面的中心位置不同的重心, 并且它很难是一个稳定平衡. 但是不必担心: 由于地壳均衡理论, 它避免了静力不稳定性——因而不至于在早期模型中就不加考虑, 该理论认为, 地球上近似固体的外壳在海洋的最深处非常薄, 而在最高的山脉之下又非常厚, 使得地球外壳被一个球面几乎一分为二, 该球面与地球同心并在海洋最深处下面一点点处. 若同意以下观点, 即一座山脉的看得见的顶峰必定总是与其看不见的根 (在参考球面下) 相连接, 则 $B_O(P) + B_O(P')$ 的定常性不会不使人感到惊讶, 但它不一定意味着总体静力不平衡.

布朗泛大陆和泛古洋

上面的布朗地貌变体与证据吻合得如何? 以当今的大陆和海洋为基础, D 是错误的, 因此吻合得很差.

另一方面, 板块构造学 (大陆的撕裂和漂移理论) 提示在 20 亿年[①]以前出现的原始地球上进行合适性试验. 证据较为脆弱, 试验在这种情况下失败的可能性较小. 魏格纳 (Wegener) 告诉我们 (而且他的理由已被接受, 例如见 Wilson (1972)), 陆地曾经在泛大陆中相互连接, 而当时的各个海洋一起形成泛古洋.

就像泛大陆一样, 图版 283 的地貌是一堆陆地, 到处被宽阔的海湾弄得凹凸不平. 但是这种最初的相似性是误导的. 它倾向于过分强调大尺度本身的细节, 这是由球面几何学与下列事实的组合引起的: 在球面上, 布朗的相关性法则涉及对小于 60° 角的很强正相关性, 以及对映点之间的很强的负相关性. 在更为细心的, 不那么专注于总体特性的第二次观察中, 吻合性当角度小于 (例如) 30° 时就变坏了: 球面上的布朗海岸线变得不那么能与平面上的布朗海岸线区分. 后者的所有缺点都浮现在表面上.

一个高度函数与上述泛大陆相同但是具有半径的一半的数量级尺度的分形片, 看上去好像是外行星的一个不规则的月球. 与图版 12 相反, 它没有漂浮物或喷射物相伴, 因此它的 D 只是不规则性的度量, 而不是支离破碎性的度量.

平坦地球上的分数幂布朗地貌 (Mandelbrot, 1975w)

上面两种关于地貌的布朗模型都有的麻烦是, $D = 3/2$ 对于海岸线来说太大了. 作为探求更广泛更适用模型的努力的一个后果, 我们得到了一个未曾料想到的特色. 很早以前, 在第 5 和 6 章已确定了 $D > 1$, 我们就开始寻找各种方法迫使 D 提高到超过 1. 现在又必须把 D 压缩到 3/2 以下. 为了得到不光滑性较少的海岸线, 我们必须有不那么不光滑的地貌和不那么不光滑的竖直截面.

很幸运, 前一章为我们作了很好的准备. 为了得到竖直截面的模型, 我把布朗线-线函数以它的分数幂变体来代替, 具有这种截面的随机面–线函数 $B_O(P)$ 的确存在. 其曲面的 D 是 $3 - H$(Adler, 1981), 而其地平线和竖直截面的 D 是 $2 - H$. 因此, 对经验数据可能要求的任何维数的建模和仿真都不再存在任何困难了.

D 的确定. 理查森的数据 (第 5 章) 使得我们期望海岸线维数 "典型地" 在 1.2 左右, 而地貌的维数在 2.2 左右. 因此, 我们可以在很多场合使用图版 279 中证

---

① 现在一般认为地球的年纪约 46 亿年. ——译者注

实为正确的 $H = 0.8$ 值. 然而, 对地球的特定区域还需要考虑其他的值. $D \sim 2.05$ 之类的值对应于由非常缓慢变化的分量所支配的地貌, 当该分量是一个大斜坡时, 其地貌就是一张倾斜而凹凸不平的桌子, 而海岸线与直线的差别不多于略有不规则性. 在顶峰附近, 地貌是一个凹凸不平的锥体, 而海岸线是一条稍微不规则的卵形线.

D 接近 3 的地貌也是潜在有用的, 但很难用有回报的方式来说明. 观察一下图版 284 就足够了, D 接近于 3 的海岸线使人联想起一块淹没的冲积平原. 因此, 所有 H 值都将在统计模型构造者的工具箱里找到它的位置.

宇宙学原理

第 21 章的宇宙学原理可以用地貌的术语重新描述. 强宇宙学原理结合了平稳性和各向同性的概率论概念. 因此在平坦大地上的地貌 $Z(x, y)$ 可以说成是强宇宙学的, 若产生地貌的规则在每个参考系中都相同, 这些参考系的原点 (x_0, y_0, z_0) 满足 $z_0 = 0$ 和 z 轴是竖直的. 特别地, 当变化 x_0 和 y_0 以及旋转水平轴时, 上述规则必须保持不变. 我的平坦大地上的布朗地貌和它的分数幂形式二者都不满足这个原理.

但是它们满足一个 "有条件的" 形式, 其中原点被限定于满足 $z_0 = B(x_0, y_0)$, 这样它就位于地球表面.

已经试用了平稳过程来拟合地貌. 以规则点阵覆盖 $z = 0$ 平面, 并把不同点阵单元内的高度取为独立的随机变量. 但这种模型不能说明本章中考察过的任何标度律.

在球面地球上的布朗地貌满足强形式的宇宙学原理, 它对处理地球的大部分有用, 强形式是更有用的一种. 更不用说, 条件形式也成立, 在处理局部效应时它更受欢迎.

地平线

对位于离地球表面有限距离处的观察者来说, 地平线由沿着罗盘的每一个方向上未被遮去的最大表观高度点构成.

若地貌是对圆球状地球的一个扰动, 地平线显然就在离观察者的有限距离处.

若地貌是对平坦的水平平面的布朗扰动或分数幂布朗扰动, 地平线的存在就不明显了: 每座山背后隔一段距离处可能有一座更高的山等等, 直至无限. 实际上, 位于距观察者 R 处的一座山具有 R^H 量级的相对高度, 所以, 它的表观高度在水平平面以上度数的正切约为 R^{H-1}, 且当 $R \to \infty$ 时趋于 0, 因而, 地平线又被重新定义.

为了加深理解, 把从观察者到地平线的距离除以它的平均值. 在平坦的地球上, 这个函数与观察者的高度是统计独立的, 而在球形的地球上则相反, 当观察者站得更高时, 地平线趋于一个圆, 并且, 扁平地球的地平线位于通过观察者的平面之上, 与观察者高度独立. 但是, 假如观察者站得足够高时, 圆形地球的地平线落在那个平面之下. 总之, 观察到的地平线性质确认了地球是球形的, 相反的结论会是灾难性的.

地球地貌的分数幂布朗模型, "有动机的"

人们通常会问, 为什么以简单性为标准选择的模型被证明对应用如此有吸引力. 我有一些想法, 但还不能声称它们是令人信服的 (第 42 章).

◁ 首先, 可以像对 $B(P)$ 那样来构造 $B_H(P)$, 即把直线形断层叠加起来 (Mandelbrot, 1975f), 然而, 断层的剖面必须不是很陡的悬崖: 当接近断层时其斜率必须增加. 很可悲, 这种合适的剖面是设计出来的, 所以这不是一种好方法.

◁ 似乎选择一个布朗模型作为开始更好, 然后试着减少维数, 如像在第 27 章里对河流所做的那样. 排除局部光滑性, 把一个面积无限的曲面变换为面积有限的曲面. 另一方面, 它保留大部分特性不受影响. 因此, 局部光滑性把在一切尺度上具有同样良性定义维数的对象, 替换为这样的对象, 其总体有效维数是 5/2, 而局部有效维数是 2.

◁ 更加一般地, 有不同基本尺度的 K 个各不相同的光滑度最后变成以过渡区相连的 $K+1$ 个不同维数的区域. 然而, 其整体可能与一个有中间维数的分形无法区分. 换句话说, 有良性定义尺度的多种现象的叠加, 可以模拟标度性.

◁ 另一方面, 一种标度现象常常被思维自发地分析为一个级联, 其中每一层都有一个尺度. 例如第 9 章的总星系无须是真实的, 这将在第 32 至 35 章中说明. 因此, 无须急着遵循笛卡尔的建议, 把每个困难细分为部分. 虽然我们的思维自发地把地貌学的构形分析为具有极不相同的各种特性的叠加, 这些特性不需要是真实的.

◁ 幸运的是, 地球的地貌具有固有的有限外界限, 因为它的底曲面是圆的. 因此, 不妨假设在整个地质学历史上经历的各种各样的整平, 涉及止于大陆数量级的空间尺度. H 从一处到另一处有变化的切合实际的假设, 使得这种整平的相对强度发生变化. ▶

碎裂的石块, 机场跑道和摩擦学

正如早在第 1 章里提到的, 我从拉丁文 fractus 创造了分形 (fractal) 这个词, 前者描述了碎裂石头的外貌: 不规则和支离破碎. 语源学不能迫使一个真实石块的表面成为分形, 但是它肯定不是一个标准的曲面, 假如它是标度的, 那么它应该是一个分形.

对标度的论证是, 石头是由砂粒黏在一起构成的有层次组织的区域, 其中较大区域的黏合强度不如较小区域的. 当石头被打击时, 所产生的能量最容易消耗于分离大区域. 但是没有理由期望在几何学上容许这种分离, 因此这种碎裂很可能发生在属于各种层次的中间区域墙的结合部分.

磨损和摩擦方式的科学是摩擦学, 它来源于希腊语 $\tau\rho\iota\beta\omega$ = 摩擦, 研磨. 在 (Sayles & Thomas, 1978)(修正了一些有缺陷的分析之后, 见 (Berry & Hannay, 1978)) 中的证据支持了以下观点: 分数幂布朗曲面提供了机场跑道和许多自然的粗糙表面的一阶近似表达式, D 的经验值 (从 Sayles & Thomes 图 1 中 7-2D 图形导出) 的范围由 2 到 3.

石油和其他自然资源的空间分布

现在, 我关于地貌有标度的 "原理" 已经用各种方法测试过, 让我们来考察一个推论. 就像第 38 章所表明的, 我们可以期望与地貌相联系的每个量都服从双曲型概率分布 ("齐普夫 (Zipf) 定律", "帕雷托 (Pareto) 定律"). 确实常常是这种情形. 事实上, 我对海岸线是标度的研究 (第 5 章) 提出了地貌是标度的, 这出自此前的 (Mandelbrot, 1962n), 其中发现了与油和其他自然资源相关的分布是双曲型的. 该发现与当时的主流观点 (涉及的量是对数正态分布的) 不符. 这种差别是极其有意义的, 双曲型规律下的储量比对数正态律下的要高得多. 我的结论在 1962 年没有得到更多的响应, 但我将再次探索.

矿物将在第 39 章中**无腔隙分形**条目中再次讨论.

捷径: 周期曲面和中点位移曲面

因为我的布朗地貌或分数幂布朗地貌基于涉及的算法, 近似或捷径是需要的. 这样, 图版 282, 284 和 285 涉及对我们的高斯过程的一个泊松近似式, 而图版 278 至 281 及彩图版四至八, 均以快速傅里叶方法算得的周期函数替代 x, y 的非周期函数, 然后 "修剪" 到保持一个不受周期性影响的中央部分.

此外, 我用中点位移 (就像第 26 章那样) 来产生分形曲面, 记作 $B_H^*(x, y)$. 这种曲面最容易实现, 只要以等边三角形 $\mathcal{J}$ 为初始器. $B_H^*(x, y)$ 的值是在 $\mathcal{J}$ 的顶点描述的, 第一阶段分别在 $\mathcal{J}$ 的三条边的中点内插该函数, 采用对坐标函数 $B_H^*(t)$ 同样的过程. 下一阶段在 9 个二级的中点插值. 如此等等.

其输出肯定要比任何非分形曲面或大多数非随机分形曲面更加现实. 但它是平稳的吗? $\Delta B_H^* = B_H^*(x, y) - B_H^*(x + \Delta x, y + \Delta y)$ 应该仅仅依赖于点 (x, y) 与 $(x + \Delta x, y + \Delta y)$ 之间的距离. 事实上, 现在的 ΔB_H^* 显式地依赖于 $x, y\Delta x$, 和 Δy. 因此, B_H^* 不是平稳的, 即使 $H = 1/2$ 也是如此.

我已经考察和比较了 12 条捷径, 它们是稳妥的, 我希望有一天能发表这些比较结果.

▚▚

图版 **278** 和 **279**　✠ 布朗湖景色, 普通的和分数幂的

(维数 $D \sim 2.1$ 至 $D = 5/2$, 自上至下)

图版 279 上部是维数十分接近 2 的分数幂布朗地貌的一个例子, 它是我的地球景色模型. 其他图是该模型外推到更高维数的地貌, 终止于图版 278 的上部, 这是一个普通的布朗面–线地貌. 后者具有确定的特征: 每个竖直截面是通常的布朗线–线函数, 如在图版 254 中那样. 布朗地貌是一个粗糙的地球模型, 因为布朗地貌的各个细部显然是太不规则了. 拟合是低下的, 因为曲面维数 $D = 5/2$ 和其海岸线维数 $D = 3/2$ 都太大了.

对每个地貌就形成正方形网格的经纬度计算高度. 计算机编程模拟来自位于左上方 $60°$ 处光源的光线, 而观察者位于底边上方 $25°$ 处. 进一步的细节见彩图版的说明. ■

图版 280 和 281 ✠ **布朗海岸线和岛屿 "带"**

曲面 $D=8/3$ 海岸线 $D=5/3$

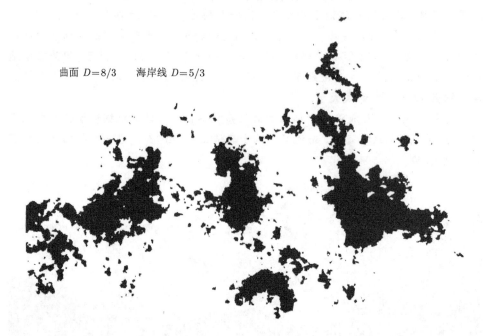

　　这些图版的初衷是强调一个重要的、新发现的效应. 当地貌的维数 D 达到和超过 2.5 时, 存在把海洋割裂为近似圆形的分离的几个 "海" 的一种强烈且不断增加的趋势. 这些海是互通的, 但每一个都具有鲜明的个性特征. 另一方面, 岛屿似乎变成了 "绳索". 同样的效果也在所有景色的山脉中可见 (但没有这么明显): 图版 278, 279 和 285.

　　示例中对各向同性的缺乏, 与产生机制是各向同性的这个事实完全相容.

　　这些图版等同于 (除了种子) 图版 12 中碎片的平面截面 (将在第 29 章末说明). 这里, 如同在图版 12 中一样, 我们使用了想要的过程的周期变体的一个整理过的形式. 这就减少了总体形状对 D 的依赖性. 真实的布朗海岸线的总体形状与这些图版中显示的相差更大.

　　与现在的 "绳索" 相关的效应, 将在第 34 和 35 章中讨论. ■

曲面 $D=7/3$　　　海岸线 $D=4/3$

曲面 $D=5/2$　　　海岸线 $D=3/2$

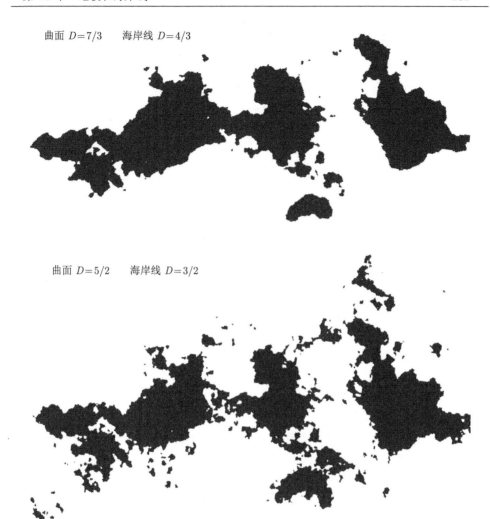

图版 282　⊕ 分数幂布朗景色中的轮廓线

　　这里的两张图都组合了对分数幂布朗函数的两条或三条轮廓线 (粗线是海岸线).　这些图涉及不同的维数, 但使用同样的程序和种子: 上面的图应用 $D \sim 1.3333$, 下面的图应用 $D \sim 1.1667$.　从地理学观点检视, 这两个维数都是可接受的, 但一个在高端而另一个在低端.

　　这些曲线似乎比图版 281 中具有相同 D 的曲线具有少得多的崎岖度.　其原因是, 在以前的图中每个截面显示出非常强的极大值: 几乎不存在系统性的斜率.相反, 在这里我们看到一座巨大山脉的侧面, 具有很强的总体斜率.　本图就其 "通用" 外表而言接近于图版 281 上某些特别崎岖的小段的放大图.

　　比较了这些不同的轮廓线之后, 我们更加意识到, 即使在 D 固定以后, 不规则性和支离破碎性之间的相互作用仍留有很大余地. ■

图版 283 和彩图版六 (顶部) ⊞ 布朗泛大陆 (海岸线维数 $D = 3/2$)

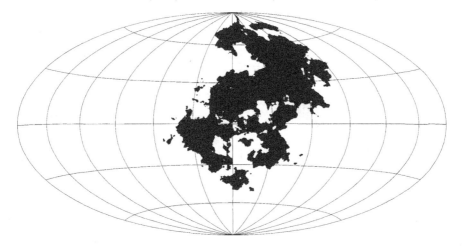

彩图版六中的"远行星"代表了从空间中很远处见到的虚构的分形泛大陆. 它的地貌是通过在计算机上实现了一个 P. 莱维随机曲面而产生的 (据我所知这是第一次), 这个随机曲面是从球面上的点 (经纬度) 到一个标量 (高度) 的布朗函数. 海平面是这样调节的, 使得总面积的四分之三在水下. 海岸线是由插值得到的.

本图显示了与哈墨地图相同的泛大陆, 哈墨地图是魏格纳的大陆漂移理论的研究者们所喜爱的一幅投影图.

这个泛大陆模型与"真实"的泛大陆的接近程度如何? 不能期望特定的局部细节完全正确, 只能要求崎岖程度, 无论是局部的还是总体的. 正如所料想的, 相似性并不完美. 的确, 这个模型泛大陆的海岸线满足 $D = 3/2$, 而在地理书中声称基于真实泛大陆的想象出来的绘图, 其 D 与当今大陆上观察到的 D 是相同的, 即 $D \sim 1.2$. 假如新的证据转而与 $D = 3/2$ 相容, 我们就能应用相当初等的大地构造假设来解释泛大陆的几何结构.

非欧几里得空间中的分形. 在黎曼非欧几何学里, 球面起着平面的作用. 因此非欧几何学走了一半路程: 它们在非欧几里得几何学的基础上研究了欧几里得形状. 本书的大部分也走了一半路程, 它在欧几里得几何学的基础上研究了非欧几里形状. 现在的泛大陆统一了这两个出发点: 它是在非欧几里得几何基础上研究非欧几里得形状的一个例子. ∎

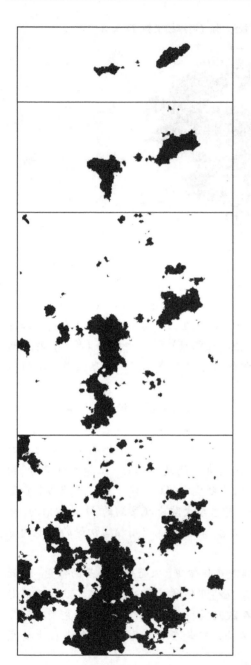

图版 284 ✠ **布朗海岸线的第一个已知实例 (普通的和分数幂的)**

我曾说过, 适当选择的分数幂布朗函数是地球地貌的合理模型, 其发端本图版中的四个海岸线模型. 与图版 283 一样, 它们是本书 1975 年法文版值得怀念的延续, 不过黑色区域已被更加仔细地填满, 因此由原图提取了更多细节.

当 D 接近于 1 时, 最上面那张图, 海岸线太直而不符实际.

另一方面, 相应于 $D = 1.3000$ 的海岸线, 即上数第二张图, 我们马上想到了真实的地图. 我们毫无悬念地看到了非洲 (左边的大岛)、南美洲 (左边大岛的镜像) 和格陵兰岛 (右边大岛, 但把本页顶部从 12 点钟转到 9 点钟) 的重现. 最后, 如果把本页顶部转到 3 点钟, 两个岛一起模拟了有点 "营养不足" 的新西兰及一对邦蒂岛.

当 D 增加到 3/2, 即中间这张图, 这个地图猜谜游戏就更难玩了.

当 D 继续增加到接近于 2 时, 最下面那张图, 地理游戏变得更加困难, 或至少是更加专业了 (明尼苏达? 芬兰?). 最终成为不可能的.

其他种子产生相同的结果. 然而, 基于更精细图形的相同测试倾向于 $D \sim 1.2000$. ■

图版 285 ✠ **分数幂布朗岛的第一个著名例子** (维数 $D = 2.3000$)

收入这张图可能包含了过多感情因素, 因为不是说其他图不如它. 但是处在不同海平面的一个岛屿的这些图是 (Mandelbrot, 1975w) 和这本书1975 年版的特征, 我喜欢它们. 它们是带有变动维数 D 和变动海平面的分数幂布朗岛的一个更完整序列的一部分, 它们是这样画出的第一批岛屿. (1976 年, 我们制作了这个特殊的岛屿从海中升起的影片: 到 1981 年, 这部影片看上去十分原始, 甚至有点可笑, 但是它可能有收藏价值.)

我常常开始怀疑在哪一次旅行中我真正看到了底部的景色, 那里小岛像种子一样散落在狭窄的半岛边缘.

原始图片摄自清晰度不佳的阴极射线管: 因此资料已被重新加工. 这里 (与图版 278 和 279, 以及彩图四至彩图九不同), 不需要故意的边缘光模拟. 很幸运, 以前的绘图过程建立了这样的印象, 海向着地平线闪烁. 与最近的景色相比, 读者将观察到该图涉及异常高的维数. 其原因是较早的绘图技术不能表示小的细节, 因此早期景色的维数似乎小于输入产生程序中的 D. 为了补偿起见, 我们增加 D 超出大量证据建议的范围. 然而随着图的改进, 偏差变得明显, 因此适得其反. 今天, 我们已能采用理查森的数据所提出的 D, 产生可接受的完美景色. ■

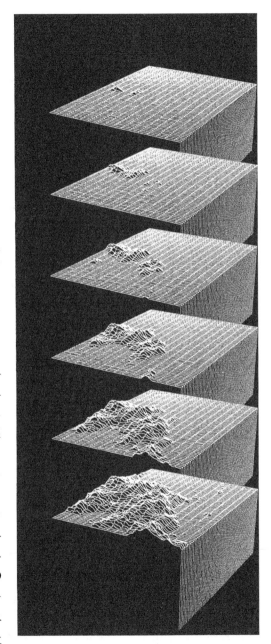

第 29 章　岛屿、湖泊和盆地的面积

我们进一步探讨前一章所述地貌的布朗模型. 有关岛屿面积的结论被证明是可以接受的, 但是有关湖泊和盆地的结论却是不能接受的. 为了纠正这种不一致性, 下面提出改进的模型.

岛屿投影面积

就像第 13 章所指出的, 海洋岛屿投影面积 A 的可变性是地图的一个明显特征, 它常常比海岸线的形状更显目. 我们报道过, (Korčak, 1938) 把 A 的分布作为双曲型的: $\Pr(A > a) = Fa - B$(这里我们用 Pr 代替了 Fr). 最后我们说明, 若对应的海岸线自相似, 则本公式成立. 现在我们可以添加, 更加充分的是假设地貌是自相似的.

毫无疑问, 可以把关系式 $2B = D$ 从第 13 章考察过的非随机科赫海岸线推广到分数幂布朗零集. 但直到现在这种论据仍然部分地是探索性的. 相应于具有 $H = 0.800$ 的分数幂布朗地貌分布, 实际上非常接近于整个地球的经验数据.

每个分数幂布朗岛屿本身的维数 D_c 还是未知的.

湖泊投影面积

湖泊的面积也被认为服从双曲型分布. 因此, 我们可以试图不考虑湖泊, 因为它未包含任何新的元素. 然而再想一下, 湖泊和海洋岛屿的定义绝不是对称的.

在本章中进行的一个专门分析, 澄清了有关湖泊的两个替代名词 "死谷" 和 "盆地" 的许多问题. 它使我们面对这样的事实, 河流和分水岭树在自然界中是不对称的, 不在我的任何一个布朗模型中, 这就导致后面提出的改进.

但是, 湖泊面积的分布仍然是神秘的. 也许它之所以是双曲型分布, 只是因为在各种形式干扰下双曲型分布的 "鲁棒" 性 (Mandelbrot, 1963e, 以及第 38 章). 例如, 一个双曲型随机被乘数与一个大的任意乘数的乘积本身就是双曲型的. 这个被乘数可能是由于其原始状态, 其中地貌和关于它的一切都是双曲型的. 而乘数可能是因为千百种影响湖泊形状的地质和大地构造因素. 但是这种 "解释" 真的无非是随口说说而已.

死谷的概念

与海洋岛屿对称的这个概念是由大陆环绕的一块面积, 其海拔在海平面之下. 我们将把这样的面积用一个不解自明的复合词死谷 (deadvalley) 来标记. 某些死谷里有水——通常是在海平面之下, 例如, 以死海 (被充满到 −390m)、里海 (−28m) 和盐湖 (−72m) 为中心的区域. 其他的死谷是干的, 像死亡谷 (Death Valley)[①](底部深 −86m) 或盖塔拉洼地 (−133m). 还有一些模棱两可的低地.

我没有关于在海平面上死谷轮廓线以内投影面积的资料. 但是对地图的考察提示, 死谷的数量要比岛屿少一些. 有关模型的论述都假定地球是平坦的, 除了添加的布朗面–线地貌, 这种不对称性正是所期望的. 岛屿和死谷的分布具有相同的指数意味着, 第 10 个最大岛屿或湖泊的面积之比与第 20 个最大岛屿或湖泊的面积之比几乎相同. 但是柯尔恰克定律还包含一个 "前置因子"F, 它限定了第 10 个最大岛屿或湖泊面积的绝对值. 对各图版的比较检视显然表明, 在由海洋包围大陆的情形 (或者相反), 对岛屿的前置因子比对死谷的大 (或者相反). 而在布朗球–线模型中, 面积更小的 (泛大陆) 比面积更大的 (泛大洋) 切成更多小片.

然而, 前面的论述对湖泊没有告诉我们什么: 除开罕见和不相干的例外 (例如接近海岸的面积被盐水渗液所充满), 死谷和湖泊是不同的概念, 湖底的海拔不需要满足 $z < 0$, 而且湖面的海拔不需要满足 $z = 0$. 进一步的复杂性在于: 大多数湖泊刚好满到上边缘, 这是一个鞍点, 然而这个法则也有例外 (例如, 大盐湖和上节列出的那些覆盖了死谷底部的湖泊).

盆地的概念

现在我们考察湖泊的第二个替代物, 用中性的几何学术语 "盆地"(cup) 来表示.

为了定义这个概念, 设想一种不渗透的地貌, 其中每个凹陷都精确地充满至边缘. 一滴水为了从凹陷处流出来, 必须先向上运动, 然后再落下来. 然而添加到地貌中的这滴水, 可以被想象为沿着一条永不向上, 而只是水平或者向下的路径逃逸. 每个凹陷有正的面积, 因此凹陷的数目或有限或无限, 但必定可数. 不妨假设不同的出口有不同的海拔. 在精确的出口海拔上, 地貌的轮廓线由一定数目的自回避回路加上一个带有自接触点的回路组成. 在海拔稍高处, 该自接触点消失. 而在海拔稍低处, 该回路分裂成两个相套的回路.

一旦充满, 就把有上述构造的凹陷称为盆地.

---

① Death Valley, 美国内华达州和加利福尼亚州东南部的大片沙漠地带. ——译者注

魔鬼台阶

现在假设地貌是布朗型的, $0 < H < 1$. 由于自相似性, 个别盆地的面积毫无疑问是双曲型分布的, 当 D 比 2 大得不多时, 面积分布的指数肯定接近于 1.

更具体地, 我猜测随机下落的一滴水几乎必然落入一个盆地内. 如果这个猜测是正确的, 盆地的表面就是在东南亚的台阶形区域的任意延伸, 我把它们称为魔鬼台阶. 那些没有落入盆地内的点形成了盆地的累积沿岸线, 加起来成为树枝状的网, 一种随机形式的谢尔平斯基垫片. 如果我的猜测错了, 盆地的累积沿岸线实际上有正面积而不是零面积 (第 15 章), 我的退一步猜测是存在一个盆地, 它任意接近不在盆地内的每个点.

被侵蚀的布朗模型: 山脉和平原的混合物

人们现在会不可抗拒地想要修改我的布朗模型, 即想象为布朗大陆的每个盆地 B_H 都填满泥土而构成一个平原. 我们不需要以图形来描绘造成的函数 B_H^*, 因为在感兴趣的 D 不比 2 大很多的情形, 填满小盆地不会构成可见的差别.

为了得到填满盆地的泥土, 必须通过侵蚀把小山削平: 但我们将看到 (如果 D 不比 2 大很多), 不需要极其大量的泥土, 因此假设小山的形状只是稍有改变是可行的. 这里不能讨论鞍点被侵蚀削平而使盆地被掏空的问题.

从本书的观点来看, 所建议的修正的主要优点是, 如果适当地选择海平面, 在平坦地球上侵蚀的布朗地貌仍然是标度的. 这样的侵蚀对维数有什么影响呢? 有证据表明, B_H^* 的维数介于 2 和 B_H 的维数 $3 - H$ 之间.

现在来论证, 当 $D = 2 + \epsilon$ 时, 填满所有盆地需要的泥土相对数量不是很大. 大陆体积的数量级为 (大陆投影的典型长度)$^{2+H} \propto$ (大陆面积)$^{1+H/2}$, 而一个盆地的体积相对于大陆的体积是 (盆地的相对面积)$^{1+H/2}$. 因为相对面积是双曲型分布的, 其指数接近于 1, 而且 $\sum$ (相对面积) $= 1$, 由此导出, $\sum$ (相对面积)$^{1+H/2}$ 相当小. 例外的情形是, 最大的盆地极端地大: 这种盆地不需要填满, 就像大盐湖的情形.

河流和分水岭

在第 7 章起核心作用的一级近似里, 我提出河流和分水岭形成了填满平面的共轭的树. 实际上, 这个特点可能仅适用于地图: 一旦引进海拔, 河流与分水岭树之间极佳的对称性就被破坏了. 事实上, 忽略湖泊以后, 在分水岭树上的点总是局部极大点 (小山) 或者鞍点 (通道), 而在河流树上的点绝不会是局部极小点或者鞍点. 布朗和分数幂布朗模型有局部极小这个事实, 意味着它们没有河流树. 这是对我的布朗模型的新的打击.

填满盆地以后, 就没有这样的河流了, 只有 (无限浅的) 湖泊的分支串, 使人想起那种带圆盘状分支的仙人掌. 诸多分水岭形成一棵树: 我相信这是 $D < 2$ 的一条分支曲线, 但它可以是一条面积为正的曲线, 因为维数 $D = 2$. 还可以有各种各样的变体, 但是最好保留给更加合适的场合.

盆地的性质

接下去深入展开前面某一节中所作的声明, 首先考察一维简化, 即线-线分数幂布朗函数 $B_H(x)$. 这里, 一个岛屿不过是一个区间 $[x', x'']$, 在其中当 $x < x' < x''$ 时有 $B_H(x) > 0$, 而 $B_H(x') = B_H(x'') = 0$. 把 B 到达极大值的点记作 $x = x_0$(存在几个极大点 x_0 情形的概率是零), 又定义 $B_H^*(x)$ 如下:

$$对于 [x', x_0] 中的 x, B_H^*(x) = \max_{x' \leqslant u \leqslant x} B_H(x),$$

$$对于 [x_0, x''] 中的 x, B_H^*(x) = \max_{x \leqslant u \leqslant x''} B_H(x).$$

很清楚, 从点 (x, z) 出发的小水滴找到 (沿一条非上升路径) 通向海洋之路的充要条件是 $z \geqslant B_H^*(x)$. 那些满足 $B_H(x) < z < B_H^*(x)$ 的小水滴永远保持在盆地内, 而 $z = B_H^*(x)$ 是当所有盆地已填满时的水平面. 这个函数 B^* 简单地就是莱维魔鬼阶梯 (图版 302 和图版 303), 从 x' 登上 x_0, 然后沿一个阶梯从 x_0 下降到 x''. 它是连续的但是不可微的, 且在一个长度为 0 的集合上变动. 加在大陆最高点附近的任何水滴都将通过与 "白水"[①] 区域交替的平坦区域重新回到海洋.

不能逃逸的小水滴充满于区域 $B_H(x) < z \leqslant B_H^*(x)$ 中. 该区域是不连通的, 因为它不包含 $B_H^* = B_H$ 的点, 而它的连通部分是大陆的盆地. 一个盆地的长度是 $B_H^* - B_H$ 的两个相继零点之间的距离. 它的分布因其标度性而是双曲型的, 当 $H = 1/2$ 时已知它的指数为 $1/2$, 而且我相信其指数总是 H. 盆地的最大长度除以 $|t' - t''|$, 当 H 接近 0 时最大, 而当 H 接近 1 时最小.

现在回到在平坦地球上的布朗大陆 $B_H(x, y)$. 函数 $B_H^*(x, y)$ 再次由下列条件定义, 从海拔为 $z > B_H^*(x, y)$ 出发的一个小水滴, 可以沿着保持在大陆以上的一条非上升路径逃逸到海洋. 像以前一样, 其中 $B_H(x) < z \leqslant B_H^*(x)$ 的空间区域分解为连通的开区域, 它定义了盆地.

现在把这些盆地与隔在两个平行墙 $y = 0$ 和 $y = \epsilon$ 之间的一层非常薄的大陆相比较. 对它们应用前面的记号 $B_H(x)$ 和 $B_H^*(x)$. $B_H^*(x)$ 的定义限制了位于上述二墙之间的水的逃逸路径, 而 $B_H^*(x, 0)$ 的定义容许对逃逸路径有宽泛得多的选择. 可知几乎对每一个 x 都有 $B_H^*(x, 0) < B_H^*(x)$ 因此, 函数 $B_H^*(x, 0)$, 以及

---

① 即浅滩水. ——译者注

$B_H^*(x, y)$ 的几乎任何一个竖向切割, 都要比 $B_H^*(x)$ 有意义得多. 它们是魔鬼阶梯式的奇异函数, 具有 (无限个) 局部高峰极大值和平坦局部极小值. 假如我的最强的猜测是成立的, 其网格几乎覆盖了大陆的每个点.

因为盆地面积的总和至多等于大陆的面积, 盆地可以按递减的面积排列, 因此是可数的. 其后果是相应于 z_0 的随机值的 B_H 的海岸线几乎肯定没有二重点.

因此, 所有盆地积累的边界可以这样得到. 取值为 z_m 的一个可数集——它几乎肯定不包括那些使海岸线含有一个回路的值. 通过由所有 $z_0 = z_m$ 去除死谷海岸线来删剪海岸线. 取删剪过的海岸线的并, 并加上其极限点, 就得到所要的边界.

对任意的 $M > 2$, 向 M 维布朗函数 $x = \{x_1, \cdots, x_M\}$ 的推广是直截了当的. 给定 $B_H(x)$, 已经对 $M = 2$ 用过的论据表明, B_H^* 与 B_H 之间的差, 随着 M 的增加而减少. 在极限情形, 即 $M = \infty$, 而 B_H 是希尔伯特空间的布朗函数, 从莱维的经典结果得出 $B_H^* - B_H \equiv 0$. 这个恒等式对一切 $M > M_{\text{crit}}$ 且 $M_{\text{crit}} < \infty$ 都成立吗? ▶ ■

第 30 章　均匀湍流的等温曲面

本章以对图版 12 的说明为焦点. 文字部分主要着眼于具有反持久性指数 $H < 1/2$ 的 3 变量分数幂布朗函数, $H = 1/3$ 的情形特别受到重视, 再次以 $H = 1/2$ 作为出发点.

湍流标量的等值曲面

当一种流体是湍流时, 其中温度精确地是 45°F(约 7℃) 的等温曲面, 在拓扑上是球面的集合. 然而, 在直观上很明显, 该曲面比球面或欧几里得几何中描述的任何实体的边界面都更不规则.

这使我们想起在第 2 章里引用的皮兰的话, 它描述了在加盐的肥皂液中得到的胶状薄片的形状, 这种相似性可以扩展到超过单纯的几何学模拟. 它可以是这样的, 一个薄片充满了其皂液浓度超过某个阈值的区域, 并且此外, 此浓度起着充分发展湍流的惯性指示器的作用.

无论如何, 胶状薄片的模拟表明, 等温曲面是近似的分形. 我们想要知道是否真是这样, 以及如果真是这样, 就要计算其分维数. 为此, 我们需要知道流体中温度变化的分布. (Corrsin, 1959d) 以及许多其他作者, 把这个问题简化为一个柯尔莫哥罗夫等学者早在 40 年代就面对过的经典问题. 这些早期的作者在一些方面取得了非凡的成功, 但在另一些方面失败了. 这里插入对这些经典结果的概述, 以满足非专业人士的需要.

伯格斯 (Burgers)δ 方差

X 的 δ 方差在第 21 章里定义为 X 增量的方差. 伯格斯设在两个给定点 P 和 $P_0 = P + \Delta P$ 之间, 速度的 δ 方差正比于 $|\Delta P|$. 这个粗糙但简单的假设定义了伯格斯湍流.

伯格斯函数的一个精确数学模型是各种步骤的无限汇集导致的一个泊松函数, 这些步骤的方向、位置和强度来自互相独立的随机变量的三个无限序列. 这种描述应该听起来耳熟能详. 除了加入变量 z 于 x 和 y, 以及用三维速度代替了一维高度, 高斯–伯格斯型函数可以用于我的地球表面的普通布朗模型, 该模型已在第 28 章中描述过.

柯尔莫哥罗夫 δ 方差

作为湍流模型, 伯格斯 δ 方差有致命的缺点, 最糟糕的是从标准维数分析看来, 它是不正确的. 由柯尔莫哥罗夫和同时由奥布霍夫、翁萨格以及冯韦茨赛克尔提出的正确的维数论据表明, 对于 δ 方差只存在两种可能性: 或者是通用的, 也就是不管试验条件怎样, 总是相同的: 或者是可怕的紊乱. 要成为通用的, δ 方差就必须正比于 $|\Delta P|^{2/3}$. 其推导可从许多书中找到: 此结果的几何性质在 (Birkhoff, 1960) 中强调.

经过初期的怀疑以后, 现在已经确立, 柯尔莫哥罗夫 δ 方差出奇好地说明了在海洋、大气和一切大容器中的湍流. (Grant, Stewart & Moille, 1959). 这个核实建立了抽象先验思想对紊乱的原始数据的重大胜利. 它值得 (虽有大量限制, 对之第 10 章又增加了新的限制) 让专家圈以外的人士知晓.

具有柯尔莫哥罗夫 δ 方差的高斯函数听起来也耳熟. 在涉及标量 (一维) 温度的现在的范围内, 这个高斯函数是一个分数幂布朗三维空间–线函数, 有 $H = 1/3$. 因此, 柯尔莫哥罗夫场包含了反持久性, 而地球的地貌受益于持久性. 更为基本的差别在于, 所需要的表达地球数据的 H 至今还纯粹是现象学的, 而柯尔莫哥罗夫的 $H = 1/2$ 已在空间几何学中生根了.

在均匀湍流中, 等值面是分形的 (Mandelbrot, 1975f)

尽管在预言 $H = 1/3$ 方面的胜利, 柯尔莫哥罗夫方法有一个主要缺陷: 对流体中速度差的分布或温度差的分布, 除了它们不能是高斯分布以外, 仍然是未知的.

这种负面结果是十分令人尴尬的, 但极少迫使人们放弃这个方便的假设. 最多不过是, 湍流的研究者当研究高斯模型时必须十分谨慎: 当一种计算产生逻辑上的不可能性时, 他们必须放弃这种模型. 否则就可以继续向前推进.

尤其是——且现在我们回到温度——(Mandelbrot, 1975f) 把高斯假设与伯格斯的 δ 方差和柯尔莫哥罗夫的 δ 方差结合在一起. 可以希望即使没有高斯假设, 这些结论仍然保持正确, 因为用到的基本上只有连续性和自相似性.

在坐标为 x, y, z, T 的四维空间里, 温度 T 定义为函数 $T = T(x, y, z)$, 分数幂布朗函数的图形是 $4 - H$ 维的分形, 而且它的许多低维截段是我们熟知的以下分形.

线上的截点. 对于固定的 x_0, y_0 和 T_0, 等温面由空间轴上观察到某一个 T 值的点所组成. 它们构成一个分数幂布朗零集, 其分维数是 $1 - H$.

平面上的截线. 对固定的 y_0 和 z_0. 代表温度沿 x 轴变化的曲线是分数幂布朗线–线函数, 其维数是 $2 - H$. 对固定的 z_0 和 T_0, 隐式方程 $T(z_0, x, y) = T_0$ 定义了平面上的等温线. 这些等温线具有维数 $2-H$. 除了 D 值以外, 它们等同于第 28 章研究的海岸线.

空间中的截面. 对固定的 z_0, 截面是 $T(x,y,z_0)$ 的图形, 维数为 $3-H$ 的一个分形. 对 $H=1/2$, 它在定义上等同于第 28 章图版中的布朗地貌. 对于 $H=1/3$, 它是在同样图版中的分数幂布朗地貌.

对图版 12 的解释

对固定的 T_0, 由隐式方程 $T(x,y,z)=T_0$ 所定义的等温曲面是海岸线的三维推广, 而且它引入了一类有 $D=3-H$ 的新分形. 例如, 高斯–伯格斯无持久性湍流中的 $D=3-1/2$, 和高斯–柯尔莫哥罗夫反持久性湍流中的 $D=3-1/3$.

这些曲面示于图版 12, 该图的由来最后终于可以说清楚了. 为了对比, 图版 12 增加了持久性函数 $T(x,y,z)$ 的等值面, 其 $H=0.75$. 由于这种庞大的计算花费太大, 不得不把曲面适度地光滑化. D 的不同对总体形状的影响没有想象中那样强烈这一事实, 已在 280 页中说明过了.

第十篇
随机孔洞：纹理

第 31 章   区间孔洞: 线性莱维尘埃

这几章在结构上有点互相牵扯. 直至第 35 章说明如何对纹理进行控制以前,随机孔洞和纹理这两个论题并无交集. 第 34 章引入了纹理但未大量涉及孔洞: 该章的内容本来也可以分散在前面几章里, 但把它们集中在一起作统一处理更好些.

至于第 31 至 33 章, 它们不包含纹理, 但用孔洞的概念来构造随机分形, 其中许多内容是新的. 就像前面有关布朗运动的那几章一样, 新的分形不依赖于时间和/或空间坐标网.

本章描述约束于线上的随机尘埃, 把它们应用于最早在第 8 章中处理过的噪声问题, 并作为推广到平面和空间这两种不同问题 (分别在第 32 章和第 33 章中描述) 时的基础.

第 32, 33 和 35 章的主要实用目的是帮助建立星团的模型. 这是最早在第 9 章里叙述过的挑战性问题.

条件平稳误差 (Berger & Mandelbrot, 1963)

在第 8 章里, 我们用康托尔尘埃找到了某些过度噪声主要特性的一个合理的初步模型, 并为此大为高兴. 但我们甚至没有试图真的用该模型拟合数据. 很显然, 理由是因为这种拟合预期将会是十分糟糕的. 对于任何我可以想象的不规则的自然现象, 康托尔尘埃作为一个精确的模型实在是太规则了. 特别是因为它们的自相似比局限于形式为 r^k 的值. 此外, 康托尔尘埃的原点起了一个不合理的特殊作用, 且具有最糟糕的后果, 这个点集不能通过平移叠加到自身, 用专门的术语来说, 它并非平移不变的.

容易通过随机性来注入不规则性. 就平移不变性而言, 我们对所希望的康托尔尘埃的替代物只要求在统计意义下与它的平移匹配. 在概率论的专门术语里, 这意味着该集合必须是平稳的, 或者至少满足一种适当减弱的平稳性条件.

第 23 章提出了部分地实现这个目标的一种简单方法, 本章将再向前推进三步.

第一步涉及间歇性的最早的现实随机模型. (Berger & Mandelbrot, 1963) 从满足 $\epsilon > 0$ 和 $\Omega < \infty$ 的康托尔尘埃的有限近似出发, 随机地打乱其中的间隙, 使它们相互间在统计上独立. 但保持相继间隙之间长度为 ϵ 的区间不变. 第 8 章已说明, 在一个康托尔尘埃中, 长度超过 u 的间隙的相对数量由近似于双曲线的阶梯形函数给出, 随机化把这个函数重新解释为一个尾部概率分布 $\Pr(U > u)$.

这样就产生了一个 $\epsilon >$ 的随机康托尔尘埃. 不幸的是, $\Pr(U > u)$ 的阶梯带有 N 和 r 的初值的痕迹. 这就是 Berger & Mandelbrot (1963) 把这些阶梯光滑化的原因: 把以 ϵ 为单位度量的相继间隙, 取作统计上独立的整数 $\geqslant 1$, 它们的长度分布是:

$$\Pr(U > u) = u^{-D}$$

这个模型的拟合出奇地好: 德国联邦电话公司的信号产生 $D \sim 0.3$, 许多作者对不同通道的进一步研究, 找到的 D 从 0.2 至接近于 1.

在 Berger & Mandelbrot 的模型中, 相继间隙的持续是独立的, 因此误差就构成了概率学家称为 "更新的" 或 "递归的" 过程 (Feller, 1950), 每个误差是一个递归点, 其中过去与未来相互之间是统计独立的, 从而遵守与其他误差相同的法则.

线性莱维尘埃

不幸的是, 把截尾的康托尔尘埃的间隙打乱 (并使其分布光滑化) 所得到的集合, 仍然在几方面有欠缺: (a) 对过度噪声数据的拟合公式在细节上仍不完美; (b) $\epsilon > 0$ 的限制对物理学家也许是可以接受的, 但从美学观点看是很讨厌的; (c) 这种构造是粗劣和任意的; (d) 它与康托尔原始构造的要旨相差太远.

Mandelbrot (1965c) 利用出自保尔·莱维的一个集合, 构造了一个较好的模型, 避免了缺点 (a) 与 (b). 我把这个集合称为莱维尘埃. 一旦确定了 D, 莱维尘埃就是结合了两种所需性质的仅有点集, 就像随机截尾的康托尔尘埃一样. 若从这个集合中的一点看去, 过去与未来是独立的, 像康托尔尘埃一样, 它是一个自相似的分形. 比康托尔尘埃更好之处在于, 莱维尘埃以 0 与 1 之间的任意比值 r 的减少, 与其自身在统计上是等同的.

第 25 章的布朗运动零集原来就是具有 $D = 1/2$ 的莱维尘埃.

不幸的是, 莱维所用引入这个集合的方法并未消除上面列出的缺点 (c) 与 (d). 且它在技术上是脆弱的: 为了不使用 u 是一个 $\geqslant 1$ 的整数的限制, 我们必须设它是一个正实数, 满足 $\Pr(U > u) = u^{-D}$ 并延伸到 $u = 0$. 因为 $0^{-D} = \infty$, 总 "概率" 是无穷的. 用来消除这个似乎荒唐的含义的方法是重要的且有意义的, 但它在本书中并无其他用处.

幸运的是, 如果我们采用 (Mandelbrot, 1972z) 中建议的更自然的 "孔洞" 构造, 这些困难都将消失.

真实的与虚拟的孔洞

在此我预先指出, 借助 "真实" 与 "虚拟" 孔洞的组合来描述原始康托尔尘埃是有用的. 我们仍从 [0, 1] 出发, 去掉它中间的三分之一, 即开区间 (1/3, 2/3). 在此以后, 构造的实质保持相同, 但形式的描述有所变化. 可以看出, 在第二阶段中去掉了 $[0, 1]$ 的每个三分之一的中间三分之一, 虽然去掉已经消失的三分之一的中间三分之一并无可觉察到的效果, 但下面将要说明, 采用这种虚拟的孔洞是合适的. 用同样方式去掉 $[0, 1]$ 的每个九分之一的中间三分之一, 每个二十七分之一的中间三分之一, 如此等等. 注意长度超过 u 的孔洞的数量的分布现在由阶梯形函数给出, 它的总体性态现在正比于 u^{-1}, 而不是 u^{-D}. 对于不同的凝乳化规则, 都有对 u 的同样依赖性, 只是阶梯的位置与比例因子取决于构造方法.

区间孔洞与导致的间隙 (Mandelbrot, 1972z)

随后, (Mandelbrot, 1972z) 通过把分布阶梯光滑化, 以及随机而相互独立地选择诸孔洞的长度与位置, 使康托尔结构随机化. 最后, 为了体现正比于 u^{-1}, 假设中心位于长度为 Δt 的区间且本身的长度超过 u 的孔洞的数量的期望值为 $(1-D_*)\Delta t/u$, 并有一个泊松分布. 记法 $1-D_*$ 的理由不久就会清楚.

由于相互独立, 孔洞可以相交, 而且它们喜欢这样: 一个孔洞不与其他孔洞相交的概率是零. 换句话说, 孔洞与间隙的概念不再一致: 术语间隙将用于表示由重叠的孔洞所造成的区间. 于是产生了一个问题: 还是所有的孔洞最终将结合成一个巨大的间隙, 还是将留下一些点始终未被覆盖? 我们将先陈述答案, 然后在下一节里用一个直观的诞生过程的论据来证实它, 并且说明那些未被覆盖住的点形成非强迫丛.

考虑一个区间, 它未被长度超过 ϵ_0 的孔洞全部覆盖住, 然后引进其长度超过 ϵ_0 的可变阈值 ϵ 的较小的孔洞, 而 ϵ 从 ϵ_0 减小到 0. 当 $D_* \leqslant 0$ 时, 令 $\epsilon \to 0$, 将使得几乎肯定 (其概率趋于 1) 没有不被覆盖的点. 当 $0 < D_* < 1$ 时, 同样的结果也可能出现, 但它不再是几乎肯定的了. 甚至在极限情形, 未被覆盖 "孔洞分形" 的存在具有某个正概率. (Mandelbrot, 1972z) 证明了这是一个维数 $D = D_*$ 的莱维尘埃.

总之, $D = \max(D_*, 0)$.

莱维尘埃的诞生过程与非强迫性群集化

由第 8 章的结构, 康托尔误差呈级联状并发或 "群集" 出现, 群集的强度以指数 D 度量. 当间隙被随机地打乱时, 这个性质仍然保持, 但其证明既不清楚又无启发性.

与此相反, 关于随机孔洞尘埃的同样结果的证明, 既简单而又极有意义.

再次指出, 关键是由长度超过阈值 ϵ 的孔洞开始, 然后用某个 $r < 1$(例如 $r = 1/3$) 反复与 ϵ 相乘, 使它的值趋于 0. 我们从以两个 "ϵ 间隙" 为界的一个无孔洞的中间间隙区间开始. 添加长度在 $\epsilon/3$ 与 ϵ 之间的孔洞, 有时会有消除一切

的破坏性效果, 但柔和得多的效果的出现也有相当大的概率: (a) 作为边界的 ϵ 间隙, 延伸为较长的 $(\epsilon/3)$ 间隙, 以及 (b) 在中间间隙里出现较小的额外 $(\epsilon/3)$ 间隙. 这个重新定义的中间间隙必须被理解为群集. 用同样的方式, 以 $\epsilon/9, \cdots, 3^{-n}\epsilon$ 代替 $\epsilon/3$, 就生成子群集.

这些群集当 $n \to \infty$ 时的演化受到新的诞生与死亡过程的支配, 就像在第 23 章所用的经典理论中那样, 群集的死亡与增殖, 独立于具有同样 n 的其他群集及其家族史. 一个长的中间间隙被抹去的概率, 比较短的间隙为小, 且平均地产生较多后代. 当 $1-D_*$ 增加时, 在 ϵ 间隙之间的区间变得较短, 而且在 $\epsilon/3$ 间隙之间的某些区间将完全消失. 因此, 后代的期望值以两种方式减少. 值 $D_* = 0$ 是在以下意义上的临界值: 对 $D_* \leqslant 0$, 家族系几乎肯定全部死光: 而对 $D_* > 0$, 家族系永远保持正概率.

伯杰与芒德布罗模型中的平均误差

◁ 这个专题性插话打算说明, 与康托尔尘埃模型中误差数有关的主要结果在随机化以后仍然成立. 事实上, 这些论证与结论是相当简化的, 特别, 若 $\Omega = \infty$. 本论题通过实例说明条件期望在自相似过程中的应用.

◁ 假定在区间 $[0, R]$ 中至少存在一个误差, 其中 R 值的范围是 $R \gg \eta$ 及 $R \ll \Omega$. 这个条件显示 $M(R) > 0$, 把伯杰和芒德布罗的模型称为条件平稳的理由是, 如果 $[t, t+d]$ 全部包含在 $[O, R]$ 之内, 则记为误差条件数的 $\{M(t+d) - M(t)|M(R) > 0\}$ 具有一个独立于 t 的分布, 因此只要对它讨论 $t = 0$ 就足够了. 并且, 规定期望是可加的, 条件平稳性单独就意味着

$$\langle M(d)|M(R) > 0\rangle = (d/R)\langle M(R)|M(R) > 0\rangle$$

至于对自相似性, 这意味着

$$\Pr\{M(d) > 0|M(R) > 0\} = (d/R)^{I-D^*},$$

其中 D^* 是由正在研究的过程确定的某个常数. 为了证明这个论断, 只要引入一个满足 $d < d' < R$ 的中间量 d', 然后把我们的条件性的 $\Pr$ 分解为

$$\Pr\{M(d) > 0|M(d') > 0\}\Pr\{M(d') > 0|M(R) > 0\}$$

就可以了. 组合最后两个等式, 我们得到

$$\langle M(d)|M(d) > 0\rangle = (d/R)^{D^*}\langle M(R)|M(R) > 0\rangle.$$

因此, 把条件平稳性与自相似性相组合, 就足以证明

$$\langle M(d)|M(d) > 0\rangle d^{-D^*} = 常数.$$

所研究的具体模型确定了其指数是　$D^* = D$. 此外, 只是自相似性就意味着比值

$$\{\text{第 1 次误差}|M(R) > 0\text{的时刻}\} \quad \text{及} \quad \{M(R)|M(R) > 0\}/\langle M(R)|M(R) > 0\rangle$$

是随机变量, 它依赖于 D 而与 R 及 Ω 无关.

　　◁ 与条件性概率相反, 条件性事件 $M(R) > 0$ 的绝对概率强烈地依赖于 Ω. 然而, 如果对 $\Omega < \infty$ 适当地截断, 我们发现

$$\Pr\{M(R) > 0\} = (R/\Omega)^{1-D}.$$

因为最后一个表达式可由上节的表达式通过用 L 代替 R 及用 R 代替 d 导出. 事件 "已知 $L < \infty$ 时 $M(R) > 0$" 可以像事件 "已知 $M(L) > 0$ 时 $M(R) > 0$" 一样来处理. 在极限情形 $\Omega \to \infty, [0, R]$ 完全落入一个很长间隙的概率趋于 1, 故观察到一个错误的概率成为无限小. 但以前导出的误差总数的条件概率不受影响.

　　◁ 上述论证补充了第 22 章中关于条件宇宙学原理的讨论. ▶■

图版 301 ✠ 随机街道模式

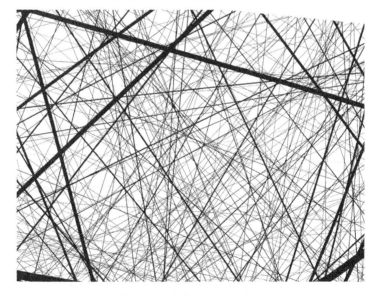

　　如在第 8 章中所指出的, 可惜的是, 直接说明康托尔尘埃十分困难, 然而, 可以把它间接想象为三元科赫曲线与其基的交. 用同样的方法可以间接地想象莱维尘埃. 在本图中, 类似街道的黑色条纹是随机设置的, 尤其在各个方向上取向的机

会等同. 其宽度则遵循双曲线分布, 迅速变为如此之窄而不能画出. 白色余集 (即 "房屋块") 渐近地成为零面积, 其维数 D 小于 2.

只要剩下的房屋块维数 $D > 1$, 则它们与一条任意直线的交集就是维数为 $D - 1$ 的莱维尘埃. 另一方面, 如果 $D < 1$, 则交集几乎必定是空的. 然而这个结果在这里并不十分明显, 因为不能把构造进行得足够深入.

第 33 章将提供一个更好的说明, 当从平面中减去的空洞是随机圆盘如图版 321 至 322 所示例的那样, 孔洞分形与直线的交是莱维尘埃. ∎

图版 302 和 303 ✠ **保尔·莱维的魔鬼阶梯** (维数为 **1: 阶梯立板横坐标的维数分别为** $D = 9/10, D = 3/10,$ 以及 $D = 0.6309$)

这些图是图版 88 中康托尔函数或魔鬼阶梯的随机化模拟. 最大的莱维阶梯中的维数与原始康托尔集合的相同, 而在两个小阶梯中, 维数不是小得多就是大得多.

为了描述莱维阶梯, 把横坐标作为纵坐标的函数, 在第一阶段, 一旦纵坐标增加了数量 Δy(这里 $\Delta y = 0.002$), 横坐标将按照分布 $\Pr(\Delta x > u) = u^{-D}$ 随机地增加. 在第二阶段, 把横坐标重新标定, 使阶梯终止于坐标点 $(1,1)$. 对 $D = 0.3$ 的小阶梯看来减为很少的几级, 这是由于阶梯立板横坐标的压倒性群集化.

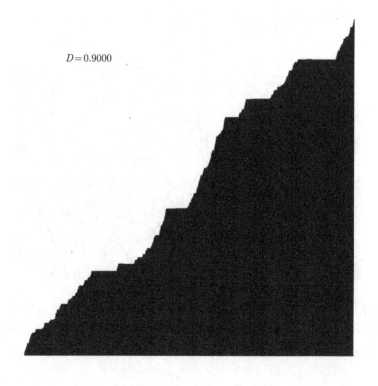

$D = 0.9000$

$D=0.3000$

$D=0.6309$

第 32 章　从属运算; 空间莱维尘埃; 有序星系

本章及下一章的中心议题是星团, 这是已经在第 9, 22 及 23 章涉及过的题目. 基本方法是把上一章的尘埃推广到平面与空间. 本章主要关心空间莱维尘埃. 遵照博赫纳 (Bochner) 的方法, 我们用 "从属运算" 方法通过 "处理" 布朗运动引入这些分形. 在莱维尘埃的范围内, 我们还要遇到莱维飞行, 一种非标准的随机行走. 本章从随机行走群集的非正式预览开始, 然后阐明从属运算的意义, 并通过推广到非随机环境来加以证实. 预览中所作的断言, 将在最后一节中论证.

预览: 随机行走群集

我的早期星团模型的目的是展示具有下列特性的质量分布: (a) 在一个球中以球心为中心满足 $M(R) \propto R^D$ 分布的质量 $M(R)$, 且 $D < 2$. (b) 该分布在其统计形式上满足条件宇宙学原理.

瑞利飞行中继站. 从构造既没有分维数也没有拓扑维数的星团开始. 从空间中一点 $\Pi(0)$ 出发, 一支瑞利飞行火箭各向同性地随机跃向一个方向, 每次飞跃延续 $\Delta t = 1$, 而到达下一个中继站 $\Pi(1)$ 的距离 U 满足 $\langle [\Pi(1) - \Pi(0)]^2 \rangle = 1$ 的随机高斯分布. 然后火箭跃向 $\Pi(2)$, 从而

$$U_1 = \Pi(1) - \Pi(0) \text{ 及} U_2 = \Pi(2) - \Pi(1)$$

是独立且等同分布的向量. 以此类推.

为了把火箭看作在进行无休止的飞跃, 增加它前面的中继站 $\Pi(-1), \Pi(-2), \cdots$, 但时间方向的改变并不影响随机行走, 因此, 从 $\Pi(0)$ 出发画两条独立轨线就足够了.

我们的火箭的轨迹 (包括它飞跃时留下的 "凝结尾流"), 是一个随机集合. 如果不考虑到达的次序, 所讨论的中继站集合也是如此. 若考虑从任意点 $\Pi(t)$ 出发, 两个集合有完全相同的分布. 按第 22 章中引入的术语, 这两个集合都满足适当统计形式的条件宇宙学原理.

载荷. 对瑞利飞行的每个中继站, 随机地指定等同分布及统计上独立的质量, 把条件平稳性推广到质量.

维数$D = 2$. 众所周知, 火箭在 K 次飞跃中所通过的距离按照 $\sqrt{K}$ 增加. 结果是在半径为 R, 中心为 $\Pi(t)$ 的球内, 中继站的数目是 $M(R) \propto R^2$. 此公式中的指数与中继站 $\Pi(t)$ 集合的维数为 $D = 2$ 的想法相一致, 特别是总体密度为 0.

布朗运动. 在连续时间中内插瑞利飞行将得到一条布朗轨迹, 它是一条 $D = 2$ 的连续曲线 (第 25 章). 于是, 瑞利飞行模型实质上是一条分形曲线 ($D_T = 1$ 与 $D = 2$), 满足不是很强的条件宇宙学原理. 这个结论是令人满意的, 但 D_T 与 D 的值是不可取的.

广义密度. 如果我们在布朗轨迹的两点 $\Pi(t_0)$ 与 $\Pi(t)$ 之间加入质量 $\delta|t_0-t|$, 质量 $M(R)$ 成为花费在半径为 R 的球内的时间与均匀广义密度 δ 的乘积.

宇宙的膨胀. 在标准讨论中, 初始分布具有均匀密度 δ. 当宇宙均匀地膨胀时, δ 减小, 但分布仍是均匀的. 另一方面, 通常总认为每种别的分布当膨胀时发生改变. 均匀地加载的布朗轨迹从构造上说明了这个结论是不正确的: δ 也随膨胀而改变, 但它仍保持确定的和均匀的.

因此, 对于宇宙是否膨胀的问题, 瑞利中继站是中立的. 这个性质当通过利用莱维飞行来减少 D 时仍保持. 我们现在对此予以说明.

莱维飞行中继站: 非整数维数<2. 我的星系分布的随机行走模型, 利用一个尘埃, 即一个准确拓扑维数为 $D_T = 0$ 的集合, 实现了任何期望的分维数 $D < 2$. 为了达到这个目标, 我应用了数学期望 $\langle U^2(t)\rangle$ 为无限的随机行走. 因为 U 是双曲型随机变量, 在 $u = 1$ 处具有内界限, 因此对于 $u \leqslant 1$ 有 $\Pr(U > u) = 1$, 而对 $u > 1, \Pr(U > u) \propto u^{-D}$, 其中 $0 < D < 2$.

一个重要的结果是当 $R \gg l$ 时 $\langle M(R)\rangle \propto R^D$. 这是我们要建立的关系, 它容许在实践或理论中实现可能提出的任何维数.

◁ 关于莱维稳定性. 当 $t \to \infty$ 时, 留在时间间隔 t (适当规定尺度) 的质量收敛于一个与 t 无关的随机变量, 这是由保尔·莱维第一个研究过的, 最好称为 "莱维稳定的" (第 39 章). 因此, 对我的模型中隐含的过程, 将应用术语 "莱维飞行".

◁ 由于 $\langle U^2\rangle = \infty$, 标准中心极限定理不再有效, 而要用一个特殊的中心极限定理来代替. 这种替换有值得注意的后果. 标准定理是 "通用的", 即极限仅依赖于量 $\langle U \rangle$ 及 $\langle U^2 \rangle$, 而非标准的定理不是通用的, $M(R)$ 的分布通过 D 显式地依赖于所作飞跃的分布. ▶

本章的余下部分要构造一个尘埃, 它对莱维飞行所起的作用, 与布朗运动对瑞利飞行所起的作用相同. 直接的内插在技术上是冗长烦琐的, 因为必须对分布 $\Pr(U > u) = u^{-D}$, 直到它发散的 $u = 0$ 处给出意义. 与此相反, 有一种既简单又精确的间接方法, 即应用从属运算的过程. 对这种过程有独立的兴趣, 并产生了大量明显的推广.

柯西飞行与 $D = 1$

我们通过一个例子来引进从属运算. 为了从维数 $D = 2$ 的布朗轨迹开始生成维数 $D = 1$, 我们必须寻求把 D 减少 1. 对经典的欧几里得形状, 容易实现这种减少. 在平面中, 可用一段线与之相截. 对三维空间, 可用一个平面对之作截面. 而对四维空间, 可用一个三维空间相截. 我们也在第 23 章中看到, 对随机分形凝乳有同样的规则, 在第 25 章中, 布朗线–线函数的维数为 3/2, 而它的零集及不垂直于 t 轴的所有截面的维数为 1/2.

作形式上相似的推广. 这种由 D 减 1 的方法导致我们猜测, 适当地选择的布朗轨迹的截线典型地具有维数 $2 - 1 = 1$. 这个预感的确得到了证实 (Feller, 1971, 第 348 页). 而且, 应该把它推广到普通三维空间中轨迹的平面截面, 以及四维空间 (其坐标是 x, y, z 及想象) 中轨迹的三维截段.

从线至四维空间布朗轨迹出发来研究 "想象"= 0 的点. 这些 "非想象" 点的位置可看作是由基本布朗运动访问的次序产生的, 而这些访问之间的距离是独立且各向同性的. 其结果是, 非想象点的位置可看作随机飞行的中继站, 这种飞行的步骤所遵循的法则与布朗运动的十分不同. 这种行走将被称为柯西运动或柯西飞行. 给定两个时刻 0 与 t, 就可以找到从 $\Pi(0)$ 到 $\Pi(1)$ 的向量的概率密度是下式的倍数

$$t^{-E}[1 + |\Pi(t) - \Pi(0)|^2 t^{-2}]^{-E/2}.$$

(S. J. Taylor, 1966, 1967) 中证实了形式上的猜想 $D = 1$, 柯西飞行在图版 313 的一个视图中说明.

从属运算的想法

再次考虑前面的构造. 一个线–欧几里得空间的布朗运动, 当它的线–线坐标函数之一为 0 时, 就到达非想象点. 但每个坐标都是一维布朗运动. 不仅 (第 25 章) 这个函数的零集形成一个维数 $D = 1/2$ 的集合, 而且零点之间的区间相互独立的事实, 都意味着这个零集是一个线性莱维尘埃. 总之, 柯西运动是线性莱维尘埃在布朗运动中的映射. 回忆起罗马人杀死逢十的俘虏来惩罚敌对集团的十抽一法, 我们看到, 柯西运动是由 "十抽一" 的分形形式得到的. 这是 (Bochner, 1955) 中首先提出的, 他称之为从属运算. (Feller, 1971) 包括了对这个概念零散的非初等评论.

用作今后的参考, 让我们注意到

$$D_{柯西轨迹} = D_{布朗轨迹} \times D_{布朗零集}.$$

从属运算可以返回推广到非随机分形

为了详细说明分形从属运算的性质, 我们把它应用于科赫和佩亚诺分形曲线. (说来很奇怪, 现在的讨论似乎是在非随机情形对从属运算的首次提及.)

这个思想是这样的: 可以保持初始器不变, 但把生成器用其子集代替来改动这些曲线. 这就把被从属的极限分形集用从属子集代替了. 我们首先来描述一个例子, 然后引入重要的维数相乘法则.

$D < 2$ 的例子. 取三元科赫曲线的四节生成器, 如图版 46 中所用的. 去掉第二与第三节, 将导致经典的三元康托尔尘埃生成器, 如图版 85 和 86. 因此, 康托尔尘埃是三分之一片雪花的从属. 如果我们从科赫生成器的四节 ($N = 4$) 中去掉第一与第三节, 就形成并非限制在一条直线上的一个不同的从属尘埃. 在两种情形, 从属运算都把维数从 $\log 4/\log 3$ 改为 $\log 2/\log 3$. 如果仅去掉生成器的一节, 则虽然从属尘埃的维数是 $\log 3/\log 3 = 1$, 但它不是直线的一个子集.

$D = 2$ 的例子. 取图版 68 佩亚诺–切萨罗曲线的四节的第二阶段, 去掉第二与第三节, 则新的生成器是区间 $[0, 1]$ 自身! 因此, 直线区间是佩亚诺–切萨罗曲线的一个 (最平凡的) 从属. 去掉不同的二节, 可产生 $D = 1$ 的分形尘埃. 去掉一节, 就剩下一个维数为 $\log 3/\log 2$ 的集合.

维数的乘法

回想起第 6 和 7 章, 科赫和佩亚诺曲线可看作是时间参数 t 位于 $[0, 1]$ 区间的 "运动" 轨迹. 这个时间是这样定义的, 举例来说, 一个雪花生成器的四节被覆盖的时刻分别开始于四进制展开式的 0, 1, 2 及 3. 例如, 第三个四分之一的第二个四分之一被覆盖的时刻的四进制展开式始于 0.21. 把科赫曲线及佩亚诺曲线看作运动, 则它们本身就是 $[0, 1]$ 区间的 "分形映射". 在这个框架中, 生成器各节第一次涉及的 "十抽一" 应该是去掉包括数字 1 或 2(或 0 及 3) 的 t 值, 因此, 限制 t 属于 $[0, 1]$ 的某个康托尔尘埃.

我们因此可以把科赫或佩亚诺曲线的从属子集描述为时间的分形子集的一个分形映射. 这个子集很清楚是一个康托尔尘埃, 并被称为从属物. 其维数为 $\log N/\log N' = \log 2/\log 4 = 1/2$. 更一般地, 我们找到不证自明的关系式

$$D_{\text{从属}} = D_{\text{被从属物}} \times D_{\text{从属物}}.$$

这推广了表示柯西运动特征的关系式. 我们知道, 当研究截面及其相交时出现维数相加. 现在我们发现了一种有趣的 "微积分学", 它给出了维数之和的意义, 也给出了维数之积的意义.

当然, 这个规则也有例外, 它们与那些适用于余维数相交时相加规则的类似.

作为从属物的线性莱维尘埃

第 31 章的线性莱维尘埃是博赫纳使用的第一个从属物, 而且它继续如此广泛地被纯数学家们作为从属物应用, 以致相关的莱维阶梯常被称为稳定的从属函

数. 为了得到自相似的从属集合, 采用一个自相似的被从属物, 例如布朗运动或分数幂布朗运动.

注意到虽然布朗运动的内在维数为 2, 但限制在直线上的布朗运动的维数为 1. 因此, 上节的规则应该换成

$$D_{从属} = \min\{E, 2 \times D_{从属物}\}.$$

更一般地, 一个分数幂布朗运动的内在维数是 $1/H$, 而

$$D_{从属} = \min\{E, D_{从属物}/H\}.$$

因此, 从属集合能充满的最大空间相应于 $E = (1/H)$ 的整数部分.

布朗运动作为被从属物. 最重要的被从属物是布朗轨迹. 取值时刻限制于线性莱维尘埃 (它的维数 $D/2$ 在 0 与 1 之间) 的布朗映射是一个空间尘埃, 它具有数值在 0 与 2 之间的任意维数. 值得被称为空间莱维尘埃.

从属尘埃间隙及被从属物的增量肯定都是统计独立的, 从属过程也有统计独立的增量. 从属间隙长度满足 $\Pr(W>w)=w^{-D/2}$, 而且在延时 w 的间隙中, 布朗运动移动量有量级 $u=\sqrt{w}$, 空间尘埃的间隙看起来满足 $\Pr(U>u)=\Pr(W>u^2)=u^{-D}$. 可以证明这确实如此.

有序星团

公式 $\Pr(U>u)=u^{-D}$ 表明, 从属尘埃实现了本章开始时预告的过程.

维数. 设尘埃本身的维数是 D, 如果每个线性间隙端点的映射被区间所连接, 则得到莱维轨迹: 它的维数是 $\max(1, D)$——如同第 16 章中对树的研究.

相关性. 莱维轨迹还在它生成的星系中导致一个线性序, 这意味着每个星系只与它的直接邻居相互作用, 且每一对邻居的相互作用独立于其他邻居对. 在这个意义上, 一个莱维飞行等价于把不可解的 N 体问题未经证实就用许多二体问题的可操控组合来代替. 其结果有可能完全不切实际, 然而情况并非如此. Mandel-brot(1975u)(在 (Peebles, 1980) 第 243 至 249 页中有详细描述) 证明了莱维飞行导致天体星球上两点与三点的相关性, 这与 P. J.E. 皮布尔斯 (Peebles) 和格罗斯 (Groth) 在 1975 年通过曲线拟合得到的结果相同, 见 (Peebles, 1980). ■

图版 309 ✠ **计算机程序 "瑕疵" 作为艺术家, 作品 2**

本图版可以部分地归结为计算机程序出错. 该 "故障" 很快被查明并纠正 (但当然只在其输出被记录之后!). 最终的结果是图版 74.

关键处的一个小故障引起的变化, 导致了完全出乎意料的东西.

很清楚, 在图版 74 里设计了非常严格的序, 这种序在这里隐藏未见, 而且未见任何其他序.

至少一眼看去这幅图可以当作高级艺术品这个事实, 不可能是偶然的. 我对此的想法在 (Mandelbrot, 1981l) 中概述, 并将在不久以后全面展示. ■

图版 310　✠ 非随机性从属: 维数 $D = 1$ 的群集分形尘埃,
从属于维数 $D = 1.5$ 的科赫曲线

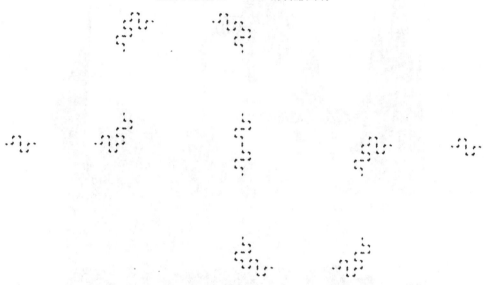

我们可以基于科赫的构造来修改递推方法, 以便有规律地中断直线而使之成为一个尘埃, 它与线有相同的维数 $D = 1$, 但在拓扑与表观上却完全不同.

设想有一条橡皮带, 开始时沿着 $[0, 1]$ 放置, 按照图版 53 中所用的科赫生成器来生成一条维数为 $3/2$ 的分形曲线, 然后永久性地钉住这些角顶, 并把橡皮带的 8 个直线区间全都在其中点切开成为 16 段, 每段的长度弹回到原长度的 $1/16$ 再钉住这些段的自由端, 并重复上面的过程, 最终结果是一个自相似级联性群集形尘埃, 它有 $r = 1/16$ 及 $N = 16$, 因此 $D = 1$.

这种构造相当于容许我们对生成器的一侧作标记, 使它在科赫构造的下一阶段被去掉. 这个过程在本书中被称为从属运算. 我们保留的各点, 是时间属于分维数 $\log 16/ \log 64 = 4/6$ 的子集时科赫运动的位置. 事实上, $(4/6) \times (3/2) = 1$ 是本书中讨论的维数乘法规则的特例. 注意本图版中所有的点在内部由一条科赫曲线 (其生成器是个子集) 排序. 此外, 容易导出在相继钉死点之间回跳距离的频率分布. 粗略地说, 大于等于 u 的距离的数目正比于 $u^{-D}, D = 1$, 图版 312 以不同方式应用了同样的频率分布. ∎

图版 310 之后的图版 312　⚓ 曼德勃罗特早期模型群集 (维数为 $D = 1.2600$),
**　　　　　　　　　　　　　　　莱维飞行及其中继站**

粗略地说, 莱维飞行是被中继站分隔开来的一个飞跃序列. 本章只对中继站有直接兴趣, 但飞跃是这种构造的必要部分.

因此, 这些图版上部的 (白底黑线) 图包括实际飞行时形成的 "凝结尾流", 作为运动轨迹的一部分. 三维空间中的轨迹由它在两个相互垂直平面 (可以想象为打开一半的书) 上的投影来表示.

转向下部的 (黑底白点) 图, 我们抹去了代表飞跃的区间, 这样就得到了一张照相底片, 每个中继站是一颗星、一个星系, 或者更一般地, 是一团物质.

更确切地说, 白底黑线图上部的直线区间具有下列特征. 它们在空间的方向是随机且各向同性的 (即平行于从空间原点到在球面上随机选取的一点连线的向量). 不同的区间在统计上是独立的, 其长度服从概率分布 $\Pr(U > u) = u^{-D}$, 除开当 $u < 1$ 时 $P(U > u) = 1$. 值 $D = 1.2600$ 接近于对真实星系所找到的 $D \sim 1.23$.

绝大多数区间小到看不见. 事实上, 我们在平面上布置均匀网格, 并对包含有一个或多个中继站的细胞作出标记. 换句话说, 每个点代表了一整个微群集.

此外, 不管 D 如何, 微群集本身都是成群的. 它们显示出如此清晰的级联层次, 以致难以相信, 这个模型并未涉及显式的级联, 而只是嵌入了自相似性.

作为详细说明, 让我们指出, 所有这些图版都表示了向前与向后两种不同飞跃的开始, 并且这些飞行只不过是同一过程的两个统计独立的样品. 很清楚, 如果把原点移至某个另外的中继站, 这两个一半仍将是独立的. 因此, 每一个中继站都有完全相同的理由自称为世界中心. 这个特点是我在本书中提出的条件宇宙学原理的本质.

现在的方法并未声称考虑了星系生成的真实方式, 但它回到了我的论题, 即条件宇宙学原理与表面上的多层次群集化是兼容的. 多种这样的配置都可能出现, 即使未曾插入任何东西 "进行测量". ∎

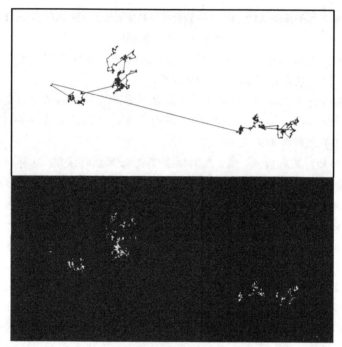

$D = 1.2600$

$D = 1.2600$

图版 313 ✠ 通过从属运算使 D 减少,
使莱维群集越来越相互分离

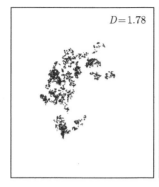

一个平面莱维尘埃的群集程度, 取决于它的维数 D. 这里, 该效应通过对 $D = 2$ 的平面布朗轨迹的处理来说明. 应用了相继的线性莱维从属运算, 其中每一个都由其前一个决定. 自始至终有 $D_{从属物} = 2^{-1/6} = 0.89$, 因此从属尘埃的维数是 $1.78 (=2\times0.89)$, 1.59, 1.41, 1.26, 1.12, 1 和 0.89.

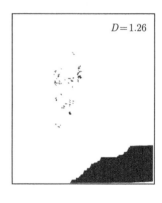

靠近大多数尘埃的莱维阶梯显示出时间上如何 "十里抽一" 而从 $D = 1.78$ 生成这个尘埃. 被从属物的一个 "幽灵", 即一条连续的布朗轨迹, 当 D 接近 2 时显然能被感觉到: 而当 D 减少时越来越微弱 (见第 35 章). 群集化的增加, 并非由于全部点都集中在其中几个的附近, 而是由于大多数点的消失, 导致表观级联层次数目的增加. ∎

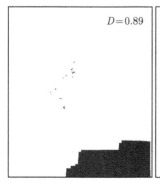
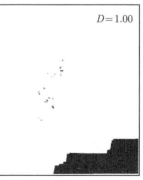

图版 314 ✠ 放大 $D = 1.2600$ 的莱维尘埃

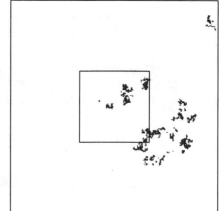

左上第一幅图表示莱维运动的 12500000 个位置的一个群集, 如像通过很远处宇宙飞船上一个正方窗口所见的那样. 在每个视图与顺时针方向的下一个视图之间, 从宇宙飞船到群集中心的距离和视野尺寸要除以 $b = 3$. 由窗口看到的结构的细节有所变化, 但在主要方面保持不变. 这是可以预期的, 因为这个点集是自相似的. ∎

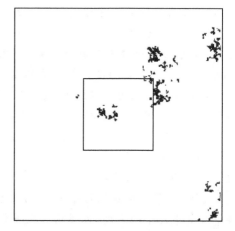

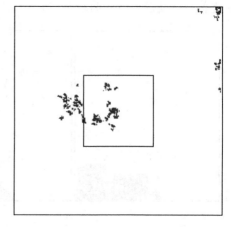

图版 315 ✲ $D = 1.300$ 莱维尘埃的环行

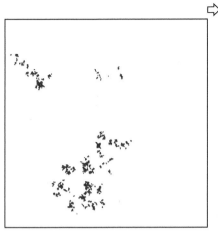

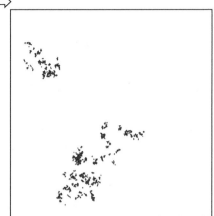

　　由一个平面中莱维飞行的位置
生成的群集的形状, 极大地依赖于取
样, 意思是若在保持维数相同的条件
下, 我们必须预期得到许多种不同的
形状.

　　若从多个不同的方向进行观察,
即对现在的"连环画"由本图版的顶
部顺时针方向一张张看下去, 同样的
结论对小空间上分离的莱维群集也
成立.

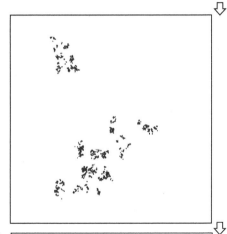

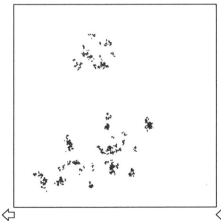

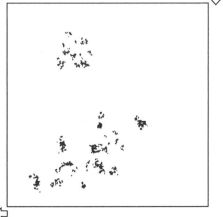

第 33 章　圆盘形与球形孔洞：月球火山口与星系

通过区间形随机孔洞, 把线性莱维尘埃作为孔洞分形引入后 (第 31 章), 我们迅速在第 32 章中转移了目标: 通过从属运算过程把该尘埃推广到平面与空间. 在本章与下一章, 直接推广到随机孔洞.

在本章中, 平面和空间的孔洞是圆盘和球, 因此, 这种推广直接与月球火山口与陨星的形状有关. 但是, 空间孔洞的最重要应用与之不同, 而且不太明显. 当 D 接近于 1 时, 孔洞分形就是个尘埃, 因此, 它可以在星团建模中代替莱维飞行中继站. 与随机行走模型相比, 它的主要新意在于, 星系在这里不是沿着一条轨迹排列的. 因此增加了直观的逼真感, 但失去了计算的方便性, 并最终提高了拟合质量; 预测的协方差性质甚至更接近于经验数据. 第 35 章中的非球形孔洞进一步改进了拟合.

平面与空间孔洞

作为随机与交叠孔洞的基础, 用虚拟孔洞的语言来重述第 13 与 14 章中网格上的平面凝乳. 第一个级联阶段是标识 b^2 个正方形中的 N 个, 并把它们保持为凝乳. 或者说, 第一阶段是去掉 $b^2 - N$ 个正方形孔洞. 下一阶段是去掉 $b^2(b^2 - N)$ 个二阶正方形孔洞, 其中包括 $N(b^2 - N)$ 个真实的新孔洞及 $(b^2 - N)^2$ 个 "虚拟" 孔洞: 它们再次删除了在第一阶段已经删除了的一些东西. 以此类推.

计数真实的与虚拟的孔洞, 我们发现面积超过 s 的孔洞数正比于 $1/s$. 与三维空间中的凝乳化有关的相应结果是, 体积超过 v 的孔洞的数目正比于 $1/v$.

类似地, 本章及第 35 章的大部分内容涉及以下情形: 集中于边长为 dx 与 dy, 或为 dx, dy 与 dz 的单元体内的独立孔洞数目, 是一个泊松随机变量, 它的期望值是

$$\langle \mathrm{Nr}(\text{面积} > a) \rangle = (C/2a)\, dxdy,$$

$$\langle \mathrm{Nr}(\text{体积} > v) \rangle = (C/3v)\, dxdydz.$$

在 $\mathbb{R}^E$ 中相应的期望值是

$$(C/Ev)\, dx_1 \cdots dx_E.$$

得到的孔洞集的分形性质就像在第 31 章中所处理的线性情形中的一样简单, 当 $C < 1$ 时, 这些性质可从线性情形的性质导出, 而本书的前一版猜测这对一切 C 都成立, 这在 (El Hélou, 1978) 中得到了确认.

当 $C > E$ 时，孔洞集几乎必定是空的．当 $C < E$ 时，它是一个维数为 $D = E - C$ 的分形．

对于孔洞分形的拓扑学，一般原则表明，$D < 1$ 的孔洞集是 $D_T = 0$ 的尘埃．另一方面，当 $D > 1$ 时，一般原则不敷应用，其拓扑由孔洞的形状来决定．这里在另一个分形语境中出现了逾渗问题．

月球火山口与圆盘孔洞

我们从一个枝节问题开始：未被覆盖的月球火山口集合的几何性质，它提供了一个较为容易的二维情形的预演，而且它也是有趣的．希腊词 κρατηρ 指一个碗或饮水的容器．几乎所有的地球火山口都起源于火山运动，但是一般都认为，在地球的卫星月球、火星、木星的卫星木卫四与其他行星及其卫星上观察到的火山口绝大多数因陨星的碰撞而产生．

陨星越大，因其碰撞而产生的火山口就越大越深．此外，由于后来的重陨星碰撞造成的大火山口，可能抹去了以前形成的小火山口，而由于后来的轻陨星碰撞造成的小火山口，可能在老的大火山口边缘上造成凹痕．至于其大小，存在确凿的经验证据：在陨星碰撞的瞬时，火山口的面积服从双曲型分布：面积超过 $s \, \mathrm{km}^2$ 且其中心在 $1 \, \mathrm{km}^2$ 正方形内的火山口数目，可以记为 $C/s, C$ 是常数．这一证据在 (Marcus, 1964; Arthur, 1954; Hartmann, 1977) 中有所讨论．

为了简化论证 (但不改变主要结果)，我们把月球表面近似为平面，月球火山口近似为圆盘形孔洞．如果月球从统计不变的环境中陆续不断地汲取陨星，则其表面上的每一点显然都会被反复覆盖．然而也有可能，火山口经常被例如火山熔岩抹得如此干净，在这种情况下，在给定时刻未被覆盖的孔洞点集可能是非平凡的．或者，太阳系也可能是以这种形式演进的，我们的月球仅仅在有限时间周期里受到撞击．参数 C 可以度量，或者是自从火山口上一次磨损以来的时间，或者是撞击的总延续时间．

为了估计对孔洞分形形状的影响，让我们保持种子不变但变化 C．当 C 从 0 增加到 2 时，月球表面渐增地趋近饱和，上节所述的结果表明，对 $C \geqslant 2, D$ 减少直到 0．孔洞分形对 D 的依赖性示于图版 321 至 322．

阿彭策尔乳酪与埃门泰尔乳酪．当 C 非常小时，瑞士乳酪的其他爱好者们可以与我一起想象，我们与之打交道的形状类似于一片乳酪，其上几乎完全布满了非常小的针孔．这是对阿彭策尔乳酪构造的随心所欲的外推．当 C 增加时，我们逐步转向具有很大重叠孔的埃门泰尔乳酪的随心所欲的外推．

(于是，英国的摇篮曲中所说月球是绿色乳酪做成被证明是正确的，除了颜色以外．)

拓扑学. 临界的 D. 上面两种乳酪推断都必须被称为 "随心所欲的", 因为孔洞分形 "乳酪片" 没有面积. 我作如下猜想: 只要 C 足够小, 孔洞分形便是一个 σ-丛, 每个接触丛都是相连纤维的网, 且具有拓扑维数 $D_T = 1$. 当 D 到达某个临界维数 D_{crit} 时, D 的值降为 0, 而 σ-网塌陷为尘埃.

下一个临界维数是 $D = 0$. 当 $C > 2$ 时, 月球表面是超饱和的, 每一个点几乎肯定被至少一个火山口覆盖. 特别是, 如果月球表面从未被抹干净而且继续无穷无尽地汲取陨星.

非标度的火山口. 与地球的卫星月球不同, 某些行星的火山口密度由 $Ws^{-\gamma}$, $\gamma \neq 1$ 表征. 这些火山口引起的问题, 在本章的附录中处理.

星系与星系际的空白通过球形孔洞生成

如同月球的孔洞有一个像火山口那样被独立地认可的实体, 具有标度分布的球状孔洞开始作为同样几何手段对空间的自然推广. 我想它们有可能替代第 32 章的星系模型. 于是, 我假设组合了许多孔洞的星系空白是存在的, 而且可以扩张到非常大的尺寸, 由此产生的模型拟合得很好, 令人十分惊喜, 并且要求进一步的理论 (第 35 章) 和试验.

协方差. 因为统计学家和数学家相信相关性及谱, 作为星系团模型的孔洞分形的第一个试验依赖于它们的相关性质. 空间两点之间的协方差与我的随机行走模型中的相同, 确实应该如此, 因为后者与数据拟合得很好. 在空间的两个方向之间的协方差同样如此. 在三和四个方向之间预测的协方差, 比随机行走模型的预测值拟合得更佳, 但这种改进是技术性的, 在别处讨论更好. 基本上, 一旦 D 已知, 各种不同模型给出的相关性相同.

现在再回想一下, 包括布朗分形或分数幂布朗分形的高斯现象完全由协方差性质所表征. 若它们是标度的, 它们完全由 D 所表征. 考虑到高斯现象对统计学家思想的影响, 人们可能试图止步于协方差. 但是, 分形尘埃不是高斯现象, 它的 D 不足以确定关于它的许多重要事实.

临界维数. 比相关性更基本的是孔洞分形是否有正确的拓扑的问题. 为了校核, 最好与前节中一样, 保持种子不变而让 C 从 0 增加到 3. 只要 C 是小的, 那么 $D_T = 2$, 而我们的分形是由树枝状幕帘构成的. 当 D 跨越某个值 D_{2crit}(称为上临界维数) 时, 该幕帘就撕裂成为 $D = 1$ 的丝. 而当 D 跨越一个较小的值 D_{crit}(称为下界维数) 时, 丝又破裂成为 $D_T = 0$ 的尘埃. 因为星团建模需要尘埃, 验证 D_{crit} 超过观察到的 $D \sim 1.23$ 是十分重要的. 我的计算机模拟确认了这个不等式.

逾渗. 因为期望对世界不比所需要的更复杂, 我相信 $D > D_{\text{crit}}$ 是在第 13 章所述意义下, 孔洞分形出现逾渗的充要条件.

陨星

撞击地球的陨星的质量分布已被仔细研究过, 例如在 (Hawkins, 1964) 中. 中等大小的陨星由石块组成, 在 $1\ \mathrm{km}^3$ 的空间中包含约 $P(v) = 10^{-25}/v$ 个体积超过 $v\ \mathrm{km}^3$ 的陨星.

这个论断通常用下列非常复杂的单位作不同的表达. 每年落在每平方千米地球表面上的质量超过 m 克的陨星个数平均为 $0.186/m$, 它们的平均密度是 $3.4g/\mathrm{cm}^3$. 采用更加容易理解的单位, 这个关系可以简化为: 体积超过 $v\ \mathrm{km}^3$ 的陨星个数是 $5.4 \times 10^{-17}/v$. 此外, 地球每 10^{-9} 年 (这是地球绕太阳轨道以 km 为单位的数量级的倒数) 移动约 1 km. 因此, 用容易理解的单位并保持其数量级, 则 5.4 成为 10. 我们得到, 当地球在空间移动 1 km 时, 落在每平方千米地球表面上体积超过 $v\ \mathrm{km}^3$ 的陨星个数是 $10^{-25}/v$. 假设当地球扫过空间时, 与地球撞击的陨星是空间陨星分布的典型样本, 我们就得到了已经断言的结果.

这个 $10^{-25}/v$ 定律在形式上与月球火山口的 C/s 定律等同, 但有一个不同点: 火山口能够重叠, 而陨星却不能.

然而, 有趣的是看看在下述条件下什么将会发生: $P(v) = 10^{-25}/v$ 对 $v = 0$ 成立且陨星是可以重叠的 (随心所欲的想法). 加上无害的假设: 陨星是球形的且孔洞集合可以直接研究 (无须 (El Hélou, 1978) 中的结果). 随机投向空间中直线对陨星所作的截段是直线上的孔洞, 而且可以证明, 中心在 1 km 以内, 长度超过 u km 的这种区间的数目是 $C'10^{-25}/u$. (C' 是数量级为 1 的数值因子, 在这里是不重要的). 因此, 第 32 章的结果表明, 孔洞集合被直线所作线性截段的维数是 $1 - 10^{-25}$. 由线性截段回到完全形状时要加上 2, 我们得到 $3 - D = 10^{-25}$.

这个结果是无意义的, 尤其是它意味着陨星几乎充满整个空间, 即使已经容许了重叠. 尽管如此, 余维数 $3 - D = 10^{-25}$ 却值得一提. 作为一阶近似, 让我们假设关系式 $10^{-25}/v$ 直到一个正界限 $\eta > 0$ 成立, 而且不存在更小尺寸的陨星. 我们概述过的论据断言, 如果我们真的可以到达极限 $\eta \to 0$, 陨星以外的全部点集将收敛到一个维数为 $D = 3 - 10^{-25}$ 的孔洞集. 幸运的是, 这个极限集合可以如此非常缓慢地到达, 以至于在可观察的范围内容许陨星重叠不会引起问题. 不幸的是, D 值没有无论什么样的实际重要性.

附录：无标度的火山口

为了当前的目的, 月球火山口的分布最好写成 $\Pr(A > a) = Fa^{-\gamma}, \gamma = 1$. 同样的 γ 看起来对火星也是成立的. 但对木星的卫星得到了不同的 γ 值 (Soderblom, 1980). 类似地, 对小体积陨星 $\gamma < 1$, 由此产生的孔洞集是非标度的.

$\gamma > 1$ **的情形**. 在第一种非标度情形, 无论 W 值如何, 行星表面上的任意给定点几乎必定落入无数的火山口中. 其表面纹理主要由小火山口控制. 木星的卫星木卫 4 就有这种纹理, 而且的确是以 $\gamma > 1$ 为其特征的. 在写作本书第一版时, 航海者号飞船尚未启航, $\gamma > 1$ 只是一种理论上的可能性.

$\gamma < 1$ 与火山口面积有界的情形. 把这个界限记为 1, 则一个点留在所有火山口以外的概率是正的 ◁ 因为积分 $\displaystyle\int_0^1 \Pr(A > a)\,\mathrm{d}a$ 收敛 ▶, 但它当 W 增加时减少, 产生的麻点状表面 (甚至超过标度的情形) 类同于一片瑞士乳酪. γ 值越大, 小孔的数目就越小, 产生的乳酪片就越厚. 然而, 不管 γ 值任何, 薄片具有正的面积, 因此这是一个 (非自相似的) 二维集合. 另一方面, 我毫不怀疑它的拓扑维数是 1, 这就意味着它是一个分形.

在空间 (陨星) 中, 这个孔洞分形的维数是 $D = 3$ 及 $D_T = 2$.

图版 321 ✤ **白色小圆孔洞及瑞士乳酪随机薄片**

(维数为 $D = 1.9900$ 和 $D = 1.9000$)

　　这些孔洞是白色的圆盘. 它们的中心在平面上随机分布. 对 ρ 阶圆盘, 面积是 $K(2 - D)/\rho$. 适当选择维数常数来拟合正文中描述的孔洞模型. 图版 321 上部显示了一种阿彭策尔乳酪, 其中黑色部分的维数为 $D = 1.9900$, 而图版 321 下部是一种埃门泰尔乳酪, 其黑色部分的维数是 $D = 1.9000$. ∎

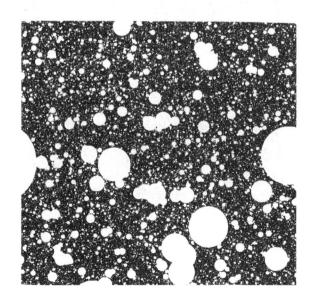

图版 322 ✠ 黑色大圆孔洞及随机分叉丝状物 (维数为 $D = 1.7500$ 和 $D = 1.5000$)

构造按照图版 321, 但孔洞较大, 故几乎没有什么东西被遗漏, 它们用黑色表示, D 是剩余的白色分形的维数.

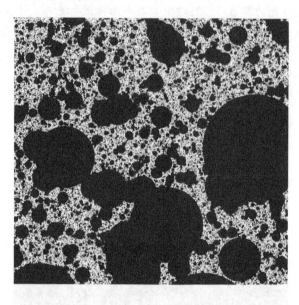

第 34 章　纹理：间隙与腔隙；卷云与细孔

纹理是一个难以理解的概念．数学家和科学家们都想回避它，因为他们对它捉摸不透．工程师和艺术家们无法回避这个概念，但大多数情况下都未能掌握得使自己满意．然而，有许多迹象表明，纹理的一些个别方面正在被定量地掌握．

事实上，大部分分形几何可以认为就是对纹理的一种隐含研究．在本章和下一章里，两个特定的方面将被显性地研究，而且着重于星团．对纹理的评论可能分散在较早的始于第 8 和 9 章的一些章节之间，但是看来把我对纹理的评论收集在一起更好些 (这是以中断对孔洞的讨论为代价的!)．

如同反复说明过的，寻找星团模型的工作是分阶段进行的．第 32 和 33 章所描述的较早的一些，是寻找想要的 D，但保留条件性宇宙学原理．后来的一些也拟合纹理，在第 35 章里描述．

本章的几段引论性小节给出了关于星系的基本观察结果，它使我得以区分纹理的两种类型，称它们为腔隙 (*lacunarity*) 和细孔 (*succolarity*)．*lacuna* (与湖泊相关) 是间隙的拉丁文，故称一个分形为腔隙，如果它的间隙趋于很大，意味着它包含了大的区间 (圆盘或球)．而一个细孔分形"几乎"包含了容许逾渗的所有纤维：因为 *percolare* 在拉丁文中意味着"流遍"(第 13 章)，而细孔 (*sub-colare*) 似乎是"几乎流遍"的恰当的新拉丁词．

本章的其余部分引进了腔隙的几个尺度，而细孔的尺度超出了现在的初步讨论的范围．

第 35 章进而说明，腔隙和细孔如何都可以通过孔洞而得到控制．

到现在为止，在度量分形中起主要作用的是拓扑维数和分维数．第 14 章是个例外 (并无跟进)，因为树枝状的阶次对分享同样 D_T 值及 D 值的分形注入了细致的差别．我们遇到过许多不同的表达式，其形式为

$$前乘因子 \times (量)^{指数},$$

但迄今为止只考虑了指数．对纹理的研究迫使我们把注意力扩展到前乘因子．因为它永远不能被略去，无论是大自然 (科学) 还是人类的思想 (数学) 都不是简单的，对此我们不会感到惊讶!

星系的 "卷状云" 纤维

1974 年在巴黎, 一个神秘的经验性发现引起了我的注意. 这是在我对第 32 章所描述的模型作第一次讲课以后. 我的唯一目的已经达到, 即想要的分形的 D 值 (实际上, 我还没有创造出分形这个术语). 但是在讨论时, 一位我不认识的天文学家指出, 存在着一个进一步的, 未被期望的, 似乎为真的元素: 在我的模型产生的样本上, 各点似乎常常沿着几乎笔直的线落下, 且更一般地, 似乎分散于沿着狭窄的 "近乎小溪" 或 "近乎纤维". 这位我不认识的天文学家告诉我, 星系甚至以更为清晰的形式共享这种性质, 而且观察到的星系的 "近乎小溪" 更加细分为 "近乎许多细微小溪". 这位天文学家强调指出, 小溪是非常不佳的术语, 与所讨论的构造并无关联.

为了避免术语引起的混淆, 我想起了被气象学家称为卷状云的薄膜状羊毛般云状物, 并把具有卷状云结构的星系归入资料档案, 改进模型使得卷状更加明显是想要的.

实际的参考文献来得很迟: 通布 (Tombaugh) 于 1937 年就已在英仙座超星系已观察到了 "卷状云", 而德瓦格鲁尔斯 (de Vaucouleurs) 于 1950 年在当地和南方超星系证实了它们. 进一步的确认来自 (Peterson, 1974)(茨维基 [Zwicky] 目录), (Joēveer, Einasto & Tago, 1978), 以及 (Soneira & Peeles, 1978)(利克 [Lick] 天文台舒姆 [Shane] 和惠特曼 [Wirtanen] 目录; 见 (Peebles, 1980).

卷状云分形

显然, 卷状云形式的结构有可能, 但并非一定可以在非随机分形尘埃中找到. 在第 9 章的傅尼埃模型中没有这种结构, 那里集聚了 "块". 与此相反, 不使用蛮力断开第 14 章的谢尔平斯基地毯生成器, 就创建了卷状云. 因为所导致分形的维数原则上能取任意值, 我们已经指出了一个重点, 即卷状云不是一个维数的问题. 尽管如此, 专门植入的非随机卷状云太不自然而不能引起人们的注意.

这就是为什么值得注意的是, 一个并非故意, 但毫无疑问的卷状云结构应该在 D 足够接近于 2 的随机模型中出现.

这使得我仔细地检视其他的随机分形族, 尤其是在第 28 章的图版及彩图版九中可以观察到直接且有趣的构造配置, 其中似乎由许多岛屿合并而成的群岛, 相比于块状的常常更多是环形的.

在 "几乎" 逾渗的分形里期望有卷状云

图版 322 显示了一个明显的卷状云结构, 它出现在第 33 章中通过移除随机圆盘状孔洞而构造的分形结构中. 只要其维数接近于 (但 "稍低于") 临界逾渗维

数 D_{crit} 就足够了. 在这种情况下出现卷状云结构的原因是显然的. 当我们审视一系列分形 (其中每一个都嵌入在前一个中) 时, 设 D 减少并通过 D_{crit}. 我们知道, 拓扑维不连续地从 1 下降到 0, 但这个不连续性是例外的: 形状的大多数方面是连续地变化的. 例如, 以半径为 ρ 的球来代替每个点所得到的焦点失调的画面是连续的. 这种焦点失调的画面是流线型的, 不仅当 $D > D_{\text{crit}}$ 时, 当 $D > D_{\text{crit}}$ 为小正数时也是如此.

注意到 D_{crit} 也可以说成是为第 32 章的分形定义的, 但是它的值是退化的, 为 $\max D = 2$.

被观察到的星系腔隙

在聚集大多数星系分布模型的壁橱里, 第二个骨架正嘎嘎作响. 为了避免其他人不公正 (即使是事出有因) 的批评, 考虑我自己的两个早期模型之一, 它在第 32 和 33 章里分析过. 当 D 与实验值 ($D \sim 1.23$) 符合时, 在我的图中显示的空间有限部分, 粗看一眼是合理的. 但全天空图像是完全错误的. 它们的间隙包含了巨大的区域 (天空的十分之一, 或更大), 这个区域在任意规定的距离以内完全没有星系. 与这种荒凉相反, 实际的星图 (例如加工过的利克天文台星图 (Peebles, 1980)) 除了在很细微的尺度下, 看来是十分均匀的或是各向同性的. 我说天空具有低的腔隙, 而模型具有高的腔隙.

明显的宇宙学含义. 大约在 1970 年, 这最后一种情形导致我去错误地解释天空的容貌, 这是因为 D 值比 (de Vaucouleurs, 1970) 中建议的值 $D \sim 1.2$ 大得多. 至于宇宙论学者们, 我们知道他们倾心于一个均匀的宇宙, 期望对 $D = 3$ 的均匀性在超过外界限以上很小处占优势. 他们可能会急于解释上面的分歧以支持这样的想法: 具有 $D \sim 1.23$(更一般地, $D < 3$) 的分形仅适合于描述宇宙的一个小区域.

腔隙是一个不同于 D 的参数. 事实上, 我正要说明, 当修改觉察到的腔隙时, 常常有可能保持分形的 D 不变. 其基本想法示于图版 331, 那里的两个 D 值相同的谢尔平斯基地毯的外表非常不同. 左边的一个间隙较大, 无论在直观上还是按照我将提出的度量, 都有更多腔隙.

宇宙学含义. 习惯上的推论, 即觉察到的低腔隙度意味着一个 "小的" 外界限 Ω, 也许是过于急促了. 魔鬼的倡导者准备这样争论: 支持 $D \sim 1.23$ 的小尺度证据, 以及支持接近各向同性的大尺度证据, 与恰当设计的其中 $\Omega = \infty$ 的分形模型是不相容的. 要赢得这个争论, 无须证明 $\Omega \leqslant \infty$ 是错误的, 而只要说明确定 Ω 需要附加的注意事项及数据即可.

湍流的腔隙

外界限 Ω 是小还是大的问题, 也影响到湍流的研究. 就像在第 10 章中提到的, (Richardson, 1926) 声称, Ω 在大气中是特别大的, 而大多数气象学家都认为它是小的. 因此前节的大多数评论都把它们看作湍流的相似物.

对 $\Omega = \infty$ 几乎没有支持者, 这个问题对星系要比对湍流更敏感, 且在后文中讨论更佳.

一个康托尔尘埃的腔隙

腔隙的概念 (与细孔的概念相反) 在直线上有意义, 因此, 前几节的大多数要求对线性尘埃都很容易满足. 我们回想起从第 8 章起, 一个在 $[0, 1]$ 上的康托尔尘埃 $\mathcal{C}$, 可以用许多不同的方法到达 0 与 1 之间 (除去边界) 任何给定的 D, 而且这些结果不必相似.

即使 $\mathcal{C}$ 按照规定的数 N 分解为相等的各段, 情况仍然如此. 事实上, D 与 N 确定了各段的公共长度 $r = N^{-1/D}$, 而不是各段在 $[0, 1]$ 内的位置. 因此, 同样的 D 和 N 值 (因此 r 值) 与显然不同的各段的分布是相容的.

在一个极端, 我们可以把这些分段分别地集中到接近 0 与接近 1 的两块. 这将在中间留出一个大的间隙, 它的相对长度 $1 - \mathrm{N}r = 1 - N^{1-1/D}$ 非常接近于 1. 一个例子见于图版 331 左边的谢尔平斯基垫片水平线当中的区域. 在本质上, 若在 0 与 1 之间的无论何处放置一个单独的大块, 都可达到同样的效果.

在其他极端情形, 我们可用具有相同长度 $(1 - \mathrm{N}r)/(N - 1)$ 的 $N - 1$ 个间隙来分隔 N 段, 一个例子见图版 331 的谢尔平斯基垫片水平中间区域. 若凝乳化是随机的, 如同在第 23 章中, 间隙就接近于相同的长度.

当 $N \gg 1$ 时, 第一种极端情形构造的结果看起来就像几个点, 从而模拟了维数 $D = 0$; 而第二种极端构造的结果看上去像一个 “充满” 的区间, 因此模拟了维数 $D = 1$. 当然, 只要对 $N - 1$ 个间隙选一个合适的区间集, 区间的相对长度总加起来为 $1 - \mathrm{N}r$, 我们可以模仿 0 与 1 之间任何的 D.

两种极端情形的差别随着 $N, 1/r$ 与 b 的增加而增加. 从一个具有大的 N 但极小腔隙分形的外貌很难猜测分形的维数. 然而对小的 N 是很清楚的. 因此, 只是通过观察分形来猜测 D 的做法具有局限性. 这种做法并非无意义的 (我们在前几章里对之的应用是正确的), 但对于星系它是误导的.

◁ 这个问题可以用不可避免地 “放逐” 到第 39 章中的一个专题来澄清. 对一个非腔隙分形的检视揭示了它的相似性维数, 我们将看到它是 1, 而不是它的豪斯多夫维数. 在这种情况下, 两个维数是不同的, 而后者更好地体现了分维数. ▶

对 $N \gg 1$ 及 $D > 1$ 的间隙与卷状云之比较

当 $N \gg 1$ 及 $D > 1$ 时, 对生成器的合理选择可以产生下列四种后果之一: 腔隙或者是高或者是低, 卷状云不是任意地接近于逾渗就是没有, 因此, 纹理的两个方面在原则上是相互独立地变化的.

备选的腔隙度量

自从我开始考察腔隙以后的短时间里, 几个不同的处理方法被证明是值得注意的. 遗憾的是, 我们不能指望产生的备选度量是互相单调的函数. 它们是被选来概括一条曲线形状的实数, 因此它们包含有 "平均人" 及 "或然性变量的典型值" 的意思. 这个事实很糟糕, 但无法改变 (尽管许多统计学家们愿意为了维护他们的主张而冒险去做一切), 即典型值是固有的不确定性.

间隙分布的前乘因子

人们试图用最大间隙的相对长度来度量一个康托尔尘埃的腔隙度. 或者, 在如图版 331 中那样的平面形状, 腔隙趋于与孔洞周长及其面积的平方根之比成反比. 但是从间隙大小的分布可以导出一个更有希望的度量.

由第 8 章可知, 一个康托尔尘埃的间隙长度满足 $\mathrm{Nr}(U > u) \propto Fu^{-D}$. 在此意义上, $\log \mathrm{Nr}(U > u)$ 被看作 $\log u$ 的函数, 它具有规则的阶梯状图形. 当前的讨论并未改变上述结果, 但是直到现在还没有重大意义的前乘因子 F, 现在被提到了日程上.

我们必须面对这样一个事实: F 的定义带有任意性. 例如, F 可以取作相对于这样的线, 它或者连接阶梯的左端点或者右端点, 或者它们的中点. 幸运的是, 这种细节是不重要的. 当腔隙增加时, 人们看到任何合理定义的前乘因子都减少. 同样的结果对于与谢尔平斯基地毯和分形泡沫相关的体积或面积标度因子也是成立的. 在所有情况下, 腔隙增加是由于许多间隙都并入单一较大间隙中, 这就使得阶梯图形滑向四点半钟, 比阶梯本身所有的斜率 $-D/E$ 更为陡峭, 这就是引起上面所讲的 F 减小的原因.

这样我们看到, 对于包括康托尔尘埃和谢尔平斯基地毯的广泛然而特殊的分形类, 腔隙可以度量, 它被 F 定义.

但这是一个有效性有限的定义. 当一块地毯中央的大装饰花在它的中心被一块较小地毯遮住时, 这个定义就已经失效. 因此, 我们需要另一个定义, 最好是把 F 用更广泛成立的前乘因子 $M(R) \propto R^D$ 来代替.

腔隙作为与质量前乘因子有关的二阶效应

当一个分形不是递归地 (例如是随机地) 构造时, 就需要腔隙替代品. 本节与下面各节所描述的都是统计平均值, 即使对非随机的康托尔尘埃也是如此.

首先考虑图版 331 中两幅图的水平中间截线生成的康托尔尘埃. 取两个尘埃的总质量均为 1, 考虑长度为 $2R = 2/7$ 的不同子区间中的质量. 在腔隙较多的左图, 质量的变化很大, 在 0 与 1/2 之间. 而在腔隙较少的右图, 质量只是在平均值附近变动少许. 遗憾的是, 质量的精确分布在康托尔尘埃的情形是复杂的, 最好转向完全随机的康托尔尘埃 $\mathcal{D}$ 这种较简单情形.

我们把 $\mathcal{D}$ 与 $[0,1]$ 相交, 记该区间内的期望质量为 $\langle W \rangle$(这种记法的原因随后即将说明). 在 $[0,1]$ 中选取一个小区间 $[t, t+2R]$, 其中的期望质量应该就是 $2R\langle W \rangle$, 但如果我们去掉不感兴趣的无质量的情形, 期望质量增加到 $(2R)^D \langle W \rangle$, 这个值依赖于 D, 不依赖于其他 (这表明我们的尘埃与 $[0,1]$ 相交的概率是 $(2R)^{1-D}$). 换句话说, 质量本身为 $W(2R)^D$, 其中 W 是随机变量: 它有时大有时小, 但不管腔隙如何, 它的平均值总是等于 $\langle W \rangle$.

现在让我们进一步深入研究, 看看 $W/\langle W \rangle - 1$ 的实际值与 0 相差多少. 传统的偏差度量是二阶表达式 $(W/\langle W \rangle - 1)^2$ 的期望值, 记作 $\langle (W/\langle W \rangle - 1)^2 \rangle$. 当直观看去腔隙较低时, 这个二阶腔隙是小的, 而当直观看去腔隙较高时, 它是大的. 因此 $\langle (W/\langle W \rangle - 1)^2 \rangle$ 是定义腔隙的候选者. 其他如 $\langle |W/\langle W \rangle - 1| \rangle$ 也有吸引力, 但是其计算比均方差要困难得多.

综上所述, 我们已经超越了关系式 "质量 $\propto R^D$", 对质量与 R^D 成比例的前乘因子给予了特别关注. 注意到腔隙概念与拓扑结构无关, 但涉及当 D 给定时的比较; 腔隙对相同 D 形状之间比较的可能应用尚未探索过.

腔隙作为与质量前乘因子有关的一阶效应

另一种对腔隙的处理方法涉及 $[t, t+2R]$ 中的质量分布, 它的中点, $t+R$ 被限制为属于 $\mathcal{D}$. 这个条件意味着 $[t, t+2R]$ 与 $\mathcal{D}$ 相交, 但它的逆无须为真: 若 $[t, t+2R]$ 与 $\mathcal{D}$ 相交, 中点 $t+R$ 无须在 $\mathcal{D}$ 中. 我们现在将对 $[t, t+2R]$ 施加的较严格条件有较强的趋势去消除质量远低于平均值的情形, 因此造成期望质量的增加. 换句话说, W 被 W^* 代替以满足 $\langle W^* \rangle > \langle W \rangle$. 且比值 $\langle W^* \rangle / \langle W \rangle$ 对很高的腔隙 $\mathcal{D}$ 是大的, 而对较低的腔隙是小的, 因此我们找到了另一个定义和度量腔隙的备选者: $\langle W^* \rangle / \langle W \rangle$.

交换界限与腔隙

迄今为止讨论腔隙的方法都是内蕴的, 也就是不包含任何外部比较点. 然而我们知道, 许多物理系统涉及有限的外界限 Ω. 这些系统进入腔隙可以有另一途径, 比前述的两种稍欠一般性, 但非常方便.

事实上, 让我们把我们的 Ω = 无穷大分形集合 $\mathcal{D}$ 用一个分形集合 $\mathcal{D}_\Omega$ 来代替, 它在小于 Ω 的尺度上 "拟似 $\mathcal{D}$", 而在大于 Ω 的尺度上更接近于均匀的. Ω 的一个例子是星系的分布从 $D < E = 3$ 变化到 $D = 3$ 时的交换半径. 这种交换迄今为止可以没有精确的定义, 但现在不能没有了. 其想法是: 在 $\mathcal{D}$ 的一点上的一位观察者把 Ω 看作最小块的尺寸, 他必须调查研究以得到对总体的一个合理概念. 对于一个居民来说, 低腔隙世界看起来应该迅速地成为均匀的, 而高腔隙世界看来应该缓慢地成为均匀的.

第一个想法是写出

$$\langle M(R) \rangle = \alpha R^D, \text{对 } R \ll \Omega \text{ 及 } \langle M(R) \rangle = \beta R^E, \text{对 } R \gg \Omega.$$

并且论证交换当 $\alpha R^D = \beta R^E$, 即 $\Omega^{E-D} = \alpha/\beta$ 时出现. 因此

$$\langle M(R) \rangle = \alpha \Omega^{D-E} R^E, \text{对 } R \gg \Omega.$$

一个小变动选出使两个公式有相等导数的点, 从而 $\Omega^{*E-D} = D\alpha/E\beta$. 当腔隙 (例如 α) 增加而 β 与 D 保持不变时, Ω 与 Λ^* 都增加. 两者都是定义和度量腔隙的新的候选者.

改进的平移不变量

一条直线可在其自身滑动的事实被称为它是平移不变的. 与此相反, 第 22 章强调康托尔尘埃有一个明显不受欢迎的性质: 它们不是平移不变的. 例如一个原始三分尘埃 $\mathcal{C}$ 平移 1/3 后甚至不与自身相交. 另一方面, $\mathcal{C}$ 平移 2/3 后有一半 $\mathcal{C}$ 是公共的.

在最大腔隙康托尔尘埃 $N \gg 1$ 的情形, 产生相当可观重叠的容许平移长度只有接近于 1 或接近于 0 的长度. 另一方面, 在最小腔隙的情形, 可容许的平移长度可以是 (近似地)$1/N$ 的任意倍数.

换句话说, 为了应用于康托尔尘埃, 平移不变性必须减弱, 而对低腔隙性可取较少的减弱.

第 22 章的结论是我们能把平移不变性和宇宙学原理推广到分形, 通过使它们随机化以及在 "有条件的" 形式下改造不变量, 这种不变性提供了引进随机分形的主要原因.

从分层到非分层纹理

本章使用的改变谢尔平斯基地毯的细孔以及康托尔尘埃和谢尔平斯基地毯腔隙的过程, 涉及返回非随机和早期随机分形的分层特性. 这种方法是有力的, 不过是人为的. 尤其是, 对形如 r^k 的标度比的限制通过收缩自相似性的范围而获得了腔隙. 对于高的 N(例如 $N = 10^{22}$, 见图版 331 的说明) 及相应地低的 r, 分层就出现并且显著.

这种控制细孔和腔隙的方法显然并不理想. 因此很幸运, 我发现, 通过用下章讨论的更一般形状来代替区间、圆盘和球而把这个方法推广, 我们可以做得更好.

无腔隙分形

一个分形可以没有腔隙, 如在第 39 章开头所说明的. ■

图版 331　⊞ 地毯的腔隙

考虑用以下生成器构造的谢尔平斯基地毯.

两个生成器都满足 $b = 1/r = 7$ 及 $N = 40$, 因此 $D \sim 1.8957$. $N = 40$ 的事实也许并非显然的, 但检视了随后几个阶段以后就明白了, 如同以上放大 7 倍以后的图形所示.

很清楚, D 在两种情形相同这个事实并不显然[1]. 这一点因为以下事实而引起混淆: 左边的地毯给人的印象是它一定具有较大的间隙, 也就是有高得多的腔隙 (腔隙 = 孔、间隙). 第 34 章提出另外几个方法来明确表达这种印象.

维数 $D \sim 1.8957$ 引人注目地接近于伯努利逾渗 (第 13 章末) 的维数. 但是这种类同性是误导的, 因为这两种情形的拓扑是非常不同的.

---

[1] 能否对维数相同但看来颇为不同的分形的腔隙进行度量, 是芒德布罗的一个未了心愿, 见译者序 (三) 最末. ——译者注

第 35 章 一般孔洞及纹理的控制

与本书的方法相一致, 第 31 和 33 章通过以区间、圆盘和球为基础的最简单例子介绍了孔洞分形. 这些结果多种多样而令人满意, 但是应用更一般的孔洞会更加丰富多彩.

事实上, (El Hélou, 1978) 证明了一个孔洞分形的维数完全由孔洞长度 (面积或体积) 的分布所确定. 但在第 34 章引进细孔和腔隙以后, D 是分形的唯一数值参数的时期就结束了. 本章要说明这些特征如何受到孔洞形状的影响. 再者, 对范例研究的要求与几何学的资源令人惊讶地十分匹配.

从细孔的观点, 孔洞的形状影响到 D_{crit}, 因此对于给定的 D, 它影响差值 $D - D_{crit}$ 的符号和数值.

从腔隙的观点, 对前几章得到的最简单改进如下所述. 在线性孔洞分形的情形 (第 31 章), 莱维尘埃是腔隙最多的, 而任何较少的腔隙度, 都可以通过取许多区间的并作为孔洞, 最简单且自然地获得. 在直接得到的空间孔洞分形的情形 (第 33 章), 最简单的是取每个孔洞与圆盘或圆球不同. 在从属于布朗运动或分数幂布朗运动的空间孔洞分形的情形 (第 32 章), 最简单的是取一个相当于缺少腔隙的莱维尘埃的分形尘埃为从属运算器.

遗憾的是, 交稿的最后期限快要到了 (这是本书要写的最后一章), 而涉及孔洞分形的论据要作大量加工才适合写入本书. 因此本章注定只能是简略概述.

孔洞生成器: 各向同性

在前面引言性章节中应用的术语孔洞形状涉及孔洞生成器的概念. 当然, 术语生成器已在前几章中用过了. 我们回想起, 康托尔和科赫模型的手杖生成器及谢尔平斯基模型的孔洞生成器既决定了分形的形状, 也决定了它们的 D, 与此相反, 这里的孔洞生成器决定了除 D 以外的一切东西.

非随机孔洞生成器. 这是一个开集, 在这个开集中任选一点作为它的中心, 开集的长度 (或面积或体积) 等于 2(或 π 或 $4\pi/3$). 这些孔洞是重新标度的生成器. 它们的位置及大小是随机的, 分布与第 31 和 33 章里的相同.

例如在 $E = 1$ 的情形, 长度超过 τ 及在长为 Δt 的区间里居中的孔洞数目, 仍然是期望值为 $(E - D_*)\Delta t / \tau$ 的一个泊松随机变量. 对其维数的熟知公式 $D = \max(D_*, 0)$ 见于 (El Hélou, 1978), 在对孔洞生成器的形状略作限制的假设下应用. (关于这些限制性假设是内在的还是证明方法造成的, 值得进一步研究).

生成器的有界性. 因为孔洞结构的哲学目标是从局部的相互影响创建总体结构, 所以很明显, 它包括了孔洞是局部的, 即有界的假设. 但无界的孔洞可能带来有趣的意外. 一个进一步推广的孔洞模型展示于图版 301.

间隙的定义. 间隙不再是孔洞的并, 而是孔洞最大开分量的并.

非随机各向同性. 因为生成器是各向同性的, 我们一定能选到一个原点, 使生成器是以下点的集合, 这些点到原点的距离落在正实线的某个集合中 (通常是指定区间的汇集). 这种各向同性的情况是最简单的, 而且大多数已被彻底研究过.

然而, 非各向同性并未被排斥. 尤其是我们看到, 一个分形尘埃能够做成关于过去或未来是不对称的.

随机孔洞生成器. 这是一个长度 (或面积或体积) 等于 1 的部分或完全的随机集. 对 (El Hélou, 1978) 理论中定理适用性的仔细校核将会受到欢迎.

随机性的最低水平在于能从产生随机集合的过程中挑选到单个样本, 以及把全部孔洞做成与该样本相同 (直至位移和大小). 随机性的第二个层次是增加一个对每个孔洞独立选择的随机转动. 甚至更为一般地, 可以用从产生随机集合的过程中取独立样本的方法得到孔洞. 这些样本集合不需要全部都有同样的体积, 因为当改变大小时体积是不变的. 然后这个改变了大小的样本被转动. 可以想象有不独立的旋转或样本, 但至今我还没有用到它们.

随机各向同性. 在上面第一个选择中, 各向同性要求样本是旋转不变的. 在第二个选择中, 旋转样本必须是均匀分布的. 而在第三个选择中, 只要求过程是旋转不变的.

分层. 前面的定义容许孔洞的长度 (面积、体积) 是分层的, 即局限于形式为 r^k 的值. 但是这会混淆分层的与不分层的一般孔洞形状的不同效果.

通过一般孔洞分形的 D_{crit} 来控制细孔

第 34 章的一节说明, 如果一个分形 "几乎是" 逾渗的, 也就是说, 如果它属于良性定义的 D_{crit} 的族, 而且如果它的 D 低于 D_{crit} "仅仅一点点", 则可以期望有一个卷状云结构. 换句话说, 如果模型包含 D 与 D_{crit} 两者作为参数, 则 D 与卷状云形结构的强度可以相互配合.

在孔洞分形中, 参数是实数 D 及确定孔洞生成器的函数. 让我来证明, D_{crit} 是最后这个泛函参数的一个函数; 它可以任意接近 E, 而如果 $E > 2$, 就可以使 D_{crit} 任意接近 1.

D_{crit} 任意接近 E 的情形. 取任意一枚细针, 或有固定形状及各向同性方位轴的平坦煎饼作为生成器就足够了 (图版 335). 为了在平面 ($E = 2$) 中证明这个论断, 注意到对给定的任意一个 $D < 2$, 孔洞中心、大小和方向可以经由检查生成器

的平坦性来选定. 下一步考虑一个边长为 L 的正方形, 并把诸孔洞再分列为 3 个范围: 面积小于 $\pi L^2/10$ 及超过 $\pi\eta^2$ 的中间范围, 一个高值范围和一个低值范围. 当 D 远超过相对于圆盘状孔洞的 D_{crit}, 以及孔洞只是压平的圆盘时, 状况就如同在第 33 章中那样: 中间范围的孔洞大多数由被高度连通集合围绕的离散小孔形成. 但是如果孔洞几乎压扁成为直线, 那么它们几乎肯定会把我们的正方形切割成不连通的小多边形. 在低值范围中压扁孔洞的附加效果只是进一步切割这些小边形. 加入高值范围中的孔洞可以抹去我们的正方形, 或者把它分解为小片, 或者不予触动. 当它不被触动时, 它不能再逾渗. 换句话说, 我证明了压扁孔洞能迫使 D_{crit} 大于任何规定的 $D < 2$.

对 $E > 2$ 的推广是显然的.

对 $E \geqslant 2$ 有同样的效果, 也能推广到 $E = 1$, 只要取孔洞生成器为包含在一个半径远大于 1 的球面与一个恰当地较小的球面之间的区域.

D_{crit} **任意接近 1 的情形**. 一个试探性的论据是: 当 $E \geqslant 3$ 及孔洞几乎是针状时, D_{crit} 将任意接近 1.

通过一般孔洞分形的 L 来控制腔隙

第 34 章的一节说明了孔洞长度分层时如何控制腔隙. 现在让我们把以下事实 (无详情) 记录在册: 通过孔洞生成器可以达到同样的目标. 我们专注于第 34 章末提到的腔隙的度量, 它涉及一个外界限 Ω.

事实上, 我们首先再深入一步, 并且通过限制孔洞的线性尺度于 $\epsilon > 0$ 和 $\Lambda < \infty$ 之间而施加双重界限.

容易看出, 任意挑选的一点继续有概率 $(\epsilon/\Lambda)^{E-D}$ 属于截断孔洞分形. 下一步, 以密度 ϵ^{D-E} 在这个点集上散布质量. 我们发现第 34 章的前乘因子 $\beta = \alpha\Omega^{D-E}$ 成为 Λ^{D-E}. 恰当地实施通向 $\epsilon \to 0$, 该表达式对 $\epsilon = 0$ 仍然成立, 因此, $\Omega = \Lambda\alpha^{1/(E-D)}$.

(如果 Ω 是通过变化了的定义确定的, $\Omega = \Lambda\alpha^{1/(E-D)}(D/E)^{1/(E-D)}$.)

剩下的是求 α 的值. 我们发现它取决于孔洞生成器的整体形状. 当生成器是一个区间 (圆盘、球) 时, 它最大, 并能取任意小的值. 阈值 Ω 也相应地低.

当孔洞包含在半径为 $\alpha \gg 1$ 和 $\beta \gg 1$ 的两个同心球之间时, 结果非常简单: $\Omega \propto 1/\alpha$.

于是, 有可能对 $\langle M(R) \rangle$ 作安排, 使质量分布的协方差, 任意快地转而具有渐近区域的行为, 意思是, 分离大于 Ω 的两点上的密度实际上成为独立的.

奇怪的是, 通过减少 α 而降低腔隙, 需要通过扩展生成器来完成. 我们更会期望不断地扩展的生成器导致前渐近区域尺寸的增加. 这个事实再次指出 $\langle M(R) \rangle$

的性态, 从而质量分布相对协方差的性态, 只是给出了集合结构的部分视图. $M(R)$ 的高阶矩带有大量的附加信息, 但我们不能在这个问题上多停留了.

从属于布朗轨迹的尘埃中腔隙的控制

　　一旦控制了一个线性尘埃的腔隙, 我们就能够通过第 32 章所确定的从属运算过程, 把这个结果变换到空间. 研究平面中的情形并且应用如图版 256 中那样的一个布朗网作为被从属的, 我们能够得到这样一个尘埃, 它看起来任意地接近于网, 并具有无限阶树枝状分支. 从 $E = 2$ 开始, 设被从属的是一个具有 $H > 1/2$ 的分数幂布朗网, 它的间隙小于 $H = 1/2$. 另外, 若从属运算器的维数满足 $D/H < E = 2$, 且它具有低腔隙, 就能使从属尘埃看起来任意接近于填满平面. 当 $E = 3$ 和 $H = 1/2$ 时, 被从属的是一条填满空间的曲线. 当 $D/H < E$ 以及从属者具有低腔隙时, 可以使从属尘埃以我们想要的任意低的腔隙度填满空间, 不论 D 如何. ■

图版 335　✠ 孔洞生成器对一个孔洞分形的腔隙的影响

　　这两幅图应该就孔洞生成器的形状对腔隙的影响给出一个概念, 虽然两个孔洞生成器都是钻石形的, 一个几乎是正方形, 另一个是一枚尖针. 孤立的小黑色菱形在白色面积中可见.

　　两个结构都包含有同样的参数 D, 并且对最小和最大菱形有同样的面积. 可以说明, 除了统计变异, 白色的剩余部分在这两种情形里有着相同的面积. 然而从图中显然可以看出, 一幅图中的白色剩余部分比另一幅的要扩展得多得多. 我引入的腔隙度量对剩余部分扩展较多者赋予小得多的腔隙系数.

图版 337　✠ **当孔洞是非球形时得到的分形尘埃：八分之一在球形天空中的投影**

由于一个非常令人尴尬的原因, 不仅这并不是我打算包括在这里的插图, 而且我当时也未注意这个图版的精确规格. 事实上, 我们在 1979 年 1 月 1 日前后, 生成了大量 $D \sim 1.23$ 并有腔隙和细孔的程度变化且受控制的分形的图画. 但包含了大量输出的文件被放错了地方 (或丢失了), 只有很少初步资料因存放在带有不恰当标题的文件中, 才得以幸存下来. 由于没有时间恢复这个程序, 我只能展示尚存的那些.

回想起来, 计算从周期模式开始, 其周期是 600^3 个立方点阵. 换句话说, 计算在一个 600^3 点阵上进行, 确定了点阵的相对面以创建一个环面. 孔洞体积的分布被截断. 孔洞被移走, 其原点被移到一个未移动的点, 这个点或者任意选择或者选自高密度区域.

没有画出接近于原点的那些点, 其他点都归入由 $R_1^2 < x^2 + y^2 + z^2 < R_2^2$ 定义的球壳中, 它对应于亮度减少的区域. 每个球壳都被投影到天球上.

目的是要处理可获得的数据, 以便提炼出最多的独立信息. 对于小的 R_2, 我们可以映射整个天空, 但对于大的 R_2, 对原始周期模式的一个周期中超过某个合适的部分就不能处理. 当映射局限于天空的单个八分之一象限内 (例如 $x > 0, y > 0, z > 0$ 的区域) 时, 最外层壳的 R_2 值是最大的. 在球坐标中, 我们可以定义这个八分之一对应于纬度为正 (北半球)、经度在 $-45°$ 至 $45°$ 之间的区域. 在这里所用的哈默投影中, 这个八分之一象限映射在 "哥特式尖顶窗" 上, 如下图.

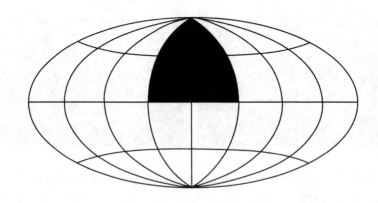

当 R_2 接近 600 时, 在三个顶点的邻域中的数据成为统计依赖的, 底部顶点邻域中的数据最好予以忽略. 以这种方式, 在 $R_2 = 600$ 以上, 接近 $x = z = 0, y = 600$ 及接近 $y = z = 0, x = 600$ 的数据被牺牲以避免周期性引起的统计依赖性.　另一方面, 为了画出正相反的区域 $x < 0, y < 0, z < 0$, 即南半球和经度 θ 满足 $|\theta - 180°| < 45°$, 无须新的计算, 而其输出看起来可以颇为不同而被看作提供了额

外的信息.

在数据加工的最后阶段, 试图消去原始立方点阵的痕迹, 每个点沿着其坐标在 $[0, 1]$ 中均匀分布的向量移动. 不幸的是, 这个过程产生了具有不同黑度的实心灰色区域, 它曲解了作为其基础的分形; 我们看到的是很不均匀的面积的光滑化版本.

在现今的图版中, $R_2 = 600$ 及 $R_1 = R_2/1.5$, 因此, 这些量在宽度为 $2.5 \log_{10}(1.5)^2 \sim 0.88$ 的狭窄区域内.

(Mandelbrot, 1980b) 中的图 7, 显示了另一个分形尘埃 (也未完整标识), 它是通过选择不同的 f 孔洞得到的. ■

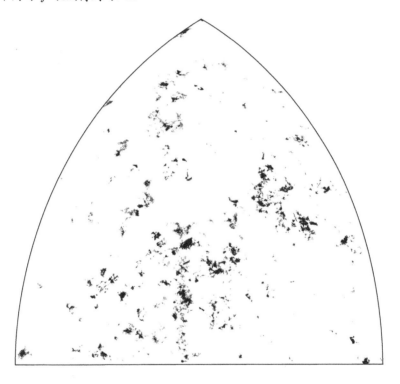

第十一篇
其　　他

第 36 章　统计点阵物理学中的分形逻辑

从分形的观点看来, 物理学中的大部分问题与其他领域中提出的问题并没有什么两样, 因此我们把对物理学的研究分散在本书的各部分, 只有一小部分放在本章讨论.

然而, 有些读者可能从本章开始阅读本书, 因为只有本章的标题中包含了 "物理学" 一词. 我要鼓励这些读者看一眼索引, 但首先我要提醒他们注意, 下列在物理学中广泛研究的情形并没有写在各章的标题中.

第 13 章和第 14 章包含对逾渗的研究.

第 18 章中的阿波罗尼奥斯 "肥皂泡" 是一种近晶型液晶.

纹理 (第 34 章和第 35 章) 在不远的将来必定会找到许多物理中的新应用.

最后, 有一些参考文献值得注意. 术语 "分形衍射 (diffractals)" 是 (Berry, 1979) 中创造的, 它或者表示被分形曲面反射的波, 或者表示被一片透明材料 (它具有像分形那样湍动的折射指数) 所折射的波. 分形衍射是一种新的波动体制, 在其中探索长度更精细的结构, 对之几何光学决不能应用. 贝里明确地计算了它们的一些性质.

(Berry, 1978) 计算了分形鼓 (其边界是一个分形共振器) 的模态分布.

关于两类收敛性

现在进入本章的目标. 由于前面的诸论题分散于各处, 一个非常重要的问题要么被忽略了, 要么在遇到时被掩盖起来了. 在物理学的许多领域, 构造数学分形的一个基本步骤在原则上是不可能的.

作为一个前奏, 让我们再次回想起, 本书的大部分着眼于那些涉及递归内插的分形, 或者就是这样定义的, 或者至少是通过一个事后的显性构造. 每一个构造阶段从标准几何形状开始, 例如一根折线——"奇怪折线", 并进一步对它作内插. 该分形就是这些奇怪折线的极限, 在奇怪折线之间的距离及其极限 (其定义为通常的点之间距离的适当推广) 的意义下趋于 0. 这种极限被数学家们称为 "强的".

与此相反, 出现在统计范围里的其他极限称为 "弱的"(或 "含糊的"). 这两类极限之间的差别, 看起来细如毫发. 但是弱收敛的话题渗透到所有各种情形, 既有老的也有新的, 其中随机分形进入了 "点阵物理学", 后者是当前统计物理学中的通常实践.

这里的讨论要依赖于物理学中一些崭新的分形例子, 以及落入相同巢穴的点阵水文学的一个重要问题.

随机行走的分形极限

作为一个前奏, 让我们注意到弱收敛在布朗运动语境的作用. 就像在第 25 章里简略地提到过的那样, 在点阵上 (例如, 在其坐标是整数的点上) 的一个随机行走在其进行中可以是 "缩小的", 直至点阵脚步不可见, 且其可观察的效果可以忽略.

众所周知, 这个过程 "生成" 布朗运动, 但是 "生成" 这个术语在这里有着新的含义. 在第 6 章里用于生成一条科赫曲线的奇怪折线序列犹如画一张图, 通过调焦不断增加图中的细部. 与此相反, 一个缩小的随机行走序列在周围转悠, 一开始似乎与某个布朗运动距离很近, 以后却更接近于不同的一个, 再后又接近于另一个, 如此等等, 始终不能平息. 对数学家而言, 有充分的理由把这种过程描述为弱的或含糊的收敛性. 也有充分理由把一个缩小的随机行走看作一条具有内界限等于点阵间隔的分形曲线. 但这是一类新颖的界限, 在以前各章里, 内界限事后被叠加在一个已定义的几何构造上, 这种构造在理论上不涉及内界限, 而且能够内插到无穷小尺度而生成分形. 与此相反, 随机行走是无法内插的.

"点阵物理学" 中的分形

前面的描述已经远远超出了布朗运动的范围. 的确, 统计物理有足够的理由把所面对的许多实际问题, 用约束在一个点阵上的模拟来代替. 因此, 我们可以把大量统计物理学问题描述为组成了 "点阵物理学" 的一部分.

就像在本书以前的版本中指出, 并被许多作者确认的那样, 点阵物理中充满着分形或者近乎分形. 前者是参数空间中的形状, 例如图版 88 的说明中所提到的魔鬼阶梯. 后者是真实空间中的形状, 它们不是分形, 因为无法想象把它们无穷小细分, 但它们是类似于分形的, 因为其中间和大尺度范围内的性质是分形的. 在第 13 章和第 14 章里, 当我们处理伯努利逾渗时就遇到过一个著名的例子.

无须说我完全确信, 这些形状的缩小版弱收敛于分形极限. 第 13 章和第 14 章的论证就基于这个信念. 物理学家们发现这是完全有说服力的, 尽管就我所知, 具有完全数学证明的只有布朗运动的情形. 于是, 我倾向于把这些具有假定的分形极限的非分形形状看作点阵分形. 重要的补充例子将在本章末讨论.

一个相关但不同的推断是, 点阵物理学是其易处理简化的真实问题, 涉及相同 (成几乎相同) 的几个分形. 在马上要研究的聚合物情形, (Allen, Flynn, Stinson & Kurtz, 1980) 支持了这个推断.

局部相互作用/全局的序

点阵物理学的一个很有吸引力的发现应当广泛传播: 在一定条件下, 纯粹的局部相互作用可能滚雪球式地造成全局性效果. 举一个基本例子, 相邻初等快速旋转之间的相互作用可能产生可以握在手中的磁石.

我们应当可以期望, 我用分数幂布朗分形所描述的现象, 也将有一天可以用这种方式来阐述.

一个虚构的例子

让我来描述一个例子, 它与序的物理机制有本质上的不同, 其优点是简单, 并且把我们带回到熟悉的分形谢尔平斯基垫片 (第 14 章), 作为说明弱极限的例子. 各个飞旋放在有整数坐标值的点上, 因此在偶数 (奇数) 时刻, 它们分别位于偶数 (奇数) 点上. 其改变规则是, 在时刻 t 和位置 n 的飞旋 $S(t,n)$, 当 $S(t-1,n-1)$ 与 $S(t-1,n+1)$ 相同时取为 -1, 否则为 $+1$.

被 -1 转子覆盖的均匀直线, 在这一过程中是不变的. 现在我们来考察在 $n=0$ 和 $t=0$ 时引进 "杂质"$+1$ 的效应. 飞旋 $S(1,n)$ 除了在 $n=-1$ 和 $n=+1$ 以外都是 -1, 以后的构造如下图.

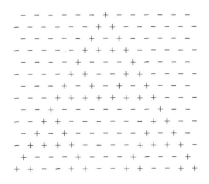

许多读者认出这是一个帕斯卡三角形, 其中奇次幂的位置用 "+" 标记. 这个完全帕斯卡三角形的第 t 条线给出了二项式 $(a+b)^t$ 展开的系数.

每个读过第 14 章的人都看到, 如果把每个 + 号与它邻近的 + 号相连接, 我们就得到了与谢尔平斯基垫片明显地相近的一幅图 (Rose, 1981). 事实上, 缩小该图, 我们就可以使它收敛到谢尔平斯基垫片.

自回避随机行走与线性聚合物几何学

现在我们回到一个重要的特殊问题. 自回避随机行走 (SARW) 向前而不考虑它过去的位置, 但禁止多次通过一个点, 以及禁止进入一个将发现不能再退出的区域, 所有可能的方向都是等概率的.

在直线上, 这种运动是没有问题的: 它必定在两个方向之一上继续, 而且永远不会自行返回.

与此相反, 在平面和空间的情形, 这个问题令人关注但非常困难, 而且迄今还没有成功的解析研究. 然而它在高分子 (聚合物) 研究中具有实际重要性, 使得它已成为周密的探索性推断和细致的计算机模拟的对象. 我们最感兴趣的结果如下, 它出自邓步 (C. Domb) 并在 (Barber & Ninham, 1970) 中描述.

在第 $n \gg 1$ 步以后, 位移的均方根 R_n 具有 n 次幂的数量级, 记作 $1/D$.

这个结果强烈地提示, 在围绕一个格点的半径为 R 的圆或球之内, 其他格点的数目近似等于 R^D. 这是检验 D 抑或是分维数的一个很好的理由. 在直线上, 它的值 (平凡地) 是 $D = 1$. 由弗洛里 (Flory) 的一个理论推断, 以及对 $E = 2$ 与 3 的计算机模拟, 满足 $D = (E+2)/3$((de Gennes, 1979) 1.3 节是一个很好的综述, 其中把 D 记作 $1/\nu$.) 布朗运动的分维数 $D_B = 2$ 超过了对 $E = 2$ 和 3 时的 D 值, 但符合它在 $E = 4$ 的值.

仅对极限 $E \to \infty$, 凯斯滕 (Kesten) 的极限论证确立了 $D \to 2$. 然而, 它对 $E \geqslant 4$ 的值 $D = 2$ 是由细致的物理学论据提出的, 不过也可用以下简单的分形论据: 当 $E \geqslant 4$ 时, 布朗运动的余维数是 2, 从而它的双重点的余维数是 0, 这表明布朗运动没有双重点. 因此它是自回避的而无须进一步论述.

D 值对于基础假设的细节是很敏感的. 如果三维空间中的一个聚合物由两个不同类型的原子构成 (这时该行走并不限制在一个点阵上), 温德维尔 (Windwer) 发现 $D = 2/1.29$, 他声称这个 D 甚低于邓步的值 $D = 1.67 \sim 2/1.2$. 在溶解于反应溶剂的聚合物中, 嵌入空间的惰性甚至更低, 特别是 D 变得依赖于相互作用. Θ 点定义为 D 取布朗值 $D_B = 2$ 的点. 在好的溶剂里 $D < 2$, D 值随溶剂的质优而减少, 特别地, 一种理想的溶剂产生 $D = 2/1.57$ 若 $E = 2$, 以及 $D = 2/1.37$ 若 $E = 3$. 甚至最差的溶剂, 也永远不会导致在二维空间里超出 $D = 2$, 但一种坏的溶剂在三维空间中产生 $D > 2$. 出现凝乳化和相分离, 非分支链不再是一种满意的模型.

在前几节中没有新的结果, 只是把已知结果用分形术语改写, 但我感到这些改写帮助阐明了它们的陈述. 尽管如此, 必须重述的是, 通过称 D 为一个维数, 我们假设不断缩小的 SARW 弱收敛到某个分形族, 以经验观察得到的 D 作为它们的维数. 物理学家对这种说明没有意见, 但一位苛刻的数学家会坚持, 这个论断现在仍然是一种猜想. 下节简述一种可取的证明方法.

观察到不能期望缩小的分形的极限是自回避的, 因为 SARW 被 "反射" 为其久远过去的那些点成为二重点, 其维数的确是 $(4-E)/3 > 0$. 然而, 可以期望不会出现三重点, 而且实际上, 其维数是 $\max(0, 2-E) = 0$.

强收敛于分形的序列, 无论在解析还是计算方面的研究都无可比拟地比缩小

的 SARW 容易研究. 因此, 用一个具有普通 (强) 收敛的近似序列来 "跟踪"SARW
是有用的. 这个目标可用第 25 章中我的 "弯折曲线" 来达到. 一个惊人的结
果是, 最少设计且最具各向同性的弯折线的维数极其接近作为平面 SARW 的特
征的 $D = 4/3$. 这样的数值配对不大可能是巧合. 第二个 "跟踪" 是自回避布
朗运动, 在图版 256 中定义为有限布朗轨迹外廓之边界. 我们回想起它也产生
$D = 4/3$. 这样的数值配对不大可能是巧合: 它必定传递给我们有关平面结构的更
深入信息.

有趣的是, 在这里顺便考虑自回避随机行走是否满足宇宙学原理 (第 22 章),
它的头几步不是, 一个条件宇宙学平稳状态似乎必定占优势 (但我不知道其证明).

重整化论据

在点阵物理学系统标度的解析研究中 (追随一种与我不同的惯例) 极大地依
赖于一种 (不很准确地) 称为 "重整化群 (RG) 技术" 的有效工具. Wilson (1979)
是创始人写的容易得到的综述. 当本书的早期版本和一篇早期的 RG 论文还是预
印本时, 卡伦 (H. G. Callen) 就提醒我注意它们之间在概念上显然的类似.

为了研究这种类似性, 让我们仔细考虑取自 (Wilson, 1975) 774 页的以下摘
录: (a) "统计的连续统极限的关键特性是缺少能量或时间标尺的特征长度." (b) "[RG] 是用于研究统计连续统极限的工具, 就像导数是研究通常连续统极限的
基本步骤一样 ⋯⋯. [通用性, 一个附加的假设] 在通常导数的情形一个相似.
通常, 对导数有许多种不同的有限差分近似." (c) "我们与导数的简单且显然的本
性还相距很远." (d) "发散的积分是问题缺少特征标度的典型 ⋯⋯ 征兆." (e) "[较
早的] 重整化理论消除了量子电动力学的发散性 ⋯⋯. [它的] 最差特点 ⋯⋯
在于它是用于去除积分发散性部分的纯数学技巧." (f) "基于 RG 方法的最基本物
理思想是 ⋯⋯ 存在一个级联效应 ⋯⋯. 级联图形的 [第一个] 主要特性是标
度". (g) "[第二个主要特性] 是放大或衰减."

下面对之做一些评论. 摘录 (a) 说明 RG 与分形针对同样级别的具体问题, 摘
录 (d) 说的是它们遇到了同样的第一个困难. 当应用于分形理论时, 摘录 (b) 远较
其他的准确. 在分形语境里, 摘录 (c) 的抱怨是不恰当的; 现在已存在对导数的简
单显式替换量, 其中的第一个元素就是分维数. 摘录 (d) 把本书读者带回到熟悉
的回忆中: 我们从第 5 章就开始论证, 被假定用于海岸线长度的积分是发散的. 在
别处, 我们设法对付无穷方差, 无穷期望值, 或无穷概率 (就像当我们对 $0 < u < \infty$
对付分布 $\Pr(U > u) = u^{-D}$ 那样, 尽管 $0^{-D} = \infty$). 摘录 (e) 给我们一种舒适的
感觉: 我们总是得以避免发散而不依赖于纯粹的数学技巧. 摘录 (f) 也是完全熟
知的.

总而言之, RG 和分形毫无疑问汲取了同样的灵感, 且导致同一事情的解析与几何两方面. 但是分形没有 (g) 的对应物, 所以这种平行性是不完全的.

◁ RG 的输出之一, 是一个不动点哈密顿函数 $\mathcal{H}_0$. 作为一名物理学家, 相信一个物理系统的哈密顿函数 $\mathcal{H}$ 原则上蕴含着知道该系统结构的一切. 如果是这样的话, 我们应该也能够用哈密顿函数导出各种随机形状的联合概率分布. 有限的重整化 $\mathcal{H}$ 应该产生缩小形状的分布, 而不动点 $\mathcal{H}_0$ 应该产生极限分布——特别是它们的 D. 蕴含在本概述中的研究程序可能难以实现, 但我确信它将会有预期的结果. ▶

自回避多边形

设在所有 n 边自回避多边形 (它们的边是平面 $[E = 2]$ 正方形点阵中格点之间的线) 中随机地选取一个多边形. 有时它像是正方形, 其面积为 $(n/4)^2$. 有时它是纤细瘦长的, 其面积约为 $n/2$. 如果赋予每个多边形相同的权进行平均, 数值模拟表明平均面积约 $n^{2/D}$, $D \sim 4/3$(Hiley & Sykes, 1961). 因此从分形的观点看来, 这些多边形就如同咬住尾巴的自回避随机行走.

回到海岸线模型

其维数是 $D \sim 4/3$, 似乎可以把自回避多边形作为超过平均不规则性的海岸线的模型. 我们可以为这个发现而高兴, 但第 5 章里提到的涉及海岸线形状的问题并未解决.

首先, 有一个岛屿的问题. 维数的概念应该同时说明海岸线的不规则性, 它们的支离破碎性, 以及不规则性与支离破碎性之间的关系, 但是自回避多边形没有近海岛屿.

其次, 我觉得没有一个 D 值能够满足地球上所有海岸线的需要.

最后, 但并非最不重要, 当一个非常大的自回避随机行走或多边形被缩小时, 点阵的步长从 1 减小到一个小值 η, 原来相距为 1 的两点收敛于同一个极限点. 这个缩小的行走或多边形的极限因此不再是自回避的: 它并不自相交但自接触. 我不希望看到海岸线模型上有这种点. 例如, 它们意味着词源学上严格解释的半岛 (近乎岛屿, 它在单一点上与大陆接触) 的存在性及近乎湖泊的存在性.

河流未能直行

第 12 章提到哈克的经验性发现: 河流长度按照其流域面积的 $D/2$ 次幂增加是典型的. 如果河流直线地流过圆形流域, 河流的长度应该正比于流域面积的平方根, D 值会是 $D = 1$. 实际上, D 在 1.2 到 1.3 之间变化. 作为回应, 第 12 章描述了基于充满平面的河流网络 (其中的河流是分形曲线) 的一个模型.

人们试图用非常不同的随机方法来解释哈克效应, (Leopold & Langbein, 1962) 中报道了均匀岩石范围中流域模式扩展的计算机模拟. 该模型涉及平面点阵中的一个原始二维随机行走, 这应当使物理学家感兴趣. 其中假设无论是源头还是扩张方向都是随机选取的. 第一条河流的源头是一个随机选取的正方形, 并由 SARW 产生一条河道到相邻的正方形中, 直至它离开面积的边界. 然后随机地选取第二个源头和另一条河流, 如前一样地生成, 终止于或者是边界之外, 或者流入第一条河流. 第二条河流, "密苏里河", 常常比它连接处以上的密西西比部分更长. 连接处有可能出现在第一条河流的源头. 继续同样的过程直到全部正方形被充满. 除了这些一般规则外, 还有各种颇为任意的约定以避免打结、断流和不一致等.

计算机模拟表明, 在这个随机行走模型中, 河流的长度如同流域面积的 0.64 次幂那样增长, 因此 $D \sim 1.28$. 这个值与邓步的 $D \sim 4/3$ 之间的差异可能是由于未充分扩展的模拟而引起的统计变动. 但我试图把这个差异看成真实的: 来自其他河流的干扰的积累, 似乎比从 SARW 的过去值的干扰更为重要, 因此我们期望列奥波德和朗拜因的模型有一个小的 D 值.

与真实地图相比较, 列奥波德和朗拜因的河流游荡过度, 为了避免这个缺点, 提出了大量的替代方案. (Howard, 1971) 的模型假设朝源头生长, 即按照各种完美的人为设计, 从位于正方形边界上的河口通向位于内部的源头. 这种方法产生的河流比列奥波德和朗拜因的方案要直得多, 因此可以推测它涉及一个较小的 D.

迄今为止, 对随机网络的研究, 如像列奥波德和朗拜因以及哈华德等, 都只局限于少量计算机模拟. 这是很可惜的. 因此我希望这些非常有趣的问题能引起数学家们的注意. SARW 与分析极端不相容的事实, 足以吓退那些寻找容易的问题并追求大回报的人使他们远离, 但列奥波德和朗拜因的变体可能较为容易.

重复一下: 在 SARW 研究中遇到的数学困难, 根植于局部变化可以引起全局效应. 类似地, 在列奥波德与朗拜因网络中的局部改变, 可以引起一条大河穿过分界线进入附近的盆地. 人们会因为能够在宏观上度量这样造成的长期相互作用的强度而高兴. 当然, 我希望这个参数是一个分维数. ∎

第 37 章　经济学中的价格变动和标度

半开玩笑地说,股票和期货价格的变化可以说成是个几何问题. 因为报纸的金融版面上充斥着那些自称是 "图表专家" 的广告,他们用图表适当地表示过去,并声称可以从那些图表的几何学预测未来.

路易 • 巴舍利耶 (Louis Bachelier) 首先于 1900 年提出了基本的异议:这些图表是无用的. 最有说服力的论据是,相继的价格变化在统计上是独立的. 另一种温和些的说法是,每一个价格都伴随着一个 "输后加倍下注的" 随机过程,这意味着市场是 "完美的":一切在其过去都是充分打折的. 另一种温和些的说法是,不完美性仅当它们比交易价格低的时候存在:这种市场被称为 "有效的". 巴舍利耶关于有效性的概念被证明是异乎寻常的精准.

巴舍利耶的一个更专门的断言是,任何有竞争力的价格的一阶近似,遵循 "一维布朗运动"$B(t)$. 对物理学而言,如此基本的过程被一个标新立异的数学家所证明,这一事实是值得记住的,见第 40 章. 可悲的是,一旦真正的数据可以得到,$B(t)$ 对它们的表示非常不好. 本书描述另一种可供选择的观点,这是我在标度假设 (最早在任何领域中所作的之一) 的基础上建立起来的,它被证明是惊人地准确.

价格的不连续性

我的最简单的反布朗论据基于一个实验观察,它是这样的简单和直接,以致人们对它能证明基本原理感到惊讶. 但在前几章里,用来说明对银河系 $D > 2$ 和对湍流 $D > 2$ 的论据也是令人惊讶地平凡和直接. 简单的观察认为,一个连续过程不能解释那种以相当鲜明的不连续性为表征的现象. 我们知道,布朗运动的样本函数 ◁ 几乎肯定是几乎处处 ▶ 连续的. 但是竞争市场上的价格不需要连续性,而且它们显然是不连续的. 假设连续性的唯一原因是,许多科学有意无意地趋向于重复在牛顿物理学里被成功地证明了的过程. 对于进入经济学中的各种各样的 "外来" 量与比率,连续性应该可以被证明是一个合理的假设,但要以纯物理学术语来定义. 然而价格不同:力学中不包括什么可与之比拟的,而且也不能对之给出指导.

形成价格的典型机制既涉及当前的知识也涉及对将来的期望,甚至当某种价格的外来物理决定因素连续变动时,期望也可以 "在一瞬间" 剧烈变动:当其能量和持续时间可忽视的物理信号 ("用笔一点") 轻易地激起期望的剧烈变化时以及当没有机制向复杂事物注入惰性时, 一个基于期望的价格可以猛跌到 0, 也可以飙升至飞出视线, 什么都是可能的.

过滤交易的谬误 (Mandelbrot, 1963b)

价格可以不连续的思想本身几乎没有任何可预见的价值, 但是它对证明 "过滤" 交易方法 (根据 (Alexander, 1961)) 的衰落和消亡是基本的. 原则上, 一个 $p\%$ 过滤器是用来监督价格连续性的一种方法, 它记录所有局部的最大值与最小值, 当价格第一次达到局部最小值加上恰好 $p\%$ 时给出一个买入信号, 以及当价格第一次达到局部最大值减去恰好 $p\%$ 时给出一个卖出信号, 因为连续的监看是不切实际的, 亚历山大监看每天的高点和低点的序列, 他理所当然地认为这个价格记录可以作为连续函数处理. 他的算法是寻求高点首次超过前面的低点加上 $p\%$ 的天数. 假如在 d 天的某一时刻, 价格正好是低点加 $p\%$, 则过滤器就在这时发出买入信号. 对卖出信号同样如此. 亚历山大的经验性总结是过滤器的买入或卖出的信号比 "购买并持有" 带来更高的回报.

实际上, (Mandelbrot, 1963b) 第 417 页上指出, 过滤器给出买入信号 (以 24 小时计算) 的天数很可能就是所有强烈价格上扬运动的天数. 在许多这样的日子里, 价格实际上是在跳动, 或是隔夜或是因交易所的原因停止交易时. 于是, 当亚历山大过滤器应当发出买入信号之时, 它很可能是关掉的! 而当它再次打开时, 它会发出买入信号, 但最终的买价经常大大超过亚历山大假设的值.

进一步的可能性: 在许多日子里, 价格变动被市场专家的故意行为弄成相当连续, 这些专家执行他们被指派的职质, 如匹配买家与卖家, 以及通过他自己持有股份的买卖来 "保证市场的连续性". 一旦这个专家不能保证连续性, 他必须提出一份书面解释, 而他通常倾向于人为地抹平那些不连续性, 显然, 导致的折扣价总是保留给朋友的, 而大部分顾客不得不以较高价格购买.

第三种可能性: 某些每日价格变动会受到涨停限制, 并且会连续几天涨停而无交易以防止 "止损" 的执行.

理论和实验的研究 (即将叙述) 使我确信以上的偏倚是重要的, 算计的过滤交易与 "购买并持有" 相比的优点是值得怀疑的. 再次检验后, Alexander (1964) 发现我的预言是正确的. 过滤器方法并不比 "购买并持有" 更好. 做出了一个彻底的 "事后" 检查, 用个别价格的系列替代了亚历山大的价格指数; 过滤器方法现在已经被抛弃了. 这样的插曲强调了我所谓的 "价格连续性谬误" 的固有错误的危险性.

赢得 "输后加倍下注" 的赌博类似于永动机. 归因于贝奇里亚的有效市场假设, 它预测了过滤器不可能起作用, 但归咎于贝奇里亚的布朗运动模型, 它不能解释为什么过滤器看似可以起作用. 因此, 归功于我的那些特殊模型, 它们容许做分析, 并清楚地指出形形色色的缺点, 描述了通向富裕的道路.

统计 "补缀"

布朗运动作为价格变动模型的失败, 引起了两种截然不同的反应. 一方面, 有许多临时性的 "补缀". 面对拒绝布朗假设的统计检验, 即认为价格变化是高斯型的, 经济学家可以一而再再而三地修正, 直到试验被愚弄.

一种流行的补缀是审查制度, 虚伪地标记为 "剔除统计的异常值." 把普通的价格小变动与打败亚历山大过滤器的价格的大变动区分开来. 前者被看作随机和高斯型的, 创造性的宝藏被奉献给它们 ······, 好像真有人在乎. 后者被单独处理为 "非随机型的". 第二种流行的补缀是几种随机种类的混合, 若 X 不是高斯型的, 它可能是两个、三个或更多个高斯变量的混合. 另外一种流行的补缀是非线性变换: 当 X 是正的和大体上是非高斯型时, $\log X$ 可能是高斯型的; 而当 X 是对称的和非高斯型时, $\arctan X$ 可能会欺骗试验. 再有一种步骤 (我把它看作来自统计学家的自杀行为) 声称价格遵循布朗运动, 但运动的周期不受控制地变动. 这最后一个补缀永远不能被证伪, 因而哲学家卡尔 • 波帕 (Karl Popper) 说它不是一个科学的模型.

经济学的标度原理 (Mandelbrot, 1963b)

这些补缀的对立面是我自己的研究. 它应用了经济学的各种资料, 但其原理最好在价格的语境中表达.

价格变动的标度原理. 当 $X(t)$ 是价格时, $\log X(t)$ 有这样一个性质: 它在任意时间滞后 d 中的增量 $\log X(t+d) - \log X(t)$ 具有与 d 无关的分布, 除了一个标度因子.

在探究这一原理导致的后果之前, 让我们浏览一下属性清单.

一个科学原理必须能生成可被证据检验的预见, 这个原理正是如此, 如同马上要看到的, 并且拟合甚佳.

如果一个科学原理能从它们各自领域里的其他理性考虑演绎出来, 那将是很好的. 价格变动的标度原理可以基于概率论的 "中心极限" 理论的一般 (不必是标准的) 形式, 但它并非从标准经济学演绎出来的. 仅有的 "解释性" 论点 (Mandelbrot, 1966b, 1971e) 支持它作为外界物理变量的标度性后果. 这些论据还不如它们声称要证实的结果那样成熟.

最后, 甚至当没有实际可用的真正解释时, 如果一个科学理论实际上并不与前期的假定有所冲突, 那还是令人高兴的. 目前的标度原理似乎足够无害, 它所回答的问题先前并未提出过, 所以反对的意见也无从表达. 看起来标度想要断言的, 只是在竞争市场上, 没有任何时间滞后真的比其他时间滞后更特殊, 它断言日和周 (在农产品期货里还包括年) 的明显的特征是补偿和仲裁. 因为布朗运动的所有 "通常" 补缀涉及特殊的时间尺度, 我的原理看来简单地证实了没有 "充分的理由" 可以假设任何时间尺度比其他时间尺度更有特权.

无穷变量并发症

然而, 我们需要标度原理的实际实施来产生不同于布朗运动的结果. 为了达到这个目的, 我采取了假设 $\log X(t+d) - \log X(t)$ 有无穷方差这个基本步骤. 在我的论文之前, 人们会毫不犹豫地写出 "记方差为 V". V 是有限的这个潜在假设甚至并未提及 …… 就是这样, 因为若列出每一个假设, 而不考虑既定的重要性, 科学写作将会失败. 我采用相反观点的原因将在本节的后半部分讨论. 无须说, 假设 $V = \infty$ 的成功, 使我能更容易地容许曲线有无限的长度, 曲面有无限大的面积.

被观察到的价格变动样本方差的不良行为. 用于汇总数据的 "典型值" 是描述统计学的最简单的层次, 但是在价格变动的情况, 通常的汇总成为错综复杂的和完全靠不住的. 实际上, 应用样本平均来测量位置, 以及用样本均方根来测量偏差的动因, 在于确信这些 "稳定的" 特性, 最终会收敛到群体值, 但 (Mandelbrot, 1967b) 中的图形表明它们在价格这种情况下的行为是非常模棱两可的.

(A) 对应于不同长度子样本的均方值常有不同的数量级.

(B) 当样本大小增加时, 均方值不再稳定. 它忽上忽下, 但总趋势是增加的.

(C) 均方倾向于被少数几个作出贡献的平方主导. 当这些所谓的异类被删除时, 离差估计值的数量级常常发生改变.

非平稳态假设. 把这些性质放在一起, 甚至其中单独取一个, 就告诉了每一个人这个过程不是平稳的. 我的初步反驳是: 这个过程实际上是平稳的, 但未知的理论上的第二矩特别巨大. 在巨大但有限的矩的假设下, 样本的矩按照大数定律收敛, 但收敛得非常缓慢, 从而其极限值在实践中无关紧要.

无穷方差原理. 我的进一步的反驳是, 总体均方是无穷的. 对从头开始阅读本书至此的任何人, 在 "非常巨大" 与 "无穷" 之间作选择是十分清楚的, 但那些刚从这里开始读书的人可能有不同的想法, 我的 1962 年版的所有读者便是如此. 对在统计方面受过通常训练的任何人, 无穷方差看起来最好也是可怕的, 最坏更是奇怪的. 事实上, 从样本矩可以探测到的任何效果看, "无穷" 与 "非常巨大" 并没有什么不同. 并且当然, 一个变量 X 有无穷方差这个事实决不否认 X 肯定是

有限的 (概率为 1). 例如, 密度为 $1/\pi(1+x^2)$ 的柯西变量几乎肯定是有限的, 但它有无穷方差和无穷期望值. 这样, 在非常巨大和有无穷方差的变量之间的选择不是先验的, 而仅仅取决于哪一个更便于处理. 我接受无穷方差是因为它使保持标度成为可能.

稳定的莱维模型 (Mandelbrot, 1963b)

(Mandelbrot, 1963b) 结合了标度原理与以下可接受的想法: 连续不断的价格变化与不断消失的期望值是无关的, 以及进一步容许价格变动的差分可以是无穷的. 一个简明的数学论据引起了以下推测: 价格变动被莱维稳定分布 (它也出现在第 32, 33 与 39 章中) 所控制.

这种推测被证明在很广泛的范围内成立, 第一个试验 (Mandelbrot, 1963b, 1967b) 适用于许多期货价格、一些利率和一些 19 世纪的股票价格. 稍后, Fama (1963) 研究了其他利率. 这里, 我们不得不满足于一个单一的例证, 图版 354.

模型的预言能力

价格变动的标度原理的预见价值在于以下发现. 开始于每日价格变动相对于五年时间周期里中位价格的变动规律. 人们发现, 如果把这种分布外推到每月价格的变动, 其图表与众不同的衰退和萧条等得来的数据是一致的, 它说明了在近一个世纪中重要又最反复多变的期货史上的所有最极端的事件.

特别地, 图版 354, 控制棉花价格变化的过程, 在被研究的非常长的一段时间里近似地保持稳定. 这个有趣的发现最好分两步表示.

第一个平稳性试验. 图版 354 表明, 价格变动过程的分析形式及 D 值二者都保持不变. 对货币价值的主要变化并无争论, 但总倾向与我们在这里讨论的涨落相比是微不足道的.

第二个平稳性试验: 图版 354 中一个错误的更正. 一个偶然事件导致了第二个稳定性试验, 在图版 354 中, 曲线 (a^+) 与 (b^+) [类似地, (a^-) 与 (b^-)] 在水平移位后是不同的, 因为双对数坐标中的平移对应于普通坐标的尺度变化. 这个矛盾使得 Mandelbrot (1963b) 与经济学家 (认为 1900 年到 1950 年之间价格变动分布有变化) 的看法相同. 我认为该分布保留了同样的性态, 但其尺度变小了.

然而, 对不同意见的这种让步转而成为超越了需要. 曲线 (a^+) 与 (a^-) 的数据输入出了错误 (Mandelbrot, 1972b), 一旦错误被改正, 将得到与曲线 (b^+) 和 (b^-) 几乎相同的曲线.

不可否认, 偶然一瞥这些数据, 就得出了大体上非平稳的印象, 但这只是因为偶然的印象形成的对潜在机制是高斯型的不信任. 我对非平稳高斯过程的替代物, 是一个平稳但非高斯型的稳定过程.

结　　论

我不知道在经济学中有任何其他可以与以上结果相比拟的成功的预见. ∎

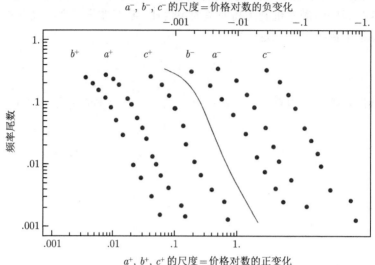

图版 354　✠ 经济学中标度律的原始证据

a⁻, *b⁻*, *c⁻* 的尺度＝价格对数的负变化

a⁺, *b⁺*, *c⁺* 的尺度＝价格对数的正变化

(复制自(Mandelbrot, 1936b)已获得芝加哥大学出版社同意)

　　这张复制自 (Mandelbrot, 1963b) 的旧图表, 是我所喜欢的 (就像我后面喜欢图版 285 一样). 它结合了对数坐标中记录下来的棉花价格变化的正负尾数的双对数图, 以及指数 $D = 1.7$ 的对称性稳定分布累积密度函数, D 的值实际上稍微高估了一点. 纵坐标给出了以下情形的相对频率: 下面定义的量 X 之一的变化超过了横坐标中的变化.

　　把这张图复制在透明纸上, 并水平移动, 你将看到理论曲线与任何一条经验图线吻合, 只在一般形状上稍有差别. 而这正是我的标度准则所假设的!

　　这种差别在很大程度上是由于分布稍微不对称, 这是一个很重要的观察, 它需要稳定分布的倾斜变化.

　　以下一系列数据已经画在图上, X 的正值和负值在两种情况下都被分别处理.

　　(a) $X = \log_e Z(t + 1 \text{ 天}) - \log_e Z(t)$, 其中 Z 是 1900—1905 年纽约棉花交易所的每日收盘价 (数据由美国农业部提供).

　　(b) $X = \log_e Z(t + 1\text{天}) - \log_e Z(t)$, 其中 Z 是 1944— 1958 年美国不同交易所棉花的每日收盘价 (数据由亨德里克 · S. 胡萨克尔 [Hendrik S. Houthakker] 提供).

　　(c) $X = \log_e Z(t + 1\text{月}) - \log_e Z(t)$, 其中 Z 是 1880— 1940 年纽约棉花交易所的每月 15 日收盘价 (数据由美国农业部提供). ■

第 38 章　无须几何学的标度律和指数律

如果写一部分形的专著或教科书, 数学上优美的随机几何形状的讨论将放在较为容易的随机函数论题之后, 而且这些书将从随机变量开始. 另一方面, 本书直接跳到最复杂的论题, 因为这是最有意义的, 并且有利于发挥几何直观的作用.

与分形最密切相关的是双曲型概率分布. 它的许多应用例子已在前几章中遇到过, 开始于双曲函数 $\mathrm{Nr}(U > u)$. 但是还有许多要说. 本章从一般性的评论开始, 继续于语言学和经济学中的某些现象, 相关的既丰富又完整的经验数据, 显然可以用双曲型规律很好地表达. 在这两种情况下的论据是相同的, 而中心放射标度和相似性维数完全是 "无法理解" 的形式.

来自语言学的例子是我的第一篇论文 (第 42 章) 的对象, 它使我熟悉了某些操作, 它们是直截了当的并具有广泛的可应用性. 语言学的例子也有其热力学方面, 涉及我独立发现的负温度的相对物.

再论双曲型分布

由我们熟悉的定义: 一个随机变量 (r. v)U 称为双曲型的, 若 $P(u) = \mathrm{Pr}(U > u) = Fu^{-D}$. 这个定义是奇怪的, 因为每个有限的前置因子 σ[①]导致 $P(0) = \infty$, 这似乎很荒谬, 无疑表明必须特别小心, 我们深知这一点. 例如, 在第 12 章里我们看到, 当科赫生成器包含一个岛屿时, 产生的曲线包含无穷个岛屿, 面积在 a 以上的总数为 $\mathrm{Nr}(A > a) = Fa^{-B}$. 现在把它们按面积递减排列, 面积相等岛屿的内部次序任意. 为了随机地选择这样一个具有均匀概率的岛屿, 就应该随机地选择岛屿的秩, 要达到这一目的, 就要把 $\mathrm{Nr}(A > a)$ 用 $\mathrm{Pr}(A > a)$ 来替代. 但事实上, 一个岛的秩是正整数, 而随机地选择一个正整数是不可能的.

另一个熟悉的故事: 双曲型分布直截了当地导致条件分布. 例如, 条件随机变量 $\{U, 已知 U > u_0\}$ 可写作 $\{U|U > u_0\}$, 满足

$$\mathrm{Pr}\{U > u | U > u_0\} = \begin{cases} 1, & u < u_0, \\ (u/u_0)^{-D}, & u > u_0. \end{cases}$$

---

① σ 疑为 F 之误. ——译者注

期望值佯谬

当 $D > 1$ 时, 相应的期望值是

$$\langle U | U > u_0 \rangle = D(D-1)^{-1} u_0.$$

这一结果提出了无穷无尽自相矛盾的故事, 敦促清醒的读者稳步推进.

林第 (Lindy) 效应. 一位电视喜剧演员职业生涯的期望正比于他过去的曝光. 来源: 1964 年 6 月 13 日的《新共和国报》.

请看下面的故事提供的密钥.

青年诗人墓地的寓言. 墓地最悲哀的区域, 是少年花季突然死去的诗人和学者的墓穴, 每个墓碑顶上都有一个失落的象征: 半本书、半根柱子或半件工具. 年轻时也是学者和诗人的老守墓人, 敦促扫墓者最真诚地看待这些丧葬标志: "躺在这里的每一位", 他说, "都有足够的成就而可以被看作充满了希望, 而某些墓碑的尺寸反映了他们所保护的遗骸的成就. 那么我们该如何来评价他们中断了的希望呢? 我的一部分责任就是活下来向列奥纳多 • 欧拉或维克多 • 雨果挑战, 在生存方面, 如果也许不是在才能方面. 但是他们中的大多数, 阿拉, 正要被他们的缪斯放弃. 因为希望和成就在年轻生命中是精确地相等的, 在突然死亡的那一刻, 我们必须认为它们是平等的. "

密钥: 任何早逝者在有希望的职业生涯中终止. 按照 A. 洛特卡 (Lotka) 的理论, 任何单个作者的科学论文数目的分布是指数 $D = 2$ 的双曲型分布. 这个法则综合了定性的事实: 大多数人不写或写得很少, 而少数人又写得特别多. 如果是这样的话, 不论一个人过去的论文总共有多少, 平均起来它将继续获得相等的额外数量. 当它最终停止时, 它精确地断开在其希望的一半处.

评论. 避免出现失望的唯一办法是活得足够久, 以致当计算期望的未来时, 必须考虑年龄的修正. 在林特效应里的比例系数无疑就是 1.

后退海岸的寓言. 很久很久以前, 有一个称为万湖国的国家, 把这些湖亲切地称为大的, 第二个最大的, ···, 第 N 个最大的, 等等, 直至第 1 万个最大的. 大的湖是一个地图中未标明的海, 不, 是一个很宽的大洋, 至少 1600 海里宽, 而第 N 个最大的湖宽为 $1600N^{-0.8}$, 所以最小的湖宽度为 1 海里. 但是每个岛上总是蒙着一层薄薄的雾, 使得不可能看到 1 海里外来确定宽度. 陆地没有标记, 也没有居民可以帮助旅行者. 作为一名旅行者, 他相信对一个未知的海岸的数学期望, 他知道他前面水域的期望宽度为 5 海里. 如果他航行了若干海里 m 后, 发现尚未到达他的目的地, 然后计算出到达下一海岸的新的期望距离, 他得到的值是 $5m$, 是否有幽灵栖息在这些湖上? 并真的将海岸移开了?

密钥. 上述的湖宽分布只是重述了第 12 和 30 章中出现过的柯尔恰克分布.

标度概率分布

现在我们回到严肃的正题. 为了能够谈论标度随机变量, 术语标度必须不用几何学定义. 因为与一个随机变量相联系的几何形状只是一个不能再分割的点. 换一种说法, 随机变量 X 是在变换 $\mathcal{J}(X)$ 下的标度, 如果 X 和 $\mathcal{J}(X)$ 的分布除了尺度以外是恒等的.

这里, 变换被在更宽泛的意义下理解: 例如 X 的两个独立实现之和被看作 X 的变换. 相应的变量应当被称为加法下的标度, 但被称为莱维稳定的 (见第 31, 32 和 39 章). 第 39 章 (387 和 393 页) 将继续讨论有权加法的标度.

渐近标度、渐近双曲型随机变量. 极其幸运, 上述定义比看起来的更少不确定性. 对于许多变换来说, 不变性转而要求渐近双曲型分布. 这表示必须存在一个指数 $D > 0$, 使得

$$\lim_{u \to \infty} (U < u)u^D \text{ 及 } \lim_{u \to \infty} (U > u)u^D$$

是确定的和有限的, 而且极限之一是正的.

帕累托分布. "渐近双曲型的" 可以看作经济统计学家熟悉的术语 "帕累托的" 之同义语. 维尔弗雷多 • 帕累托 (Vilfredo Pareto) 是一位意大利经济学家, 他希望把力学平衡定律用经济平衡的术语来翻译, 但可能被人更长久记住的是他发现的基本统计规则: 他发现在某些社会里, 私人收入 U 超过某一大的值 u 的个人的数目近似于双曲型分布, 即正比于 u^{-D}. (我们将在本章的后面转向收入的分布.)

"统计经济学的新方法"(Mandelbrot, 1963e)

类似于帕累托的双曲型规律后来在经济学的许多领域中都被发现, 有许多阐明其盛行的努力. 但让我们首先来描述对本问题的一种非正统方法.

在一个领域如像经济学, 永远不能忘记它的 "数据" 是一堆极度混杂的东西. 因此, 数据的分布是一个不变的作为基础 "真分布" 与一个高度可变 "过滤器" 的联合效应. Mandelbrot (1963e) 注意到具有 $D < 2$ 的渐近双曲型分布在这方面是非常 "鲁棒" 的, 意即一大堆各种多样的过滤器的渐近性质不变. 另一方面, 实际上所有其他的分布都是高度非鲁棒的. 因此, 可以看到一个真双曲型分布具有相容性: 失真数据的不同集合建议的是具有相同 D 的同一个分布. 然而把同样的处理应用到大多数其他分布上, 就会导致 "混沌的" 不相容结果. 换句话说, 对渐近双曲型分布的实际替代物, 不是其他任何分布而是混沌. 由于对混沌的结果有不被发表或不受重视的倾向, 可以期望渐近双曲型分布的十分广泛的传播, 但几乎没有告知我们它在自然界的实际盛行.

单词频率的齐普夫定律

一个单词就是一些严格意义上的字母加上一个称为空格的非严格意义上的字母的一个序列. 以个人的讲话作为范本, 对正文中的单词按其出现频率的减少排序, 具有相同频率的单词的序是任意的. 在这个分类方法中, ρ 标识一个概率为 P 的单词的序, ρ 与 P 之间的关系用术语单词频率分布来描述.

人们可能会期望这种关系因语言和讲话人而毫无规律地变化, 但事实并非如此. Zipf (1949) 提出的经验定律 (关于 G.K. 齐普夫 [Zipf], 第 40 章) 断言, ρ 与 P 之间的关系是 "通用的", 即无参数的, 其形式为

$$P \propto 1/\rho$$

第二个近似是从我在推导无参数定律 $P \propto 1/\rho$ 的不成功的尝试中从理论上得到的: 在语言和主题之间的一切差别都可以归结为

$$P = F(\rho + V)^{-1/D}$$

因为 $\sum P = 1$, 三个参数 D, F 和 V 之间的关系是 $F^{-1} = \sum (\rho + V)^{-1/D}$.

这些参数在一起度量了对象的词汇应用的丰富程度.

主要参数是 D. 当把对象词汇使用的丰富程度, 通过他使用罕见单词的相对频率来度量时, D 是敏感的. 例如, 比较序 $\rho = 1\,000$ 的单词的频率与序 $\rho = 11$ 的字的频率, 发现该频率随着 D 而增加.

为什么上面的定律具有如此的通用性呢? 因为它几乎完美地接近于双曲型分布, 以及用上了迄今为止我们在本书中所学到的一切, 测试齐普夫定律, 并把它与某些潜在的标度特性相联系是十分明智的 (当我在 1950 年第一次着手处理这个题目时, 这个过程似乎非常不明显). 就像标记方法所提示的, 指数照例起维数的作用, 前置因子 F(回忆起第 34 章) 成为第二个重要的参数.

词典编纂树

可以被标度化的 "对象" 在本范例中的确存在: 这就是词典编纂树. 我们首先给出定义, 说明在这个语境中标度意味着什么. 然后我们证明, 当词典编纂树有标度时, 单词频率服从上面写出的二参数定律. 我们还要讨论这些阐述的有效性, 然后指出, D 可以被解释为维数.

树. 词典编纂树有 $N + 1$ 根主干, 编号为 0 到 N, 第一根主干, 编号为 0 到 N. 第一根主干对应于由其自身使用的非严格意义上的字母 "空格" 构成的 "单词", 而其他每根主干对应于 N 个严格意义上字母中的一个. "空格" 主干是光秃秃的, 其他的如前一样有 $N + 1$ 根分支. 因此, 每个空格芽的光顶尖对应于由严

格意义上的字母及其后的空格组成的一个单词. 这样的构造一直继续到无穷. 每个光顶尖上标注了相应单词的概率, 而非光秃树枝的尖端上标注了开始于确定了所述树枝的字母序列的单词的总概率.

标度树. 一棵树可以称为标度的, 如果从其自身所取的每个分支是整棵树按某种方法缩小比例的重现, 对这棵树进行整枝就是截去它的一个分支. 因此第一个结论是标度树必须无限地向外长出分支. 尤其是, 与未经训练的直觉相反, 不同单词的总数并不是度量词汇丰富性的聪明办法 (几乎每个人 "知道" 的单词都比他所用的多得多, 他的词汇量实际上是无限的). 进一步的论据 (在此跳过) 确定了其形式, k 级的光枝, 即生长在 k 根活着的枝顶上者必定以概率 P 观察到.

推广的齐普夫定律在最简单情况下的推导 (Mandelbrot, 1951, 1965z, 1968p). 最简单的标度树相应于统计独立字母序列组成的话语, 其中每个合适字母的概率是 $r < 1/N$, 而非字母 "空格" 的概率是余下的 $(1 - Nr)$. 这种情况下第 k 级有如下性质

$$P = (1 - Nr)r^k = P_0 r^k,$$

而 ρ 在下面的两个界限之间变化:

$$1 + N + N^2 + \cdots + N^{K-1} = (N^k - 1)/(N - 1) \quad (\text{不包含边界本身}),$$

以及

$$(N^{k+1} - 1)/(N - 1) \quad (\text{包含边界本身}).$$

写出

$$D = \log N / \log(1/r) < 1 \ \text{及} \ V = 1/(N - 1),$$

并在每个界限中插入

$$k = \log(P/P_0) / \log r,$$

我们有

$$P^{-D} P_0^D - 1 < \rho/V \leqslant N\left(P^{-D} P_0^D\right) - 1.$$

通过对其界限取平均而对 ρ 作近似, 就得到了期望的结果.

推广. 稍微复杂一点的标度树对应于由其他平稳随机过程 (例如马尔可夫链) 产生的字母序列, 以及而后返回空格切割成单词, 这些议题更加复杂 (Mandelbrot, 1955b), 但最终结果是一样的.

对话. 与此相反, 采用齐普夫数据, 能得出用普通字母的词典编纂树是标度的吗? 当然不是: 因为许多短序列永不出现而许多长序列又非常普遍, 因此真实的词典编纂树离严格的标度很远, 而一般认为, 上面的论据充分说明了为什么推广

的齐普夫定律是正确的. 还要提到的是, 原先希望齐普夫定律会在语言学领域中有所贡献, 但是我的阐释表明, 该定律对语言学而言是非常肤浅的.

◁ 广义齐普夫定律也对一些受限制的词汇表成立. 例如, 以神秘纪律为其自身风格的圣徒人类学, 对人类中把圣徒名字用作姓氏的情形进行了调查 (Maître, 1964), 建立了用于这种姓氏的齐普夫定律. 并且, (Tesnière, 1975) 发现它适用于家族姓名. 这是否提示了相应的树是标度化的呢?

D 是一个分维数. D 在形式上类似于维数这一新的考察结果, 并不像人们可能担心的那样肤浅. 的确, 如果在前面放一个小数点, 我们所定义的单词只是计数基 $(N + 1)$ 的 0 与 1 之间的一个数, 且除了末位不包含 0. 在区间 $[0, 1]$ 上记下这些数, 并加上该集合的极限点. 这种构造实际上就相当于在 $[0, 1]$ 中去掉全部包括 0 在内 (除了在最后) 的数字. 我们发现剩余的是康托尔尘埃, 其分维数精确地是 D.

说到标度词典编纂树 (不是指最简单的情况, 对之我们已在提供齐普夫定律的普遍证明时提到过了), 它们对应于用同样的方法来推广维数为 D 的康托尔尘埃. 在 (Mandelbrot, 1955b) 中, D 的方程是一个矩阵, 是相似性维数定义通过 $Nr^D = 1$ 的推广.

进一步的推广: $D > 1$ 的情形. 奇怪的是, $D < 1$ 的条件并非普遍满足的. 推广的齐普夫定律成立但估算的 D 却满足 $D > 1$ 的例子虽然罕见, 但确实是存在的. 为了描述特殊值 $D = 1$ 的作用, 假定规律 $P = F(\rho + V)^{-1/D}$ 仅适用于 $\rho = \rho^* \leqslant \infty$. 如果 $D < 1$, 理论论证提出的无限词典没有问题. 但是无穷级数 $\sum (\rho + V)^{-1/D}$ 当 $D \geqslant 1$ 时发散, 因此, $\sum P = 1$ 和 $F > 0$ 要求 $\rho^* < \infty$: 词典必须包含有限个单词.

的确, 结果证明 $D > 1$ 只在以下情形遇到: 由于人为的外来因素 (例如, 在非拉丁语的文本中插入了拉丁文) 使词汇非自然地受到限制. 这些特殊情形已在我的关于本主题的论文中讨论过了. 因为局限于有限个点的结构永远不会导致分形, $D > 1$ 不可能被解释为分维数.

言语的温度

上面的偏倚容许有第二个非常不同的解释, 模仿统计热力学. 物理学的能量和物理学的熵的配对量是编码成本和香农信息的成本. 而 D 是言语的 "温度", 谈话越 "热", 使用罕见单词的概率越高.

$D < 1$ 的情形对应于标准情形, 对于其能量在形式上的等价物不存在上界.

另一方面, 当单词如此之 "热", 以致 $D > 1$ 时, 这种情形便涉及极其罕见的对能量施加有限上界.

在我借助语言统计学描述了这个鲜明的对比之后不久, 一个配对量在物理学中得到了独立的认可. 当物体最热时物理学温度的倒数 $1/\theta$ 最小 (为零), 而诺尔曼·拉姆齐 (Norman Ramsey) 认为, 如果物体继续变热, $1/\theta$ 必定成为负的. 见 (Mandelbrot, 1970p) 中关于这个平行性的讨论.

热力学从微正则的等概率性推断出对象的大量性质. 因为不了解个别分子, 关于它们的可能状态的假设很难激起人们的热情. 但是我们对于单词却有个人看法, 所以在对语言的研究中, 等概率的假设难以令人接受.

◁ 上述类似性在对热力学的某些更一般的方法中是特别自然的. 冒着过度摘录与本书关系不大内容的风险, 这种形式之一已在 (Mandelbrot, 1962t, 1964t) 中给出. ▶

关于工资的帕累托定律

另一个标度抽象树的例子可在分级别的人类群体组织图中找到. 我们来处理最简单的有标度的级别, 设 (a) 它的成员如下分布在各级中, 除了最低级, 每个成员拥有的下级数目 N 相同, 以及 (b) 它所有的下级都有相同的 “权” U, 是直接上级的权的 $r < 1$ 倍. 最方便的是把权看作工资.

当对各级别从收入不相等的观点作比较时, 可以对他们的成员按照收入递减的次序 (在一个级别里的次序任意) 作分类, 对每个人以它的序 ρ 为标记, 而把收入减少的比率作为序的函数, 或者反过来. 当序增加时, 收入减少得越迅速, 不相等性越大.

用于齐普夫定律的公式无须改变: 个人收入为 U 的序 ρ 近似地为

$$\rho = -V + U^{-D} F^{D}.$$

本推导出自 (Lydall, 1959).

不相等性的程度多数由

$$D = \log N / \log (1/r)$$

确定, 对之似乎不值得写下任何分形的诠释. D 越大, r 的值就越大且不相等的程度就越低.

有可能 (如同在单词的频率的情形) 推广本模型, 即通过假设在给定的水平 k 上, U 的值在个人之间变化, 故 U 等于 r^k 与一个随机因子的乘积, 该因子对每个人都相同. 这种推广修改了参数 V 和 P_0, 从而修改了 D, 但它保持了基本关系不变.

　　注意到经验性的 D 通常接近于 2. 在 D 精确等于 2 时, 把收入的倒数画在一根向下的轴上. 我们就得到一个精确的金字塔 (底面等于高的平方). 在这种情况下, 上级的收入是他所有下属的收入之和与每个下属单独收入的几何平均数.

　　评论. 当 $D = 2$ 时, 最小的 $1/r$ 出现于 $N = 2$ 而且就等于 $1/r = \sqrt{2}$. 这个值似乎高得脱离实际, 提示莱达尔的模型仅对 $D > 2$ 的级别成立. 如果真是这样, 那么总人口里总体 D 大约为 2 的事实可能意味着, 与等级之间的差异以及不涉及等级树的组内的差异相比, 等级内的收入差异显得微不足道.

<h3 align="center">其他收入分布</h3>

　　对收入分配的更广泛研究见 (Mandelbrot, 1960i, 1961e, 1962q), 受到第 37 章描述的工作的启发. ∎

第 39 章　数学背景与补遗

本章把分散在各处的复杂数学公式、数学定义及参考文献汇集在一起, 加上数学和其他方面的一些补充.

条目

- (自-) 仿射性与自相似性
- 布朗分形集
- 维数及用球覆盖一个集合 (或它的补集)
- (傅里叶) 维数与直觉推断法
- 分形 (关于分形的定义)
- 豪斯多夫测度与豪斯多夫–伯西柯维奇维数
- 指示/余指示函数
- 莱维稳定随机变量与函数
- 利普希茨–赫尔德 (Lipschitz-Hölder) 直觉推断
- 中线和跳跃多边形
- 音乐: 两个标度性质
- 无腔隙分形
- 佩亚诺曲线
- 位势和容量, 弗罗斯特曼维数
- 截断下的标度
- 相似维: 它的缺点
- 平稳性 (程度)
- 用 R/S 作统计分析
- 魏尔斯特拉斯函数及其家族. 紫外与红外突变

(自-) 仿射性与自相似性

在正文中, 术语自相似与自仿射 (一个新词) 应用于有界集或无界集 (我希望这并未引起歧义). 关于湍流的许多讨论以及我的一些早期论文, 也在归入自仿射的 "通用" 意义上用到自相似, 但在本书中, 其通用意义由标度体现.

1. 自相似性

在欧几里得空间 $\mathbb{R}^E$ 中, 一个实比值 $r > 0$ 确定了一个变换, 称为相似性. 它

把点 $x = (x_1, \cdots, x_\delta, \cdots, x_E)$ 变换为点 $r(x) = (rx_1, \cdots, rx_\delta, \cdots, rx_E)$, 因此把点集 $\mathcal{S}$ 变换为点集 $r(\mathcal{S})$, 见 (Hutchinson, 1981).

有界集. 一个有界集 $\mathcal{S}$ 关于比值 r 及一个整数 N 自相似, 若 $\mathcal{S}$ 是 N 个非重叠子集之并, 且每个子集与 $r(\mathcal{S})$ 同余. 同余的意思是除了位移和/或旋转以外是恒等的.

一个有界集 $\mathcal{S}$ 关于一组比例 $r^{(1)}, \cdots, r^{(N)}$ 是自相似的, 若 $\mathcal{S}$ 是 N 个非重叠子集之并, 其中每个子集都有 $r(\mathcal{S}_n)$ 的形式, 这里 N 个集合 $\mathcal{S}_n$ 在分布上与 $\mathcal{S}$ 同余.

一个随机有界集 $\mathcal{S}$ 关于比值 r 和整数 N 是统计自相似的, 若 $\mathcal{S}$ 是 N 个非重叠子集之并, 其中每个子集都有 $r(\mathcal{S}_n)$ 的形式, 这里 N 个集合 $\mathcal{S}_n$ 在分布上与 $\mathcal{S}$ 同余.

无界集. 一个无界集 $\mathcal{S}$ 关于比值 r 自相似, 若 $r(\mathcal{S})$ 与 $\mathcal{S}$ 同余.

2. 自仿射

在 E 维欧几里得空间, 一个正的实数比值集合 $r = (r_1, \cdots, r_\delta, \cdots, r_E)$ 确定了一个仿射变换, 它把每个点 $x = (x_1, \cdots, x_\delta, \cdots, x_E)$ 变换到点

$$r(x) = r(x_1, \cdots, x_\delta, \cdots, x_E) = (x_1 r_1, \cdots, x_\delta r_\delta, \cdots, x_E r_E),$$

因此把集合 $\mathcal{S}$ 变换到 $r(\mathcal{S})$.

有界集. 一个有界集 $\mathcal{S}$ 关于比值向量 r 及一个整数 N 自仿射, 若 $\mathcal{S}$ 是 N 个非重叠子集之并, 且每个子集与 $r(\mathcal{S})$ 同余.

无界集. 一个无界集 $\mathcal{S}$ 关于比值向量 r 自仿射, 若 $r(\mathcal{S})$ 与 $\mathcal{S}$ 同余.

上述定义常常在下列条件下应用: (a) $\mathcal{S}$ 是函数 $X(t)$ 从标量时间 t 到一个 $E-1$ 维欧几里得向量的图形; (b) $r_1 = \cdots = r_\delta = \cdots = r_{E-1} = r$; (c) $r_E \neq r$. 在这种情形下, 一个直接的定义如下: 一个时间到向量的函数 $X(t)$ 关于指数 α 与时刻 t_0 是自仿射的, 如果存在一个指数 $\log r_E / \log r = \alpha > 0$, 使得对每一个 $h > 0$, 函数 $h^{-\alpha} X[h(t-t_0)]$ 与 h 无关.

兰佩蒂 (Lamperti) 半稳定性. 随机无界自仿射集合在 Lamperti (1962, 1972) 的相关文献中被称为半稳定的.

异速生长. 第 17 章提到, 当植物树的高度按 r 变化时, 树干的直径按 $r^{3/2}$ 变化. 事实上, 其坐标为树的各种线性尺度的代表点通过仿射性互相联系. 生物学家称这种物种为异速生长的.

布朗分形集

由于出现了多种布朗集的增生, 术语必定要有根有据, 有时甚至是枯燥乏味的.

1. 布朗线-线函数

这个术语用来记为经典的普通布朗运动, 也称为维纳函数、巴舍里耶函数或巴舍里耶-维纳-莱维函数. 下面这个麻烦的定义使得对各种推广容易分类.

假设. (a) 时间变量 t 是实数; (b) 空间变量 x 是实数; (c) 参数 H 是 $H = 1/2$; (d) 概率 $\Pr(X < x)$ 由误差函数给出, 后者是有 $\langle X \rangle = 0$ 及 $\langle X^2 \rangle = 1$ 的约化高斯随机变量的分布.

定义. 布朗线-线函数 $B(t)$ 是这样的随机函数, 它对所有 t 及 Δt 有

$$\Pr\left(\left[B\left(t + \Delta t\right) - B\left(t\right) \right] / \left| \Delta t \right|^H < x \right) = \mathrm{erf}(x).$$

高斯白噪声的表示. 函数 $B(t)$ 是连续但不可微的, 意思是 $B'(t)$ 在通常意义下不存在, 而是作为一个广义函数 (施瓦茨分布) 存在, 令 $B(0) = 0$, 其中 $B'(t)$ 称为高斯白噪声. 可以把 $B(t)$ 写作 $B'(t)$ 的积分.

自仿射. 概率分布的概念从随机变量推广到随机函数. 令 $B(0) = 0$, 改变尺度的函数 $t^{-1/2} B(ht)$ 具有与 t 无关的概率分布. 这个标度性质是自仿射变化的一个例子.

频谱. 根据谱分析或者调和分析, $B(t)$ 的谱密度正比于 f^{-1-2H}, 也就是正比于 f^{-2}. 然而, 谱密度 f^{-2} 的意义需要专门讨论, 因为函数 $B(t)$ 是非平稳的, 而通常的维纳-欣钦 (Wiener-Khinchin) 协变及谱理论与平稳函数相联系. 这个讨论因此顺延到条目**魏尔斯特拉斯**.

不可微性. 函数 $B(t)$ 连续但不可微. 这个论题又最好放在条目**魏尔斯特拉斯**中分析.

参考文献. Lévy (1937—1954, 1948—1965) 因其有隐含意义的优雅和非常个性化的风格而具有当之无愧的声誉 (见第 40 章). 然而在直观性和简单性方面并不相称.

按照数学家、科学家和工程师等各种群体的需要而分列的实用近期参考文献太多了, 但是新近的 (Knight, 1981) 看来颇有希望. (遗憾的是, 它选择不包括 "有关豪斯多夫维数或样本路径测度的结果, 因为无论它们可以是何等的优雅, 它们看来没有任何已知的应用 [!] 且 ⋯⋯ 似乎对直接可应用材料的一般性理解并非真正需要. 另一方面 ⋯⋯ 这些论题如样本路径的处处不可微性 ⋯⋯ 似乎肯定对路径的极端不规则性说了些什么".)

2. 广义布朗函数

前节的每个假设都有一个自然的推广, 而且由推广一个或多个假设得到的每个过程, 都与原来的 $B(t)$ 有明显的不同, 并有重要的应用.

(a) 实 (标量) 时间 t 可以用欧几里得空间 $\mathbb{R}^E(E>1)$ 中的一点代替, 该点或者在一个圆上, 或者在一个球上.

(b) 实 (向量) X 可以用欧几里得空间 $\mathbb{R}^E(E>1)$ 中的一点 P 代替, 该点或者在一个圆上, 或者在一个球上.

(c) 参数 H 可以给出一个不同于 $1/2$ 的值, 对高斯分布 erf, H 可以位于 $0<H<1$ 范围中任意处.

(d) 高斯分布 erf 可以被条目**莱维稳定**中讨论的一个非高斯分布代替.

此外, $B(t)$ 可以通过其白噪声推广, 这个步骤会产生实质上不同的结果.

3. 无倾向部分

$t=0$ 与 $t=2\pi$ 之间布朗线–线函数 $B(t)$ 的变化可以分解为两部分: (a) 由 $B^*(t)=B(0)+(t/2\pi)[B(2\pi)-B(0)]$ 定义的倾向部分, 以及 (b) 剩余的振荡部分 $B_{\mathrm{B}}(t)$. 在布朗函数 $B(t)$ 的情况下, 这些项正好是统计独立的.

倾向. 倾向 $B^*(t)$ 的图形是一条直线, 有随机高斯斜率.

布朗桥. "无倾向的" 振动项 $B_{\mathrm{B}}(t)$ 在分布上等同于布朗桥, 它被定义为满足 $B(2\pi)=B(0)$ 的布朗线–线函数.

无倾向部分的滥用弊端. 面对起始点未知的样本, 在经济学、气象学等部门工作的许多应用统计学家急于把它分解为一个倾向部分和一个振动项 (以及添加的周期项). 隐含地假设这些项有不同的生成机理, 并且在统计上是独立的.

最后这个隐含假设相当没有根据, 除非样本是由 $B(t)$ 产生的.

4. 布朗圆–线函数

有回路的布朗桥. 取在时间区间 $0<t\leqslant 2\pi$ 上与布朗桥 $B_{\mathrm{B}}(t)$ 完全重合的周期函数, 并在 $[0,2\pi[$(均匀地) 随机选取 Δt. 函数 $B_{\mathrm{B}}(t+\Delta t)$ 是统计平稳的 (见条目**平稳性** ······), 并能表示为随机的傅里叶–布朗–维纳级数, 其系数是独立的高斯随机变量, 相位随机且其模正比于 n^{-1}. 换句话说, 该离散谱正比于 n^{-2}, 也就是正比于 f^{-2}, 而在频率 f 以上的累计谱能量 $\sim f^{-1}$.

实际后果. $B(t)$ 的模拟必须在一个有限时间区间里进行. 如果这个区间被看作 $[0,2\pi]$, 就能利用离散的有限傅里叶方法进行模拟. 可以用快速傅里叶变换计算布朗桥, 再加上所需的随机倾向部分.

参考文献. Paley & Wiener (1934) 拥有对代数学孜孜不倦追求的声誉. 然而其在第 9 章和第 10 章中博学的解释段落仍然值得一读. Kahane (1968) 值得推荐, 但是只对数学家, 结果从来不用简单的原始上下文陈述.

奇数回路布朗桥. 函数 $B_0(t)=1/2[B_{\mathrm{B}}(t)-B_{\mathrm{B}}(t+\pi)]$ 与 $B_{\mathrm{E}}(t)=1/2[B_{\mathrm{B}}(t)+B_{\mathrm{B}}(t+\pi)]$ 分别是桥函数 $B_{\mathrm{B}}(t)$ 的奇数与偶数分量之和. 其奇数分量的优点是可

以直接借助沿着圆分布的高斯白噪声 $B'(t)$ 积分而得到

$$B_0(t) = \int_{-\pi}^{0} B'(t-s)\mathrm{d}s - \int_{0}^{\pi} B'(t-s)\mathrm{d}s.$$

布朗线–圆函数. 从 $B(t)$ 出发, 丢弃它的整数部分而将分数剩余部分乘以 2π. 其结果确定了单位圆上一个点的位置. 提到这个布朗线–圆函数多半是为了避免与前述两个非常不同的函数中的任何一个相混淆.

5. 分数幂布朗线–线函数

为了定义记为 $B_H(t)$ 的这个函数, 从普通布朗线–线函数出发, 把指数 $H = 1/2$ 改变为满足 $0 < H < 1$ 的任意实数, 其中 $H \neq 1/2$ 的情形是完全分数幂的.

所有 $B_H(t)$ 都是连续而不可微的. 我能找到的最早对之提及的是文献 (Kolmogorov, 1940). 其他分散的参考文献和各种性质已列在文献 (Mandelbrot & Van Ness, 1968) 中, 也见文献 (Lawrance & Kottegoda, 1977).

相关性与光谱. 很清楚, $\langle [B_H(t+\Delta t) - B_H(t)]^2 \rangle = |\Delta t|^{2H}$. $B_H(t)$ 的谱密度正比于 f^{-2H-1}. 其指数不是整数, 这正是为什么称 $B_H(t)$ 为分数幂的原因之一.

离散分数幂高斯噪声. 它定义为 $B_H(t)$ 在相继单位时间区间中的增量序列. 它的相关性是

$$2^{-1}[\,|d+1|^{2H} - 2\,|d|^{2H} + |d-1|^{2H}\,].$$

长期相关性. 持久的和非持久的. 令 $B_H(0) = 0$, 并定义过去的增量为 $-B_H(-t)$, 未来的增量为 $B_H(t)$, 就有

$$\langle -B_H(-t)B_H(t) \rangle = 2^{-1}\left\{ \langle [B_H(t) - B_H(-t)]^2 \rangle - 2\langle [B_H(t)]^2 \rangle \right\}$$
$$= 2^{-1}(2t)^{2H} - t^{2H}.$$

除以 $\langle B_H(t)^2 \rangle = t^{2H}$ 就得到相关性, 我们发现它与 t 无关, 等于 $2^{2H-1} - 1$. 在 $H = 1/2$ 的经典情形下, 相关性消失, 这正是所期望的. 对于 $H > 1/2$, 相关性是正的, 意味着持久性, 当 $H = 1$ 时相关性为 1. 对于 $H < 1/2$, 相关性是负的, 意味着非持久性, 而当 $H = 0$ 时, 相关性是 $-1/2$.

甚至当 t 未消失时, 这个相关性与 t 无关, 这个事实, 是 $B_H(t)$ 自仿射性的明显推论.

然而, 大多数学习随机理论的学生在开始时, 对过去与未来的相关性可以与 t 无关而不是减少为 0 这一点, 感到吃惊和/或不安.

涉及模拟的实际后果. 为了对在 $t = 0$ 及 $t = T$ 之间的一切整数时间产生一个随机函数, 习惯上选择事先不考虑 T 的一种算法, 然后让它运行一段时间 T. 产生分数幂布朗函数需要的算法是十分不同的: 它们必定依赖于 T.

文献 (Mandelbrot, 1971f) 中描述了对于 $B_H(t)$ 离散增量的快速生成器 (该论文有一个可能十分误导的印刷错误: 在 545 页的第一部分, 分子应该减去 1 而加到整个分数上).

分维数. 对图形有 $D = 2 - H$. 对零集和其他水平的集合有 $D = 1 - H$. 见文献 (Adler, 1981).

6. 分数幂的布朗圆 (或环)–线函数

与子条目 4 的函数相比, 分数幂布朗圆–线函数的固有本性要少得多. 最简单的是分数幂傅里叶–布朗–维纳级数之和, 定义为具有独立的高斯系数、完全随机的相位, 以及系数的模正比于 $n^{-H-1/2}$. 分数幂布朗环–线函数是具有同样性质的一个双重傅里叶级数之和.

提醒. 表面上的类似性可能提示, 分数幂布朗圆–线函数可由应用于非分数幂情形的以下方法得到: 构造分数幂布朗线–线函数的倾向部分 $B_H^*(t)$, 然后构造无倾向部分 $B_H(t)$ 以及通过重复构造周期函数.

很遗憾, 用这种方法得到的周期函数, 是与以 $n^{-H-1/2}$ 为系数的傅里叶级数不同的随机函数. 尤其是, 傅里叶级数是平稳的, 而重复的无倾向部分 $B_H(t)$ 却不是. 例如, 在 $t = 0$ 两侧的一个小区间里, 重复的无倾向桥把 $B_H(t)$ 的两个非相邻子片连接在一起. 桥的定义中包含的限制足以使组合物连续, 但不足以使之平稳. 例如, 由 $t = \pi$ 两侧的相邻子片所组成的小片在分布上是不相同的.

关于模拟的注. 用有限的离散傅里叶方法计算分数幂布朗线–线函数, 在理论上是不可能的, 但在实际上却是可行的, 不过处理起来十分困难. 最直接的方法是: (a) 计算合适的圆–线函数; (b) 除了相应于周期为 2π 的有限个小区间 (例如 $0 < t < t^*$) 外, 全部丢弃; (c) 加上一个单独计算的非常低频率的分量, 当 $H \to 1$ 时, 这时 t^* 必须趋于 0.

分维数. 对于整个图形, $D = 2 - H$(Orey, 1970). 当水平集合非空时, $D = 1 - H$. 这个结果见文献 (Marcus, 1976) (加强的定理 5 参见文献 (Kahane, 1968) 146 页).

通过 $H = 1$ 的临界转移. 带有与 $n^{-1/2-H}$ 成正比的独立高斯系数的分数幂傅里叶–布朗–维纳级数对所有 $H > 0$ 收敛于一个连续和. 当 H 跨越 $H = 1$ 时, 这个和成为可微分的. H 值容许范围的这个差别确认了这两个步骤颇为不同. 它也提示了物理学中的临界转移现象可以用布朗线–线函数建模, 但不能用布朗圆–线函数建模.

7. 分数幂布朗线 (或圆)–空间轨迹

在 $H < 1$ 的圆–空间情形, 轨迹的维数是 $\min(E, 1/H)$, 这是文献 (Kahane, 1968) 第 143 页定理 1 的一部分.

8. 分数幂积分–微分的不同形式

把布朗线–线函数 $B(t)$ 转化为 $B_H(t)$, 最简单的是写出

$$B_H(t) = [\Gamma(H + 1/2)]^{-1} \int_{-\infty}^{t} (t - s)^{H-1/2} \mathrm{d}B(s).$$

这个积分是发散的, 但类似于增量的 $B_H(t) - B_H(0)$ 是收敛的. 它是核 $(t-s)^{H-1/2}$ 的移动平均. 这是一个经典的, 然而颇为生僻的变换, 纯粹数学家们称之为 $H + 1/2$ 阶黎曼–刘维尔分数幂积分或微分.

启发. 积分和/或微分的阶不必是整数的观念, 当采用谱的术语时最容易理解. 实际上, 周期函数的普通积分, 等价于将该函数的傅里叶系数乘以 $1/n$, 而非周期函数的普通积分, 等价于将该函数的傅里叶变换 (当有定义时) 乘以 $1/f$. 所以, 将函数的傅里叶变换乘以分数次幂 $(1/f)^{H+1/2}$ 的运算可以合理地称为分数幂积分–微分. 因为噪声的谱为 f^{-0}, $B_H(t)$ 的谱为 $(1/f)^{2(H+1/2)} = f^{-2H-1}$ (如前所述).

文献. 黎曼–刘维尔变换还有许多其他零星应用 (Zygmund, 1959, II, 第 133 页; Oldham & Spanier, 1974; Ross, 1975; Lavoie, Osler & Tremblay, 1976). 较少为人所知的对概率论的应用 (文献追溯到 (Kolmogorov, 1940)) 在文献 (Mandelbrot & Van Ness, 1968) 中讨论过.

光滑性效应. 当黎曼–刘维尔变换的阶 $H - 1/2$ 为正时, 该变换就是积分的一个分数幂形式, 因为它增加了函数的光滑性. 光滑性等于局部持久性, 但光滑性是由扩张到函数全局性质的积分得到的. 当 $H - 1/2 < 0$ 时, 黎曼–刘维尔变换是微分的分数幂形式, 因为它增强了依赖于局部性态的不规则性.

对布朗函数的应用. 对于一个分数幂布朗圆–线函数, H 没有上界. 阶为 $H - 1/2 > 1/2$ 的分部积分应用于布朗圆–线函数产生一个可微函数. 相反, 在布朗线–线函数中, $H - 1/2$ 至多为 $1/2$, 而 $B_H(t)$ 是不可微的.

布朗圆–线和线–线函数的局部不规则性都阻止了超过 $H = 0$ (因此超过 $-1/2$ 阶) 的微分.

分数幂积分–微分的双向扩张. 经典的黎曼–刘维尔定义对于 t 是严格反对称的事实, 当 t 作为时间参数时是容易被接受的, 但是当坐标 t 向两个方向都可 "运

行"时就需要一个对称的定义. 我建议

$$B_H(t) = [\Gamma(H+1/2)]^{-1}\left[\int_{-\infty}^t (t-s)^{H-1/2}\mathrm{d}B(s) - \int_t^\infty |t-s|^{H-1/2}\mathrm{d}B(s)\right].$$

9. 布朗空间–线函数

Lévy(1948, 1957, 1959, 1963, 1965) 引进了从空间 Ω 到实线的布朗函数, 这里 Ω 可以是有通常距离 $|PP_0|$ 的 $\mathbb{R}^E$, 可以是 $\mathbb{R}^{E+1}$ 中有定义在短程线上距离的球面, 也可以是希尔伯特空间. 对于其中任何一个, 布朗函数 $B(P) - B(P_0)$ 是一个高斯随机变量, 其均值为 0 和方差为 $G(|PP_0|)$, 且 $G(x) = x$. 这方面的文献包括 McKean (1963) 和 Cartier (1971).

当 Ω 是球时的高斯白噪声表示. 这个 $B(P)$ 的构造如第 28 章所述: 在球面上覆盖一层高斯白噪声, 认为 $B(P)$ 就是这个噪声在以 P 为北极的半球上的积分. 实际上, 我更喜欢在一个半球上积分的 1/2 减去在另一个半球上积分的 1/2. 这就推广了上面子条目 4 中的第二个过程.

当 Ω 是 $\mathbb{R}^E$ 时的高斯白噪声表示 (Chentsov, 1957). 这种情形涉及琴佐夫 (Chentsov) 提出的更加复杂的算法, 当 Ω 在 $\mathbb{R}^2$ 及 $B(0,0) = 0$ 时最容易想象. 作一个半径为 1 及坐标为 u 与 θ 的辅助柱面, 并在上面覆盖一层白噪声. 如在 (Mandelbrot, 1975b) 中所修改的, 算法开始于计算在矩形区域 θ 至 $\mathrm{d}\theta$ 及 0 至 u 上白噪声的积分. 我们得到一个布朗线–线函数, 当 $u = 0$ 时它为 0, 并将被记为 $B(u, \theta, \mathrm{d}\theta)$. 对于平面上的每一点 (x,y), 这个布朗线–线分量 $B(x\cos\theta + y\sin\theta, \theta, \mathrm{d}\theta)$ 是统计独立的, 并且对 0 的积分为 $B(x,y)$.

10. 分数幂布朗空间–线函数

Gangolli(1967) 强调了 Yaglom (1957) 的一些要点, 把 $B(P)$ 推广到前一子条目中 $G(x) = x^{2H}$ 的情形, 但他未能提供构造最终函数的显式算法, 为了做到这一点, Mandelbrot (1975b) 通过用一个双向定义的分数幂布朗线–线函数来代替每个 $B(u, \theta, \mathrm{d}\theta)$, 推广了琴佐夫的构造.

有关 D 的论述, 见 (Yoder, 1974, 1975).

关于通过 FFT 进行模拟, 见 (Voss, 1982).

11. 分数幂高斯噪声的非线性变换

给定不同于 $G(x) = x$ 的一个 $G(x)$, 构成 $\sum_{t=1}^T G\{B_H(t) - B_H(t-1)\}$, 并对非整数的 T 进行线性插值. 如果存在一个函数 $A(T)$, 使 $\log_{T\to\infty} A(T)\{B_G(hT) - B_G(0)\}$ 对于每个 $h \in (0,1)$ 是非退化的, 则得到的结果是渐近标度的, 记为 $B_G(T) -$

$B_G(0)$. 默里·罗森布拉特 (Murray Rosenblatt) 研究了 $G(x) = x^2 - 1$ 的范例, Taqqu (1975) 说明问题的关键是 G 的埃尔米特秩 (定义为 G 展开所成埃尔米特序列的最低次项的阶). 有关这方面近来的结果见文献 (Taqqu, 1979; Dobrushin, 1979).

维数及用球覆盖一个集合 (或它的补集)

我提倡的分维数及其种种可接受的变体都不是拓扑学的, 而是度量的概念, 它们包括一个度量空间 Ω, 即这样的一个空间, 其中任意两点之间都有距离的适当定义. 一个闭 (或开) 的球是到 ω 的距离 $\leqslant \rho$ (或 $< \rho$) 的点的集合 (球是实心的, 球面指球的表面).

给定 Ω 中的有界集 $\mathcal{S}$, 有许多种用半径为 ρ 的球覆盖它的方法, 如同在本条目所考察的例子中, 这些方法常常都自然地涉及维数的概念. 在基本范例的研究中, 这些概念产生相同的值, 而在另外一些情形中则有不同的值.

1. 康托尔和闵可夫斯基

最原始的覆盖方法是由康托尔提出的, 它以集合 $\mathcal{S}$ 中的每个点为中心作球, 并用这些球的并作为 $\mathcal{S}$ 的光滑化模型, 称为 $\mathcal{S}(\rho)$.

加上 Ω 是 E 维欧几里得空间的假设, 体积 (vol) 就有了定义, 它是

$$\text{vol}\{\text{半径为 } \rho \text{ 的 } d \text{ 维球}\} = \gamma(d)\rho^D,$$

其中

$$\gamma(d) = [\Gamma(1/2)]^d / \Gamma(1 + d/2).$$

当 $\mathcal{S}$ 是体积远大于 ρ^3 的一个立方体时,

$$\text{vol}[\mathcal{S}(\rho)] \sim \text{vol}[\mathcal{S}].$$

当 $\mathcal{S}$ 是面积远大于 ρ^2 的一个正方形时,

$$\text{vol}[\mathcal{S}(\rho)] \sim 2\rho \text{面积}[\mathcal{S}].$$

当 $\mathcal{S}$ 是长度远大于 ρ 的一个区间时,

$$\text{vol}[\mathcal{S}(\rho)] \sim \pi\rho^2 \text{长度}[\mathcal{S}].$$

更确切地说, 如果用 "容度" 这个词代表体积、面积、长度或其他任一个合适的概念, d 是标准维数, 记

$$V = \text{vol}[\mathcal{S}(\rho)] / \gamma(E - d)\rho^{E-d},$$

我们看到立方体、正方形及线段均满足

$$容量[\mathcal{S}] = \lim_{\rho \to 0} V.$$

这个公式不像看起来那样是两个同样无害的概念之间的琐细无用的关系. H. A. 施瓦茨在 1882 年给出的一个例子表明, 如果把一个圆柱面划分成许多三角形, 并且把三角形越分越小, 则三角形的面积之和不一定收敛为圆柱面的面积. 为了避免这一荒谬结果, Minkowski (1901) 通过用小球覆盖 $\mathcal{S}$ 的上述方法设法把长度和面积约化到健全且简单的体积概念.

然而, 从一开始就遇到了小小的麻烦: 当 ρ 趋于 0 时 V 的上述表达式可能没有极限.

如果出现这种情况, 把极限 (lim) 的概念用上极限 (lim sup) 和下极限 (lim inf) 这一对概念代替, 对于在开区间 (上极限, 下极限) 中的任何实数 A, 对应着至少一个序列 $\rho_m \to 0$, 使得

$$\lim_{m \to \infty} \text{vol} \left\{ [\mathcal{S}(\rho_m)] / \gamma(E - d)\rho_m^{E-d} \right\} = A.$$

但若 $A <$ 下极限或 $A >$ 上极限, 没有这样的序列存在. 这些定义是得到承认的, Minkowski (1901) 称

$$\limsup_{\rho \to 0} \text{vol} \, [\mathcal{S}(\rho)] / \gamma(E - d)\rho^{E-d} \quad \text{及} \quad \liminf_{\rho \to 0} \text{vol} \, [\mathcal{S}(\rho)] / \gamma(E - d)\rho^{E-d}$$

为 $\mathcal{S}$ 的上、下 d-容度, 当它们相等时, 它们的值就是 $\mathcal{S}$ 的 d-容度. 闵可夫斯基观察到, 对于标准的欧几里得形状, 总存在一个 D, 使得若 $d > D$, $\mathcal{S}$ 的上容度为 0, 若 $d < D$, $\mathcal{S}$ 的下容度为无穷.

2. 布利高 (Bouligand)

Bouligand (1928, 1929) 把闵可夫斯基的定义推广到非整数 d. 尤其是上述的下极限 (有可能是一个分数) 值得被称为闵可夫斯基–布利高维数 D_{MB}.

布利高认识到 D_{MB} 有时是非直观的, 且一般地不如豪斯多夫–伯西柯维奇维数 D 更受欢迎, 但它常常与 D 相等且更容易计算, 因此是有用的. $E = 1$ 的情形已在 (Kahane & Salem, 1963) 第 29 页中讨论过, 证实了 D_{MB} 经常等于 D, 不能比它小, 但可以比它大.

3. 庞特里亚金 (Pontrjagin) 和许尼莱尔蒙 (Schnirelman); 柯尔莫哥洛夫和蒂荷米洛夫 (Tihomirov)

在覆盖度量空间 Ω 中集合 $\mathcal{S}$ 的半径为 ρ 的球的所有汇集中, 按照定义, 最经济的是需要最小数目的球的那一个. 当 $\mathcal{S}$ 有界时, 该最小数目是有限的, 记作

$N(\rho)$. Pontrjagin & Schnirelman (1932) 提出把表达式

$$\liminf_{\rho \to 0}\left[\log N(\rho)/\log(1/\rho)\right]$$

作为维数的另一种定义.

　　该方法是 Kolmogorov & Tihomirov (1959) 发展起来的, 该文作者受到了香农信息论的启发, 用 $\log N(\rho)$ 把 $\mathcal{S}$ 的 ρ-熵. Hawkes (1974) 称与此相应的维数为低熵维数, 而把以 $\limsup$ 代替 $\liminf$ 得到的变体称为高熵维数. 霍克斯 (Hawkes) 证明了豪斯多夫–伯西柯维奇维数最大只能等于低熵维数: 它们经常是相同的, 但也可能不同.

　　Kolmogorov & Tihomirov (1959) 还研究了 $M(\rho)$, 定义为 $\mathcal{S}$ 中满足相互距离超过 2ρ 的最大点数. 对于线上的集合, $N(\rho) = M(\rho)$, 而对于其他集合,

$$\liminf_{\rho \to 0}\log M(\rho)/\log(1/\rho)$$

仍然是另一个维数.

　　◁ Kolmogorov & Tihomirov (1959) 称 $\log M(\rho)$ 为容量 (capacity), 十分不幸的是, 该术语在位势理论中已经沿用很久, 但意义完全不同. 尤其是, 必须避免将上段中的维数指定为容量维数. 见**位势**的子条目 3. ▶

<h3 align="center">4. 伯西柯维奇和泰勒; 博伊德</h3>

　　当 Ω 是 $[0, 1]$ 或实轴时, 我们已在第 8 章中看到, 尘埃 $\mathcal{S}$ 完全由它的补集所确定, 该补集是极大开区间的并以及间隙之并 (在某些结构里, 每个间隙都是空洞).

　　$[0, 1]$ 中的三元康托尔尘埃 $\mathcal{C}$. 间隙长度加起来可以达到 1, 并且服从双曲型分布 $\Pr(U > u) = Fu^{-D}$. 因此, 第 n 个间隙的长度 λ_n 因尺寸递减而有 $n^{-1/D}$ 的数量级.

　　零勒贝格测度的一般线性集合. 当 $n \to \infty$ 时 λ_n 的行为曾被 Besicovitch & Taylor (1954) 研究过. 存在实指数 D_{BT}, 使得级数 $\sum \lambda_n^d$ 当 $d > D_{BT}$ 时收敛 (特别是当 $d = 1$ 时收敛于 1). 于是 D_{BT} 是使得 $\sum \lambda_n^d < \infty$ 的实数 d 的下确界. 可以证明 $D_{BT} \geqslant D$. Hawkes (1974)(第 707 页) 证明了 D_{BT} 与高熵维数一致, 但它更容易计算.

　　提醒. 当 $\mathcal{S}$ 不是零测度时, D_{BT} 不是一个维数, 它与第 15 章中的一个指数和第 17 章中的 Δ 有关.

　　阿波罗尼奥斯包的指数. 在阿波罗尼奥斯包 (第 18 章) 的情形, D_{BT} 有它的对应值. 这是梅尔扎克 (Z. A. Melzak) 于 1966 年引入的, 而 Boyd (1973b) 证明了 (如同预期), 它就是剩余集的豪斯多夫–伯西柯维奇维数.

(傅里叶) 维数与直觉推断法

设 $\mu(x)$ 是 $x \in [0,1]$ 上的非减函数. 如果 μ 是常数的最大开区间加起来是闭集 $\mathcal{S}$ 的补集, 称 $\mathrm{d}\mu(x)$ 被 $\mathcal{S}$ 支撑, 而 μ 的傅里叶–斯蒂尔切斯变换是

$$\hat{\mu}(f) = \int \exp(\mathrm{i}fx)\mathrm{d}\mu(x).$$

最光滑的 μ 造成 $\hat{\mu}$ 的最快减少速率. 设 D_F 是这样的最大实数, 它使得至少有一个 $\mathcal{S}$ 支撑的函数 $\mu(x)$ 满足

$$\hat{\mu}(f) = o\left(|f|^{-D_F/2+\epsilon}\right), \quad \text{当 } f \to \infty \text{ 时, 对所有 } \epsilon > 0,$$

但没有一个 $\mu(x)$ 满足

$$\hat{\mu}(f) = o\left(|f|^{-D_F/2-\epsilon}\right), \quad \text{当 } f \to \infty \text{ 时, 对一些 } \epsilon > 0.$$

这里, "$a = o(b)$, 当 $f \to \infty$ 时" 表示 $\lim_{t\to\infty} (a/b) = 0$. 当 $\mathcal{S}$ 是整个区间 $[0,1]$ 时, D_F 是无穷的. 与此相反, 当 $\mathcal{S}$ 是单点时 $D_F = 0$. 更有趣的是, 每当 $\mathcal{S}$ 有零勒贝格测度时, D_F 便是有限的, 而且它小于 $\mathcal{S}$ 的豪斯多夫–伯西柯维奇维数 D. 不等式 $D_F \leqslant D$ 表明, 一个分形集合的分形及调和性质是相关的, 但不一定是恒等的.

为了证明这些维数可以不同, 假定 $\mathcal{S}$ 是一条线上的集合, 对之 $D = D_F$. 当把同样的 $\mathcal{S}$ 看成是平面上的集合时, D 不改变但 D_F 成为 0.

定义. 把 D 称为 $\mathcal{S}$ 的傅里叶维数是概括 $\mathcal{S}$ 的一些调和性质的一种方便的方法.

萨利姆 (Salem) 集. 等式 $D_F = D$ 表征了被称为单一性集或萨利姆集的一类集合 (Kahane & Salem, 1963; Kahane, 1968).

经验法则与直觉推断法. 范例研究中感兴趣的分形趋于萨利姆集, 因为 D_F 常常容易由数据算出, 它可以作为 D 的估算值.

非随机萨利姆集. 非随机康托尔集仅当 r 满足一系列理论性质时是萨利姆集.

随机萨利姆集. 随机康托尔集仅当随机性足以破坏计算规则时是萨利姆集.

萨利姆原来给出的例子非常复杂. 另一个例子是莱维尘埃: 对莱维阶梯 $L(x)$ (图版 302), Kahane & Mandelbrot (1965) 证明了 $\mathrm{d}L(x)$ 的谱与分数幂布朗线–线函数的谱平均地看来几乎一致, 而且就是高斯–魏尔斯特拉斯函数谱的一种光滑化形式.

◁ Kahane (1968)(第 165 页的定理 1 和第 173 页的定理 5) 表明, 维数为 δ 的紧集 $\mathcal{S}$ 在指数为 H 的分数幂布朗线–线函数下的映像是萨利姆集, 且 $D = \min(1, \delta/H)$. ▶

康托尔集不是萨利姆集. 三元康托尔尘埃的最早出现是由于康托尔对单一性集合的寻找 (见 Zygmund (1959), I, 第 196 页), 但是他没有成功. 然后康托尔放弃了调和分析, 而是退而求其次 (!) 创建了集合论. 例如, 记康托尔阶梯 (图版 88) 为 $C(x)$. $dC(x)$ 的谱与 $dL(x)$ 的谱的总体形状相同, 但它包含有偶然的大小不减少的尖峰, 这意味着 $D_F = 0$. 见文献 (Hille & Tamarkin, 1929).

这些峰造成了单一性集合理论中的所有差异, 但在实践中它们不大可能是重要的. 大多数谱密度的计算者都倾向于忽略这些峰, 只选择被 D 支配的背景.

分形 (关于分形的定义)

虽然术语分形在第 3 章里已被定义过了, 但我仍然相信没有定义会更好 (我的 1975 年版就没有定义).

其直接原因是现在的定义排除了某些我们希望包含在内的集合.

更基本地, 我的定义中涉及 D 与 D_T, 但似乎分形构造的概念比 D 与 D_T 更为基本. 更深入的是, 维数概念的重要性由于其未曾预期的新应用而大为增加!

换句话说, 我们应当能把分形构造定义为在某些合理的光滑变换下的不变式. 但这个任务不那么容易完成, 为了举例说明其难度, 让我们回忆起复数的一些定义不能包括实数! 在目前阶段, 主要需求是把基本分形与欧几里得标准集合区分开来. 这是我的定义不能满足的一个需求.

许多杰出的数学家一定像我一样对此缺乏热情, 他们并未注意到本书 1977 年版中的定义. 无论如何, 还是来详细说明它吧.

1. 定义

分形集合的定义首次出现在本书 1977 年版的引言中, 它作为一个度量空间中的集合, 而且满足

豪斯多夫–伯西柯维奇维数 $D >$ 拓扑维数 D_T.

除了一个例外, 本书中的分形是 $E(< \infty)$ 维欧几里得空间中的集合. 它们可以被称为欧几里得分形. 这个例外见于第 28 章: 球面上的布朗海岸线可以被看作黎曼分形.

2. 评论. 半算术维数与纯分形维数的比较

上面的数学定义是严格的但是试探性的, 应作更好的改进. 但几个看来很自然的改变, 将导致信息不足.

很久以前, 我为后来被称为分形的特性到处寻找测度, 最终决定采用豪斯多夫–伯西柯维奇维数 D, 因为它已被极其仔细地研究过. 有些论文如 Federer (1969)

认为必须引进大量变形, 在细节上分辨 D, 这使人颇感不安. 无论如何, 现在有很好的理由来推迟对这些细节的考察.

此外, 如果给出几种可能的维数供选择, 必须避免其中明显涉及不相干特性的那些. 最重要的是, 与博里叶维数 (第 374 页) 或伯西柯维奇–泰勒指数 (第 373 页及 Kahane (1971) 的第 89 页) 比较, D 不涉及算术方面.

3. 豪斯多夫边界情形

边界情形一直是一个问题. 先验地, $D = 1$ 的一条不可求长曲线既可以是分形也可以不是分形, 这对于任何满足 $D = D_T$ 的集合同样成立, 但用于试验函数 $h(\rho) = \gamma(D)\rho^D$ 的豪斯多夫测度是无限的 (它不能为 0). 更不能接受的是, 康托尔魔鬼阶梯 (图版 88) 在直观上就是一个分形, 因为它以明显的方式展示了许多种长度标度. 因此, 我们不愿意称它为非分形, 尽管 $D = 1 = D_T$, 见第 389 页. 由于缺乏其他准则, 我用这种方法来处理边界情形以获得简洁的定义. 如果出现好的理由, 这个定义就应该改变. 见**豪斯多夫**的子条目 8.

4. 定义重述

"容量维数"(见**位势**的子条目 4) 满足上面子条目 2 中的准则集合, 只是因为它的值恒等于值 D. 因此分形也能另外定义为一个集合, 对之

$$弗罗斯特曼容量维数 > 拓扑维数.$$

5. 内禀的和局部的分形时间

本论题的一些原始材料, 可以在本书 1977 年版的第 12 章中找到.

豪斯多夫测度与豪斯多夫–伯西柯维奇维数

关于这个论题的方便的通用参考文献是 Hurewicz & Wallman (1941), Billingsley (1967), Rogers (1970) 以及 Adler (1981).

1. 卡拉泰奥多里 (Carathéodory) 测度

关于 "在连续集合维数的研究中, 体积或数量的一般概念是不可缺少的" 思想是康托尔顺便得出的. 由于问题的困难性, 勒贝格怀疑康托尔能否得到任何有意义的结果. 康托尔的思想由于 Carathéodory (1914) 而向前推进, 并由 Hausdorff (1919) 实现.

计算平面图形面积的一种经典方法, 开始于用一组很小的正方形来近似 $\mathcal{S}$, 然后把这些正方形边长作 $D = 2$ 次幂后相加. Carathéodory (1914) 推广了这种传

统方法. 它用圆盘代替正方形以避免对坐标轴的依赖性, 而且努力做到不事先使用以下知识: $\mathcal{S}$ 是嵌入在一个已知的 $\mathbb{R}^E$ 中的维数已知的标准欧几里得图形.

因此, 注意到嵌入于三维空间的一个平面图形被一些圆盘覆盖时, 当然它也被以这些圆盘为赤道的小球所覆盖. 所以, 为了避免预先断定 $\mathcal{S}$ 是平面的, 只要用小球代替圆盘作覆盖就足够了. 当 $\mathcal{S}$ 的确是一个曲面时, 我们把对应于所有覆盖小球的形如 $\pi\rho^2$ 的表达式相加得到 $\mathcal{S}$ 的近似面积. 更一般地, 一个 d 维的标准形状要求我们把形如 $h(\rho) = \gamma(d)\rho^d$ 的表达式相加, 其中函数 $\gamma(d) = [\Gamma(1/2)]^d/\Gamma(1 + d/2)$ 是本章前面定义过的单位半径小球的容度. Carathéodory (1914) 把 "长度" 或 "面积" 的想法拓展到某些非标准形状.

2. 豪斯多夫测度

Hausdorff (1919) 通过容许 d 是一个分数 (函数 $\gamma(d)$ 的写法使它继续有意义) 而超越了卡拉泰奥多里的工作. 于是, 代替局限于 ρ 的幂, 我们可以用任意正的测试函数 $h(\rho)$, 只要它随着 ρ 趋于 0.

此外, 作为只是到一个中心 ω 的距离不超过规定半径 ρ 的点的集合, 只要定义了距离, 球在并非欧几里得空间 Ω 中仍然有定义. 如同已经提到过的, 这样的空间称为度量空间, 因此豪斯多夫测度是度量的概念.

给定一个测试 (或 "标定") 函数 $h(\rho)$, 用半径为 ρ_m 的小球对 $\mathcal{S}$ 的有限覆盖可以被称为有测度 $\sum h(\rho_m)$. 为了经济的覆盖, 考虑所有半径小于 ρ 的球的覆盖并构成下界

$$\inf_{\rho_m < \rho} \sum h(\rho_m).$$

当 $\rho \to 0$ 时, 约束 $\rho_m < \rho$ 变得越来越严格, 因此, 表达式 $\inf \sum h(\rho_m)$ 只能增加, 它有一个极限

$$\lim_{\rho \to 0} \inf_{\rho_m < \rho} \sum h(\rho_m).$$

这个极限可以是有限且为正的, 也可以是无穷的, 或者为 0. 它定义了集合 $\mathcal{S}$ 的 h-测度.

当 $h(\rho) = \gamma(d)\rho^d$ 时, h-测度被称为 d 维的. 更精确地说, 根据前置因子 $\gamma(d)$, 这是标准的 d 维测度.

当 $h(\rho) = 1/\log|\rho|$ 时, h-测度被称为对数的.

3. 集合的内在测试函数

函数 $h(\rho)$ 可以被称为对 $\mathcal{S}$ 是内在的并记作 $h_{\mathcal{S}}(\rho)$, 如果 $\mathcal{S}$ 的 $h_{\mathcal{S}}$-测度是正且有限的. 这样的测度可称为 $\mathcal{S}$ 的分形测度.

对于欧几里得几何中的标准形状, 其内在测试函数的形式总是 $h_{\mathcal{S}}(\rho) = \gamma(D)\rho^D$, 其中 D 是某个整数值. 豪斯多夫证明了, 带有非整数 D 的表达式 $h_{\mathcal{S}}(\rho) = \gamma(D)\rho^D$ 对康托尔尘埃和科赫曲线是内在的.

另一方面, 在典型的随机分形的情形, 即使它们是统计自相似的, 内在的 $h_{\mathcal{S}}(\rho)$ 存在但更为复杂, 例如取形式 $h_{\mathcal{S}}(\rho) = \rho^D \log|\rho|$. 如果是这样, $\mathcal{S}$ 关于 $h(\rho) = \gamma(D)$ ρ^D 的 h-测度为 0, 因此该形状比 D 维时的要少些 "东西", 而比 $(D - \epsilon)$ 维时的有更多的东西. 平面布朗运动是个例子, 莱维找到了它的 $h_{\mathcal{S}}(\rho) = \rho^2 \log\log(1/\rho)$. 见 Taylor (1964).

平面上任何有界集的二维测度都是有限的, 形如 $\rho^2 \log(1/\rho)$ 的测试函数对任何平面集都不是内在的.

有关对随机集确定 $h_{\mathcal{S}}(\rho)$ 的大量著作以泰勒为作者或共同作者: 参考文献之一是 Pruitt & Taylor (1969).

4. 豪斯多夫–伯西柯维奇维数: 定义

如果已知 $\mathcal{S}$ 是二维的, 只要对 $h(\rho) = \pi\rho^2$ 计算豪斯多夫 h-测度就足够了. 然而, 豪斯多夫测度的定义是这样规划的, 它保证了不需要预先知道 D. 如果要处理一个预先不知道维数的标准形状, 就会对所有测试函数 $h(\rho) = \gamma(d)\rho^d$(其中 d 是整数) 计算测度; 如果长度无限而体积为 0, 则此形状就只能是二维的.

伯西柯维奇把上述结论的核心推广到 d 不是整数而且 $\mathcal{S}$ 不是标准形状的情形. 他证明, 对每一个集合 $\mathcal{S}$ 总存在一个实数 D, 使得 d-测度当 $d < D$ 时无穷, 而当 $d > D$ 时为 0.

这样的 D 就称为 $\mathcal{S}$ 的豪斯多夫–伯西柯维奇维数.

对物理学家来说, 这个定义表示 D 是临界维数.

D 维集合 $\mathcal{S}$ 的 D-维豪斯多夫测度可以是 0, 也可以是无穷, 或者是正且有限的. 豪斯多夫只研究了第三种且是最简单的类型, 证明了它包括康托尔集合和科赫曲线. 另外, 如果集合 $\mathcal{S}$ 是自相似的, 容易看出它的相似性维数必定等于 D. 另一方面, 我们已经看到典型的随机集合在其内在维数中有零测度.

在很长一段时间里, 伯西柯维奇几乎是这一论题的每篇文章的作者或合作者. 豪斯多夫是非标准维之父, 而伯西柯维奇就使自己成为非标准维之母了.

余维. Ω 是空间 $\mathbb{R}^E$, $D \leqslant E$, 称 $E - D$ 为余维.

5. 集合的直接积 (维数相加)

设 $\mathcal{S}_1$ 与 $\mathcal{S}_2$ 分别属于一个 E_1-空间和一个 E_2-空间, 并用 $\mathcal{S}$ 记 E-空间中的集合, 且有 $E = E_1 + E_2$, 这是由 $\mathcal{S}_1$ 与 $\mathcal{S}_2$ 的积得到的 (若 $E_1 = E_2 = 1$, $\mathcal{S}$ 是平面中点 (x, y) 组成的集合, 其中 $x \in \mathcal{S}_1$ 及 $y \in \mathcal{S}_2$).

经验法则是这样的, 若 S_1 与 S_2 是 "独立的", S 的维数就是 S_1 与 S_2 的维数之和.

嵌入在法则中的 "独立性" 概念, 被证明是出乎预料地难以叙述及难以一般地证明, 见 (Marstrand, 1954a, 1954b; Hawkes, 1974; Mattila, 1975). 很幸运, 在例如本书处理的那些范例研究中, 直觉通常是一个很好的指南.

6. 集合的交 (余维相加)

经验法则如下: 若 S_1 与 S_2 是 E-空间的独立集合, 而

$$余维(S_1) + 余维(S_2) < E,$$

则左端几乎一定等于

$$余维(S_1 \cap S_2).$$

而当余维之和 $>E$ 时, 典型地, 其交集几乎必定是零维的.

尤其是, 若 $D \leqslant E/2$, 则两个相同维数的集合不相交. 所以把维数 $E = 2D$ 称为临界的.

最值得注意的是, 给定均有维数 $D = 2$ 的两个布朗轨迹, 则它们当 $E < 4$ 时相交, 当 $E \geqslant 4$ 时不相交.

此法则显然可以推广到多于两个集合相交的情形.

自相交. S 的 k 个多重点的集合可看作 k 个 S 的复制品相交. 人们试图测试以下假设: 从交的维数的观点, k 个复制品可以看作是独立的. 至少对一个例子, 这个猜测是正确的. Taylor (1966)(推广了德沃列茨基 (Dvoretzky)、埃尔德什 (Erdös) 和角谷 (Kakutani) 的结果) 研究了在 $\mathbb{R}^1$ 和 $\mathbb{R}^2$ 中的布朗轨迹和莱维运动. 轨迹的维数是 D, 而其 k-重点集具有维数 $\max[0, E - k(E - D)]$. 泰勒猜测这个结果在 $\mathbb{R}^E$ 空间中对一切 k 直至 $k = \infty$ 都成立.

7. 集合的投影

经验法则是这样的, 把维数为 D 的分形 S 沿着与 S 独立的方向投影到维数为 E_0 的欧几里得子空间, 其投影 S[①]满足

$$S \text{ 的维数} = \min(E_0, D).$$

应用. 设 $x_1 \in S_1$ 和 $x_2 \in S_2$, 其中 S_1 和 S_2 是 $\mathbb{R}^E$ 中的两个分形, 其维数分别为 D_1 和 D_2. 设 a_1 和 a_2 是非负实数, 并定义集合 S 由形如 $x = a_1 x_1 + a_2 x_2$ 的点组成, 则集合 S 的 D 满足

$$\max(D_1, D_2) \leqslant D \leqslant \min(E, D_1 + D_2).$$

---

① 原文误作 δ 的维数.

只要作 $\mathbb{R}^E$ 与 $\mathbb{R}^E$ 的直接积, 然后作投影就可以证明上式.

在独立的情形, 趋于应用上界. 若 $D = E = 1$, $\mathcal{S}$ 既可以是分形, 也可以是包含多个区间的集合.

8. 集合的从属运算 (相乘集合的维数)

见第 32 章.

9. 子维序列

当 $\mathcal{S}$ 的内在测试函数是 $h_\mathcal{S}(\rho) = \gamma(D)\rho^D$ 时, 分形特性完全由它的 D 所描述. 若

$$h_\mathcal{S}(\rho) = \rho^D [\log(1/\rho)]^{\Delta_1} [\log\log(1/\rho)]^{\Delta_2},$$

$\mathcal{S}$ 的分形性质的描述更麻烦, 它需要序列 D, Δ_1, Δ_2. Δ_m 可以称为从属维数或子维数.

子维数可以影响这样的问题: 边界集 (在**分形**的子条目 4 中讨论过) 是否可以被称为分形. 这对把使 $D = D_T$, 但至少有一个 Δ 不为零的所有 $\mathcal{S}$ 包括在分形之中可能是有用的.

指示/余指示函数

给定集合 $\mathcal{S}$, 指示函数 $J(x)$ 的经典定义如下: 当 $x \in \mathcal{S}$ 时 $J(x) = 1$; 而当 $x \notin \mathcal{S}$ 时 $J(x) = 0$. 但当 $\mathcal{S}$ 是康托尔集、谢尔平斯基点阵 (整片或地毯)、分形网, 或是另外几个分形类中的任何一个时, $J(x)$ 是不方便的. 我找到了一个不同的函数 $C(x)$, 它更为方便, 可以代替 $J(x)$, 现在我引进它, 并建议称它为余指示函数.

$C(x)$ 是 $\mathcal{S}$ 的间隙的指示函数的随机加权平均. 换句话说, $C(x)$ 在每个间隙中是常数, 而它的值在不同间隙中是独立同分布的随机变量.

Mandelbrot(1965c, 1967b, 1967i) 在古老的 (而且容易使人误解的) 术语核心函数下, 引入和研究了 $C(x)$.

莱维稳定随机变量与函数

双曲型分布具有不可超过的形式上的简单性, 并在截断下不变 (见条目截断下的标度). 而其他使之不变的变换是不重要的. 重要得多的是在加法下不变的分布, 这些分布是渐近双曲型的, 而保罗·莱维对之使用了一个令人望而生畏并有滥用之谦的术语 "稳定分布". 他还引进了稳定过程, 其中双曲型和稳定分布都起了重要作用.

直到我的工作, 稳定变量一直被认为是 "病态的" 或者甚至是 "畸形的", 唯一的例外是霍尔茨马克 (Holtsmark) 随机向量 (在子条目 9 中讨论). 我的主要应用在第 31, 32 和 37 章中已讨论, 对遗传学的应用将在子条目 4 提及.

参考文献.　文献很多, 但没有令人满意的. (Feller, 1966) 第二卷 II 中, 稳定性方面的材料完整但很分散, 很难查到需要的东西. (Lamperti, 1966) 是一本好的入门书. (Gnedenko & Kolmogorov, 1954) 仍然值得推荐. Lukacs (1970) 收集了许多有用的细节. 原始的庞大专著 (Lévy, 1925, 1937—1954) 不一定适合每个人的口味, 因为它们的作者的风格独特, 与众不同 (见第 40 章).

1. 高斯随机变量在加法下是标度的

众所周知, 高斯分布有下面的性质. 设 G_1 与 G_2 是两个独立的高斯随机变量, 且

$$\langle G_1\rangle=\langle G_2\rangle=0;\quad \langle G_1^2\rangle=\sigma_1^2,\quad \langle G_2^2\rangle=\sigma_2^2.$$

它们的和 G_1+G_2 满足

$$\langle G_1+G_2\rangle=0;\quad \langle (G_1+G_2)^2\rangle=\sigma_1^2+\sigma_2^2.$$

更重要的是, G_1+G_2 本身也是高斯型的. 于是, 高斯型的性质在独立随机变量加法中有不变性. 换句话说, 泛函方程

(L) $$s_1X_1+s_2X_2 = sX$$

与辅助关系式

(A : 2) $$s_1^2+s_2^2 = s^2$$

的联立方程以高斯随机变量为一个可能的解. 事实上, 除了一个比例因子以外, 高斯随机变量是同时满足 (L) 和 (A: 2) 的唯一分布.

此外, 如果 (L) 与另外一个辅助关系式 $\langle X^2\rangle<\infty$ 联立, 高斯随机变量仍是唯一解.

在 Lévy (1925) 中, (L) 是深入的研究对象, 被称为稳定性. 每当可能出现模糊不清时, 我就使用烦琐的莱维稳定性.

2. 柯西随机变量

因为有实用头脑的科学家们倾向于认为 $\langle X^2\rangle<\infty$ 是理所当然的, 普遍认为高斯型是仅有的稳定分布. 但事实上肯定并非如此, 如同 Cauchy (1853) 第 206 页中首先确认的. 柯西的例子是个随机变量, 它最初由泊松研究过, 现在被称为"简约的柯西变量". 它满足

$$\Pr(X > -x) = \Pr(X < x) = 1/2 + \pi^{-1}\arctan x,$$

因此

$$柯西密度 = 1/\left[\pi\left(1+x^2\right)\right].$$

柯西证明了这个变量是 (L) 与另一个辅助关系式

(A : 1) $s_1+s_2= s$

的解. 对于柯西变量, $\langle X^2 \rangle = \infty$, 事实上, $\langle X \rangle = \infty$. 因此, 为了表达一个清楚的概念: X 与非随机量 s 的乘积的尺度等于 X 的尺度的 s 倍, 必须用某个不同于均方根的量来测量尺度, 一个可供选用的量是 Q 与 Q' 之间的距离, 这里 $\Pr(X < Q') = \Pr(X > Q) = 1/4$.

柯西变量最常用于反例中, 例如在 (Bienaymé, 1853), 321—323 页. 又见 (Heyde & Seneta, 1977).

几何生成的模型. 上面的公式 $\Pr(X < x) = 1/2+\pi^{-1}\arctan x$ 是从几何上得出的, 通过把点 W 以均匀概率分布置于圆 $u^2+v^2 = 1$ 上, 并定义 X 为 O 至 W 的连线与直线 $v = 1$ 的交点的横坐标. 同样, 变量 Y, 定义为 O 至 W 的连线与直线 $u = 1$ 的交点的纵坐标, 具有与 X 相同的分布. 因为 $Y = 1/X$, 就找到了柯西 (变量) 之逆仍是柯西 (变量).

此外, 每当 $OW = (X, Y)$ 是平面中各向同性分布的一个随机向量时, Y/X 就是柯西变量. 尤其, 两个独立高斯变量之比是柯西变量.

3. 布朗运动的递归

现在把方程 (L) 与

(A : 0.5) $s_1^{0.5}+s_2^{0.5} = s^{0.5}$

联立. 它的解是一个随机变量, 其密度当 $x < 0$ 时为 0, 否则等于

$$p(x) = (2\pi)^{-1/2}\exp(-1/2x)x^{-3/2}.$$

量值 $p(x)\mathrm{d}x$ 是找到满足 $B(0) = 0$, 且对 $[x, x + \mathrm{d}x]$ 中的某些 t 满足 $B(t) = 0$ 的布朗函数的概率.

4. 一般的莱维稳定变量

柯西也考虑了一般的辅助关系式

(A : D) $s_1^D+s_2^D=s^D.$

对称解. 柯西在形式计算的基础上断言, 对每个 D, (L) 与 (A : D) 的联立式有一个解, 它是密度为

$$\pi^{-2} \int_0^\infty \exp\left(-u^D\right) \cos(ux)\mathrm{d}u$$

的随机变量.

波利亚和莱维证明, 当 $0 < D \leqslant 2$ 时, 柯西的断言确凿无误, 高斯分布与柯西分布是两种特殊情形. 但当 $D > 2$ 时, 柯西的断言是无效的, 因为上面写出的密度会取负值, 而这是荒谬的.

极不对称解. 莱维还证明了, (L) 与 (A: D) 的组合中已经考虑到不对称解. 对于大多数极不对称的解, 生成函数 (拉普拉斯变换) 有定义且等于 $\exp\left(g^D\right)$.

其他不对称解. (L) 与 (A: D) 的组合的一般解是两个独立同分布的极不对称解之加权差. 习惯上把权记为 $\frac{1}{2}(1 + \beta)$ 及 $\frac{1}{2}(1 - \beta)$.

(L) 的最后推广. 保持 (A: D) 不变, 将条件 (L) 替代为

(L*) $\qquad\qquad\qquad\qquad s_1 X_1 + s_2 X_2 = sX + 常数.$

当 $D \neq 1$ 时, 这种变化不造成任何差别, 但当 $D = 1$ 时, 它容许其他解, 称为不对称柯西变量.

细菌突变体. Mandelbrot (1974d) 说明, 在古老的细菌培养 (卢里亚–德尔布吕克问题) 中, 突变体的总数是具有极不对称性的莱维稳定变量.

5. 莱维稳定密度的形状

除了三种例外 (即具有 $\beta = 0$ 的 $D = 2$, 具有 $\beta = 0$ 的 $D = 1$ 以及具有 $\beta = 1$ 的 $D = 1/2$), 莱维稳定分布封闭解的解析形式是未知的, 而这三种简单例外的性质可以推广到其他情形.

在所有极不对称且 $0 < D < 1$ 的情形, 当 $x < 0$ 时密度为 0.

把高斯密度 $\exp(-1/2x^2)$ 推广到具有 $1 < D < 2$ 的所有极不对称情形的短尾部. 其密度正比于 $\exp(-c|x|^{D/(D-1)})$.

对 $x \to \infty$, 柯西密度正比于 $(\pi)^{-1}x^{-D-1}$, 而布朗递归密度正比于 $(2\pi)^{-1/2} \cdot x^{-D-1}$. 更一般地, 对所有 $D \neq 2$, 在长尾中的密度正比于 x^{-D-1}.

否则, $p(u)$ 的性态必须用数值方法得到. 文献 (Mandelbrot, 1960e) 对极不对称的情形给出了 $1 < D < 2$ 的图形, 文献 (Mandelbrot, 1962p) 中考虑了 D 十分接近 2 的情形, 而文献 (Mandelbrot, 1963b) 就对称情形给出了评论. 快速傅里叶变换技术使这项任务轻松得多, 见文献 (Dumouchel, 1973, 1975).

6. 加数之间的不等性和导致的群集性

设 X_1 与 X_2 是具有相同概率密度 $p(u)$ 的两个独立随机变量, 则 $X = X_1 + X_2$ 的概率密度是

$$p_2(u) = \int_{-\infty}^{\infty} p(y)p(u-y)\mathrm{d}y.$$

如果和式 u 已知, 无论哪一个加数 y 的条件密度都是 $p(y)p(u-y)/p_2(u)$. 让我们细致地考察该密度的状态.

例 当 $p(u)$ 是单位方差的高斯 (概率密度) 时, 它是单峰函数 (= 它有单个极大值), 其条件分布是一个高斯分布, 其均值为 $\frac{1}{2}u$, 方差为 $1/2$ 且独立于 u (见布朗分形的子条目 3). 当 $u \to \infty$ 时, 加数的相对值越来越接近于相等.

当 $p(u)$ 是约化柯西密度时, 它又是单峰的, 我们必须区分两种非常不同的情况. 当 $|u| \leqslant 2$ 时 (有一半可能性), 条件分布再次是单峰的, 它的最可能值也是 $\frac{1}{2}u$. 相反, 当 $|u| > 2$ 时, 值 $\frac{1}{2}u$ 成为最少可能的 (局部地). 对 $|u| = 2$[①], 条件分布分岔为两个分开的 "尖形区", 其中心分别靠近 $y = 0$ 及 $y = u$. 当 $u \to \pm\infty$ 时, 这些尖形区变得越来越难以与中心在 0 和 u 的尖形区相区分.

当 $p(u)$ 是布朗递归密度时, 情况如同在柯西的情形但更加极端, 其条件密度是双峰的, 概率 $>1/2$.

推论: 考虑一个随机行走的 3 个相继零相交 T_{k-1}, T_k 与 T_{k+1}. 如果 $T_{k+1} - T_{k-1}$ 很大, 中间的零相交最可能或者靠近 T_{k-1} 或者靠近 T_{k+1}, 最不可能落在二者正中间. ◁ 这个结果与概率论中的一个著名的反直观结果 (莱维的反正弦定律) 有关. ▶

下面来考虑 U 的条件分布, 设 M 个变量 U_g 之和取一个非常大的值 u. 在高斯情形下, 最可能的结果是每个加数都很接近 u/M. 而在柯西情形和布朗情形下却相反, 最可能的结果是所有加数除了一个都是小的.

对一个和值作出 "恒等" 贡献这个想法中隐藏的缺点. 各加数在具有相同分布的意义上是先验地恒等的, 这容许它们的各后验值或者接近相等 (就像在高斯情形), 或者在不同程度上不相等 (就像在和值非常大的稳定莱维情形).

7. 非标准中心极限, 双曲型变量的作用

给定独立同分布随机变量的无限序列 X_n, 其中心极限问题就在于是否有可能选取权重 a_n 与 b_n, 使得和式 $a_n\sum_1^N X_n - b_N$, 当 $N \to \infty$ 时有一个非平凡的极限.

[①] 原文误作 $(u) = z$. ——译者注

在标准情形 $\langle X_n^2 \rangle < \infty$, 回答是标准的和肯定的: $a_N = 1/\sqrt{N}$ 及 $b_N \sim \langle X_n \rangle \sqrt{N}$, 而极限是高斯型的.

非标准情形 $\langle X_n^2 \rangle = \infty$ 要复杂得多: (a) a_N 与 b_N 的选取并非总是可能的. (b) 若可能, 则极限是稳定非高斯型的. (c) 为使极限的指数是 D, 对 X_n 的一个充分条件为分布是指数为 D 的渐近双曲型分布 (第 38 章). (d) 充要条件可在本条目开始处的参考文献中找到.

8. 莱维稳定线–线函数

这些是有平稳独立增量的随机函数, 而且使得增量随机变量 $X(t) - X(0)$ 是莱维稳定的. 为使 $[X(t) - X(0)]a(t)$ 独立于 t 的标度因子 $a(t)$, 必须取形式 $a(t) = t^{-1/D}$. 这种方法把普通布朗运动推广到 $D \neq 2$.

$X(t)$ 最引人瞩目的性质就是它的不连续性及有跳跃.

$D < 1$ 的情形. 这里, $X(t)$ 除了跳跃不包括任何其他东西: 这些跳跃出现在时刻 t 与 $t + \Delta t$ 之间, 而且有绝对值超过 u, 是期望值等于 $|\Delta t| u^{-D}$ 的泊松随机变量.

正的与负的跳跃的相对数量是 $1/2(1 + \beta)$ 和 $1/2(1 - \beta)$. 极不对称情形 $\beta = 1$ 只包含正的跳跃: 称为稳定的从属过程, 并用来定义图版 302 与图版 303 中的莱维阶梯.

悖论. 因为当 $u \to 0$ 时 $u^{-D} \to \infty$, 无论长度 Δt 多么小, 跳跃的总期望数总是无穷的. 相关的概率是无穷的这个事实似乎是一个悖论. 但当我们注意到对 $u < 1$ 的跳跃相加为有限的累积总和时, 这种感觉就没有了. 注意到小的跳跃的期望长度是有限的, 这个结论也就很自然了. 它正比于

$$\int_0^1 Du^{-D-1}u\,\mathrm{d}u = D\int_0^1 u^{-D}\,\mathrm{d}u < \infty.$$

$1 < D < 2$ 的情形. 这里, 最后所写的积分是发散的, 因为小跳跃的总贡献是无穷的. 且结果是, $X(t)$ 包含一个连续项和一个跳跃项: 二者都是无限的但它们的和是有限的.

9. 稳定的莱维向量和函数

设改变稳定性定义中的泛函方程 (L), 通过使其中的 X 成为随机向量 X. 给定单位向量 V, 显然方程 (L) 与 (A: D) 的联立式有一个基本解, 它是 V 与标量性稳定变量的乘积.

Lévy (1937—1954) 说明, 一般解只是许多基本解之和, 它们对应于空间中的所有方向, 并以在单位球面上的一个分布加权. 这些贡献可以是离散的 (有限的或

者可数无限的), 也可以是无穷小的. 为了使向量 X 是各向同性的, 基本贡献必须在所有方向上都是均匀分布的.

稳定的莱维时间向量函数. 这些函数容许把相同种类的分解作为稳定的标量函数, 加入服从双曲型分布的跳跃之和中. 跳跃的大小和方向由在单位球面上的分布所控制.

霍尔兹马克分布. 霍尔兹马克在频谱学方面的工作因为借助于牛顿引力理论的重新阐述而存留 (Chandrasekhar, 1943); 在我的工作之前, 它只涉及莱维稳定分布的具体事件. 假定在 O 点有一颗星, 而其余单位质量的星星分布在整个空间, 它们相互间独立而且带有期望密度 δ. 这些星星作用在 O 点的总引力有多大? 在牛顿发现 r^{-2} 引力定律以后不久, 本特利教士就写信给他, 指出 (实际上) 笔尖在 O 的铅笔头 $\mathrm{d}\Omega'$ 内的这些星的引力的期望值是无限的, 而在与 $\mathrm{d}\Omega'$ 关于 O 点对称的铅笔 $\mathrm{d}\Omega''$ 中的星星的引力也是如此. 本特利的结论是, 这些无限性之间的区别是不确定的.

霍尔兹马克问题 (通常指重述过的) 避开了涉及实际引力超过其期望值的困难. 我们从以角度为 $\mathrm{d}\Omega$ 的上述铅笔头和半径在 r 与 $r+\mathrm{d}r$ 之间的球面为界的区域中的星星开始. 每颗星都受到引力 $u=r^{-2}$, 而它们的数字特征是期望值为 $\delta|\mathrm{d}\Omega|\mathrm{d}(r^3)=\delta|\mathrm{d}\Omega||\mathrm{d}(u^{-3/2})|$ 的泊松变量. 因此超过期望值的引力有特征函数

$$\exp\left\{\delta|\mathrm{d}\Omega|\int_0^\infty[\exp(\mathrm{i}\zeta u)-1-\mathrm{i}\zeta u]|\mathrm{d}(u^{-3/2})|\right\}.$$

这转而对应于指数为 $D=3/2$ 及 $\beta=1$ 的莱维稳定变量. 由上面的子条目 6, 一个大的正的 u 很可能是由靠近 O 点的单颗星引起的, 无论别处的星星的密度如何：对于大的 u,U 的分布性态就像最靠近星星的引力的分布一样.

因此全部过剩引力是 $D=3/2$ 的各向同性的莱维稳定向量.

稳定性的意义如下：如果有两个均匀分布的红星群和蓝星群, 由红星单独作用, 或者由蓝星单独作用, 或者由红星和蓝星一起作用, 则它们在 O 点作用力的不同仅仅相差一个标度因子, 而不是它们的分布的解析形式.

10. 稳定的空间–线随机函数

Chentsov(1957) 给出的布朗空间–线函数, 由 Mandelbrot(1975b) 推广到稳定情形.

11. 维数

在非高斯情形下, 稳定过程维数的最早计算可在 (McKean, 1955; Blumenthal & Getoor, 1960c, 1962) 中找到. (Pruitt & Taylor, 1969) 中的目录包含大量文献.

12. 有权加法下的标度 (Mandelbrot, 1974c, 1974f)

如同在本章**无腔隙分形**的子条目 4 中所讨论的, Mandelbrot (1974c, 1974f) 提出了一族推广的莱维稳定变量. 它们包含莱维稳定件条件 (L) 的推广, 其中的权重 $s_i\mu$ 成为随机的.

利普希茨–赫尔德 (Lipschitz-Hölder) 直觉推断

分维原本是一种局部性质, 尽管本书中局部性质是反映在全局性质中的. 因此, 对于除此之外是任意连续函数 $X(t)$ 的图形, D 必定与其他局部性质有关, 而最有用的就是利普希茨–赫尔德 (LH) 指数 α, 在 t^+ 的 LH 条件可以表示为

$$X(t) - X(t_0) \sim |t-t_0|^\alpha, \quad 0 < t-t_0 < \epsilon,$$

对于 t-是类似的. 在 $[t', t'']$ 中的全局 LH 指数是 $\lambda[t', t''] = \inf_{t' \leqslant t \leqslant t''} \alpha$. 除非 $X(t)$ 是一个常数, $\lambda \leqslant 1$.

LH 直觉推断与 D. 给定 α, 为了覆盖时间 t 与 $t+r$ 之间的 X 的图形所需的边长为 r 的正方形的数目, 大约等于 $r^{\alpha-1}$. 用这种方式, 对 X 在 $t \in [0,1]$ 中的图形取 N 个正方形就能覆盖住, 再经大致的维数分析就产生 $D = \log N / \log(1/r)$. 这种猜测 D 的方法在这里记为利普希茨–赫尔德直觉推断, 这是鲁棒且有效的方法.

例. 当 X 对 0 与 1 之间的每个 t 都可微时, 略去使 $X'(t) = 0$ 的那些点, 就处处有 $\alpha = 1$, 而覆盖图形所需的正方形数目是 $N \sim r^{\alpha-1}(1/r) = r^{-1}$. 然后可知 $D = 1$, 在这种情况下当然正应该如此.

当 $X(t)$ 是普通的或分数幂的布朗函数时, 可以证明 $\alpha \equiv \lambda = H$. 直觉法的 N 是 $N \sim r^{H-1-1}$, 因此 $D = 2 - H$, 又与已知的 D 吻合.

◁ 对于在条目**魏尔斯特拉斯**⋯⋯ 中的函数, Hardy (1916) 证明了 $\alpha \equiv H$. 因此可猜测豪斯多夫– 伯西柯维奇维数是 $2 - H$. ▶

康托尔阶梯 (图版 88) 的情形相当不同. 这里的 X 仅随 t 变化, 而 t 属于分维数 $\delta < 1$ 的分形尘埃, 且 α 依赖于 t. 把 $[0, 1]$ 划分为 $1/r$ 个长度为 r 的时间跨度. 在 $r^{-\delta}$ 跨度里 $\alpha = \delta$, 而在其他跨度里 α 是不确定的. 但如果把坐标轴转动一点点, 就会发现 $\alpha = 1$. 因此由直觉法, 所需覆盖正方形的数目是 $r^{-1} + r^{\delta-1}r^{-\delta} = 2r^{-1}$, 而直觉维数是 $D = 1$. 情况确实如此, 就像在图版 88 中所表明的.

此外, 一个布朗函数和一个 $\delta < H$ 的康托尔阶梯之和产生 $D = 2 - H$ 及 $\lambda = \delta$, 因此 $1 < D < 2-\lambda$.

总结. 直觉推断不等式 $1 \leqslant D \leqslant 2 - \lambda$. 这个猜测已由 Love & Young(1937) 和 Besicovitch & Ursell (1937) 所证实, 也可见 Kahane & Salem (1963) 第 27 页.

关于分形的定义. 条目**分形 (关于分形的定义)** 提到, 希望把术语分形的范围扩展到包含康托尔阶梯. 难道我们可以说一条曲线当 $\lambda < 1$, 且 α 对 "充分多的 t" 靠近 λ 时是分形吗? 我更喜欢不走这条路, 因为这样的扩展很麻烦, 还要区别 $D_T = 0$ 和 $D_T > 0$.

线–面函数. 设 $X(t)$ 与 $Y(t)$ 是连续函数, 其 LH 指数是 λ_1 与 λ_2. 直觉法提示, 覆盖坐标为 $X(t)$ 与 $Y(t)$ $(t \in [0, 1])$ 的向量函数的图形最多需要 $r^{\lambda_1+\lambda_2-3}$ 个边长为 r 的立方块, 因此 $1 \leqslant D \leqslant 3 - (\lambda_1+\lambda_2)$. 对于普通布朗线–面轨迹, 这产生正确的 $D = 2$.

投影. 现在, 通过把 $\{X(t), Y(t)\}$ 投影在 (x, y) 平面上构成一条连续轨迹. 当 $\lambda_1 = \lambda_2 = \lambda$ 时, 直觉提示需要至多 $1/r$ 个边长为 r^λ 的正方形, 因此 $1 \leqslant D \leqslant \min(2, 1/\lambda)$. 类似地, 考虑函数 $\{X(t), Y(t), Z(t)\}$(它的坐标有相等的 LH 指数 λ) 的连续轨迹. 直觉提示当 $\lambda_1 \neq \lambda_2$ 时 $1 \leqslant D \leqslant \min(3, 1/\lambda)$. $\{X(t), Y(t)\}$ 的连续轨迹必须由边长为 $r^{\max \lambda}$ 的正方形覆盖, 因此

$$1 \leqslant D \leqslant 2 - \max\{0, (\lambda_1+\lambda_2-1)/\max(\lambda_1, \lambda_2)\}.$$

所有这些都已被 Love & Young (1937) 证实.

中线和跳跃多边形

关于这个 (与佩亚诺曲线有关) 论题的资料, 可在《分形》1977 年版第 12 章中找到.

音乐: 两个标度性质

音乐中至少有两个值得提及的标度性质:

平均律及其与修正的魏尔斯特拉斯函数频谱之间的关系. 拉丁语字根 scala 的最常用意义——阶梯, 当然不能在贯穿本书全书的术语标度 (scaling) 里找到. 但在音乐的音阶 (scale) 概念中, 它意味着由频率增加得到的离散谱. 在平均律音阶里, 频率按对数律分布. 例如, 十二平均律音阶对应于基 $b = 2^{1/12}$[①]. 其结果是, 每种乐器的基本音符多半在它全频带中的低频部分, 高频部分占比很小.

外推到人耳识别范围以外的高频和低频, 这样的频谱与具有同样 b 值的魏尔斯特拉斯 (修正) 函数 (403 页) 是相同的. 因此, 为了在一支乐曲中增加低音, 只需增加能发出所期望低音的新乐器就足够了.

---

① 众所周知, 一个八度音阶中有 12 个半音, 在十二平均律中, 每个音的频率都是前一个音的频率乘以 b, 例如, 中央 A 的频率是 440 赫兹, D 的频率就是 $440 \times 2^{2/12} = 494$ 赫兹.——译者注

欧拉–傅里叶定理把最一般的周期函数表示为线性分布的调和级数. 在最一般乐曲里表示基本音符序列的函数是非常受限制的函数.

音乐作为标度 (1/f) 噪声 (R. F. 沃斯 (Voss)). 乐曲的第二个标度方面涉及音频信号的各种度量的时间变化, 例如其功率 (用其强度的平方度量), 或者其瞬时频率 (用音频信号的零相交的比率度量). Voss & Clarke (1975) 和 Voss (1978)(也可见 Gardner (1978)) 注意到, 在一些不同的作曲家如巴赫、贝多芬和皮特尔斯 (Beatles) 的作品中, 上述音频信号的度量都是标度噪声, 即第 269 页上所述的 $1/f$ 噪声.

相反, 如果随机音乐是由一个外部物理噪声源 (具有 $1/f^B$ 频谱及变化的标度指数) 触发的, Voss & Clarke (1975) 和 Voss (1978) 发现, $1/f$ 噪声触发的音响最接近于 "与音乐相类似".

这是完全想不到的发现, 但就像本书中许多重要的发现一样, 在事实面前它成为 "自然的". 我喜欢的论点是, 音乐作品 (就像它们的名字所表明的[1]) 的组成如下: 首先, 它们分为各个乐章, 以不同的总节拍和/或响度为特征, 以同样方式再把乐章进一步划分. 音乐老师坚持每一首乐曲 (直至最短的有意义的小节) 都是 "组成的", 其结果必定是标度的!

然而, 这个标度范围没有拓展到小于音符的时间跨度, 较高的频率受到完全不同的机制 (包括肺、小提琴琴身和木管乐器的管子) 支配, 因此高能谱更像是 f^{-2} 的而不是 f^{-1} 的.

无腔隙分形

按照第 34 章中对腔隙的定义, 空间 $\mathbb{R}^E$ 中的一个无腔隙集合应当与该空间中的每一个立方块或球相交. 用数学术语表达, 它应当是处处稠密的, 因此是非闭的. (处处稠密的闭集只有 $\mathbb{R}^E$ 本身!) 本条目表明, 这样的分形是存在的, 但是很难从与本书中相近的分形 "感觉到". 一个关键的征兆是豪斯多夫–伯西柯维奇维数仍然是可用的, 但是相似性维数和闵可夫斯基–波利高维数都等于 E 而不是豪斯多夫–伯西柯维奇维数 D.

1. 相对间歇性

这种现象 (无腔隙分形由此而得名) 分散在本书各处, 在这个意义上, 我对自然界分形的许多范例研究忽略了关于大自然的某些毋庸置疑的知识.

在第 8 章里我们忽略了关于引起分形的误差的噪声在误差之间有所减弱但未停止的事实.

---

① 音乐作品 (composition) 与组成 (compose) 的英语单词的词根相同. ——译者注

在第 9 章里忽略了我们对星际物质存在性的知识. 它的分布无疑至少如同星球一样无规则. 事实上, 不可能定义这样一个密度, 它对于星际物质要比星球物质更强和更广泛地被接受. 引用 de Vaucouleurs (1970)：“似乎难以相信, 当可见物质是特别大的块团并在所有标度上集聚时, 不可见的星际气体却是均匀的和同质的.” 其他天文学家提到星系间的小缕和蜘蛛网.

第 10 章里把湍流耗散描述为多层糕点, 显然出自对现实过分简化的观点.

第 9 章的末尾十分扼要地论及矿物分布的分形观点. 这里, 闭分形的应用表明, 在能够开采铜矿的区域之间不再有铜的集聚处. 事实上, 铜在大多数地方都是非常稀少的, 但不能认为到处都没有.

在每种情况下, 较少直接兴趣的某些区域被人为地出空, 使得有可能应用闭分形集, 但是最后必须填满这些区域. 用新的杂交种即无腔隙分形就可以做到这一点. 举个例子, 在宇宙中的无腔隙分布将是这样的：没有一部分空间是空的, 但是对于每一个有小阈值 θ 和 λ 的集合, 至少 $1 - \lambda$ 部分的质量集中在相对体积至多为 θ 的部分中.

2. 摘录自德魏斯 (de Wijs) 及评论

要求无腔隙分形的基本直观环境在 (de Wijs, 1951) 中描述, 它作出了一个值得综述的 “工作假设”.

“考虑一个吨位为 W 和平均等级为 M 的矿物体. 假想把它切割分为两半, 它们有相等的吨位 $\frac{1}{2}W$ 及不同的平均等级. 认为较丰富的那一半矿物的等级为 $(1+d)M$, 则较贫乏的那一半的等级必定是 $(1-d)M$, 以便使两半加在一起的平均 (等级) 仍为 $M \cdots \cdots$. 第二次假想的切割把矿物体切为四部分, 都有相同的吨位 $\frac{1}{4}W$, 平均等级分别为 $(1+d)^2 M, (1+d)(1-d) M, (1+d)(1-d)M$ 和 $(1-d)^2 M$. 第三次切割生成 $2^3 = 8$ 块, 即一块的平均等级为 $(1+d)^3 M$, 三块的平均等级为 $(1+d)^2(1-d)M$, 另三块的平均等级为 $(1+d)(1-d)^2 M$, 还有一块的平均等级为 $(1-d)^3 M$. 容易想象继续划分成越来越小的块 $\cdots \cdots$

“度量可变性的系数 d 合适地代替了笼统的不可捉摸的量 (那些觉得矿物的估算是一门艺术而不是科学的人对这个量十分看重), 基于这种度量的统计推论能够废除那些经验法则和直观方法的迷津.”

评论. 德魏斯甚至没有从探索这个模型的几何方面开始, 无论是他还是他的杰出继承者 (包括马瑟龙 (G. Matheron)) 都没有对分形的想法. 然而, 如果假设矿物密度与其等级是相互独立的, 使吨位等价于体积, 那么, 完全相同的方案已由纯数学家伯西柯维奇及其合作者为了完全不同的目的而精确地研究过.

提前利用下一个子条目, 如果 (重述过的) 德魏斯方案继续下去直至无穷, 矿物将凝乳化成为无腔隙分形, 把它的维数用通常的形式写出来是 $D = \log N^* / \log 2$, 必须把 $\log N^*$ 定义为

$$\log N^* = -\sum \pi_i \log \pi_i,$$

其中, $\pi_1 = (1+d)^3$, $\pi_8 = (1-d)^3$, $\pi_2 = \pi_3 = \pi_4 = (1+d)^2(1-d)$, 以及 $\pi_5 = \pi_6 = \pi_7 = (1+d)(1-d)^2$.

结论. 德魏斯的工作很有灵感, 但系数 d 不是合适的度量, 因为它仅仅适用于一个模型. 矿物可变性的合适度量是 D.

3. 伯西柯维奇加权凝乳化

为了评价伯西柯维奇的成果, 最好把它们在 $[0, 1]$ 上以 $b = 3$ 重新阐述.

假设. 从 $[0, 1]$ 上密度等于 1 的质量分布开始, 并且通过与三个权重因子 W_0, W_1, W_2 随机相乘在诸三分之一段之间共享, 这些因子满足下列条件:

(A) $1/3 W_0 + 1/3 W_1 + 1/3 W_2 = 1$. 这表示质量是守恒的, 而且每个 W_i 以 b 为界. 量 $1/3 W_i$ 是在第 i 个 "三分之一段" 上的质量, 记为 π_i.

(B) 均匀分布 $W_i \equiv 1/3$ 被排除在外.

(C) $W_0 W_1 W_2 > 0$. 特别是, 排除相应于 $W_0 = 1/2, W_1 = 0, W_2 = 1/2$ 的康托尔结构.

以后的级联阶段类似地进行: 例如, 在子涡旋上的密度是 W_0^2, $W_0 W_1$, $W_0 W_2$, $W_1 W_0$, W_1^2, $W_1 W_2$, $W_2 W_0$, $W_2 W_1$, W_2^2.

结论. 迭代至无穷, 将得到以下结果, 它大部分来自伯西柯维奇和埃格雷斯顿. ((Billingsley, 1965) 是有价值的概述.)

(A) 奇异性. 伯西柯维奇分形. 几乎每一点的密度都渐近于零. 那些渐近密度不为零 (在那里是无穷) 的点的集合称为伯西柯维奇分形 $\mathcal{B}$. 它是 $[0, 1]$ 中的点集, 它的三元展开使得比值

$$k^{-1}(\text{头 } k \text{ 个 "数字" 的第 } i \text{ 个数字})$$

收敛于 π_i. 这样的点构成一个开集: 这样的点的序列的极限可以不在该集合中.

(B) 无腔隙性. 质量的极限分布是处处稠密的, 甚至渐近地, 没有完全空的开区间 (无论多么小). 在 0 与 t 之间的质量随着 t 严格增加. ΠW 中未能收敛于 0 的点的相对数目非常稀少, 它们的绝对数目确保在任何区间 $[t', t'']$ 里的质量当 $k \to \infty$ 时有非零极限.

(C) $\mathcal{B}$ 的豪斯多夫–伯西柯维奇维数. 它是

$$D = -(\pi_1 \log \pi_1 + \pi_2 \log \pi_2 + \pi_3 \log \pi_3).$$

在形式上, D 是热力学中定义的 "熵", 或者就是香农定义的 "信息" (Billingsley, 1965).

(D) $\mathcal{B}$ 的相似维数. 它是 1. 事实上, $\mathcal{B}$ 是自相似的且 $N = 3$ 及 $r = 1/3$, 因此, $D_S = \log 3 / \log 3 = 1$: 要附加下标 S 的原因马上就会揭晓. 类似地, 三维变量有维数 3. 在这种情况下, D_S 不会有多少实际意义: 首先, 它不依赖于各个 W_i, 只要它们满足我们附加的条件; 其次, 如果把 $\mathcal{B}$ 用它的康托尔尘埃极限代替, 它就从 1 跳到 $\log 2 / \log 3$.

此外, 不再能找到基于自相似性的分形性均匀分布. 事实上, 如果我们对所有长为 3^{-k} 的各段上配置相等的权重, 那么这样导致的分布在 $[0, 1]$ 上是均匀的. 它与 W_i 的值无关, 且与生成集合本身的度量不同. 再者, 取康托尔尘埃极限时, 均匀分布不连续地改变为非常不均匀.

(E) $\mathcal{B}$ 的 "浓度集合" 的相似维数. 这是 D. 重要的是, 伯西柯维奇测度被分形齐次测度十分好地近似, 即它的相似维数等于豪斯多夫–伯西柯维奇维数 D. 更精确地, 在很多级联阶段 k 以后, 原始均匀质量的压倒性体积转而集中在 3^{kD} 个长度为 3^{-k} 的三元区间上. 这些区间在 $[0, 1]$ 上不是均匀分布的, 而且它的最大间距当 $k \to \infty$ 时趋于 0.

评论. 必须区分两种集合, "完全集" 必定包含全部质量, 而 "部分集" 中有大块质量集中. 这两种集合都是自相似的, 但是它们的自相似维数 D_S 与 D 不同. 见下面的子条目 5.

4. 随机加权凝乳化 (Mandelbrot, 1974f, 1974c)

伯西柯维奇方案的一个自然且丰富多彩的推广在 (Mandelbrot, 1974f, 1974c) 中引入, 并在 (Kahane & Peyrière, 1976) 中有所发展.

每个级联阶段的效果是把每个涡旋的 b^3 涡旋的密度乘以等同分布的统计独立随机权重 W_i.

在加权凝乳化级联的 k 阶段以后, 质量的绝大部分集中在总共 b^{3k} 中量级为 b^{kD^*} 的许多涡旋中, 其中

$$D^* = -\langle W \log_b(r^3 W) \rangle = 3 - \langle W \log_b W \rangle.$$

尤其是, 如果 W 是离散的, 且它的可能值 w_i 分别具有概率 p_i, 则我们有

$$D^* = 3 - \sum p_i w_i \log_b w_i.$$

$D^* > 0$, $D = D^*$ 的情形. 加权凝乳化产生的测度用第 23 章中得到的维数为 $D = D^*$ 的一个分形性均匀尺度近似.

$D^* < 0$, $D = 0$ 的情形. 非空胞的数目渐近地趋于 0, 因此其极限几乎必定是空集.

总结: 质量的载体用 $D = \max(0, D^*)$ 的闭集来近似.

截段. 类似地, 平面或线性截段中的质量集中在相对是小数目的涡旋中, 分别为总数 b^2 中的 $b^{(D^*-1)}$, 以及总数 b 中的 $b^{(D^*-2)}$. 因此, 截段是非退化的, 如果对它们分别有 $D^* > 1$ 或 $D^* > 2$, 且它们分别由维数为 D^*-1 或 D^*-2 的分形来近似, 于是, 截段的维数遵循的规则与腔隙分形的相同.

新随机变量, 在有权加法下的不变性. 记 X 为这样的随机变量, 它支配任意一个 k 阶涡旋里的质量, 或者支配维数为 A 的直线或平面的截段. 我证明了, X 满足泛函方程

$$\frac{1}{C} \sum_{g=0}^{C-1} X_g W_g = X,$$

其中 $C = b^\triangle$, 随机变量 W_g 和 X_g 是独立的, 而等式表示分布的特性. 这个方程推广了条目**莱维稳定随机变量和随机函数**里讨论的方程 (L). 其解推广了莱维稳定变量: 它们在以上引用的 Kahane & Peyrière 的论文中有所讨论.

5. 极限对数正态随机凝乳化及函数 (Mandelbrot, 1972j)

Mandelbrot (1972j) 放弃了涡流网格, 其绝对的和加权的凝乳化都借用自康托尔. 涡流并非预先描述的, 而是用与质量分布相同的统计机理产生出涡旋. 此外, 离散的涡层合并进入连续统.

极限对数正态函数, 激发的. 我们继续逐次修改对单变量函数 $L(t)$ (为简单起见) 实施的加权凝乳化.

第 n 阶段以后, 加权凝乳化的密度是函数 $Y_n(t)$, 它使 $\Delta \log Y_n(t) = \log Y_{n+1}(t) - \log Y_n(t)$ 是阶跃函数: 当 t 是 $b^{-n} = r^n$ 的整数倍时它发生改变, 而在这些时刻之间的值是形为 $\log W$ 的独立随机变量. 现在设 $\Delta \log W$ 是均值为 $-\frac{1}{2}(\log b)$ 和方差为 $\mu \log b$ 的对数正态. 我们发现 $\Delta \log Y_n(t)$ 和 $\Delta \log Y_n(t+\tau)$ 之间的协方差在区间 $|\tau| < r^n$ 内取值 $\mu(\log b)(1 - |\tau|/r^n)$, 而在此区间外为 0. 这个 $\Delta \log Y_n(t)$ 不是高斯的, 因为它对两个或更多 t 值的联合分布不是多维高斯随机变量.

第一次修改. 把每个 $\Delta \log Y_n(t)$ 用 $\Delta \log Y_n^*(t)$ 代替, 后者定义为带有极少不同协方差 $\mu(\log b) \exp(-|\tau|/r^n)$ 的高斯随机函数. 这个结果保持了与原来相同的 "依赖范围", 但它打破了延续为 r^n 的涡旋之间的离散边界.

第二次修改. 用连续参数 λ 代替离散参数 $n \log b$. 有限差分 $\Delta \log Y_n^*(t)$ 之和改变为无限小微分 $\mathrm{d} \log L_\lambda(t)$, 其均值为 $-\frac{1}{2}\mu \mathrm{d}\lambda$, 方差为 $\mu \mathrm{d}\lambda$, 而涡旋成为连续的.

$L(t)$ 的定义. 考虑极限

$$L(t) = L_\infty(t) = \lim_{\lambda \to \infty} L_\lambda(t).$$

随机变量 $\log L_\lambda(t)$ 是高斯型, 它有均值 $\langle \log L_\lambda(t)\rangle = -\frac{1}{2}\lambda\mu$ 及方差 $\sigma^2 \log L_\lambda(t) = \lambda\mu$. 这就保证了 $\langle L_\lambda(t)\rangle = 1$ 对所有 λ 成立, 但 $L_\lambda(t)$ 的极限可能不是非退化的就是几乎必定为 0. 这个问题在数学上还未解决, 但如下的直觉论证无疑可以做成严格的. 现对更有趣的三维变量的函数 $L(x)$ 加以阐明.

极限对数正态测度的群集. 为了得到 $L_\lambda(t)$ 不是小的而是非常大的一个集合的概念, 最方便的是应用边为 r^n 的参考正方形. 它们并非外加的子涡旋, 而仅仅是一种测量方法. 当 $n \gg 1$ 及 x 固定时, 对数正态 $L_{n\log b}(x)$ 有非常接近于 0 的极高概率, 因此在绝大多数区域里是非常小的.

因为 $L_{n\log b}(x)$ 是连续的, 它在边为 r^n 的胞上变化很小, 因此, 对于具有对数正态 W 的加权凝乳化的凝聚集的推导也可以应用于现在的模型. 略去对数项, 贡献给 $L_{n\log b}(x)$ 的积分的主体的胞的数目有期望值 $Q = (r^{-n})^{D^*}$, 而 $D^* = 3 - \mu/2$.

若 $\mu > 6$, 则 $D^* < 0$, 当 $\lambda \to \infty$ 时 $Q \to 0$, $L(x)$ 几乎一定退化.

若 $4 < \mu < 6$, 则 $0 < D^* < 1$, $L(x)$ 是非退化的且 $D = D^*$, 但它在平面和直线上的迹几乎一定退化.

若 $2 < \mu < 4$, 则 $1 < D^* < 2$, $L(x)$ 与它在平面上的迹是非退化的, 具有维数 D^* 和 D^*-1, 但它在直线上的迹几乎一定退化.

若 $0 < \mu < 2$, 则 $2 < D^* < 3$, $L(x)$ 与它在平面及直线上的迹都是非退化的, 其维数是 D^*, D^*-1 和 D^*-2.

6. 测度的浓缩的维数

关于相对间歇性的研究, 也提出了其他维数定义. 代替度量空间中的集合, 考虑测度 $\mu(\mathcal{S})$, 它定义在一个有界子空间 Ω 中 (包含小球的一个适当的 σ-场), 而且有以下性质: (A) 当 $\mathcal{S}$ 是一个球时, $\mu(\mathcal{S}) > 0$ 及 $\mu(\Omega) = 1$, 因此, "其中 $\mu > 0$ 的集合" 等同于 Ω. (B) 然而直观提示, μ 浓缩在 Ω 中非常小的部分. 我们要寻找把 (B) 定量化的新方法.

给定 $\rho > 0$ 和 $0 < \lambda < 1$, 考虑对之 $\mu(\Omega-\Sigma_\lambda) < \lambda$ 的集合 Σ_λ, 设 $N(\rho, \Sigma_\lambda)$ 为覆盖 λ 所需要的半径为 ρ 的小球数目的下确界. 定义

$$N(\rho, \lambda) = \inf N(\rho, \Sigma_\lambda).$$

类似于维数的表达式

$$\liminf_{\alpha\downarrow 0} \log N(\alpha, \alpha) / \log(1/\alpha),$$
$$\liminf_{\rho\downarrow 0} \log N(\rho, \lambda) / \log(1/\rho),$$
$$\liminf_{\lambda\downarrow 0} \liminf_{\rho\downarrow 0} \log N(\rho, \lambda) / \log(1/\rho).$$

隐藏在我发现有用的某些直觉估算之后, 但严格的探索会受到欢迎. 当然, 直觉估算用相对于某些合理覆盖 Σ_λ 的真实的 $\inf N(\delta, \lambda)$ 代替 $N(\delta, \Sigma_\lambda)$.

佩亚诺曲线

关于这个题目和非整数计算基础, 可在 1977 年版《分形》的第 XII 章中找到.

位势和容量, 弗罗斯特曼维数

豪斯多夫–伯西柯维奇维数 D 在经典位势以及推广的 (马赛尔·里斯 (Marcel Riesz)) 位势 (核的形式为 $|u|^{-F}$ 而 $F \neq E - 2$) 的现代理论中起核心作用. 在新近的对位势理论的非基础性研究之中, 我欣赏 du Plessis (1970) 第 3 章, 以及更详细的 Landkof (1966—1972).

1. 猜想

应该注意到, 特殊值 $D = 1$ 与 $\mathbb{R}^3$ 中的牛顿位势直接关联. 这种关联构成了第 10 章中一些评论的基础, 这些评论涉及许多预测 $D = 1$ 的宇宙学理论, 如傅尼埃理论和金斯·霍伊尔理论.

有可能改变这些理论的措辞而使之作为牛顿引力理论的推论.

于是, 观察值 $D \sim 1.23$ 对 1 的背离也应该可以追溯到非牛顿 (相对论) 效应.

2. 维数和位势: 直觉推断

如在第 10 章所提到的, 本特利和牛顿知道, 开普勒的明亮天空效应 (奥伯佯谬) 就引力位势而言有一个对应物. 假定 $E = 3$, 半径为 R 的球中环绕原点 ω 的质量 $M(R)$ 正比于 R^D, $D = 3$, 而位势的核心是牛顿的 R^F, $F = 1$. 厚度为 $\mathrm{d}R$, 半径为 R 的球壳中的质量正比于 R^{D-1}, 因此, 正比于 $\int R^{-F}R^{D-1}\mathrm{d}R = \int R\mathrm{d}R$ 的在 ω 的总位势在无穷远处发散. 但若 $D = 3$ 且 $F > 3$ 就不会在无穷远处发散, 这隐含着非牛顿势. 同样的结果也在 $F = 1$ 和 $D < 1$ 的傅尼埃–沙利耶 (Charlier) 模型中得到.

一般积分 $\int R^{D-1-F}\mathrm{d}R$ 在无穷远处收敛的条件显然是 $D < F$, 而在原点收敛的条件是 $D > F$. 这个论据确立了 D 与 F 之间的一一联系, 特别把 $D = 1$ 与 $F = 1$ 相联系.

3. 位势与容量

这种联系由于波利亚 (Pólya) 和赛戈 (Szegö) 的工作而更紧密了, Frostman (1935) 给出了最终形式. 主要优点是该论证超越了单一原点 ω 而适用于一个

(紧) $\mathcal{S}$ 中的所有点. 考虑分布在 $\mathcal{S}$ 上的单位质量, 使得域 $\mathrm{d}u$ 包含质量 $\mathrm{d}\mu(u)$. 在 t 点, 核 $|u|^{-F}$ 生成势函数

$$\Pi(t) = \int |u - t|^{-F}\,\mathrm{d}\mu(u).$$

静电容量这个物理概念被德·拉·瓦莱·普桑 (de la Vallée Poussin) 用于度量集合的 "容度". 其想法是若 $\mathcal{S}$ 有高容量 $C(\mathcal{S})$, 则总质量 μ 可以变动以保证最大位势尽可能小.

定义   取位势对所有点 t 的上确界, 然后将此结果关于 $\mathcal{S}$ 上单位质量的所有分布取下确界, 最后令

$$C(\mathcal{S}) = \left\{ \inf[\sup_t \Pi(t)] \right\}^{-1}.$$

如果使用 $1/r$ 核, 最小位势实际上因导体集合上的电荷而生成.

等价定义 $[C(\mathcal{S})]^{-1}$ 是由 $\mathcal{S}$ 支持的质量的所有分布的下确界, 其能量用以下双重积分确定,

$$\iint |t - u|^{-F}\,\mathrm{d}\mu(s)\,\mathrm{d}\mu(t).$$

4. 把 D 作为弗罗斯特曼维数

在 $C(\mathcal{S})$ 和 F 之间存在着一个简单的关系. 当用作定义 $C(\mathcal{S})$ 的指数 F 大于豪斯多夫–伯西柯维奇维数 D 时, $C(\mathcal{S})$ 的容量为 0, 意味着甚至 "最有效的" 在 $\mathcal{S}$ 上的分布都会导致一个在某些地方为无穷的势能. 另一方面, 当 F 小于 D 时 $\mathcal{S}$ 的容量是正的. 于是, 在波利亚和赛戈的意义下, 豪斯多夫–伯西柯维奇维数也就是容量维数. Frostman (1935) 在最一般的情况下证明了这个恒等式.

容量测度与豪斯多夫测度之间的详细关系式已在讨论维数 D 时提及, 见 Taylor (1961).

5. "非规则的" 维数

在物理学家的头脑里, 核 $|u|^{-F}$, $F \neq E - 2$ 与一个有着 "不规则的欧几里得" 维数 $2 - F$ 的嵌入空间相关联 (我不相信这种用法意味着真的要把 E 推广到正实数而不单是整数). 给定: (a) D 与 F 之间的连接 (弗罗斯特曼); (b) 在描述银河集群时 D 的作用 (已在本书的第 10 章中建立), 术语不规则维数导致以下陈述. 分维数 $D = 1$ 对银河系不是非规则的, 而观察到的分维数 $D \sim 1.23$ 似乎涉及有非规则维的嵌入空间.

截断下的标度

基于与标度的关联, 双曲型分布是仅有的分布, 它使得重新标度的截断变量 "U/u_0, 已知 $U/u_0>1$" 有独立于 u_0 的分布.

证明　假设存在一个潜在分布 $P(u)$, 它有遵循通常的条件分布 $P(wu_0)/P(u_0)$ 而重新标度的截断随机变量 $W = U/u_0$. 我们期望这个条件分布对 $u_0 = h'$ 及 $u_0 = h''$ 相同. 记 $v' = \log h'$ 及 $v'' = \log h''$, 并考虑 $R = \log P(u)$ 作为 $v = \log u$ 的函数. 所希望的恒等式 $P(uh')/P(h') = P(uh'')/P(h'')$ 要求 $R(v' + v) - R(v') = R(v'' + v) - R(v'')$ 对所有 v, v' 及 v'' 的选择成立. 这就要求 R 是 v 的线性函数.

相似维: 它的缺点

某些开集 (不包括它们的极限点) 涉及维数间的重大差异.

康托尔尘埃集合的孔洞端点所组成的集合是自相似的, 它与整个康托尔尘埃有相同的 N 和 r, 因此它有同样的相似维. 但它是不可数的, 所以, 它的豪斯多夫–伯西柯维奇维数是 0. 把这个尘埃的极限点添加到康托尔尘埃中, 则差别消失而 "有利于" 相似维, 相似维对于该集合是更为重要的特征.

第二个最简单的例子在**无腔隙分形**的子条目 3 中研究, 我把它称为伯西柯维奇集合.

平稳性 (程度)

在科学交流中应用的普通词汇组合了: (a) 依赖于使用者的各种直观意义; (b) 正式定义, 对二者中的每个都选定一个专门意义, 然后在数学中使用. 术语平稳的和遍历的十分幸运地得到数学家们的认可. 但是我的经验表明, 许多工程师、物理学家和实际的统计学家仅仅在口头上承认数学定义, 而且视野狭窄, 而我更喜欢广阔的视野. 这些误解或者偏爱是有启发性的.

数学定义. 一个过程 $X(t)$ 是平稳的, 如果 $X(t)$ 的分布关于 t 独立, $X(t_1+\tau)$ 与 $X(t_2+\tau)$ 的联合分布关于 τ 独立, 而且类似地, 对所有 k, $X(t_1+\tau)\cdots X(t_k+\tau)$ 的联合分布也关于 τ 独立.

第一个误解 (哲学的). 这是一个老生常谈: 除了遵守不变规律的现象外没有科学. 平稳性常常被这样误解: 许多人认为正是要求支配过程的法则关于 t 是不变的. 但是这样的归纳是错误的. 例如, 布朗运动的增量 $B(t_1+\tau)-B(t_2+\tau)$ 是高斯型的, 均值和方差关于 τ 独立. 这条法则, 以及还有布朗运动的零集法则, 都是独立于 τ 的. 然而, 平稳性特指支配过程本身的值的法则. 对于布朗运动, 这些法则并非时间不变的.

第二个误解 (实际统计学的). 称为 "平稳时间序列分析" 的大量技术 (以及编好的计算机程序), 其范围远比它的标题所指示的狭窄. 不过这是不可避免的, 因为对于任何应用于所有范例的单一技术, 数学的平稳性都是太一般化的概念. 但结果是, 统计学家们使其受众中有了这样一种看法: "平稳时间序列" 的概念与当前技术所掌握的诸多更为狭窄的概念是相同的. 即使当他们费心检查他们的技术是否 "鲁棒" 时, 他们只会去设想与最简单假设的最小偏离, 而不是平稳性允许范围内的大幅偏离.

第三个误解 (工程师和物理学家的). 许多研究者 (部分地因为前面的误解) 相信, 平稳性断言样本过程 "可以上下变动, 但可以说在统计上是相同的". 这个总结适用于较早的非正式阶段, 但现在是无效的. 数学定义特别提到产生的规则而没有提到它们产生的对象. 当数学家首次遇到具有极端反复无常样本的平稳过程时, 他们感到惊讶, 因为平稳性概念居然可以包含如此丰富的并未预期的性态. 遗憾的是, 许多做实际工作的人坚持认为这种类型的性态不是平稳的.

一个灰色地带. 平稳与非平稳过程之间的边界位于高斯白噪声与布朗运动之间的某处, 这是没有问题的, 但对其精确位置尚无定论.

作为基准的标度噪声. 第 27 章的高斯标度噪声对于改善这条边界是一个方便的基准, 它们的谐密度有形式 f^{-B}, $B \geqslant 0$. 对白噪声, $B = 0$; 对布朗运动, $B = 2$; 而且对于不同的目的, 平稳与不平稳过程之间的边界落在不同的 B 值上.

数学家们设法避免边界在 $B = 1$ 处的 "红外突变", 因为 $\int_0^1 f^{-B} \mathrm{d}f < \infty$ 等价于 $B < 1$.

但是标度噪声样本的行为在 $B = 1$ 处是连续变化的. 事实上, 在 $B = 0$ 与 $B > 0$ 之间存在着更多可见的变化, 这种变化是如此之多, 以致做实际工作的人一旦面对任何 $B > 0$ 的样本, 就倾向于称它为不平稳的. 而且他们倾向于一致认为, 具有 $B > 0$ 的样本数据要求一个非平稳模型来表示.

另一方面, 我发现排除 $B > 1$ 使得平稳性定义在许多研究范例中不够一般化.

条件平稳阵发过程. 例如, 分形噪声理论 (第 8 章) 提出, 布朗零集过程在弱化形式上是平稳的. 的确, 假设在 $t = 0$ 与 $t = T$ 之间的任何一处至少存在一个零点. 结果便是依赖于 T(作为另外一个非固有参量) 的随机过程. 我观察到值 $X(\tau + t_m)$ 的联合分布与 t 无关, 只要时刻 $\tau + t_m$ 都位于 0 和 T 之间. 这样, 非平稳布朗零集过程明白地合并为一整类随机过程, 其中每一个都满足平稳性条件的形式, 这通常就足够了.

这个类中的过程是如此密切地相互联系, Mandelbrot (1967b) 认为, 必须把它们看作广义的随机过程, 可称为阵发过程. 与标准的随机过程相比, 其新颖性在于整个样本空间 Ω 的测度 $\mu(\Omega) = \infty$. 因此它不能被标准化为 $\mu(\Omega) = 1$. 随机变量满足 $\mu(\Omega) = \infty$ 这一点, 至少可以追溯到 (Rényi, 1955). 为了防止 $\mu(\Omega) = \infty$ 导致突变, 广义变量理论假设它们永远不会被直接观察到, 而只是被某些事件 C 作为条件, 使得 $0 < \mu(C) < \infty$.

虽然雷尼 (Rényi) 随机变量的重要性有限, 阵发函数却是重要的: 尤其是, 它们容许 (Mandelbrot, 1967b) 排除一些红外突变实例, 因此解释了某些 $B \in [1, 2]$ 的标度噪声.

遍历性, 混合. 对其解释有异议的第二个概念是遍历性. 在数学文献中, 遍历性分成多重形式的混合. 某些过程是强混合, 另一些是弱混合. 正像数学家的著作中指出的, 这种区别看起来似乎不会对性质的研究有影响. 而事实上是有影响的, 而且很深刻! 尤其是, $0 < B < 2$ 的标度噪声是弱的而不是强的混合.

第四个误解 (涉及收敛到 $B(t)$ 的极限的有效性). 很多人相信, 说 $X(t)$ 是平稳的, 与说它的作用是使 $X^*(t) = \sum_{s=0}^{t} X(s)$[①]能够标准化以便收敛于布朗运动是相同的. 数学家们早就知道这种观念是无根据的 (Grenander & Rosenblatt, 1957). 而本书所研究的许多情形里涉及的 $X(t)$ 是与这种信念相左的, 无论是因为诺厄 (Noah) 效应 ($\langle X^2(t) \rangle = \infty$) 还是约瑟夫 (Joseph) 效应 (无限依赖性, 如像在 $f^{-B} B > 0$ 噪声). 然而, 几乎我的所有范例研究, 都在某个阶段被一位 "专家" 驳回, 他认为潜在的现象明显是非平稳的, 因此我的平稳模型就胎死腹中了. 这个论据是错误的, 但在心理学上是重要的.

结论. 数学上平稳与不平稳过程之间的边界促进了在语义学上的争论. 在实践中, 此边界由于这些过程不同于直观的平稳过程而被搁置, 不过仍然可以作为科学的对象. 它们也正好是本书和我的研究工作从头到尾所需要的.

词汇问题: "拉普拉斯的""良性的" 或 "定居 (settled) 的" 对比 "游荡的". 新术语的比较再次成为不可缺少的. 让我在这里推荐固定的作为 (a) 数学家们称为 "平稳的, 且使 $X^*(t)$ 收敛于 $B(t)$" 的同义词; (b) 某些实践者倾向于称为 "平稳的" 基于直觉的术语. 另一些反义词是无定居的和游荡的.

在较早的论文 (Mandelbrot, 1973f) 中, 用术语拉普拉斯的和良性的代替固定的. 后者意味着 "无害的, 容易控制的": 它的应用是因为可以相信这类机遇不会产生任何狂野的和变动的构形, 这使得游荡的机遇困难得多, 并且也有趣得多.

用 R/S 作统计分析

有关时间序列的两个假设在实际的统计学中当然是成立的: $\langle X^2 \rangle < \infty$ 及 X 是短期依赖的. 然而我指出 (第 37 章), 长期检验记录常常最好通过接受 $\langle X^2 \rangle = \infty$ 来解释. 首先面对的问题是该记录是弱的 (短期的) 还是强的 (长期的), 我添加长期依赖性来解释赫斯特现象 (第 27 章).

---

① 原文为 $X^*(t) = \sum_{s0}^{t} X(s)$, 明显是笔误. ——译者注

长尾与甚长期依赖性混合在统计上无法处理, 因为标准的二阶技术针对的是依赖性 (相关性、谱) 不变量, 假设 $\langle X^2\rangle<\infty$. 但是存在一种替代方法.

我们可以无视 $X(t)$ 的分布, 借助改变标度范围的分析, 也称为 R/S 分析来处理它的长期依赖性. 该统计方法在 Mandelbrot & Wallis (1969c) 中引入, 又在 Mandelbrot (1975w) 中给出数学基础, 涉及短期和非常长期之间的差别. 这种方法引入的常数记为 J, 称为赫斯特系数或 R/S 指数, 可以是 0 与 1 之间的任何值.

甚至在定义 J 之前, 我们就可以描述它的重要性. 特殊值 $J=1/2$ 是独立的马尔可夫和其他短期相关随机函数的特征. 因此, 在经验记录或样本函数里缺少非常长期非周期统计依赖性时, 可以通过测试 $J=1/2$ 的假设在统计上是否可接受来进行研究. 如果不能, 非常长期依赖性的强度以 $J-1/2$ 测量, 其值可由数据估算.

这种方法的主要优点是, 指数 J 关于边缘分布是鲁棒的, 即不仅当基本数据或随机函数接近高斯分布时是有效的, 而且当 $X(t)$ 远离高斯分布而使得 $\langle X^2\rangle$ 发散时它还继续有效, 然而在这种情况下, 所有二阶技巧都是无效的.

R/S 统计的定义. 在连续时间 t 中, 定义 $X^*(t)=\int_0^t X(u)\mathrm{d}u, X^{2*}(t)=\int_0^t X^2(u)\mathrm{d}u$, 以及 $X^{*2}=(X^*)^2$. 在离散的时间 i 中, 定义 $X^*(0)=0$, $X^*(t)=\sum_{i=1}^{[t]} X(i)$, 其中 $[t]$ 是 t 的整数部分. 对每个被称为滞后的 $d>0$, 定义 $X^*(t)$ 在时间区间 0 到 d 中的调节范围为

$$R(d)=\max_{0\leqslant u\leqslant d}\{X^*(u)-(u/d)X^*(d)\}-\min_{0\leqslant u\leqslant d}\{X^*(u)-(u/d)X^*(d)\}.$$

然后计算 $X(t)$ 的样本标准差,

$$S^2(d)=X^{2*}(d)/d-X^{*2}(d)/d^2.$$

表达式 $Q(d)=R(d)/S(d)$ 是 R/S 统计或 $X^*(t)$ 的自行重新标度自调节范围.

R/S 指数 J 的定义. 假定存在实数 J 使得当 $d\to\infty$ 时, $(1/d^J)[R(d)/S(d)]$ 在分布上收敛于非退化的极限随机变量. (Mandelbrot, 1975w) 证明这隐含着 $0\leqslant J\leqslant 1$, 于是可称函数 X 有 R/S 指数 J 及 R/S 常数前置因子.

更一般地, 假定比值 $[1/d^J L(d)][R(d)/S(d)]$ 在分布中收敛于一个非退化随机变量, 其中 $L(d)$ 记无穷远处的一个慢变函数, 即一个函数, 它满足 $L(td)/L(d)\to 1$, 当 $d\to\infty$ 时对一切 $t>0$. 最简单的例子是 $L(d)=\log d$. 然后称函数 X 有 R/S 指数 J 及 R/S 前置因子 $L(d)$.

主要结果 (Mandelbrot, 1975w).　当 $X(t)$ 是高斯白噪声时, 我们发现 $J = 1/2$ 且有常数前置因子. 更精确地, $e^{-\delta J} R(e^\delta)/S(e^\delta)$ 是 $\delta = \log d$ 的一个平稳随机函数.

更一般地, 当 $S(d) \to \langle X^2 \rangle$ 及重新标度的 $a^{-1/2} X^*(at)$ 对 $a \to \infty$ 弱收敛于 $B(t)$ 时 $J = 1/2$.

当 $X(t)$ 是离散分数幂高斯噪声, 即增量 $B_H(t)$(见第 353 页) 的一个序列时, 我们发现 $J = H \neq 1/2, H \in]0\ 1[$.

更一般地, 为了得到 $J = H \neq 1/2$ 及一个常数前置因子, 只要 $S(d) \to \langle X^2 \rangle$ 及 $X^*(t)$ 被 $B_H(t)$ 吸引, 且 $\langle X^*(t) \rangle \sim t^{2H}$.

比以上更一般地, $J = H \neq 1/2$ 且前置因子 $L(d)$ 占优势, 若 $S(d) \to \langle X^2 \rangle$, 则 $X^*(t)$ 被 $B_H(t)$ 吸引, 且满足 $\langle X^*(t)^2 \rangle \sim t^{2H} L(t)$.

最后, 当 $S(d) \to \langle X^2 \rangle$ 时 $J \neq 1/2$, 且 $X^*(t)$ 被一个指数 $H = J$ 的非高斯标度随机函数吸引, 实例在 (Taqqu, 1975, 1979a, 1979b) 中给出.

另一方面, 当 X 是莱维稳定白噪声, 即 $\langle X^2 \rangle = \infty$ 时, 我们发现 $J = 1/2$.

若 X 在求差分 (或微分) 时成为平稳的, 我们发现 $J = 1$.

魏尔斯特拉斯函数及其家族. 紫外与红外突变

魏尔斯特拉斯复函数是下列级数之和:

$$W_0(t) = (1-w^2)^{-1/2} \sum_0^\infty w^n \exp(2\pi i b^n t),$$

其中 b 是实数且 >1, 而 w 可以或者写成 $w = b^H$, $0 < H < 1$, 或者写成 $w = b^{D-2}$, $1 < D < 2$. $W_0(t)$ 的实部和虚部称为魏尔斯特拉斯余弦和正弦函数.

函数 $W_0(t)$ 是连续且处处不可微的. 但它对 $D < 1$ 的形式上的延拓是连续且可微的.

除 $W_0(t)$ 以外, 由于分形理论给予 $W_0(t)$ 的新作用, 在本条目里还要讨论几个我认为必须引入的变量.

$W_0(t)$ 的频谱. 术语 "谱" 由于多种意义而负担过重了. 频谱指定了一组容许的频率 f, 与相应项的振幅无关.

周期函数的频谱是正整数的序列. 布朗函数的频谱是 $\mathbb{R}^+$. 魏尔斯特拉斯函数的频谱是离散序列 b^n, 其中 n 从 1 到 ∞.

$W_0(t)$ 的能量谱. 能量谱表示容许值 f 与对应的能量 (振幅的平方) 一起组成的集合. 对于每个形为 $f = b^n$ 的频率, $W_0(t)$ 有一条能量为 $(1-w^2)^{-1} w^{2n}$ 的谱线. 因此在频率 $f \geqslant b^n$ 的累积能量是收敛的, 而且正比于 $w^{2n} = b^{-2nH} = f^{-2H}$.

与分数幂布朗运动的比较. 在前面遇到的几种情形里, 累积能量也是 f^{-2H}. (A) 分数幂傅里叶–布朗–维纳周期随机函数, 其可接受的频率有形式 $f = n$, 而相应的傅里叶系数是 $n^{H-1/2}$. (B) 连续总体谱密度正比于 $2Hf^{-2H-1}$ 的随机过程. 它们就是第 27 章的分数幂布朗函数 $B_H(t)$. 例如, 若 $H = 1/2$, 对通常的布朗运动 $B(t)$ 就会遇到正比于 f^{-1} 的魏尔斯特拉斯累积谱, 其谱密度是 f^{-2}. 一个本质差别在于布朗谱是绝对连续的, 而傅里叶–布朗–维纳和魏尔斯特拉斯谱是离散的.

不可微性. 为了证明 $W_0(t)$ 对任意 t 值没有有限的导数, 魏尔斯特拉斯必须增加两个条件: (a) b 是奇数, 因此 $W_0(t)$ 是一个傅里叶级数; (b) $\log_b(1 + 3\pi/2) < D < 2$. 充分必要条件 $b > 1$ 和 $1 < D < 2$ 来自 (Hardy, 1916).

能量的发散. 对一位熟悉谱的物理学家, 哈代 (Hardy) 的条件在直觉上是显然的. 应用经验法则: 函数的导数等于它的第 k 个傅里叶系数乘以 k, 物理学家发现, 对于 $W_0(t)$ 形式上的导数, $k = b^n$ 的傅里叶系数振幅的平方等于 $(1-w^2)^{-1}w^{2n} \cdot b^{2n}$. 因此, 在频率 $\geqslant b^n$ 里累积能量是无限的, 物理学家同意 $W_0'(t)$ 不能被定义.

饶有趣味地注意到, 为了寻找可微性的反例, 黎曼得到了函数 $R(t) = \sum_1^\infty n^{-2} \cdot \sin(2xn^2t)$, 它的能量当频率 $\geqslant f = n^2$ 时正比于 $n^{-3} = f^{-2H}$, $H = 3/4$. 因此, 同样的直觉论据提示 $R'(t)$ 是无法定义的, 从而 $R(t)$ 是不可微分的, 这个结论 "几乎" 是正确的, 但 $R'(t)$ 对某些 t 是存在的 (Gerver, 1970; Smith, 1972).

紫外发散/突变. 术语 "突变" 首次进入物理学是在 1900 年左右, 此后瑞利和金斯构思了一种黑体辐射理论, 预测在 f 附近宽度为 df 的频带中包含的能量正比于 f^{-4}. 这意味着: 总的高频能量是无限的, 这对于该理论是灾难性的. 因为麻烦来自超过紫外的频率, 这被描述为紫外 (UV) 突变.

众所周知, 普朗克把量子理论建立在辐射的紫外突变造成的废墟上.

历史的旁白. 注意到 (这个观点必定已有其他人提出, 但我找不到参考资料) 同样的发散性毁灭了相信连续函数必定可微的老物理学 (1900 年) 及老数学 (1875 年), 物理学家的反应是改变游戏规则, 而数学家的反应是学习接受不可微函数及其形式微分. (后者是物理学中常用的施瓦茨分布的仅有的一些例子.)

探索标度离散谱. 红外发散. 当布朗函数的频谱是连续的、标度的且扩展到 $f = 0$ 时, 适合于同样的 H 的魏尔斯特拉斯函数的频谱是离散的且以 $f = 1$ 为下界. 出现这个下界完全是由于魏尔斯特拉斯的原始的 b 是整数, 且函数是周期性的. 现在我们想要消除这个特性, 显而易见的方法就是容许 n 从 $-\infty$ 变化到 $+\infty$. 为了把标度特性扩展到能量谱, 只要赋予频率 b^n 的分量以振幅 w^n 就足够了.

遗憾的是, 构成的级数由于其低频分量是发散的, 这个缺陷称为红外 (IR) 发

散 (或 "突变"). 然而必须面对这一发散, 因为下界 $f = 1$ 破坏了否则会包括在能量谱 f^{-2H} 之内的自相似性.

魏尔斯特拉斯函数. 改变为关于焦点时间 $t = 0$ 是自仿射的. 要把魏尔斯特拉斯频谱 f^{-H} 向下扩展到 $f = 0$ 而不引起灾难性的后果, 最简单的方法是首先构成表达式 $W_0(0) - W_0(t)$, 然后让 n 从 $-\infty$ 变化到 $+\infty$. 对应于 $n < 0$ 所增加的项, 当 $0 < H < 1$ 时收敛, 而它们的和是连续且可微的, 因此函数修改为

$$W_1(t) - W_1(0) = \left(1 - w^2\right)^{-\frac{1}{2}} \sum_{-\infty}^{\infty} w^n \left[\exp\left(2\pi i b^n t\right) - 1\right],$$

它仍是连续的但无处可微. 此外, 它在以下意义上是标度的

$$W_1(tb^m) - W_1(0) = \left(1 - w^2\right)^{-\frac{1}{2}} \sum_{-\infty}^{\infty} w^{-m} w^{n+m} \left[\exp\left(2\pi i b^{n+m} t\right) - 1\right]$$

$$= w^{-m}[W_1(t) - W_1(0)].$$

于是, 函数 $w^m[W_1(b^m t) - W_1(0)]$ 相对于 m 独立. 或者说, 只要 $r = b^m$, r^{-H} $[W_1(rt) - W_1(0)]$ 就相对于 h 独立. 也就是, $W_1(r) - W_1(0)$ 及其实部和虚部, 都是关于 r 以 b^{-m} 的形式自仿射的, 焦点时间为 $t = 0$.

对 (改变的) 魏尔斯特拉斯函数 $W_1(t)$ 的进一步研究, 以及富于启发性的图形, 可以在 (Berry & Lewis, 1980) 中找到.

具有广义魏尔斯特拉斯谱的高斯随机函数. 当广义的魏尔斯特拉斯函数随机化后, 下一步要迈向现实性和可应用性. 最简单和最本质的方法在于用它的傅里叶系数乘以零均值和单位方差的独立复高斯因子. 此结果的实部和虚部值得称为*魏尔斯特拉斯 (修改的)–高斯函数.* 在多种方法里, 它们都是近似的分数幂布朗函数. 当 H 值匹配时, 它们的谱非常接近, 但容许一个是离散的而另一个是连续的. 此外, Orey (1970) 和 Marcus(1976) 的结果保持了可用性, 并且表明它们的水平集合有相同的分维数.

分形性质. 由 Love & Young (1937) 和 Besicovitch & Ursell (1937) (见**利普希茨–赫尔德直觉法**中的定理), 对所有 x 满足指数为 H 的利普希茨条件的函数, 其图形的分维数在 1 与 $2 - H$ 之间. 对于具有相同累积谱 f^{-2H} 的分数幂布朗函数, 已知其维数取最大可能值 $2 - H = D$. 我猜测这对魏尔斯特拉斯曲线也同样成立, 但其零集的维数为 $1 - H$.

相关函数的零集. 拉德马赫函数是正弦函数 $\sin(2\pi b^n t)$, $b = 2$ 的正方形变体. 当正弦函数分别为正、负或零时, 拉德马赫函数分别等于 1, -1 或 0 (Zygmund (1959) I, 第 202 页). 魏尔斯特拉斯函数的自然推广是一个级数, 其第 n 项是 w^n 与第 n 个拉德马赫函数的乘积. 该函数不连续, 但它的谱指数延续到 $2H$. 直观

上, 分数幂布朗运动的先例提示魏尔斯特拉斯–拉德马赫函数具有维数 $1 - H$. 这已由 Beyer (1962) 证实 (但仅在 $1/H$ 为整数的限制条件下).

Singh (1935) 涉及大量魏尔斯特拉斯函数的其他变体. 在某些情况下, 零集的 D 很容易计算. 这个专题值得重新审视. ∎

第十二篇
人物与思想

第 40 章 传 记 小 品

在专门作为传记的这一章的开头, 请注意那些被人们津津乐道的生活故事很少能够成为对那些投身科学主流的人们的奖励 (还是惩罚?). 以第三任瑞利男爵约翰·威廉·斯特拉特 (John William Strutt) 为例, 一连串稳定的成就使他几乎在科学的每一个领域都广为人知. 他的生活似乎中规中矩地切合他作为科学家的演化, 只有一个例外. 当他作为地主的长子被三一学院录取后, 他出人意料地决定成为一名学者.

科学有时候的确很富于传奇色彩. 埃瓦里斯特·伽罗瓦 (Evariste Galois) 的故事是典型的法国宫廷悲剧, 在同一天里, 他作为一名科学家闪现而又在决斗中死去. 然而大多数科学家的故事像瑞利一样: 即便是寻根究底也难使人感动 (A. S. 伯西柯维奇即是明证), 除了偶尔出现的显示他们才赋的多姿多彩的环境及他们进入的主流之中. 卡尔·弗里德里希·高斯 (Carl Friedrich Gauss) 三岁时纠正了他父亲的算术. 少年斯里尼瓦瑟·拉马努金 (Srinivasa Ramanujan) 重新发现了数学. 当哈尔罗·沙普利 (Harlow Shapley) 发现他必须等待一个学期才能在新闻系注册时, 他在按字母顺序排列的名单中选择了一个系. 他跳过了考古学, 因为他不知道这个词的意思. 接下去是天文学, 这就决定了他的命运. 最不典型的是菲利克斯·豪斯多夫. 直到 35 岁, 他把大部分时间花在哲学、诗歌、写作和导演戏剧之类. 然后他潜心于数学, 很快就写出了他的杰作 (Hausdorff, 1914).

这种典型模式的故事多不胜数, 但是本章所选取的故事完全不同. 主人公进入主流的时间大大地滞后, 有很多甚至是在去世以后. 人们能强烈地感受到: 他们属于另一个时代. 主人公是孤独者. 像一些画家那样, 他可以被称为幼稚的或者有远见的, 不过在美国式英语中有一个更好的词: 标新立异者 (maverick). 当帷幕落下时, 不管是出于自己的选择还是出于偶然, 他仍未被打上任何烙印.

标新立异者的工作经常显示出一种独特的新鲜感. 即使是那些未能达到最高境界的人也与那些科学巨人一样有着鲜明的个人风格. 关键似乎在于花费的时间. 达西·汤普森 (D'Arcy Thompson) 的女儿谈到他的著作《论生长与形体》(Thompson, 1917) 时说: "要是 [作者] 早年没有在荒野中度过三十年的话, 能否写出 [这样一本著作] 是值得怀疑的." 事实上, 他出版这本书时已经 57 岁. 其他一些标新立异者的最佳成果也出现得相当晚: 那种科学在很大程度上是年轻人的比赛的说法, 对他们绝对不适用.

我发现这样的故事很感人, 在此愿与大家分享其中几个引发的感想.

作为标新立异者, 我们的主角彼此极为不同. 保罗·莱维 (Paul Lévy) 活得足够长, 足以在他的科学领域留下深刻的印记, 但他的崇拜者 (我也是其中之一) 认为他应该得到更好的, 可以称为真正的名声. 汤普森也是一样, 他不该在科学史上没有一席之地. 不过, 他的生平在他的著作的缩写本 (Thompson, 1962) 中有完整的记述. 刘易斯·F. 理查森也勉强地出了名. 但是路易·巴舍利耶的故事却更加凄凉, 没有人读完他的著作和文章, 他长年都是个不成功的求职者, 直到有人重复他的工作. 赫斯特的运气较好, 他的故事很有意思. 傅尼埃、达尔博和齐普夫值得长期铭记在心. 因此, 本章中的每一个故事, 都能让我们对一种聪明大脑的特殊类型的心理状态有一些深入的了解.

如果已有标准的传记, 本章中若无必要就不再重复. 卷帙浩繁的《科学传记大词典》(Gillispie, 1970—1976) 包括了许多传记, 但它也遗漏了一些重要的东西.

路易·巴舍利耶 (1870—1946)

布朗运动理论的起源值得了解, 这将在第 41 章中涉及. 然而在这方面, 数学可能发生在物理学之前 (由于最不寻常的事件顺序), 经济学也可能发生在物理学之前.

事情是这样的, 布朗运动数学理论的大部分真正了不起的结果, 早在爱因斯坦之前五年就已有详细描述. 这位先驱者就是路易·巴舍利耶 (《科学传记辞典》, 卷一, 第 366—367 页).

我们的故事讲的是 1900 年 3 月 19 日在巴黎举行的一场数学博士学位论文答辩. 60 年以后, 这篇论文的英译本受到了少有的赞誉, 出现了大量评注. 但是, 一开头却糟透了: 答辩委员会对它的印象很一般, 给的评语是不寻常而且近乎侮辱的 "良"(mention honorable), 当时, 除非人们预见了一个学术职位的空缺并确信可以得到必需的 "优"(mention très honorable), 没有人会想要一个法国博士学位.

因此, 一点也不奇怪, 这篇博士学位论文没有对任何别人的工作产生直接的影响, 同样, 巴舍利耶也没有受到本世纪的所写的任何东西的影响. 即便如此, 他仍然很活跃, 并 (在最好的期刊上) 发表了几篇充斥着无穷无尽代数推导的论文. 此外, 他的科普书 (Bachelier, 1914) 重印了多次, 直至今日仍值得一读. 但这本书不适合推荐给每个人, 因为其主题内容已经有了深刻的变化, 还因为不清楚, 那些简短的句子是总结了已有的知识还是概述了有待探索的问题. 这种模棱两可的累积效应相当令人不安. 过了很久, 在好几次失败以后, 巴舍利耶才最终在小小的贝秦松大学得到了一个教授职位.

就他缓慢的中下职业生涯和他留下的微不足道的个人足迹而言 (尽管我仔细搜寻, 也只不过找到了他的学生和同事提供的零星回忆, 甚至连一张照片都没有), 他的论文在他死后却使他几乎成了一位传奇人物. 为什么会有这么鲜明的对照呢?

首先, 要不是因为一个数学错误, 他的一生本该更光彩些. 这个故事在 Lévy(1970), 97—98 页中叙述. 莱维于 1964 年 1 月 25 日写给我的信中叙述得更详细些.

"我最早听说他, 是在我的《概率计算》出版数年以后, 也就是 1928 年前后一年间. 他是第戎大学教授职位的候选人. 杰弗雷 (Gevrey) 当时在那里任教, 他来询问我对巴舍利耶 1913 年发表于《师范学院年鉴》上的一篇文章的看法. 在该文中, 他以下述方式 (先于维纳) 定义了维纳函数: 在每个区间 $[n\tau, (n+1)\tau]$ 中, 考虑一个有常数导数 $+v$ 或 $-v$ 的函数 $X(t|\tau)$. 然后取极限 (v 为常数, $\tau \to 0$), 尔后他声称得到了一个特征函数 $X(\tau)$! 杰弗雷对这个错误很反感. 我同意他的观点, 并在一封信中确认了这一点, 杰弗雷让他在第戎的同事看了这封信. 巴舍利耶吃了闭门羹. 他得知我起的作用, 要求我给出解释, 我做了解释, 不过并没有说服他承认错误. 我对这件事的直接后果没有什么可以说的了."

"我完全忘记了这件事, 直到 1931 年我读到柯尔莫哥洛夫的奠基性论文时, 突然想起了这个 '巴舍利耶错误'. 我翻出巴舍利耶的文章, 看到这个到处都在重复的错误并没有妨碍他得到那些本该正确的结果, 只要把 v 为常数改为 $v = c\tau^{-1/2}$ 就可以了. 早于爱因斯坦也早于维纳, 他发现了所谓的维纳函数或维纳-莱维函数的一些重要性质, 也就是扩散方程和 $\max_{0 \leqslant \tau \leqslant t} X(\tau)$[①]的分布."

"我们和解了. 我写信给他致歉, 很遗憾由于个别的初始错误而带来的印象使我没法继续阅读一篇充满了许多有益思想的文章. 而他在一封很长的回信中表达了他对研究工作的热爱."

很可悲, 莱维在这里起了这样的作用, 正如我们很快就要看到的, 莱维自己的学术生涯也差一点由于他的论文缺乏严格性而断送.

我们现在到达巴舍利耶职业问题的第二个也更深入的原因. 这个原因可以从他的学位论文标题中看到, 我 (故意) 没有提到它:《猜测的数学理论》. 这个题目根本不是关于机遇本质的 (哲学) 思考, 而是指国家联合证券 ("La rente") 的市场涨落. 莱维提到的函数 $X(t)$ 表示证券在时刻 t 的价格.

巴舍利耶, 在庞加莱轻描淡写的评论中已见端倪, 庞加莱在这篇论文的正式报告中写道: "这个题目与我们的申请者们所习惯于处理的那些内容多少有些遥远." 有人会说, 巴舍利耶不应该去找那些会做出令人不快的判断的数学家 (当时的法国教授们完全不熟悉指定论文内容的做法), 但他别无选择: 他的初级学位是数学, 而尽管庞加莱几乎不研究概率论, 他负责教这门课.

巴舍利耶的悲剧是成为一个不合时宜的人, 他属于过去或者未来, 而不属于当下. 他属于过去是因为他研究概率论的历史渊源: 赌博. 他引入连续时间随机

---

① 原文误作 $\max_{0 \leqslant \tau \leqslant t} X(t)$. ——译者注

过程来处理连续形式的赌博: 证券交易 (La Bourse). 他既在数学上属于未来, 上文莱维的信即为明证, 又在经济学上属于未来, 他被认为是 "输后加倍下注"(这个词语是公平博弈或有效市场的正式表达, 见第 37 章) 这个概率概念的创立者, 他对经济学中不确定性的许多方面的理解大大超前于他的时代. 他的价格变化遵循布朗运动过程的思想是他最大的成就. 然而, 不幸的是, 在他那个时代, 没有一个科学社群能够理解和欢迎他. 为使他的思想被接受, 需要那些他显然不具备的高超政治手腕.

　　为了在这种环境下生存并继续得到新的研究结果, 巴舍利耶必须对自己工作的重要性抱有强烈的自信. 尤其是, 他很清楚地知道自己是概率扩散理论的创始人. 在 1921 年的一份未发表的备注 (用于申请某个未说明的学术职位) 中他写道, 他的主要学术贡献是提供了 "从自然现象而来的印象, 例如概率辐射理论, 在其中它把一种抽象概念比作能量, 这是一种奇怪而出人意料的联结, 也是伟大进步的一个开端. 正是因为这一点, 庞加莱写道: '巴舍利耶先生证明了他具有独创而精确的思想'".

　　上面这句话摘自前面已经提到过的关于学位论文的报告, 值得从中多摘录一些. "候选人得到高斯定律的方法是极具独创性的, 更加有意义的是, 出于同样的理由, 只要稍加修改就可以推广到误差理论. 他在乍看起来很古怪的一章中发展了这个理论, 因为他把这一章称为 '概率辐射'. 在具体分析上, 作者借助了与热传播分析理论的比较. 不难看出, 这种相似是实在的, 这种比较是合理的. 傅里叶的推理可以几乎不加改动地用在这个问题上, 而这个问题与产生以上推理的问题极为不同. 很遗憾, 作者没有进一步展开论文中的这一部分."

　　因此, 庞加莱看到巴舍利耶已经推进到关于扩散的一般理论的边缘. 但是, 庞加莱的记性不好是出了名的. 几年以后, 当他积极参与有关布朗扩散的讨论时, 他已经忘记了巴舍利耶 1900 年的学位论文.

　　巴舍利耶在备注中的其他一些评论也值得综述如下: "1906 年:《连续概率理论》. 该理论与范围极其有限的几何概率理论没有任何关系. 与概率计算相比, 它是难度和广泛程度不在同一层次上的科学. 概念、分析、方法, 其中的一切东西都是新的. 1913 年:《运动学与动力学概率》. 概率在力学中的这些应用绝对是作者自己的. 他没有从任何人那里得到这个独创的思想: 还没有对人做过同类的工作. 概念、方法、结果, 一切都是新的."

　　没有人要求这些学术性备注的倒霉的作者谦虚谨慎, 而路易·巴舍利耶也确实有些夸大其词. 此外, 没有证据告诉人们他曾经读过任何在 20 世纪所写的东西. 不幸的是, 他的同时代人对他说的任何东西都打折扣, 还拒绝给他所谋求的职位!

　　有什么人对他知道更多吗?

　　庞加莱的话语是我经过容许从皮埃尔和玛丽居里大学 (巴黎第六大学) 档案

馆保存的一份报告中摘录的. 该档案馆继承了原巴黎科学院保存的档案. 这份用庞加莱科普作品的那种流畅文笔写的信函, 提示了应该选择更多庞加莱的信件以及他写给大学和科学院的保密报告公之于世. 直至今日, 他的性格中的博大精深方面, 几乎不能从他的书和他的《文集》中找到.

埃德蒙·爱德华·傅尼埃·达尔贝 (Edmund Edward Fournier d' Albe, 1868—1933)

傅尼埃·达尔贝 (《科学家名人录》第 593 页) 选择了自由投稿科学记者和发明家的生涯: 他构造了一个使盲人能够 "听到" 字母的感觉代偿器, 他还是从伦敦传送电视信号的第一人.

他的名字印证了他的祖先是胡格诺教徒. 他受过部分的德国教育, 最后定居在伦敦, 他在那里通过上夜大学得到了学士学位. 尽管如此, 在都柏林的时光把他变成了爱尔兰爱国者和泛凯尔特运动的一个民兵. 他相信招魂术, 是宗教神秘主义者.

他因其著作《两个新世界》而被人铭记. 这本书在《自然》杂志上得到了相当好的评价, 称其论证 "简单而有道理", 《泰晤士报》称其中的思辨 "奇妙而吸引人". 然而不知为什么, 《自然》和《泰晤士报》上发表的傅尼埃·达尔贝的讣告都没有提到这本书. 现在几乎已不可能再找到这本书, 人们提到它时几乎很少不带讥讽.

没错, 这是这样的一本书, 如果在其中发现了任何具有永久技术价值的内容, 物理学家会感到惊讶. 事实上, 有人劝我不要对此加以注意, 免得要认真地看待一大堆有争议的材料. 可是, 如果我们明知一个论断不会被用来反对开普勒, 难道我们应该用它来反对傅尼埃吗? 这并不是说傅尼埃就像开普勒, 他很难达到本章中提到的其他人士所取得成就的水平. 不过一位批评家声称的 "从科学的观点看, 这种自我风格 '灵魂的牛顿' 的工作是毫无用处的" 也太令人扫兴了.

事实上, 傅尼埃是以足够精确的术语重述关于星系团这个古老直觉 (可以追溯到康德及其同时代人兰勃特) 的第一人, 这使我们今天可以推出银河系必定满足 $D = 1$. 因此, 我们应该为了一些具有持久价值的东西而感谢他.

哈罗德·埃德温·赫斯特 (Harold Edwin Hurst, 1880—1978)

赫斯特, 被认为可能是自古以来所有尼罗河学者中最重要的一位, 被称为 "阿布·尼尔", 意即尼罗河之父. 他的职业生涯大部分在开罗度过, 开始是大英帝国的文职人员, 后来则成为埃及的文职人员. (《世界名人录》, 1973 年, 1625 页和《英国科学家名人录》, 1969/1970 年, 417—418 页)

他和他的夫人玛格丽特·布鲁内尔·赫斯特向我讲述了他的值得一提的早期经历. 他是个资源有限的普通乡村建筑师的儿子, 他的家族在莱斯特附近住了几乎三个世纪. 他 15 岁时离开学校, 受到的训练大多在化学方面, 同时也跟他父亲学做木工活. 他在莱斯特的一所学校当小学教师, 同时上夜校继续自己的学业.

20 岁时, 他获得了一份奖学金, 这使他能够以一个不注册学生的身份去牛津大学读书. 一年以后, 他成为刚刚成立的赫特福德学院的本科生, 很快, 他就转去主修物理, 并在克拉伦登实验室工作.

缺乏数学基础是他的弱点, 但是由于格雷兹布鲁克 (Glazebrook) 教授对这样一个极其擅长实际工作的非同寻常的学生的欣赏, 他出人意料地赢得了头等荣誉学位, 而且被邀请做了三年讲师和示教员.

1906 年, 赫斯特去了埃及, 他本来只打算去短期旅行, 结果待了 62 年. 这些年中最富庶的成果出现在他 65 岁以后. 他的第一项工作包括把标准时间从天文台转到开罗要塞, 要塞在每天正午鸣炮. 然而, 他对尼罗河越来越着迷, 他对尼罗河盆地的研究和考察使他成了国际名人. 他沿水路和陆路大量旅行, 在陆地上, 他曾与脚夫一起步行, 骑自行车, 后来乘汽车, 再后来乘飞机. 下阿斯旺水坝于 1903 年建成, 但是他意识到, 对于埃及来说, 重要的不仅仅是为若干干旱年头蓄水, 而是要为一系列干旱年头蓄水. 蓄水灌溉计划要能够应对任何情况, 就像《旧约》中约瑟为歉收的年份积聚谷物一样. 他是最早认识到有必要建设 "苏德·埃尔·阿里", 即阿斯旺高坝和水库的人士之一.

赫斯特还因为提出并应用一种统计方法而留名, 他用这种方法发现了地球物理学中长期依赖关系的一个主要的经验法则. 这个结果出自一位数学根底很差而且其工作如此远离主要学术中心的作者之手, 初看起来很令人惊讶. 不过再度想来, 或许这样的环境对于这种思想的产生和继续存在都是必不可少的. 他用自己发明的一种特殊方法研究尼罗河. 这种方法可能会被称为狭隘的和临时的, 但事实证明它是内在的. 没有时间压力, 又拥有异乎寻常的大量数据, 他得以就对建设上水坝的影响方面, 把这些数据与随机变化的标准模型 (白噪声) 进行比较. 这使他得到了第 28 章和第 39 章 (400 页) 中的表达式 $R(d)/S(d)$.

可以想象, 在计算机出现之前, 这样的研究意味着何等艰巨的大量工作——但是当然, 尼罗河对于埃及来说太重要了. 因而有充分的理由进行这样规模的工作 (以及阻止赫斯特退休).

赫斯特坚信他的发现是重要的, 尽管当时没有任何试验结果能够客观地证明这种重要性. 终于, 在 71 岁和 75 岁时, 他读到了两篇关于他的发现的长篇论文, 他的发现的重要性得到了认可.

用劳埃德 (E.H.Lloyd) 的话来说 (但是用我的标记法), 赫斯特把我们置于 "这样的情况之一, 这种情况对理论家来说是有益的, 因为经验发现固执地与理论相悖. 所有上面所述的研究者都认为, $R(d)$ 应当如同 $d^{0.5}$ 那样增长, 而赫斯特的有着特别多的证据的经验定律则指出它按 d^H 增长, 其中 H 大约为 0.7. 我们不得不认为, 要么理论家对他们的工作的解释是不合适的, 要么他们的理论基础是错误的: 有可能这两种原因都存在." 类似地, 按照 Feller(1951) 中的话语: "这里, 我们面临着一个无论从统计学观点还是数学观点来看都是十分有意义的问题."

我的分数幂布朗运动模型 (第 28 章) 的提出是对赫斯特现象的直接响应, 但这还不是赫斯特故事的结局. 很难反对上一段中的生动描述 ······ 但是二者都不知不觉地把自己的论述基于对赫斯特陈述的不正确阅读. 劳埃德忽略了 R 被除以 S, 而费勒是从第三者口头得知赫斯特的工作 (如他所说的), 他不知道进行了除以 S 的运算. 费勒推导中的值未受影响. 关于除以 S 的重要性见 (Mandelbrot & Wallis, 1969c; Mandelbrot, 1975w).

在这个事件中我们又一次看到, 当一个真正未曾预料的结果出现时, 即使是那些做了最好准备来倾听的人也难以理解.

保罗·莱维 (Paul Lévy, 1886—1971)

保罗·莱维说他没有学生, 但他是最接近于做我的导师的人. 他达到了巴舍利耶只能从远处眺望的目标. 莱维活得足够长, 因而得以被认可为也许是有史以来最伟大的概率论学者. 快 80 岁时, 他终于在巴黎科学院取得了原来属于庞加莱, 后来属于阿达马 (J. Hadamard) 的席位. 见《世界科学家名人录》, 1035 页.

而且, 几乎直到职业生涯的尽头, 他都被现存社会体制所疏远. 不仅他一次次不能得到庞加莱原来担任的大学教职, 甚至他多次提出的讲授没有学分的课程也只是勉强地被接受, 因为人们害怕这些课会扰乱了整个课程设置.

(Lévy, 1970) 中大量记载了他的生活、思想和观点, 那是一本值得一读的书, 因为书中没有那种试图表现得比现实更好或更差的忸忸怩怩. 最好跳过结尾, 但是最好的段落非常精彩. 尤其是, 他用感人的言语描写了他对成为 "上世纪仅存遗老" 的恐惧和作为一个 "不像所有其他人的" 数学家的感受. 这种感受其他许多人也有. 我想起约翰·冯·诺伊曼 (John von Neumann) 在 1954 年说过的话: "我想我理解每个其他数学家是如何工作的, 但是莱维像是来自一个陌生星球的观光客. 看起来他有自己独特的到达真理的方法, 这让我感到不安."

除了作为巴黎综合理工学院的数学分析教授每年要上的一些课之外, 莱维几乎没有什么职责需要分心. 他独自工作, 把概率论从一小部分古怪的结果变成了一门学科, 其中变化多端的丰富结果可以通过如此直接而如同是经典的方法得到. 他对这个课题发生兴趣, 始于他应邀讲授火炮发射中的误差. 那时他快 40 岁了, 富有才华, 还未能履行自己的诺言, 没有成为巴黎综合理工学院的教授, 因为当时巴黎综合理工学院更喜欢任命校友为教授. 他的主要著作完成于 50—60 岁. 而他关于希尔伯特空间-线布朗函数的大部分工作要更晚一些.

在他的自传里无数有趣的故事中, 有一个讲述他的一篇关于与牛顿引力势相关的本特利悖论的论文 (见第 9 章). 1904 年, 莱维还是 19 岁的学生, 他独立地发现了宇宙的傅尼埃模型. 然而他认为: "论证太简单了, 要不是 25 年后我偶然听到让·皮兰和保罗·朗之万 (Paul Langevin) 的谈话, 我是不会想到要发表它的. 这些著名的物理学家同意只有假定宇宙是有限的才能摆脱这个悖论. 我大胆地指出了他们的错误. 他们似乎没有明白我的意思, 但是皮兰被我的自信震惊了, 他要我写下我的观点, 我这样做了."

类似于说一些结果 "简单得不足以发表", 在莱维的回忆录中经常出现. 许多富于创造力的头脑高估了他们最精细繁杂的工作, 而低估了那些简单的工作. 当历史把这些评判逆转过来时, 多产的作者们多数因为是一些命题的 "引理" 的作者而被记住, 这些命题本身正是被他们认为太简单, 而引理只是作为那些被人遗忘的定理的前奏而发表的.

以下是我在一个纪念莱维的仪式上的讲话: "他在巴黎综合理工学院上的课在我的记忆中只剩下模模糊糊的痕迹了, 因为我正好被指定坐在一个大教室的后面, 并且莱维的声音很小, 也没有扩大器. 最栩栩如生的回忆是我们中的一些人注意到他的身材——修长、灰色和整整齐齐——与他在黑板上查看的积分符号之间, 多少有一种奇特的相似性.

"但是他写的讲义很不一样. 它们并非传统地按照良好的顺序写出的, 即从一大堆定义和引理开始, 然后是定理, 每个假设都清清楚楚地叙述出来, 这个庄重的序列可能会被明白地强调出来的一些尚未证明的结果所打断. 相反地, 在我的回忆中, 它却是毫无条理的评述和观察的汪洋大海.

"在他的自传里, 莱维建议, 为了让孩子们对几何感兴趣, 我们应该尽可能快地推进到他们不会认为是显然的定理. 他在巴黎综合理工学院的做法并非特别地不同. 为了说明这一点, 我记得我们曾不由自主地被来自地理和登山的图景所吸引. 这使我们想起了一个对早期的上佳 '巴黎综合理工学院分析教程' 的老评论. 这门课是卡尔米·若尔当 (Camille Jordan) 教的, 评论者是亨利·勒贝格 (Henri Lebesgue). 鉴于勒贝格毫不掩饰他对莱维的工作的强烈鄙视, 所以他赞扬若尔当的评语却可以很好地用在莱维身上这一点, 正是极大的讽刺. 他不像 '一个试图攀登到未知地域的顶峰, 在到达目的地之前不容许自己四处张望的人. 如果他是被别人领到那里去的, 他也许可以上下看到好多东西, 但是他不会知道那些东西是什么. 事实上, 通常人们从很高的顶峰上一般不能看到什么东西: 登山者登山只是重在参与'.

"毋庸多言, 莱维的讲义不受欢迎. 对巴黎综合理工学院的许多优秀的学生,当急匆匆地应付大考时, 那是他们焦虑的一个源泉. 在最终版本中, 所有的那些特点甚至更鲜明地被强调出来了. (1957 年, 作为他的讲师, 我不得不又重新学习了一遍.) 例如积分理论的处理老实说只是一种近似. 他曾写道, 没有人可以因为被强迫使用他的天赋而做好工作. 在他最后的讲义中, 似乎他的天赋还是被强迫使用了.

"但是在我的记忆中, 他教的 1944 年入学那个班级的课程, 还是特别正面的. 直觉虽然无法被教授, 却很容易被阻挠, 我相信这是莱维首先试图避免的, 而且我认为他多半成功了.

"在巴黎综合理工学院, 我知道有很多人引用他创造性的工作. 人们会称赞这些工作十分重要, 然后马上再加一句, 说它不包括哪怕一个完美的数学证明, 却包括令人恼火的许多不确定论点的脚注. 结论是, 最迫切的是使一切都严格起来. 这项任务已经完成, 今天, 莱维的学术子孙们很高兴能被接受为完全彻底的数学家. 就像他们中的一位刚刚说过的, 他们把自己看作 '概率论学者变身中产阶级'.

"我担心为了得到这种接受的付出已经远远太多了. 在知识的每个分支, 似乎都有相继的精确度和普遍性的层次. 有一些不能对付除了最平凡问题之外的任何问题. 但是几乎在知识的任何分支, 人们越来越有能力把这种精确度和普遍性向前推进. 例如, 可能需要一百页的准备来证明定理的一个新形式, 它几乎不比原来的形式更具普遍性, 而且并未开拓新视野. 但是某些幸运的知识分支容许一个可以被称为经典的精确度和普遍性的中间层次存在. 保罗·莱维的伟大就在于他同时是其领域的先驱者和经典者.

"莱维很少关心纯粹数学之外的事物. 而且, 那些必须解决某个已被很合适定义了的问题的人, 往往很难在他的著作中找到一个恰好合用的公式供他们使用而无须花费任何精力. 另一方面, 如果可以相信我的个人经验, 莱维处理机遇形式中更基本问题的方法使他越来越像一个巨人.

"无论是在本书致力于阐述的那些彼此不同的主题中, 还是在我检视过的其他著作中, 一个恰当的数学形式似乎很快就会要求, 或者是莱维提供的一个概念工具, 或者是由同样精神铸造的, 并具有同样普遍性的工具. 越来越多地, 莱维像地理学家那样探索的内部世界揭示了它本身与我们周围世界的分享, 这无疑是他的天才的标志的预告."

刘易斯·弗莱·理查森 (Lewis Fry Richardson, 1881—1953)

甚至按照本章的标准, L. F. 理查森的一生也是非同一般的, 他生活的各个方面无法在任何一个占主导地位的方向上结合起来. 他恰巧是演员拉尔夫·理查森 (Ralph Richardson) 爵士的叔叔. 见《世界科学名人录》1420 页, 皇家学会会员讣告, 9, 1954 , 217—235 页, 摘自 (Richardson, 1960a, 1960s), 以及格莱瑟 (M.

Greiser) 在《自动数据处理》(*Datamation*) 1980 年 6 月号中的故事. 一些个人趣闻是由理查森的一位亲戚大卫·埃德蒙森 (David Edmundson) 提供的.

用他的颇具影响的同时代人泰勒 (G.I.Taylor) 的话来说:"理查森是一个十分有趣并且富于创造性的人, 他很少用与他同时代人一样的方式考虑问题, 也常常不为他们所理解." 按照戈尔德 (E.Gold) 的意思: 他的科学工作是独创性的, 有时难以理解, 有时被清晰得出人意料的例证阐述得明明白白. 在他的湍流研究和导致 (Richardson, 1960a, 1960s) 的出版物中, 他偶尔地, 但是并非不自然地摸索着前进, 也许还带有一点迷惑. 他开拓新的疆域, 借助他在前进中获取的高深数学知识, 而不是从他在大学生涯中积累的知识. 就他探索一个甚至是一组新课题的爱好来看, 如果没有意识到他惊人而有条理的勤奋, 人们肯定会对他的成就目瞪口呆.

他靠奖学金上了剑桥大学, 获得了物理学、数学、化学、生物学、动物学的学士学位, 因为他不能确定自己该追求哪一个专业生涯. 亥姆霍兹 (H. Helmholtz) 在成为物理学家之前是位医生, 与理查森相比他似乎是按逆序参加人生的宴席.

出于某种原因, 理查森与剑桥大学曾发生过争执, 当他多年以后申请博士学位时, 他拒绝获得硕士学位, 因为那要花费 10 英镑. 替代之, 他注册了伦敦大学, 那时他正在那里讲课, 因此, 他与他自己的学生坐在一起. 并于 47 岁时获得了数理心理学博士学位.

他的职业生涯开始于气象台, 但作为一丝不苟的贵格会 (Quaker) 教徒及 1914—1918 年战争的发自内心的反对者, 当气象台在第一次世界大战并入新的空军部时, 他辞职了.

利用数值过程进行天气预报是 Richardson 在 1922—1965 年的主题, 明显是对现实有预见力的著作. 这部书在 33 年[①]后作为经典重印, 但在头 20 年里, 它一直没有好名声. 原来, 用差分方程去近似大气演化的微分方程时, 理查森选择的空间和时间步长不甚合适. 因为当时还没有意识到这些步长需要小心地选择, 他的错误是难以避免的.

尽管如此, 这项工作使他不久后入选皇家学会. 而 (Richardson, 1922) 在 66 页中的五行诗被广泛引用:

> 大涡旋有小涡旋,
> 成为其速度之源;
> 小涡旋有更小涡旋,
> 以此类推黏度出砚
> (在分子的意义上).

---

① 疑为 43 年之误. ——译者注

事实上, 这几行诗由于经常被不具名地引用而在更高层次上出名. 一位英国文学的学者在看到这几行诗以后向我指出了它与一些古典作品之间的联系. 很明显, 理查森模仿了以下诗句, (Jonathan Swift, 1733) 中 337—340 行:

于是, 博物学家观察到,

一只跳蚤身上还有小跳蚤咬,

小跳蚤还有小小跳蚤咬,

以此类推直到无穷.

但是, 理查森避免采用 (de Morgan, 1872) 377 页中的另一种表达方式

大跳蚤有小跳蚤在背上咬,

小跳蚤还有小小跳蚤咬, 以此类推直到无穷.

但大跳蚤自己还有更大跳蚤可以咬,

更大跳蚤还有更大更大跳蚤可以咬, 以此类推.

这些变体之间的差异, 并不像看起来那么小. 事实上, 它给人一种好感, 使人相信理查森仔细地把他的文学模型与物理术语相匹配. 他确实认为湍流只涉及大涡旋到小涡旋的 "直接" 能量级联, 斯威夫特 (Swift) 方式的交换. 要是他也相信能量从小到大的 "反向的" 级联, 如同有些人现在在相信的那样, 他大概会模仿德摩根 (De Morgan)!

用一种类似的轻松方式, (Richardson, 1926) 的第二节的标题取名为 "风有速度吗?" 一开始这样写道: "这个初看起来愚蠢的问题增进了认知." 他接下来提到如何在无须提及风速的前提下研究风的扩散. 为了对空气运动的不规则程度有所了解, 他简略地提到了魏尔斯特拉斯函数 (它连续但处处不可微: 第 2 章提到过, 在第 39 章和第 41 章中进行了研究). 不幸的是, 这一点没有继续. 多么遗憾, 他没有注意到魏尔斯特拉斯函数是标度的! 而且, 如泰勒指出的, 理查森还定义了粒子的湍流互相扩散法则, 与柯尔莫哥洛夫谱只有毫发之差. 然而, 每次重看他的论文, 都会发现某个以前未曾注意到的观点.

理查森还是一位细致而成功的实验家. 他最早的实验包括测量云层中的风速, 在实验中, 他向云层发射钢弹珠, 大小从豌豆到樱桃不等. 后来的一个湍流扩散实验 (Richardson, Stommel, 1948) 需要大量浮标, 这些浮标必须清晰可见, 因此其颜色最好接近白色, 还要保持几乎全部淹没在水下以免受风的影响. 他的解决办法是买了一大包欧洲防风草, 把它们从科德角运河的一座桥上扔下去, 而他在另一座桥上观察.

他在人迹罕至的地方做了多年教师和管理员. 后来, 一份遗产使他可以提前退休去专心研究国家间武装冲突的心理学, 这是他自 1919 年起业余探讨的课题.

他死后出版了两本书 (Richardson, 1960a, 1960s)((Newman, 1956) 中 1238—1263 页重印了作者写的摘要). 死后发表的文章包括 (Richardson, 1961), 对海岸线长度的研究, 在第 5 章里已有描述, 这个问题对本书的产生有着很大的影响.

乔治·金斯利·齐普夫 (George Kingsley Zipf, 1902—1950)

美国学者齐普夫起初是一名文献学家, 但他后来称自己为人类生态统计学家. 他在哈佛做了 20 年讲师, 在刚刚出版了《人类行为与最小努力原则》(Zipf, 1949) 之后不久去世. 很显然, 这本书是他自己出钱印刷的.

这就是那种在很多方面闪烁出天才的火花的书 ((Fournier, 1907) 是另外一本), 同时, 书中充斥着杂七杂八的随意的记号和放肆的言辞. 一方面, 它讨论性器官的形状, 还涉及奥地利被德国吞并的合理性, 因为它改进了某个数学公式的拟合. 另一方面, 它充满着图表, 反复致力于这样一条经验法则: 在社会科学统计学中, 数学上的便利与经验拟合程度的最佳组合经常是由一个标度可变的概率分布给出的. 一些例子在第 38 章中研究过.

自然科学家在 "齐普夫定律" 中找到了标度律的对应物, 这种标度律在物理学和天文学中无须特别的感情就能被接受, 只要有证据说明其有效性. 因此, 物理学家会发现他们难以想象, 当齐普夫及在他之前还有帕累托 (Pareto) 在社会科学中遵循同样的步骤并产生同样的结果时, 帕累托的反对者们所表现的愤怒. 极为不同的尝试在不断地进行着, 试图事先证明所有基于使用双对数图表的证据无效. 但我认为, 倘若不是因为它所导出结论的性质的话, 这种方法本该是没有什么争议的. 不幸的是, 双对数坐标中的直线表明了一个与高斯法则背道而驰的分布, 而高斯法则长期以来都是无可非议的. 应用统计学家和社会学家没有注意到齐普夫, 这一点可以解释他们的领域惊人的落后程度.

齐普夫用一种百科全书式的热情搜集社会科学中的双曲型规律, 并顽强地为他的发现和他人的类似发现辩护. 然而, 本书说得很清楚, 他的基本观点没有什么价值. 频率分布在社会科学中并不总是双曲型的, 而在自然科学中也不总是高斯型的. 一个更为严重的错误是齐普夫把他的发现与空洞的口头论证联系在一起, 远没有把它们整合在整体思维中.

在我一生中的一个关键点上 (第 42 章), 我读了数学家 J.L. 沃尔什 (Walsh) 对《人类行为》所写的睿智的书评. 只提到那些好的部分, 这篇书评极大地影响了我早期的科学工作, 并且其间接影响继续存在. 因此, 我通过沃尔什欠齐普夫一个很大的人情.

否则, 齐普夫的影响很可能还是无足轻重的. 人们在他身上十分清楚地——甚至通过讽刺画——看到了环绕着任何交叉学科研究的特殊困难. ∎

— Veuillez, messieurs les journalistes, fournir vos questions à mes réponses.

亲爱的读者:

我最大的愿望是你们会针对我的回答问很多进一步的问题.

这幅画作于 1964 年 1 月 30 日, 经由让·艾菲尔 (Jean Effel) 先生的友好允许而重印于此.

第 41 章　简　史

高斯的格言，"当一座大楼完工的时候，应该没有人能够看到脚手架的痕迹"，常常被数学家用作借口来忽略隐藏在他们自己的工作或他们研究领域的历史背后的推动力. 幸运的是，与此相反的观点越来越强烈，本书中的众多插话也表明了我本人在这一问题上的立场. 然而，我把几个稍长一些的故事留在这里启迪和娱乐读者. 其中包括了一些零散资料，这些是我最近在对莱布尼茨和庞加莱的强烈兴趣驱使之下在图书馆中找到的.

亚里士多德和莱布尼茨，伟大的生物链，喀迈拉和分形

对亚里士多德和莱布尼茨的引用，在那些严肃的书中已经很久没有必要了. 但是，这个条目不是开玩笑，尽管包括作者本人在内也未曾料到. 分形的一些基本思想，可以看作是对亚里士多德和莱布尼茨的松散却有力的概念在数学和科学中的体现，它们渗透到我们的文化中，影响那些认为自己不受哲学影响的人.

我的第一个线索来自 Bourbaki (1960) 中的一段评论：第 27 章中描述的分数幂积分–微分观点，在莱布尼茨刚刚发展了它的微积分并创造了表达式 $d^k F/dx^k$ 和 $(d/dx)^k F$ 以后，就在他的头脑中出现了. 莱布尼茨在 1695 年 9 月 30 日写给德·洛必达 (de I' Hospital) 的信 (Leibniz, 1849—, II, XXIV, 197 页及以后) 中这样写道："看来约翰·伯努利 (John Bernoulli) 好像已经告诉过你，我曾经对他提到的一个令人惊讶的类比，通过它我们可以把连续微分类比为几何级数. 人们也许会问，一个有分数指数的微分是什么样子的，实际上，其结果可以表达为一个无穷级数. 虽然这看起来与几何学迥然不同，几何学中还没有这样的分数指数，但是由于很少有哪一个悖论是无用的. 看起来，这些似是而非的推论总有一天会产生有用的结果. 一些就自身而言无关紧要的思想也许恰巧会产生更美好的思想." 进一步的详细说明已在 1695 年 12 月 28 日转达给约翰·伯努利 (Leibniz, 1849—, III.1, 226 页及以后).

虽然莱布尼茨对这类问题想得很多，这些想法却从来没有融入牛顿的微积分观点中，这种方法上的差异是有其原因的. 实际上 (见《伟大的生物链》(*The Great Chain of Being* (Lovejoy, 1936)))，莱布尼茨深信他称为 "连续性原理" 或 "完全性" 的观点. 亚里士多德早就认为，任意两个生物物种之间的差异，都可以被其他生物物种连续地补充. 因此，他被那些 "介于二者之间" 的动物所吸引. 故用一个特定

的术语, 两类之间的 ($\epsilon\pi\alpha\mu\phi\text{о}\tau\epsilon\rho\iota\zeta\epsilon\iota\nu$), 来命名这些动物 (这些是我从 G.E.R. 劳埃德 [Lloyd] 那里听说的), 又见本章的**大自然无飞跃**这一小节.

这个连续性原理反映了 (或验证了?) 对各种事物间 "缺失的环节" 的信念, 包括相信喀迈拉 (chimeras) 的存在, 这个词在这里取其在希腊神话中描述的意义: 一种有着狮头、羊身、蛇尾并且嘴里喷火的怪物 (这本书里应不应该提到喀迈拉? 如果我读到这是关于喀迈拉概念的分形描述, 我会知道这是谁做的.)

当然, 现代原子理论对遥远的本原的探索使人们把更多注意力集中于与此相反的古希腊哲学思想, 即德谟克利特 (Democritus) 的哲学思想. 这两种相反力量之间的张力继续在我们的思想中起着创造中心的作用. 注意到康托尔尘埃可以被视为化解了一个古老的悖论: 它无穷可分但不连续. 顺便指出, 在古希伯来文化传统中, 喀迈拉不是被忘记, 就是被抛弃. 如同 Soler (1973) 中从一个出人意料的角度所说明的那样.

相信生物喀迈拉存在的观点日渐被人们抛弃, 但是这并不重要. 在数学中, 亚里士多德的思想找到这样一个应用: 在整数序列中插入整数之比, 然后插入整数之比的极限. 在这样的传统中, 每一个由整数序列定义的现象都是内插的候选对象. 因此, 莱布尼茨急于谈论分数幂微分的想法, 出于在其思维核心的一个想法, 这个想法奠定了他的思想圈, 见第 18 章.

那么, 康托尔、佩亚诺、科赫及豪斯多夫又如何呢? 他们创建了各自的怪物集合, 难道不足以成为最早的三位真正献身于实际实现数学喀迈拉的人? 而且, 难道我们不应该把豪斯多夫维数看作容许喀迈拉排序的一种尺度? 现在的数学家已经不再阅读莱布尼茨或康德, 但 1900 年的学者会读. 因此, 读了第 40 章**理查森**一节中斯威夫特的诗, 我们可以想象科赫根据下面的规则构造雪花曲线. 他把 "大跳蚤" 定义为画在图版 36 中的初始三角形. 然后以每个大跳蚤脊背的中点为中心放一个小的三角形 "跳蚤". 他依据这样的规则直到无限. 这种想象并非建立在事实依据之上, 但它阐明了我的观点. 科赫不能不从来自莱布尼茨的文化洪流中吸取营养, 斯威夫特的小诗则通俗地反映了莱布尼茨的思想.

下面, 让我们从这些为艺术而艺术的数学家们 (他们信服康托尔的话语 "数学的本质是自由") 转向那些崇尚并试图模仿大自然的人们.

他们做梦也不会想到喀迈拉, 对不对? 其实不然, 他们中的许多人想到了喀迈拉. 第 10 章中引用了湍流的实际研究者在决定他们所研究的过程是否集中于 "豌豆、意大利面条或生菜" 时遇到了困难, 他们因为不同的提问方式看起来应该得到不同的答案而感到恼火, 最后以需要一些 "介于二者之间" 的既有直线的性质又有平面的性质的形状而告终. 第 35 章中提到了另一群寻找 "介于二者之间" 的人. 那些人是星系团的研究人员, 他们必须描述某些形状的纹理, "看起来像河流", 尽管它显然是由一些孤立的点组成的. 这些头脑清醒的探寻者, 并不知道自己在关注的是古代的涂鸦和古希腊的噩梦, 若向其宣告他们走的是通往喀迈拉的老路, 是否会显得有些牵强?

指向康托尔学派和理查森学派的共同基础的另一线索, 可以在对恒星团和星系团的研究中找到. 对那些寻找概念根源的人, 这是一个敏感的话题, 因为那些职业天文学家们不愿意承认来自占星术士的任何影响, "无论关于它们的概念在他们的花言巧语中听起来多么有吸引力"(摘录自西蒙·钮科姆 (Simon Newcomb)). 这种不情愿也许可以解释为什么人们通常把第一个完整描述的分级模型归功于查理 (Charlier), 一位天文学家, 而不是傅尼埃·达尔博 (于第 40 章中讨论过) 或依曼纽尔·康德.

康德对物质分布缺少各向同性的评论是有说服力并且清楚明白的. 见证这些最精彩的部分 (它们应该会鼓励读者去品味 Kant (1755—1969) 或 Munitz (1957)): "我的理论中有最大魅力的部分 …… 包括以下的想法 …… 很自然地 …… 把 [朦胧的] 恒星看作 …… 由很多恒星组成的系统 …… [它们] 不过是一些星系, 或者换句话说, 银河系 ……. 可以进一步猜测, 这些更大的星系彼此之间并不是没有联系的, 而且, 通过这种相互的联系, 它们又组成了一个更加巨大的系统 …… 也许, 像前面的一样, 这一个又只是新的大量组合中的一个成员! 我们看到了世界和系统的一种具有递进关系的第一个成员: 而且, 这无穷递进的第一部分, 已经可以使我们认识到什么必须被推测为整体. 没有止境, 只有深渊 …… 无边的深渊."

康德把我们带回了亚里士多德和莱布尼茨时代, 而且, 上面的案例故事可以解释为什么康托尔和理查森听起来常常如此相似, 至少对于我来说是这样的. 为把这个戏剧性事件推向高潮, 请容许我引用威尔第 (C. Verdi) 的歌剧《游吟诗人》中 Azucena 对 Luna "彼此是兄弟" 的最后一些话语:

这些伟大的传统的领导者们转而彼此轻视和相互争斗, 但就他们的知识渊源而言, 他们是兄弟.

当然, 历史并不能解释数学那不可思议的有效性的奥秘, 见第 1 章. 这种奥秘只是继续前进并改变个性. 为什么信息、观察和寻找令人满意的结构 (表征我们的古代作者) 的混合物, 会不断地产生如此强有力的主题, 以至于在许多细节已被发现与更好的观察相抵触, 主题本身似乎已经消失了很长时间之后, 它们还在继续推动物理学和数学的有效发展呢?

布朗运动和爱因斯坦

自然界的布朗运动是 "生物学家贡献给或帮助贡献给物理科学基本现象中最有价值的"(Thompson, 1917). 一位生物学家在 1800 年以前很久发现了这个现象, 另一位生物学家罗伯特·布朗于 1828 年发现这一现象在本质上不是生物的而是物理的. 这第二步是至关重要的, 因此形容词 "布朗的" 并不像某些批评家所说那样是不恰当的.

布朗还有其他令人称道的荣誉, 在《不列颠百科全书》第九版 (1878 年) 他的传记中并未提到布朗运动. 在第十一版至第十三版, 1910—1926 年, 布朗运动被寥寥数语一笔带过. 当然, 在皮兰获得了 1926 年诺贝尔奖之后的版本中, 充分论述了布朗运动. Brush (1968) 和 Nye (1972) 描述了对布朗运动物理本质的缓慢接受. 相关的概述在最近的《不列颠百科全书》及文献 (Perrin, 1909, 1913; Thompson, 1917; Nelson, 1967) 中给出.

1905—1909 年, 从布朗开始的发展, 被绝大多数来自爱因斯坦的理论结果, 以及绝大多数来自皮兰的试验结果推到了顶点. 人们也许会以为爱因斯坦从解释 19 世纪的观察入手, 但事实并非如此.

Einstein (1905) (在文献 (Einstein, 1926) 中重印) 用这样的话开始: "在这篇论文中将要说明: 按照分子热运动理论, 其尺寸用显微镜宏观可见的悬浮在液体中物体, 必定会基于分子的热运动, 发生其大小用显微镜容易观测到的运动. 这里所讨论的运动, 可能就是所谓的 '布朗分子运动': 可是, 关于后者我所能得到的资料是如此的不准确, 以致我很难对之作出判断."

然后我们在 Einstein (1906) (在文献 (Einstein, 1926) 中重印) 中读到: "在 [Einstein (1905)] 发表后不久, [我被] 告知 [说] 物理学家们, 首先是 (里昂的) 古伊 (Gouÿ), 通过直接观察确信所谓的布朗运动是由液体分子的不规则热运动引起的. 不仅布朗运动的定性特性, 而且粒子所经历的路径的数量级, 都完全符合这个理论的结果. 在这里我将不会尝试把它与我所掌握的不充分的实验资料进行对比."

很久以后, 爱因斯坦在 1948 年 1 月 6 日写给米凯耳·贝索 (Michele Besso) 的信中, 回忆起他曾经 "从力学推导出 [布朗运动], 全然不知曾经有人已经观察到这一类东西".

"康托尔" 尘埃和亨利·史密斯 (Henry Smith)

一个聪明人觉察到把布朗运动归功于罗杰·布朗 (Roger Brown) 违背了命名的一个基本规则, 因为名誉与一个像布朗这样平淡无奇的名字联系在一起是不和谐的. 也许这是为什么我关于康托尔尘埃足足写作了二十年, 才偶然知道它其实应该归功于一位亨利·史密斯 (Henry Smith).

H. J. S. 史密斯 (1826—1883) 长期在牛津大学担任萨维里 (Savilian) 几何学教授, 他的《科学论文集》曾经被出版和重印, 见 (Smith, 1894). 在埃尔米特 (Hermite) 的策划下, 他因为死后与赫尔曼·闵可夫斯基 (Hermann Minkowski) 分享一个奖项而声名大振. 他也是黎曼积分理论的一位早期批评者. 另一位聪明人发现, 如果说阿基米德、柯西和勒贝格的积分理论是上天赋予的, 那么黎曼的理论无疑是人类的笨拙捏造. 实际上, (Smith, 1875) 和 (Smith, 1894) 的第 25 章指出黎曼的理论不能应用于其不连续点落在某些特定集合中的函数. 他举的是什么样的反例呢? 第 8 章中用到的康托尔尘埃和第 15 章中用到的正测度的康托尔尘埃.

维托·沃尔泰拉 (Vito Volterra, 1860—1940) 于 1881 年重新构造了史密斯的第二个反例.

当然, 史密斯和沃尔泰拉并没有对他们的例子做很多事情, 但康托尔也没有做多少! 所有这些在 (Hawkins, 1970) 中都有记载, 为什么史密斯从未被提到享有发明 "康托尔" 尘埃的荣誉呢?

维　数

欧几里得 (公元前 300 年前后) 维数是他的书第一卷平面几何学定义的基础:

1. 点是无部分之物.
2. 线是无宽之长.
3. 线之端是点.
4. 直线是点在其上平坦放置之线.
5. 面是只有长与宽之物.
6. 面之边缘是线.

这个主题在他关于空间几何的简短的第 11 卷的定义中有所发展:

1. 体是有长、宽与高之物.
2. 体之边界是面.

Heah(1908) 对此有评论.

这些想法的根源确实是模糊不清的. Guthrie(1971—) 在毕达哥拉斯 (Pythagoras, 公元前 582—前 507) 中看出了维数观点的端倪, 但范德瓦尔登 (Van der Waerden) 认为对此必须持怀疑态度. 另一方面, 在《共和国》第 VI 卷中, 柏拉图 (公元前 427—前 347) 对苏格拉底评论道, "在平面之后 ⋯⋯ 在第二维之后, 正确方法的下一步是研究第三维 ⋯⋯ 立体或任何有深度物体的维数". 多了解一些在欧几里得之前对维数的其他研究是大有裨益的.

黎曼. 在他 1854 年的学位论文《关于构成几何学基础的假设》中, 黎曼注意到了当时缺少对维数概念的任何研究.

查尔斯·埃尔米特. 埃尔米特作为一名在数学上极端保守分子的名声 (如第 6 章中引用的他写给斯蒂尔切斯的信中所记载的), 被他写给米塔格·列夫勒 (Mittag Leffler) 的信进一步证实 (Dugac, 1976c).

1883 年 4 月 13 日: "读康托尔的著作似乎是一种名副其实的折磨 ⋯⋯, 而且, 我们中没有谁会受到引诱去追随 ⋯⋯ 线与面之间的映射我们绝对不关心,我们认为, 这种观察, 只要不能演绎出什么东西, 由这种随意考虑得到的结论, 作者最好是等一等 ……. [但康托尔也许] 会找到有兴趣愉快地研究他的读者, 但不是我们."

1883 年 5 月 5 日: "康托尔的一篇文章的译文由庞加莱极为细心地编纂 ……[他的] 观点是, 几乎所有法国读者都不熟悉这种同时是数学的和哲学的, 并有太多随意性的研究, 我认为, 这种想法是正确的."

庞加莱. 对欧几里得观点的一个有说服力的并且最终非常成功的阐释, 是庞加莱在 1903 年 (Poincaré, 1905, 第 3 章第 3 节) 和 1912 年 (Poincaré, 1913, 第 9 部分) 给出的. 下面是部分意译:

"当我们说空间是三维时, 我们指的到底是什么呢? 如果在分割连续统 C 时, 作为割集只需要考虑一定数目的可以相互区别的元素, 则我们说这个连续统是一维的 ……. 相反地, 如果分割一个连续统时需要使用形成一个或几个一维连续统的割集, 我们就说 C 是二维连续统. 如果需要一个或几个最多为二维连续统的割集, 我们说 C 是一个三维连续统, 以此类推.

"为了验证这个定义, 我们必须了解几何学家是如何在他们开始工作时引入维数观点的. 那么, 我们发现了什么呢? 他们通常这样开始: 把曲面定义为体或部分空间的边界, 把曲线定义为曲面的边界, 把点定义为曲线的边界, 而且, 他们声称同样的过程不能继续进行下去.

"这正是前面给出的观点: 称作曲面的割集对于分割空间是必需的; 称作曲线的割集对于分割曲面是必需的; 点不可分, 不是连续统. 因为曲线可以被不是连续统的割集分割, 所以它是一维连续统; 因为曲面可以被一维连续割集分割, 所以它是二维连续统; 最后, 空间可以被二维连续割集分割, 所以它是三维连续统."

◁ 上面的话语不适用于分维. 对于本书中不同岛屿的内部, D 与 D_T 相等并且都等于 2, 但是海岸线却是完全不同的东西, 它在拓扑上是一维的, 但在分形上是高于一维的. ▶

从布劳威尔 (Brouwer) **到门格尔** (Menger). 现在引用 Hurewicz & Wallman (1941) 中的话: "1913 年, 布劳威尔在庞加莱凭直觉获得的基础之上构造了一个精确的、拓扑不变的维数定义, 这个定义对很宽泛范围内的一类空间与我们现在使用的维数定义是一致的. 布劳威尔的文章多年来一直没有受到关注. 然后在 1922 年, 独立于布劳威尔, 并且彼此独立地, 门格尔和乌雷松重新创立了布劳威尔的概念, 并有重要改进.

"在那以前, 数学家在含混的意义上使用维数这个词. 如果以某种非特定方式描述一个构造上的点所需的最少实参数的个数是 E, 则称这个构造是 E 维的. 这种方法的危险性和不一致性被 19 世纪晚期的两个著名发现清清楚楚地展示: 康托尔把一条线上的点与一个面上的点一一对应, 而佩亚诺连续映射把一个区间映射到整个正方形上. 第一个发现打破了人们认为平面上的点比线上的点多的观念, 并且表明了维数可以通过一一映射发生改变. 第二个发现反驳了维数可以定义为描述一个空间所需的最少连续实参数的个数的观点, 并且表明维数可以通过单值连续映射增加.

"还有一个极为重要的问题尚未解决: 我们是否可以把康托尔和佩亚诺构造的特征相结合, 在 E 维和 E_0 维欧几里得空间之间建立对应? 也就是说, 建立一个既是一一的又是连续的对应? 这个问题至关重要, 因为在欧几里得 E 维空间和欧几里得 E_0 维空间之间上述类型的变换的存在性会证明, 维数 (在自然的意义上, 欧几里得 E-空间是 E 维的) 根本没有任何拓扑意义! 拓扑变换的类将因此变得太宽泛而无法具有任何几何上实际应用的意义.

"欧几里得 E-空间和欧几里得 E_0-空间不是同胚的, 除非 E 等于 E_0, 这个命题的第一个证明由布劳威尔在 1911 年给出 (Brouwer, 1975-, **9**, 第 430-434 页: 特殊情形 $E \leqslant 3$ 和 $E_0 > E$; 此前已于 1906 年被 J. 吕罗斯 (Lüroth) 证明. 但是, 这一证明并未明确指出任何使欧几里得 E-空间区别于欧几里得 E_0-空间, 从而保证两者之间同胚的不存在性的简单拓扑特性, 因此, 更具说服力的是布劳威尔在 1913 年的论证, 他引入了空间的一个整数值函数, 由于它特定的定义方法, 这个函数是拓扑不变的. 在欧几里得空间中, 它恰好有维数 E (因此它值得有这个名称).

"同时, 勒贝格用另一种方法证明了欧几里得空间的维数是拓扑不变的. 他在 1911 年观察到 (Lebesgue, 1972-, 4, 第 169-210 页), 一个正方形可以被任意小的 '积木' 覆盖而没有任何点包含于三块以上的积木中, 除非这些积木小到至少每三块就有一个公共点. 以类似方式可以把欧几里得 E-空间中的立方体任意分解为任意小的 "积木", 使得不超过 $E + 1$ 块积木有公共点. 勒贝格猜测 $E + 1$ 这个数不可能再减小了: 也就是, 对于任意分为足够小的积木的分解, 必定至少有一个点对 $E + 1$ 块积木是公共的. (布劳威尔在 1913 年给出了证明.) 勒贝格定理还展示了使欧几里得 E-空间区别于欧几里得 E_0-空间的一个拓扑性质, 因此它也意味着欧几里得空间维数的拓扑不变性."

关于庞加莱、布劳威尔、勒贝格、马雷松和门格尔的有关贡献, 见弗赖登塔尔 (H. Freudenthal) 在 (Brouwer, 1975-, **2**) 第 6 章中的注记, 以及在 (Menger, 1979) 第 21 章中的一个答复.

分维和德尔波夫 (Delboeuf). 关于分维的故事要简单得多: 它几乎完全出自豪斯多夫的著作. 但无论如何还是有一点神秘. 实际上, 在 Russell (1897) 的第 162 页中忽略了康托尔和佩亚诺引起的激烈争论, 但有以下脚注: "关于具有 m/n 维的几何结构, 德尔波夫是正确的, 但未指出文献来源 (Rev. Phil. T. xxxxvi, 第 450 页)." 德尔波夫变得引人注目 (见**莱布尼茨和拉普拉斯的标度变换**这一条目); 但是我对他的著作的搜索 (在 F. 威尔布鲁根 (Verbruggen) 的帮助下), 没有找到更多指向分维的线索.

　　布利高 (Bouligand). 维数的康托尔-闵可夫斯基-布利高定义 (第 5 章和第 39 章) 远不及豪斯多夫-伯西柯维奇定义那样令人满意, 但在这里我要赞扬一下乔治·布利高 (1889—1979). 他的很多书今天即使在巴黎也已经没什么人读了, 但当我是一名学生, 并且是他为我们出题考试时, 这些书真的很重要. 每当我翻开他的书, 都会想起是它们引领我走进了 "现代" 数学. 我想知道是否有其他呈现方式 (虽然从教学上讲更持久, 但不那么柔和及人性化), 也能提供相同的直觉理解, 可以珍藏并在需要时使用. 我觉得不会有了. 我想如果布利高能够活到今天, 看见他挚爱的几何学所取得的进展, 希望他会把这些看成是他自己的成就.

大自然无飞跃和 "丢托巴库斯"(Theutobocus) 的真实故事

　　大自然无飞跃 (*Natura non facit saltus*) 是 "连续性原理" 的最有名的陈述, 在本章的第一个条目中讨论过, 并被莱布尼茨看作 "(他的) 最好地证明了的论断之一". 它还是 "介于二者之间" 的几何形状——分形——的略显遥远的祖先. 但是, Bartlett (1968) 把这个陈述归功于林耐 (Linné). 出于对这个看起来不公平的荣誉的惊讶, 我经过搜索发现了若干新事实和一个故事.

　　18 世纪著名的植物学家和分类学家林耐确实曾经写过这个句子, 但只是随口提及, 作为一般常识, 并非作为一个新的有分量的论述. 他只是翻译了莱布尼茨所写的 *La nature ne fait jamais de sauts*, 莱布尼茨也写了无数其他变体. 例如: *Nulla mutatio fiat per saltum* (变化无飞跃), *Nullam transitionem fieri per saltum* (变迁无飞跃), *Tout va par degrés dans la nature et rien par saut* (大自然的一切都渐进而不会突变). 林耐的确切拉丁语原文并非出自莱布尼茨.

　　其次, 十分有趣的是, 早在 1613 年, 远在莱布尼茨之前, 就有人在以下这句话: 大自然运作中无飞跃 (*Natura in suis operationibus non facit saltum*) 里, 十分接近地预先给出了林耐的话. (这里应用单数 saltum 而不是复数 saltus, 这是少数认为 0 是单数的人所喜欢的). 谁写下了这句话? Stevenson (1956) 第 1382 页第 18 条中说是雅各·梯索 (Jacques Tissot). 谁是梯索? 没有人能够告诉我, 这给了我很好的理由去巴黎国家图书馆寻找答案.

　　我在一本 15 页的小册子里找到了这句话, 小册子有一个很长的题目, 开头是这样的, 关于丢托巴库斯大帝的生、死和遗骨的真实故事 …… 他在公元前 105 年被罗马执政官马略打败并被埋葬在 …… 罗马附近. 文章用法语写成, 夹杂着拉丁语, 记录了在格勒诺布尔附近发现的一副巨人尺寸的遗骨, 以及为什么说这副遗骨是一个人, 即前述的丢托巴库斯的原因.

　　在 M. 爱杜瓦·傅尼埃 (M. Edouard Fournier) 作注的《各种各样的历史与文学, 罕见传单汇集 (带注释)》第 IX 卷, 1859, 第 241—257 页有一个《真实故事》

的重印本. 我的好奇心得到了满足. 在一个极长的脚注中, 傅尼埃描述了下面这个长期流传的谎言. 1613 年 1 月 11 日, 正在 17 英尺或 18 英尺沙子下挖掘的工人发掘出了许多很长的骨骼, 于是, 这个坑是一个巨人的坟墓、以马略的徽号标记, 并有一块刻着丢托巴库斯名字的石头的流言就四处传播. 这些骨骼被当地两位乡绅 "认证", 上了报纸, 还拿给国王路易八世看了. 关于它们的起源的争议随之而来, 而后又渐渐消失了, 只是当其他的古老骨骼被鉴定为消失了的物种时才回归. 古生物学家加入了这场讨论, 确定 "丢托巴库斯王" 是一头乳齿象.

这个脚注也说, 实际上根本就没有什么雅各·梯索, "真实故事" 由上述两位乡绅以笔名发表 …… 作为计划中马戏表演的传单.

但是 "大自然无飞跃" 依然神秘莫测. 说它最初由小城镇的骗子编造, 假装引用亚里士多德, 似乎难以令人置信. 更有可能的是, 人们只是重复他们时代的习惯用语, 而其起源问题仍未解决.

庞加莱和分形吸引子

与本章中的其他条目不同, 本条目的内容不仅引人入胜, 而且对我的工作有直接而持久的影响. 正值 1977 年版《分形》校对之时, 亨利·庞加莱 (1854—1912) 的一些文字引起了我的注意, 它们导致了第 18 章至第 20 章中概述的新的研究方向, 并且计划在他处完整陈述. 让我来回答由这些和庞加莱的相关工作不可避免地引起的几个问题.

是和否: 他肯定是分形 ("奇怪") 吸引子的第一个研究者. 但是在他的著作中, 我没有找到任何东西, 使他可以被称为大自然可见部分的分形几何的哪怕是遥远的先驱者.

是: 以下事实被遗忘了: 只在 Cantor (1883) 发表后一年之内, 与三分尘埃相近的集合及魏尔斯特拉斯函数就出现在正统数学中, 远在实变量集合和实变函数的革命性理论创建之前.

否: 这些应用在当时并非没有引起注意. 第一次是在自守函数理论中 (第 18 章), 这个理论使庞加莱和菲力克斯·克莱因 (Felix Klein) 出了名. 探索这些应用的是保罗·潘勒韦 (Paul Painlevé, 1863—1933), 他是一位影响远远超出了纯数学王国的学者. 他对工程着迷 (他是奥维尔·莱特 (Orville Wright) 的 (飞行) 事故后威尔伯·莱特 (Wilbur Wright) 的第一位乘客), 并最终走上了从政的路, 曾出任法国总理. 我碰巧注意到, 皮兰是潘勒韦的密友, 这样, 第 2 章中描述的 "白日梦" 看起来就不那么孤立了.

是: 康托尔和庞加莱最终成为好几场智力争斗的对手, 而康托尔就像佩亚诺一样是庞加莱的讽刺的牺牲品, 比如下面这段著名的话: "康托尔主义 (许诺) 那种医生称为跟踪病理上有价值的病例的乐趣." 也见**埃尔米特**这个子条目. 因此, 知道下面这些对我们是有益的, 当需要来临时, 庞加莱发现那些经典的怪物未能进入对可见大自然的描述之中, 却进入了抽象的数学物理之中. 我把庞加莱《天体力学新方法》, (Poincaré 1892) 卷 III, 第 389—390 页意译如下:

"让我们试着臆想对应于 [三体问题] 双重渐近解的两条曲线 [C' 和 C''] 所形成的模式. 它们的交点形成了一种像是无限紧密的 …… 网格. 每条曲线都绝不自我相交, 但肯定以一种极其复杂的方式折叠, 以便与网格中的每个节点无限频繁地相交.

"人们必定会为这个图形的复杂程度感到震惊, 我甚至不打算尝试把它画出来. 没有任何东西会使我们对三体问题的复杂性有一个更好的理解, 而且一般地对所有那些没有一致积分的动力学问题也是如此 …….

"可以想到几种不同的假设:

"(1) (集合 S' (或 S'') 定义为 C' (或 C'') 加上此曲线的极限点) 充满半平面. 如果是这样, 太阳系是不稳定的.

"(2) (S' 或 S'') 是 (正且) 有限的区域, 并占据平面的一个有界区域, 可能有一些 '间隙' …….

"(3) 最后, (S' 或 S'') 的面积为 0. 它类似于 [康托尔尘埃]."

为了对这些不该被忽略的评论加深印象, 下面是文献 (Hadamard, 1912; Painlevé, 1895; Denjoy, 1964, 1975) 中部分内容的意译.

首先是阿达马: "庞加莱是集合论的先驱者, 这是指早在集合论诞生之前, 他就把它应用于他的最引人注目也最值得称道的著名研究之一. 事实上, 他证明了自守函数的奇点构成了或者是一个圆周或者是一个康托尔尘埃. 这后一种情况甚至连他的前辈的想象力都不能接受. 所述的集合是集合论中最重要的成就之一, 但是迪克松和康托尔本人直到后来才发现了它.

"无切线的曲线其实自黎曼和魏尔斯特拉斯以来就是经典的了. 然而, 任何可以理解其间深刻差异的人, 一方面, 这是在一个安排好用来取悦思维的环境中建立的事实, 除了展示其可能性之外, 没有其他目标, 也没有进一步的兴趣, 一个在画廊中进行的怪物展览而已; 另一方面, 它与植根于分析的最普通和最实质性问题的理论中遇到的事实相同."

现在是潘勒韦: "我必须坚持存在于函数理论与康托尔尘埃之间的联系. 后一项研究在性质上是如此新颖, 以至于数学期刊必须要有点勇气才能发表它. 许多读者把它当成哲学而不是科学. 然而, 数学的进展很快就否认了这种判断. 在 1883 年 (这一年在本世纪的数学史上称得上是双喜临门),《数学学报》(*Acta Mathematica*) 交替刊登了庞加莱关于富克斯函数及克莱因函数的论文和康托尔的论文."

康托尔的论文在《学报》第二卷第 305—414 页上 (康托尔集合在第 407 页),

它是法文译文, 由《学报》的编辑米塔格-列夫勒 (Mittag-Leffler) 发起帮助康托尔争取认可. 有一些 (见本章中**维数**的埃尔米特子条目, 424 页) 是庞加莱编辑的. 然而, 在康托尔的工作用德文发表之前庞加莱的结果已经在《评论》(*Comptes Rendus*) 上扼要发表过了. 庞加莱是如此迅速地采纳了康托尔的创新之一, 在他的第一篇《学报》论文中, 他用德文的 Mengen 记集合, 甚至没有花时间来选择一个相应的法语词.

下一位是当茹瓦 (Denjoy, 1964): "有些科学家把某些真理看作优雅的、受过良好教育的、有教养的人, 而对另一些来说, 这扇绅士的大门必须永远紧闭. 我思考的多半是集合论这样一个全新的世界, 它无可比拟地广阔、更少人工雕琢的痕迹、更简单、更有逻辑性、更适合于作为物理世界的模型: 一言以概之, 比旧的世界更真. 康托尔尘埃分享许多连续物质的性质, 似乎对应于一个非常深刻的现实."

在文献 (Denjoy, 1975) 第 23 页中, 我们读到下面这段话: "我认为很明显, 不连续模型比现在的模型以令人满意得多的方式, 更成功地解释了许多自然现象. 因此, 不连续的法则与连续的法则相比还远未阐明, 应该更广泛和更深入地对它们进行讨论. 确保这两类知识的可比性, 将使物理学家能够按需要使用这种或那种方法."

不幸的是, Denjoy 未能用超出庞加莱和潘勒韦的泛泛暗示的任何特定的进展来支持这个 "白日梦". 一个例外是 (Denjoy, 1932) 关于环面上微分方程的论文. 为了回答庞加莱提出的一个问题, 他证明了, 一个解与一条子午线的交可能是整条子午线或任何一个指定的康托尔尘埃. 前者的行为符合物理学家关于遍历性行为的概念, 但后者不符合. 一个类似的例子由玻尔 (Bohl) 在 1916 年给出.

雅各·阿达马 (Jacques Hadamard, 1865—1963) 是著名的数学家和数学物理学家, 阿诺德·当茹瓦 (Arnaud Denjoy, 1884—1974) 是一位杰出的、非常纯的纯粹数学家, 但是没有哪个物理学家愿意听从他们. 他们的话在他们的时代没有引起任何反响. 这两个人的名字都出现在对庞加莱和潘勒韦的悼词中, 他们共同复兴了那些首创者们无法通过重复而振兴的思想.

庞加莱和吉布斯 (Gibbs) 分布

以当今庞加莱的复兴为缘由, 这里叙述一个与本书其他部分无关的数学趣闻.

这关系到物理学家所知的吉布斯正则分布, 这种分布对于统计学家而言是一种指数型分布. Poincaré (1890) 寻找一种概率分布, 它使得某个参数 p 的最大似然估计基于 M 个样本 $x_1, \cdots, x_m, \cdots, x_M$ 而取 $G\left[\sum_{m=1}^{M} F(x_m)/M\right]$ 的形式. 换言之, 它们使得 x 和 p 的尺度可以借助函数 $F(x)$ 和 $G^{-1}(p)$ 进行变换, 从而 p 的

最大似然估计是 x 的样本均值. 这当 p 为高斯变量的期望值时当然如此, 但庞加莱给出了更一般的解答, 现在称为吉布斯分布.

这个事实被齐拉特 (Szilard) 在 1925 年独立地重新发现. 然后, 大约在 1935 年, 库普曼 (Koopman)、皮特曼 (Pitman) 和达尔穆瓦 (Darmois) 就最一般的估计过程提出了同样的问题, 并不局限于最大似然情形. 吉布斯分布的这种性质被统计学家称为充分性, 在齐拉特-芝德布罗统计热力学的公理陈述 (Mandelbrot, 1962t, 1964t) 中起了核心作用. 在这种方法中, 对统计推导的固有任意性存在于封闭系统的温度定义之中, 但不存在于正则分布的推导中. (后来的一个基于 "最大信息熵准则" 的公理表达, 把正则分布本身根植于统计推理中, 我认为这曲解了它的重要性.)

标度: 持久的古老经验证据

弹性丝线中的标度变换. 现今可以被重新解释为物理系统中标度变换例证的最早经验观测, 是在足足 150 年前进行的. 在卡尔·弗里德里希·高斯 (Carl Friedrich Gauss) 的鼓励下, 威尔海姆·韦伯 (Wilhelm Weber) 着手探讨用于支撑电磁仪表中的移动线圈的丝线的扭力. 他发现施加沿着长度方向的负载会导致瞬时的拉伸, 之后还有随时间变化的伸长. 撤去负载后, 产生一个与初始的瞬时拉伸相等的瞬时收缩. 随后也有进一步的缩短, 直到恢复原来的长度. 扰动的后效遵循 $t^{-\gamma}$ 形式的定律: 它们随时间按双曲型方式衰减, 而不是按指数形式衰减, 后者是当时人人期望的, 以及人们直到今天期望的.

关于这个题目的下一篇论文是 Kohlrausch (1847), 而玻璃纤维的弹性扭力更为威廉·汤姆孙 (William Thomson) 进一步研究, 后来还有开尔文勋爵 (Kelvin) 于 1865 年, 詹姆斯·克拉克·麦克斯韦 (James Clerk Maxwell) 于 1867 年, 以及路德维希·玻尔兹曼 (Ludwig Boltzmann) 于 1874 年发表的论文, 麦克斯韦认为最后一篇论文十分重要, 因而需要在《不列颠百科全书》第 9 版 (1878 年) 中加以讨论.

这些名字和日期值得我们仔细琢磨. 它们说明了要使一个问题值得研究, 仅仅是高斯、开尔文、玻尔兹曼和麦克斯韦这样的名人表示有兴趣还不够. 一个吸引他们但击败了他们的问题可以变成完全默默无闻的.

静电莱顿瓶中的标度. 用惠特克 (E.T.Whittaker) 的话来说如下: "1745 年, 莱顿大学的教授彼特·范·穆申布鲁克 (Pieter van Musschenbrock, 1692—1761) 试图找到保存电荷的一种方法, 以防止观察到的带电物体的电荷在空气中的衰减. 为了达到这个目的, 他试验了把带电的水封闭在某种绝缘体 (比如玻璃) 内的效果. 在他的试验中, 他把一小瓶水用金属线悬挂在枪管上, 线穿过软木塞插入水下几英寸: 枪管用丝线悬挂, 距离一个带电的玻璃球非常近, 这使得插入枪管的一些金属流苏在运动中可以接触到球体. 在这样的条件下, 一位名叫库那乌斯 (Cunaeus)

的朋友碰巧用一只手抓住了小瓶, 又用另一只手接触了枪管, 结果他受到了强烈的电击: 很明显, 一种积累或放大电力的方法被发现了. 这项发明被诺莱 (Nollet) 称为莱顿瓶."

Kohlrausch (1854) 发现, 莱顿瓶放电的速度与他关于丝线的工作具有相同的结果: 电荷随时间按双曲型方式衰减. 在雅各·居里 (Jacques Curie, 皮埃尔·居里的兄弟和他的第一位合作者) 的博士学位论文中, 详细研究了不同于玻璃的电介质, 他发现在某些电介质中的衰减是指数型的, 但是在其他一些中是双曲型的, 其指数 γ 的值是变动的.

标度: 恒久的古老万灵妙方

数不胜数的关于标度衰减或噪声的解释, 一百多年来散布在为数众多的各种期刊上. 所有这些读起来都令人伤心. 它们一直而且千篇一律地缺乏成功, 因为早在 19 世纪初就已经被发现的死胡同, 在不同的情况下用不同的词语一遍又一遍地炒冷饭.

霍普金斯 (Hopkinson) 的混合万灵妙方. 面对莱顿瓶电荷的双曲型衰减, 霍普金斯, 麦克斯韦的学生) 在 1878 年提出 "粗略地解释, 认为玻璃可以看作性质各异的多种不同硅酸盐的混合物". 由此会得到, 看起来是双曲线的衰减函数, 实际上是两个或多个不同形式为 $\exp(-s/\tau_m)$ 的指数的混合, 它们中的每一个都以不同的弛豫时间 τ_m 表征. 然而, 即使是早期的数据也足以说明两个到四个指数是不够的, 于是这种论证被放弃了.

但它还是在数据不够充分而不能驳斥它之处不时冒出来.

分布弛豫时间万灵妙方. 当对于几十年积累的数据, 除非人们用可笑的 17 个或 23 个指数的混合物否则不能拟合之时, 人们试图一条死胡同走到底, 干脆用无穷多个指数进行混合. 由欧拉的伽马函数定义可以得到

$$t^{-\gamma} = [\Gamma(\gamma)]^{-1} \int_0^\infty \tau^{-(\gamma+1)} \exp(-t/\tau) \mathrm{d}\tau.$$

这个等式表明, 若指数弛豫时间 τ 具有 "强度" $\tau^{-\gamma+1}$, 则混合物是双曲型的. 然而, 这种论证在逻辑上是循环推理. 一种科学解释的输出先验地被认为应该不如其输入那样明显, 但是, $t^{-\gamma}$ 和 $\tau^{-(\gamma+1)}$ 在实质上是一样的.

瞬态行为万灵妙方. 看到上一条目中列出的标度变换的种种特征, 另一个几乎普遍出现的第一反应是: 毫无疑问, 这些双曲型函数 $t^{-\gamma}$ 只不过是瞬态的复杂现象, 观察衰减足够长时间以后, 它们就会被指数型地截断. 第一个系统地研究这种截断的是 von Schweidler (1907), 他测量了莱顿瓶的衰减, 起初是以 100 秒的间隔, 之后间隔增大, 至总时间为 1600 万秒 (200 天, 从夏天到冬天!). 双曲型衰减

依然分毫不差. 更近的关于 $1/f$ 电噪声的试验开头持续了几小时, 后来是一整夜, 之后是一个周末, 再往后是一个短假期. 在令人吃惊的许多范例中, $1/f$ 性态也是分毫不差.

从前面几章, 例如第 9 章对星系团的研究, 可以注意到科学家们会变得如此热衷于寻找一个截断, 以便忽略对描述和解释那些表征标度范围的现象的需要. 奇怪的是, 这种对截断的过分热衷, 在工程师中更加厉害. 举第 27 章中讨论过的例子, 许多水文工作者不愿意采用我的模型, 因为其中涉及对标度的无限截断. 在工程项目中, 截断的有限性其实无关紧要, 然而有限的截断大概是实际工作者热烈向往的.

莱布尼茨和拉普拉斯著作中的标度

品读莱布尼茨的科学作品是一种令人耳目一新的经历. 除了微积分及其他日臻完善的思想, 有预见性的观点数量众多, 种类也极为丰富. 我们在第 17 章中见到的 "填充", 还有本章第一个条目引用的, 都是这样的例子. 此外, 莱布尼茨开创了形式逻辑, 还第一个 [在 1679 年给惠更斯 (Huygens) 的信中] 建议几何学中应该包括后来称为拓扑学的分支. (在比较不重要的层面上, 他开创了在数学记号中使用希伯来字母的先河 …… 作为对黄道十二宫符号的补充!)

当我有一次发现莱布尼茨对几何标度的重视之后, 我对他更加着迷了. 在试图严格化欧几里得公理的 "欧几里得 (Euclidis πρωτα)" (Leibniz, 1849, II, 1, 第 183—211 页) 中, 他在第 185 页写道: "IV(2): 我有直线的多种不同定义. 直线是一条线, 它的每一部分都与整体相似, 而且, 不仅在线中而且在集合中, 只有它具有这个性质." 这个论断今天已经可以证明. 后来莱布尼茨描述了更严格的平面的自相似性.

同样的想法在 1860 年独立地产生于约瑟夫 · 德尔波夫 (Joseph Delboeuf, 1831—1896), 他是一位比利时作家, Russell (1897) 善意地评估了他的观点. 事实证明, 他是一个真正了不起的科学人物, 他把他对古典作品的业余热情带到了几何哲学中. 然而, 他的 "相似性原理" 并没有在数学上为上文引用的莱布尼茨的论断增添什么内容 (当他做这项工作时, 他并不知道上面的论断, 而后他带着宽容与自豪引用了, 也引导了我). 德尔波夫还在本书第 412 页出现过一次.

另一个不同的与标度的相遇, 可以 (由那些打算对极为富裕者慷慨的人们) 在莱布尼茨的《单子论》(Monadology) 的格言 64 和 69 中读到, 其中认为世界的每一个小部分都精确地具有与大部分相同的复杂程度和组织方式.

拉普拉斯也有过一个与标度有关的思想. 在他的 1842 年出版并翻译成英文的《宇宙的体系》(System of the World) 第五版中 (但不在 1813 年的第四版中), 人们可以在第 V 卷的第 V 章中找到下面这样一段评论 (Laplace, 1879, 第 VI 卷). "(牛顿引力) 的一个重要性质是, 如果宇宙中所有物体之间的距离和速度的大小成比例地增加或减少, 它们的轨迹会与它们当前的轨迹完全相似: 因而, 缩小到可以想象的最小空间中的宇宙, 对观测者而言总是呈现出同样的现象. 因此, 自然法则只容许我们观测相对的维数 …… [文字在脚注中继续] 几何学家证明欧几里得平行线公理的试图至今仍不成功……. …… 圆的定义不包括任何只依赖于其绝对值的东西. 然而如果我们缩小半径, 我们不得不也以同样的比例缩小其周长, 以及其内接图形的边长. 这种比例性质似乎是比欧几里得公理更加自然的一条公理. 在万有引力的结果中观察到这种性质是十分有趣的.”

魏尔斯特拉斯函数

魏尔斯特拉斯的连续但处处不可微函数, 对数学的发展有重大影响, 因而人们很想知道这个故事是否也遵循法卡斯·鲍耶 (Farkas Bolyai) 对他的儿子雅诺斯 (János) 所描述的模式: “以下说法是有道理的: 许多东西都有那么一个阶段, 它们会同时在许多地方被发现, 就像春天里到处都有紫罗兰一样.” 同样可以预期这些共同发现者会一股脑地发表.

但是在这个范例中, 情况完全不同. 几乎令人难以置信的事实是, 除了 1872 年 7 月 18 日曾在柏林科学院宣读过一次, 魏尔斯特拉斯从来没有发表过他的发现. 这次讲演的原稿也确实被收入他的全集中, Weierstrass (1895), 但是世人得知这一发现并冠之以魏尔斯特拉斯的名字是在文献 (DuBois Reymond, 1875) 中. 因而 1875 年只是标识数学的重大危机开始的一个方便的年代.

迪布瓦·雷蒙 (DuBois Reymond) 写道: “这些函数的形而上学基础似乎隐藏着我所关心的许多谜, 我难以摆脱的一个想法是, (它们) 会导向我们智力的极限.” 然而, 人们有一种不同的感觉, 没有人急于去探索这些极限. 有些同时代人曾一度对这项任务有所涉猎 (例如加斯东·达布 (Gaston Darboux)), 但很快就转向极度的保守主义, 然而其他人也没有更勇敢. 人们也容易想起高斯隐藏他发现非欧几何的那个更出名的故事, 高斯在 1829 年 1 月 27 日写给贝塞尔 (Bessel) 的信中说: “害怕皮奥夏人 (愚笨的人) 的喧闹.” (但是, 当一个朋友的儿子, 雅诺斯·鲍耶发表了他自己的独立发现之后, 高斯向他披露, 对他的心智造成了灾难性的后果. 最后, 人们会想到米塔格-列夫勒后来对康托尔的忠告, 告诉他不该与编辑们争吵, 只应该保存好他的那些更大胆的发现直到这个世界准备好接受它们. 先驱人物中绝少像这几个不同的例子中描述的那样极其难以相处.

除了魏尔斯特拉斯, 还有三个名字必须在这里提及. 长时期以来一直传言, 并且在文献 (Neuenschwander, 1978) 中有记载, 黎曼大约在 1861 年告诉他的学生, $R(t) = \sum n^{-2} \cos(n^2 t)$ 是一个连续不可微函数. 但是, 人们不知道确切的陈述和证明. 实际上, 如果 “不可微” 指的是 “处处不可微”, 则任何提出的证明都是有缺陷的, 因为 Gerver (1970) 和 Smith (1972) 指出, $R(t)$ 在某些点处确实有正且有限的导数. 克罗内克 (Kronecker) 也关心过有关黎曼函数的事情, 这种兴趣突显了当时出现的问题的重要性. (我从文献 (Manheim, 1969; T. Hawkins, 1970; Dugac, 1973, 1976) 中得到了关于这段背景的知识.)

波尔查诺 (Bolzano) 的名字与魏尔斯特拉斯是在一个不同的, 但更为著名的情况下连在一起的, 他也与这个故事有关. 伯恩哈特·波尔查诺 (Bernhard Bolzano, 1781—1848) 是数学上很少的几位无名英雄之一, 他的大部分工作在 20 世纪 20 年代之前都是默默无闻. 他在 1834 年发现了非常接近魏尔斯特拉斯函数的一个相似物, 但是他没有注意到使我们感兴趣的该函数的性质 (Singh, 1935, 第 8 页).

第三个人在他的一生和我们的一生中都无人知晓, 但他在这个故事里的地位仅次于魏尔斯特拉斯. 查理·瑟莱里埃 (Charles Cellérier) 在日内瓦教书, 只出版过少量讲义, 但是在他死后启封的文件中有一份 "启示录". 一个没有标注日期的文件夹上写着 "十分重要, 本人认为新颖、正确, 可以按原样发表", 其中一份他手写的文本描述了魏尔斯特拉斯函数 $D = 1$ 的极限情况, 而且把它用于类似的目的. 有人把这些发黄的纸页拿给了一个名为凯莱 (Cailler) 的学者, 他加了一个注 (前面的内容就是从中选取的) 然后立刻作为 Cellérier (1890) 发表了. 零零星星的有趣的证据接踵而至, 特别是来自格蕾丝·C. 杨 (Grace C. Young). 拉乌尔·皮克泰 (Raoul Pictet) 在 1916 年回忆道, 大约在 1860 年, 瑟莱里埃曾在课堂上提到过这项工作, 当时皮克泰是他的学生. 但是没有文字证据. 而瑟莱里埃的论断最终被证明是有缺陷的.

这样, 魏尔斯特拉斯还是独自而未受挑战地保有以他的名字命名的论断, 但是留下了一些真的很奇怪的事情值得我们思考. 波尔查诺确实发表了一个声明, 因为他认为这无关紧要, 但是后两位学者知道得更清楚, 他们是外省人, 没有什么名气, 可能会受到伤害, 而大师可能觉得不会有损名声, 两位都选择等着瞧. "发表或灭亡 (Publish or Perish)" 不可能远离他们的头脑.

因为魏尔斯特拉斯函数经常用于支持数学与物理学双方同意的分离, 提起它的发现者对这两个学科间关系的态度可能是有益的. 他的名字也出现在几何光学中 (球面透镜的杨-魏尔斯特拉斯点). 而且, 魏尔斯特拉斯在 1857 年就职讲课时 (在 (Hilbert, 1932) 第 3 卷, 337—338 页中引用), 他强调物理学家不应该把数学只看作一个辅助性的学科, 而数学家不应该认为物理学家的问题只是他的方法的一批简单例子的简单集合. "至于是否真正可能从现代 (指 1857 年) 数学家看来热衷的抽象理论中抽取一些有用的东西, 人们会回答道只有在纯粹臆测的基础上, 希腊数学家才推演出圆锥截线的性质, 而这远在人们能够猜测出它们表达了行星的轨道之前." 阿门.

第 42 章　后记：通向分形之路

　　我在 1975 年和 1977 年所写的关于分形的书, 开头没有前言, 末尾没有结论. 本书也是如此, 不过, 我还想到几件事要说. 现在, 分形几何学正按预定计划井然有序地前行, 这是一个很好的时机让我来正式阐述其似乎不大可能为真实的起源, 并且就它对科学认识、描述和解释所作的贡献添加几句话. 当这种新几何学在所有方面由描述向阐释挺进时 (或者是通用的, 如第 11 章和第 20 章中, 或者是针对特定的范例), 我们最好重温一下, 为什么它会因为一种不寻常 (也是不常见) 的手段, 即无视通过 "模型" 作解释而长期获益.

　　现在, 读者已经清楚地知道分形的概率分布特征是双曲型的, 且分形的研究中充斥着其他幂律关系. 通过接受标度性的有效性并仔细地探索其几何-物理含义, 我们发现有那么多事情可做, 以至于真的非常奇怪, 直到昨天, 我还觉得我独自占有了这片富饶的土地. 许多人所共知的开阔地环绕在它周围, 许多作者曾经瞥了一眼, 但是没有人留下来.

　　我这种毕生的介入, 缘起于 1951 年, 因为对齐普夫定律 (第 38 章和第 40 章) 的偶然兴趣而开始. 一篇书评引起了我对有关单词出现频率的经验规律的注意. 这件事看起来太具象征性而简直不可能是真的, 但这篇书评确实是从一位 "纯" 数学家的废纸篓里翻出来, 在乘坐巴黎地铁时随意阅读的. 齐普夫定律被证明是最方便的解释, 而我的工作也帮助了数理语言学的诞生. 但是, 单词出现频率的研究是一件自生自灭的事情.

　　然而其余波犹存. 认识到 (用当今的名词) 我的工作曾是标度假设有效性的一个范例研究, 我开始对多个领域 (首先是经济学) 中类似的经验规律性十分敏感. 尽管数量多得惊人, 这些规律性, 还是被看作对成熟的领域几乎无影响. 我对它们的解释越成功, 它们就越像广泛存在现象的可见征兆那样隐约显现, 对那些现象, 科学尚无力面对, 这使我可以花费一段时间的精力于其中.

　　我研究这些规律的方法, 开始于普通的对生成模型的寻找, 但后来逐渐发生了改变, 因为我不断地观察到, 那些在模型中看起来不重要的假设的小小变化, 后来却引起了其预言的巨大变化. 例如, 高斯分布的多次出现, 通常都通过标准的概率中心极限定理来 "解释", 该定理是许多独立贡献相加的结果. 这种论据的说服力取决于以下事实: 许多其他中心极限定理甚至不为从事研究的科学家所知, 更被保罗·莱维和其他先驱者看作是 "病态的". 但是, 对标度律的研究使我意识到,非标准中心极限行为事实上是自然界的一部分. 不幸的是, 中心极限定理论据一旦被看出有多个可能的结果, 它就不再具有说服力. 如果一种解释比其结果更复杂, 或者其同等可行的几个变体得出完全不同的预测, 那么这种解释就很难令人理解.

无论如何, 探索自相似性的结果被证明充满了特别的惊喜, 帮助我理解大自然的结构. 与此相反, 关于标度性原因的混乱讨论却缺乏引人入胜之处. 有时候, 这似乎并不比齐普夫鼎力推崇的最小努力原则 (第 388 页) 更好.

Yule (1922)[①]中分类学里的近似标度模型重新激发的兴趣, 加强了这种氛围. 这个复兴声称可以对社会科学中标度的每个事例提供全能式解释, 其实是基于一个技术性错误 (如我所指出的), 但其时我的许多读者已被说服而相信, 社会科学中的标度关系有着通用且直接的解释, 因此 (!) 不值得关注.

作为一个结果, 我已有的在原因之前强调结果的倾向被加强了. 1961 年, 当我转向研究在市场竞争中期货价格随时间的变动时 (第 37 章), 我很快发现这是一个天赐, 尤其是有助于使标度方法的全部威力明显可见. 经济学家抱怨他们的数据贫乏和质量不佳, 但关于价格和收入的数据却如潮水般涌来. 经济学理论和经济学家声称可以解释数百种不良定义的变量之间的关系, 但却不敢对价格记录的结构做任何预测. 通常的统计技术也被证明无力从数据中提取任何规律. 这一点证实了列昂惕夫 (W. Leontief) 的观察: "没有一个经验研究的领域使用如此大量而复杂的统计机制, 得到的结果却如此无关紧要." 但是, 标度方法导出的结论却好得令人吃惊. 标度性质结合了市场竞争价格的两个最引人注目的特性: 高度的不连续性和 "循环" 但非周期性. 这项研究很可能是物理学的不变性——对称性风格在经济学中应用的仅有例证.

1961 年, 我推广了标度性概念, 试图处理几种噪声现象. 所有这些不同的努力, 几乎都是在与物理学家和数学家完全隔绝的情况下进行的. 但是, 当我于 1962—1964 年在哈佛做访问教授时, 伽莱特·伯克霍夫 (Garrett Birkhoff) 指出, 我的方法与理查森开创并经柯尔莫哥洛夫于 1941 年推崇强调的湍流理论之间有相似性. 我在学生时代听说过这一理论, 与第 40 章中条且**亚里士多德**描述的哲学传统相比, 当时湍流理论的影响还不见得更大. 不管怎样, 所有这一切都是远在物理学家对标度着迷之前发生的!

另外, 斯图尔特 (G. W. Stewart) 关于湍流间歇性的讲座把我引向 Kolmogorov (1962). 这篇论文的预印本与 Berger & Mandelbrot (1963) 的预印本面世时间只相差几星期! 尽管柯尔莫哥洛夫处理的是一个更有意义的问题, 我的工具却更加有力, 我立刻把它们用到湍流的研究中, 得到了第 10 章和第 11 章的基本内容.

---

① 原文误作 Yule (1922). ——译者注

最后, 我知道了 Hurst (1951, 1955), Richardson (1961), 以及星系团的 $1/f$ 噪声问题. 我又一次感觉到, 在每个事例中, 良好的描述及对其结果的探索有助于我的理解. 与此相反, 我想象的早期模型, 看起来只不过是加到这种描述中的无关紧要的装饰. 它们脱离了我正在构成中的基本几何思想, 而且, 就我看来, 实际上妨碍了理解. 我一直坚持这些观点, 即使当我的论文被拒绝发表时也是如此. 再者, 第 11 章和第 20 章及其他各处的说明, 讲的是完全不同的故事, 对之我感到欣慰.

于是, 研究领域的变化, 对标度性的探索不断被复苏, 且被新的工具和思想所丰富, 而且导致了一个全面性理论的逐步形成. 这个理论完全没有因循 "自上而下" 的模式——先被发现和构成, 而后得到 "应用". 它从最平常的基底向与日俱增的顶峰攀登, 这使得每一个人, 包括我自己在内, 不断地为之惊讶. 早期综述是在逻辑学和科学哲学国际会议 (1964)、耶鲁大学的特朗伯尔 (Trumbull) 讲座 (1971) 及法兰西学院 (1973, 1974) 给出的.

这个标度理论的几何方面变得更加重要, 给分形几何学增彩添色. 鉴于对湍流和临界现象早期研究的强烈的几何风味, 人们可能期望与这些内容中任一个相关地发展出分形理论. 但是什么也没有发生.

新概念和新技术通过低竞争分支进入科学的事例今日罕见, 因而是反常的. 分形几何学是这种历史性反常的一个新的例子.

参 考 文 献

所列每条都包含作者或编者的姓名及年份. 年份之后的 "-" 指多卷集中的第一卷. 当容易引起混淆时, 年份后有一个字母, 该字母多半与出版物的标题或文献在其中出现的序列的名称有关. 这些新的约定旨在帮助记忆①.

由于本表中参考的期刊属于不同的学科, 期刊名称的缩写不如习惯的缩写那样简洁.

很少包含一般性的参考文献, 并且本列表完全没有尝试平衡或完整地覆盖本书所涉及的多个不同领域.

ABELL, G. O. 1965. Clustering of galaxies. *Annual Reviews of Astronomy and Astrophysics* **3**, 1-22.

ABBOT, L. F. & WISE, M. B. 1981. Dimension of a quantum-mechanical path. *American J. of Physics* **49**, 37-39.

ADLER, R. J. 1981. *The geometry of random fields*, New York: Wiley.

ALEXANDER, S. S. 1961. Price movements in speculative markets: or random walks. *Industrial Management Review of M.I.T.* **2**, Part 2 7-26. Reprint in *The random character of stock market prices*. Ed. P. H. Cootner, 199-218. Cambridge MA: MIT Press, 1964.

ALEXANDER, S. S. 1964. Price movements in speculative markets: No.2. *Industrial Management Review of M.I.T.* **4**, Part 2, 25-46. Reprint in Cootner (preceding ref.) 338-372.

ALLEN, J. P., COLVIN, J. T., STINSON, D. G., FLYNN, C. P. & STAPLETON, H. J. 1981. Protein conformation from electron spin relaxation data (preprint). Champaign, Illinois.

APOSTEL, L., MANDELBROT, B. & MORF, A. 1957. *Logique, langage et théorie de I'information*. Paris: Presses Universitaires de France.

ARTHUR, D. W. G. 1954. The distribution of lunar craters. *J. of the British Astronomical Association* **64**, 127-132.

AUBRY, S. 1981. *Many defect structures, stochasticity and incommensurability*. *Les Houches 1980*. Ed. R. Balian and M. Kléman. New York: North-Holland, 1981.

AVRON, J. E. & SIMON, B. 1981. Almost periodic Hill's equation and the rings of saturn. *Physical Review Letters* **46**, 1166-1168.

---

① 本段所述与表中所示不甚吻合. 但读者至少可以把年份后的字母看作对该作者当年发表的不同论文的区分标识. ——译者注

AZBEL, M. YA. 1964. Energy spectrum of a conduction electron in a magnetic field. *Soviet Physics JETP* **19**, 634-645.

BACHELIER, L. 1900. *Théorie de la spéculation.* Thesis for the Doctorate in Mathematical Sciences (defended March 29, 1900). *Annales Scientifiques de I'Ecole Normale Supérieure* **III-17**, 21-86. Translation in *The random character of stock market prices.* Ed. P. H. Cootner, 17-78. Cambridge, MA: MIT Press, 1964.

BACHELIER, L. 1914. *Le jeu, la chance et le hasard.* Paris: Flammarion.

BALMINO, G., LAMBECK, K. & KAULA, W. M. 1973. A spherical harmonic analysis of the Earth's topography. *J. of Geophysical Research* **78**, 478-481.

BARBER, M. N. & NINHAM, B. W. 1970. *Random and restricted walks: theory and applications.* New York: Gordon & Breach.

BARRENBLATT, G. I. 1979. *Similarity, selfsimilarity, and intermediate asymptotics.* New York: Plenum.

BARTLETT, J. 1968. *Familiar quotations* (14th ed.) Boston: Little Brown.

BATCHELOR, G. K. 1953. *The theory of homogeneous turbulence.* Cambridge University Press.

BATCHELOR, G. K. & TOWNSEND, A. A. 1949. The nature of turbulent motion at high wave numbers. *Pr. of the Royal Society of London* **A 199**, 238-255.

BATCHELOR, G. K. & TOWNSEND, A. A. 1956. Turbulent diffusion. *Surveys in Mechanics* Ed. G. K. Batchelor & R. N. Davies. Cambridge University Press.

BERGER, J. M. & MANDELBROT, B. B. 1963. A new model for the clustering of errors on telephone circuits. *IBM J. of Research and Development* **7**, 224-236.

BERMAN, S. M. 1970. Gaussian processes with stationary increments: local times and sample function properties. *Annals of Mathematical Statistics* **41**, 1260-1272.

BERRY, M. V. 1978. Catastrophe and fractal regimes in random waves & Distribution of nodes in fractal resonators. *Structural stability in physics.* Ed. W. Güttinger & H. Eikemeier, New York: Springer.

BERRY, M. V. 1979. Diffractals. *J. of Physics* **A12**, 781-797.

BERRY, M. V. & HANNAY, J. H. 1978. Topography of random surfaces. *Nature* **273**, 573.

BERRY, M. V. & LEWIS, Z. V. 1980. On the Weierstrass-Mandelbrot fractal function. *Pr. of the Royal Society London* **A370**, 459-484.

BESICOVITCH, A. S. 1934. On rational approximation to real numbers. *J. of the London Mathematical Society* **9**, 126-131.

BESICOVITCH, A. S. 1935. On the sum of digits of real numbers represented in the dyadic system (On sets of fractional dimensions II). *Mathematische Annalen* **110**, 321-330.

BESICOVITCH, A. S. & TAYLOR, S. J. 1954. On the complementary interval of a linear closed set of zero Lebesgue measure. *J. of the London Mathematical Society* **29**, 449-459.

BESICOVITCH, A. S. & URSELL, H. D. 1937. Sets of fractional dimensions (V): On dimensional numbers of some continuous curves. *J. of the London Mathematical Society* **12**, 18-25.

BEYER, W. A. 1962. Hausdorff dimension of level sets of some Rademacher series. *Pacific J. of Mathematics* **12**, 35-46.

BIDAUX, R., BOCCARA, N., SARMA. G., SÈZE, L., DE GENNES, P. G. & PARODI, O. 1973. Statistical properties of focal conic textures in smectic liquid crystals. *Le J. de Physique* **34**, 661-672.

BIENAYMÉ, J. 1853. Considérations à l'appui de la découverte de Laplace sur la loi de probabilité dans la méthode des moindres carrés. *Comptes Rendus* (Paris) **37**, 309-329.

BILLINGSLEY, P. 1967. *Ergodic theory and information*. New York: Wiley.

BILLINGSLEY, P. 1968. *Convergence of probability measures*. New York: J. Wiley.

BIRKHOFF, G. 1950-1960. *Hydrodynamics* (1st and 2nd eds.). Princeton University Press.

BLUMENTHAL, L. M. & MENGER, K. 1970. *Studies in geometry*. San Francisco: W. H. Freeman.

BLUMENTHAL, R. M. & GETOOR, R. K. 1960c. A dimension theorem for sample functions of stable processes. *Illinois J. of Mathematics* **4**, 308-316.

BLUMENTHAL, R. M. & GETOOR, R. K. 1960m. Some theorems on stable processes. *Tr. of the American Mathematical Society* **95**, 263-273.

BLUMENTHAL, R. M. & GETOOR, R. K. 1962. The dimension of the set of zeros and the graph of a symmetric stable process. *Illinois J. of Mathematics* **6**, 370-375.

BOCHNER, S. 1955. *Harmonic analysis and the theory of probability*. Berkeley: University of California Press.

BONDI, H. 1952; 1960. *Cosmology*. Cambridge: Cambridge University Press.

BOREL, E. 1912-1915. Les théories moléculaires et les mathématiques. *Revue Générale des Sciences* **23**, 842-853. Translated as Molecular theories and mathematics. *Rice Institute Pamphlet* **1**, 163-193. Reprint in Borel 1972-, **III**, 1773-1784.

BOREL, E. 1922. Définition arithmétique d'une distribution de masses s'étendant à l'infini et quasi périodique, avec une densité moyenne nulle. *Comptes Rendus* (Paris) **174**, 977-979.

BOREL, E. 1972-. *Oeuvres de Emile Borel*. Paris: Editions du CNRS.

BOULIGAND, G. 1928. Ensembles impropres et nombre dimensionnel. *Bulletin des Sciences Mathématiques* **II-52**, 320-334 & 361-376.

BOULIGAND, G. 1929. Sur la notion d'ordre de mesure d'un ensemble plan. *Bulletin des Sciences Mathématiques* **II-53**, 185-192.

BOURBAKI, N. 1960. *Eléments d'historie des mathématiques*. Paris: Hermann.

BOYD, D. W. 1973a. The residual set dimension of the Apollonian packing. *Mathematika* **20**, 170-174.

BOYD, D. W. 1973b. Improved bounds for the disk packing constant. *Aequationes Mathematicae* **9**, 99-106.

BRAGG, W. H. 1934. Liquid crystals. *Nature* **133**, 445-456.

BRAY, D. 1974. Branching patterns of individual sympathetic neurons in culture. *J. of Cell Biology* **56**, 702-712.

BRODMANN, K. 1913. Neue Forschungsergebnisse der Grossgehirnanatomie... *Verhandlungen der 85 Versammlung deutscher Naturforscher und Aertze in Wien*, 200-240.

BROLIN, H. 1965. Invariant sets under iteration of rational functions. *Arkiv for Matematik* **6**, 103-144.

BROUWER, L. E. J. 1975-. *Collected works.* Ed. A. Heyting and H. Freudenthal. New York: Elsevier North Holland.

BROWAND, F. K. 1966. An experimental investigation of the instability of an incompressible separated shear layer. *J. Fluid Mechanics* **26**, 281-307.

BROWN, G. L. & ROSH KO, A. 1974. On density effects and large structures in turbulent mixing layers. *J. of Fluid Mechanics* **64**, 775-816.

BRUSH, S. G. 1968. A history of random processes. I. Brownian movement from Brown to Perrin. *Archive for History of Exact Sciences* **5**, 1-36. Also in Brush 1976, 655-701.

CANTOR, G. 1872. Uber die Ausdehnung eines Satzes aus der Theorie der Trigonometrischen Reihen. *Mathematische Annalen* **5**, 123-132.

CANTOR, G. 1883. Grundlagen einer allgemeinen Mannichfältigkeitslehre. *Mathematische Annalen* **21**, 545-591. Also in Cantor 1932. Trans. H. Poincaré, as Fondements d'une théorie générale des ensembles. *Acta Mathematica* **2**, 381-408.

CANTOR, G. 1932. *Gesammelte Abhandlungen mathematischen und philosophischen Inhalts.* Ed. E. Zermelo. Berlin: Teubner. Olms reprint.

CANTOR, G. & DEDEKIND, R. 1937. *Briefwechsel.* (=*Selected Letters*) Ed. E. Noether & J. Cavaillés. Paris: Hermann.

CANTOR, G. & DEDEKIND, R. 1962. *Correspondence.* (=French translation of the 1937 *Briefwechsel*, by Ch. Ehresmann). Insert In Cavaillès 1962.

CANTOR, G. & DEDEKIND, R. 1976. *Unveröffentlicher Briefwechsel.* (=unpublished letters) Appendice XL of Dugac 1976a.

CARATHEODORY, C. 1914. Über das lineare Maß von Punktmengen-eine Verallgemeinerung des Längenbegriffs. *Nachrichten der K. Gesellschaft der Wissenschaften zu Göttingen. Mathematischphysikalische Klasse* 404-426. Also in Carathéodory 1954-*Gesammelte mathematische Schriften.* Munich: Beck, **4**, 249-275.

CARLESON, L. 1967. *Selected problems on exceptional sets.* Princeton, NJ: Van Nostrand.

CARTAN, H. 1958. Sur la notion de dimension. *Enseignement Mathématique*, Monographie No.7, 163-174.

CARTIER, P. 1971. Introduction à l'étude des mouvements browniens à plusieurs paramètres. *Séminaire de Probabilités V* (Strasbourg). *Lecture Notes in Mathematics* **191**, 58-75. New York: Springer.

CAUCHY, A. 1853. Sur les résultats les plus probables. *Comptes Rendus* (Paris) 37, 198-206.

CAVAlLLÈS, J. 1962. *Philosophie mathématique*. Paris: Hermann.

CELLÉRIER, CH. 1890. Note sur les principes fondamentaux de l'analyse. *Bulletin des Sciences Mathématiques* **14**, 142-160.

CESÀRO, E. 1905. Remarques sur la courbe de von Koch. *Atti della Reale Accademia delle Scienze Fisiche e Matematiche di Napoli* **XII**, 1-12. Also in Cesàro 1964, **II**, 464-479.

CESÀRO, E. 1964-. *Opere scelte*. Rome: Edizioni Cremonese.

CHANDRASEKHAR, S. 1943. Stochastic problems in physics and astronomy. *Reviews of Modern Physics* **15**, 1-89. Reprinted in *Noise and Stochastic Processes*. Ed. N. Wax. New York: Dover.

CHARLIER, C. V. L. 1908. Wie eine unendliche Welt aufgebaut sein kann. *Arkiv för Matematik, Astronomi och Fysik* **4**, 1-15.

CHARLIER, C. V. L. 1922. How an infinite world may be built up. *Arkiv för Matematik, Astronomi och Fysik* **16**, 1-34.

CHENTSOV, N. N. 1957. Lévy's Brownian motion for several parameters and generalized white noise. *Theory of Probability and its Applications* **2**, 265-266.

CHORIN, A. J. 1981. Estimates of intermittency, spectra, and blow up in developed turbulence. *Communications in Pure and Applied Mathematics* **34**, 853-866.

CHORIN, A. J. 1982. The evolution of a turbulent vortex (to appear).

CLAYTON, D. D. 1975. *Dark night sky, a personal adventure in cosmology*. New York: Quadrangle.

COLLET, P. & ECKMANN, J. P. 1980. *Iterated maps on the interval as dynamical systems*. Boston: Birkhauser.

COMROE, J. H., Jr., 1966. The lung. *Scientific American* (February) 56-68.

COOTNER, P. H. (Ed.) 1964. *The random character of stock market prices*. Cambridge, MA: MIT Press.

CORRSIN, S. 1959d. On the spectrum of isotropic temperature fluctuations in isotropic turbulence. *J. of Applied Physics* **22**, 469-473.

CORRSIN, S. 1959b. Outline of some topics in homogeneous turbulence flow. *J. of Geophysical Research* **64**, 2134-2150.

CORRSI N, S. 1962. Turbulent dissipation fluctuations. *Physics of Fluids* **5**, 1301-1302.

COXETER, H. S. M., 1979. The non-Euclidean symmetry of Escher's picture "Circle Limit III". *Leonardo* **12**, 19-25.

DAMERAU, F. J. & MANDELBROT, B. B. 1973. Tests of the degree of word clustering in samples of written English. *Linguistics* **102**, 58-75.

DAUBEN, J. W. 1971. The trigonometric background to Georg Cantor's theory of sets. *Archive for History of Exact Sciences* **7**, 181-216.

DAUBEN, J. W. 1974. Denumerability and dimension: the origins of Georg Cantor's theory of sets. *Rete* **2**, 105-133.

DAUBEN, J. W. 1975. The invariance of dimension: problems in the early development of set theory and topology. *Historia Mathematicae* **2**, 273-288.

DAUBEN, J. W. 1978. Georg Cantor: The personal matrix of his mathematics. *Isis* **69**, 534-550.

DAVIS, C. & KNUTH, D. E. 1970. Number representations and dragon curves. *J. of Recreational Mathematics* **3**, 66-81 & 133-149.

DE CHÉSEAUX, J. P. L. 1744. Sur la force de la lumière et sa propagation dans l' éther, et sur la distance des étoiles fixes. *Traité de la comète qui a paru en décembre 1743 et en janvier, février et mars 1744.* Lausanne et Geneve: Chez MarcMichel Bousquet et Compagnie.

DE GENNES, P. G. 1974. *The physics of liquid crystals.* Oxford: Clarendon Press.

DE GENNES, P. G. 1976. La percolation: un concept unificateur. *La Recherche* **7**, 919-927.

DE GENNES, P. G. 1979. *Scaling concepts in polymer physics.* Ithaca, NY: Cornell University Press.

DENJOY, A. 1964. *Hommes, formes et Ie nombre.* Paris: Albert Blanchard.

DENJOY, A. 1975. Evocation de l'homme et de l' ceuvre. *Astérisque* **28-28**. Ed. G. Choquet. Paris: Société Mathématique de France.

DE VAUCOULEURS, G. 1956. The distribution of bright galaxies and the local super-galaxy. *Vistas in Astronomy* II, 1584-1606. London: Pergamon.

DE VAUCOULEURS, G. 1970. The case for a hierarchical cosmology. *Science* **167**, 1203-1213.

DE VAUCOULEURS, G. 1971. The large scale distribution of galaxies and clusters of galaxies. *Publications of the Astronomical Society of the Pacific* **73**, 113-143.

DE WIJS, H. J. 1951 & 1953. Statistics of ore distribution. *Geologie en Mijnbouw* (Amsterdam) **13**, 365-375 & **15**, 12-24.

DHAR, D. 1977. Lattices of effectively nonintegral dimensionality. *J. of Mathematical Physics* **18**, 577.

DICKSON, F. P. 1968. *The bowl of night; the physical universe and scientific thought.* Cambridge, MA: MIT Press.

DIEUDONNE, J. 1975. L'abstraction et l'intuition mathématique, *Dialectica* **29**, 39-54.

DOBRUSHIN, R. L. 1979. Gaussian processes and their subordinated self-similar random generalized fields. *Annals of Probability* **7**, 1-28.

DOMB, C. 1964. Some statistical problems connected with crystal lattices. *J. of the Royal Statistical Society* **26B**, 367-397.

DOMB, C. & GREEN, M.S. (Eds.) 1972-. *Phase transitions and critical phenomena.* New York: Academic.

DOMB, C., GILLIS, J. & WILMERS, G. 1965. On the shape and configuration of polymer molecules. *Pr. of the Physical Society* **85**, 625-645.

DOUADY, A. & OESTERLE, J. 1980. Dimension de Hausdorff des attracteurs, *Comptes Rendus* (Paris), **290A**, 1136-1138.

DUBOIS REYMOND, P. 1875. Versuch einer Classification der willkürlichen Functionen reeller Argument nach ihren Änderungen in den kleinsten Intervallen. *J. für die reine und angewandte Mathematik* (Crelle) **79**, 21-37.

DUGAC, P. 1973. Elements d'analyse de Karl Weierstrass. *Archive for History of Exact Sciences* **10**, 41-176.

DUGAC, P. 1976a. *Richard Dedekind et les fondements des mathématiques.* Paris: Vrin.

DUGAC, P. 1976b. Notes et documents sur la vie et l' ceuvre de René Baire. *Archive for History of Exact Sciences* **15**, 297-384.

DUGAC, P. 1976c. Des correspondances mathématiques du XIXe et XXe siècles. *Revue de Synthèse* **97**, 149-170.

DUMOUCHEL, W. H. 1973. Stable distributions in statistical inference: 1. Symmetric stable distributions compared to other symmetric long-tailed distributions. *J. of the American Statistical Association* **68**, 469-482.

DUMOUCHEL, W. H. 1975. Stable distributions in statistical inference: 2. Information of stably distributed samples. *J. of the American Statistical Association* **70**, 386-393.

DUPLESSIS, N. 1970. *An introduction to potential theory.* New York: Hafner.

DUTTA, P. & HORN, P. M. 1981. Low-frequency fluctuation in solids: 1/f noise. *Reviews of Modern Physics* **53**, 497-516.

DVORETZKY, A., ERDÖS, P. & KAKUTANI, S. 1950. Double points of Brownian motion in n-space. *Acta Scientiarum Mathematicarum* (Szeged) **12**, 75-81.

DYSON, F. J. 1966. The search for extraterrestial technology, *Perspectives in Modern Physics: Essays in Honor of Hans A. Bethe.* Ed. R. E. Marshak, 641-655, New York: Interscience.

EGGLESTON, H. G. 1949. The fractional dimension of a set defined by decimal properties. *Quarterly J. of Mathematics, Oxford Series* **20**, 31-36.

EGGLESTON, H. G. 1953. On closest packing by equilateral triangles. *Pr. of the Cambridge Philosophical Society* **49**, 26-30.

EINSTEIN, A. 1926. *Investigations on the theory of the Brownian movement.* Ed. R. Fürth. Tr. A. D. Cowper. London: Methuen (Dover reprint).

EL HÉLOU, Y. 1978. Recouvrement du tore par des ouverts aléatoires et dimension de Hausdorff de l'ensemble non recouvert. *Comptes Rendus* (Paris) **287A**, 815-818.

ELIAS, H. & SCHWARTZ, D. 1969. Surface areas of the cerebral cortex of mammals. *Science* **166**, 111-113.

ESSAM, J. W. 1980. Percolation theory. *Reports on the Progress of Physics* **43**, 833-912.

FAMA, E. F. 1963. Mandelbrot and the stable Paretian hypothesis. *J. of Business* (Chicago) **36**, 420-429. Reproduced in *The Random Character of Stock Market Prices*, Ed. P. H. Cootner. Cambridge, MA: MIT Press.

FAMA, E. F. 1965. The behavior of stock-market prices. *J. of Business* **38**, 34-105. Based on a Ph.D. thesis, University of Chicago: *The distribution of daily differences of stock prices: a test of Mandelbrot's stable paretian hypothesis.*

FAMA, E. F. & BLUME, M. 1966. Filter rules and stock-market trading. *J. of Business* (Chicago) **39**, 226-241.

FATOU, P. 1906. Sur les solutions uniformes de certaines équations fonctionnelles. *Comptes rendus* (Paris) **143**, 546-548.

FATOU, P. 1919-1920. Sur les équations fonctionnelles. *Bull. Société Mathématique de France* **47**, 161-271; **48**, 33-94, & **48**, 208-314.

FEDERER, H. 1969. *Geometric measure theory.* New York: Springer.

FEIGENBAUM, M. J. 1978. Quantitative universality for a class of nonlinear transformations. *J. of Statistical Physics* **19**, 25-52.

FEIGENBAUM, M. J. 1979. The universal metric properties of nonlinear transformations. *J. of Statistical Physics* **21**, 669-706.

FEIGENBAUM, M. 1981. Universal behavior in nonlinear systems. *Los Alamos Science* **1**, 4-27.

FELLER, W. 1949. Fluctuation theory of recurrent events. *Tr. of the American Mathematical Society* **67**, 98-119.

FELLER, W. 1951. The asymptotic distribution of the range of sums of independent random variables. *Annals of Mathematical Statistics* **22**, 427.

FELLER, W. 1950-1957-1968. *An Introduction to Probability Theory and Its Applications,* Vol. **1**. New York: Wiley.

FELLER, W. 1966-1971. *An Introduction to Probability Theory and Its Applications,* Vol. 2. New York: Wiley.

FEYNMAN, R. P. 1979. in *Pr. of the Third Workshop on Current Problems in High Energy Particle Theory,* Florence, Ed. Casalbuoni, R., Domokos, G., & Kovesi-Domokos, S. Baltimore: Johns Hopkins University Press.

FEYNMAN, R. P. & HIBBS, A. R. 1965. *Quantum mechanics and path integrals.* New York: McGraw-Hill.

FISHER, M. E. 1967. The theory of condensation and the critical point. *Physics* **3**, 255-283.

FOURNIER D'ALBE, E. E. 1907. *Two new worlds: I The infra world; // The supra world.* London: Longmans Green.

FRÉCHET, M. 1941. Sur la loi de répartition de certaines grandeurs géographiques. *J. de la Société de Statistique de Paris* **82**, 114-122.

FRICKE, R. & KLEIN, F. 1897. *Vorlesungen über die Theorie der automorphen Functionen.* Leipzig: Teubner (Johnson reprint).

FRIEDLANDER, S. K. & TOPPER, L. 1961. *Turbulence: classic papers on statistical theory.* New York: Interscience.

FRIEDMAN, J. B. 1974. The architect's compass in creation miniatures of the later middle ages. *Traditio, Studies in Ancient and Medieval History, Thought, and Religion*, 419-429.

FROSTMAN, O. 1935. Potentiel d'équilibre et capacité des ensembles avec quelques applications à la théorie des fonctions. *Meddelanden fran Lunds Universitets Mathematiska Seminarium* **3**, 1-118.

FUJISAKA, H. & MORI. H. 1979. A maximum principle for determining the intermittency exponent μ of fully developed steady turbulence. *Progress of Theoretical Physics* **62**, 54-60.

GAMOW, G. 1954. Modern cosmology. *Scientific American* **190** (March) 54-63. Reprint in Munitz (Ed.) 1957, 390-404.

GANGOLLI, R. 1967. Lévy's Brownian motion of several parameters. *Annales de l'Institut Henri Poincaré* **3B**, 121-226.

GARDNER, M. 1967. An array of problems that can be solved with elementary mathematical techniques. *Scientific American* **216** (March, April and June issues). Also in Gardner 1977, pp. 207-209 & 215-220.

GARDNER, M. 1976. In which "monster" curves force redefinition of the word "curve." *Scientific American* **235** (December issue), 124-133.

GARDNER, M. 1977. *Mathematical magic show*. New York: Knopf.

GEFEN, Y., MANDELBROT, B. B. & AHARONY, A. 1980. Critical phenomena on fractals. *Physical Review Letters* **45**, 855-858.

GEFEN, Y., AHARONY, A., MANDELBROT, B. B. & KIRKPATRICK, S. 1981. Solvable fractal family, and its possible relation to the backbone at percolation. *Physical Review Letters*. **47**, 1771-1774.

GELBAUM, B. R. & OLMSTED, J. M. H. 1964. *Counterexamples in analysis*. San Francisco: Holden-Day.

GERNSTEIN, G. L. & MANDELBROT, B. B. 1964. Random walk models for the spike activity of a single neuron. *The Biophysical J.* **4**, 41-68.

GERVER, J. 1970. The differentiability of the Riemann function at certain rational multiples of π. *American J. of Mathematics* **92**, 33-55.

GILLISPIE, C. C. (Ed.) 1970-1976. *Dictionary of scientific biography*. Fourteen volumes. New York: Scribner's.

GISPERT, H. 1980. Correspondance de Fréchet....et....théorie de la dimension. *Cahiers du Séminaire d'Histoire des Mathematiques* (Paris) **1**, 69-120.

GNEDENKO, B. V. & KOLMOGOROV, A. N. 1954. *Limit distributions for sums of independent random variables*. Trans. K.L. Chung. Reading, MA: Addison Wesley.

GOLITZYN, G. S. 1962. Fluctuations of dissipation in a locally isotropic turbulent flow (in Russian). *Doklady Akademii Nauk SSSR* **144**, 520-523.

GRANT, H. L., STEWART, R. W. & MOILLIET, A. 1959. Turbulence spectra from a tidal channel. *J. of Fluid Mechanics* **12**, 241-268.

GRASSBERGER, P. 1981. On the Hausdorff dimension of fractal attractors (preprint).

GREENWOOD, P. E. 1969. The variation of a stable path is stable. *Z. für Wahrschein-lichkeitstheorie* **14**, 140-148.

GRENANDER, U. & ROSENBLATT, M. 1957 & 1966. *Statistical analysis of stationary time series*. New York: Wiley.

GROAT, R. A. 1948. Relationship of volumetric rate of blood flow to arterial diameter. *Federation Pr.* 7,45.

GROSSMAN, S. & THOMAE, S. 1977. Invariant distributions and stationary correlation functions of one-dimensional discrete processes. *Z. für Naturforschung* **32A**, 1353-1363.

GUREL, O. & RÖSSLER, O. E. (Eds.) 1979. Bifurcation theory and applications in scientific disciplines. *Annals of the New York Academy of Sciences* **316**, 1-708.

GURVICH, A. S. 1960. Experimental research on frequency spectra of atmospheric turbulence. *Izvestia Akademii Nauk SSSR; Geofizicheskaya Seriia* 1042.

GURVICH, A. S. & YAGLOM, A. M. 1967. Breakdown of eddies and probability distribution for small scale turbulence. *Boundary Layers and Turbulence.* (Kyoto International Symposium, 1966), *Physics of Fluids* **10**, S59-S65.

GURVICH, A. S. & ZUBKOVSKII, S. L. 1963. On the experimental evaluation of the fluctuation of dissipation of turbulent energy. *Izvestia Akademii Nauk SSSR; Geofizicheskaya Seriia* **12**, 1856-.

GUTHRIE, W. K. C. 1950. *The Greek philosophers from Thales to Aristotle.* London: Methuen (Harper paperback).

GUTHRIE, W. K. C. 1971-. *A history of Greek philosophy.* Cambridge University Press.

HACK, J. T. 1957. Studies of longitudinal streams in Virginia and Maryland. *U.S. Geological Survey Professional Papers* **294B**.

HADAMARD, J. 1912. L'œuvre mathématique de Poincaré. *Acta Mathematica* **38**, 203-287. Also in Poincaré 1916-, **XI**, 152-242. Or in Hadamard 1968, 4, 1921-2005.

HADAMARD, J. 1968. *Oeuvres de Jacques Hadamard.* Paris: Editions du CNRS.

HAGGETT, P. 1972. *Geography: a modern synthesis.* New York: Harper & Row.

HAHN, H. 1956. The crisis in intuition, Translation in *The world of mathematics*, Ed. J. R. Newman. New York: Simon & Schuster, Vol. III, 1956-1976. Original German text in *Krise und Neuaufbau in den Exakten Wissenschaften* by H. Mark, H. Thirring, H. Hahn, K. Menger and G. Nöbeling, Leipzig and Vienna: F. Deuticke, 1933.

HALLÉ, F., OLDEMAN, R. A. A., & TOMLINSON, P. B., 1978. *Tropical trees and forests.* New York: Springer.

HALLEY, J. W. & MAl, T. 1979. Numerical estimates of the Hausdorff dimension of the largest cluster and its backbone in the percolation problem in two dimensions. *Physical Review Letters* **43**, 740-743.

HANDELMAN, S. W. 1980. A high-resolution computer graphics system. *IBM Systems J.*, **19**, 356-366.

HARDY, G. H. 1916. Weierstrass's nondifferentiable function. *Tr. of the American Mathematical Society* **17**, 322-323. Also in Hardy 1966-, **IV**, 477-501.

HARDY, G. H. 1966-. *Collected papers*. Oxford: Clarendon Press.

HARRIS, T. E. 1963. *Branching processes*. New York: Springer.

HARRISON, E. R. 1981. *Cosmology*. Cambridge University Press.

HARISON, R. J., BISHOP, G. J. & QUINN, G. P. 1978. Spanning lengths of percolation clusters. *J. of Statistical Physics* **19**, 53-64.

HARTER, W. G. 1979-1981. Theory of hyperfine and superfine links in symmetric polyatomic molecules. I Trigonal and tetrahedral molecules. II Elementary cases in octahedral hexafluoride molecules *Physical Review*, **A19**, pp. 2277-2303 & **A24**, pp. 192-263.

HARTMANN, W. K. 1977. Cratering in the solar system. *Scientific American* (January) 84-99.

HARVEY, W. 1628. *De motu cordis*. Trans. Robert Willis, London, 1847, as *On the motion of the heart and blood in animals*. Excerpt in *Steps in the scientific tradition: readings in the history of science*. Ed. R. S. Westfall et al. New York: Wiley.

HAUSDORFF, F. 1919. Dimension und äusseres Mass. *Mathematische Annalen* **79**, 157-179.

HAWKES, J. 1974. Hausdorff measure, entropy and the independence of small sets. *Pr. of the London Mathematical Society* (3) **28**, 700-724.

HAWKES, J. 1978. Multiple points for symmetric Lévy processes. *Mathematical Pr. of the Cambridge Philosophical Society* **83**, 83-90.

HAWKINS, G. S. 1964. Interplanetary debris near the Earth. *Annual Review of Astronomy and Astrophysics* **2**, 149-164.

HAWKINS, T. 1970. *Lebesgue's theory of integration: Its origins and development*. Madison: University of Wisconsin Press.

HEATH, T. L. 1908. *The thirteen books of Euclid's elements translated with introduction and commentary*. Cambridge University Press. (Dover reprint).

HELLEMAN, R. H. G. (Ed.) 1980. Nonlinear dynamics. *Annals of the New York Academy of Sciences* **357**, 1-507.

HENDRICKS, W. J. 1979. Multiple points for transient symmetric Lévy processes in $\mathbb{R}^d$. *Z. für Wahrscheinlichkeitstheorie* **49**, 13-21.

HERMITE, C. & STIELTJES, T. J.. 1905. *Correspondance d'Hermite et de Stieltjes*. 2 vols. Ed. B. Baillaud & H. Bourget. Paris: Gauthier-Villars.

HEYDE, C. C. & SENETA E. 1977. *I. J. Bienaymé: statistical theory anticipated*. New York: Springer.

HILBERT, D. 1891. Über die stetige Abbildung einer Linie auf ein Flächenstück. *Mathematische Annalen* **38**, 459-460. Also in Hilbert 1932, **3**, 1-2.

HILBERT, D. 1932. *Gesammelte Abhandlungen*. Berlin: Springer (Chelsea reprint).

HILEY, B. J. & SYKES, M. F. 1961. Probability of initial ring closure in the restricted random walk model of a macromolecule. *J. of Chemical Physics* **34**, 1531-1537.

HILLE, E. & TAMARKIN, J. D. 1929. Remarks on a known example of a monotone continuous function. *American Mathematics Monthly* **36**, 255-264.

HIRST, K. E. 1967. The Apollonian packing of circles. *J. of the London Mathematical Society* **42**, 281-291.

HOFSTADTER, D. R. 1976. Energy levels and wave functions of Bloch electrons in rational and irrational magnetic fields. *Physical Review* **B14**, 2239-2249.

HOFSTADTER, D. R. 1981. Strange attractors: mathematical patterns delicately poised between order and chaos. *Scientific American* **245** (November issue), 16-29.

HOLTSMARK, J. 1919. Über die Verbreiterung von Spektrallinien. *Annalen der Physik* **58**, 577-630.

HOOGE, F. N., KEINPENNING, T. G. M. & VANDAMME, L. K. J. 1981. Experimental studies on 1/f noise. *Reports on Progress in Physics* **44**, 479-532.

HOPKINSON. 1876. On the residual charge of the Leyden jar. *Pr. of the Royal Society of London* **24** 408-.

HORN, H. 1971. *Trees*. Princeton University Press.

HORSFIELD, K. & CUMMINGS, G. 1967. Angles of branching and diameters of branches in the human bronchial tree. *Bulletin of Mathematics Biophysics* **29**, 245-259.

HORTON, R. E. 1945. Erosional development of streams and their drainage basins; Hydrophysical approach to quantitative morphology. *Bulletin of the Geophysical Society of America* **56**, 275-370.

HOSKIN, M. 1973. Dark skies and fixed stars, *J. of the British Astronomical Association*, **83**, 4-.

HOSKIN, M. A. 1977. Newton, Providence and the universe of stars. *J. for the History of Astronomy* **8**, 77-101.

HOWARD, A. D. 1971. Truncation of stream networks by headward growth and branching. *Geophysical Analysis* **3**, 29-51.

HOYLE, F. 1953. On the fragmentation of gas clouds into galaxies and stars. *Astrophysical J.* **118**, 513-528.

HOYLE, F. 1975. *Astronomy and cosmology. A modern course*. San Francisco: W.H. Freeman.

HUREWICZ, W. & WALLMAN, H. 1941. *Dimension theory*. Princeton University Press.

HURST, H. E. 1951. Long-term storage capacity of reservoirs. *Tr. of the American Society of Civil Engineers* **116**, 770-808.

HURST, H. E. 1955. Methods of using long-term storage in reservoirs. *Pr. of the Institution of Civil Engineers* Part I, 519-577.

HURST, H. E., BLACK, R. P., AND SIMAIKA, Y. M. 1965. *Long-term storage, an experimental study*. London: Constable.

HUTCHINSON, J. E. 1981. Fractals and selfsimilarity, *Indiana University Mathematics J.* **30**, 713-747.

HUXLEY, J. S. 1931. *Problems of relative growth.* New York: Dial Press.

IBERALL, A. S. 1967. Anatomy and steady flow characteristics of the arterial system with an introduction to its pulsatile characteristics. *Mathematical Biosciences* **1**, 375-395.

JACK, J. J. B., NOBLE, D. & TSIEN, R. W. 1975. *Electric current flow in excitable cells.* Oxford University Press.

JAKI, S. L. 1969. *The paradox of Olbers' paradox.* New York: Herder & Herder.

JEANS, J. H. 1929. *Astronomy and cosmogony.* Cambridge University Press. (Dover reprint).

JERISON, H. J. 1973. *Evolution of the brain and intelligence.* New York: Academic.

JOEVEER, M., EINASTO, J. & TAGO, E. 1977. Preprint of Tartu Observatory.

JOHNSON, D. M. 1977. Prelude to dimension theory: the geometric investigation of Bernard Bolzano. *Archive for History of Exact Sciences* **17**, 261-295.

JOHNSON, D. M. 1981. The problem of the invariance of dimension in the growth of modern topology. *Archive for history of exact sciences* Part I; Part II, **25**, 85-267.

JULIA, G. 1918. Mémoire sur l'itération des fonctions rationnelles. *J. de Mathématiques Pures et Appliquées* **4**: 47-245. Reprinted (with related texts) in Julia 1968, 121-319.

JULIA, G. 1968. *Oeuvres de Gaston Julia,* Paris: Gauthier-Villars.

KAHANE, J. P. 1964. Lacunary Taylor and Fourier series. *Bulletin of the American Mathematical Society* **70**, 199-213.

KAHANE, J. P. 1968. *Some random series of functions.* Lexington, MA: D. C. Heath.

KAHANE, J. P. 1969. Trois notes sur les ensembles parfaits linéaires. *Enseignement mathématique* **15**, 185-192.

KAHANE, J. P. 1970. Courbes étranges, ensembles minces. *Bulletin de I' Association des Professeurs de Mathématiques de I'Enseignement Public* **49**, 325-339.

KAHANE, J. P. 1971. The technique of using random measures and random sets in harmonic analysis. *Advances in Probability and Related Topics*, Ed. P. Ney. **1**, 65-101. New York: Marcel Dekker.

KAHANE, J. P. 1974. Sur le modèle de turbulence de Benoit Mandelbrot. *Comptes Rendus* (Paris) **278A**, 621-623.

KAHANE, J. P. & MANDELBROT, B. B. 1965. Ensembles de multiplicité aléatoires. *Comptes Rendus* (Paris) **261**, 3931-3933.

KAHANE, J. P. & PEYRIÈRE, J. 1976. Sur certaines martingales de B. Mandelbrot. *Advances in Mathematics* **22**, 131-145.

KAHANE, J. P. & SALEM, R. 1963. *Ensembles parfaits et séries trigonométriques.* Paris: Hermann.

KAHANE, J. P., WEISS, M. & WEISS, G. 1963. On lacunary power series. *Arkiv för Mathematik, Astronomi och Fysik* **5**, 1-26.

KAKUTANI, S. 1952. Quadratic diameter of a metric space and its application to a problem in analysis. *Pr. of the American Mathematical Society* **3**, 532-542.

KANT, I. 1755-1969. *Universal natural history and theory of the heavens.* Ann Arbor: University of Michigan Press.

KASNER, E. & SUPNICK, F. 1943. The Apollonian packing of circles. *Pr. of the National Academy of Sciences U.S.A.* **29**, 378-384.

KAUFMAN, R. 1968. On Hausdorff dimension of projections. *Mathematika* **15**, 153-155.

KELLY, W. 1951. *The best of Pogo.* New York: Simon and Schuster.

KERKER, M. 1974. Brownian movement and molecular reality prior to 1900. *J. of Chemical Education* **51**, 764-768.

KERKER, M. 1976. The Svedberg and molecular reality. *Isis* **67**, 190-216.

KIRKPATRICK, S. 1973. Percolation and conduction. *Reviews of Modern Physics* **45**, 574-588.

KIRKPATRICK, S. 1979. Models of disordered materials. *III-condensed matter-Matière mal condensée*, Ed. R. Balian, R. Ménard & G. Toulouse, New York: North Holland, **1**, 99-154.

KLINE, S. A. 1945. On curves of fractional dimensions. *J. of the London Mathematical Society* **20**, 79-86.

KNIGHT, F. B. 1981. *Essentials of Brownian motion and diffusion.* Providence, R.I.: American Mathematical Society.

KNUTH, D. 1968-. *The art of computer programming.* Reading, MA: Addison Wesley.

KOHLRAUSCH, R. 1847. Über das Dellmann'sche Elektrometer. *Annalen der Physik und Chemie* (poggendorf) **III-12**, 353-405.

KOHLRAUSCH, R. 1854. Theorie des elektrischen Ruckstandes in der Leidener Flasche. *Annalen der Physik und Chemie* (Poggendorf) **IV-91**, 56-82 & 179-214.

KOLMOGOROV, A. N. 1940. Wienersche Spiralen und einige andere interessante Kurven im Hilbertschen Raum. *Comptes Rendus (Doklady) Académie des Sciences de I'URSS (N.S.)* **26**, 115-118.

KOLMOGOROV, A. N. 1941. Local structure of turbulence in an incompressible liquid for very large Reynolds numbers. *Comptes Rendus (Doklady) Académie des Sciences de I'URSS (N.S.)* **30**, 299-303. Reprinted In Friedlander & Topper 1961, 151-155.

KOLMOGOROV, A. N. 1962. A refinement of previous hypotheses concerning the local structure of turbulence in a viscous incompressible fluid at high Reynolds number. *J. of Fluid Mechanics* **13**, 82-85. Original Russian text and French translation in *Mécanique de la Turbulence*, 447-458 (Colloque International de Marseille, 1961), Paris: Editions du CNRS.

KOLMOGOROV, A. N. & TIHOMIROV, V. M. 1959-1961. Epsilon-entropy and epsilon-capacity of sets in functional spaces. *Uspekhi Matematicheskikh Nauk* (N.S.) **14**, 3-86. Translated in *American Mathematical Society Translations* (Series 2) **17**, 277-364.

KORCAK, J. 1938. Deux types fondamentaux de distribution statistique. *Bulletin de l'Institut International de Statistique* **III**, 295-299.

KRAICHNAN, R. H. 1974. On Kolmogorov's inertial range theories. *J. of Fluid Mechanics* **62**, 305-330.

KUO, A. Y. S. & CORRSIN, S. 1971. Experiments on internal intermittency and fine structure distribution functions' in fully turbulent fluid. *J. of Fluid Mechanics* **50**, 285-320.

KUO, A. Y. S. & CORRSIN, S. 1972. Experiments on the geometry of the fine structure regions in fully turbulent fluid. *J. of Fluid Mechanics* **56**, 477-479.

LAMPERTI, J. 1962. Semi-stable stochastic processes. *Tr. of the American Mathematical Society* **104**, 62-78.

LAMPERTI, J. 1966. *Probability: a survey of the mathematical theory.* Reading, MA: W. A. Benjamin.

LAMPERTI, J. 1972. Semi-stable Markov processes. *Z. für Wahrscheinlichkeitstheorie*, **22**, 205-225.

LANDAU, L. D. & LIFSHITZ, E. M. 1953-1959. *Fluid mechanics.* Reading: Addison Wesley.

LANDKOF, N. S. 1966-1972. *Foundations of modern potential theory.* New York: Springer.

LANDMAN, B. S. & RUSSO, R. L. 1971. On a pin versus block relationship for partitions of logic graphs. *IEEE Tr. on Computers* **20**, 1469-1479.

LAPLACE, P. S. DE 1878-. *Oeuvres complètes.* Paris: Gauthier-Villars.

LARMAN, D. G. 1967. On the Besicovitch dimension of the residual set of arbitrarily packed disks in the plane. *J. of the London Mathematical Society* **42**, 292-302.

LAVOIE, J. L., OSLER, T. J. & TREMBLAY, R. 1976. Fractional derivatives of special functions. *SIAM Review* **18**, 240-268.

LAWRANCE, A. J. & KOTTEGODA, N. T. 1977. Stochastic modelling of riverflow time series. *J. of the Royal Statistical Society* A, **140**, Part I, 1-47.

LEATH, P. L. 1976. Cluster size and boundary distribution near percolation threshold. *Physical Review* **814**, 5046-5055.

LEBESGUE, H. 1903. *Sur le problème des aires.* See Lebesgue 1972-, **IV**, 29-35.

LEBESGUE, H. 1972-. *Oeuvres scientifiques.* Genève: Enseignement Mathématique.

LEIBNIZ, G. W. 1849-. *Mathematische Schriften.* Ed. C.I. Gerhardt. Halle: H.W. Schmidt (Olms reprint).

LEOPOLD, L. B. 1962. Rivers. *American Scientist* **50**, 511-537.

LEOPOLD, L. B. & LANGBEIN, W. B. 1962. The concept of entropy in landscape evolution. *U.S. Geological Survey Professional Papers* **500A**.

LEOPOLD, L. B. & MADDOCK, T., JR. 1953. The hydraulic geometry of stream channels and some physiological implications. *U.S. Geological Survey Professional Papers* **252**.

LEOPOLD, L. B. & MILLER, J. P. 1956. Ephemeral streams: Hydraulic factors and their relation to the drainage net. *U.S. Geological Survey Professional Papers* **282-A**, 1-37.

LERAY, J. 1934. Sur Ie mouvement d'un liquide visqueux emplissant I' espace. *Acta Mathematica* **63**, 193-24B.

LÉVY, P. 1925. *Calcul des probabilités.* Paris: Gauthier Villars.

LÉVY, P. 1930. Sur la possibilité d'un univers de masse infinie. *Annales de Physique* **14**, 184-1B9. Also in Lévy 1973-**II**, 534-540.

LÉVY, P. 1937-1954. *Théorie de I'addition des variables aléatoires.* Paris: Gauthier Villars.

LÉVY, P. 1938. Les courbes planes ou gauches et les surfaces composées de parties semblables au tout. *J. de l'Ecole Polytechnique*, III, **7-8**, 227-291. Also in Lévy 1973-**II**, 331-394.

LÉVY, P. 1948-1965. *Processus stochastiques et mouvement brownien.* Paris: Gauthier-Villars.

LÉVY, P. 1957. Brownian motion depending on n parameters. The particular case $n = 5$. *Pr. of the Symposia in Applied Mathematics* **VII**, 1-20. Providence, R.I.: American Mathematical Society.

LÉVY, P. 1959. Le mouvement brownien fonction d'un point de la sphère de Riemann. *Circolo matematico di Palermo, Rendiconti.* II, **8**, 297-310.

LÉVY, P. 1963. Le mouvement brownien fonction d'un ou de plusieurs parametres. *Rendiconti di Matematica* (Roma) **22**, 24-101.

LÉVY, P. 1965. A special problem of Brownian motion and a general theory of Gaussian random functions. *Pr. of the Third Berkeley Symposium in Mathematical Statistics and Probability Theory.* Ed. J. Neyman, **2**, 133-175. Berkeley: University of California Press.

LÉVY, P. 1970. *Quelques aspects de la pensée d'un mathématicien.* Paris: Albert Blanchard.

LÉVY, P. 1973-. *Oeuvres de Paul Lévy.* Ed. D. Dugué, P. Deheuvels & M. Ibéro. Paris: Gauthier Villars.

LIEB, E. H. & LEBOWITZ, J. L. 1972. The constitution of matter: existence of thermodynamics for systems composed of electrons and nuclei. *Advances in Mathematics* **9**, 316-398.

LLINAS, R. R. 1969. *Neurobiology of cerebellar evolution and development.* Chicago: American Medical Association.

LOEMKER, L. E. 1956-1969. *Philosophical papers and letters of Leibniz.* Boston: Reidel.

LORENZ, E. N. 1963. Deterministic nonperiodic flow. *J. of the Atmospheric Sciences* **20**, 130-141.

LOVE, E. R. & YOUNG, L. C. 1937. Sur une classe de fonctionnelles linéaires. *Fundamenta Mathematicae* **28**, 243-257.

LŌVEJŌY, S. 1982. Area-perimeter relation for rain and cloud areas. *Science* **216**, 185-187.

LUKACS, E. 1960-1970. *Characteristic functions.* London: Griffin. New York: Hafner.

LYDALL, H. F. 1959. The distribution of employment income. *Econometrica* **27**, 110-115.

MAITRE, J. 1964. Les fréquences des prénoms de baptême en France. *L' Année sociologique* **3**, 31-74.

MANDELBROT, B. B. 1951. Adaptation d'un message à la ligne de transmission. I & II. *Comptes Rendus* (Paris) **232**, 1638-1640 & 2003-2005.

MANDELBROT, B. B. 1953t. Contribution à la théorie mathématique des jeux de communication (Ph.D. Thesis). *Publications de l'lnstitut de Statistique de l'Université de Paris* **2**, 1-124.

MANDELBROT, B. B. 1954w. Structure formelle des textes et communication (deux études). *Word* **10**, 1-27. Corrections. *Word*: **11**, 424. Translations into English, Czech and Italian.

MANDELBROT, B. B. 1955b. On recurrent noise limiting coding. *Information Networks, the Brooklyn Polytechnic Institute Symposium*, 205-221. Ed. E. Weber. New York: Interscience. Translation into Russian.

MANDELBROT, B. B. 1956c. La distribution de Willis-Yule, relative au nombre d' espèces dans les genres taxonomiques. *Comptes Rendus* (Paris) **242**, 2223-2225.

MANDELBROT, B. B. 1956l. On the language of taxonomy: an outline of a thermostatistical theory of systems of categories, with Willis (natural) structure. *Information Theory, the Third London Symposium.* Ed. C. Cherry. 135-145. New York: Academic.

MANDELBROT, B. B. 1956t. Exhaustivité de l'énergie d'un système, pour l'estimation de sa température. *Comptes Rendus* (Paris) **243**, 1835-1837.

MANDELBROT, B. B. 1956m. A purely phenomenological theory of statistical thermodynamics: canonical ensembles. *IRE Tr. on Information Theory* **112**, 190-203.

MANDELBROT, B. B. 1959g. Ensembles grand canoniques de Gibbs; justification de leur unicité basée sur la divisibilitié infinie de leur énergie aléatoire. *Comptes Rendus* (Paris) **249**, 1464-1466.

MANDELBROT, B. B. 1959p. Variables et processus stochastiques de Pareto-Lévy et la répartition des revenus, I & II. *Comptes Rendus* (Paris) **249**, 613-615 & 2153-2155.

MANDELBROT, B. B. 1960i. The Pareto-Lévy law and the distribution of income. *International Economic Review* **1**,79-106.

MANDELBROT, B. B. 1961b. On the theory of word frequencies and on related Markovian models of discourse. *Structures of language and its mathematical aspects.* Ed. R. Jakobson. 120-219. New York: American Mathematical Society.

MANDELBROT, B. B. 1961e. Stable Paretian random functions and the multiplicative variation of income. *Econometrica* **29**, 517-543.

MANDELBROT, B. B. 1962c. Sur certains prix spéculatifs: faits empiriques et modèle basé sur les processus stables additifs de Paul Lévy. *Comptes Rendus* (Paris) **254**, 3968-3970.

MANDELBROT, B. B. 1962e. Paretian distributions and income maximization. *Quarterly J. of Economics of Harvard University* **76**,57-85.

MANDELBROT, B. B. 1962n. Statistics of natural resources and the law of Pareto. IBM Research Note NC-146, June 29, 1962 (unpublished).

MANDELBROT, B. B. 1962t. The role of sufficiency and estimation in thermodynamics. *The Annals of Mathematical Statistics* **33**, 1021-1038.

MANDELBROT, B. B. 1963p. The stable Paretian income distribution, when the apparent exponent is near two. *International Economic Review* **4**, 111-115.

MANDELBROT, B. B. 1963b. The variation of certain speculative prices. *J. of Business* (Chicago) **36**, 394-419. Reprinted in *The random character of stock market prices*. Ed. P. H. Cootner, 297-337. Cambridge, MA.: MIT Press).

MANDELBROT, B. B. 1963e. New methods in statistical economics. *J. of Political Economy* **71**, 421-440. Reprint in *Bulletin of the International Statistical Institute, Ottawa Session*: **40** (2), 669-720.

MANDELBROT, B. B. 1964j. The epistemology of chance in certain newer sciences. Read at *The Jerusalem International Congress on Logic, Methodology and the Philosophy of Science* (unpublished).

MANDELBROT, B. B. 1964t. Derivation of statistical thermodynamics from purely phenomenological principles. *J. of Mathematical Physics* **5**, 164-171.

MANDELBROT, B. B. 1964o. Random walks, fire damage amount, and other Paretian risk phenomena. *Operations Research* **12**, 582-585.

MANDELBROT, B, B. 1964s. *Self-similar random processes and the range* IBM Research Report RC-1163, April13, 1964 (unpublished).

MANDELBROT, B. B. 1965c. Self similar error clusters in communications systems and the concept of conditional stationarity. *IEEE Tr. on Communications Technology* **13**, 71-90.

MANDELBROT, B. B. 1965h. Une calsse de processus stochastiques homothétiques à soi; application à la loi climatologique de H. E. Hurst. *Comptes Rendus* (Paris) **260**, 3274-3277.

MANDELBROT, B. B. 1965s. Leo Szilard and unique decipherability. *IEEE Tr. on Information Theory* **IT-11**, 455-456.

MANDELBROT, B. B. 1965z. Information theory and psycholinguistics. *Scientific Psychology: Principles and Approaches*, Ed. B. B. Wolman & E. N. Nagel. New York: Basic Books 550-562. Reprint in *Language, Selected Readings*. Ed. R. C. Oldfield & J. C. Marshall. London: Penguin. Reprint with appendices, *Readings in Mathematical Social Science*. Ed. P. Lazarfeld and N. Henry. Chicago, III.: Science Research Associates (1966: hardcover). Cambridge, MA: M.I.T. Press (1968: paperback). Russian translation.

MANDELBROT, B. B. 1966b. Forecasts of future prices, unbiased markets, and 'martingale' models. *J. of Business* (Chicago) **39**, 242-255. Important errata in a subsequent issue of the same Journal.

MANDELBROT, B. B. 1967b. Sporadic random functions and conditional spectral analysis; selfsimilar examples and limits. *Pr. of the Fifth Berkeley Symposium on Mathematical Statistics and Probability* **3**, 155-179. Ed. L. LeCam & J. Neyman. Berkeley: University of California Press.

MANDELBROT, B. B. 1967k. Sporadic turbulence. *Boundary Layers and Turbulence* (Kyoto International Symposium, 1966), *Supplement to Physics of Fluids* **10**, S302-S303.

MANDELBROT, B. B. 1967j. The variation of some other speculative prices. *J. of Business* (Chicago) **40**, 393-413.

MANDELBROT, B. B. 1967p. Sur l'épistémologie du hasard dans les sciences sociales: invariance des lois et vérification des hypothèses, *Encyclopédie de la Pléiade: Logique et Connaissance Scientifique.* Ed. J. Piaget. 1097-1113. Paris: Gallimard.

MANDELBROT, B. B. 1967s. How long is the coast of Britain? Statistical self-similarity and fractional dimension. *Science* **155**, 636-638.

MANDELBROT, B. B. 1967i. Some noises with $1/f$ spectrum, a bridge between direct current and white noise. *IEEE Tr. on Information Theory* **13**, 289-298.

MANDELBROT, B. B. 1968p. Les constantes chiffrées du discours. *Encyclopédie de la Pléiade: Linguistique*, Ed. J. Martinet, Paris: Galiimard, 46-56.

MANDELBROT, B. B. 1969e. Long-run linearity, locally Gaussian process, H-spectra and infinite variance. *International Economic Review* 10, 82-111.

MANDELBROT, B. B. 1970p. On negative temperature for discourse. Discussion of a paper by Prof. N. F. Ramsey. *Critical Review of Thermodynamics*, 230-232. Ed. E. B. Stuart et al. Baltimore, MD: Mono Book.

MANDELBROT, B. B. 1970e. Statistical dependence in prices and interest rates. *Papers of the Second World Congress of the Econometric Society*, Cambridge, England (8-14 Sept. 1970).

MANDELBROT, B. B. 1970y. *Statistical Self Similarity and Very Erratic Chance Fluctuations.* Trumbull Lectures, Yale University (unpublished).

MANDELBROT, B. B. 1971e. When can price be arbitraged efficiently? A limit to the validity of the random walk and martingale models. *Review of Economics and Statistics* **LIII**, 225-236.

MANDELBROT, B. B. 1971f. A fast fractional Gaussian noise generator. *Water Resources Research* **7**, 543-553.
    NOTE: in the first fraction on p. 545, 1 must be erased in the numerator and added to the fraction.

MANDELBROT, B. B. 1971n. *The conditional cosmographic principle and the fractional dimension of the universe.* (Submitted to several periodicals, but first published as part of Mandelbrot 19750.)

MANDELBROT, B. B. 1972d. On Dvoretzky coverings for the circle. *Z. für Wahrscheinlichkeitstheorie* **22**, 158-160.

MANDELBROT, B. B. 1972j. Possible refinement of the lognormal hypothesis concerning the distribution of energy dissipation in intermittent turbulence. *Statistical models and turbulence.* Ed. M. Rosenblatt & C. Van Atta. Lecture Notes in Physics **12** 333-351. New York: Springer.

MANDELBROT, B. B. 1972b. Correction of an error in "The variation of certain speculative prices (1963)." *J. of Business* **40**, 542-543.

MANDELBROT, B. B. 1972c. Statistical methodology for nonperiodic cycles: from the covariance to the R/S analysis. *Annals of Economic and Social Measurement* **1**, 259-290.

MANDELBROT, B. B. 1972w. Broken line process derived as an approximation to fractional noise. *Water Resources Research* **8**, 1354-1356.

MANDELBROT, B. B. 1972z. Renewal sets and random cutouts. *Z. für Wahrscheinlichkeitstheorie* **22**, 145-157.

MANDELBROT, B. B. 1973c. Comments on "A subordinated stochastic process model with finite variance for speculative prices," by Peter K. Clark. *Econometrica* **41**, 157-160.

MANDELBROT, B. B. 1973f. Formes nouvelles du hasard dans les sciences. *Economie Appliquée* **26**, 307-319.

MANDELBROT, B. B. 1973j. Le problème de la réalité des cycles lents, et Ie syndrome de Joseph. *Economie Appliquée* **26**, 349-365.

MANDELBROT, B. B. 1973v. Le syndrome de la variance infinie, et ses rapports avec la discontinuité des prix. *Economie Appliquée* **26**, 321-348.

MANDELBROT, B. B. 1974c. Multiplications aléatoires itérées, et distributions invariantes par moyenne pondérée. *Comptes Rendus* (Paris) **278A**, 289-292 & 355-358.

MANDELBROT, B. B. 1974d. A population birth and mutation process, I: Explicit distributions for the number of mutants in an old culture of bacteria. *J. of Applied Probability* **11**, 437-444. (Part II distributed privately).

MANDELBROT, B. B. 1974f. Intermittent turbulence in self-similar cascades: divergence of high moments and dimension of the carrier. *J. of Fluid Mechanics* **62**, 331-358.

MANDELBROT, B. B. 1975b. Fonctions aléatoires pluri-temporelles: approximation poissonien ne du cas brownien et généralisations. *Comptes Rendus* (Paris) **280A**, 1075-1078.

MANDELBROT, B. B. 1975f. On the geometry of homogeneous turbulence, with stress on the fractal dimension of the iso-surfaces of scalars. *J. of Fluid Mechanics* **72**, 401-416.

MANDELBROT, B. B. 1975m. Hasards et tourbillons: quatre contes à clef. *Annales des Mines* (November), 61-66.

MANDELBROT, B. B. 1975o. *Les objets fractals: forme, hasard et dimension.* Paris: Flammarion.

MANDELBROT, B. B. 1975u. Sur un modèle décomposable d'univers hiérarchisé: déduction des corrélations galactiques sur la sphère céleste. *Comptes Rendus* (Paris) **280A**, 1551-1554.

MANDELBROT, B. B. 1975w. Stochastic models for the Earth's relief, the shape and the fractal dimension of the coastlines, and the number-area rule for islands. *Pr. of the National Academy of Sciences USA* **72**, 3825-3828

MANDELBROT, B. B. 1975h. Limit theorems on the self-normalized range for weakly and strongly dependent processes. *Z. für Wahrscheinlichkeitstheorie* **31**, 271-285.

MANDELBROT, B. B. 1976c. Géométrie fractale de la turbulence. Dimension de Hausdorff, dispersion et nature des singularités du mouvement des fluides. *Comptes Rendus* (Paris) **282A**, 119-120.

MANDELBROT, B. B. 1976o. Intermittent turbulence & fractal dimension: kurtosis and the spectral exponent 5/3+B. *Turbulence and Navier Stokes Equations* Ed. R. Teman, *Lecture Notes in Mathematics* **565**, 121-145. New York: Springer.

MANDELBROT, B. B. 1977b. Fractals and turbulence: attractors and dispersion. *Turbulence Seminar Berkeley 1976/1977* Ed. P. Bernard & T. Ratiu. *Lecture Notes in Mathematics* **615**, 83-93. New York; Springer. Russian translation.

MANDELBROT, B. B. 1977f. *Fractals: form, chance, and dimension.* San Francisco; W. H. Freeman & Co.

MANDELBROT, B. B. 1977h. Geometric facets of statistical physics: scaling and fractals. *Statistical Physics 13*, International IUPAP Conference, 1977. Ed. D. Cabib et al. *Annals of the Israel Physical Society*, 225-233.

MANDELBROT, B. B. 1978b. The fractal geometry of trees and other natural phenomena. *Buffon Bicentenary Symposium on Geometrical Probability*, Ed. R. Miles & J. Serra *Lecture Notes in Biomathematics* **23**, 235-249. New York: Springer.

MANDELBROT, B. B. 1978r. Les objets fractals. *La Recherche* **9**, 1-13.

MANDELBROT, B. B. 1978c. Colliers aléatoires et une alternative aux promenades au hasard sans boucle: les cordonnets discrets et fractals. *Comptes Rendus* (Paris) **286A**, 933-936.

MANDELBROT, B. B. 1979n. Comment on bifurcation theory and fractals. *Bifurcation Theory and Applications*, Ed. Gurel & O. Rössler. *Annals of the New York Academy of Sciences* **316**, 463-464.

MANDELBROT, B. B. 1979u. Corrélations et texture dans un nouveau modèle d'Univers hiérarchisé, basé sur les ensembles trémas. *Comptes Rendus* (Paris) **288A**, 81-83.

MANDELBROT, B. B. 1980b. Fractals and geometry with many scales of length. *Encyclopedia Britannica 1981 Yearbook of Science and the Future*, 168-181.

MANDELBROT, B. B. 1980n. Fractal aspects of the iteration of z → λz(1−z) for complex λ and z. *Non Linear Dynamics*, Ed. R. H. G. Heileman. *Annals of the New York Academy of Sciences*, **357**, 249-259.

MANDELBROT, B. B. 1981l. Scalebound or scaling shapes; A useful distinction in the visual arts and in the natural sciences. *Leonardo* **14**, 45-47.

MANDELBROT, B. B. 1982m. On discs and sigma discs, that osculate the limit sets of groups of inversions. *Mathematical Intelligencer*, **4**.

MANDELBROT, B. B. 1982s. The inexhaustible function $z^2 - m$ (tentative title). *Scientific American* (tentative).

MANDELBROT, B. B. & MCCAMY, K. 1970. On the secular pole motion and the Chandler wobble. *Geophysical J.* **21**, 217-232.

MANDELBROT, B. B. & TAYLOR, H. M. 1967. On the distribution of stock price differences. *Operations Research*: **15**, 1057-1062.

MANDELBROT, B. B. & VAN NESS, J. W. 1968. Fractional Brownian motions, fractional noises and applications. *SIAM Review* **10**, 422.

MANDELBROT, B. B. & WALLIS, J. R. 1968. Noah, Joseph and operational hydrology. *Water Resources Research* **4**, 909-918.

MANDELBROT, B. B. & WALLIS, J. R. 1969a. Computer experiments with fractional Gaussian noises. *Water Resources Research* **5**, 228.

MANDELBROT, B. B. & WALLIS, J. R. 1969b. Some long-run properties of geophysical records. *Water Resources Research* **5**, 321-340.

MANDELBROT, B. B. & WALLIS, J. R. 1969c. Robustness of the rescaled range R/S in the measurement of noncyclic long runstatistical dependence. *Water Resources Research* **5**, 967-988.

MANHEIM, J. H. 1964. *The genesis of point-set topology*. New York: Macmillan.

MARCUS, A. 1964. A stochastic model of the formation and survivance of lunar craters, distribution of diameters of clean craters. *Icarus* **3**, 460-472.

MARCUS, M. B. 1976. Capacity of level sets of certain stochastic processes. *Z. für Wahrscheinlichkeitstheorie* **34**, 279-284.

MARSTRAND, J. M. 1954a. Some fundamental geometrical properties of plane sets of fractional dimension. *Pr. of the London Mathematical Society* (3) **4**, 257-302.

MARSTRAND, J. M. 1954b. The dimension of Cartesian product sets. *Pr. of the London Mathematical Society* **50**, 198-202.

MATHERON, G. 1962. *Traité de Géostatistique Appliquée* Cambridge Philosophical Society, Tome 1, Paris: Technip.

MATTILA, P. 1975. Hausdorff dimension, orthogonal projections and intersections with planes. *Annales Academiae Scientiarum Fennicae, Series A Mathematica* **I**, 227-244.

MAX, N. L. 1971. *Space filling curves.* **16** mm color film. Topology Films Project. International Film Bureau, Chicago, III. Accompanying book (preliminary edition), Education Development Center, Newton, MA.

MAXWELL, J. C. 1890. *Scientific papers* (Dover reprint).

MCKEAN, H. P., JR. 1955a. Hausdorff-Besicovitch dimension of Brownian motion paths. *Duke Mathematical J.* **22**, 229-234.

MCKEAN, H. P., JR. 1955b. Sample functions of stable processes. *Annals of Mathematics* **61**, 564-579.

MCKEAN, H. P., JR. 1963. Brownian motion with a several dimensional time. *Theory of Probability and its Applications* **8**, 357-378.

MCMAHON, T. A. 1975. The mechanical design of trees. *Scientific American* **233**, 92-102.

MCMAHON, T. A. & KRONAUER, R. E. 1976. Tree structures: Deducing the principle of mechanical design. *J. of Theoretical Biology* **59**, 433-466.

MEJIA, J. M., RODRIGUEZ-ITURBE, I. & DAWDY, D. R. 1972. Streamflow simulation. 2. The broken line process as a potential model for hydrological simulation. *Water Resource Research*, **8**, 931-941.

MEIZAK, Z. A. 1966. Infinite packings of disks. *Canadian J. of Mathematics* **18**, 838-852.

MENGER, K. 1943. What is dimension? *American Mathematical Monthly* **50**, 2-7. Reprint in Menger 1979, Ch. 17.

MENGER, K. 1979. *Selected papers in logic and foundations, didactics and economics.* Boston: Reidel.

MENSCHKOWSKI, H. 1967. *Probleme des Unendlichen.* Braunschweig: Vieweg.

METROPOLIS, N., STEIN, M. L. & STEIN, P. R. 1973. On finite limit sets for transformations on the unit interval. *J. of Combinatorial Theory* **A15**, 25-44.

MINKOWSKI, H. 1901. Über die Begriffe länge, Oberfläche und Volumen. *Jahresbericht der Deutschen Mathematikervereinigung* **9**, 115-121. Also in Minkowski 1911 **2**, 122-127.

MINKOWSKI, H. 1911. *Gesammelte Abhandlungen*, Chelsea reprint.

MONIN, A. S. & YAGIOM, A. M. 1963. On the laws of small scale turbulent flow of liquids and gases. *Russian Mathematical Surveys* (translated from the Russian). **18**, 89-109.

MONIN, A. S. & YAGIOM, A. M. 1971 & 1975. *Statistical fluid mechanics, Volumes 1 and 2* (translated from the Russian). Cambridge, MA: MI.T Press.

MOORE, E. H. 1900. On certain crinkly curves. *Tr. of the American Mathematical Society* **1**, 72-90.

MORI, H. 1980. Fractal dimensions of chaotic flows of autonomous dissipative systems. *Progress of Theoretical Physics* **63**, 1044-1047.

MORI, H. & FUJISAKA, H. 1980. Statistical dynamics of chaotic flows. *Progress of Theoretical Physics* **63**, 1931-1944.

MUNITZ, M. K. (Ed.) 1957. *Theories of the universe.* Glencoe, IL: The Free Press.

MURRAY, C. D. 1927. A relationship between circumference and weight in trees. *J. of General Physiology* **IV**, 725-729.

MYRBERG, P. J. 1962. Sur l'itération des polynomes réels quadratiques. *J. de Mathématiques pures et appliquées* (9)**41**, 339-351.

NELSON, E. 1966. Derivation of the Schrödinger equation from Newtonian mechanics. *Physical Review* **150**, 1079-1085.

NELSON, E. 1967. *Dynamical theories of Brownian motion.* Princeton University Press.

NEUENSCHWANDER, E. 1978. Der Nachlass von Casorati (1835-1890) in Pavia. *Archive for History of Exact Sciences* **19**, 1-89.

NEWMAN, J. R. 1956. *The world of mathematics.* New York: Simon & Schuster.

NORTH, J. D. 1965. *The measure of the universe.* Oxford: Clarendon Press.

NOVIKOV, E. A. 1963. Variation in the dissipation of energy in a turbulent flow and the spectral distribution of energy. *Prikladnaya Matematika i Mekhanika* **27**, 944-946 (translation, 1445-1450).

NOVIKOV, E. A. 1965a. On correlations of higher order in turbulent motion (in Russian). *Fisika Atmosfery i Okeana* **1**,788-796.

NOVIKOV, E. A. 1965b. On the spectrum of fluctuations in turbulent motion (in Russian). *Fisika Atmosfery i Okeana* **1**, 992-993.

NOVIKOV, E. A. 1966. Mathematical model of the intermittency of turbulent motion (in Russian). *Doklady Akademii Nauk SSSR* **168**, 1279-1282.

NOVIKOV, E. A. 1971. Intermittency and scale similarity in the structure of a turbulent flow. *Prikladnaia Matematika i Mekhanika* **35**, 266-277. English In *P.M.M. Applied Mathematics and Mechanics*

NOVIKOV, E. A. & STEWART, R.W. 1964. Intermittency of turbulence and the spectrum of fluctuations of energy disSipation (in Russian). *Isvestia Akademii Nauk SSR; Seria Geofizicheskaia* **3**, 408-413.

NYE, M. J. 1972. *Molecular reality. A perspective on the scientific work of Jean Perrin.* London: Macdonald. New York: American Elsevier.

OBUKHOV, A. M. 1941. On the distribution of energy in the spectrum of turbulent flow. *Comptes Rendus (Doklady) Académie des Sciences de I'URSS (N.S.)* **32**, 22-24.

OBUKHOV, A. M. 1962. Some specific features of atmospheric turbulence. *J. of Fluid Mechanics* **13**, 77-81. Also in *J. of Geophysical Research* **67**, 3011-3014.

OlBERS, W. 1823. Über die Durchsichtigkeit des Weltraums. *Astronomisches Jahrbuch für das Jahr 1826 nebst einer Sammlung der neuesten in die astronomischen Wissenschaften einschlagenden Abhandlungen, Beobachtungen und Nachrichten,* **150**, 110-121. Berlin: C.F.E. Späthen.

OLDHAM, K. B. & SPANIER, J. 1974. *The fractional calculus.* New York: Academic.

OREY, S. 1970. Gaussian sample functions and the Hausdorff dimension of level crossings. *Z. für Wahrscheinlichkeitstheorie* **15**, 249-156.

OSGOOD, W. F. 1903. A Jordan curve of positive area. *Tr. of the American Mathematical Society* **4**, 107-112.

PAINLEVÉ, P. 1895. Leçon d'ouverture faite en présence de Sa Majesté Ie Roi de Suède et de Norwège. First printed in Painlevé 1972-1,200-204.

PAINLEVÉ, P. 1972-. *Oeuvres de Paul Painlevé.* Paris: Editions du CNRS.

PALEY, R. E. A. C. & WIENER, N. 1934. *Fourier transforms in the complex domain.* New York: American Mathematical Society.

PARETO, V. 1896-1965. *Cours d'économie politique.* Reprinted as a volume of *Oeuvres Complètes.* Geneva: Droz.

PARTRIDGE, E. 1958. *Origins.* New York: Macmillan.

PAUMGARTNER, D. & WEIBEL, E. 1981. Resolution effects on the stereological estimation of surface and volume and its interpretation in terms of fractal dimension. *J. of Microscopy* **121**, 51-63.

PEANO, G. 1890. Sur une courbe, qui remplit une aire plane. *Mathematische Annalen* **36**, 157-160. Translation in Peano 1973.

PEANO, G. 1973. *Selected works.* Ed. H. C. Kennedy. Toronto University Press.

PEEBLES, P. J. E. 1980. *The large-scale structure of the universe.* Princeton University Press.

PERRIN, J. 1906. La discontinuité de la matière. *Revue du Mois* **1**, 323-344.

PERRIN, J. 1909. Mouvement brownien et réalité moléculaire. *Annales de chimie et de physique* **VIII 18**, 5-114. Trans. F. Soddy, as *Brownian Movement and Molecular Reality.* London: Taylor & Francis.

PERRIN, J. 1913. *Les Atomes.* Paris: Alcan. A 1970 reprint by Gallimard supersedes several revisions that had aged less successfully. English translation: *Atoms*, by D. L. Hammick; London: Constable. New York: Van Nostrand. Also translated into German, Polish, Russian, Serbian and Japanese.

PETERSON, B. A. 1974. The distribution of galaxies in relation to their formation and evolution. *The formation and dynamics of galaxies*, Ed. Shake-shaft, J. R. IAU Symposium 58. Boston: Reidel, 75-84.

PEYRIÈRE, J. 1974. Turbulence et dimension de Hausdorff. *Comptes Rendus* (Paris) **278A**, 567-569.

PEYRIÈRE, J. 1978. Sur les colliers aléatoires de B. Mandelbrot. *Comptes Rendus* (Paris) **286A**, 937-939.

PEYRIÈRE, J. 1979. Mandelbrot random beadsets and birth processes with interaction (privately distributed).

PEYRIÈRE, J., 1981. Processus de naissance avec interaction des voisins, Evolution de graphes, *Annales de I'Institut Fourier*, **31**,187-218.

POINCARÉ, H. 1890. *Calcul des probabilités* (2nd ed., 1912) Paris: Gauthier-Villars.

POINCARÉ, H. 1905. *La valeur de la science.* Paris: Flammarion. English tr. by G. B. Halsted.

POINCARÉ, H. 1913. *Dernières penseés*, Paris: Flammarion.

POINCARÉ, H. 1916-. *Oeuvres de Henri Poincaré*. Paris: Gauthier Villars.

PONTRJAGIN, L. & SCHNIRELMAN, L. 1932. Sur une propriété métrique de la dimension. *Annals of Mathematics* **33**, 156-162.

PRUITT, W. E. 1975. Some dimension results for processes with independent increments. *Stochastic Processes and Related Topics*, **I**, 133-165. Ed. M. L. Puri. New York: Academic.

PRUITT, W. E. 1979. The Hausdorff dimension of the range of a process with stationary independent increments. *J. of Mathematics and Mechanics* **19**, 371-378.

PRUITT, W. E. & TAYLOR, S. J. 1969. Sample path properties of processes with stable components. *Z. für Wahrscheinlichkeitstheorie* **12**, 267-289.

QUEFFELEC, H. 197. Dérivabilité de certaines sommes de séries de Fourier lacunaires. (Thèse de 3e Cycle de Mathématiques.) Orsay: Université de Paris-Sud.

RALL, W. 1959. Branching dendritic trees and motoneuron membrane resistivity. *Experimental Neurology* **1**, 491-527.

RAYLEIGH, LORD 1880. On the resultant of a large number of vibrations of the same pitch and arbitrary phase. *Philosophical Magazine* **10**, 73. Also in Rayleigh 1899 **1**, 491-.

RAYLEIGH, LORD 1899. *Scientific papers*. Cambridge University Press. Dover reprint.

RÉNYI, A. 1955. On a new axiomatic theory of probability. *Acta Mathematica Hungarica* **6**, 285-335.

RICHARDSON, L. F. 1922. *Weather prediction by numerical process*. Cambridge University Press. The Dover reprint contains a biography as part of a new introduction by J. Chapman.

RICHARDSON, L. F. 1926. Atmospheric diffusion shown on a distance-neighbour graph. *Pr. of the Royal Society of London.* **A**, **110**, 709-737.

RICHARDSON, L. F. 1960a. *Arms and insecurity: a mathematical study of the causes and origins of war*. Ed. N. Rashevsky & E. Trucco. Pacific Grove, CA: Boxwood Press.

RICHARDSON, L. F. 1960s. *Statistics of deadly quarrels*. Ed. Q. Wright & C. C. Lienau. Pacific Grove, CA: Boxwood Press.

RICHARDSON, L. F. 1961. The problem of contiguity: an appendix of statistics of deadly quarrels. *General Systems Yearbook* **6**, 139-187.

RICHARDSON, L. F. & STOMMEL, H. 1948. Note on eddy diffusion in the sea. *J. of Meteorology* **5**, 238-240.

ROACH, F. E. & GORDON, J. L. 1973. *The light of the night sky*. Boston: Reidel.

ROGERS, C. A. 1970. *Hausdorff measures*. Cambridge University Press.

ROLL, R. 1970. *Behavior of interest rates: the application of the efficient market model to U.S. treasury bills*. New York: Basic Books.

ROSE, N. J. 1981. The Pascal triangle and Sierpiński's tree. *Mathematical Calendar* 1981, Raleigh, NC: Rome Press.

ROSEN, E. 1965. *Kepler's conversation with Galileo's siderial messenger.* New York: Johnson Reprint.

ROSENBLATT, M. 1961. Independence and dependence. *Proc. 4th Berkeley Symposium Mathematical Statistics and Probability* 441-443. Berkeley: University of California Press.

ROSENBLATT, M. & VAN ATTA, C. (Eds.) 1972. *Statistical models and turbulence.* Lecture Notes in Physics **12**. New York: Springer.

ROSS, B. (Ed.) 1975. *Fractional calculus and its applications.* Lecture Notes in Mathematics **457**. New York: Springer.

RUELLE, D. 1972. Strange attractors as a mathematical explanation of turbulence. In Rosenblatt & Van Atta *Lecture Notes in Physics* **12**, 292-299. New York: Springer.

RUELLE, D. & TAKENS, F. 1971. On the nature of turbulence. *Communications on Mathematical Physics* **20**, 167-192 & **23**, 343-344.

RUSSELL, B. 1897. *An essay on the foundations of geometry* Cambridge University Press (Dover reprint).

SAFFMAN, P. G. 1968. Lectures on homogeneous turbulence. *Topics in Nonlinear Physics* Ed. N. J. Zabuşky. New York: Springer.

SALEM, R. & ZYGMUND, A. 1945. Lacunary power series and Peano curves. *Duke Mathematical J.* **12**, 569-578.

SAYLES, R. S. & THOMAS, T. R. 1978. Surface topography as a nonstationary random process. *Nature* **271**, 431-434 & **273**, 573.

SCHEFFER, V. 1976. Equations de Navier-Stokes et dimension de Hausdorff. *Comptes Rendus* (Paris) **282A**, 121-122.

SCHEFFER, V. 1977. Partial regularity of solutions to the Navier-Stokes equation. *Pacific J. of Mathematics.*

SCHÖNBERG, I. J. 1937. On certain metric spaces arising from Euclidean spaces by a change of metric and their imbedding on Hilbert space. *Annals of Mathematics* **38**, 787-793.

SCHÖNBERG, I. J. 1938a. Metric spaces and positive definite functions. *Tr. of the American Mathematical Society* **44**, 522-536.

SCHÖNBERG, I. J. 1938b. Metric spaces and completely monotone functions. *Annals of Mathematics* **39**, 811-841.

SELETY, F. 1922. Beiträge zum kosmologischen Problem. *Annalen der Physik* **IV**, **68**, 281-334.

SELETY, F. 1923a. Une distribution des masses avec une densité moyenne nulle, sans centre de gravité. *Comptes Rendus* (Paris) **177**, 104-106.

SELETY, F. 1923b. Possibilité d'un potentiel infini, et d'une vitesse moyenne de toutes les étoiles égale à celie de la lumière. *Comptes Rendus* (Paris) **177**, 250-252.

SELETY, F. 1924. Unendlichkeit des Raumes und allgemeine Relativitätstheorie. *Annalen der Physik* **IV**, **73**, 291-325.

SHANTE, V. K. S. & KIRKPATRICK, S. 1971. An introduction to percolation theory. *Advances in Physics* **20**, 325-357.

SHEPP, I. A. 1972. Covering the circle with random arcs. *Israel J. of Mathematics* **11**, 328-345.

SIERPIŃSKI, W. 1915. Sur une courbe dont tout point est un point de ramification. *Comptes Rendus* (Paris) **160**, 302. More detail in Sierpiński 1974-, **II**, 99-106.

SIERPIŃSKI, W. 1916. Sur une courbe cantorienne qui contient une image biunivoque et continue de toute courbe donnée. *Comptes Rendus* (Paris) **162**, 629. More detail in Sierpiński, 1974-, **II**, 107-119.

SIERPIŃSKI, W. 1974-. *Oeuvres choisies*. Ed. S. Hartman et al. Warsaw: Éditions scientifiques.

SINAI, JA. G. 1976. Self-similar probability distributions. *Theory of Probability and Its Applications* **21**, 64-80.

SINGH, A. N. 1935-53. *The theory and construction of nondifferentiable functions*. Lucknow (India): The University Press. Also in *Squaring the Circle and Other Monographs*. Ed. E. W. Hobson, H. P. Hudson, A. N. Singh & A. B. Kempe. New York: Chelsea.

SMALE, S. 1977. Dynamical systems and turbulence. *Turbulence Seminar Berkeley 1976/1977*. Ed. P. Bernard & T. Ratiu, *Lecture Notes in Mathematics* **615** 48-70. New York: Springer.

SMITH, A. 1972. The differentiability of Riemann's function. *Pr. of the American Mathematical Society* **34**, 463-468.

SMITH, H. J. S. 1894. *Collected mathematical papers* (Chelsea reprint).

SMYTHE, R. T. & WIERMANN, J. C., (Eds.) 1978. *First-passage percolation on the square lattice. Lecture Notes in Mathematics,* **671**, New York: Springer.

SODERBLOM, L. A. 1980. The Galilean moons of Jupiter. *Scientific American,* **242**, 88-100.

SOLER, J. 1973. Sémiotique de la nourriture dans la Bible. *Annales:. Economies, Sociétés, Civilisations.* English translation: The dietary prohibitions of the Hebrews. *The New York Review of Books,* June 14, 1979, or *Food and Drink in History:* Ed. R. Foster & O. Ranum. Baltimore: Johns Hopkins University Press.

STANLEY, H. E. 1977. Cluster shapes at the percolation threshold: an effective cluster dimensionality and its connection with critical-point phenomena. *J. of Physics* **A10**, L211-L220.

STANLEY, H. E., BIRGENEAU, R. J., REYNOLDS, P. J. & NICOLL, J. F. 1976. Thermally driven phase transitions near the percolation threshold in two dimensions. *J. of Physics* **C9**, L553-L560.

STAPLETON, H. B., ALLEN, J. P., FLYNN, C. P., STINSON, D. G. & KURTZ, S. R. 1980. Fractal form of proteins. *Physical Review Letters* **45**, 1456-1459. (*See also* Allen et al. 1981)

STAUFFER, D. 1979. Scaling theory of percolation clusters. *Physics Reports* **34**, 1-74.

STEIN, P. R. & ULAM, S. 1964. Non-linear transformation studies on electronic computers. *Rozprawy Matematyczne* **39**, 1-66. Also in Ulam 1974, 401-484.

STEINHAUS, H. 1954. Length, shape and area. *Colloquium Mathematicum* **3**, 1-13.

STENT, G. 1972. Prematurity and uniqueness in scientific discovery. *Scientific American* **227** (December) 84-93.

STEVENSON, B. 1956. *The home book of quotations* (8th ed.), New York: Dodd-Mead.

STONE, E. C. & MINER, E. D. 1981. Voyager I Encounter with the Saturnian system. *Science* **212**, Cover & 159-163.

STRAHLER, A. N. 1952. Hypsometric (area-altitude) analysis of erosional topography. *Geological Society of American Bulletin* **63**, 1117-1142.

STRAHLER, A. N. 1964. Quantitative geomorphology of drainage basins and channel networks. In *Handbook of Applied Hydrology* sect. 4-11. Ed. V. T. Chow. New York: McGraw-Hill.

SULLIVAN, D. 1979. The density at infinity of a discrete group of hyperbolic motions. *Institut des Hautes Etudes Scientifiques. Publications Mathematiques* **50**.

SUWA, N. & TAKAHASHI, T. 1971. *Morphological and morphometrical analysis of circulation in hypertension and ischemic kidney.* Munich: Urban & Schwarzenberg.

SUWA, N., NIWA, T., FUKASAWA, H. & SASAKI, Y. 1963. Estimation of intravascular blood pressure gradient by mathematical analysis of arterial casts. *Tohoku J. of Experimental Medicine* **79**, 168-198.

SUZUKI, M. 1981. Extension of the concept of dimension—phase transitions and fractals. *Suri Kagaku (Mathematical Sciences)* **221**, 13-20.

SWIFT, J. 1733. On Poetry, a Rhapsody.

TAQQU, M. S. 1970. Note on evaluation of R/S for fractional noises and geophysical records. *Water Resources Research*, **6**, 349-350.

TAQQU, M. S. 1975. Weak convergence to fractional Brownian motion and to the Rosenblatt process. *Z. für Wahrscheinlichkeitstheorie* **31**, 287-302.

TAQQU, M. S. 1977. Law of the iterated logarithm for sums of nonlinear functions of the Gaussian variables that exhibit a long range dependence. *Z. für Wahrscheinlichkeitstheorie*, **40**, 203-238.

TAQQU, M. S. 1978. A representation for selfsimilar processes. *Stochastic Processes and their Applications*, **7**, 55-64.

TAQQU, M. S. 1979a. Convergence of integrated processes of arbitrary Hermite rank. *Z. für Wahrscheinlichkeitstheorie* **50**, 53-83.

TAQQU, M. S. 1979b. Self-similar processes and related ultraviolet and infrared catastrophes. *Random Fields: Rigorous Results in Statistical Mechanics and Quantum Field Theory.* Amsterdam: North Holland.

TAYLOR, G. I. 1935. Statistical theory of turbulence; parts I to IV. *Pr. of the Royal Society of London* **A151**, 421-478. Reprinted in Friedlander & Topper 1961, 18-51.

TAYLOR, G. I. 1970. Some early ideas about turbulence. *J. of Fluid Mechanics* **41**, 3-11.

TAYLOR, S. J. 1955. The α-dimensional measure of the graph and the set of zeros of a Brownian path. *Pr. of the Cambridge Philosophical Society* **51**, 265-274.

TAYLOR, S. J. 1961. On the connection between Hausdorff measures and generalized capacities. *Pr. of the Cambridge Philosophical Society* **57**, 524-531.

TAYLOR, S. J. 1964. The exact Hausdorff measure of the sample path for planar Brownian motion. *Pr. of the Cambridge Philosophical Society* **60**, 253-258.

TAYLOR, S. J. 1966. Multiple points for the sample paths of the symmetric stable process. *Z. für Wahrscheinlichkeitstheorie* **5**, 247-264.

TAYLOR, S. J. 1967. Sample path properties of a transient stable process. *J. of Mathematics and Mechanics* **16**, 1229-1246.

TAYLOR, S. J. 1973. Sample. path properties of processes with stationary independent increments. *Stochastic Analysis*. Ed. D.G. Kendall & E.F. Harding. New York: Wiley.

TAYLOR, S. J. & WENDEL, J. C. 1966. The exact Hausdorff measure of the zero set of a stable process. *Z. für Wahrscheinlichkeitstheorie* **6**, 170-180.

TENNEKES, H. 1968. Simple model for the small scale structure of turbulence. *Physics of Fluids* **11**, 669-672.

TESNIÈRE, M. 1975. Fréquences des noms de famille. *J. de la Société de Statistique de Paris* **116**, 24-32.

THOMA, R. 1901. Über den Verzweigungsmodus der Artererien. *Archiv der Entwicklungsmechanik* **12**, 352-413.

THOMPSON, D'A. W. 1917-1942-1961. *On growth and form*. Cambridge University Press. The dates refer to the first, second and abridged editions.

ULAM, S. M. 1957. Infinite models in physics. *Applied Probability*. New York: McGraw-Hill. Also in Ulam 1974, 350-358.

ULAM, S. M. 1974. *Sets, numbers and universes: selected works*. Ed. W. A. Beyer, J. Mycielski & G.-C. Rota. Cambridge, MA: M.I.T. Press.

URYSOHN, P. 1927. Mémoire sur les multiplicités cantoriennes. II: les lignes cantoriennes. *Verhandelingen der Koninglijke Akademie van Wetenschappen te Amsterdam*. (Eerste Sectie) **XIII** no. 4.

VAN DER WAERDEN, B. L. 1979. *Die Pythagoreer*.

VILENKIN, N. YA. 1965. *Stories about sets*. New York: Academic.

VON KOCH, H. 1904. Sur une courbe continue sans tangente, obtenue par une construction géométrique élémentaire. *Arkiv för Matematik, Astronomi och Fysik* **1**, 681-704.

VON KOCH, H. 1906. Une méthode géométrique élémentaire pour l' étude de certaines questions de la théorie des courbes planes. *Acta Mathematica* **30**, 145-174.

VON NEUMANN, J. 1949-1963. Recent theories of turbulence. The dates refer to publication as a report to ONR and in von Neumann, 1961- **6**, 437-472.

VON NEUMANN, J. 1961- *Collected works*. Ed. A. H. Traub. New York: Pergamon.

VON SCHWEIDLER, E. 1907. Studien über die Anomalien in Verhalten der Dielektrika. *Annalen der Physik* (4)**24**, 711-770.

VON WEIZSÄCKER, C. F. 1950. Turbulence in interstellar matter. *Problems of Cosmical Aerodynamics* (IUTAM & IAU). Dayton: Central Air Documents Office.

VOSS, R. F. & CLARKE, J. 1975. "l/f noise" in music and speech. *Nature* **258**, 317-318.

VOSS, R. F. 1978. l/f noise in music; music from l/f noise. *J. of the Acoustical Society of America* **63**, 258-263.

VOSS, R. F. 1982. Fourier synthesis of Gaussian fractals: l/f noises, landscapes, and flakes (to appear).

WALLENQUIST, A. 1957. On the space distribution of galaxies in clusters. *Arkiv för Matematik, Astronomi och Fysik* **2**, 103-110.

WALSH, J. L. 1949. Another contribution to the rapidly growing literature of mathematics and human behavior. *Scientific American* (August issue) 56-58.

WEIBEL, E. R. 1963. *Morphometry of the human lung*. New York: Academic.

WEIBEL, E. 1979. *Stereological methods* (2 vols.). London: Academic.

WEIERSTRASS, K. 1872. Über continuirliche Functionen eines reellen Arguments, die für keinen Werth des letzteren einen bestimmten Differentialquotienten besitzen. Unpublished until Weierstrass 1895-, **II**, 71-74.

WEIERSTRASS, K. 1895-. *Mathematische Werke*. Berlin: Mayer & Muller.

WEYL, H. 1917. Bemerkungen zum begriff der differentialquotenten gebrochener ordnung. *Vierteljahrschrift der Naturförscher Geselschaft in Zürich* **62**, 296-302.

WHITTAKER, E. T. 1953. *A history of the theories of aether and electricity*. New York: Philosophical Library.

WHYBURN, G. T. 1958. Topological characterization of the Sierpiński curve. *Fundamenta Mathematicae* **45**, 320-324.

WIENER, N. 1948-1961. *Cybernetics*. Paris: Hermann. New York: Wiley (1 st edition). Cambridge, MA: M.I.T. Press (2d edition).

WIENER, N. 1953. *Ex-prodigy*. New York: Simon & Schuster. Cambridge, MA: M.I.T. Press.

WIENER, N. 1956. *I am a mathematician*. Garden City, N.Y.: Doubleday. Cambridge, MA: M.I.T. Press.

WIENER, N. 1964. *Selected papers*. Cambridge, MA: M.I.T. Press.

WIENER, N. 1976-. *Collected works*. Ed. P. Masani. Cambridge, MA: M.I.T. Press.

WIGNER, E. P. 1960. The unreasonable effectiveness of mathematics in the natural sciences. *Communications on Pure and Applied Mathematics* **13**, 1-14. Also in Wigner 1967, 222-237.

WIGNER, E. P. 1967. *Symmetries and reflections*. Indiana University Press. MIT Press Paperback.

WILLIS, J. C. 1922. *Age and area.* Cambridge University Press.

WILSON, A. G. 1965. Olbers' paradox and cosmology. Los Angeles, Astronomical Society.

WILSON, A. G. 1969. Hierarchical structures in the cosmos. *Hierarchical Structures*, 113-134. Ed. L. L. Whyte, A. G. Wilson & D. Wilson. New York: American Elsevier.

WILSO N, K. 1975. The renormalization group: critical phenomena and the Kondo problem. *Reviews of Modern Physics* **47**, 773-840.

WILSON, K. G. 1979. Problems in physics with many scales of length. *Scientific American* **241** (August issue) 158-179.

WILSON, J. T. (Ed.) 1972. *Continents adrift. Readings from Scientific American.* San Francisco: W. H. Freeman.

WILSON, T. A. 1967. Design of the bronchial tree. *Nature* **213**, 668-669.

WOLF, D. (Ed.) 1978. *Noise in physical systems.* (Bad Neuheim Conference) New York: Springer.

YAGLOM, A. M. 1957. Some classes of random fields in n-dimensional space, related to stationary random processes. *Theory of Probability and Its Applications*, **2**, 273-320. Tr. R. A. Silverman.

YAGLOM, A. M. 1966. The influence of fluctuations in energy dissipation on the shape of turbulence characteristics in the inertial interval. *Doklady Akademii Nauk SSSR* **16**, 49-52. (English trans. *Soviet Physics Doklady* **2**, 26-29.)

YODER, L. 1974. Variation of multiparameter Brownian motion. *Pr. of the American Mathematical Society* **46**, 302-309.

YODER, L. 1975. The Hausdorff dimensions of the graph and range of N-parameter Brownian motion in d-space. *Annals of Probability* **3**, 169-171.

YOUNG, W. H. & YOUNG, G. C. 1906. *The theory of sets of points.* Cambridge University Press.

YULE, G. UDNY 1924. A mathematical theory of evolution, based on the conclusions of Dr. J. C. Willis, F. R. *Philosophical Tr. of the Royal Society* (*London*) **213 B**, 21-87.

ZIMMERMAN, M. H. 1978. Hydraulic architecture of some diffuse-porous trees. *Canadian J. of Botany*, **56**, 2286-2295.

ZIPF, G. K. 1949. *Human behavior and the principle of least-effort.* Cambridge, MA: AddisonWesley. (Hefner reprint.)

ZYGMUND, A. 1959. *Trigonometric series.* Cambridge University Press.

计算机绘图贡献者

12:V	127:V	244:L
35:L	146:H	245:L
36:H	147:N	255:N
46:H	150:L	256:N
47:H	160:H	259:H
48:H	169:H	270:H
49:HL	170:H	278:V
50:H	171:H	279:V
51:L	179:H	280:V
53:M	183:L	281:V
55:V	187:N	282:H
57:V	188:N	283:V
58:V	189:N	285:H
59:V	196:LN	301:N
60:H	198:N	302:L
61:V	199:LN	303:L
67:H	200:LN	309:L
69:H	202:LN	310:H
71:HM	203:N	312:HM
72:H	204:M	313:M
73:L	210:L	314:M
74:L	232:H	315:H
75:H	233:L	321:H
76:M	234:H	322:H
78:LM	235:H	331:M
85:H	236:H	335:L
86:M	237:H	354:L
88:H	241:H	
100:H	242:V	
101:H	243:L	

西格蒙德. W. 汉德尔曼

理查德. F. 沃斯

马克. R. 拉夫

V. 艾伦·诺顿

道格拉斯. M. 麦卡纳 (Douglas M. McKenna)

他们作出了本书的大部分计算机图形. 姓名排序基于他们首次作出贡献的年份.

上页对黑白插图版的列表中, 每个图版编码后是生成程序作者姓的首字母. 不同作者改进的插图归功于所有贡献者. 彩图版的贡献另行报道.

其他人士的友好协助也以各种方式至关重要. 赫希·刘易坦 (Hirsh Lewitan) 对图版 312 作了贡献. 杰拉尔德·利希滕贝格尔 (Gerald B. Lichtenberger) 间接地对几个图版作了贡献. 图版 284 由琼-刘易斯·奥内托 (Jean-Louis Oneto) 用西里尔. N. 阿尔贝加 (Cyril N. Alberga) 的一个开创性软件作出. 图版 285 是对阿瑟·阿佩尔 (Arthur Appel) 和琼-刘易斯·奥内托作品的改进. 司各特·基尔帕特里克 (Scott Kirkpatrick) 对图版 137 作出了贡献, 并提供了用于制备图版 234 至图版 237 及图版 321 至图版 322 的程序. 彼得·奥本海默 (Peter Oppenheimer) 对 183 页上的图作出了贡献. 彼得·莫尔德夫 (Peter Moldave) 对图版 199 至图版 203 作出了贡献. 大卫·蒙福特 (David Mumford) 和大卫·赖特 (David Wright) 对图版 188 作出了贡献.

书末的图版出自 V. 艾伦·诺顿.

致　　谢

与写作时对最终范围和风格有精确概念的那些书相反, 这本 "马其顿书" (*macédoine de livre*) 是在一个漫长的过程中逐渐成形的. 或者直接地, 或者在字里行间, 在插话、传记和历史概述中, 我已坦陈了我的主要知识来源. 它们的数量和不断增加的多样性突出地表明, 没有哪一个是特别重要的.

然而, 就引用量而言, 本书对诺伯特·维纳和约翰·冯·诺依曼的作用体现不足: 他们二位对我的工作都十分友好, 对我有极大的影响, 更多的是通过以身作则而不是通过具体的举措.

其他非常不同的、尚未被致谢的对我智力的主要影响来自我的叔叔和兄弟.

(法文) 第一版的初步翻译由劳里 (J. S. Lourie) 提供. 斯坦福大学的戈斯佩尔 (R. W.Gosper) 在发布前向我展示了他的佩亚诺曲线. 巴黎的许岑贝格尔 (M. P. Schützenberger), 伯克利的马斯登 (J. E. Marsden), U. S. N. R. L. 的奥斯本 (M. F. M. Osborne), 奥尔赛的雅克斯·佩里埃 (Jacques Peyrière), 特拉维夫的雅芬 (Y. Gefen) 和阿哈罗尼, 以及哈佛大学的芒福德 (D. Mumford) 和 莫尔达富 (P. Moldave) 都以多种方式给予很多帮助.

W. H. 弗里曼公司的编辑伦茨 (P. L. Renz)证明了他的专业技能不只是完全超越了补救. 我非常感激他同意我想尝试特别的排版布局. 我也非常感谢 W. H. 弗里曼公司的石川 (R. Ishikawa).

有价值的引用来自贝里 (M. V. Berry)、布雷歇尔 (K. Brecher)、科恩 (I. B. Cohen)、德隆 (H. de Long)、吉尔斯丹斯基 (M. B. Girsdansky)、米多尔 (A. B. Meador)、庞特 (J. C. Pont)、瑟雷斯 (M. Serres)、范德·瓦尔登 (B. L. van den Waerden) 和扎依登韦伯 (D. Zajdenweber). 以前应用过的其他引用来自伯克霍夫 (G. Birkhoff)、博诺拉 (R. Bonola)、布朗伯格 (J. Bromberg)、法迪曼 (C. Fadiman)、费里斯 (T. Ferris)、金佩尔 (J. Gimpel)、格拉肯 (C. J. Glacken)、约翰逊 (D. M. Johnson)、史蒂文斯 (P. S. Stevens) 和惠特克 (E. T. Whittaker).

IBM 的部门主任古茨维勒 (M. C. Gutzwiller)、赛登 (P. E. Seiden)、阿尔姆斯特朗 (J. A. Armstrong) 和乔杜里 (P. Chaudhari) 帮助了这项工作的顺利进行.

班茨 (D. F. Bantz) 首肯了对我们对他的项目的彩色图形设备的使用. 考利 (I. M. Cawley)、汤普森 (C. H. Thompson)、卡佩克 (P. G. Capek)、里夫林 (J. K. Rivlin) 和其他在 IBM 研究中心的图书馆、文字处理和制图的员工提供了不同寻常的帮助, 并且容忍一个宽松的政策, 使他们的每一个设备超出其设计性能.

精选维数索引

欧氏空间的维数 (E)、分维数 (D) 和拓扑维数 (D_T), 黑体数字指章号. 当欧氏空间的维数用 E 表示时, 其值可为任意正整数.

I. 基本几何形状及其精确的 D 和 D_T

	E	D	D_T	页码
* 欧几里得几何中的"标准"点集 (满足 $D = D_T$)				
单点	E	0	0	
有限个点	E	0	0	
不可数点集	E	0	0	
直线、圆; 所有其他标准曲线	E	1	1	
平面圆盘; 所有其他标准曲面	E	2	2	
$\mathbb{R}^3$ 或 $\mathbb{R}^E$ 中的球; 所有其他标准体积	E	E	E	
* 不是分形的点集 (与预料的相反)				
充满平面的佩亚诺"曲线"	2	2	2	131
康托尔魔鬼楼梯	2	1	1	87
莱维魔鬼楼梯	2	1	1	302
$\mathbb{R}$ 中的普通布朗轨迹	1	1	1	
$\mathbb{R}^E$ 中的分数布朗轨迹, 其 $H < 1/E$	E	E	E	268
* 非随机分形集合 (满足 $D > D_T$)				
康托尔尘埃: 直线上的三元点集	1	log2/log3	0	80 及以后
康托尔尘埃: 三元以外的	E	$0 < D < E$	0	第 6 章及以后
科赫曲线: 三元雪花	2	log4/log3	1	**第 6 章**
科赫曲线: 虚构薄片的边界	2	log4/log3	1	77, 78
科赫曲线: 哈特–哈脱韦龙的皮肤	2	1.5236	1	70–72
$\mathbb{R}^2$ 中的科赫曲线: 三元以外的	2	$1 < D < 2$	1	**第 6 章**
谢尔平斯基垫片和箭头曲线	2	log3/log2	1	**第 14 章**
勒贝格-奥斯古德怪物曲线	2	2	1	**第 15 章**
勒贝格-奥斯古德怪物曲面	3	3	2	**第 15 章**

II. 其他几何形状, 其 D_T 和估算的 D

III. 自然界的标准 (欧几里得的) 对象及其 D_T 和 D

IV. 自然界的分形对象, 估算的 D_T 及其典型的 D

海岸线 (理查森指数)	2	1.2	1	37
河流网络堆积成的岸	2	2	1	**第 7 章**
各条河流的略图 (哈克指数)	2	1.2	1	115
血管系统	3	3	2	155 及以后
布满分支的肺膜	3	2.90	2	119, 163 及以后
树皮	3	3	2	
分形误差	1	0.30	0	**第 8 章**
尺寸有标度区内的星系	3	1.23	0	**第 9 章**
湍流: 耗散面的支撑	3	2.50—2.60	2	**第 10 章**
字的频率	不适用	0.9	不适用	**第 38 章**

人名与主题索引

带 * 号的项涉及新词如"分形" (fractal) 和"弯折" (squig), 或本书中引入非标准意义的词, 如"尘埃" (dust) 和"孔洞" (trema)。

其　　他

第二次印刷时增添的更新 (1982 年 12 月)

高雪维尔讨论会：即将发表的会议纪要预览

在本书交付给出版社到其实际出版之间，然后在第一次印刷的书本售罄之前的短暂时间里，分形几何学并未止步不前；它在已被接受的领域里加速扩张，并且进入了许多新的领域.

尤其是，我于 1982 年 7 月在 (法国) 高雪维尔组织了为时一周的分形研讨会，许多新的进展在那里发表. 本更新的主要目的是综述这些及与之密切相关的结果. 一些补充参考文献 (标有星号 ∗) 则呼吁注意研讨会上展示的其他结果.

更一般地说，人们越来越难以相信，仅仅在几年前，大自然的分形几何学几乎只是我和我的朋友们的研究工作. 不过，我在这里最多能做的只是通过额外的补充文献，提醒大家对一些新的参与者的注意.

主题的排列顺序与本书正文中的大致相同.

分形的定义

不幸的是，这个枯燥的话题是不可避免的，但将只占用很少的篇幅.

令我烦恼的是，"豪斯多夫维数" 一词已开始被任意地应用于或者是第 39 章所列的维数，或者是其后续变体. "闵可夫斯基维数" 也是如此，该术语于 1975 年在《分形对象》第 164 页上使用过一次，记布利高维数. 显然，一些非英语文章的作者和主题不再因我的工作的结果所忧虑，他们获得了声誉，因而被赋予 (不可见地) 各种成就 ⋯⋯ 或罪恶！

其他作家则相反：他们过分强调在实践中估算 D 最常用的方法，例如应用于 135 和 229 页的相似性维数，以及质量-半径关系中的指数或光谱指数，然后继续供奉他们定义的 "那个" 分维数.

遗憾的是，对 1977 年版的《分形》的这些反应中的大多数为时已晚. 不然它们会鼓励我在本书中返回 1975b 年《分形对象》中的方法：对 "分形" 这个术语不作任何学究式的定义，使用 "分维数" 作为适用于第 39 章中所有变体的通用术语，并在每种特定情况下使用最合适的定义.

齐次分形湍流

我对湍流的主要猜想是第 11 章的对象：其中断言现实空间中的湍流是由维数 D 为 2.5 到 2.6 的分形集合构成的.

支持这一猜想的数值工作继续出现, Chorin (1982a, 1982b) 可以作证.

此外, 一种完全不同的方法最近在 Hentschel & Procaccia (1982) 中发展, 其中采用了第 36 章中叙述的用于处理聚合物的方法来处理第 10 章的加长折叠涡旋, 并提出了湍流与聚合物维数之间的一个关系.

金属的断裂和分形 (Mandelbrot, Passoja & Paullay, 1983)

如第 1 章所述, 新词需要关注, 避免意义上的不良冲突. 随意的检视提示：虽然破碎的玻璃表面最可能不是分形, 许多石头或金属断裂表面却是分形. 这个非正式的证据提示分形和断裂不应该有严重的冲突.

Mandelbrot, Passoja & Paullay (1983) 通过对 1040, 1095 和 Cor-99 钢拉伸试样和马氏体钢冲击试样的广泛实验, 支持了这种非正式的感觉. 分形特征经过测试, 采用第 5 章和第 28 章中用于地貌的方法来估算维数 D 的值. 这些方法的成功是值得注意的, 因为断裂表面明显是非高斯型的, 与地貌不同.

回想起第 5 章和第 28 章中通过岛屿海岸线和垂直剖面进行. 不幸的是, 断裂并不自然地显示岛屿, 并且几乎不可能定义一个竖直方向, 使高度成为水平平面中位置的单值函数.

不过, 我们可以定义一个非正式的竖线, 其条件是：海拔对 "大多数" 点是单值的. 然后我们沿着直边水平剖面进行谱分析并绘出 log (高于频率 f 的光谱能量) 作为 log f 的函数[①].

此外, 我们发现沿着近水平面作样本 "切片"(首先对样品做化学镀镍, 然后通过真空注入安装在环氧树脂托架上), 从而创建人工 "切片岛屿" 是很有用的. 于是我们在数字化的图上用一个固定的码尺来测量每个岛屿的面积和周边长度, 再按第 12 章的建议绘制对数图, 用来检验分维数分析的正确性.

如下页顶部中图所示, 很多断裂面令人叹为观止地遵循分形模型：这些图几乎都是直线, 它们的斜率导致基本上等同的 D. 此外, 对相同金属的不同样品重复相同的过程, 得到的 D 相同. 相反, 传统的粗糙度估计很难有重复性.

回应第 118 页上有关图版 121 的评论, 冶金学中很少有图形涉及所有可用的数据和非常广泛的尺寸范围, 并有像和我们的图一样直的直线.

数据非常之好, 我们可以立即继续更细致的比较. 我们观察到 $|D(\text{光谱}) - D(\text{岛屿})|$ 一致地是几百的数量级. 第一个可能的原因在于偏差的估计. 例如, 高

---

① 见下页顶部左图. ——译者注

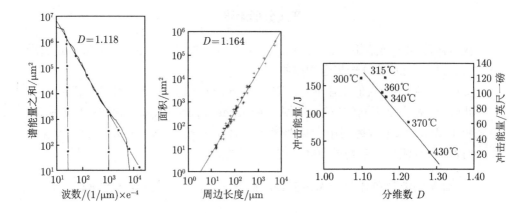

频频谱被测量噪声淹没, 因此必须忽略. 此外, 我们用简单的方法处理 "湖" 和 "近海岛屿": 包括前者而忽略后者, 因为后者的定义不良.

但是这个差异可能是真实的. 事实上, D 几乎接近这一点等同提示, 我们研究的材料的各向同性远超出预期. 而由于样品的准备方式, 它们必定是各向异性的, D (光谱) 与 D (岛屿) 确实明显不同.

对有冲突的 D 的另一种解释是, 裂缝可能是各向同性的, 但并不是自相似的, 而 D 随着尺度变化 (第 13 章). 由于我们的两种方法对不同的尺度范围给出了不同的权重, 它们将反映 D 的变化. 确实, 对于我们检视过的某些金属, 断裂的岛或光谱图显示两个明显不同的直线区域, 而对于其他金属, 图线甚至更加复杂.

为了把 D 与金属的其他特性相关联, 我们把 300 级马氏体时效钢沙尔皮 (Charpy) 冲击试样在不同温度下作热处理. 其结果的图形也显示在本页的顶部看图, 它显示了冲击能量与 D 值之间毋庸置疑的关系.

事实已经确立, 值得思考其可能的原因. 我们的观点是断裂涉及非典型逾渗. 让我们回顾一下, 当一个试样被拉断时, 夹杂物周围不可避免的空隙的尺寸会增大, 最终合并成薄片, 把试样分成几部分. 如果一个空隙的增长与位置无关, 逾渗会如同第 13 章所述. 因此, 裂缝的维数将取某个通用值, 与材料无关. 事实上, 一旦最初的空隙增加合并为局部小片, 支撑连接物的应变增加, 空隙将随着位置以不同的速度增加. 毫无疑问, 这种可变性与结构有关, 因此 D 不一定需要是通用的.

云和雨区域形状 (Lovejoy (1981), Lovejoy & B.B.M. (1983))

洛夫乔伊关于周边长度关于-面积的出色关系 (图版 121) 是一个挑战, 激励人们去做第 28 章对地球地貌所做相同的事情, 即生成云区或雨区的分形映射, 对此无论是肉眼还是测量都无法在气象图上予以区分.

关于雨区的一个重要因素由 Lovejoy (1981) 发现提供, 即降雨的不连续性, 就像根据 Mandelbrot (1963b) 的期货价格的不连续性 (请参阅第 37 章) 一样, 精确地遵循相同的双曲型概率分布.

Lovejoy & Mandelbrot (1983) 建立在这个基础上. 双曲型分布的不连续性被证明与知名的降雨不连续性沿着接近直线的 "前沿" 发生这个观察吻合. 为了保持标度, 引入指数的合适列表, 让人联想到临界现象理论中的那些, 甚至在文献 (Mandelbrot, 1976o) 中引入的更多湍流指数, 其结果是非常有意义的.

标度、分形和地震 (Kagan & Knopoff & Andrews)

回顾第 28 章中的断言, 地球的地貌是标度分形, 并且它可以作为天然 "缺陷" 的叠加而生成. 如果相信这些断言, 人们便有思想准备会同意, 作为地貌动态变化的地震是自相似的, 即没有特定的标度与其时间-距离-量级模式相联系, 它们的几何形状是分形的. 这些确实是分形研究者通过阅读 (Kagan & Knopoff, 1978, 1980, 1981) 和 (Andrews, 1980—1981) 可以得到的主要信息, 我们建议他们试试.

得知大森在近百年前发现了地震中的标度真是令人瞠目结舌, 但关于地震的大量统计工作坚持认为出现的是泊松型事件. 再者, 当一门科学屈服于社会压力, 奖励建模和理论, 蔑视没有 "理论" 的 "仅仅" 描述时, 那就正如我在第 42 章中所说的, 它几乎没有什么好处可言了.

锂电池中的分形界面 (A. Le Méhauté 等)

电池用来储存大量电力并迅速将其释放. 其他一切固定, 存储容量是体积特性, 但放电速度是表面特性. 分形的研究者对这个特性很熟悉 (第 12 章和第 15 章), 并说服了阿兰·勒·梅奥德 (A. Le Méhauté), 容量与放电之间的平衡是一个分形问题.

把电池的横截面设计为一条佩亚诺怪物曲线 (例如图版 75) 是无法实现的, Le Méhauté 等 (1982) 从理论上研究了务实的设计, 并检验了实际电池. 分形几何的有效性非常惊人.

临界逾渗群集

晶格上的逾渗. 测试第 13 章的模型. 第 13 章中提出的伯努利逾渗接触群集的特定分形模型, 亟待经验验证, 这已经完成了.

Kapitulnik, Aharony, Deutscher & Stauffer (1983) 研究了群集中与原点距离小于 R 的位置数目, 并重新得到正确的 $D \sim 1.9$. 此外, 它从分形区域与同质区域之间的交叠中重新得到了 ξ.

    薄金膜和薄铅膜中的逾渗. 伯努利逾渗当然只是一个数学过程. 哈默斯利 (Hammersley) 引入它是希望由此可以说明和澄清许多自然现象. 伯努利逾渗分形几何的适用性在文献 (Voss, Laibowitz & Alessandrini, 1982) 中对粗黄金进行了测试, 以及在文献 (Kapitulnik & Deutscher, 1982) 中对贵铅进行了测试. 例如, 黄金的研究者在室温下用电子薄膜光束蒸发技术在 30 nm 厚的硅晶片上生长非晶 Si_3N_4 窗口. 取不同的厚度的可以同时得到电绝缘到导电的一系列试样. 第 13 章的预测令人满意.

一些物理形式空间的低腔隙分形模型
(Gefen, Meir, B. B. M. & Aharony, 1983)

    统计物理学发现假定分数维空间是有用的. 数学家发现这些空间非常令人沮丧, 因为无法构造它们, 也无法证明它们的存在性和唯一性. 然而, 通过假设它们确实存在并具有一定解且理想的特性. 它们对位移是不变的, 以及其动量积分和递归关系可以通过由欧几里得空间形式上的解析连续性获得, 可以得到有用的物理学.

    这些空间使分形的研究者们困惑. 一方面, 存在许多可供选择的分形插值空间, 因此插值应该是不确定的. 另一方面, 文献 (Gefen, Mandelbrot & Aharony, 1980) 中应用于物理学的分形位移不变. 在这方面, 分形似乎不如假定的分数空间.

    关于类似于针对我的第一个星系分布模型的遭到了类似的批评并非给予一个回应. 虽然不可能使一个分形对位移完全不变, 第 34 章和第 35 章表明, 可以通过对腔隙给出足够低的腔隙值, 达到需要多么接近就多么接近.

    在这种情况下, Gefen, Meir, Mandelbrot & Aharony (1983) 考虑了腔隙趋于 0 的谢尔平斯基地毯 (第 14 章) 的属性. 计算了某些物理性质, 并证明了其零腔隙极限等同于假定的分数空间.

谢尔平斯基地毯: 物理学家的玩具

    易控制的模型对物理学家是如此有吸引力, 承诺无须近似即可进行计算的每一种构形都会引起广泛关注.

    在第 14 章中检视过的分叉形状中, 谢尔平斯基地毯是最重要的一个, 但是很难处理. 然而谢尔平斯基垫片却易于操作. 在文献 (Stephen, 1981; Ralmal & Toulouse, 1982, 1983; Alexander & Orbach, 1982) 中, 它带来了乐趣并得到收益.

    ◁ 与习惯相反, 我创造了 "垫片"(gasket) 但无等价的法语单词. 一本数学词典的作者并不知道我心中所想的是防止发动机漏油的功能, 而标准的词典把它们引向船和绳索, 从而得到 baderne 或 garcette. 由于这些词不合适, 因此重新定义以补充我的意思! 我更喜欢 tamis (筛子).

细胞自动机和分形

为了表明全局的序可以通过仅在邻居之间起作用的力生成, 我编纂了第 343 页的示例. 马上有人指出, 这个示例与约翰·冯·诺伊曼所说的 "细胞自动机" (Burks, 1970) 有联系. 乌尔姆 (Ulam) (Burks, 1970) 已经证明, 自动机可能会非常复杂并显得随机. Willson (1982), Wolfram (1983) 和 Vichniac (1983) 观察到其输出其实可以是分形的.

$z \to z^2 - \mu$ 在复数中的迭代: 新的结果和证明

(Mandelbrot, 1983p) 包含许多插图 (因篇幅所限, 未能包含在第 19 章里), 并报告了其他观察结果. (Mandelbrot, 1982s) 有所延迟, 预计在 1983 年出版.

第 19 章中的两个主要观察, 现在已经在数学上得到确认.

Douady & Hubbard (1982), Douady (1983) 证明了闭集 $\mathcal{M}$ 确实是连通的. 他们把 $\mathcal{M}$ 的外部映射到一个圆.

Ruelle (1982) 证明了茹利亚龙的豪斯多夫维数是参数 μ 的一个解析函数.

四元数中的平方映射

第 19 章确定了映射 $z \to z^2 - \mu$ 的性质, 最好把它理解为对 z 和 μ 为复数性质的特殊情况, 而这个迭代对复数 z 产生了意想不到的和令人兴奋的图形. 因此, 自然想通过对 z 的进一步推广寻求进一步的了解和美丽图形. A. 诺顿提出, 下一个最自然的选择是哈密顿的四元数. 1847 年引入的四元数无论在数学上还是在物理学上都已经是一个熟悉的概念, 但其作用仍然是次要的. 然而在迭代的语境下, 四元数已被证明十分有效, 无论是从数学还是从美学的观点, 如同在诺顿和我自己即将发表的论文中将要详细介绍的.

经常用于反对四元数的一个论据如下: 当插入复数时, 一个 $E = 1$ 的空间变成 $E = 2$ 的空间, 它是可视的, 四元数需要跳到一个 $E = 4$ 的空间, 该空间不能可视化. 第二个反对意见是四元数乘法不是可交换的: 尤其是, 映射 $z \to \lambda z(1 - z), z \to z^2 - \mu, z \to \mu z^2 - 1$ 和 $z \to \mu^\alpha z^2 \mu^{1-\alpha}$ 当 z 为四元数时有所不同.

为了说明四元数平方映射分形排斥子的拓扑互连, Norton (1982) 中开发了新的计算机图形技术. 不能迭代到无穷的所有四元数的集合, 在其三维截段中考察. 它们的复平面截段成为第 19 章的分形龙.

四元数乘法的不可交换性转而成为令人着迷且完全出乎意料的有用的东西. 为了说明这一点, 考虑彩图版四至九. 问: 全部或某些深黄色的区域能链接到四元数空间吗? 答: 一般来说, 每个写成 $z \to z^2 - \mu$ 或 $z \to \lambda z(1-z)$ 的不同方式 (在进入四元数之前), 导致深黄色区域之间完全不同的链接. 因此, 需要其他信息来指定拓扑互连性.

避免了混乱的一个示例见图版 499(改编自 (Norton, 1982)), 它显示了一个简单的周期 4 范例. 用复平面作为截面获得的龙的每个主要截段嵌入空间形状的一个主要截段中. 在这种情况下, 主要空间截段几乎是旋转不变的, 它们被多个松散配合的带围绕, 这些带连接了龙的小截段. 图版 500a 显示了以大致相同的方式获得不同的空间分形. Stein (1983) 重现了进一步的插图.

通用性和混沌: $z \to \lambda(z - 1/z)$ 和其他映射

作为法图和茹利亚的同时代作品, 拉特斯 (S. Lattès) 选出了多项式的一个四阶比值, 其迭代过程在整个平面中都是 "混沌的", 即不被吸引到任何较小的集合. 这个例子挑战我们去寻找低阶映射中的混沌行为. 本节处理的第二个主题是在 λ 映射下岛屿形状的通用类别.

$z \to \lambda(z - 1/z)$ 及其 λ 映射. 在特殊情况 $\lambda = 1/2$, $y = -iz$ 下遵循规则 $y \to \frac{1}{2}(y + 1/y)$, 它也用牛顿法搜索 $z^2 - 1$ 的根的结果. 注意可以记 $z = \cot\theta$, 于是 $\frac{1}{2}(z-1)/z$ 成为 $(\cos^2\theta - \sin^2\theta)/(2\cos\theta\sin\theta) = \cot 2\theta$. 从而, $z \to \frac{1}{2}(z - 1/z)$ 是记 $\theta \to 2\theta$ 的一种有趣的方法. 为了研究其他 λ, 绘制了类似于图版 199 和 200 的映射, 其中一部分显示在图版 501 上.

我们观察到一种非常有趣的 "通用" 形式: 图版 X 中的 "岛分子" 与平方映射有完全相同的形式. 因此, 图版 X 及图版 199 和 200 是使用相同的 "建筑块" 建造的. 在开圆盘 $|\lambda| > 1$ 中, 迭代 $z \to \lambda(z - 1/z)$ 的集合收敛到无穷大, 除开点 z_0 形成了一个尘埃. 在白色圆盘 $|\lambda + i/2| < 1/2$ 中, 迭代有两个极限点. 当 λ 落入黑色 "花冠" 中 "新芽" 之一时, 有一个极限环, 其尺寸大于 2 但不是很大. 至于在 λ 映射花冠中的 λ, 它们产生混沌运动.

◁ 实际计算根据以下假设简化. A) 当 λ 导致一个非常大的环时, 它落入一个非常小的原子中, 不值得寻找. B) 所有有用的小周期都位于 $z = 0$ "附近". 因此, 任何 "远离" $z = 0$ 的轨道都假定是混沌的. 这个近似的理由不充分, 但它产生的 λ 映射是由熟悉的东西组成的, 因此该方法似乎是合理的. ▶

$\lambda(z - 1/z)$ 的茹利亚集. 当 $|\lambda| > 1$ 时, 无穷大是一个吸引点, 如第 19 章所述, 茹利亚集是不收敛到无穷大的 z 点的边界. 定义为 $\lambda(z - 1/z)$ 吸引盆地边界的一个茹利亚集的示例见图版 500b, 面向前方.

λ 映射的 "通用" 类. 在许多其他 λ 映射中, 发现与 $z^2 - \mu$ 对应的 "岛分子" 许多相同的 "岛分子", 除了特殊的约束外可能会产生非典型 "大陆".

此外, $z \to z^m - \lambda$ 的 λ 映射也分为大陆和岛屿. 然而, 每个 m 都使原子和岛分子产生非常特殊的形状.

当 $z \to f(z)$ 的局部行为在每个接近 $f'(z) = 0$ 的临界点 z 都相同时, 岛屿的形状是局部地决定的. 当 $f(z)$ 的局部行为在每个接近 $f'(z) = 0$ 的临界点 z 不同时, λ 映射涉及不止一种 "通用" 构造块. 我们对这个问题寻找一个 "门捷列夫表". ■

图版 499 ✠ 说明见 **497** 页

图版 500a   ✠ 说明见 497 页

图版 500b   ✠ 说明见 498 页

图版 501　✠ 说明见 498 页

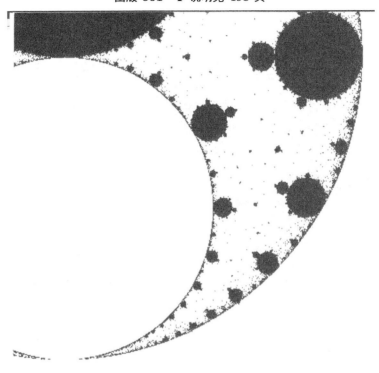

参考文献更新和简要补充

ALEXANDER, S. & ORBACH, R. 1982. Density of states on fractals: "fractons". *Journal de Physique Lettres* **43**, 625-.

*AGTENBERG, F. P. 1982. Recent developments in geomathematics. *Geo-processing* **2**.

ANDREWS, D. J. 1980-81. A stochastic fault model. I Static case, II Time-dependent case. *Journal of Geophysical Research* **85B**, 3867-3877 and **86B**, 10821-10834.

*BLEI, R. 1983. Combinatorial dimension: a continuous parameter. *Symposia Mathematica* (Italia), to appear.

BURKS, A. W. (Ed.) 1970. *Essays on Cellular Automata*. Urbana, IL: University of Illinois Press.

*BURROUGH, P. A. 1981. Fractal dimensions of landscapes and other environmental data. *Nature* **294**, 240-242.

*CANNON, J. W. 1982. Topological, combinatorial and geometric fractals. *The 31st Earle Raymond Hedrick Lectures of the Mathematical Association of America*, delivered at the Toronto Meeting.

CHORIN, A. 1982a. The evolution of a turbulent vortex. *Communication in Mathematical Physics* **83**, 517-535.

CHORIN, A. 1982b. Numerical estimates of Hausdorff dimension. *Journal of Computational Physics* **46**.

*DEKKING, F. M. 1982. Recurrent sets. *Advances in Mathematics* **44**, 78-104.

DOUADY, A. & HUBBARD, J. H. 1982. Itération des polynomes quadratiques complexes. *Comptes Rendus* (Paris) **2941**, 123-126.

GEFEN, Y., AHARONY, A. & MANDELBROT, B. 1983. Phase transitions on fractals: I. Quasi-linear lattices. *Journal of Physics A*.

GEFEN, Y., MEIR, Y., MANDELBROT, B. & AHARONY, A. 1983. Geometric implementation of hypercubic lattices with noninteger dimensionality, using low lacunarity fractal lattices. *To appear*.

*GILBERT, W. T. 1982. Fractal geometry derived from complex bases. *Mathematical Intelligencer* **4**, 78-86.

*HATLEE, M. D. & KOZAK, J. J. 1981. Stochastic flows in integral and fractal dimensions and morphogenesis. *Proceedings of the National Academy of Sciences USA* **78**, 972-975.

HENTSCHEL, H. G. E. & PROCACCIA, I. 1982. Intermittency exponent in fractally homogeneous turbulence. *Physical Review Letters* **49**, 1158-1161.

*HENTSCHEL, H. G. E. & PROCACCIA, I. 1983. Fractal nature of turbulence as manifested in turbulent diffusion. *Physical Review A* (Rapid Communication).

*HUGHES, B. D., MONTROLL, E. W. & SHLESINGER, M. F. 1982. Fractal random walks. *Journal of Statistical Physics* **28**, 111-126.

*KAC, M. Recollections concerning Peano curves and statistical independence. *Probability, Number Theory and Statistical Physics (Selected Papers)* Cambridge, MA: M.I.T. Press, ix-xiii.

KAGAN, Y. Y. & KNOPOFF, L. 1978. Statistical study of the occurrence of shallow earthquakes. *Geophysical Journal of the Royal Astronomical Society* **55**, 67-86.

KAGAN, Y. Y. & KNOPOFF, L. 1980. Spatial distribution of earthquakes: the two-point correlation function. *Geophysical Journal of the Royal Astronomical Society* **62**, 303-320.

KAGAN, Y. Y. & KNOPOFF, L. 1981. Stochastic synthesis of earthquake catalogs. *Journal of Geophysical Research* **86B**, 2853-2862.

*KAHAN E, J. P. 1976. Mesures et dimensions. *Turbulence and Navier-Stokes Equations* (Ed. R. Temam) Lecture Notes in Mathematics **565** 94-103, New York: Springer.

KAPITULNIK, A. & DEUTSCHER, G. 1982. Percolation characteristics in discontinuous thin films of Pb. *Physical Review Letters* **49**, 1444-1448.

KAPITULNIK, A., AHARONY, A., DEUTSCHER, G. & STAUFFER, D. 1983. Self-similarity and correlation in percolation. *To appear.*

*KAYE, B. H. 1983. Fractal description of fineparticle systems. *Modern Methods in Fineparticle Characterization* (Ed. J. K. Beddow) Boca Raton, FL: CRC Press.

LE MEHAUTÉ, A. & CREPY, G. 1982. Sur quelques propriétés de transferts électrochimiques en géométrie fractale. *Comptes Rendus* (Paris) **294-11**, 685-688.

LE MEHAUTÉ, A., DE GUIBERT, A., DELAYE, M. & FILIPPI, C. 1982. Note d'introduction de la cinétique des échanges d'énergies et de matières sur les interfaces fractales. *Comptes Rendus* (Paris) **294-11**, 835-838.

LOVEJOY, S. 1981. *Preprints* 20th Conference on Radar Meteorology. A.M.S., Boston, 476-

*LOVEJOY, S. & SCHERTZER, D. 1983. Buoyancy, shear, scaling and fractals. *Sixth Symposium on Atmospheric and Oceanic Waves and Stability* (Boston).

LOVEJOY, S. & MANDELBROT, B. B. 1983. *To appear.*

MANDELBROT, B. B. 1983p. On the quadratic mapping $z \to z^2 - \mu$ for complex μ and z: the fractal structure of its $\mathcal{M}$ set, and scaling. *Order in Chaos* (Ed. D. Campbell) and *Physica D.*

MANDELBROT, B. B. & NORTON, V. A. 1983. *To appear.*

MANDELBROT, B. B., PASSOJA, D. & PAULLAY, A. 1983. *To appear.*

*MANDELBROT, B. B. 1982c. Comments on computer rendering of fractal stochastic models. *Communications of the Association for Computing Machinery* **25**, 581-583.

*MENDÈS-FRANCE, M. & TENENBAUM, G. 1981. Dimension des courbes planes, papiers pliés et suites de Rudin-Shapiro. *Bulletin de la Société Mathématique de France* **109**, 207-215.

*MONTROLL, E. W. & SHLESINGER, M. F. 1982. On $1/f$ noise and other distributions with long tails. *Proceedings of the National Academy of Science of the USA* **79**, 3380-3383.

NORTON, V. A. 1982. Generation and display of geometric fractals in 3-D. *Computer Graphics* **16**, 61-67.

RAMMAL, R. & TOULOUSE, G. 1982. Spectrum of the Schrödinger equation on a self-similar structure. *Physical Review Letters* **49**, 1194-1197.

RAMMAL, R. & TOULOUSE, G. 1983. Random walks on fractal structures and percolation clusters. *Preprint.*

*ROTHROCK, D. A. & THORNDIKE, A. S. 1980. Geometric properties of the underside of sea ice. *Journal of Geophysical Research* **85C**, 3955-3963.

RUELLE, D. 1982. Analytic repellers. *Ergodic Theory and Dynamical Systems.*

*SERRA, J. 1982. *Image Analysis and Mathematical Morphology.* New York: Academic.

*SHLESINGER, M. F., HUGHES, B. D. 1981. Analogs of renormalization group transformations in random processes. *Physica* **109A**, 597-608.

STEIN, K. 1983. *Omni* (February issue).

STEPHEN, M. J. 1981. Magnetic susceptibility of percolating clusters. *Physics Letters* **A87**, 67-68.

*STEVENS, R. J., LEMAR, A. F. & PRESTON, F. H. Manipulation and presentation of multidimensional image data using the Peano scan.

*SUZUKI, M. 1981. *Phase transitions and fractals* (in Japanese) *Suri Kaguku* **221**, 13-20.

*TRICOT, C. 1981. Douze définitions de la densité logarithmique. *Comptes Rendus* (Paris **2931** 549-552.

VICHNIAC, G. 1983. *To appear.*

VOSS, R. F., LAIBOWITZ, R. B. & ALESSANDRINI, E. I. 1982. Fractal (scaling) clusters in thin gold films near the percolation threshold. *Physical Review Letters* **49**, 1441-1444.

WILLSON, S. J. 1982. Cellular automata can generate fractals. *Preprint.*

WOLFRAM, S. 1983. Statistical mechanics of cellular automata. *Reviews of Modern Physics.*

作者为 1998 年版中译本增添的补充文献

A. AHARONY & J. FEDER. eds. *Fractals in Physics*. Proceedings of an International Coference honoring BBM on his 65th birthday. Vence, France, 1-4 Oct. 1989. Special issue of *Physica D*. Volume 38, Nos. 1-3. Paperback reprint. Amsterdam: North Holland. 1990.

A. AMANN, L. CEDERBAUM & W. GANS. eds. *Fractals, Quasicrystals, Chaos, Knots and Algebraic Quantum Mechanics*. Maratea, 1987 Proceedings. Boston-Dordrecht: Kluwer. 1988.

A. ARNÉODO, F. ARGOUL, B. BACRY, J. ELEZGARAY & J. F. MUZY. *On delettes, multifractales et turbulence*. Paris: Diderot. 1995.

D. AVNIR. ed. *The Fractal Approach to Heterogeneous Chemistry*. New York: Wiley. 1989.

S. BALDO & C. TRICOT. *Introduction à la topologie des ensembles fractals*. Montréal: Centre de recherches mathématiques. 1991.

S. BALDO, F. NORMANT & C. TRICOT. *Fractals in Engineering*. Montréal 1994 Proceedings. Singapore: World Scientific. 1994.

C. BANDT, S. GRAF & M. ZÄHLE. 1995. *Fractal Geometry and Stochastics*. Finsterbergen 1994 Proceedings. Basel & Boston: Birkhauser. 1995.

A.-L. BARABASI & E. STANLEY. *Fractal Concepts in Surface Growth*. Cambridge: University Press. 1995.

G. I. BARENBLATT. *Similarity, Self-similarity and Intermediate Asymptotics*. New York: Consultants Bureau. 1979. Second Russian edition. Moscow. 1983.

M. F. BARNSLEY. *Fractals Everywhere*. Orlando FL: Academic Press. 1988 & 1994. German Translation. *Fraktale überall*. Heidelberg: Spectrum. 1991.

M. F. BARNSLEY. ed. *Fractal approximation theory*. Special issue of *The Journal of Constructive Approximation*. Volume 5, No 1. New York: Springer. 1989.

M. F. BARNSLEY & F. ANSON. *The Fractal Transform*. Wellesley MA: A. K. Peters. 1993.

M. F. BARNSLEY & S. DEMKO. eds. *Chaotic Dynamics and Fractals*. Orlando FL: Academic Press. 1987.

M. F. BARNSLEY & L. P. HURD. *Fractal Image Compression*. Wellesley MA: A. K. Peters. 1993.

W. BARTH. *Fraktale, Long Memory und Aktienkurse. Eine statistische Analyse für den deutschen Aktienmarkt*. Bergisch Gladbach (Germany): Josef Eul. 1996.

C. C. BARTON & P. R. LAPOINTE. eds. *Fractal Geometry and its Use in the Earth Sciences*. New York: Plenum. 1995.

C. C. BARTON & P. R. LAPOINTE. eds. *Fractal Geometry and its Uses in the Geosciences and in Petroleum Geology*. New York: Plenum. 1995.

J. C. BASSINGTHWAITE, L. S. LIEBOVITCH & B. J. WEST. *Fractal Physiology*. New York: Oxford University Press. 1994.

M. BATTY & P. LONGLEY. *Fractal Cities: A Geometry of Form and Function*. Academic Press. 1994.

J. BÉLAIR & S. DUBUC. eds. *Fractal Geometry and Analysis*. Boston: Kluwer. 1991.

G. BIARDI, M. GIONA & A. R. GIONA. ed. *Chaos and Fractals in Chemical Engineering*. Rome 1993 Proceedings. Singapore: World Science. 1995.

R. L. BLUMBERG-SELINGER, J. J. MECHOLSKY, A. E. CARLSSON, & E. R. FULLER JR.. eds. *Fracture-Instability Dynamics, Scaling and Ductile/Brittle Behavior*. Proceedings of the M.R.S. Fall Meeting, 1995, Boston. Pittsburgh PA: Materials Research Society. 1995.

K. S. BIRDI. ed. *Fractals in Chemistry, Geochemistry, and Biophysics*. New York: Plenum. 1993.

N. BOCCARA & M. DAOUD. eds. *Physics of Finely Divided Matter*. Berlin: Springer. 1985.

B. A. BONDARENKO. *Generalized Pascal Triangles and Pyramids; their Fractals, Graphs, and Applications*. Tashkent (USSR): Publishing House of the Uzbek Academy of Sciences. 1990.
■ English translation by R. C. Bollinger. Santa Clara CA: The Fibonacci Association. 1993.

C. BOVILL. *Fractal Geometry in Architecture and Design*. Basel & Boston: Birkhaüser. 1996.

A. BUNDE & S. HAVLIN. eds. *Fractals and Disordered Systems*. New York: Springer. 1991.

A. BUNDE & S. HAVLIN. eds. *Fractals in Science: An Interdisciplinary Approach*. New York: Springer. 1994.

A. B. CAMBEL. *Applied Chaos Theory*. New York: Academic. 1992.

L. CARLESON & T. GAMELIN. *Complex Dynamics*. New York: Springer. 1993.

A. CARPINTERI. ed. *Size-Scale Effects in the Failure Mechanisms of Materials and Structures*. London: E & FN Spon (Chapman & Hall). 1996.

G. CHERBIT. ed. *Fractals: dimensions non entières et applications*. French. Paris: Masson. 1987.
■ English translation. *Non-Integral Dimension and Applications*. New York: Wiley. 1991.

F. CRAMER. *Chaos and Order*. New York: VCH. 1993.

A. J. CRILLY, R. A. EARNSHAW & H. JONES. *Applications of Fractals and Chaos: The Shape of Things.* New York: Springer. 1993.

H. Z. CUMMINS, D. J. DURIAN, D. L. JOHNSON & H. E. STANLEY. eds. *Disordered Materials and Interfaces.* The fractal aspects. Proceedings of the MRS Fall Meeting, 1995, Boston. Pittsburgh PA: Materials Research Society. 1996.

J. CZYZ. *Paradoxes of measures and dimensions orginating in Felix Hausdorff's ideas.* Singapore: World Scientific. 1994.

R. L. DEVANEY. *Chaos, Fractals and Dynamics. computer Experiments in Mathematics.* Reading MA: Addison Wesley. 1990.

R. L. DEVANEY. ed. *Dynamical Systems, Chaos and Fractals.* Special issue of *The College Mathematics Journal.* Volume 22, No.1. 1991.

R. L. DeVANEY. *A First Course in Dynamical Systems: Theory and Experiment.* Reading MA: Addison Wesley. 1992.

R. L. DEVANEY. ed. *Complex Dynamical Systerms: the Mathematics Behind the Mandelbrot and Julia Sets.* Proceedings of Symposia in Applied Mathematics, **49**. Providence, RI: American Mathematical Society. 1994.

R. L. DEVANEY & L. KEEN. eds. *Chaos and Fractals: The Mathematics Behind the Computer Graphics.* A.M.S. Short Course 1988, Lecture Notes. Providence RI: American Mathematical Society. 1988.

S. DUBUC. ed. *Atelier de géométrie fractale.* Montréal 1986 Proceedings. Special issue of *Annales des Sciences Mathématiques du Québec.* Volume 11, No.1. 1987.

R. A. EARNSHAW, T. CRILLY & H. JONES. eds. *Fractals and Chaos.* New York: Springer. 1990.

G. A. EDGAR. *Measure, Topology, and Fractal Geometry.* New York: Springer. 1990.

G. A. EDGAR. ed. *Classics on Fractals.* Reading MA: Addison Wesley. 1993.

C. J. G. EVERTSZ, H.-O. PEITGEN & R. F. VOSS. eds. *Fractal Geometry and Analysis. The Mandelbron Festschrift, Curaçao, 1995.* Singapore: World Scientific. 1996.

K. J. FALCONER. *The Geometry of Fractal Sets.* Cambridge, UK: University Press. 1984.

K. J. FALCONER. *Fractal Geometry: Mathematical Foundations and Applications.* New York: Wiley. 1990.

F. FAMILY & D. P. LANDAU. eds. *Kinetics of Aggregation and Gelation.* Athens, GA 1985 Procceding. Amsterdam, North Holland. 1984.

F. FAMILY, P. MEAKIN, B. SAPOVAL & R. WOOL. eds. *Fractal Aspects of Materials.* MRS Symposium, Boston. Pittsburgh: Materials Research Society. 1995.

F. FAMILY & T. VICSEK. eds. *Dynamics of Fractal Surfaces.* Singapore: World Scientific. 1991.

L. T. FAN, D. NEOGI & M. YASHIMA. *Elementary Introduction of Spatial and Temporal Fractals.* Lecture Notes in Chemistry 55. New York: Springer. 1991.

M. FARGE, J. HUNT & J. C. VASSILICOS. eds. *Wavelets, Fractals and Fourier Transforms: New Developments and New Applications.* Oxford University Press. 1993.

J. FEDER. *Fractals.* New York: Plenum. 1988.

J. FEDER & T. JOSSANG. *Fractals in Oil Technology* . Oslo: Fracton (limited distribution). 1988.

P. FISCHER & W. SMITH. eds. *Chaos, Fractals and Dynamics.* New York: M. Dekker. 1985.

Y. FISHER. ed. *Fractal Image Compression. Theory and Application to Digital Images.* New York: Springer. 1994.

M. FLEISCHMANN, D. TILDESLEY & R. C. BALL. eds. *Fractals in the Natural Sciences.* London, 1988 Proceedings. Special issue of the Proceedings of the Royal Society of London. Reprint, Princeton University Press. 1990.

P. FRANKHAUSER. *La fractalité des structures urbaines.* Paris: Anthropos/Economica. 1994.

J. F. GOUYET. *Physique et structures fractales.* Paris: Masson. 1992.
  ■ *Physics and Fractal Structures.* New York: Springer. 1996.

M. GRAETZEL & J. WEBER. *Fractal Structures, Fundamentals and Applications in Chemistry.* Special issue of *New Journal of Chemistry.* Volume 14 No.3. March 1990.

C. GUANGYUE ET AL. eds. *Fractal Theory and its Applications.* Proceedings of the First National Scientific Congress. Chinese. Chengdu (China): Sichuan University Press. 1989.

H. H. HARDY & R. A. BEIER. *Rractals in Reservoir Engineering.* Singapore: World Scientific. 1994.

A. HARRISON. *Fractals in Chemistry.* Oxford University Press. 1995.

H. M. HASTINGS & G. SUGIHARA. *Fractals: A User's Guide for the National Sciences.* Oxford University Press. 1994.

H. HAWKINS. *Strange Attractors. Literature, Culture and Chaos Theory.* New York: Prentice-Hall. 1995.

A. HECK & T. N. PERDANG. eds. *Applying Fractals in Astronomy.* New York: Springer. 1991.

R. A. HOLMGREN. *A First Course in Discrete Dynamical Systems.* Second edition. New York. Springer. 1996.

A. J. HURD. ed. *Fractals: Selected Reprints.* College Park MD: American Association of Physics Teachers. 1989.

A. J. HURD, BBM & D. A. WEITZ. eds. *Fractal Aspects of Materials: Disordered Systems.* Extended Abstracts of a MRS Symposium, Boston. Pittsburgh PA: Materials Research Society. 1987.

INTEGRATED SYSTEMS, INC.. *Snapshots: True-Color Photo Images Using the Fractal Formatter.* Wellesley MA: A. K. Peters. 1992.

R. JULLIEN & R. BOTTET. *Aggregation and Fractal Aggregation.* Singapore: World Scientific. 1987.

R. JULLIEN, J. KERTESZ, P. MEAKIN, AND D. E. WOLF. eds. *Surface Disordering: Growth, Roughening, and Phase Transitions*. New York: Nova Science. 1993. Proceedings Les Houches 1992.

R. JULLIEN, L. PELIT&IE., R. RAMMAL & N. BOCCARA. eds. *Universalities in Condensed Matter*. Les Houches, 1988, Proceedings. New York: Springer. 1988.

H. JÜRGENS ET AL. eds. *Chaos und Fraktale*. Heidelberg: Spektrum der Wissenchaft. 1989.

J. A. KAANDORP. *Fractal Modeling: Growth Form in Biology*. New York: Springer. 1994.

S. K. KACHIGAN. *The Fractal Notio: A Modern Analytical Tool*. New York: Radius Press. 1992.

J. H. KAUFMAN, J. E. MARTIN & P. W. SCHMIDT. eds. *Fractal Aspects of Materials, 1989*. Extended Abstracts of a MRS Symposium, Boston. Pittsburgh PA: Materials Research Society. 1989.

B. KAYE. *A Random Walk through Fractal Dimensions*. New York: VCH. 1989.

B. KAYE. *Chaos & Complexity: Discovering the Surprising Pattern of Science and Technology*. New York: VCH. 1993.

G. KORVIN. *Fractal Models in the Earth Sciences*. Amsterdam: Elsevier. 1992.

J. KRIZ. *Chaos und Struktur: Systemtheorie Band 1*. Quint essence. 1993.

J. H. KRUHL. ed. *Fractals and Dynamic Systems in Geoscience*. New York: Springer. 1994.

J. H. KRUHL & H. J. KÜMPEL. eds. *Fractals in Geoscience*. Special issue of *Geologische Rundschau-International Journal of Earth Sciences* (Springer). Volume 85, No.1. 1996.

V. I. KUVSHINOV & D. W. SEROW. *Non-linear phenomena .... fractals, ...* Minsk: Academy. 1993.

R. B. LAIBOWITZ, BBM & D. E. PASSOJA. eds. *Fractal Aspects of Materials*. Extended Abstracts of a MRS Symposium, Boston. Pittsburgh PA: Materials Research Society. 1985.

L. LAM. ed. *Nonlinear physics for beginners: Fractals, ...* Singapore: World Scientific. 1997.

N. SUI-NGAN LAM & L. DE COLA. eds. *Fractals in Geography*. Englewood Cliffs NJ: Prentice Hall. 1993.

A. LASOTA & M. MACKEY. *Chaos, Fractals and Noise. Stochastic Aspects of Dynamics*. New York: Springer. 1994.

H. LAUWERIER. *Fractals*. Dutch. Amsterdam: Aramith. 1987.
    ■ English translation. *Fractals: Endlessly repeated geometrical figures*. Princeton Universit Press.

H. LAUWERIER. *The World of Fractals (Een wereld van Fractals)*. Dutch. Amsterdam: Aramith. 1991.

A. LE MÉHAUTÉ. *Les géométries fractales*. French. Paris: Hermès. 1990.
■ English translation. *Fractal Geometries*. Boca Raton, FL: CRC Press. 1991.

A. LESNE. *Méthodes de renormalisation: phénomènes critiques, chaos, structures fractales*. Paris: Eyrolles Sciences. 1996.

T. LINDSTROM. *Brownian Motion on Nested Fractals*. Providence, RI: American Mathematical Society. 1990.

B. MANDELBROT. *Les objets fractals: forme, hasard et dimension*. Paris: Flammarion. 1975.

MANDELBROT. *Les objets fractals: forme, hasard et dimension. 2e édition*. Paris: Flammarion. 1984.
■ *Gli oggetti frattali: forma, caso e dimensione. Italian Translation by Roberto Pignoni. Preface by Luca Peliti & Angelo Vulpiani. Torino: Giulio Einaudi, 1987.*
■ *Los objetos fractales: forma, azar y dimensión. Spanish Translation by Josep Maria Llosa. Barcelona: Tusquets, 1987.*

B. MANDELBROT. *Les objets fractals: forme, hasard et dimension. 3e édition. suivie de Surool du langage fractal. Paris: Flammarion. 1989.*
■ *Objektu fraktalak. forma, zoria eta dimensioa. Basque Translation by Inaki Irazabalbeitia. Usurbil: Elhuyar. 1992.*
■ *Fraktalni obekti. Bulgarian Translation. Sofia: St. Kliment Ohridski Press. 1996.*
■ *Objectos fractais. forma, acaso e dimensäo seguido de panorama da linguagem fractal. Portuguese Translation by Carlos Fiolhais & J. L. M. Lima. Lisboa: Gradiva. 1991.*
■ *Rumanian Translation. Bucharest: Nemira. 1996.*

B. MANDELBROT. *Les objets fractals: forme, hasard et dimension. 4e édition (collection de poche champs) Paris: Flammarion. 1995.*
■ *Chinese Translation by Wen Zhi Ying.*

B. B. MANDELBROT. *Fractals: Form, Chance and Dimension. San Francisco CA: W. H. Freeman and Company. 1977.*

B. B. MANDELBROT. *The Fractal Geometry of Nature. New York NY: W. H. Freemam and Company. 1982.*
■ *Da Tsi-ran De Fen-hsing Ji-he. Chinese Translation. Shanghai: Far East Publishers. In progress. Chendy City: Sichuan: Education Press. 1997.*
■ *Die fraktale Geometrie der Natur. German Translation by Reinhilt & Ulrich Zähle. Basel: Birkhauser & Berlin: Akademie-Verlag. 1987.*
■ *Korean Translation. Seoul: Shinlan Publishing Media. In preparation.*
■ *Fraktal Kikagaku. Japanese Translation directed by Heisuke Hironaka. Tokyo: Nikkei Science. 1984.*
■ *Korean Translation. Seoul: Kyong Moon Publisher. In progress.*
■ *Geometria Fraktalna Natury. Polish Translation. Warsaw: Spacja. In preparation.*

■ *La geometria fractal de la naturaleza. Spanish Translation. Barcelona: Tusquets. In Preparation.*

B. B. MANDELBROT. *Fractals: Basic Concepts, Computation and Rendering. Notes for a course given in San Francisco CA on July 23, 1985 at SIGGRAPH 85. (Association for Computing Machinery; Special Interest Group on Computer Graphics.)*
   ■ *Reprint with additions and deletions. Professional Development Seminar given in Boston, MA on March 3, 1986. (Boston Chapters of Siggraph and ACM.)*

B. MANDELBROT. *Ensembles fractals. Notes de l'école d'hiver CEA-EDF-INRI. Roquencourt (France) Jan. 1987.*

B. B. MANDELBROT. *La geometria della natura. Milano: Imago (per Montedison Progetto Cultura). 1987. Roma: Edizioni Theoria. 1989.*

B. B. MANDELBROT & D. E. PASSOJA. *eds. Fractal Aspects of Materials: Metal and Catalyst Surfaces, Powders and Aggregates. Extended Abstracts of a MRS Symposium, Boston. Pittsburgh PA: Materials Research Society. 1984.*

J. E. MARTIN & A. J. HURD. *Fractals in Materials Science. M.R.S. Fall Meeting Course Notes. Pittsburgh PA: Materials Research Society. 1986, 1987, 1988 and 1989. out of print.*

P. R. MASSOPUST. *Fractal Functions, Fractal Surfaces and Wavelets. Academic Press. 1994.*

P. MATTILA. *Geometry of Sets and Measures in Euclidean Spaces. Fractals and Rectifiability . Cambridge University Press. 1995.*

G. MAYER-KRESS. *ed. Dimensions and Entropies in Chaotic Systems. Pecos River, 1985 Proceedings. New York; Springer. 1986.*

J. L. MCCAULEY. *Chaos, Dynamics and Fractals. an Algorithmic Approach to Deterministic Chaos. Cambridge University Press. 1993.*

P. MEAKIN. *Fractals, Scaling and Growth Far From Equilibrium. Cambridge University Press. 1996.*

R. K. MILLER & T. C. WALKER. *Chaos, Fractals and Non-Linear Dynamic Systems. Lilburn, GA: Future Technology Surveys. 1989.*

R. K. MILLER & T. C. WALKER. *Fractals & Chaos: Exploiting Real-World Applications. Norcross, GA: SEAI Technical Publications. 1991.*

S. MIYAZIMA. *ed. Future of Fractals. Chubu, 1995 Proceedings. Singapore: World Scientific. 1996.*

F. C. MOON. *Chaotic and Fractal Dynamics. New York: Wiley. 1992.*

A. V. NEIMARK. *Percolation and Fractals in Colloid and Interface Science. Singapore: World Scientific. 1993.*

T. F. NONNENMACHER, G. A. LOSA & E. R. WEIBEL. *Fractals in Biology and Medicine. Basel: Birkhauser. 1993.*

L. NOTTALE. *Fractal Space-time and Microphysics. Towards a Theory of Scale Relativity. Singapore: World Scientific. 1995.*

M. M. MOVAK. *ed. Fractal Reviews in the Natural and Applied Sciences. London: Chapman & Hall. 1995.*

A. OUSTALOUP. *La dérivation non entière. Paris: Hermès. 1995.*

J. PALIS & F. TAKENS. *Hyperbolicity, Stability and Chaos at Homoclinic Bifurcations: Fractal Dimensions and Infinitely Many Attractors in Dynamics. Cambridge University Press. 1993.*

D. PEAK & M. FRAME. *Chaos Under Control. The Art and Science of Complexity. New York: Freeman. 1994.*
■ *German translation. Komplexität-das gezähmte Chaos. Basel: Birkhauser. 1995.*

H.-O. PEITGEN, J. M. HENRIQUES & L. F. PENEDO. *eds. Fractals in the Fundamental and Applied Sciences. Proceedings of the IFIP Conference on Fractals. Lisbon, June 1990. Amsterdam: Elsevier. 1992.*

H.-O. PEITGEN & P. H. PRICHTER. *The Beauty of Fractals. New York: Springer. 1986.*
■ *Italian translation. La Bellezza di Frattali. Torino: Boringhieri. 1988.*

H.-O. PEITGEN & D. SAUPE. *eds. The Science of Fractal Images. New York: Springer. 1988.*
■ *Japanese translation. Tokyo: Springer. 1991.*

M. PERUGGIA. *Discrete Iterated Function Systems. Wellesley MA: A. K. Peters. 1993.*

E. E. PETERS. *Chaos and Order in the Capital Markets. New York: Wiley. 1991.*

E. E. PETERS. *Fractal Market Analysis. Applying Chaos Theory to Investment and Economics. New York: Wiley. 1994.*

A. G. D. PHILIP, A. ROBUCCI, M. FRAME & K. W. PHILIP. *Series on Fractals I: Midgets on the Spike. Schenectady, NY: L. Davis Press. 1991.*

L. PIETRONERO. *ed. Fractals' Physical Origins and Properties. Erice, 1988 Proceedings. New York: Plenum. 1989.*

L. PIETRONERO & E. TOSATTI. *eds. Fractals in Physics. Trieste, 1985 Proceedings. Amsterdam: North-Holland. 1986* ■ *Russian translation. Fraktaly v fizike. Edited by Ya. S. Sinai & I. M. Khalatnikov. Moscow: Mir. 1988.*

E. R. PIKE & L. A. LUGIATO. *Chaos, Noise and Fractals. Bristol: Adam Hilger. 1987.*

P. PRUSINKIEWICZ, J. HANAN ET AL. *Lindenmayer Systems, Fractals and Plants. Lecture Notes in Biomathematics. Volume 79. New York: Springer. 1989.*

P. PRUSINKIEWICZ & A. LINDENMAYER. *The Algorithmic Beauty of Plants. New York: Springer. 1990.*

R. PYNN & T. RISTE. *eds. Time Dependent effects in Disordered materials. New York: Plemum. 1987.*

R. PYNN & A. SKJELTORP. *eds. Scaling Phenomena in Disordered Systems. New York: Plenumm. 1985.*

S.-X. QU. *Fractal Theory and its Applications in Complex Systems. Xian (China): Shaanxi People's Press. 1996.*

P. J. REYNOLDS. *ed*. *On Clusters and Clustering: From Atoms to Fractals*. *Amsterdam: North-Holland. 1993.*

M. O. ROBBINS, J. P. STOKES & T. WITTEN. *eds*. *Scaling in Disordered Materials, Fractal Systems and Dynamics. Extended Abstracts of a MRS Symposium, Boston. Pittsburgh PA: Materials Research society. 1990.*

H. SAGAN. *Space-Filling Curves. New York: Springer. 1994.*

M. SAHAMI. *Applications of Percolation Theory. London: Taylor & Francis. 1994.*

T. SANDEFUR. *Discrete Dynamical Systems: Theory and Applications. Oxford University Press. 1990.*

B. SAPOVAL. *Les fractales/Fractals. Paris: Aditech. 1990.*

B. SAPOVAL. *Universalités et fractales: jeu d'enfants ou délit d'initiés?. Paris: Flammarion. 1997.*

D. W. SCHAEFER, R. B. LAIBOWITZ, BBM & S. H. LIU. *eds*. *Fractal Aspects of Materials II. Extended Abstracts of a Symposium, Boston. Pittsburgh PA: Materials Research Society. 1986.*

M. SCHARA & D. TEZAK. *eds*. *Non-Equilibrium ... and Fractals in Chemistry. Special issue of Croatia Chemica Acta Vol. 65, No. 2. Zagreb. 1992.*

D. SCHERTZER & S. LOVEJOY. *eds*. *Non-Linear Variability in Geophysics: Scaling and Fractals. Dordrecht (Holland) & Norwell MA: Kluwer. 1991.*

D. SCHERTZER & S. LOVEJOY. *eds*. *Multifractals and Turbulence. Fundamentals and Applications in Geophysics. Singapore: World Scientific. 1995.*

C. H. SCHOLZ & BBM. *eds*. *Fractals in Geophysics. Basel and Boston: Birkhauser. Special issue of Pure and Applied Geophysics. Vol. 131, Nos. 1/2. 1989.*

M. SCHRÖDER. *Fractals, Chaos Power Laws: minutes from an Infinite Paradise. New York: Freeman. 1991.*

M. F. SHLESINGER, BBM & R. J. RUBIN. *eds*. *Proceedings of the Gaithersburg Symposium on Fractals in the Physical Science. Special issue of The Journal of Statistical Physics. Volume 36. New York: Plenum. 1984.*

J. M. SMITH. *Fundamentals of Fractals for Engineers and Scientists. New York: Wiley. 1991.*

H. E. STANLEY & N. OSTROWSKY. *eds*. *On Growth and Form: Fractal and Non Fractal Patterns in Physics. Cargèse, 1985 Proceedings. Boston & Dordrechi: Nijhoff-Kluwer. 1986.*

H. E. STANLEY & N. OSTROWSKY. *eds*. *Random Fluctuations and Pattern Growth: Experiments and Models. Cargèse, 1988 Proceedings. Boston: Kluwer. 1988.*

D. STAUFFER & E. H. STANLEY. *From Newton to Mandelbrot: A Primer in Modern Theoretical Physics with Fractals. New York: Springer. 1990. Second edition–with diskette. 1995.*

D. STAUFFER & A. AHARONY. *Introduction to Percolation Theory. Second edition. London: Taylor & Francis. 1992.*

D. STOYAN & H. STOYAN. *Fraktale-Formen-Punktfelder. Methoden der Geometrie Statistik. Berlin: Akademie Verlag. 1992. English translation.. Fractals, Random Shapes and Point Fields. Methods of Geometrical Statistics. Chichester, U.K.: Wiley. 1994.*

Y. TAKAHASHI. *ed. Algorithms, Fractals, and Dynamics. New York: Plenum. 1996.*

H. TAKAYASU. *Fractals in the Physical Sciences. Japanese. Tokyo: Asakura Shoten. 1985.*
   ■ *English translation. Manchester University Press. 1990.*

H. & M. TAKAYASU. *What is a Fractal?. Japanese. Tokyo: Diamond. 1988.*

H. TONG. *ed. Dimension Estimation and Models. Singapore: World Scientific. 1993.*

C. TRICOT. *Courbes et dimension fractale. Paris: Springer & Montréal: Editions Science et Culture. 1993.*
   ■ *English translation. Curves and Fractal Dimension. New York: Springer. 1993.*

D. L. TURCOTTE. *Fractals and Chaos in Geology and Geophysics. Cambridge University Press. 1992.*

S. USHIKI. *The world of Fractals: Introduction to Complex Dynamical Systems. Japanese. Tokyo: Nippon Hyoron Sha. 1988.*

T. VAGA. *Profitting from Chaos. New York: McGraw-Hill. 1994.*

T. VICSEK. *Fractal Growth Phenomena. Singapore: World Scientific. 1989. Second edition. 1992.*

T. VICSEK, M. SHLESINGER & M. MATSUSHITA. *eds. Fractals in Natural Sciences: International Conference on the Complex Geometry in Nature. Budapest, 1993, Proceedings. Singapore: world Scientific. 1994.*

D. A. WEITZ, L. M. SANDER & B. B MANDELBROT. *eds. Fractal Aspects of Materials: Disordered Systems. Extended Abstracts of a MRS Symposium, Boston. Pittsburgh PA: Materials Research Society. 1988.*

B. J. WEST. *Fractal Physiology and Chaos in Medicine. Singapore: World Scientific. 1990.*

B. J. WEST & DEERING. *Fractal Physiology for Physicists: Lévy Statistics. Amsterdam: Elsevier. 1994.*

B. J. WEST & B. DEERING. *The Lure of Modern Science. Fractal Thinking. Singapore: World Scientific. 1995.*

K. R. WICKS. *Fractals and Hyperspaces. Springer. 1991.*

M. J. WU. *Fractal Information Theory. Shanghai (China). 1993.*

H. XIE. *Fractals in Rock Mechanics. Rotterdam & Brookfield, VT: A. A. Balkema. 1993.*

G. ZASLAWSKY, M. F. SHLESINGER & U. FRISCH. *eds. Léoy Flights and Related Phenomena in Physics. Nice 1994 Proceedings. New York: Springer. 1995.*

1998 年中文版译后记

分形理论是近 20 年来迅速发展起来的新学科, 它与混沌理论和孤子理论一起成为近期非线性科学研究的三个主要内容.

本书是分形几何学的创始人芒德布罗的经典之作, 全面、完整地介绍了分形几何学的由来、发展和应用. 原著是 1983 年出版的, 在这次出版中译本时作者又提供了自 1983 年至 1996 年的最新文献目录, 使中译本更具参考价值.

本书从上海交通大学凌复华教授提出并开始翻译至今已有十多年, 经历了许多曲折. 要感谢原书作者芒德布罗教授的大力支持, 不但专为中译本写了序言, 提供了新的参考文献, 还协助解决了著作版权问题, 使得中译本能顺利出版. 更要感谢上海远东出版社着眼于推动科技进步, 积极承担了本书的出版任务.

本书的翻译工作自始至终得到北京大学朱照宣教授的支持和指导, 帮助解决了多处译文难点和中文译名问题.

本书翻译过程中得到了复旦大学许多老师、同学的帮助. 金福临教授给我热情支持和协助, 郭毓骏教授帮我解决了许多译文疑难问题. 外文系朱静教授帮我解决芒德布罗的简历中涉及的法文名词翻译. 还有赵越和陆忠等同学协助翻译和抄写了部分章节的初稿. 更要特别感谢在潘涛博士的大力支持下, 请刘亚新硕士为本书翻译了最后三章, 使本书的译稿全面完成.

译者要特别感谢中国新学科研究会刘洪先生, 为将本书稿推荐给有关出版社他付出了巨大努力.

四川教育出版社的何杨先生和四川大学李后强教授阅读了本书的大部分译稿, 改正了许多错误, 并为本书润色. 译者对他们的辛勤劳动致以深切的谢意!

本书第 1 章至第 7 章以及第 12 章至第 14 章由凌复华教授翻译; 第 40 章至第 42 章由刘亚新硕士研究生翻译; 其余各章均由本人翻译, 并负责全书的定稿和对译文的错误负责. 北京大学黄永念教授为本书作了审校工作, 他认真负责, 一丝不苟. 并广泛查阅资料, 纠正了许多译文中的错误, 提高了译文质量, 使本人受益颇多.

由于本书的翻译工作量很大, 单正文就超过五十万字. 而且作者用"散文"笔法叙述, 涉及的内容上至天文, 下至地理, 说古论今, 引经据典, 翻译的难度也较大.
鉴于本人才疏学浅, 虽经多次修改译稿, 错误仍然难免, 恳请读者批评指正.

陈守吉

1998 年 7 月于复旦大学

彩图版一、二与三 ✠ 三位伟大的古代艺术家用图画说明大自然,引领读者来到分形的入口

这里,上帝创造了圆、波形和分形

　　这一部分可以称为"书中书". 它奉献了这样的信念: 如果"眼见为实", 那么观看彩图会更可信, 尽管我们第一次尝试这种媒介十分尴尬. 当然, 读者应该翻开的是本书的第 1 页, 而不是"书中书"的第一页, 尽管如此, 这一部分的说明相对于其他各章在某种程度上是独立的.

　　大自然的分形几何学是作者首创的. 这个几何学把数学与科学结合起来, 处理一类广泛的自然形状.

　　许多这样的形状都是非常熟悉的, 但它们提出的问题却很少被以前的作者提及. 另一方面, 彩图版一、二和三却是古代艺术作品中体现用分形几何学处理问题的现成例子.

　　彩图版一. 道德圣经的卷首画. 西欧历史的这个阶段以 1200 年为中心, 当时科学和哲学停滞不前, 而工程界却充满活力, 在建造哥特式大教堂的时代, 成为一名高超的泥瓦匠是非常崇高的. 因此, 该时代的"道德圣经"("连环画"圣经) 上常常出现手握泥瓦匠两脚规的上帝形象 (Friedman, 1974).

　　彩图版一是一个例子. 它是一本著名的道德圣经的卷首画, 该书写于 1220 年至 1250 年之间, 是用法国东香槟的方言写成的. 现在保存在维也纳的奥地利国家图书馆 (卷宗 2554), 馆方友好地准许我复制于此. 该图的说明文为

ICI CRIE DEX CIEL ET TERRE SOLEIL ET LUNE ET TOZ ELEMENZ
(这里上帝创造出天和地、太阳和月亮以及万物)

我们在最新创造的世界里发现三类不同的形状: 圆、波和"扭摆", 圆和波的研究得益于人类智力的巨大投入, 它们构成了科学的基础. 与之相比, "扭摆"被遗忘而几乎完全未予触及.

　　本书的目标就是要面对这样的挑战: 建立所谓的"分形"的一些"扭摆"的自然几何学.

　　这里的最诱人之处在于它请求科学家"度量宇宙". 把两脚规应用于圆和波早就被证明轻而易举. 但是若把两脚规应用于本图中的扭摆 …… 或者应用于地球上的海岸线又将如何呢? 结果是难以预料的: 我们已经在第 5 章中讨论过了, 以后各章又探索了它的结论, 从而引导读者走上一条可以说是充满了科学的道路.

彩图版二. 莱奥纳多·达·芬奇的洪水图 (收藏于温莎堡博物馆. 女皇慷慨容许复制于此)

本彩图版只是莱奥纳多的多幅绘画之一, 在这幅画中, 达·芬奇把水流表示为许许多多不同大小的涡旋之叠加. 对涡旋结构的认识很久之后才进入科学阶段. 在 20 世纪 20 年代部分地被刘易斯·F. 理查森形式化为湍流性质的 "标度" 观. 然而这种观点迅速地陷入了对公式的探讨, 而完全失去了几何味道, 也 (不可能是一种巧合!) 证明了其有限的有效性.

本书中阐述的理论使几何学得以回归到湍流的研究中, 而且表明科学的许多其他领域在几何上十分相似, 并能用相关的技巧来处理.

彩图版三. 葛饰北斋的大波涛. 葛饰北斋 (1760—1849) 是一位能力极强的多才多艺的画家和雕刻家, 从任何标准看, 他都是一位巨人, 他为各色各样的旋涡所吸引, 例如一幅著名的版画, 其名气是如此之大, 一张邮票大小的复制品就足够令人叹为观止了.

分形的概念. 我把某些非常不规则和非常支离破碎的几何形状归为一类, 并且给它们创造了一个术语分形. 分形的特征是对每一种想象得到的线性尺度 (范围在零与一个最大值之间), 它的独特性质都是存在的. 而线性尺度的最大值有如下两种情形. 当一个分形有界时, 最大特征尺度就具有分形总尺度的数量级; 当无界分形的一部分可以框在以 Q 为边长的盒子中时, 该图形就具有 n 级的最大特征尺度. 从数学上构造的分形的例子可以在彩图版四至九中找到.

分形从相隔几乎一个世纪的两个不同的故事中脱颖而出, 其间经历了彻底的角色逆转.

第一个阶段, 精心设计的某些分形 (不是这本 "书中书" 里讲到的), 在 1875 年到 1925 年期间, 侵蚀了主流数学的根基, 每个人都把这些集合看作 "怪物".

虽然其余的数学被需要新工具的物理学家们看作潜在狩猎场地, 每个人都同意这些怪物与描述大自然完全无关. 在 50 年的时间里几乎没有创造出这些怪物的任何变种.

当我在研究工作中开始发现, 这些怪物中的一个接着另一个能够作为回答某些古老问题 (人们常常会问及我们世界的形状) 的有力工具时, 分形的角色逆转就开始了. 这样就导致了许多新的分形例子的出现, 以及在我关于这个论题的书中分形几何学的形成.

图的作用. 计算机图形在对分形几何学被人接受方面起着最重要的作用, 但在创始时期还只是一种外围的作用. 也就是说, 鉴于分形现在对计算机从业者的魅力, 人们很想把这种新几何的出现归功于这种新工具的可用性. 事实上, 当计算机绘图还只处于萌芽状态时, 我就构想出了分形几何学的理论. 然而, 我让它的发展偏重于适合直觉构建图形的主题.

经典图画合成. 再次考察彩图版一和二. 这里, 几乎就像任何其他图形的 "合成" 一样, 对于图形总尺度和一个内界限 (细节在它之下便不可见) 之间的几乎每一种尺度, 容易认定至少一种 "特性". 因此刻画分形的标度性质不仅出现于自然界, 而且也存在于某些人类最精心创造的作品中.

彩图版四 ✠ 自平方分形

也许设计艳丽, 但因其黑色背景却必须被看作极端极小化艺术的一个例子. 的确, 公式

$$\left\{z:\lim_{n\to\infty}|f_n(z)|=\infty,\text{其中}f(z)=\lambda z(1-z)\right\}$$

就是以完美的精度来复制该背景所需的一切. 让我来解释这个公式: 选择复数 λ 来确定 "生成函数" $f(z)$, 我们构造 $f_2(z)=f(f(z))$, 然后 $f_3(z)=f(f_2(z))$, 即 $f_3(z)=f(f(f(z)))$ 等等, 直至无穷.

生成这张彩图所取的复数是 $\lambda\sim 1.64+0.96i$. 显然这不可能是随便选择的. 龙的形状对 λ 非常敏感, 但是我提出的一种专门理论 (已于第 19 章中概述), 容许选择 λ 使在变化万千的可能性中得到我们所需形状的龙.

"石块". 突出在黑色背景上的设计是由 25 种 "石块" 组成的, 每一种定义为

$$\left\{z:\lim_{n\to\infty}|f_{25n}(z)|=z_g\right\},$$

其中 25 个复数 z_g 是方程 $f_{25}(z)=z$ 的根, 另外还要满足 $|(d/dz)f_{25}(z)|<1$.

仔细观看本图可以看到 5 种不同的红色、5 种不同的蓝色等等. 选择这样的彩色方案是因为 z_g 的 25 个值落入 5 个 "类", 每一类都由 5 个 "种" 组成, 我们对每个类设定一种颜色, 又对相应的 "种" 设定不同的色调. 例如, 全部 5 个金黄色的 "种" 沿着龙的金黄色主体成串, 聚集在龙体的蜂腰.

经典数学中曾被隐藏的面容. $f(z)$ 的表达式是如此简单, 看起来又不十分显眼 (因为它来自微积分的初等篇章), 因此对之很少期望, 然而, 在计算机屏幕上预览这类设计图形时却令人吃惊, 并受到深刻的美学冲击.

经典的数学分析 (它是微积分的最高形式) 给所有爱它或恨它的人开了个玩笑. 现在发现, 数学分析具有两副很不相同的面容. 几个世纪以来它一直展现给我们的面容, 是严峻且毫不松懈的. 但是我要说明, 数学分析还具有另一副隐藏着的面容, 它是如此的具有吸引力和惹人喜爱.

为了表示对严谨的分析大师的尊敬和钦佩, 我得赶紧说明, 对于少数数学家 (很幸运, 我也是其中之一) 来说, 这种黑丝绒外形的极端复杂性并未使他们吃惊, 因为他们早就从皮兰、法图和茹利亚等的 "古老"(多半在 1920 年左右) 著作中见到过这些形状了. 但是这种形状的复杂性已经为提升数学分析的严格性作出了贡献, 我们怎么也没有想到, 有那么多的目击者都认为这种复杂性美艳绝伦.

包含循环的算法. 法图和茹利亚的发现实际上已经证实, 一个非常复杂的人工制品能够以十分简单的工具 (可想象为雕刻家手中的凿子) 制造出来, 只要该工具被反复使用, 而这里的工具就是 $f(z)$, 由它产生出函数 $f_n(z)$.

因此我们在这里不做那种只执行一次, 完成后就停止的运算, 而做那些执行后又重复的运算. 这种迭代函数是踏车或循环的例子, 每转一圈都可以处理一个新任务.

最简单的循环程序是线性的, 这意味着它增添的细节只是整个形状在较小尺度上的复制. 这样构成的形状称为自相似的.

现在的例子却相反, 当成为较小尺度时细部是变形的, 因为函数 $f(z)$ 不是线性的, 它是二次函数, 丝绒背景的边界在第 19 章中用术语自平方的称呼. ■

彩图版五　✠　自反演的分形补缀物

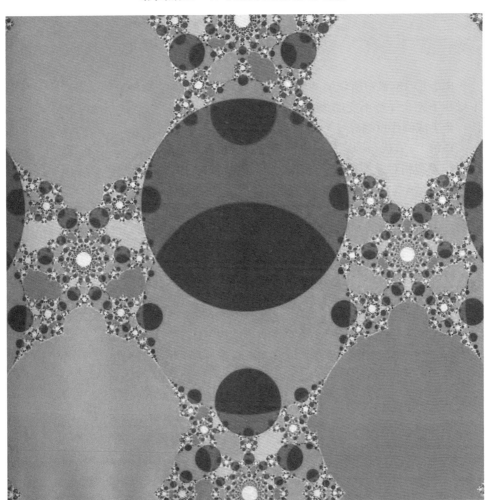

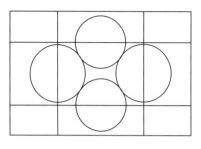

这个挂件上补缀着 6 类不同的透明织物. 从 6 种不同颜色的布料上剪下许多开圆盘 (即圆的内部), 然后单独或叠加地缝在透明的织物上. 这些圆盘大多太远或太小而看不见.

本图的形状是第 18 章讨论的自反演分形的更加复杂的变体, 为了构造它, 先要选择生成器, 本例是由 4 个圆和 4 条直线组成的集合, 排布如左图.

由于第 18 章中所说明的许多原因, 我们对形状 $\mathcal{L}$ 有很大的兴趣. 它是在以下操作下完全保持不变的最小形状——关于任一条生成直线作对称变换, 或关于任一个生成圆作反演.

理论上, 直线与圆之间差别的概念在这里并不是基本的. 事实上, 如果上面的这些线和圆相对于不在其上的某点作几何反演, 它们变换为 8 个圆, 因此代替称 $\mathcal{L}$ 是 "自反演和自对称" 的, 称之为 "自反演" 的就足够了.

但该图中四条对称且交叉的直线构成一个矩形的事实, 颇有优点, 它设定保证了现在的集合 $\mathcal{L}$ 是周期的. 第一个周期就此矩形为界, 其余的则通过沿着任一条轴线平移而得到.

确定 $\mathcal{L}$ 的构造是一个古老而著名的问题. 对之我给出以下可操作的解法, 并作图说明. 这个新的解表明 $\mathcal{L}$ 由这样的点构成, 在这些点上, 圆盘状织物补缀沿着包围它们的圆相切. 圆盘中的点永远不会算作 $\mathcal{L}$ 的一部分, 即使当它们在相同或不同颜色的各种圆盘的边界上时也是如此.

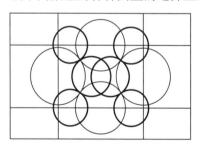

现在说明如何选择这些盘状补缀. 从生成器形状开始, 画 6 个圆, 称它们为 Γ 圆, 其中每一个都与生成器的 8 个形状中的 3 个正交, 虽然还有许多其他圆也与生成器的 8 个形状中的 3 个相正交. 但只需要现在的 6 个作为 Γ 圆.

每个 Γ 圆界定一个与不同颜色的织物相关联的圆盘, 然后相同的颜色也被应用于变换 Γ 圆之一得到的每一个圆盘, 这种变换是在 4 个圆中作反演, 或由对称性, 在生成器里的 6 条线中作反演. 中间 "大奖牌" 里的圆盘相互重叠, 但不与它的任一个反演盘相重叠. 相反, 在角上的那些圆盘可与它们的反演中的某一个重叠. ■

彩图版六 ✠ 行星从标签图后升起
(来自一次永远不会发生的空间使命的纪念品)

彩图版六至九可以看成是"真实的",而且,有些以它们自己方式成为艺术品.然而这些彩图并不是照片,也并未试图成为艺术.此外,它们也不是那种对真实景色作加工处理的流行的假景色,就像通过变换其他化学品合成一种化学品那样.现在这些彩图版与彩图版四和五一样完全是人造的.它们是由分量原子及 (大量)时间和能量"完全"合成的血红蛋白的分形等价物.

彩图版六结合了我的两个行星曲面理论的应用,第一个在 Mandelbrot (1975w)中首次提出,以图版 284 和 285 为基础,并在本书第 28 章和第 29 章中进行了探讨.本图版的各种特征与现实不很吻合,但是相关各章说明了怎样可以改正这些缺点中的一部分.

水分集中在海洋和冰雪中 (例如极冠),而天空万里无云的行星,客气地说只是粗略的近似.现在我们尽最大努力来对它着色,而颜色的选择与我的理论完全无关.第一步算法是用相同的颜色来显示高度 (就像《时代周刊地图册》那样).然后很清楚,只要对着色方案稍作调整,无须过多其他考虑,就会产生十分好的效果.

这种艺术不能声称像彩图版四和五那样是极简的,因为两颗"行星"的定义不能简化为单一线条而无过度的人为修饰.

这种艺术不能称为极简的第二个理由是,实现阴影涉及巨大的智慧:每一个细节都要用好几大本书来解释.此外,所用的工具对该算法的影响很大,因此当要重复这项工作时必须使用完全相同的计算机设备.

较早版本的"行星升起"图案出现于夹克衫的背部,而其他的分形景色出现在《分形》(1977 年版) 的插图中,它们因无数模仿品而备受重视.由于模仿品的质量相对较低,更加证明了这种艺术的非极简性.

尽管如此,两颗行星的主要特点都能由非常少、非常基本的连续性和不变性性质唯一地表征,将在后面彩图版的说明中探讨.

献词.标签图 (Labelgraph) 是为了纪念"lblgraph"而命名,这是一组有独立想法又常常不甚友好的绘图程序,起源于洛杉矶 IBM 公司的赫尔维茨 (Alex Hurwitz) 和赖特 (Jack Wright),它在 1974—1981 年为华特森研究中心增添不少光彩,当认真对待它时就会得到回报,而且它 (以及活着的继承人"Yogi") 使得本书的插图成为可能.愿逝者安息!

彩图版七　✠ 永远不会存在的高斯山

卡尔·弗里德里希·高斯 (1777—1855) 的名字几乎出现在数学和物理学的每一章中, 这使他在同时代的数学家 (包括物理学家) 中独占鳌头. 但是把这些想象中的山以高斯命名是受到一种概率分布 (对此高斯得到了有名无实的荣誉) 的启发. 这种分布的形状是著名的 "钟形曲线" 或 "戈尔登尖顶". 在彩图版六至九中, 高斯分布支配着图形上任意两个规定点 (至少在适当变换后) 的高度差.

许多学者在他们的研究中应用高斯概率分布, 却没有去想一想这样的选择必须要有一个理由. 或者这是他们熟悉和信任的唯一分布, 或者他们相信它说明了大自然中每个随机量的分布, 从应征士兵的高度到天文学家的测量误差.

实际上, 上述信念是完全没有根据的. 本书中的许多例子表明, 世界上充满了大量的非高斯现象. 因此, 应用高斯分布时要有一个不同且较少争议的正当理由. 对我来说, 仅有的合格理由基于以下事实: 高斯分布是独一无二的一种分布, 它具有某些标度不变性质, 并且也导致连续变化的地貌. 结论是这样的, 可能的最简单地貌受到 "布朗函数", 或者至少是其变体 (我称它为 "分数幂布朗函数") 的支配.

但这些迫切需要得到的东西仍然不确定的唯一参数, 仍然可以独立地挑选, 它被称为地貌的分维数, 记作 D.

当 D 达到它的最小值 $D = 2$ 时, 地貌是极端光滑的. 当 D 增加时, 地貌就越来越呈现 "波浪状的", 而且开始类似于地球上的高山. 最终它完全像山脉那样地起伏, 极端情形是几乎充满全空间.

定义布朗函数的一个特征是, 每个竖直截面都是普通的布朗线–线函数.

除了彩图版六中远处的行星以外, 对于每幅景色, 先在经度和纬度构成的正方形网格上计算出高度, 然后用下述方法形成圆形的外貌: 把该地貌的平坦基面围绕一个圆柱滚动, 而此圆柱的轴又从左向右移动. 再编制计算机程序来模拟光线 (光源在左上方 60° 处).

说来奇怪, 有几位观察者, 在简短地评论了完全基于不变性和连续性准则的地貌特征是巧妙的和有效的之后, 就转而长篇大论地批评这种方法, 因为它的准则太抽象, 而且无论在事先或在事后, 都不能从显式 "模型" 生成一种机制来导出.

我很不愿意通过批评具体的 "主流" 地貌理论作答, 批评的理由是它未能得到一点点接近于我的 "抽象" 理论造成的现实主义的仿制景色. 指出以下这点是有好处的, 许多科学中最好的理论从活塞、弦线和滑轮的精巧组合开始, 最终在几代人之后, 却以基本的不变性原理结束. 从这种观点看来, 导致现在这些插图的工作和本书中的其他范例研究, 都是从终止线上开始的. 是否这就是引起不愉快的充分理由呢? ∎

彩图版八 ✠ 永远不会存在的非高斯山

本文中包括第 28 章在内的所有高斯景观的底部都被平坦化, 形成一个任意设置的参考水平. 这种方法最初被用于生成岛屿. 而在山脉景观中, 原本是希望有助于区别不同的曲面.

现在作详细说明. 在准备本书的 1975 年版本时, 不想浪费任何数据, 我们把全部数据都画在图上, 但结果令人苦恼: 在我们已知的由显著不同的 D 值表征的景观中, 要区分它们是非常困难的. 后来, 为了把与地貌在一起的岛屿海岸线描述出来, 我们就在同一画面中引进一个平坦的参考面. 突然, 不同的 D 值造成的区别变得极为明显. 我们应该记得, 为了评估运动, 需要一种称为静止的标准, 对于粗糙程度也是如此.

现在, 我们又意外且十分幸运地发现, 当把对山脉的同样方法应用到山谷时还会有第二个效应. 建立一些平坦部分 (使人想起湖泊、雪原或冲积地) 遮蔽山谷的底部, 会迫使人们集中注意力于高山, 这样的模型表明, 其有效性超出了预期. 如果过早地观看整个地貌, 我们会极其扫兴, 因为在高斯模型里, 谷底如同山顶一样 "不光滑", 而实际的山谷要光滑得多. 目前, 我还没有找到喜欢的办法来解释这种差异.

但是存在 "修改" 山脉高斯模型的其他方法, 把山谷处理得比较好. 最简单的修改是假定地貌各部分之间的仅有差别集中在竖直尺度上, 而 D 值处处相同. 为了证实这一假设, 我们减少了彩图版七中高斯山脉的竖直尺度. 结果令人大吃一惊, 它们变成了滚动的岩层! 相反, 考察任何几乎接近于平坦的曲面, 例如机场跑道, 放大其粗糙部分. 作为一阶近似, 其结果被证明经常与彩图版七中的高斯小山十分相像, 其维数则依赖于错综复杂的周围环境. 据我所知, 没有理由认为这个结果不适用于谷底. 因此, 人们不会不想知道, 假设把对山顶有效的 D, 也作为一阶近似应用于谷底, 将会有什么样的结果.

一种更加专门的想法是把标度限制于一个小区域内, 全部采用相同的维数, 竖向尺度随谷底算起的高度增加. 为了达到这一目的, 在本彩图版上半部和彩图版六的标签图中, 随着或从湖面或从谷底算起的高度, 竖向尺度以三次幂增加.

与此相反, 如果使竖向尺度随着在底部以上的高度减少 (以小于 1 的幂次增加高度), 我们将得到本彩图版下半部的平顶山和峡谷.

这种技巧也许粗糙, 但却惊人地有效.

彩图版九 ✠ 永远不会存在的分形岛屿 (从天顶观察)

彩图版六下部的图形和彩图版七至九中应用的算法都基于数字傅里叶方法, 因此产生周期性的光滑曲面, 虽然分形曲面按其定义是极其粗糙的. 然而可以想象, 我们是在波长等于网格中格子宽度的光线下看山脉, 在这种光线下所有的细节全都看不见了.

为了得到岛屿, 我们集中于一个极大岛屿周围的地貌, 把低于某个参考平面以下的高度作为零而略去不画.

上部的群岛对应于通常的布朗地貌. 这是一个粗劣的地球模型, 因为它在细节上太不规则了, 其吻合性也很差, 其原因是曲面的分维数 $D = 5/2$ 与海岸线的分维数 $D = 3/2$ 都太大了.

下部的群岛以维数 $D = 2.200$ 的持久布朗函数代替了通常的布朗函数; 而海岸线取合乎情理的维数 $D = 1.200$. 图中清晰的分界线完全符合它的各向同性生成机制.

它与夏威夷群岛的相像超过预期, 因为没有理由使这种模型也对火山群岛有效!

海岸线的感知形式很大程度上受其填充图片的紧密程度的影响. 而形式的方方面面并不完全由 D 确定: 因为彩图版五和六与一个接近极大或极小的区域有关, 参考平面起了中心作用.

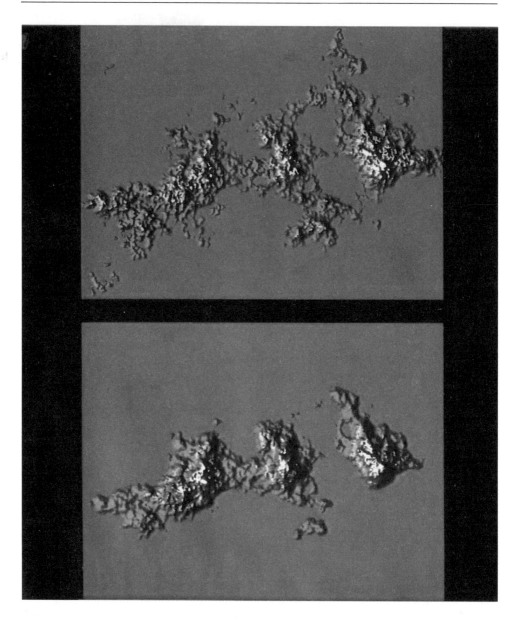

感　谢

绘制彩图版的计算机程序是由沃斯 (R. Voss)(彩图版六至九) 和诺顿 (Alan Norton)(彩图版二和四) 开发的.